材料成形原理

李 顺 杨金水 张周然 祝国梁 编著

科学出版社

北 京

内 容 简 介

本书是材料科学与工程专业本科生的专业必修课配套教材,系统介绍了典型材料成形的基础理论、知识和技能,内容涵盖液态金属成形原理、塑性成形原理、焊接成形原理、粉末材料成形原理、高分子材料成形原理和复合材料成形原理等。通过学习本书,学生可以掌握典型材料成形的基础理论、基本知识和基本技能,理解成形工艺对材料组织结构与性能的影响,并学会减少和消除缺陷、改善材料组织与性能的方法,为后续学习以及科研工作奠定良好的理论及实践基础。

本书适合材料科学与工程专业的学生学习,也可作为相关领域工程人员的参考书。

图书在版编目(CIP)数据

材料成形原理 / 李顺等编著. -- 北京:科学出版社, 2025. 6. -- ISBN 978-7-03-082463-9

Ⅰ. TB3

中国国家版本馆 CIP 数据核字第 2025GB2558 号

责任编辑:许　健 / 责任校对:谭宏宇
责任印制:黄晓鸣 / 封面设计:义和文创

科 学 出 版 社 出版
北京东黄城根北街 16 号
邮政编码:100717
http://www.sciencep.com

南京展望文化发展有限公司排版
苏州市越洋印刷有限公司印刷
科学出版社发行　各地新华书店经销

*

2025 年 6 月第　一　版　开本:787×1092　1/16
2025 年 6 月第一次印刷　印张:22 1/2
字数:519 000

定价:90.00 元
(如有印装质量问题,我社负责调换)

前言 | Preface

材料成形是通过改变和控制材料的外部形状和内部组织结构,将材料制造成人类社会所需要的各种零部件和产品的过程。采用一定的成形方法,可使材料达到与原材料不同的状态,使其具有更优良的物理性能、化学性能和力学性能。随着科学技术的飞速发展,新材料、新工艺不断涌现,对材料成形技术提出了更高的要求。掌握材料成形基本原理,对于材料科学与工程领域的学生和科研工作者至关重要。

材料成形原理是材料科学与工程专业本科生的专业必修课程,课程设置目的是使学生比较系统地掌握材料成形的基础理论、基本知识和基本技能,理解成形工艺对材料组织结构与性能的影响,并学会减少和消除缺陷、改善材料组织与性能的方法,为后续专业课程的学习以及科研工作奠定良好的理论及实践基础。因此本教材在编写过程中,注重理论与实践相结合,力求系统全面介绍材料成形的基本原理和工艺方法,构建完整的知识体系;反映材料成形领域的最新研究成果和发展趋势,介绍新材料、新工艺;注重理论联系实际,结合典型案例,培养学生分析和解决实际问题的能力。

本教材共六章。第1章液态金属成形原理,系统阐述了液态金属的微观结构与物理化学性质,重点分析液态金属凝固过程中的形核机制、晶体生长动力学及其控制方法。同时探讨铸件凝固过程中缺陷的形成机理及其控制策略,并详细介绍砂型铸造及特种铸造的工艺原理及其科学基础。第2章塑性成形原理,系统介绍金属塑性变形的材料学基础,以及金属的塑性行为及超塑性现象的本质,在此基础上探讨锻造成形及板料成形的基本原理与应用。第3章焊接成形原理,系统论述熔化焊、固相焊和钎焊的基本原理,分析焊接过程对接头微观组织与性能的影响,并针对常用金属材料的焊接性及焊接缺陷的形成机理与控制方法进行阐述。第4章粉末材料成形原理,探讨粉末的物理化学性能(如粒度分布、流动性、压制性等)、表征方法及制备技术,系统介绍粉末成形工艺原理、固相烧结和液相烧结的基本原理。第5章高分子材料成形原理,阐述高分子材料概念内涵及加工性能,在此基础上详细分析塑料成形、橡胶成形及纤维成形的基本原理。第6章复合材料成形原理,从复合材料的多尺度结构特征出发,系统论述复合材料成形的科学内涵及其工艺要求,重点介绍接触成形、液相成形、连续成形及模压成形的工艺原理及其在复合材料制备中的应用。

本教材由国防科技大学李顺担任主编,国防科技大学杨金水、张周然和上海交通大学祝国梁担任副主编。具体编写分工如下:绪论、第 1 章、第 3 章和第 4 章由李顺编写;第 2 章由祝国梁编写;第 5 章由张周然编写;第 6 章由杨金水编写。全书由李顺统稿。

本教材在编写过程中参考了大量的书籍、文献和网络资料,在此对相关作者表示衷心的感谢!

由于编者的水平有限,书中难免有不足之处,敬请读者批评指正!

编 者

2025 年 1 月

目录 | Contents

绪论 ·· 1
  0.1 材料成形的概念与内涵 ··· 1
  0.2 材料成形的意义和作用 ··· 1
    0.2.1 使用纯天然材料阶段 ··· 2
    0.2.2 使用火开展材料加工阶段 ··· 2
    0.2.3 使用物理和化学原理合成材料阶段 ··· 2
  0.3 材料成形原理的课程内容 ·· 3
  思考题 ··· 4

第1章 液态金属成形原理 ·· 5
  1.1 液态金属的结构与性质 ··· 5
    1.1.1 液态金属的结构 ··· 5
    1.1.2 液态金属的性质 ··· 8
  1.2 液态金属的凝固形核、生长与控制 ··· 15
    1.2.1 凝固的热力学与动力学条件 ··· 15
    1.2.2 均质形核 ·· 17
    1.2.3 异质形核 ·· 19
    1.2.4 影响形核的冶金处理 ·· 20
    1.2.5 晶体长大 ·· 24
    1.2.6 影响晶粒长大的冶金处理 ··· 27
  1.3 铸件凝固缺陷的形成与控制 ·· 30
    1.3.1 凝固与收缩 ··· 30
    1.3.2 铸造应力 ·· 34
    1.3.3 变形 ·· 35
    1.3.4 裂纹 ·· 36
    1.3.5 偏析 ·· 38
    1.3.6 气孔 ·· 41
    1.3.7 夹杂物 ··· 43
  1.4 砂型铸造原理 ··· 44
    1.4.1 砂型和砂芯的分类 ··· 44
    1.4.2 黏土砂型(芯)用原材料 ·· 45

		1.4.3 黏土砂型(芯)的类别	46
		1.4.4 黏土砂型(芯)的制造方法	47
	1.5	特种铸造原理	52
		1.5.1 金属型铸造	53
		1.5.2 熔模铸造	54
		1.5.3 消失模铸造	55
		1.5.4 压力铸造	56
		1.5.5 低压铸造	57
		1.5.6 离心铸造	58
	思考题		59

第 2 章 塑性成形原理　　60

- 2.1 塑性成形概述　　60
  - 2.1.1 塑性成形方法的分类　　60
  - 2.1.2 塑性成形方法的特点　　61
  - 2.1.3 塑性成形的主要理论　　62
  - 2.1.4 塑性成形的基本规律　　62
- 2.2 金属的塑性　　63
  - 2.2.1 塑性指标及其测量方法　　64
  - 2.2.2 塑性图　　65
  - 2.2.3 影响金属塑性的因素　　66
  - 2.2.4 提高金属塑性的途径　　69
  - 2.2.5 金属的塑性变形机理　　69
  - 2.2.6 塑性变形对材料组织的影响　　77
- 2.3 金属的超塑性　　83
  - 2.3.1 超塑性的分类　　83
  - 2.3.2 细晶超塑性的力学特征　　84
  - 2.3.3 细晶超塑性的组织特征　　85
  - 2.3.4 细晶超塑性的变形机制　　85
  - 2.3.5 影响超塑性的基本因素　　86
  - 2.3.6 常见超塑性金属　　87
- 2.4 锻造成形原理　　87
  - 2.4.1 自由锻　　87
  - 2.4.2 胎模锻　　92
  - 2.4.3 模锻　　93
- 2.5 板料成形原理　　98
  - 2.5.1 板料的分离　　98
  - 2.5.2 板料的成形　　101

           2.5.3 冲压件的结构工艺性 ·················· 106
   思考题 ·················· 107

第3章 焊接成形原理 ·················· 108
   3.1 焊接成形概述 ·················· 108
       3.1.1 材料焊接的内涵 ·················· 108
       3.1.2 焊接方法的分类及发展历程 ·················· 109
       3.1.3 焊接科学的研究领域和发展趋势 ·················· 110
   3.2 熔化焊原理 ·················· 112
       3.2.1 熔化焊焊接热过程 ·················· 112
       3.2.2 焊接接头的组织与性能 ·················· 115
       3.2.3 典型熔化焊工艺原理 ·················· 119
   3.3 固相焊原理 ·················· 129
       3.3.1 电阻焊原理 ·················· 129
       3.3.2 扩散焊原理 ·················· 133
       3.3.3 摩擦焊 ·················· 137
   3.4 钎焊原理 ·················· 139
       3.4.1 钎料及其选用 ·················· 139
       3.4.2 钎剂及其选用 ·················· 141
       3.4.3 典型钎焊工艺原理 ·················· 141
       3.4.4 钎焊的特点 ·················· 142
   3.5 常用金属材料焊接 ·················· 143
       3.5.1 金属材料的焊接性 ·················· 143
       3.5.2 结构钢的焊接 ·················· 143
       3.5.3 不锈钢的焊接 ·················· 144
       3.5.4 铸铁的焊接 ·················· 145
       3.5.5 铝及铝合金的焊接 ·················· 145
       3.5.6 铜及铜合金的焊接 ·················· 146
   3.6 焊接缺陷及其控制 ·················· 146
       3.6.1 主要焊接缺陷 ·················· 146
       3.6.2 焊接缺陷的防止措施 ·················· 147
   思考题 ·················· 147

第4章 粉末材料成形原理 ·················· 148
   4.1 粉末的性能 ·················· 148
       4.1.1 粉末体及粉末颗粒 ·················· 148
       4.1.2 粉末的化学性能 ·················· 150
       4.1.3 粉末的物理性能 ·················· 150

  4.1.4 粉末的工艺性能 …… 154
4.2 粉末的制备 …… 158
  4.2.1 机械粉碎法 …… 158
  4.2.2 雾化法 …… 161
  4.2.3 还原法 …… 164
  4.2.4 气相沉积法 …… 166
  4.2.5 液相沉淀法 …… 167
  4.2.6 电解法 …… 168
4.3 粉末的成形 …… 168
  4.3.1 粉末压制成形前准备 …… 169
  4.3.2 粉末压制成形过程 …… 172
  4.3.3 压制过程中力的分析 …… 174
  4.3.4 粉末压坯密度的分布 …… 177
  4.3.5 影响压制成形过程的因素 …… 183
4.4 粉末的烧结 …… 186
  4.4.1 固相烧结 …… 186
  4.4.2 液相烧结 …… 192
  4.4.3 特种烧结技术 …… 196
思考题 …… 198

第5章 高分子材料成形原理 …… 200

5.1 高分子材料概述 …… 200
  5.1.1 高分子材料分类 …… 200
  5.1.2 高分子材料成形方法 …… 203
5.2 高分子材料的加工性能 …… 204
  5.2.1 高分子材料的熔融性能 …… 204
  5.2.2 高分子材料的成形性能 …… 206
  5.2.3 高分子材料的流变性质 …… 213
  5.2.4 高分子材料加工过程中的物理和化学变化 …… 224
5.3 塑料成形原理 …… 235
  5.3.1 成形物料的配制 …… 236
  5.3.2 挤出成形原理 …… 238
  5.3.3 注射成形原理 …… 244
  5.3.4 压延成形原理 …… 247
  5.3.5 中空吹塑成形原理 …… 250
5.4 橡胶成形原理 …… 253
  5.4.1 生胶和橡胶助剂 …… 253
  5.4.2 生胶塑炼 …… 256

5.4.3 胶料混炼 ··· 258
　　　5.4.4 橡胶的成形 ··· 259
　　　5.4.5 橡胶的硫化 ··· 262
　5.5 纤维成形原理 ··· 265
　　　5.5.1 纺丝基本原理 ·· 266
　　　5.5.2 熔体纺丝 ··· 270
　　　5.5.3 溶液纺丝 ··· 272
　思考题 ·· 275

第6章 复合材料成形原理 277
　6.1 复合材料概述 ··· 277
　　　6.1.1 复合材料 ··· 277
　　　6.1.2 增强材料 ··· 279
　　　6.1.3 基体材料 ··· 282
　　　6.1.4 复合材料的特性与应用 ·· 284
　6.2 复合材料成形的内涵与要求 ·· 288
　　　6.2.1 复合材料成形的内涵 ··· 288
　　　6.2.2 复合材料成形的要求 ··· 288
　　　6.2.3 复合材料成形的基本工艺步骤与方法 ····························· 289
　6.3 接触成形原理 ··· 290
　　　6.3.1 接触成形概述 ·· 290
　　　6.3.2 润湿接触角判据 ··· 292
　　　6.3.3 润湿 Wenzel 方程 ··· 298
　　　6.3.4 润湿 Zisman 准则 ··· 299
　　　6.3.5 润湿的影响因素 ··· 300
　6.4 液相成形原理 ··· 301
　　　6.4.1 液相成形概述 ·· 301
　　　6.4.2 树脂渗流规律 ·· 306
　　　6.4.3 树脂的流变性能 ··· 312
　　　6.4.4 预成形体渗透特性 ·· 316
　6.5 连续成形原理 ··· 323
　　　6.5.1 缠绕成形 ··· 323
　　　6.5.2 拉挤成形 ··· 327
　　　6.5.3 自动铺放制造技术 ·· 330
　6.6 模压成形原理 ··· 333
　　　6.6.1 模压成形工艺分类 ·· 333
　　　6.6.2 模压成形技术特点 ·· 334
　　　6.6.3 树脂固化反应机理 ·· 335

  6.6.4 树脂固化动力学 ………………………………………………………… 340
6.7 其他成形 ……………………………………………………………………… 347
思考题 …………………………………………………………………………… 347

参考文献 ……………………………………………………………………………… 349

绪　　论

0.1　材料成形的概念与内涵

材料是人类用于制造各类机器、构件和产品的基本物质,是人类生产与生活的物质基础。材料科学是一门研究材料内部成分、组织结构、成形与加工过程、性质、使用性能及其相互关系的学科,它还关注材料与环境之间的交互作用。通过改变与控制材料的外部形状及内部组织结构,将材料转化为社会所需的各种零部件和产品的过程称为材料成形。通过应用特定的成形方法和技术,可以使材料以与原材料相同的成分获得不同的状态,从而展现出优越的物理性能、化学性能以及力学性能。

材料成形技术主要分为热加工技术与冷加工技术两大类。热加工需要将材料加热至特定温度进行加工,常用的方法包括液态金属成形、塑性成形、焊接成形、粉末材料成形、表面加工及材料热处理等。热加工不仅赋予材料特定的形状、尺寸和表面状态,还能够改变成品的内部组织结构和性能,因此其主要目标在于实现材料的成形与性能的控制。与热加工相比,冷加工包括车、铣、镗、刨、磨、钻、切、剪、锯、冲、电火化、电解及超声等工艺,主要目的是获得特定形状的制品,而在加工过程中通常不会造成材料的内部组织结构和性能的显著改变。

材料的成形工艺多种多样,如液态成形、塑性成形、粉体成形、表面加工及材料连接等。不同材料适用不同的成形技术,而相同的成形方法可能应用于多种材料。尽管材料成形方法种类繁多,特点各异且不断发展,但它们共同的本质是成形与控制的结合。理解这一共性特征,有助于在一个统一的框架内深入探讨材料成形的基本原理。

历史上,我国的材料成形技术曾在世界范围内处于领先地位,创造了诸多历史瑰宝。然而,早期的材料成形技术主要依赖经验,常常通过师徒或家庭的方式进行传承,并未真正上升至科学研究的高度。随着现代材料科学技术的不断进步,材料成形技术逐渐演进,形成了建立在科学基础上的现代材料成形方法。现代材料成形技术的双重任务是改变材料的外部形状和尺寸,同时控制其内部组织结构及性能。总体来看,材料成形技术在历史发展中先于材料科学,是材料科学技术的先导,而材料科学技术的发展又反过来推动了材料成形技术的进步与完善。

0.2　材料成形的意义和作用

新材料的开发与人类文明的发展息息相关。从石器时代、青铜器时代、铁器时代到硅时代,新材料的创造与应用不仅成为人类认识和改造世界的关键手段,更是推动社会变革的重要原动力,持续推进人类文明的进步。与此相对应,材料成形技术也经历了从远古时代的简单打磨到现代基于材料科学原理的先进材料成形技术的演变,人类对材料成形技术的理解与应用不断提升,极大地促进了社会的发展,因此可以认为,在悠久的人类文明史上,材料成形技术的发展与文明进步密切相连。

0.2.1　使用纯天然材料阶段

在初期的远古时代,人类只能使用纯天然材料,如石头、木头、骨头和兽皮等,通过边缘打磨和切割等基本处理技术来制造工具和武器,这一阶段通常称为旧石器时代。尽管由这些纯天然材料制成的原始工具形状粗糙,但它们已然具备了特定的功能,标志着人类对材料的初步探索与利用。在这一时期,通过对纯天然材料的加工使用,生产力得到了显著提升,从而促进了人类文明的发展。

0.2.2　使用火开展材料加工阶段

随着火的发现与使用,人类开始运用火焰对材料进行加工。火的热量使得材料软化、变形,并改变其物理化学性质。这一阶段涵盖人们通常所称的新石器时代、青铜器时代和铁器时代。该时期的材料成形技术主要包括陶器的烧制与金属的冶炼,促成了陶瓷材料和金属材料的出现。陶器的发明标志着人类开始利用火对材料进行化学转变,从而制造具有特定形状和功能的器皿。而金属的冶炼和铸造技术,使制造出更坚固、耐用的工具与武器成为可能,这极大地提升了生产效率,推动了人类文明的不断进步。

0.2.3　使用物理和化学原理合成材料阶段

进入现代社会,随着物理学、化学等学科的不断进步及各种分析和检测手段的发展,人类开始从化学角度探索材料的组成、化学键、结构及其合成方法,并结合物理学的研究,深入分析材料的组成、结构、性能及相应的成形工艺之间的关系。由此,材料科学得以发展。在这一阶段,合成塑料、合成纤维和合成橡胶等高分子材料应运而生,高分子材料与金属材料及无机非金属材料一起,构成了现代材料的三大支柱。自此,人类不再单纯依赖简单冶炼天然矿石等原材料来制备材料,而是发展出利用一系列物理与化学原理来制备新材料的技术途径,同时能够基于现代材料科学原理进行材料设计。

伴随着现代计算机技术、人工智能技术和大数据技术的快速发展,数值模拟与仿真技术在材料成形过程中得到广泛应用,智能化制造成为材料成形技术的重要发展趋势。通过引入智能算法和机器学习技术,材料成形过程的自动化与智能化控制得以实现,从而显著提升生产效率与产品质量。

增材制造技术的出现彻底改变了传统材料成形的理念。该技术通过逐层堆积材料的方式,可制造出几乎任意形状的三维物体,不仅提供了高度的设计自由度,还大幅缩短了产品开发周期,降低了制造成本。增材制造技术已在航空、医疗、汽车等多个领域获得广泛应用,为现代制造业发展注入了新的活力。

综上所述,材料成形技术的发展是一个持续进步与不断创新的过程。自远古时期的简单打磨成形至今,以材料科学原理为基础的现代材料成形技术彰显出人类对材料成形技术的理解与应用不断深化。展望未来,随着科学技术的不断进步与创新,材料成形技术将继续为人类社会的发展做出更大的贡献,推动人类文明的持续向前发展。

0.3 材料成形原理的课程内容

材料成形原理是材料科学与工程专业本科生专业必修课程。本课程的设置目的是使学生系统地掌握材料成形的基础理论、基本知识和基本技能。通过材料成形原理的学习,学生将掌握液态金属成形、塑性成形、焊接成形、粉末材料成形、高分子材料成形和复合材料成形的基本原理,掌握目前较常见的材料成形工艺,了解材料成形的新方法和新技术,掌握成形工艺对材料组织结构与性能的影响规律,掌握减少和消除缺陷、改善组织与性能的途径和方法。本课程具体内容如下。

1. 液态金属成形原理

第 1 章主要介绍液态金属的结构与性质,液态金属的凝固形核、生长与控制,铸件凝固缺陷的形成与控制,砂型铸造原理和特种铸造原理。通过该章的学习,能够掌握液态金属黏度、表面张力、流动性与充型能力的内涵、作用及其影响因素;掌握合金凝固的热力学条件;理解晶体形核的内涵及主要方式,掌握影响形核的冶金处理的方法及应用;理解晶体长大的内涵及主要方式,掌握影响晶体长大的冶金处理方法及应用;理解铸造缺陷的主要类型及形成原因,熟悉减少铸造缺陷的技术途径;熟悉砂型铸造和特种铸造的基本原理、工艺过程与主要特点。

2. 塑性成形原理

第 2 章主要介绍金属的塑性、金属的超塑性、锻造成形原理和板料成形原理。通过该章的学习,能够掌握金属塑性指标的主要类型、测量方法和影响材料塑性的基本因素;掌握单晶体、多晶体和合金的塑性变形特点及变形原理;掌握冷变形和热变形对材料组织与性能的影响规律;了解超塑性的分类、力学特性、组织特性和影响因素;了解超塑性成形的类型及特点;了解锻造成形和板料成形的基本原理、工艺方法、工艺特点及应用。

3. 焊接成形原理

第 3 章主要介绍熔化焊原理、固相焊原理、钎焊原理、常用金属材料焊接和焊接缺陷及其控制。通过该章的学习,能够了解熔化焊的特点和焊缝形成的基本过程,掌握熔化焊焊缝的组织特点及其对接头性能的影响;了解典型熔化焊焊接方法的工艺过程和工艺特点;掌握扩散焊的特点及焊缝的形成过程与影响因素;了解电阻焊及摩擦焊焊接的工艺过程和工艺特点;了解钎焊的特点和焊缝形成的基本过程,掌握钎焊焊缝的组织特点及其对接头性能的影响;了解典型钎焊工艺的工艺过程和工艺特点;了解金属材料的焊接性及其评价方法;了解结构钢、不锈钢、铸铁、铝及铝合金、铜及铜合金等材料的特点与焊接方法。

4. 粉末材料成形原理

第 4 章主要介绍粉末的性能、粉末的制备、粉末的成形和粉末的烧结。通过该章的学习,能够掌握粉末的粒度、粒度分布、松装密度、振实密度、流动性等性能的评价方法;熟悉影响粉末工艺性能的基本因素;掌握机械粉碎法、雾化法、还原法、气相沉积法、液相沉淀法和电解法等典型制粉方法的基本原理及影响因素;了解粉末压制成形前准备工作的意义及目的;掌握粉末压制过程中的基本规律;熟悉常见粉末压制方式及其特点;掌握影响压制成形过程的因素;了解粉末烧结过程的驱动力来源;掌握固相烧结和液相烧结的基本原理、工艺特点和影响因素。

5. 高分子材料成形原理

第5章主要介绍高分子材料的加工性能、塑料成形原理、橡胶成形原理和纤维成形原理。通过该章的学习,能够理解高分子材料的流变性和加工性;掌握工程塑料典型成形工艺的基本原理和技术特点;掌握常见橡胶典型成形工艺的基本原理和技术特点;掌握纤维典型成形工艺的基本原理和技术特点。

6. 复合材料成形原理

第6章主要介绍复合材料成形的内涵与要求,金属基复合材料、高分子基复合材料和陶瓷基复合材料的成形原理。通过该章的学习,能够理解复合材料界面及界面效应,成形界面转换、润湿现象及影响因素;掌握多孔介质和不可压缩流体的概念;掌握渗流达西定律和连续性方程;掌握固化动力学的概念和意义;掌握黏性和黏度的概念及物理意义;掌握牛顿内摩擦定律与黏度的关系,固化反应对黏度的影响和黏度变化机制;理解渗透率的概念、物理意义和影响因素。

本书是为材料科学与工程专业本科三年级学生编写的教材。学习本课程要求有材料科学基础、工程材料、物理化学、传输过程原理等先导课程的基础知识。

思 考 题

1. 作为技艺和作为科学来看待材料成形,区别在哪里?
2. 分析材料成形在国民经济和国防建设中的作用。

第 1 章

液态金属成形原理

液态金属成形是将金属熔化,使其成为具有良好流动性的液态,在重力、压力、离心力、电磁力等作用下充满铸型,经凝固和冷却成为具有铸型型腔形状制品的过程,所得到的金属制品称为铸件,因此液态金属成形也称为铸造成形。液态金属在冷却和凝固过程中除了与铸型发生作用,还要进行结晶和晶体的长大、溶质的传输、体积的收缩以及热的传导等,这些都将对铸件的质量产生影响。因此,了解这些因素对铸件质量的影响规律及作用原理,并对其进行控制,是液态金属成形的必要基础。

1.1 液态金属的结构与性质

1.1.1 液态金属的结构

1.1.1.1 固态金属加热时的变化

1. 固态金属加热时的膨胀

物质是由原子构成的,原子之间存在相互作用力,即库仑引力和库仑斥力。当原子间距为 R_0 时,原子受到的引力与斥力相等,处于平衡状态,无论靠近还是远离平衡位置,都会受到一个指向平衡位置的作用力,于是原子在平衡位置附近做简谐振动,维持晶体的固定结构。当温度升高时,原子振动能量增加,振动频率和振幅增大。以双原子模型为例,假设左边的原子固定不动而右边的原子是自由的,随着温度的升高,原子间距将由 R_0 逐渐增加到 R_1、R_2、R_3 和 R_4,原子的势能也不断升高,由 W_0 增加到 W_1、W_2、W_3 和 W_4,如图 1-1 所示。原子间距随温度升高而增加,即产生膨胀。除了原子间距的加大会造成金属的膨胀,自由点阵中空穴的产生也是金属膨胀的重要原因,温度越高,原子的能量越高,产生的空穴越多,金属的体积膨胀量也越大。在熔点附近,空穴的数目可以达到原子总数的 1%。

当金属加热到熔点时,金属的体积会膨胀 3%~7%,即原子间距平均增大 1%~1.5%,但原子平均间距的变化与完全转化为气态时相比,变化量非常小,

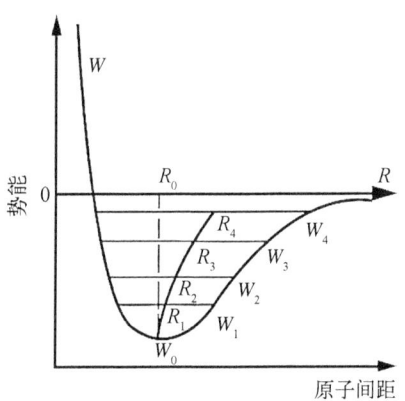

图 1-1 加热时原子间距和原子势能的变化

这说明金属熔化后形成的液态金属原子间仍有较大的结合能,因此其结构仍有一定的规律性。

2. 固态金属加热时的潜热变化

熔化潜热 L_m 是指当物质加热到熔点后,从固态变为液态时吸收的热量。汽化潜热 L_b 是指温度不变时,物质在汽化过程中所吸收的热量。熔化潜热和汽化潜热均与物质在熔化或汽化过程中结合能的变化有关。表 1-1 给出了常见金属的熔化潜热与汽化潜热。对气态金属而言,汽化意味着原子间的结合键几乎全部被破坏,因此汽化潜热意味着固态金属的全部结合能。故而熔化潜热和汽化潜热的比值,就是熔化时金属结合键被破坏的比例。从表 1-1 可以看出,熔化潜热一般只有汽化潜热的 3%～7%,即熔化时原子间的结合能仅减小了百分之几,这表明熔化时,金属原子间的结合键只破坏一小部分,因此液态原子间的结合键并没有全部被破坏,仍保持一定的规律性。

表 1-1 常见金属的熔化潜热与汽化潜热

金属	晶体结构	熔点 /℃	熔化潜热 L_m /(J/mol)	沸点 /℃	汽化潜热 L_b /(J/mol)	L_b/L_m
Zn	HCP	420	7 231	907	114 950	15.9
Mg	HCP	650	8 694	1 103	133 760	15.4
Al	FCC	660	10 450	2 480	290 928	27.8
Au	FCC	1 063	12 790	2 950	341 924	26.7
Cu	FCC	1 083	13 000	2 575	304 304	23.4
Fe	FCC/BCC	1 536	15 173	3 070	339 834	22.4

3. 固态金属加热时的熵值变化

表 1-2 给出了常见金属的熔化熵与汽化熵,从表 1-2 可以看出,金属由固态变为液态时的熵值 ΔS_m 比由液态转变为气态时的熵值 ΔS_b 要小得多。熵值的变化是系统紊乱度变化的量度,从熵值的变化可以看到,金属熔化时的有序变化很小。金属固态时是有序排列的,而气态时是完全无序的结构,因此熔化过程并不意味着原子间结合键的全部破坏,物质的结构也非趋于完全无序,液态金属中一定保留着大量原子规则排列的有序结构,这也间接说明液态金属的结构接近固态金属而非气态金属。

表 1-2 常见金属的熔化熵与汽化熵

金属	熔化熵 ΔS_m/[J/(mol·K)]	汽化熵 ΔS_b/[J/(mol·K)]	$\Delta S_m/\Delta S_b$
Al	11.20	105.68	0.106
Au	9.57	106.09	0.090
Cu	9.59	106.85	0.090
Fe	8.39	101.65	0.083
Zn	10.43	97.41	0.107

由此可见，金属的熔化并不是原子间结合键的全部破坏，液态金属内原子的局域分布仍具有一定的规律性。可以说，在熔点或者液相线附近，液态金属的原子集团与气体截然不同，一定存在类似于固体的短程有序结构。但需要指出的是，在液-气临界点 T_c，液体与气体的结构往往难以分辨，这说明接近 T_c 时，液体的结构更接近于气体。

1.1.1.2 液态金属结构的 X 射线衍射研究

上文从固态金属加热时的变化出发，对液态金属结构进行了定性的描述和分析。在材料研究中，研究者常用 X 射线衍射、中子射线衍射等方法来研究固态金属的结构，这些方法也可用于研究液态金属的结构。

图 1-2 是由 X 射线衍射结果整理而得的 700℃时液态 Al 中原子密度分布曲线。图中 r 为以选定原子为中心的系列球体的半径，$\rho(r)$ 为球面上的原子密度，$4\pi r^2 \rho(r)$ 为围绕所选定原子的半径为 r 的球面上的原子数；ρ_0 为 700℃时理想液态 Al 熔体中的原子密度，$4\pi r^2 \rho_0$ 为其原子分布曲线。作为对比，图 1-2 中的柱状线给出了固态 Al 中原子的分布规律，由于固态 Al 中的原子位置是固定的，在平衡位置附近做热振动，故球壳上的原子数显示出某一固定的数值，在原子分布曲线上呈现出一条柱状线，每一条柱状线都有明确的位置和高度，即原子数。若 700℃液态 Al 是理想的均匀完全无序液体，则其原子分布为抛物线。而实际液态 Al 原子密度分布曲线是一条波浪形的连续曲线，曲线的第一个峰值和第二个峰值接近固态时柱状线的高度值，此后就接近于理想液体的原子平均密度分布曲线。这表明实际液态金属的原子在几个原子间距的近程范围内，与其固态时的有序排列相近，远离选定原子后则完全不同于固态。因此，700℃液态 Al 原子排布在小尺度的范围内有一定的规律性，称为"短程有序"，但在更大的尺度范围内，没有规律性，称为"长程无序"，而固态金属的原子分布，无论短程和长程，都为有序结构。

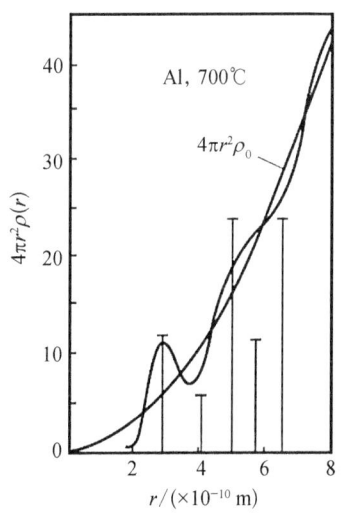

图 1-2 700℃时液态 Al 中原子密度分布曲线

1.1.1.3 理想液态金属的结构

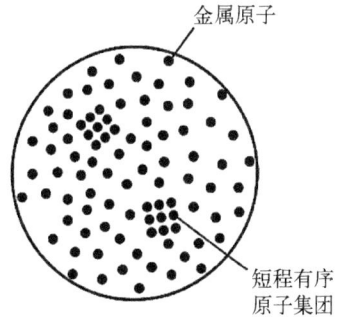

图 1-3 理想液态纯金属结构示意图

理想液态纯金属结构是由原子集团、游离原子以及空穴组成的，如图 1-3 所示。原子集团由数量不等的原子组成，其大小一般为 10^{-10} m 数量级，在此范围内原子排列仍具有一定的规律性，称为"短程有序"。原子集团间的空穴内分布着排列无规则的游离原子。但这样的结构不是静止的，而是处于瞬息万变的状态，即原子集团和空穴的大小、形态和分布及热运动的状态时时刻刻都在变化。液态金属原子间能量不均匀性，存在能量起伏，由于能量起伏，液体金属中大量的短程有序原子集团时聚时散、此起彼伏，存在"结构起伏"。

1.1.1.4 实际液态金属的结构

理想纯金属是不存在的,即使非常纯的实际金属中也会存在大量杂质原子,而且这些杂质往往多种多样。它们在液体中的分布是不均匀的,存在方式也往往不同,有的以溶质方式存在,有的与其他原子形成化合物以夹杂物的形式存在。

当液态金属中存在第二组元时,情况则更复杂。由于同种元素及不同元素之间的原子间结合力存在差别,相互结合力较强的原子容易聚集在一起,而把别的原子排挤到别处,表现为游动原子集团之间存在成分差异,而且这种局域成分的不均匀性随原子热运动而时刻发生变化,这种现象称为"成分起伏"。另外,"成分起伏"的存在,也将使实际液态金属的"结构起伏"更为突出和复杂。

实际上,由于工业应用的金属主要以多元合金为主,所用原材料中存在多种多样的杂质,有些杂质元素的含量虽然不高,但其原子数仍然多得惊人。另外,在熔化等过程中,金属与炉气、溶剂、炉衬等环境中其他物质的相互作用会吸收气体,甚至带进许多固相质点,因此实际金属的液体结构比上述现象还要复杂得多。此外,实际液态金属中也存在游动的原子集团和空穴,原子集团和空穴中溶有各种合金元素和杂质元素。由于化学键力和原子间结合力的不同,会形成成分和结构起伏变化的游动原子团簇。一些化学亲和力较强的元素原子之间还可能形成固态、气态或液态的形式,出现不稳定的或稳定的化合物。这些物质有一部分在液态金属中上浮或下沉,而有相当一部分悬浮于液态金属中,成为夹杂物。因此实际的液态金属的结构是极其复杂的,但纯金属的液态结构原则上具有普遍意义。

总之,实际液态金属结构极其复杂,包括各种成分的原子集团、游离原子、空穴、夹杂物和气泡等。原子间能量不均匀,存在能量起伏;原子团时聚时散,存在结构起伏;同一种元素在不同原子团中的分布量不同,存在成分起伏。三种起伏影响液态金属的结晶凝固过程,从而对产品的质量产生重要影响。对液态金属进行成形加工处理,目的就是改变这三种起伏的状态,从而控制和改善液态金属的性状以及后续凝固过程和最终组织与性能。

1.1.2 液态金属的性质

液态金属有各种性质,在此仅阐述与材料成形过程关系特别密切的几个性质,即液态金属的黏度、表面张力、流动性与充型能力,以及它们在材料成形过程中的作用。

1.1.2.1 黏度

液态金属由于原子间作用力大为削弱,且其中存在大量空穴,其活动比固态金属要大得多。如图1-4所示,当外力F_x作用于液态金属表面时,液体并不能整体一起运动,只有表层液体发生运动,然后带下一层液体运动,以此逐层运动,因而对于其速度分布,第一层的速度最大,第二层速度、第三层速度依次减小,最后速度v等于零。这说明液态金属层与层之间存在内摩擦阻力。

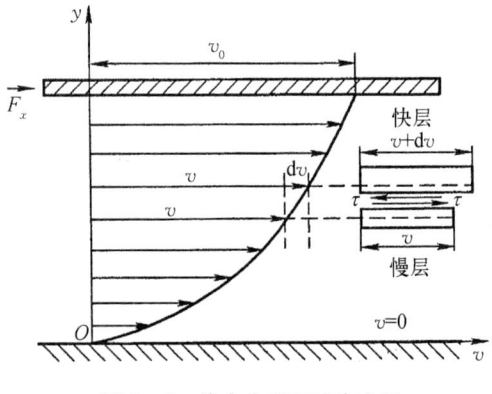

图1-4 外力作用于液态金属表面时各层的速度

设y方向的速度梯度为dv_x/dy,根据牛

顿黏性定律 $F_x = \eta A \dfrac{\mathrm{d}v_x}{\mathrm{d}y}$ 得

$$\eta = \frac{F_x}{A\dfrac{\mathrm{d}v_x}{\mathrm{d}y}} \tag{1-1}$$

式中，η 为液体的黏度，单位为 Pa·s 或者 (N·s)/m²；A 为液层接触面积。

弗仑克尔在关于液体结构的理论中，对黏度做了数学处理，表达式为

$$\eta = \frac{2t_0 k_B T}{\delta^3}\exp\left(\frac{U}{k_B T}\right) \tag{1-2}$$

式中，t_0 为原子在平衡位置的振动时间；k_B 为玻尔兹曼常量；U 为原子离位激活能；δ 为相邻原子平衡位置的平均距离；T 为热力学温度。由式（1-2）可知，黏度随原子离位激活能 U 的增大而增加，随平均距离的增大而减小，这二者都与原子间的结合力有关，因此黏度本质上是原子间的结合力。

影响液态金属黏度的主要因素是温度、化学成分和非金属夹杂物。

1. 温度的影响

根据式（1-2），液态金属的黏度与温度的关系受正比的线性和负的指数关系的共同影响。另外，温度影响原子间的结合力，温度升高，原子间结合力下降。因此总体来说，随着温度的升高，黏度下降。只有当温度很高，能使液态金属接近气态时，负的指数关系带来的影响才可以忽略，随着温度升高，黏度反而增大。

2. 化学成分的影响

因为黏度的本质是原子间的结合力，难熔化合物原子间的结合力强，液体间内摩擦力大，因此其黏度较高；如果液态金属原子在固态时能形成金属间化合物，则这类合金液中异类原子间存在较强的化学结合键，黏度比相应的液态纯金属组元高；对于共晶成分合金，异类原子之间不发生结合，故黏度比非共晶成分合金液低。

3. 非金属夹杂物的影响

液态金属中呈固态的非金属夹杂物使液态金属的黏度增加，这是因为夹杂物的存在使液态金属成为不均匀的多相体系，液相流动时的内摩擦力增加，夹杂物越多，对黏度的影响越大，夹杂物的形态对黏度也有影响。

黏度在液态金属材料成形过程中有什么应用呢？它首先应用在液态金属净化中。由于液态金属中存在各种夹杂物及气泡等，因此必须尽量去除它们，否则就形成气孔或者夹杂，破坏了金属的连续性，进而影响制品的性能。

由于夹杂或气泡的密度一般小于液态金属的密度，故实际中可以用上浮的方式使夹杂物和气泡分离。根据流体力学中的斯托克斯（Stokes）公式，半径为 r 的球形夹杂物或气泡在液态金属中的上浮速度 v 满足以下公式：

$$v = \frac{2r^2(\rho_1 - \rho_2)g}{9\eta} \tag{1-3}$$

式中,v 为上浮速度;r 为球形夹杂物或者气泡的半径;ρ_1 为液态金属的密度;ρ_2 为夹杂物或者气泡的密度;η 为液态金属的黏度;g 为重力加速度。

从式(1-3)可以看出,夹杂物或气泡上浮的速度 v 与液体的黏度 η 成反比,黏度越低,夹杂和气泡上浮的速度越快。因此在材料成形过程中应用 Stokes 公式,为了精炼去除非金属夹杂物和气泡,金属液需加热到较高的温度,形成高的过热度,以降低黏度,加快夹杂物和气泡的上浮速度。

泡沫金属材料的制备也是黏度在材料成形中的重要应用。在用发泡法制备泡沫铝、泡沫镍等多孔材料时,为防止气泡上浮脱离,常在液态金属中加入钙等组元,从而增大合金液的黏度,防止气泡逸出,使气泡可在金属液中均匀分布,最终制备出气孔均匀分布的多孔金属材料。

1.1.2.2 表面张力

表面通常是指液体或固体与空气或真空接触的面。如图 1-5(a)所示,液体内部的分子或原子处于受力平衡状态,而表面层上的分子或原子受力不均匀,结果产生指向液体内部的合力 F,如图 1-5(b)所示。也就是说,当一小部分的液体单独在大气中出现时,液体力图保持球状形态,说明总有一个力的作用使其趋向球状,这个力称为表面张力,即表面上平行于表面切线方向且各方向大小相等的张力。由此可见,表面张力是由质点(分子、原子等)间作用力不平衡引起的。表面的特殊性质可产生特殊的表面现象,这就是荷叶上晶莹的水珠呈球状、雨水总是以滴状从天空下落的原因。

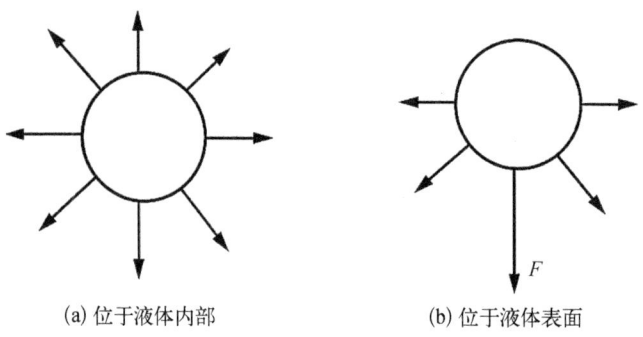

(a) 位于液体内部　　　　　(b) 位于液体表面

图 1-5　位置不同的分子或者原子作用力模型

从物理化学的原理可知,表面自由能是产生新的单位面积表面时系统自由能的增量。设恒温恒压下表面自由能的增量为 ΔF,表面自由能为 σ,使表面增加 ΔS 面积时,外界对系统所做的功为 $\Delta W = \sigma \Delta S$。当外界所做的功仅用来抵抗表面张力以增大表面面积时,该功的大小等于系统自由能的增量,即 $\Delta W = \sigma \Delta S = \Delta F$,所以

$$\sigma = \frac{\Delta F}{\Delta S} \tag{1-4}$$

式中,σ 的物理量纲为 J/m^2、$N \cdot m/m^2$ 或 N/m。因此,表面张力和表面能大小相等,只是单位不同,表面张力和表面能是从不同角度描述同一物理现象。

表面张力特指气-液界面张力,实际中我们接触更多的是界面张力。广义上讲,任意两相界面,如固-液、固-固、固-气、液-气之间都有界面张力,表面张力是界面张力的特例。如图1-6所示,当界面张力达到平衡时,界面能或界面张力之间存在如下关系:

$$\sigma_{SG} = \sigma_{LS} + \sigma_{LG}\cos\theta \quad (1-5)$$

变换后可得

$$\cos\theta = \frac{\sigma_{SG} - \sigma_{LS}}{\sigma_{LG}} \quad (1-6)$$

式中,θ为接触角,也称润湿角,是衡量界面张力的标志;σ_{SG}为固-气界面张力;σ_{LS}为液-固界面张力;σ_{LG}为液-气界面张力。

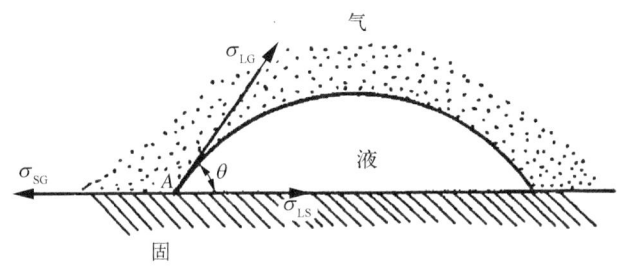

图 1-6 接触角与界面张力

因此,不同的固-液、固-气和液-气界面张力值决定了润湿角的大小。当$\sigma_{SG} > \sigma_{LS}$时,$\theta=0°$,液体能润湿固体,称为绝对润湿;当$\sigma_{SG} < \sigma_{LS}$时,$\theta>90°$,液体不能润湿固体;当$\theta=180°$时,称为绝对不润湿。润湿角的大小可以利用润湿角测量仪进行测量。

影响液态金属表面张力的因素有哪些呢?材料加工中常遇到润湿性不好,从而需要改变润湿性的情况,知道了影响因素,就可以调整材料的润湿性。影响液态金属界面张力的因素主要有熔点、温度和溶质元素。

1. 熔点的影响

界面张力的实质是质点间的作用力,故原子间结合力大的材料的熔点、沸点越高,相同条件下界面张力往往就越大。

2. 温度的影响

大多数金属和合金,如Al、Mg、Zn等,其表面张力随温度的升高而降低,主要是因为温度升高会使液体质点间的结合力减弱。但铸铁、碳钢、铜及其合金则相反,即随着温度升高,表面张力反而增加。

3. 溶质元素的影响

不同的溶质元素对不同液态金属的表面张力有不同的影响。表面活性元素,如钢液和铸铁液中的硫(S)元素,通过减少熔体表面自由能来降低表面张力,称为正吸附元素;非表面活性元素,进入熔体内部,通过减少熔体内部的自由能来提高表面张力,称为负吸附元素。因此可通过在熔体中添加一些特定的元素来改变液态金属的表面张力。

表面张力在材料成形过程中有什么作用呢？从物理化学理论可知，在表面张力的作用下，液体在毛细管中将产生如图1-7所示的现象。A处液体质点受到气体(G)质点的作用力f_1、液体内部质点的作用力f_2和管壁固体质点的作用力f_3，显然f_1比较小。当液体(L)对固体(S)的亲和力大，即$f_3>f_2$时，产生指向固体内部且垂直于A点液面的合力F，此时产生的表面张力有利于液体向固体表面展开，使$\theta<90°$，因此固-液界面是润湿的，如图1-7(a)所示。上述现象相当于表面张力的作用产生了一个力，称为附加压力p，当固-液界面互相润湿时，p有利于液体的填充，否则不利。

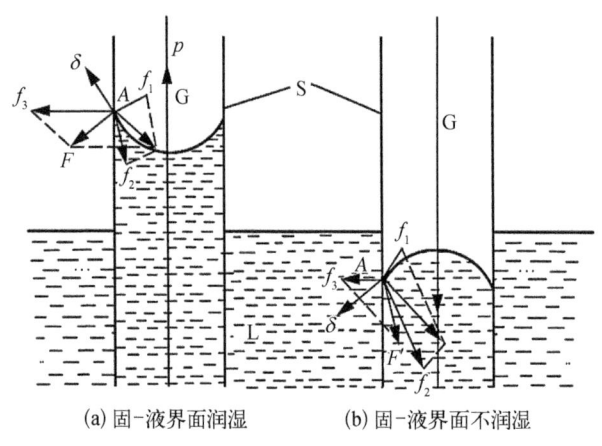

(a) 固-液界面润湿　　(b) 固-液界面不润湿

图1-7 附加压力的形成过程

附加压力p的数学表达式为

$$p = \sigma\left(\frac{1}{r_1} + \frac{1}{r_2}\right) \tag{1-7}$$

式中，r_1和r_2为液面的曲率半径。式(1-7)称为拉普拉斯公式，由表面张力产生的附加压力称为拉普拉斯压力。当由表面张力产生的曲面为球面，即$r_1=r_2=r$时，附加压力p为

$$p = \frac{2\sigma}{r} \tag{1-8}$$

显然，附加压力与管道半径成反比。半径越小，附加压力越大；凸面液体$r>0$时，附加压力$p>0$；凹面液体$r<0$时，附加压力$p<0$；平面液体$r=\infty$时，附加压力$p=0$。当r很小时，将产生很大的附加压力，这对液态金属成形过程中液态合金的充型能力和获得铸件的表面质量会产生很大影响。因此，浇注薄壁铸件时必须提高浇注温度和压力，以克服附加压力的阻碍。在砂型铸造时，常在铸型表面刷涂一层与合金液不润湿的材料，在铸型细小砂粒的缝隙中产生阻碍液态合金渗入的附加压力，从而使铸件表面光洁、不黏砂。在熔焊过程中，熔渣与合金液两相的界面作用对焊接质量产生重要影响，如果熔渣与合金液是润湿的，就不易将熔渣从合金液中去除，这可能导致焊缝处产生夹杂缺陷。在近代新材料的研究和开发中，如复合材料的无压浸渗成形，界面现象更是担当着重要的角色，更需要通过调控成分、界面特性来增加液相与固相的润湿性，产生利于液相浸渗的负的附加压力，从而实现无压浸渗成形。

1.1.2.3 流动性与充型能力

液态金属成形是液态金属在重力或者其他外力作用下充满铸型型腔，待其冷却凝固后获得与铸型形状相同的铸件的一种材料成形方法。在这一过程中，液态金属要进行流动并充满型腔，一些铸造缺陷(如浇不足、冷隔、砂眼和夹砂等)，都是在充型不利的情况

下产生的。为了获得满足要求的铸件,必须掌握和控制这个过程,因此需要研究液态金属的流动性和充型能力。

1. 液态金属的流动性

液态金属本身的流动能力称为流动性。金属的流动性好,气体和杂质易于上浮,这使金属得到净化,有利于得到没有气孔和杂质的铸件。良好的流动性,能使铸件在凝固期间产生的缩孔得到金属液的补缩,还能使铸件在凝固末期由受阻而出现的热裂得到液态金属的弥合,有利于防止这些缺陷。

液态金属的流动性可用试验的方法进行测定,最常用的是螺旋流动性试验或真空流动性试验,如图1-8所示。

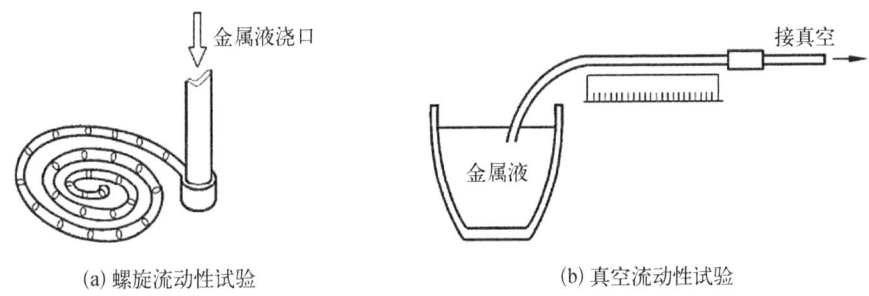

(a) 螺旋流动性试验　　(b) 真空流动性试验

图1-8　液态金属的流动性测试示意图

在上述两种测量流动性的方法中,螺旋流动性试验的金属流线弯曲,沿途阻力损失较大,流程越长,散热越多,导致金属的流动条件和温度条件都在随时间改变,这必然影响所测流动性的准确度。但相比于真空流动性试验,螺旋流动性试验灵敏度高、对比形象、可供金属液流动的距离长,而铸型的轮廓尺寸不太大,因此在生产和科研中应用较多。表1-3为一些合金利用螺旋流动性试验测得的流动性数据。

表1-3　一些合金的流动性数据(螺旋形试样,沟槽截面8 mm×8 mm)

合　　金	造型材料	浇注温度/℃	螺旋线长度/mm
铸铁(C+Si=6.2%)	砂型	1300	1800
铸铁(C+Si=5.9%)			1300
铸铁(C+Si=5.2%)			1000
铸铁(C+Si=4.2%)			600
铸钢(C=0.4%)	砂型	1600	100
		1640	200
铝硅合金	金属型	680~720	700~800
镁合金	砂型	700	400~600
锡青铜(Sn=9%~11%)	砂型	1040	420
硅黄铜(Si=1.5%~4.5%)	砂型	1100	1000

注:表中的百分比均为质量百分比。

液态金属的流动性由液态金属的成分、温度、杂质的含量等决定,与外界因素无关。

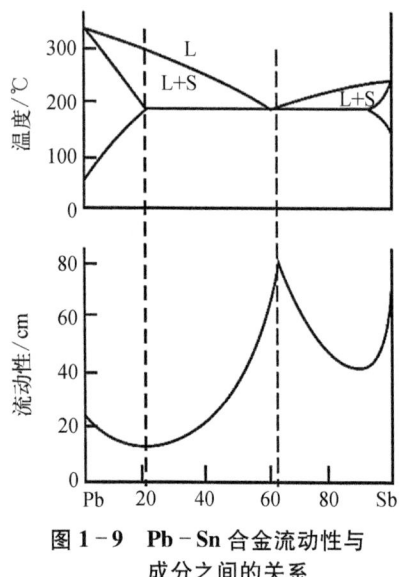

图 1-9 Pb-Sn 合金流动性与成分之间的关系

图 1-9 为 Pb-Sn 合金流动性与成分之间的关系,从图中可以看出,共晶点流动性最好,结晶温度范围的成分的流动性与液固两相区宽度有关,液固两相区最宽处的流动性最小。

一般来说,纯金属、共晶成分和金属间化合物流动性较好的主要原因为这类金属是在恒温下凝固的,凝固层的内表面比较光滑,对后续金属液的流动阻力较小,而且共晶成分合金的凝固温度较低,容易获得较大的过热度。除共晶合金和纯金属以外,其他成分合金的凝固是在一定温度范围内进行的,铸件截面中存在液、固并存的两相区,先产生的树枝状晶体对后续金属液的流动阻力较大,故流动性有所下降。合金成分越偏离共晶成分,其凝固温度范围越大,则流动性也越差。因此,接近共晶成分的合金常作为铸造材料。

2. 液态金属的充型能力

液态金属的充型能力是指在充型过程中,液态金属充满铸型型腔,获得形状完整、尺寸精确、轮廓清晰的铸件的能力,简称为充型能力。充型能力涉及充型过程中液态金属在浇注系统和铸型型腔中的流动规律,是设计浇注系统的重要依据之一。充型过程中浇不足、冷隔、砂眼、铁豆、抬箱以及卷入性气孔、夹砂等缺陷的产生与充型能力紧密相关。因此,要获得质量健全的铸件,必须对液态金属的充型能力进行掌握和控制。

液态金属的充型能力首先取决于其本身的流动能力,流动性越好,其充型能力就越强,反之,其充型能力就越差,因此流动性也可以看作确定条件下的充型能力。但充型能力又受到外界条件,如铸型性质、浇注条件、铸型结构等因素的影响,是各种因素的综合反映,因此充型能力可以通过外界条件来改变。总体来说,流动性与充型能力密切相关,但两者是不同的概念,流动性是决定充型能力的内在因素,而充型能力还取决于其他外界因素,充型能力是内因和外因共同作用的结果。

液态金属的充型能力还与可铸出的铸件最小壁厚直接相关。实践证明,同一种金属采用不同的铸型类别,所能铸出的铸件最小壁厚不同;同样的铸型条件,由于金属不同,所能得到的最小壁厚也不同,见表 1-4。因此液态金属的充型能力除了取决于金属本身的流动能力,还受外界条件,如铸型性质、浇注条件、铸件结构等因素的影响,是各种因素的综合反映。

表 1-4 不同金属和不同铸造方法铸件的壁厚

金属种类	铸件最小壁厚/mm				
	砂型	金属型	熔模铸造	壳型	压铸
灰铸铁	3	>4	0.4~0.8	0.8~1.5	—
铸钢	4	8~10	0.5~1.0	2.5	—
铝合金	3	3~4	—	—	0.6~0.8

影响液态金属充型能力的因素可以分为金属性质、铸型性质、浇注条件和铸件结构四个方面。金属性质主要包括金属的密度、比热容、热导率、结晶潜热、黏度、表面张力和结晶特点等;铸型性质主要包括铸型的蓄热系数、密度、比热容、热导率、温度、涂料层特点以及铸型的发气性和透气性等;浇注条件主要包括浇注温度、静压头大小、浇注系统中压头损失总和以及外力场(压力、真空、离心、振动等)条件等;铸件结构主要包括铸件的折算厚度、由铸件型腔的复杂程度引起的压头损失等。

对影响液态金属充型能力的因素进行分析,其目的在于掌握它们的规律,以便能够采取有效的工艺措施来提高液态金属的充型能力。由于影响液态金属充型能力的因素有很多,在工程应用及研究中,不能笼统地对各种合金在不同铸造条件下的充型能力进行比较,通常需要在相同的铸型性质、浇注系统,以及浇注时控制合金液具有相同的过热度等条件下进行对比分析。

1.2 液态金属的凝固形核、生长与控制

液态金属的结构与性质决定其凝固特点,进而决定凝固后的组织与性能。本节从热力学和动力学的条件出发,通过形核和生长过程阐述液态金属凝固过程的基本规律,并介绍其控制原理与方法。

1.2.1 凝固的热力学与动力学条件

凝固热力学和动力学的主要任务是研究液态金属由液态结晶凝固成固态的热力学和动力学条件。凝固是体系自由能降低的自发过程,但实际凝固过程中,各种相的出现会产生高能态的界面。这样,凝固过程中既有由相变引起的体系自由能降低,又有由新界面的产生导致的体系自由能增加,前者为凝固的驱动力,而后者是凝固过程的阻力。因此液态金属凝固时,必须克服热力学能障和动力学能障,才能使凝固过程顺利完成。

液态金属的结晶凝固过程是一种相变,根据热力学分析,它是一个降低体系自由能的自发进行的过程。凝固过程中物质自由能的变化可由式(1-9)表示:

$$\begin{aligned}\Delta G &= G_L - G_S \\ &= (H_L - TS_L) - (H_S - TS_S) \\ &= (H_L - H_S) - T(S_L - S_S) \\ &= \Delta H - T\Delta S\end{aligned} \quad (1-9)$$

式中,G_S 为固相摩尔自由能;G_L 为液相摩尔自由能;H_S 为固相摩尔焓;H_L 为液相摩尔焓;S_S 为固相摩尔熵;S_L 为液相摩尔熵;T 为热力学温度。

固相摩尔自由能与液相摩尔自由能同温度的关系曲线如图1-10所示。因为结构混乱度高的液相具有较高的熵值,液相自由能 G_L 将以

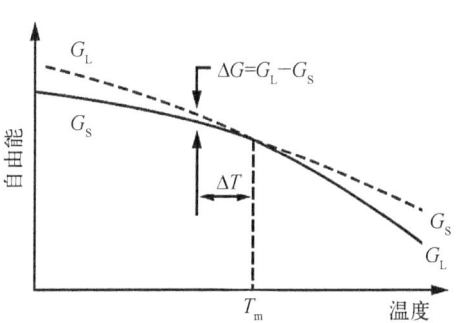

图1-10 液、固两相自由能与温度的关系

更快的速度随温度的升高而降低。而高度有序的晶体结构具有较低的内能,所以在熔点 T_m 以下, G_S 低于 G_L。因此, $T<T_m$ 时,液态金属进行凝固,变成固态;当 $T>T_m$ 时,固态金属的自由能高于液态金属,固态金属将发生熔化,金属由固态变成液态;当 $T=T_m$ 时, $\Delta G=0$,液固两相处于平衡状态。

一般金属的结晶凝固过程都发生在熔点附近,故焓与熵随温度的变化可以忽略不计,则有 $H_L-H_S=\Delta H_m$, $S_L-S_S=\Delta S_m$。ΔH_m 为摩尔结晶潜热,ΔS_m 为摩尔熔化熵。因此可得

$$\Delta G_m = \Delta H_m - T\Delta S_m \tag{1-10}$$

由于对形核问题的研究需要考虑晶核的体积,因此用体积自由能会更方便。考虑单位体积自由能变化,则有

$$\Delta G_V = \Delta H_V - T\Delta S_V = \frac{\Delta G_m}{V_m} \tag{1-11}$$

式中,ΔG_V 为单位体积自由能改变;V_m 为摩尔体积;ΔH_V 为单位体积结晶潜热;ΔS_V 为单位体积熔化熵。

平衡状态时,由式(1-11)得

$$\Delta G_V = \Delta H_V - T_m\Delta S_V = 0 \tag{1-12}$$

$$\Delta S_V = \frac{\Delta H_V}{T_m} \tag{1-13}$$

将式(1-13)代入式(1-11)得

$$\Delta G_V = \frac{\Delta H_V \Delta T}{T_m} = \frac{\Delta H_m \Delta T}{V_m T_m} \tag{1-14}$$

式中,$\Delta T=T_m-T$ 为过冷度。

对某一金属而言,结晶潜热 ΔH_V 和熔点 T_m 是定值,故 ΔG_V 只与 ΔT 有关。因此液态金属凝固的驱动力由过冷度提供,或者说,过冷度 ΔT 就是凝固的驱动力。

在驱动力 ΔG 或 ΔT 的作用下,液态金属开始凝固。凝固时,首先产生结晶核心,然后核心长大,直至相互接触,这一过程不是在一瞬间完成的。但形核和核心的长大不是截然分开的,而是同时进行的,即在晶核长大的同时会产生新的核心,新的核心又同老的核心一起长大,直至凝固结束。

总体来说,凝固过程是由于体系自由能降低而自发进行的。但在该过程中,一方面,固相自由能低于液相自由能,凝固导致系统自由能降低;另一方面,凝固产生固-液界面,界面具有自由能,因而系统自由能增加,金属要凝固,就必须克服新增界面自由能所带来的热力学能障。当体积自由能降低占的比例较大时,就会发生凝固,而当界面自由能增加占的比例较大时,就发生熔化现象。

根据相变动力学理论,液态金属中的原子在结晶过程中的能量变化如图 1-11 所示,高能态的液相原子(L)变成低能态的固相原子(S),必须越过能垒 ΔG_A,即固态晶粒与液

相间的界面,从而导致体系自由能增加。固相晶核的形成或晶体的长大,是液相原子不断地经过界面向固相堆积的过程,是固-液界面不断地向液相中移动的过程。只有液态金属中那些具有高能态的原子,或者被激活的活跃原子才能越过高能态的界面,变成固体中的原子,从而完成凝固。ΔG_A为动力学障碍,之所以称为动力学,是因为单纯从热力学考虑,此时液相自由能已高于固相自由能,固相为稳定态,相变应该没有障碍,但要使液态相原子具有足够的能量跃过高能界面,还需相应的动力学条件。因此,液态金属凝固过程中必须克服热力学和动力学两个能障。

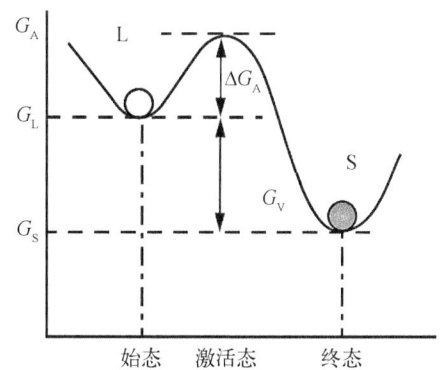

图1-11 金属原子在结晶过程中的自由能变化

热力学能障和动力学能障都与界面状态密切相关。热力学能障是由被迫处于高自由能过渡状态下的界面原子产生的,它直接影响体系自由能的大小,如界面自由能。动力学能障是由金属原子穿越界面过程引起的,它与驱动力的大小无关,而仅取决于界面的结构与性质,如激活能。凝固过程中产生的固-液界面使体系自由能增加,导致凝固过程不可能瞬时完成,也不可能同时在很大的范围内进行,只能逐渐形核生长,逐渐克服两个能障,才能完成液体到固体的转变。同时,界面的特征及形态影响着晶体的形核和生长,也正是这个原因,高能态的界面范围尽量缩小,至凝固结束时成为范围很小的晶界。

如何克服热力学障碍和动力学障碍呢?如前所述,液态金属在成分、温度、能量上是不均匀的,即存在成分、结构和能量三个起伏,也正是存在这三个起伏,才能克服凝固过程中的热力学能障和动力学能障,使凝固过程不断地进行下去,具体将在后续章节中介绍。

1.2.2 均质形核

在驱动力的作用下,跨越两个障碍后,液态金属原子开始形核。形核就是过冷液态金属通过起伏作用在某些微小区域内形成稳定存在的晶态小质点的过程。在形核过程中由于新相与界面相伴而生,界面自由能这一热力学能障就成为形核过程的主要阻力。根据构成能障的界面情况不同,液态金属凝固时的形核可以分为两种不同的方式,一种是依靠液态金属内部自身的结构自发地形核,称为均质形核;另一种是依靠外来固相,如型壁、夹杂物等所提供的异质界面非自发地形核,称为异质形核,或非均质形核。

假定液态金属在一定的过冷度下产生一个半径为r的球形晶胚,则体系吉布斯自由能ΔG的变化为

$$\Delta G = -\frac{4}{3}\pi r^3 \Delta G_V + 4\pi r^2 \sigma_{CL} \quad (1-15)$$

式中,r为球形核心的平均半径;σ_{CL}为界面自由能。由式(1-15)可以看出,形核时体系自由能的变化由两部分构成,一部分为体积自由能的降低,另外一部分为界面自由能的升高。

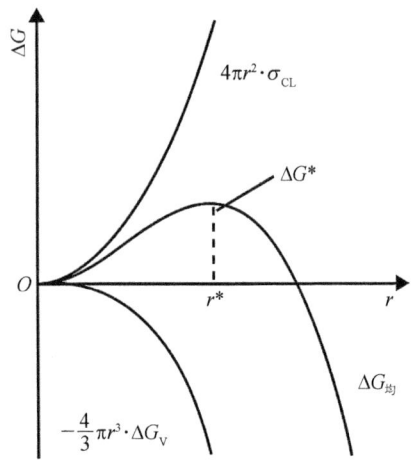

图 1-12 凝固时体系吉布斯自由能 $\Delta G_{均}$ 与晶胚半径 r 的关系曲线

图 1-12 是由式(1-15)得到的均匀凝固时体系吉布斯自由能 $\Delta G_{均}$ 与晶胚半径 r 的关系曲线,可以看到,存在一临界晶核尺寸 r^*,当 $r<r^*$ 时,界面自由能的升高起支配作用,晶胚长大将导致体系自由能的增加,因而这种尺寸的晶胚不稳定,难以形核,最终将熔化消失;当 $r \geq r^*$ 时,体积自由能的降低起主导作用,晶胚的长大使体系自由能降低,这些晶胚可以长大,成为稳定的晶核。将式(1-15)求导并令其等于零,则得到均质形核时的临界形核半径 $r_{均}^*$ 为

$$-4\pi r_{均}^{*2} \Delta G_V + 8\pi r_{均}^* \sigma_{CL} = 0 \Rightarrow r_{均}^* = \frac{2\sigma_{CL}}{\Delta G_V} \tag{1-16}$$

将式(1-14)代入式(1-16)可得

$$r_{均}^* = \frac{2\sigma_{CL}}{\Delta H_V} \frac{T_m}{\Delta T} \tag{1-17}$$

由式(1-17)可知,临界晶核的存在使液态金属冷却时需要过冷度,均质形核时临界晶核半径随过冷度增大而减小,随晶体表面能的增大而增大。

那么临界晶核是怎么产生的呢?从前述的内容可以知道,液态金属由原子集团、游离原子和空穴等组成,具有短程有序、长程无序的特点,存在结构起伏,温度越低,原子集团的结构起伏尺寸越大,当结构起伏尺寸大于临界形核尺寸时,这些原子集团就成为稳定的晶胚,可以长大成核。

将式(1-14)和式(1-17)代入式(1-15),可得

$$\Delta G_{均}^* = \frac{16}{3}\pi \frac{\sigma_{CL}^3 T_m^2}{\Delta H_V^2 \Delta T^2} = \frac{1}{3} S^* \sigma_{CL} \tag{1-18}$$

式中,S^* 为临界晶核的表面积;$\Delta G_{均}^*$ 为均质形核形成临界晶核时的临界形核功,为临界晶坯形核时由外界提供的能量。这意味着临界形核功相当于临界晶核表面能的三分之一,它是均质形核所必须克服的动力学障碍。这也表明固、液两相之间自由能差只能提供形成临界晶核所需表面能的三分之二。

临界形核功来自哪儿?前面我们已经学习到,液态金属存在着能量起伏,微小区域的能量处于不断的变化之中,时大时小,总体满足正态分布,但总有一小部分微区域处于高能区,处于这个区域的原子集团可以克服形核时的动力学障碍。所以,液态金属原子依靠能量起伏来获得形成临界晶核的形核功。

从上述分析可以看到,均质形核必须在一定过冷条件下进行,过冷时才有相当于临界晶核大小的晶胚出现;均质形核依靠结构起伏形成尺寸大于临界晶核的晶胚;均质形核必须依靠能量起伏获得形成临界晶核的形核功,才能形成稳定的晶核。因此过冷度、结构起

伏和能量起伏是结晶的三个条件。

上文研究的是单个晶核的形成过程,实际中要考虑单位体积内多个晶核一起形成的情况,单位体积中、单位时间内形成的晶核数目称为形核率。

根据统计热力学,均质形核时形核率 $I_{均}$ 满足式(1-19)的关系:

$$I_{均} = k_1 \exp\left[-\left(\frac{\Delta G_A + \Delta G_{均}^*}{k_B T}\right)\right] \quad (1-19)$$

式中,k_1 为比例常数;$\Delta G_{均}^*$ 为临界形核功;ΔG_A 为液态原子扩散激活能;k_B 为玻尔兹曼常量。

由于 $\Delta G_{均}^*$ 满足式(1-18)的关系,因此均质形核时形核率 $I_{均}$ 与过冷度 ΔT 满足式(1-20)的关系:

$$I_{均} \propto e^{-\frac{1}{\Delta T^2}} \quad (1-20)$$

从式(1-20)可以看到,过冷度是影响均质形核形核率的最重要因素,温度低,过冷度大,晶核的临界半径及临界形核功小,形核率高。但是随着温度的下降,液体金属的原子集团聚集到临界尺寸发生困难,因为过冷使液态金属黏度增加。所以,随着过冷度增加,形核率增加,达到最大值后,不但不增加,反而下降。在实际生产条件下,过冷度不是很大,故形核率随过冷度增加而上升。

1.2.3 异质形核

均质形核是对纯金属而言的,但实际的液态金属都会含有多种固态夹杂物(如氧化物、氮化物、碳化物等),其中还含有同质的固态原子集团,某些夹杂物和这些同质的固态原子集团可作为形核的基底,即晶核依附于其中一些夹杂物的界面形成。固态夹杂物和固态原子集团对液态金属而言为异质,因此实际生产中几乎不存在均质形核,液态金属在凝固过程中多为异质形核。液态金属依靠外来质点或型壁界面提供的衬底生核的过程称为异质形核。

假设在外来质点构成的形核基底S上,形成了半径为 r 的球冠型固相晶核C,如图1-13所示,那么达到平衡时存在以下关系:

$$\sigma_{LS} = \sigma_{CS} + \sigma_{CL} \cos\theta \quad (1-21)$$

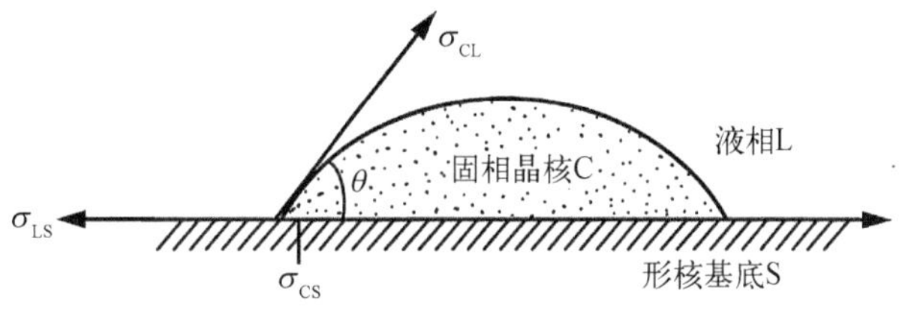

图1-13 异质形核模型

式中,σ_{LS}、σ_{CS} 和 σ_{CL} 分别为液相和界面、晶核和界面、晶核和液相间的界面张力;θ 为润湿角。

当球冠型晶核C形成时,该系统吉布斯自由能的变化 $\Delta G_{异}$ 为

$$\Delta G_{异} = -V_C \Delta G_v + S_{CS}(\sigma_{CS} - \sigma_{LS}) + S_{CL}\sigma_{CL} \quad (1-22)$$

式中,V_C 为球冠型晶核的体积,即固态核心的体积;S_{CS} 为晶核与夹杂物间的界面面积;S_{CL} 为晶核与液相的界面面积。

求解球冠的体积、晶核与夹杂物间的界面面积以及晶核与液相的界面面积时,通过运算可得

$$\Delta G_{异} = \left[-\frac{4}{3}\pi r^3 \Delta G_V + 4\pi r^2 \sigma_{CL} \right] \left[\frac{2 - 3\cos\theta + \cos^3\theta}{4} \right] \quad (1-23)$$

式(1-23)右边第一项是均质形核时体系吉布斯自由能的变化 $\Delta G_{均}$,第二项为润湿角 θ 的函数,令

$$f(\theta) = \frac{2 - 3\cos\theta + \cos^3\theta}{4} = \frac{(2 + \cos\theta)(1 - \cos\theta)^2}{4} \quad (1-24)$$

所以

$$\Delta G_{异} = \Delta G_{均} f(\theta) \quad (1-25)$$

通过数学运算,可得异质形核时的临界形核半径 $r_{异}^*$ 和临界形核功 $\Delta G_{异}^*$ 分别为

$$r_{异}^* = \frac{2\sigma_{CL}}{\Delta G_V} = \frac{2\sigma_{CL}}{\Delta H_V \Delta T} T_m \quad (1-26)$$

$$\Delta G_{异}^* = \frac{16\pi \sigma_{CL}^3}{3\Delta G_V^2} f(\theta) = \Delta G_{均}^* f(\theta) = \frac{1}{3} A^* \sigma_{CL} f(\theta) \quad (1-27)$$

由式(1-27)可知,异质形核的临界形核功与润湿角 θ 相关。当 $\theta = 0°$ 时,$f(\theta) = 0$,故 $\Delta G_{异}^* = 0$,此时界面与晶核完全润湿,液态金属原子能在界面上形核;当 $\theta = 180°$ 时,$f(\theta) = 1$,$\Delta G_{异}^* = \Delta G_{均}^*$,此时界面与晶核完全不润湿,液态金属原子不能依附界面而形核。实际上,晶核与界面的润湿角一般在 $0° \sim 180°$,晶核与界面为部分润湿,$0 < f(\theta) < 1$,因此 $\Delta G_{异}^*$ 总是小于 $\Delta G_{均}^*$。

由均质形核和异质形核的临界晶核半径表达式可知,均质和异质形核具有相同的临界晶核半径,但异质形核核心仅为球体的一部分,体积很小,包含的原子数比球形均质形核核心少得多,相应的临界形核功小,所以异质形核阻力小,在较小的过冷度下就可以得到较高的形核率。

影响异质形核率的因素主要有过冷度、界面特性和液态金属的过热及持续时间。一般情况下,过冷度越大,形核率越大。界面由夹杂物的特性、形态和数量来决定,夹杂物基底与晶核润湿,则形核率大;凹形基底的夹杂物形成临界晶核所需的原子数少,因而形核率大;夹杂物或外界提供的界面越多,形核率就越大。异质核心的熔点比液态金属的熔点高,但当液态金属过热温度接近或超过异质核心的熔点时,异质核将会熔化或使其表面的活性消失,失去了夹杂物的应有特性,形核率则降低。

1.2.4 影响形核的冶金处理

控制铸件的组织结构,获得细晶组织,是确保铸件具有优良力学性能的重要措施。在液态金属成形中,细晶铸造常用的方法有热控法、动力学法和化学法三种。热控法主要是

通过浇注时控制铸型温度、降低浇注过热度、增大铸件冷却速度获得细晶组织。动力学法主要是在浇注和凝固过程中,通过施加外力迫使合金液产生振动、搅动等运动,使晶粒破碎,从而达到抑制晶粒长大、获得细晶组织的目的。化学法是通过加入有效形核剂,形成大量的非均匀质核心,从而使晶粒细化,这里所说的化学法就是影响形核的冶金处理方法。通过对凝固时的形核过程进行控制,可以改变液态金属的状态及凝固过程,实现对材料最终组织与性能的改善和控制,这个过程称为影响形核的冶金处理。

影响液态金属凝固时形核的冶金处理方法,对于非铁合金,称为晶粒细化处理;对于铸铁,则称为孕育处理;对于钢铁,则两个名称都使用。根据细化或孕育作用的产生途径,可以把影响液态金属凝固时形核的冶金处理方法分为引入更有效的异质形核基底、形成先凝固的同质核心基底和形成瞬时局部形核条件三类。

1.2.4.1 引入更有效的异质形核基底

异质形核基底主要有两种来源,一种是内生形核质点,另一种是向熔体中添加形核剂来增加外来形核质点。添加形核剂是当前生产过程中最有效、最实用的引入异质形核基底方法。

这个方法的关键是如何选择合适的形核剂。由异质形核理论可知,一种好的形核剂首先应能保证结晶相在基底物质上形成尽可能小的润湿角 θ,其次形核剂产生的基底物质还应在液态金属中尽可能保持稳定,并且具有最大的表面积、最佳的表面粗糙或有凹坑结构等特征。但高温熔体中通常难以测定两相间的润湿角 θ,且影响因素比较多。

界面共格理论认为,在异质形核过程中,结晶相总是力图与基底某一个最合适的晶面结合,从而组成一个界面能最低的界面。因此界面两侧原子之间必然要呈现出某种规律性的联系,这种规律性的联系称为界面共格对应。研究指出,只有当基底物质的某一个晶面与结晶相的某一个晶面上的原子排列方式相似,且其原子间距相近或在一定范围内成比例时,才能实现界面共格对应。这时,界面能主要来源于由两侧点阵错配引起的点阵畸变,并可用式(1-28)中的点阵错配度 δ_m 来衡量。

$$\delta_m = \frac{|a_2 - a_1|}{a_1} \times 100\% \tag{1-28}$$

式中,a_1 为杂质原子间距离;a_2 为结晶相原子间距离。

当 $\delta_m \leq 5$ 时,通过点阵畸变过渡可以实现界面两侧原子之间的一一对应,这种界面称为完全共格界面,其界面能较低,基底促进非均质形核的能力很强;当 $5 < \delta_m < 25$ 时,通过点阵畸变过程和位错网络调节,可以实现界面(Ⅰ)两侧原子之间的部分共格对应,如图1-14所示,这种界面称为部分共格界面,其界面能高,基底具有一定的促进非均质形核的能力,但随着 δ_m 的增大,基底促进非

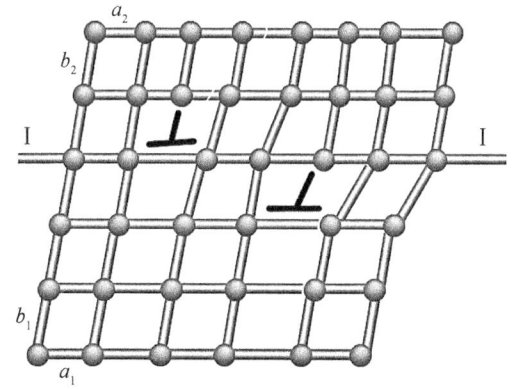

图 1-14 部分共格界面上的原子排列

注:a_1b_1 为杂质原子间距;a_2b_2 为结晶相原子间距。

均质形核作用逐渐减弱；当 $\delta_m \geqslant 25$ 时，为完全不共格界面，界面能最高，无法在基底上形核。

1.2.4.2 形成先凝固的同质核心基底

外加形核剂中的某种元素与熔体元素的作用，能够形成可与熔体发生包晶或共晶反应的化合物，如果包晶或共晶反应的温度高于熔体的液相线温度，则在熔体冷却到液相线温度之前，就通过包晶或共晶反应形成了同质的凝固基底，不需要另行形核，液态原子即可在同质的凝固基底上凝固生长，这种方法称为形成先凝固的同质核心基底。同质核心基底的产生大大减小形核所需的过冷度，促进了形核。

1. 包晶反应机制

钛（Ti）是铝（Al）的有效细化元素，目前已在实际中得到应用。根据二元 Al-Ti 相图（图 1-15），在 665℃ 时，来自中间合金的钛铝化物 $TiAl_3$ 通过包晶反应使 $\alpha(Al)$ 成核，即 $L + TiAl_3 \longrightarrow \alpha(Al)$。

$TiAl_3$ 和 Al 晶面间存在良好的共格关系，Al 原子可以在几个 $TiAl_3$ 晶面上同时外延生长，在 Al 的晶粒中心甚至可以找到 $TiAl_3$ 粒子。凝固曲线也可证明成核是在包晶温度附近通过包晶反应实现的。显然，只要熔体中有 $TiAl_3$ 存在，包晶细化理论就可能成立。除 Ti 元素外，锆（Zr）和钒（V）等元素对 Al 的细化作用机理与 Ti 元素类似，也可通过包晶反应使 $\alpha(Al)$ 成核，详细信息如表 1-5 所示。

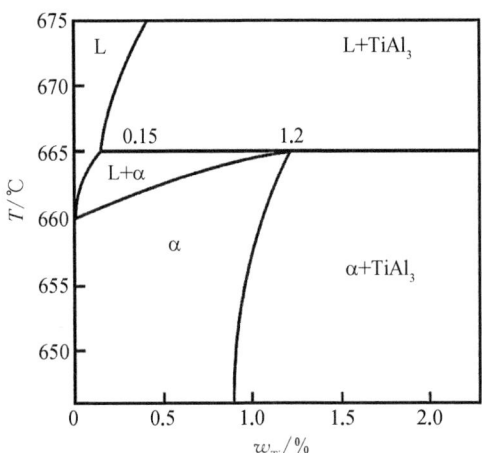

图 1-15 二元 Al-Ti 相图的富 Al 端

注：w_{Ti} 为 Ti 的质量百分比。

表 1-5 细化 Al 的常用形核剂

状态图	形核剂	包晶反应温度/℃	B_nAl_m 名称	点阵	原子间距/m	实际常用量（质量百分比）
	Ti	665	$TiAl_3$	正方	$a = 5.44 \times 10^{-10}$ $c = 8.59 \times 10^{-10}$	0.2%~0.3%
	Zr	660.5	$ZrAl_3$	正方	$a = 4.01 \times 10^{-10}$ $c = 17.32 \times 10^{-10}$	0.1%~0.2%
	V	661	VAl_3	面心立方	$a = 3.0 \times 10^{-10}$	0.03%~0.05%

注：B 为 Ti、Zr、V；a、c 指不同晶向原子间距。

2. 共晶反应机制

由于 $TiAl_3$ 的热稳定性比较差，因此常利用包晶反应来进行纯 Al 的细化，而对于铝-

硅(Al-Si)合金,硼(B)的细化效果远高于上述 Ti 的细化效果。在 Al-Si 合金中,B 的细化机制与 Ti 不同,它是通过共晶反应起作用的。根据二元 Al-B 相图(图 1-16),Al-B 系中 B 的质量分数 w_B 约为 0.022%,温度 659.7℃处对应 L⟶α(Al)+AlB$_2$ 的共晶反应。

Al-Si 合金的液相线温度低于 659.7℃,因而包含这个共晶反应,这将会产生有效的晶粒细化。也就是说,当存在溶质 B 时,α(Al)和 AlB$_2$ 在到达 Al-Si 合金液相线之前,就会通过共晶反应同时析出。当熔体温度降到合金液相线时,固相将在已预先

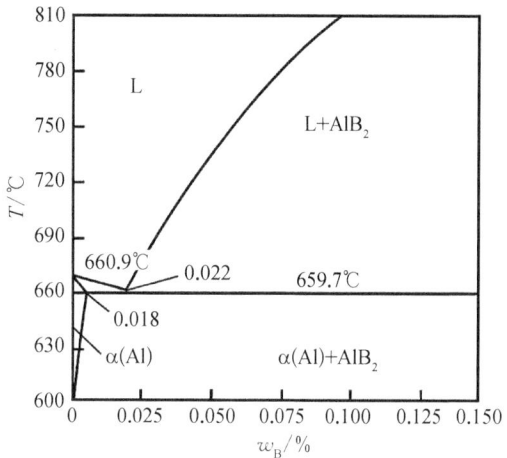

图 1-16 二元 Al-B 相图的富 Al 端

存在的 α(Al)上直接生长,不需要过冷,因而晶粒显著细化。另外,Si 还使共晶点成分向低 B 量位移,有效 B 量增多,促进 Al-B 中间合金晶粒细化效果。因此 Al-B 中间合金在很大 Si 量范围内都具有强大的晶粒细化能力。

图 1-17 所示为 Al-7Si 合金经 Al-Ti-B 中间合金做形核剂处理前后的组织,可见形核剂的添加大大细化了合金的晶粒组织。

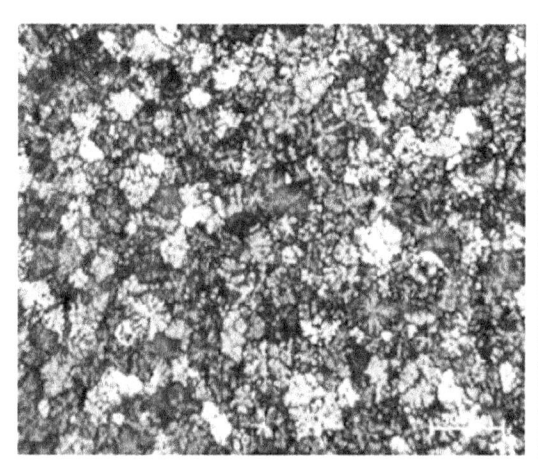

(a) 未添加形核剂

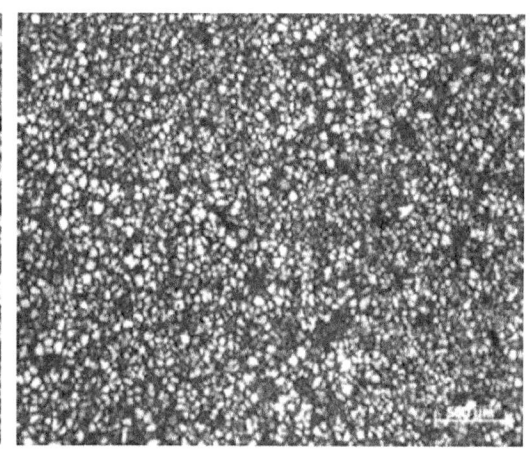

(b) 添加形核剂

图 1-17 形核剂处理前后 Al-7Si 合金的组织

1.2.4.3 形成瞬时局部形核条件

局部化学成分的不均匀性是这种晶粒细化机理的基本条件。例如,在 Fe-C-Si 合金熔体中,加入以 C 和 Si 元素为主的形核剂,在形核剂的溶解过程及溶解后的一定时间内,在形核剂颗粒的周围及其溶解前的所在位置,局部区域中形核剂的主要组成元素的质量分数很高,会大大提高这种区域中的碳当量,迫使碳过饱和析出。铁液中本来就存在大量非金属夹杂物质点,它们在一定条件下能作为石墨形核的异质核心。铁液中碳的过饱

和度越大,能起有效核心作用的异质核心质点就越多。孕育的作用就是使那些正常条件下不能起异质核心作用的质点成为有效的异质形核基底。由于这种局部高浓度区域会随时间的延长而扩散均匀化,因此孕育作用会衰退。

这种形成局部形核条件的机理,在以引入更有效的异质核心基底为主要途径的细化处理中同样存在。例如,当用 Ti 作晶粒细化剂来处理 Al 熔体时,不需要 Ti 的加入量达到包晶点 0.15%(质量百分比),就能起到这个作用。同样,当用 B 处理铝合金时,也不需要 B 的加入量达到共晶点成分的 0.022%(质量百分比)。因此,实际发生的促进形核作用可能是几种机理的联合作用。

1.2.5 晶体长大

形成稳定的晶核后,液相中的原子不断地向固相核心堆积,使固-液界面不断地向液相中推移,导致液态金属的凝固。液相原子堆积的方式及速率与凝固驱动力和固-液界面的特性有关。晶体长大方式可从宏观和微观来分析,宏观长大是讨论固-液界面所具有的形态,微观长大则讨论液相中的原子向固-液界面堆积的方式。

1.2.5.1 晶体宏观长大方式

根据凝固时固-液界面的形态不同,晶体的宏观长大方式有两种,一种是平面方式生长,另一种是枝晶方式生长,以哪种方式生长主要取决于界面前方液体的温度分布。

1. 平面方式生长

若固-液界面前方液体温度高于界面温度,呈现正温度梯度,此时界面前方液体过冷区域及过冷度极小,距界面越远的液体,过冷度越小。晶体生长时凝固潜热的析出方向同晶体生长方向相反,因此,一旦某一个晶体生长时伸入液相区,就会重新熔化,导致晶体以平面方式生长,如图 1-18 所示。

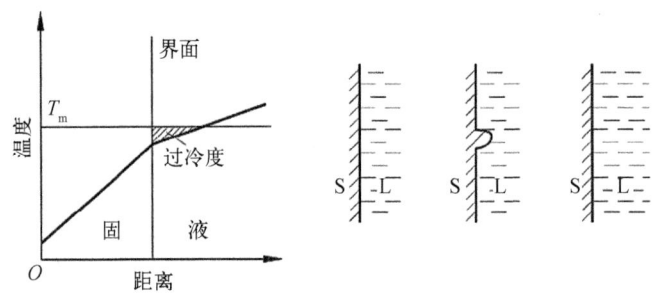

图 1-18 正温度梯度下的凝固界面形态

2. 枝晶方式生长

若固-液界面前方液体温度低于界面温度,呈现负温度梯度,此时界面前方液体过冷区域及过冷度较大,距界面越远的液体,过冷度越大。晶体生长时凝固潜热析出方向同晶体生长方向相同,凸起的晶体将快速伸入过冷液体中,导致晶体以枝晶方式生长,如图 1-19 所示。

1.2.5.2 晶体微观长大方式

由于晶核长大是液-固界面两侧原子迁移的过程,界面的微观结构必然会影响晶核长

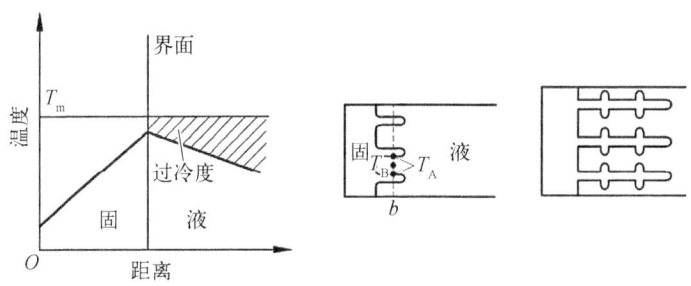

图 1-19 负温度梯度下的凝固界面形态

大的方式。晶体的生长是液体原子不断向固-液界面堆砌的过程,原子堆砌的方式则取决于固-液界面的结构。而固-液界面结构是由界面热力学来决定的,稳定的界面结构具有最低的吉布斯自由能。

一般认为,固液界面在原子尺度上具有粗糙和光滑之分,即粗糙界面和光滑界面,这对晶体的长大有很大影响。杰克逊(Jackson)通过统计力学处理,得出了判断粗糙界面或光滑界面的数学模型——Jackson 模型,即 Jackson 因子 α_J 满足式(1-29)的关系:

$$\alpha_J = \frac{\Delta H_0}{k_B T_m}\left(\frac{\eta}{v}\right) \tag{1-29}$$

式中,ΔH_0 为原子结晶潜热;η 为晶体表面配位数;v 为晶体内部配位数。$\frac{\Delta H_0}{k_B T_m}$ 取决于两相的热力学性质;$\frac{\eta}{v}$ 与晶体结构及界面的晶面指数有关,其值最大为 0.5。

当界面上空位被阿伏伽德罗常量(N_A)个原子占据时,界面相对自由能 $\frac{\Delta G_S}{N_A k_B T_m}$ 与界面上固相原子所占位置分数 x 的关系为

$$\frac{\Delta G_S}{N_A k_B T_m} = \alpha_J x(1-x) + x\ln x + (1-x)\ln(1-x) \tag{1-30}$$

当 α_J 在 1~10 时,界面相对自由能与界面上固相原子所占位置分数的关系曲线如图 1-20 所示。计算表明,对于 $\alpha_J \leq 2$ 的物质,当 $x=0.5$ 时,界面的自由能最低,处于热力学稳定状态;而对于 $\alpha_J > 2$ 的物质,只有当 $x < 0.05$ 或 $x > 0.95$ 时,界面的自由能才最低,处于热力学稳定状态,因此呈现光滑界面和粗糙界面两种不同结构的界面状态。

1. 粗糙界面

当 $\alpha_J \leq 2$,$x=0.5$ 时,界面为最稳定的热

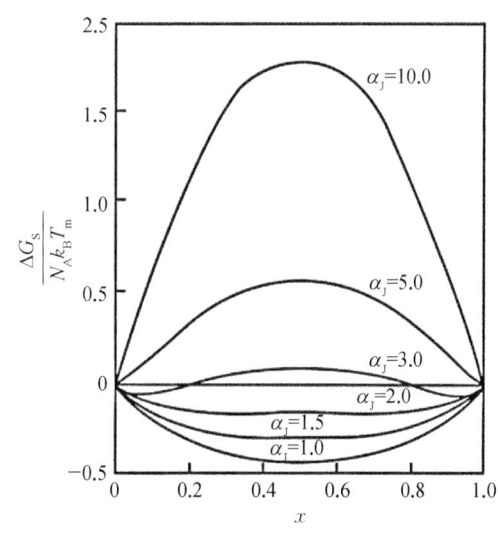

图 1-20 界面相对自由能与界面上固相原子所占位置分数的关系

力学结构,这时固-液界面固相一侧的点阵位置有一半左右被固相原子所占据,形成坑坑洼洼、凹凸不平的粗糙界面结构,如图 1-21(a)所示。粗糙界面也被称为"非小晶面"或"非小平面",大多数的金属界面属于这种结构。

2. 光滑界面

当 $\alpha_J>2$,$0<x<0.05$ 或 $x>0.95$ 时,界面为最稳定的热力学结构,这时固-液界面固相一侧的点阵位置几乎被固相原子所占满,只留下少数空位或台阶,从而形成整体上平整光滑的界面结构,如图 1-21(b)所示。光滑界面也被称为"小晶面"或"小平面",非金属及化合物大多数属于这种结构。

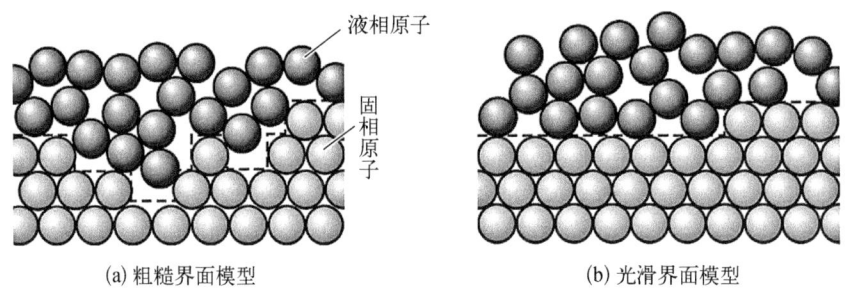

(a) 粗糙界面模型　　　　　　(b) 光滑界面模型

图 1-21　两种界面结构模型

根据 Jackson 模型进行的预测,已被一些试验结果所证实,但由于它仅从热力学的角度考虑,没有考虑界面推移的动力学因素,因此具有局限性,一些结果不能得到解释。需要注意的是,粗糙界面与光滑界面是在原子尺度上的界面差别,与凝固过程中固-液界面形态差别不同,后者尺度在微米数量级。

晶体的微观生长方式和速率是由固-液界面结构决定的。对于粗糙的固-液界面,由于界面有 50%的空位可接受原子,因此液体中的原子可单个进入空位与晶体连接,界面沿其法线方向向前推进,这称为连续生长或垂直生长,其平均生长速率最快。大多数的金属采用这种方式生长,因此也称为正常生长方式。

对于光滑的界面结构,只有少数空位或台阶可接受原子,台阶被填满后,会形成新的二维台阶继续生长,这种生长方式称为台阶方式生长或侧面生长。对于平整的固液界面,因界面上没有足够的位置供原子占据,单个的原子无法往界面上堆砌。此时,如同均质形核,平整界面上形成一个原子厚度的核心,称为二维晶核。由于二维晶核的形成产生了台阶,液相中的原子可源源不断地沿着台阶堆砌,使晶体侧向生长,称为二维晶核生长。当由二维晶核形成的台阶被完全填满后,又在新的平整界面上形成新的二维台阶,如此往复,完成凝固过程。

晶体还可从缺陷处生长,其实质是平整界面的侧面生长的另一种形式,它不是由形核来形成二维台阶,而是依靠晶体缺陷产生台阶,如位错、孪晶等,例如,螺旋位错生长是沿螺旋位错形成的台阶堆砌生长的方式。

在连续生长、二维晶核生长和螺旋位错生长三种晶体生长方式的生长速率中,连续生长的速率最快,因为粗糙界面上相当于有大量的现成台阶,其次是螺旋生长。但当过冷度很大时,三者的生长速率趋于一致,也就是说当过冷度很大时,平整界面上会产生大量的二维核心,或产生大量的螺旋台阶,使平整界面变成粗糙界面。

1.2.6 影响晶粒长大的冶金处理

影响液态金属凝固时晶粒长大的冶金处理,有机械(如外加振动)、物理(如外加电磁场)和化学(外加化学添加剂)方法,其中化学方法最有效,也最方便,这也是本节所讨论的影响晶粒长大的冶金处理。本节主要以铝硅合金的变质处理和铸铁的球化处理为例,讨论影响晶粒长大的冶金处理手段及其作用。

1.2.6.1 铝硅合金的变质处理

铝硅合金是目前应用最广、用量最大的铸造非铁合金。铝硅合金具有简单的共晶型相图,室温下只有 α(Al) 和 β(Si) 两种相。α(Al) 相的性能与纯铝相似,β(Si) 相的性能与纯硅相似。β(Si) 相在自然生长条件下会长成板条状的脆性相,将严重割裂基体,从而降低合金的强度和塑性,因而需要将它变成有利的形态。变质处理就是使共晶硅由粗大的板条状变成细小的颗粒状,从而提高合金性能。铝硅合金的变质处理是向凝固前的合金熔体中加入少量的变质元素,改变共晶硅相的生长形态。变质在改变共晶合金的相的结晶形貌上有着重要作用,在 20 世纪 70 年代之前,钠(Na)是唯一应用的变质元素。而现在发现,碱金属中的钾(K)、Na,碱土金属中的钙(Ca)、锶(Sr),稀土元素铕(Eu)、镧(La)、铈(Ce)以及锑(Sb)、铋(Bi)、硫(S)、碲(Te)等均具有变质作用。不同变质元素的作用效果不同,获得的 Si 形态也不一样,效果最好的是 Na 和 Sr,是目前应用最广泛的变质元素。

图 1-22 为变质前后铝硅合金的显微组织,可以看到,共晶硅相形态发生明显变化。未变质时,铝硅合金中的共晶硅呈板条状生长。加入变质剂后,铝液中的变质元素发生吸附作用,改变了界面的状态,使硅晶体的生长方式发生改变,导致硅的形态发生变化。

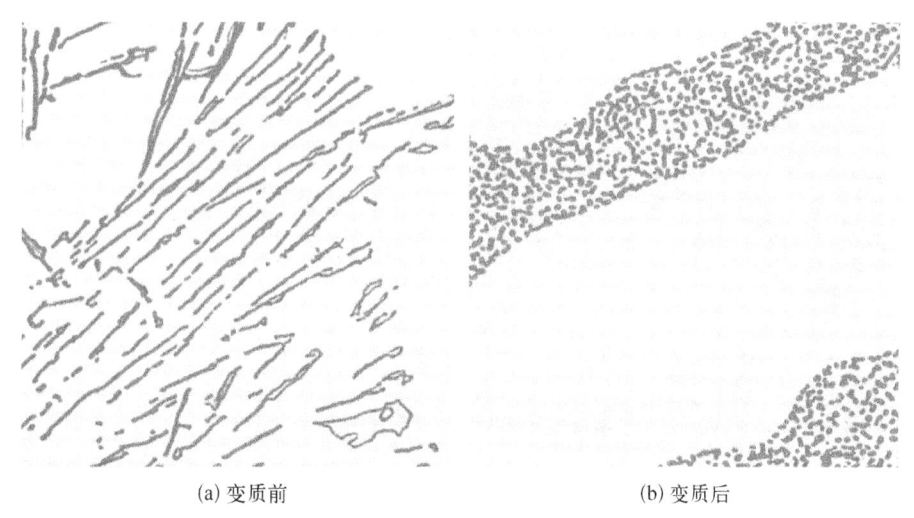

(a) 变质前　　　　　　　　(b) 变质后

图 1-22 变质前后铝硅合金的显微组织

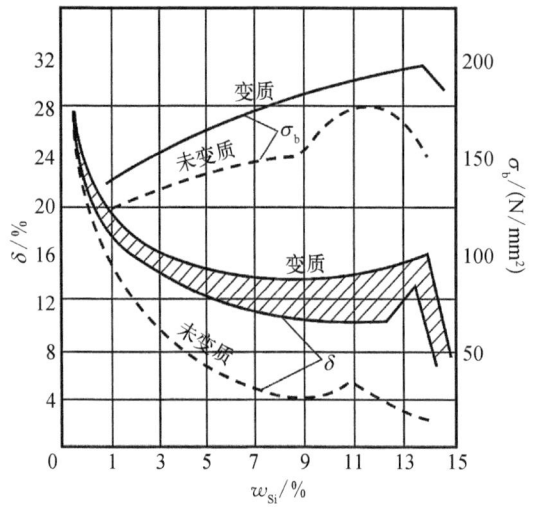

图 1-23 变质处理对铝硅合金力学性能的影响

图 1-23 为变质处理对铝硅合金力学性能的影响，可以看到，变质作用改变了铝硅合金的力学性能，变质后材料抗拉强度 σ_b 和伸长率 δ 大幅提升。变质元素的加入量一般不需要太多，变质元素的加入量达到要求时，如果继续提高加入量，变质效果也不会有明显改善。在亚共晶铝硅合金的变质处理中，Sr 的质量分数为 0.02% 时就能达到很好的变质效果（图 1-24）。

1.2.6.2 铸铁的球化处理

球墨铸铁具有高强度、高韧性和耐磨的特点，是 20 世纪 50 年代发展起来的高强度铸铁材料，综合性能接近于钢。为了保证球墨铸铁具有高力学性能，合金中的石墨需要圆整、细小，具有高的球化率，因此要进行球化处理。在铸铁浇注凝固之前，在一定的条件下加入一定量的球化剂（镁、稀土及其

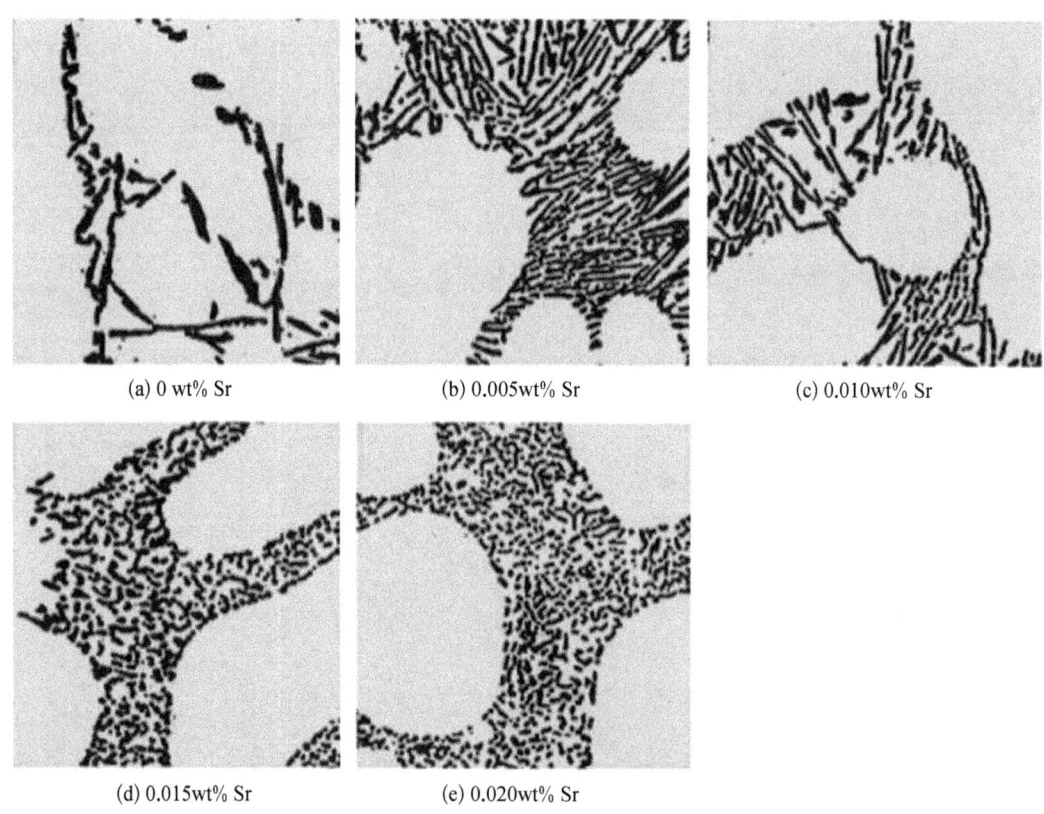

(a) 0 wt% Sr   (b) 0.005wt% Sr   (c) 0.010wt% Sr

(d) 0.015wt% Sr   (e) 0.020wt% Sr

图 1-24 Sr 对亚共晶铝硅合金的变质作用

注：wt% 指质量百分比。

中间合金),改变铁液凝固时石墨的生长方式,使之成为球状的冶金处理工艺,称为球化处理。

石墨的晶体结构如图 1-25 所示,是六方晶格结构。由于石墨具有这样的结构特点,从结晶学的晶体生长规律来看,石墨的正常生长方式应是碳原子主要向棱面上堆砌,沿着基面择优生长,最后形成片状组织。在铸铁中,如果石墨以这种方式生长,最终将形成片状的石墨,片状石墨对基体有割裂作用,因此获得的合金力学性能会比较差。实际的石墨晶体中存在多种缺陷,如旋转孪晶、螺旋位错及倾斜孪晶等,它们对石墨的生长过程及最终形态起决定性的影响,对铁液进行球化处理,就是为了改变这些缺陷的存在状态。

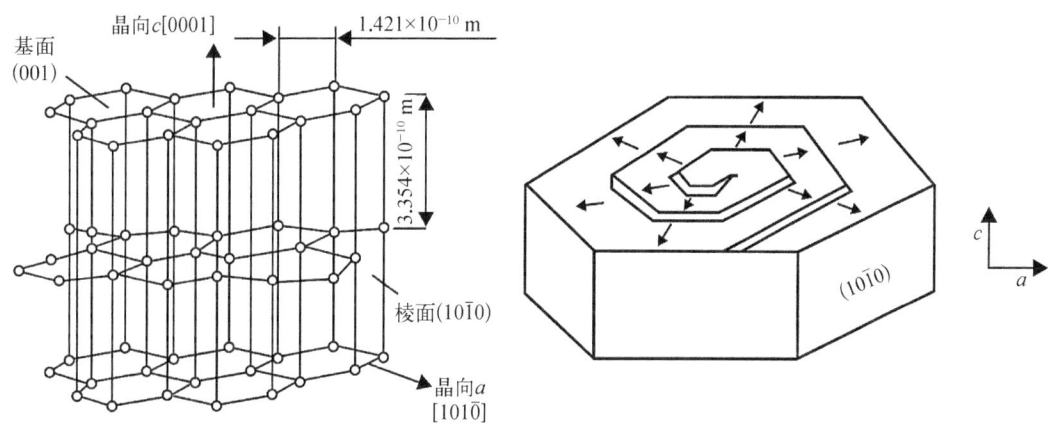

图 1-25 石墨的晶体结构　　　　图 1-26 石墨生长的螺旋台阶

在纯 Fe-C-Si 合金熔体中,石墨的生长界面是光滑界面,无论是基面还是棱面上,都要依靠二维形核的生长模式,生长非常困难,需要很大的过冷度。但如果在基面上存在螺旋位错缺陷,则可为石墨的生长提供大量的台阶(图 1-26),石墨沿这些台阶生长,看起来是沿着基面的 a 向生长,其实也包括沿 c 向生长的作用。因此,若以 v_a 和 v_c 分别表示 a 向和 c 向的石墨生长速率,则依据 v_a/v_c 的值,铸铁中会出现不同形态的石墨。如果 $v_a>v_c$,一般形成片状石墨;相反,如果 $v_a<v_c$,会形成球状石墨。

在未经球化处理的普通铸铁液中,硫、氧等活性元素吸附在石墨的棱面($10\bar{1}0$)上,使得这个原本光滑的界面变为粗糙界面,而粗糙界面生长时只要较小的过冷度,生长速率大,因此石墨棱面的生长速率加大,即 a 向生长占优势,此时 $v_a>v_c$,最后长成片状石墨。当向铁液中加入镁(Mg)、稀土(RE)等球化剂后,它们首先与氧、硫发生反应,使得液体中活性氧、硫的含量大大降低,抑制石墨沿 a 向快速生长,同时,螺旋位错缺陷方式生长得以加强。这是因为氧、硫等表面活性元素若吸附在螺旋台阶的出口,它们将抑制这一螺旋晶体的生长。当氧、硫被球化剂脱除后,抑制作用大大减弱,使得看起来是沿($10\bar{1}0$)方向堆砌、实际是沿(0001)生长的螺旋位错方式占优势,最终石墨长成球状(图 1-27)。

图 1-28 是加入球化剂前后铸铁的显微组织,可以看出,未加球化剂时,形成片状石

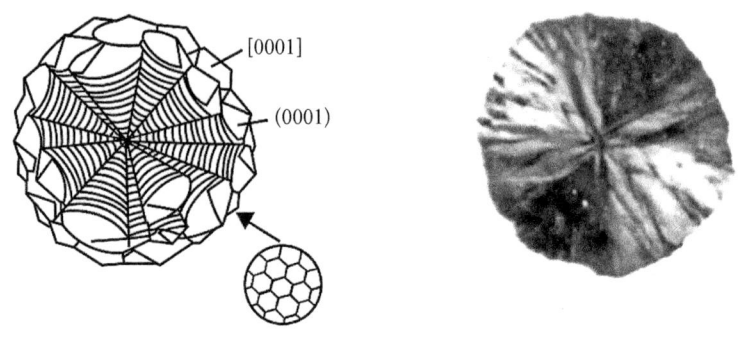

图1-27 球状石墨的生长

墨,加入球化剂后,形成球状石墨。石墨长成球状以后,对铸铁基体的割裂作用大大降低,提高了强度,研究表明,加入0.04%(质量分数)的球化剂,可使铸铁强度提高2~5倍,延伸率提高20%以上。

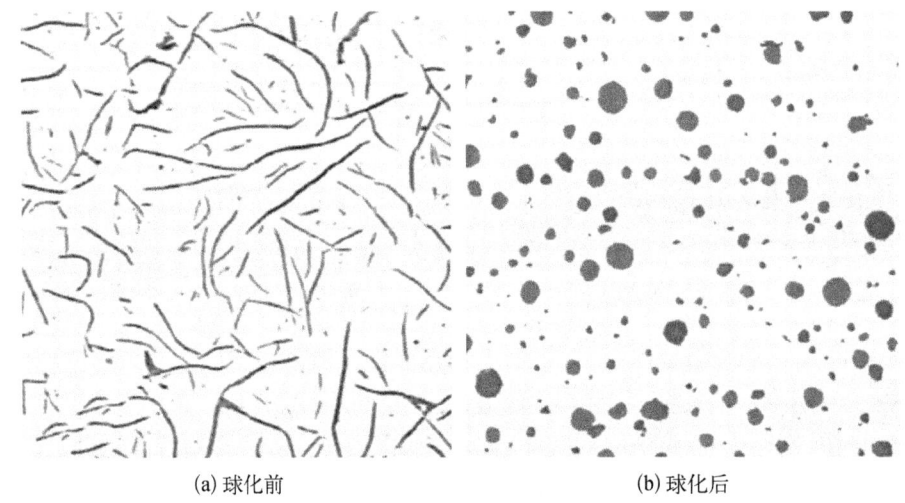

(a) 球化前　　　　　　　　　　(b) 球化后

图1-28 球化处理前后铸铁的组织

1.3 铸件凝固缺陷的形成与控制

铸件常见的凝固缺陷有浇不足、冷隔、缩孔、缩松、变形、裂纹、气孔、黏砂、夹渣、白口和偏析等,下文着重介绍缩孔、缩松、变形、裂纹等缺陷形成的原因与控制措施。

1.3.1 凝固与收缩

1.3.1.1 合金的凝固

合金的凝固,是指合金从液态到固态的转变过程,也称为一次结晶。凝固过程会产生体积或者尺寸的减小现象,这是铸件缩孔、缩松、裂纹、变形和残余应力等缺陷产生的根本原因,因此了解铸件在铸造时的变形及收缩特性对获得高质量的铸件具有重要意义。

不同种类的合金,或者种类相同而成分不同的合金,它们结晶温度范围不同,这使得合金在凝固过程中呈现不同的状态。依据结晶温度范围,可将铸件的凝固方式划分为逐层凝固、中间凝固和糊状凝固三种类型,如图 1-29 所示。

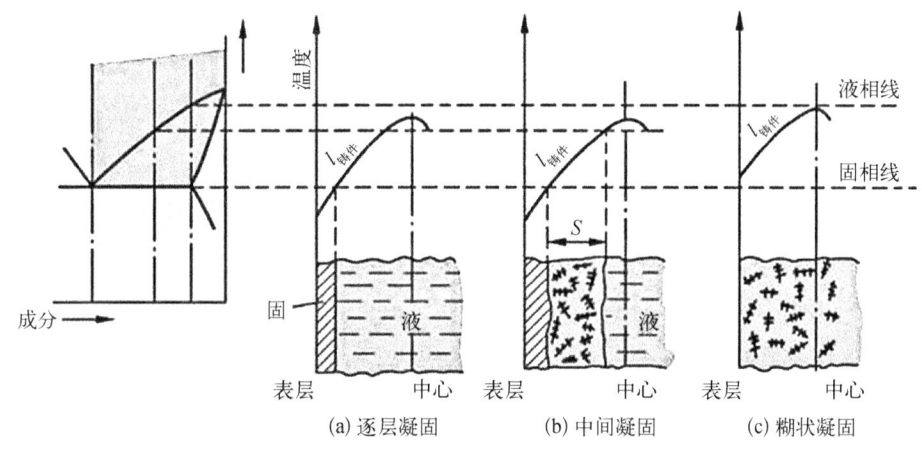

图 1-29 铸件的凝固方式

1. 逐层凝固

纯金属、二元共晶成分合金结晶温度范围为零,不存在固液两相并存区,固-液界面分明,随着温度的下降,固相区由表层不断向铸件中心扩展,如图 1-29(a)所示,称为逐层凝固。灰铸铁、低碳钢、工业纯铜、工业纯铝、共晶铝硅合金及某些黄铜都属于逐层凝固的合金。逐层凝固时充型阻力小,补缩比较容易,便于得到致密、合格的铸件。

2. 糊状凝固

当合金的结晶温度范围很宽时,铸件在结晶过程中,不存在固相层,固液两相共存的凝固区贯穿整个区域,如图 1-29(c)所示,这种凝固方式称为糊状凝固。球墨铸铁、高碳钢、锡青铜和铝铜合金等均倾向于糊状凝固。糊状凝固时凝固区宽,发达的枝晶结构阻碍液态合金的流动,补缩困难,充型能力较差,容易形成缩孔和缩松,造成铸件致密性差,较易产生热裂纹,因此铸造过程中需采取便于补缩或减小其凝固区宽度的合适工艺措施,以便得到组织致密的铸件。

3. 中间凝固

当金属结晶温度范围较窄,或者结晶温度范围宽但铸件截面温度梯度大时,铸件截面上的凝固区域宽度介于逐层凝固与糊状凝固之间,如图 1-27(b)所示,称为中间凝固。

实际上,在铸件的凝固过程中,不同的凝固方式往往同时并存,大多数的合金凝固是逐层凝固和糊状凝固两者之间的中间凝固,如中碳钢、高锰钢、白口铸铁等。金属的化学成分、金属熔体的处理方式(如孕育、晶粒细化等)以及凝固时的冷却条件等因素均会对铸件的凝固方式产生影响。

1.3.1.2 合金的收缩

合金在液态、凝固态和固态冷却的过程中,由温度降低而发生的体积减小现象,称为合金的收缩。收缩是合金固有的物理特性,也是产生铸件缩孔、缩松、应力变形、热裂和冷裂等缺陷的根本原因。衡量铸件的收缩有体积收缩率和线收缩率两个指标。

液态合金浇入铸型后,从浇注温度冷却到室温,经历了液态收缩阶段、凝固收缩阶段和固态收缩阶段三个互相关联的收缩阶段。

1. 液态收缩阶段

从浇注温度至液相线温度(凝固开始温度),合金发生液态收缩,具体表现为铸型型腔内液面的降低,这个阶段的收缩一般用体积收缩率表示。

2. 凝固收缩阶段

从凝固开始温度至凝固结束温度(固相线温度),合金发生凝固收缩,此时合金处于糊状的液固两相并存状态,因此收缩表现为铸型型腔内液面的下降,这个阶段的收缩一般用体积收缩率表示。

3. 固态收缩阶段

从凝固结束温度至常温,合金发生固态收缩。此时合金处于固态,因此收缩通常表现为铸件外形尺寸的缩小,这个阶段的收缩一般用线收缩率表示。

液态合金凝固过程的总体收缩为上述三个阶段收缩之和。其中,液态收缩和凝固收缩是铸件产生缩孔和缩松的根本原因,而固态收缩对铸件的形状和尺寸精度影响较大,也是铸件产生应力、变形和裂纹等缺陷的根本原因。

总体来说,影响合金收缩的因素主要有化学成分、浇注温度、铸件结构与铸型条件等。

一般来说,不同成分的合金,其收缩率也不相同,例如,在常用铸造合金中铸钢的收缩率最大,灰铸铁的最小;合金浇注温度越高,过热度越大,液体收缩越大。铸件冷却收缩时,其形状、尺寸不同,各部分的冷却速度不同,导致收缩率不一致,且互相阻碍,同时铸型和型芯对铸件收缩产生阻力,故铸件的实际收缩率总是小于其自由收缩率,因此铸件结构与铸型条件影响合金的收缩,这种阻力越大,铸件的实际收缩率就越小。

液态合金凝固过程中,若由液态收缩和凝固收缩所减少的容积得不到补充,则铸件最后凝固的部位会形成一些孔洞,大而集中的孔洞称为缩孔,细小而分散的孔洞称为缩松。

纯金属和共晶成分合金的结晶温度都是恒定不变的,属于逐层凝固方式,这类合金凝固收缩时,可以不断地得到周围液相的补充,不易产生分散性缩松,在最后凝固部位留下集中缩孔,一般出现在铸件的上部及最后凝固的部位,如图1-30所示。铸造过程中合金的液态收缩和凝固收缩越大,则缩孔尺寸就越大。

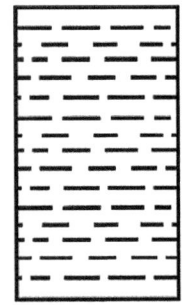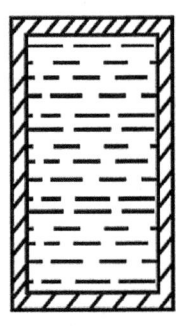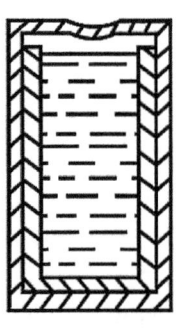

图1-30 缩孔的形成示意图

对于宽结晶温度范围合金,结晶区域内液相和固相并存,易形成粗大等轴枝晶组织。缩松形成的基本原因是金属在凝固过程中液态收缩和凝固收缩大于固态收缩,导致凝固过程中被枝晶隔开的一些小区域得不到周围液相的补充,而产生的固态收缩不足以弥补由液态收缩和凝固收缩所产生的体积减小,最后就在铸件的中心轴线、热节、冒口根部等凝固较慢的部位形成小而分散的孔洞,即缩松(图1-31)。

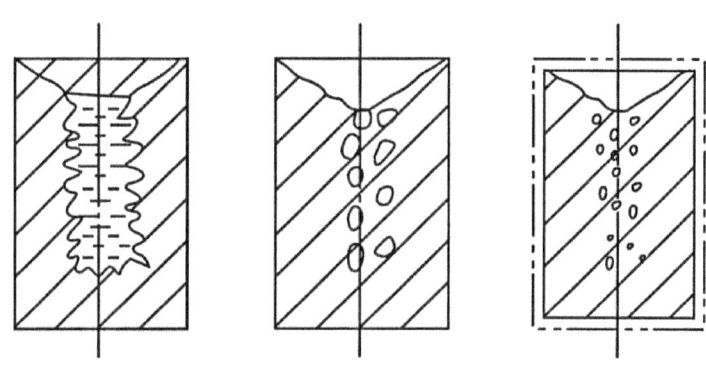

图 1-31 缩松的形成示意图

缩孔与缩松是铸造中常见的一类缺陷,它们严重影响铸件的力学性能。因此,在铸造过程中一般需要采取合适的工艺措施,来预防缩孔与缩松的形成。

缩孔和缩松主要是由凝固时的收缩引起的,因此,凡是可以降低凝固时收缩的措施,都可以减小缩孔和缩松,如调整化学成分、降低浇注温度、减慢浇注速率、增加铸型的激冷能力等。

最常用的预防缩孔与缩松的措施是选用结晶温度范围窄的合金或者增大结晶温度梯度,将缩松转化为缩孔,然后通过定向凝固的方法控制铸件的凝固方式,使缩孔形成在冒口中。

定向凝固又称顺序凝固,是指在铸件可能出现缩孔的热节处,通过增设冒口和安放冷铁等一系列工艺措施,使铸件远离冒口的部位先凝固,靠近冒口的部位后凝固,冒口本身最后凝固,如图 1-32 所示。此方法的目的是建立递增的温度梯度,使铸件凝固时存在合理的补缩通道。按此原则进行凝固,能使缩孔集中到冒口中,最后将冒口切除,从而可以获得致密的铸件。

此方法适用于凝固收缩大、结晶温度范围窄的合金,如铸钢件、铝青铜、铝硅合金铸件等。但铸件凝固过程中有比较大的温度差,易产生热裂、应力和变形,且去除冒口时需要费工。

实际中采用的另外一个方法是利用同时凝固原则,如图 1-33 所示,目的是使铸件各部分之间没有温差或温差很小,各部分同时凝固。此方法适用于结晶温度范围宽、凝固收缩小和制品为均匀薄壁件的合金。另外,当采用顺序凝固的铸件,热裂、热变形问题比较突出时,可以采用同时凝固的方法。但该方法的缺点是铸件中心存在缩松,铸件不致密。

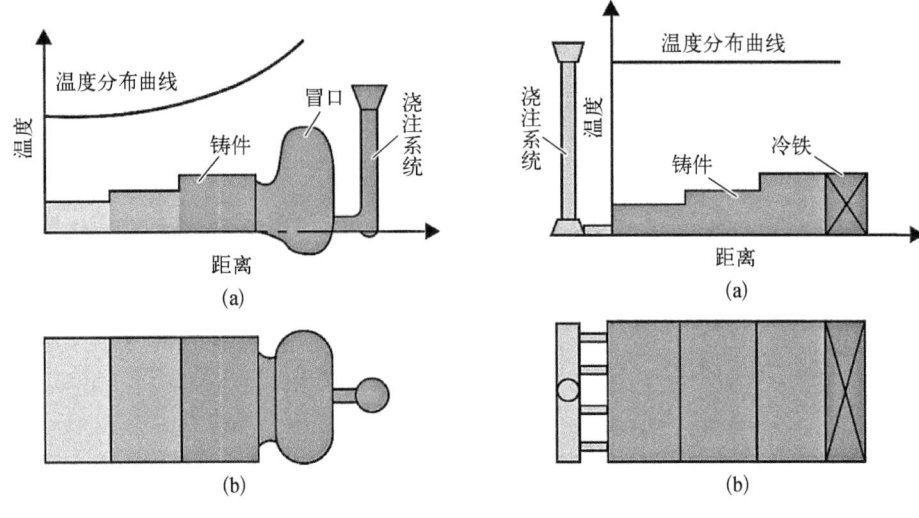

图 1-32 顺序凝固原则示意图　　图 1-33 同时凝固原则示意图

1.3.2 铸造应力

在热加工过程中,工件因经历了加热和冷却过程,其尺寸和形状将发生变化。如果这种变化受到热阻碍、外力阻碍等,就会在工件内产生应力。应力的存在不仅会引起工件尺寸形状的变化,还会降低构件的承载能力,使工件产生裂纹。因此,必须尽量减小工件在加工过程中产生的应力。

热加工过程中产生的应力,按其形成原因可分为热应力、相变应力和收缩应力。产生应力的原因消除以后,即将消失的应力成为临时应力或者瞬时应力,临时应力随加热和冷却过程而变化。产生应力的原因消除后,残存在工件中的应力称为剩余应力或者残余应力。

1.3.2.1 热应力

铸件在凝固和冷却过程中,由于各部分冷却速度不同,不同部位由于不均衡的收缩(热阻碍),铸件内彼此制约便产生热应力,热应力属于残余应力。

影响热应力的因素如下:
(1) 合金的弹性模量越大,铸件中的残余热应力越大。
(2) 合金的线收缩或膨胀系数越大,则铸件的残余热应力越大。
(3) 冷却时铸件内温差越大,产生的残余热应力越大。合金的导热系数越小,温差越大;铸型的蓄热系数越大,铸件冷却越快,温差越大;浇注温度越高,铸件冷却越慢,温差越小;铸件壁厚差越大,冷却时薄壁和壁厚之间的温差越大。

1.3.2.2 相变应力

具有固态相变的合金,由于散热和冷却条件不同,铸件达到固态相变温度的时间不同,各部分相变程度不一样,体积发生不均衡变化,从而引起的应力称为相变应力。如铸铁的共析转变,奥氏体转变为珠光体或铁素体,以及钢的共析转变等,都会使铸件的体积膨胀,从而产生相变应力。相变应力可能是临时应力,也可能是残余应力。

一般来说,凡是在冷却过程中产生相变的合金,若新旧两相的比体积相差很大,同时产生相变的温度低于塑性向弹性转变的临界温度,都会在工件中产生较大的相变应力,甚至引起开裂。但焊接高强度合金钢时,由奥氏体分解所引起的体积膨胀可减轻焊后收缩时产生的拉应力,反而会降低冷裂倾向。

相变应力的方向可能与热应力方向相同,也可能相反,前者使应力叠加,加剧应力对铸件质量的不利影响,后者则减轻其不利影响。

1.3.2.3 收缩应力

铸件固态收缩时,因受到铸型、型芯、浇冒口、箱带等外力的阻碍而产生的应力称为收缩应力。

收缩应力通常表现为拉应力和压应力。若收缩应力处于弹性范围内,则阻碍消除后应力消失,是一种临时应力。收缩应力若在落砂前与剩余应力方向相同,两种应力相互叠加,有时会使铸件产生冷裂。若与剩余应力方向相反,则可相互抵消。在实际生产中,对于不同形状的铸件,其铸造应力的大小分布十分复杂。

1.3.2.4 控制应力的措施

综上所述,铸件或焊件内的应力是热应力、相变应力和收缩应力的矢量和,三种应力可以相互抵消或相互叠加;有时是临时的,有时是剩余的。在冷却过程的某一瞬间,当局部应力的总和大于金属在该温度下的强度极限时,工件就会产生裂纹,因此需要对应力进行控制。

避免铸造应力的方法主要有:① 选择弹性模量和膨胀系数低的合金;② 采取措施减小铸件冷却时各部分的温差;③ 改善铸型和型芯的退让性。

减少或消除铸造应力的方法主要有:① 人工时效法,铸件加热到塑性状态并保温,使应力消除,也称热时效或消除内应力退火;② 自然时效法,露天长时间放置,缓慢变形,消除应力;③ 振动时效法,在一定频率下共振,消除应力;④ 锤击法,用锤子或风枪等锤击,以补偿或抵消焊接时所产生的压缩塑性变形,降低焊接残余应力。

1.3.3 变形

处于铸造应力状态下的铸件能够自发地发生变形以减少内应力,从而趋于稳定状态,造成快冷部分凸起、慢冷部分凹下的现象,称为变形。

图 1-34 为厚薄不均匀铸件的变形。铸件冷却过程中,壁薄部分的冷却速度较快,壁厚部分的冷却速度较慢,处于不稳定状态。达到平衡状态时,变形的方向为厚的部分向内凹,薄的部分向外凸。铸件的不均匀冷却和铸件截面上温度的不对称分布是铸件产生挠曲变形的主要原因。

防止铸件变形的方法主要有:

(1) 去应力退火法。铸件机加工之前应先进行去应力退火,以稳定铸件尺寸,降低切削加工变形程度。

(2) 反变形法。可在模样上做出与铸件变形量相等而方向相反的预变形量来抵消铸

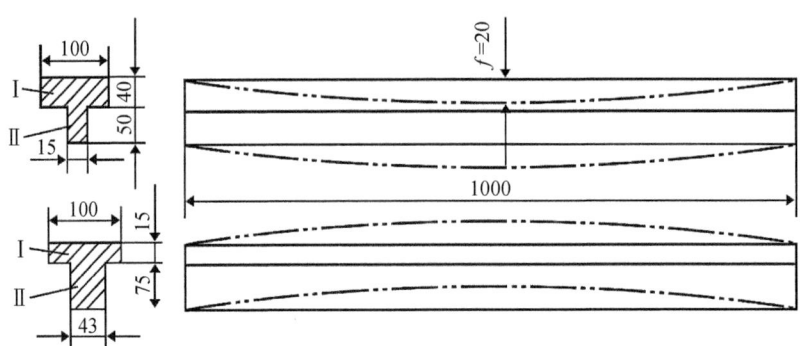

图1-34 厚薄不均匀铸件的变形情况(长度单位：mm)

件的变形,此种方法称为反变形法。

(3) 设置工艺肋。在容易变形的部位设置工艺肋,一般,设置肋板的部位变形量最大。

1.3.4 裂纹

凝固产生收缩,收缩使铸件中产生了铸造应力,当铸造应力在某一时刻增大到大于材料的抗拉强度时,就会出现裂纹。裂纹是可以引发灾难性事故、危害最大的一类缺陷。铸件的裂纹有热裂纹和冷裂纹两种。

1.3.4.1 热裂纹

热裂纹是金属冷却到固相线附近的高温区时所产生的开裂现象,分内裂热裂纹和外裂热裂纹两类,是铸钢件、可锻铸铁件和某些轻合金铸件生产中最常见的铸造缺陷之一。

热裂纹是在凝固温度范围内、邻近固相线时形成的,换言之,是在有效结晶温度范围形成的。由于此时铸件中结晶的骨架已经形成并开始收缩,但晶粒间还有一定量的液相存在,且这时铸件强度和塑性极低,因此收缩稍受阻碍即会开裂。

铸件外裂热裂纹如图1-35所示。外裂热裂纹常产生在铸件的拐角处、截面厚度有突变或局部冷凝速率慢且在凝固时承受拉应力的地方。裂纹裂口从铸件表面开始,逐渐延伸到内部,表面宽而内部窄,由于温度较高,裂纹表面被氧化而变色。铸件表面有单条或多条裂纹,裂纹长度短、走向扭曲、互不连续;裂口有一定深度,口宽里窄;铸钢件、铸铁件的裂壁呈黑的氧化色。微观下外裂热裂纹是一种晶界裂纹,沿晶粒的晶界延展,为脆性裂纹。

隐藏在铸件内部的裂纹为内裂热裂纹,如图1-36所示。裂口的表面很不规则,常有很多分叉,走向无规律性。铸钢件内裂热裂纹周围可

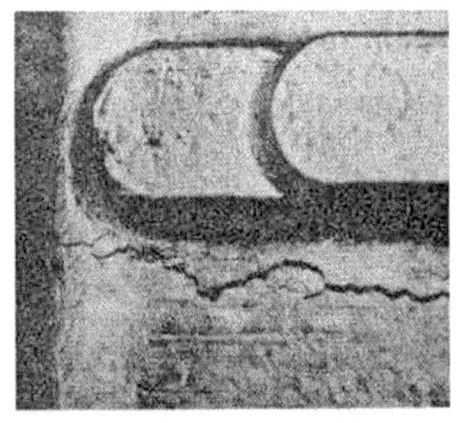

图1-35 铸件外裂热裂纹的外观特性

能是硫、磷偏析较为严重的地方,通常产生在铸件内部最后凝固的部位,也常出现在缩孔附近或缩孔尾部,伸入铸件中,也称为"应力缩孔"。内裂热裂纹可用切削解剖的方法进行分析。

 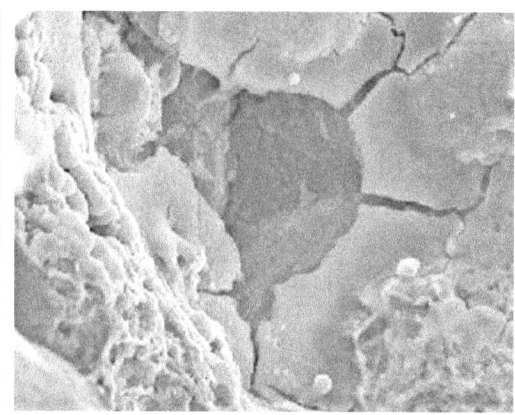

图 1-36 铸件内裂热裂纹的外观特性

对于任何一类铸件,都是不允许有裂缝存在的。铸件的外裂热裂纹可以从表面看出,如果铸造合金本身的焊接性能好,经焊补后可以使用。内裂热裂纹隐藏在铸件内部,不易被发现,其危险性更大,往往事先未被发现而在使用中造成严重事故。

影响铸件产生热裂纹的因素主要有以下几个方面:

(1) 铸造合金性质。自线收缩开始温度至固相线之间的有效结晶区间越小,合金绝对收缩量越小,铸件内产生的应力越小,形成热裂倾向性越小,反之亦然。

(2) 合金元素。硫(S)、磷(P)和碳(C)等元素常促进热裂纹形成,而锰(Mn)、硅(Si)、钛(Ti)、稀土等元素常抑制热裂纹形成。

(3) 结晶组织。当低熔共晶以球形状态存在时,结晶裂纹的倾向减小;晶粒越粗大,方向性越明显,热裂纹的倾向增加;加入钛(Ti)、钼(Mo)、钒(V)、铌(Nb)等细化晶粒元素,热裂纹倾向减小。

(4) 铸型性质。铸件凝固收缩时受到铸型的阻力越大,收缩应力越大,铸件易开裂。

(5) 浇注条件。浇注温度和速率对热裂形成的影响较复杂,应综合考虑。

(6) 铸件结构。铸件设计不合理时,如两截面相交处成直角或者十字交叉截面等,产生应力集中,易产生裂纹。

1.3.4.2 冷裂纹

在较低温度下,当金属铸件处于弹性状态,铸造应力超过合金的强度极限时,易产生冷裂纹。冷裂纹外形呈连续直线状或圆滑曲线,常穿过晶粒延伸到整个断面,裂口处表面干净,具有金属光泽或呈轻微氧化色。

冷裂纹常出现在铸件形状复杂、受拉伸处,特别是应力集中部位。壁厚不均匀、形状复杂的大型铸件容易产生冷裂纹,如图 1-37 所示。

影响冷裂纹产生的因素与影响铸造应力的因素基本一致,主要有:

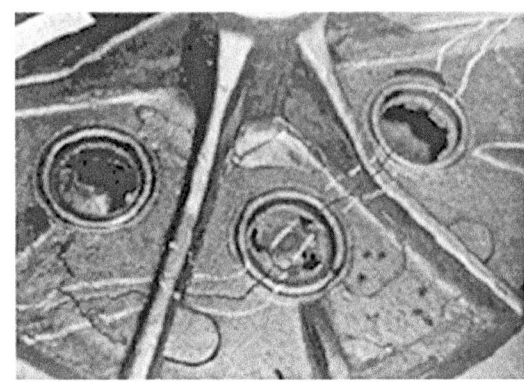 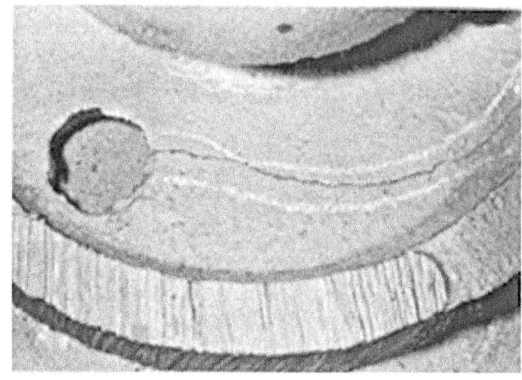

图 1-37 冷裂铸件

(1) 合金的化学成分。如钢中添加的碳(C)、铬(Cr)、镍(Ni)等元素,虽然提高了材料强度,但降低了导热系数,使冷裂倾向增大。

(2) 杂质状况。S、P 及其他夹杂物富集在晶粒边界,材料冷脆性增加,易产生冷裂。

1.3.4.3 铸件裂纹的预防措施

裂纹是由应力过大产生的,因此凡是可以减小应力的措施,都可以预防裂纹的产生。采取的预防措施主要有:

(1) 在满足铸件使用性能的前提下,选择弹性模量和收缩系数小的铸造合金。

(2) 金属在熔炼过程中,应严格控制有可能扩大金属凝固温度范围的元素的加入量及钢铁中的 S、P 含量。

(3) 但在选材受限的条件下,工艺上可采取冒口、冷铁配合使用,加快厚大部分的冷却,尽量让铸件同时凝固;在满足使用要求的前提下,减小铸件的壁厚差,分散或减小热节;提高铸型温度,以减小各部分的温差。

(4) 控制合适的型、芯紧实度,加入木屑等退让性比较好的材料,铸件提早打箱或松砂,减小收缩时的阻力等。

(5) 在设计结构时应尽量避免应力集中。

1.3.5 偏析

液态合金在凝固过程中发生的化学成分不均匀的现象称为偏析。根据偏析范围的不同,可将偏析分为微观偏析和宏观偏析两大类。

微观偏析是指在微小范围内产生的化学成分不均匀现象,按位置不同可分为晶内偏析(枝晶偏析)和晶界偏析。宏观偏析是指凝固断面上各部位的化学成分不均匀现象,按其表现形式可分为正常偏析、逆偏析、重力偏析等。

微观偏析和宏观偏析主要是由合金凝固过程中溶质再分配和扩散不充分引起的,对合金的力学性能、可加工性、抗裂性能,以及耐蚀性能等有着程度不同的损害。但偏析现象也有有益的一面,如利用偏析现象可以净化或提纯金属等。

1.3.5.1 微观偏析

1. 晶内偏析

凝固时,因冷却速度快,固相中的溶质还未充分扩散,先结晶和后结晶晶粒的成分不同,液体温度降低,固-液界面向前推移,又结晶出新成分的晶粒外层,致使每个晶粒内部的成分存在差异,称为晶内偏析。晶内偏析是在一个晶粒内出现的化学成分不均匀现象,常产生于具有结晶温度范围,能够形成固溶体的合金中。

固溶体合金按枝晶方式生长时,先结晶的枝干与后结晶的分枝存在着成分差异。这种在枝晶内出现的成分不均匀现象,称为枝晶偏析。

晶内偏析程度取决于合金相图的形状、偏析元素的扩散能力和冷却条件。合金相图上液相线与固相线间隔越大,则先后结晶部分的成分差别越大,晶内偏析越严重。偏析元素在固溶体中的扩散能力越小,晶内偏析倾向越大。在其他条件相同时,冷却速度越快,则实际结晶温度越低,原子扩散能力越小,晶内偏析越严重。另外,随着冷却速度的增加,固溶体晶粒细化,晶内偏析程度减轻,因此冷却速率的影响应视具体情况而定。

晶内偏析的存在使晶粒内部成分不均匀,导致合金的力学性能降低,特别是塑性和韧性。此外,晶内偏析还会引起合金化学性能不均匀,使合金的耐蚀性能下降,因此晶内偏析通常是有害的。

晶内偏析是一种不平衡状态,在热力学上是不稳定的,如果采取一定的工艺措施,使溶质充分扩散,就能消除晶内偏析。生产上常采用均匀化退火来消除晶内偏析,即将合金加热到低于固相线 100~200℃ 的温度进行长时间保温,使偏析元素进行充分扩散,从而达到均匀化的目的。

2. 晶界偏析

在合金凝固过程中,溶质元素和非金属夹杂物富集于晶界,使晶界与晶内的化学成分出现差异,这种成分不均匀现象称为晶界偏析。晶界偏析的产生一般有两种情况,如图 1-38 所示。

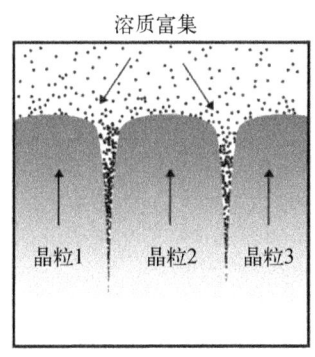 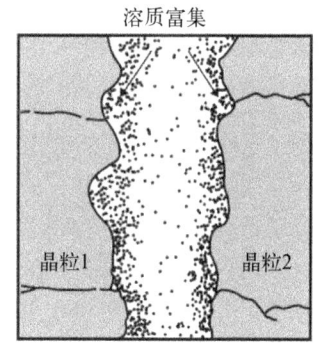

(a) 晶界平行于生长方向形成的晶界偏析　　(b) 晶粒相遇形成的晶界偏析

图 1-38　晶界偏析形成示意图

两个晶粒并排生长,晶界平行于晶体生长方向。由于表面张力平衡条件,在晶界与液相的接触处出现凹槽[图 1-38(a)],溶质原子在此处富集,凝固后就形成了晶界偏析。

晶粒相对生长,彼此相遇,结晶时所排出的溶质和杂质(高低熔点均有)在固-液界面前沿富积[图1-38(b)],在最后凝固的晶界处将含有较多的溶质和其他低熔点物质,造成晶界偏析。

晶界偏析时,晶界积累了更多的低熔点元素和杂质,常出现不平衡第二相,如低熔点共晶体,导致塑性和冲击韧性等力学性能降低。因此晶界偏析比晶内偏析的危害更大,它既会降低合金的塑性和高温性能,又会增加热裂倾向,因此必须防止。生产中预防和消除晶界偏析的方法与晶内偏析所采用的措施相同,即细化晶粒和均匀化退火。但对于氧化物和硫化物引起的晶界偏析,即使均匀化退火也无法消除,必须减少合金中氧和硫的质量分数。此外,对合金进行孕育处理或者加入其他元素细化晶粒,也可以减轻偏析。

1.3.5.2 宏观偏析

宏观偏析主要由凝固收缩、重力诱发对流以及固体运动所致,凝固初期固相和液相的浮沉和固液两相区内液体沿枝晶间的流动是宏观偏析产生的主要途径。小范围扩散产生微观偏析,大范围运动产生宏观偏析。

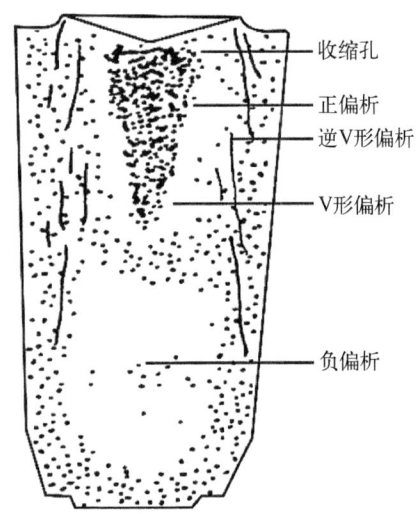

图1-39 铸锭的宏观偏析分布示意图

宏观偏析的种类很多,有正偏析、负偏析、V形偏析和重力偏析等,图1-39是铸锭的宏观偏析分布示意图。

铸造合金一般从与铸型壁相接触的表面层开始凝固。当合金的溶质分配系数$k<1$时,凝固界面的液相中将有一部分溶质被排出,随着温度的降低,溶质的浓度将逐渐增加,越是后来结晶的固相,溶质浓度越高。当$k>1$时,则与此相反,越晚结晶的固相,溶质浓度越低。按照溶质再分配规律,这些都是正常现象,故称为正常偏析。正常偏析的存在使铸件性能不均匀,在随后的加工和处理过程中也难以从根本上消除,故应采取适当措施加以控制。

铸件凝固后常出现与正常偏析相反的情况,即$k<1$时,铸件表面或底部溶质元素较多,而中心部位或上部溶质较少,这种现象称为逆偏析。逆偏析的形成原因在于结晶温度范围宽的固溶体型合金在缓慢凝固时易形成粗大的树枝晶,枝晶相互交错,枝晶间富集着低熔点相,当铸件产生体收缩时,低熔点相沿着树枝晶间向外移动。逆偏析会降低铸件的力学性能、气密性和可加工性。向合金中添加细化晶粒的元素,减少合金的含气量,有助于减少或防止逆偏析的形成。

V形偏析和逆V形偏析常出现在大型铸锭中,一般呈锥形,偏析带中含有较多的碳、硫和磷等杂质。降低铸锭的冷却速率,使枝晶粗大,液体沿枝晶间的流动阻力减小,促进富集液的流动,均会增加形成V形偏析和逆V形偏析的倾向。

重力偏析是由重力作用而出现的化学成分不均匀现象,通常产生于金属凝固前和刚刚开始凝固之际。通过加快铸件的冷却速度,缩短合金处于液相的时间,使初生相来不及上浮或下沉,加入能阻碍初晶沉浮的元素或浇注前对液态合金充分搅拌,并尽量降低合金的浇注温度和浇注速率等措施可防止或减轻重力偏析。

宏观偏析使铸件性能不均匀,难以通过热处理消除。但利用溶质的正常偏析现象,可以对金属进行精炼提纯,区域熔化提纯法就是利用正常偏析的规律来制备高纯材料的一种方法。

1.3.6 气孔

金属在熔炼、浇注、凝固过程中,金属液与铸型的相互作用、铸型浇注系统设计不当、铸型透气性差、炉料的锈蚀或油污、使用潮湿或含硫量过高的燃料等均会造成液态金属含气量增加。如果金属中的气体含量超过其溶解度,或侵入的气体不被溶解,那么气体会以分子状态即气泡形式存在于金属液中,若凝固前气泡来不及排出而残留在固体金属内部,则将产生气孔。气孔是铸件或焊接件最常见的铸造缺陷之一,气孔的存在不仅能减少铸件的有效截面积,且能使局部造成应力集中,成为零件断裂的裂纹源。一些不规则的气孔,会增加缺口敏感性,降低金属的抗疲劳能力。

1.3.6.1 气孔的分类

当铸造合金中气体以溶解状态存在时,不构成缺陷,以化合物状态存在,产生夹杂,以气泡形式存在,形成气孔。根据气体的来源,铸件中的气孔可分为析出性气孔、侵入性气孔和反应性气孔三种形式。

1. 析出性气孔

高温下溶解在液态金属中的气体在金属凝固时,由于溶解度下降而聚集成气泡,来不及浮出液面,在铸件中形成析出性气孔。析出性气孔主要是氢气孔和氮气孔。

析出性气孔通常分布在铸件的整个断面或冒口、热节等温度较高的区域。当金属含气量较少时,裂纹呈多角形状;而含气量较多时,气孔较大,呈团球形。焊缝中的析出性气孔多出现在焊缝表面,氢气孔断面如螺钉状,表面呈喇叭口形,内壁光滑,而氮气孔一般成堆出现,形状似蜂窝。

2. 侵入性气孔

浇注时,砂型(芯)与金属液作用会产生大量气体,成泡后将脱离型壁,侵入型腔中液态金属,当来不及逸出时,在铸件中形成侵入性气孔。侵入的气体一般是水蒸气、一氧化碳、二氧化碳、氢、氮和碳氢化合物等,形成的侵入性气孔常出现在铸件表层或近表层,气孔数量较少、体积较大、孔壁光滑、表面有氧化色,气孔形状多呈梨形、椭圆形或圆形,梨尖一般指向气体侵入的方向。

3. 反应性气孔

液态金属内部或与铸型等之间发生化学反应而产生的气孔,称为反应性气孔。反应性气孔分为金属与铸型之间的反应性气孔、金属与熔渣之间的反应性气孔和液态金属内元素间的反应性气孔三类。

金属与铸型之间的反应性气孔常分布在铸件表面皮下 1~3 mm 处,称为皮下气孔,其形状有球状和梨状,孔径为 1~3 mm。有些皮下气孔呈细长状,垂直于铸件表面,深度可达 10 mm 左右。液态金属内部合金元素之间或与非金属夹杂物发生化学反应所产生的蜂窝状气孔,呈梨形或团球形均匀分布。碳钢焊缝内因冶金反应生成的一氧化碳(CO)气孔则沿焊缝结晶方向呈条虫状分布。

1.3.6.2 气孔的形成过程

气体以气泡形式析出的过程由三个相互联系而又彼此不同的阶段组成,即气泡的生核、长大和上浮。

(1) 气泡的生核。液态金属中存在过饱和的气体是气泡生核的重要条件。但在极纯的液态金属中,即使溶解有过饱和的气体,气泡自发生核的可能性也很小,因为自发生核需要消耗巨大的能量。然而,在实际生产条件下,液态金属内部通常存在大量的现成表面,如未熔的固相质点、熔渣和枝晶的表面等,这为气泡生核创造了有利条件,特别是相邻枝晶间的凹陷部位最易产生气泡核。此外,气泡与固相衬底的接触角越大,气泡生核所需能量越小,气泡越易生核。

(2) 气泡的长大。气泡生核后要继续长大,阻碍气泡长大的外界压力由大气压、金属液静压力和表面线张力所构成的附加压力组成。气体向气泡内析出的热力学条件是气体自金属液中的析出压力大于气泡内该气体的分压。

(3) 气泡的上浮。气泡形核后,经过短暂的长大过程就脱离其依附的表面而上浮,气泡脱离现成表面的过程如图 1-40 所示。由图可知,当 $\theta < 90°$ 时,气泡尚未长到很大尺寸便完全脱离现成表面;当 $\theta > 90°$ 时,气泡长大过程中有细颈出现,当气泡脱离现成表面时,会残留一个透镜状的气泡核,它可以作为新的气泡核心。由于形成细颈需要时间,因此在结晶速率较大的情况下,气体可能来不及逸出而形成气孔,由此可见,$\theta < 90°$ 时有利于气泡上浮逸出。

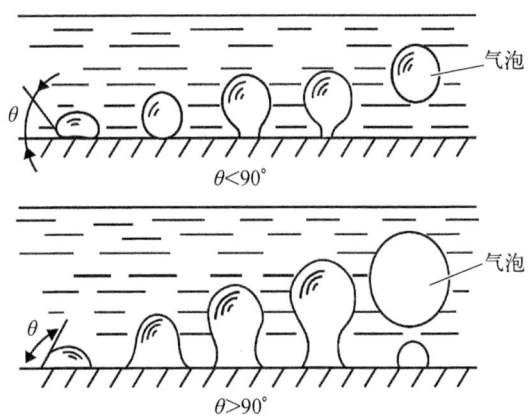

图 1-40 气泡脱离现成表面示意图

气泡在上浮过程中将不断吸收扩散来的气体,或与其他气泡相碰而合并,致使气泡不断长大,上浮速率也不断加快。气泡的上浮速率与气泡半径、液态金属的密度和黏度等因素有关。气泡的半径越小,液态金属的密度越小、黏度越大,气泡上浮速率就越小。若气泡上浮速率小于结晶速率,气泡就会滞留在凝固金属中而形成气孔。

1.3.6.3 防止气孔产生的措施

气孔是铸件或焊件最常见的缺陷之一。气孔的存在不仅能减小金属的有效承载面积,而且造成局部应力集中,成为零件断裂的裂纹源。一些形状不规则的气孔则会增加缺口敏感性,使金属的强度下降、抗疲劳能力降低。

气孔的种类很多,需要根据气孔的成因针对性地采取相应的措施。总体来说,需要做到以下几点:

(1) N_2 主要来自大气,加强保护是防止氮气孔的有效措施。

(2) O,不仅来自大气,还来源于原料中的氧化物,需防止大气和氧化物中 O 进入,必须采取相应的脱氧措施。

(3) H,主要来自吸附水、结晶水以及有机物等,因此除了对原材料进行烘烤,为降低液体表面的氢分压,还需采取除氢的冶金处理,如加入氟化钙(CaF_2),和 H 反应,转化为不溶于液态金属的化合物。

此外,也可从工艺上采取措施。如提高金属凝固时的冷却速率和外压,可有效阻止气体的析出。例如,采用金属型铸造、密封加压等方法,均可防止析出性气孔的产生。此外,通过控制砂型的透气性和紧实度,提高砂型和砂芯的排气能力,提高浇注温度,使侵入气体有充足的时间排出,以及提高液态金属的熔炼质量等,都可以减少和防止气孔的产生。

1.3.7 夹杂物

夹杂物是指铸件内或表面上存在的和基体金属成分不同的质点,它主要来源于原材料本身的杂质及金属在熔炼、浇注和凝固过程中与非金属元素或化合物发生反应而形成的产物。初生夹杂物、次生夹杂物和二次氧化夹杂物是铸件中常见的夹杂物。

初生夹杂物是在金属熔炼过程中及炉前处理时形成的。熔点较低的夹杂物会重新熔化,尺寸大、密度小的夹杂物则会浮到液态金属表面。

次生夹杂物是在合金凝固过程中,由于偏析,溶质元素及杂质元素将富集于枝晶间尚未凝固的液相内,从偏析液相中产生的,因此又称为偏析夹杂物。

液态金属与大气或氧化性气体接触时,会很快氧化形成氧化薄膜,在浇注及充型过程中,表面氧化薄膜会卷入液态金属内部,而此时液体的温度下降较快,卷入的氧化物在凝固前来不及上浮到表面,便在金属中形成二次氧化夹杂物。这类夹杂物常出现在铸件上表面、型芯下表面或死角处。

夹杂物也是常见的凝固缺陷之一,铸件夹杂砂粒、渣子等可形成砂眼、渣眼缺陷,如图 1-41 所示。焊缝中的夹杂多在焊接保护不良时出现,主要的夹杂有氮化物 Fe_4N、硫化物 MnS 和 FeS、氧化物 SiO_2、MnO、TiO_2 和 Al_2O_3 等。

(a) 砂眼缺陷

(b) 渣眼缺陷

图 1-41 铸件夹杂砂粒、渣子等形成的砂眼、渣眼缺陷

夹杂物对材料性能的影响是极大的,主要体现在夹杂物的存在破坏了金属本体的连续性,使金属的强度和塑性下降;尖角形夹杂物易引起应力集中,显著降低金属的冲击韧度和疲劳强度;易熔夹杂物(如钢铁中的FeS)分布于晶界,不仅降低强度且能引起热裂。夹杂物也能促进气孔的形成,它既能吸附气体,又是气核形成的良好衬底。但在某些情况下,也可利用夹杂物改善金属的某些性能,如提高材料的硬度、增加耐磨性以及细化金属组织等,还可通过控制夹杂物使其均匀、可控分布,用来制备金属基复合材料。

夹杂物的防止措施主要有:
(1) 严格控制合金中会形成夹杂物的元素含量。
(2) 液态合金中的一次夹杂物在浇注前尽量排除。
(3) 防止在浇注和充填过程中产生二次夹杂物。
(4) 对于焊缝,母材、焊丝中的夹杂物应尽量少,焊条、焊剂应具有良好的脱氧、脱硫效果;注意工艺操作,如选择合适的工艺参数;适当摆动焊条以便于熔渣浮出;加强熔池保护,防止空气侵入;多层焊时清除前一道焊缝的熔渣等。

1.4 砂型铸造原理

利用型砂作铸型,将液态金属在重力下浇注到铸型中冷却凝固成形的铸造方法称为砂型铸造。砂型铸造与其他铸造方法相比,不受零件形状、大小、复杂程度及合金种类的限制;造型材料来源广,生产准备周期短,成本低。虽然部分砂型铸件外观质量欠佳,但砂型铸造仍是铸造生产中应用最广泛的一种方法,世界各国用砂型铸造生产的铸件占总产量的80%~90%。

在砂型铸造过程中,高温液态金属需浇注到铸型中,在这个过程中,与金属液直接接触并受较大影响的薄层叫作砂型接触区,金属与砂型接触区之间会产生机械、热和化学作用。机械作用主要是浇注液态金属对铸型的冲击与冲刷,热作用主要由热交换引起,化学作用主要是铸型中有机物和炭粉等的燃烧。金属与砂型接触区之间相互作用的结果会使铸件尺寸、形状和性能改变,也会使铸件形成夹砂、气孔、砂眼、裂纹和变形等缺陷。铸造过程中,砂芯的大部分表面被液态金属包围,受金属液的高温和浇注时的冲击与冲刷作用更为强烈,排气条件差,铸件出砂、清理困难,因此对芯砂的要求比型砂要更高。所以要铸造出好的构件,必须做好砂型和砂芯,特别是砂芯。本节重点介绍砂型和砂芯的分类、黏土砂型(芯)的制造原理与方法。

1.4.1 砂型和砂芯的分类

将原砂或再生砂、黏接剂和其他附加物混合制成的混合物称为型砂或芯砂。在造型(芯)过程中,型(芯)砂在外力作用下成形并达到一定的紧实度或密度成为砂型(芯),它是一种具有一定强度的多孔隙体系。在型(芯)砂中,所用的原砂是骨干材料,占型砂总质量的82%~99%;黏接剂起黏接砂粒的作用,包覆在砂粒表面,使型砂具有必要的强度和韧性;附加物是为了改善型(芯)砂所需要的性能而加入的物质。

用原砂作为型(芯)砂的主要骨干材料,一方面是因为它为砂型(芯)提供了必要的耐高温性能和热物理性能,有助高温金属液顺利充型,使金属液在铸型中冷却、凝固,并得到所需形状和性能的铸件;另一方面,是因为原砂砂粒能为砂型(芯)提供连通孔隙,使砂型、砂芯具有一定的透气性,从而使浇注过程中产生的大量气体能顺利逸出。但孔隙大小要适当,孔隙过大将使铸件的表面质量变差,增大表面粗糙度,降低铸件尺寸精度,甚至引起铸件严重黏砂,形成缺陷。

用型砂、芯砂来造型或造芯,根据砂型、砂芯本身建立强度过程中其黏接机理的不同,通常可分为机械黏接、化学黏接和物理黏接三种类型的造型(芯)方法,如图 1-42 所示。

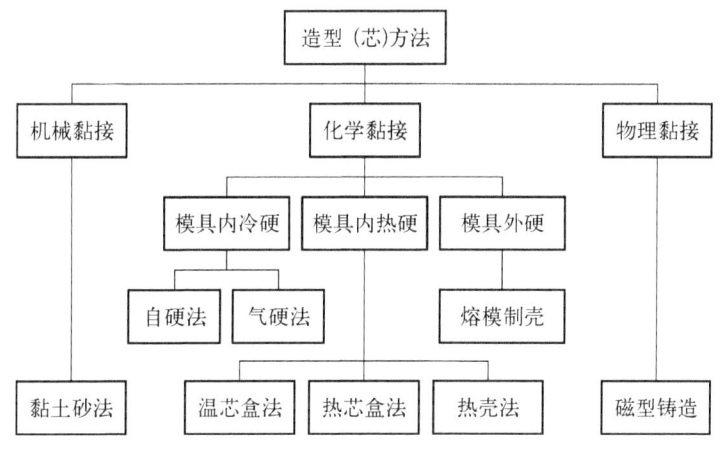

图 1-42 砂型(芯)的主要制造方法

机械黏接是指以黏土作黏接剂的造型(芯)方法。由于黏土在自然界中储量大,价格低,砂型制造工艺简单,旧砂回收处理容易等,在造型(芯)中应用最为广泛。

化学黏接是指型砂(芯)砂在造型(芯)过程中,依靠黏接剂本身发生物理化学反应,达到硬化,从而建立强度,使砂粒牢固地黏接成一个整体的造型(芯)方法。其中,所用的黏接剂可分为无机黏接剂和有机黏接剂,无机黏接剂有钠水玻璃、水泥、磷酸盐等,有机黏接剂有热硬、自硬和气硬树脂等。化学黏接方法中,分为模具内冷硬、模具内热硬和模具外硬以及衍生出的其他方法等。

物理黏接是指用物理学原理产生的力将不含黏接剂的原砂固结在一起的方法,如磁型、负压造型、真空密封造型、薄膜负压造型等造型方法。

制造砂型的工艺过程称为造型,制造砂芯的工艺过程称为造芯。选择合适的造型(芯)方法和正确的造型(芯)工艺,对提高铸件质量、降低成本、提高生产率有重要的意义。

在上文介绍的砂型(芯)的制造方法中,以黏土型(芯)砂生产的铸件占所有用砂型生产铸件产量的 60%~70%,所以下文以用黏土作为黏接剂制备的黏土砂型(芯)为例,介绍砂型(芯)的制备原理与方法。

1.4.2 黏土砂型(芯)用原材料

黏土砂型(芯)所用的主要原材料有原砂、黏土、煤粉、水以及其他附加物等。黏土砂型(芯)就是上述物质的混合物在外力作用下成形并达到一定的紧实度的多孔结构,如图

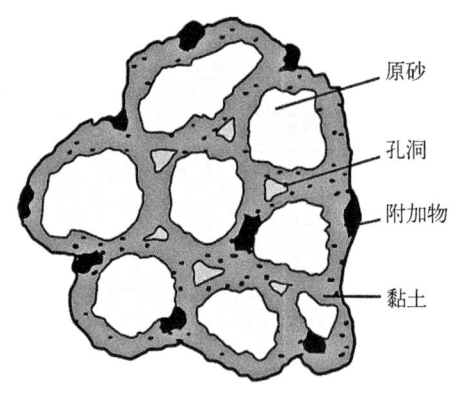

图 1-43 黏土砂型(芯)结构示意图

1-43 所示。其中,原砂为骨架材料,黏结剂包覆原砂粒,使其具有强度和韧性,附加物可以改善性能。

1. 原砂

硅砂是砂型(芯)制造中使用最为广泛的原砂,其主要成分为二氧化硅(SiO_2)和少量的杂质(如 Na、K、Ca、Fe 等的氧化物),SiO_2 含量高,砂子的颜色接近无色透明,常用的石英砂由于杂质含量高而呈白色,并略带灰色。SiO_2 含量高的砂子称为石英砂,熔点约 1700℃,硬度高,随着夹杂物含量的增加,其耐火度下降。铸造生产所用的硅砂有特殊的要求,主要有含泥量、颗粒组成、原砂颗粒形状及表面状况、原砂的矿物组成和化学成分等。

硅砂的缺点是热膨胀系数比较大,而且在 573℃ 时会因相变而产生突然膨胀,易使铸件产生热裂。另外,硅砂热扩散系数比较低,容易与铁的氧化物发生反应等,这些都会对铸型与金属的界面反应产生不良影响。在生产高合金钢铸件或大型铸钢件时,使用硅砂配制的型砂,铸件容易发生黏砂缺陷,使铸件清砂困难。

铸钢生产中已逐渐采用一些非石英质原砂来配制无机和有机化学黏接剂型砂、芯砂或涂料。目前可用的非石英质原砂有橄榄石砂、锆砂、铬铁矿砂、石灰石砂、镁砂、刚玉砂、钛铁矿砂、铝矾土砂等。这些材料与硅砂相比,大多具有较高的耐火度、导热系数、热扩散系数和蓄热系数,热膨胀系数低而且膨胀均匀,无体积突变,与金属氧化物的反应能力低,能得到表面质量高的铸件并改善清砂劳动条件。但是,这些材料中有的比较稀缺,因而价格较高,故应当合理选用。

2. 黏土

黏土是以蒙脱石($Al_2O_3 - 2SiO_2 - 2H_2O$)为主的含水黏土矿。黏土被水润湿后,黏土质点水化,形成水化膜,具有黏接性和可塑性,黏结原砂粒,烘干后硬结,使型砂干态有强度,水分含量不是越多越好,与配比和造型工艺有关。硬结的黏土加水后又能恢复黏接性和可塑性,加入适量碳酸钠(Na_2CO_3)可提高黏土的黏接性和可塑性。

3. 附加物

附加物主要是煤粉、渣油、木屑和淀粉等,加入量(质量分数)一般在 3% ~ 8%。附加物的作用是改善铸件表面黏砂,改善光洁度,减少夹砂,防止产生皮下气孔。主要原理是附加物在高温下产生 CO 气体,防止金属液被氧化。此外,附加物在高温下还可生成亮碳物质,覆盖于砂型表面,阻止了铁液与砂型的反应和渗入。

1.4.3 黏土砂型(芯)的类别

上述物质按照一定配比混合、造型,可得到砂型或者砂芯。黏土砂型(芯)根据合箱和液态金属浇注时的状态不同,分为湿型、干型和表干型三种。

1. 湿型

湿型的基本特点是砂型(芯)无需烘干,不存在硬化过程。其主要优点是生产灵活性大,生产率高,生产周期短,便于组织流水生产,易于实现生产过程的机械化和自动化。此外,湿砂型材料成本低,还节省了烘干设备、燃料、电力及车间生产面积,延长了砂箱使用寿命等。但是采用湿型铸造容易使铸件产生一些铸造缺陷,如夹砂、结疤、鼠尾、黏砂、气孔、砂眼、胀砂等。湿型是使用最广泛的、最方便的造型方法,占所用砂型使用量的60%～70%,但这种方法砂型强度低,不适合很大或者很厚实的铸件。

2. 干型

干型的质量容易控制,但周期长,需要专门的烘干设备,铸件尺寸精度差,干型适合大铸件。因此,干型甚至表干型的黏土砂型大部分已被化学黏接的自硬砂型所取代。

3. 表干型

表干型不需专门的烘干设备,生产周期比较短,清砂也比较容易,但它对型砂性能和工艺操作要求比较严格。表干型主要用于浇注中型铸件,其中较大的重达十几吨。

1.4.4 黏土砂型(芯)的制造方法

砂型铸造的铸型一般由外砂型和型芯组成,制造砂型的工艺过程称为造型。造型过程一般由填砂紧实、起模、修型等几部分组成。根据造型过程使用手段的不同,通常分为手工造型和机器造型两大类。

1.4.4.1 手工造型

手工造型是用手工或者手动工具来完成紧砂、起模等工序。其优点是操作方便,适应性强。但是生产率低,劳动强度大,铸件质量难以保证,故一般只适应于单件、小批生产。常用的手工造型方法特点及适应范围如下。

1. 整模造型

模样为一个整体,分型面为一个平面,型腔在同一个砂箱中,不产生错箱缺陷,操作简单,所获得的铸件形状、尺寸精度较高,其造型步骤如图1-44所示。主要适用于最大截面在端部且为一个平面的铸件,应用较广泛,如齿轮坯、轴承、皮带轮、轮罩等。

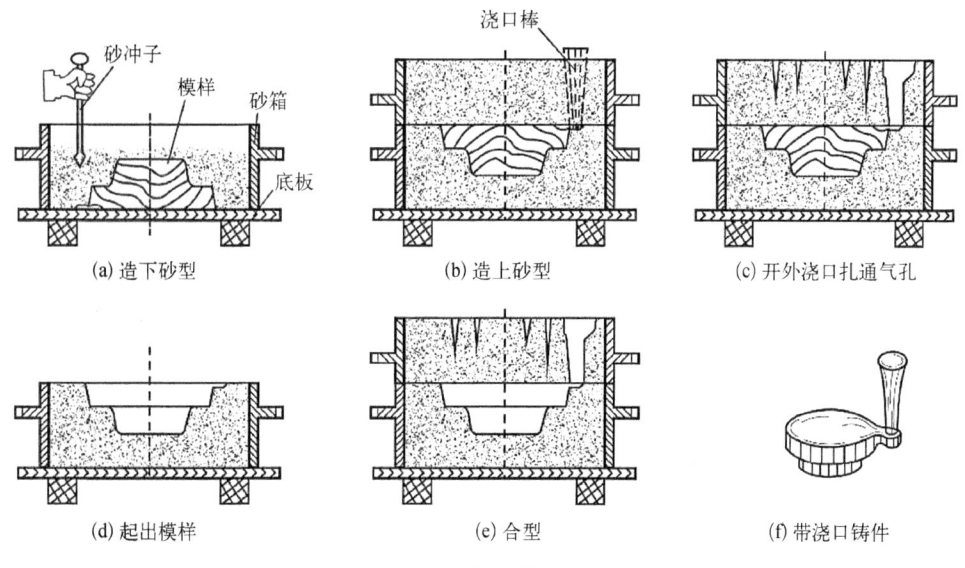

图1-44 整模造型步骤

2. 分模造型

模样在最大截面处分开,型腔位于上、下砂箱中,操作简单,模样制作较麻烦,且易产生错箱缺陷,其造型步骤如图 1-45 所示。主要适用于最大截面在中部的回转体类铸件,如套筒、水管、阀体、箱体、曲轴等。

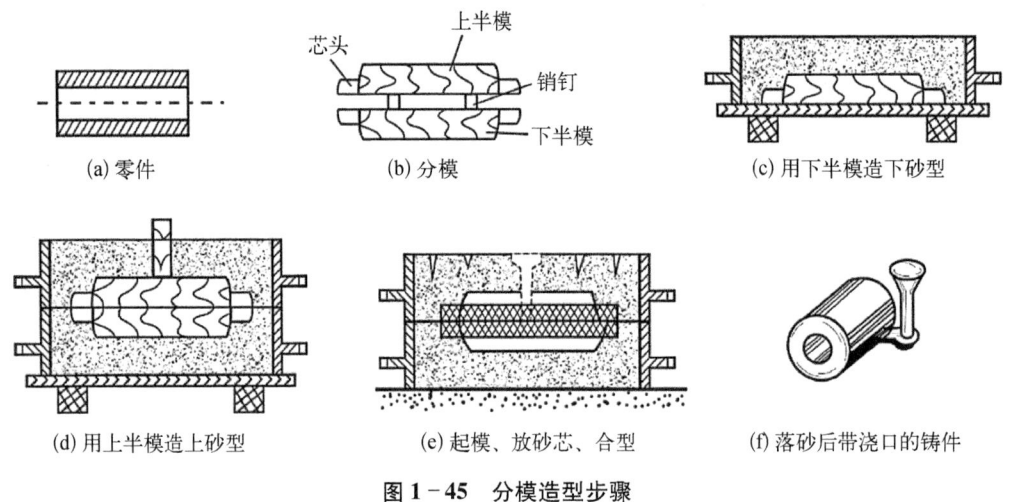

图 1-45 分模造型步骤

3. 三箱造型

模样必须是分开的,有三个砂箱,中箱高度与中间模样高度相等,需特制中箱,造型过程操作较复杂,生产率较低,易产生错箱缺陷,其造型步骤如图 1-46 所示。主要适用于单件小批生产,适合中间截面小、两端截面大的铸件。

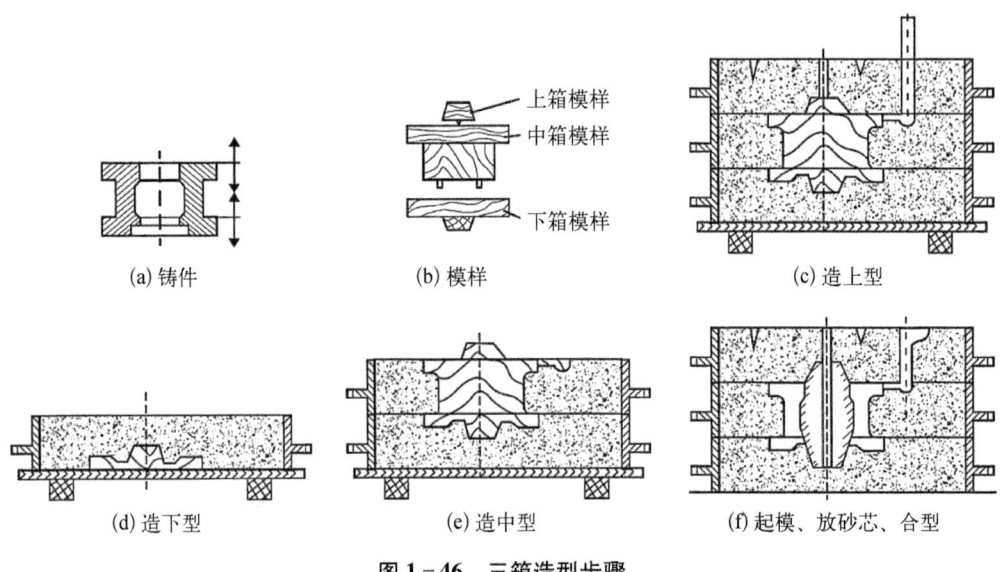

图 1-46 三箱造型步骤

4. 活块造型

当铸件侧面有局部凸起阻碍起模时,可将此凸起部分做成能与模样本体分开的活动块。起模时,先把模样主体起出,然后再取出活块。其操作难度大,生产率低,造型步骤如图 1-47 所示。主要适用于造型较复杂、单件小批生产、带有凸台、难以起模的铸件。

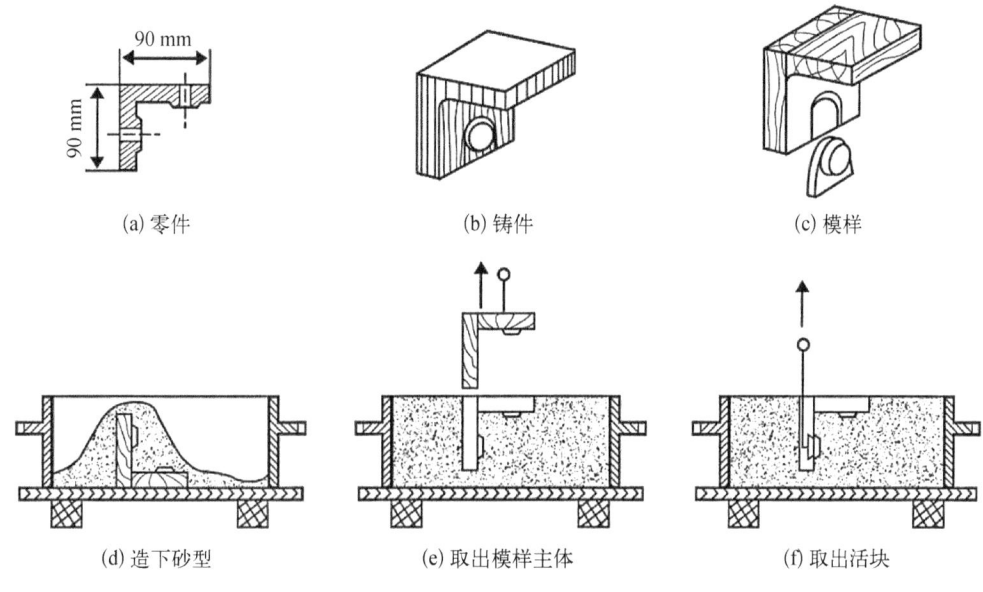

图 1-47 活块造型步骤

5. 挖砂造型

模样为整体,分型面为曲面,需挖去阻碍起模的型砂取样,造型麻烦、生产率低,其造型步骤如图 1-48 所示。主要适用于铸件的最大截面不在端部,且模样不便分成两半的中小型、分型面不平铸件。挖沙造型效率较低,因此开发出了操作较为简单的假箱造型,造型时将模型置于预先做好的假箱或成形底板上,可直接造出曲面分型面,代替挖沙造型,操作较简单。

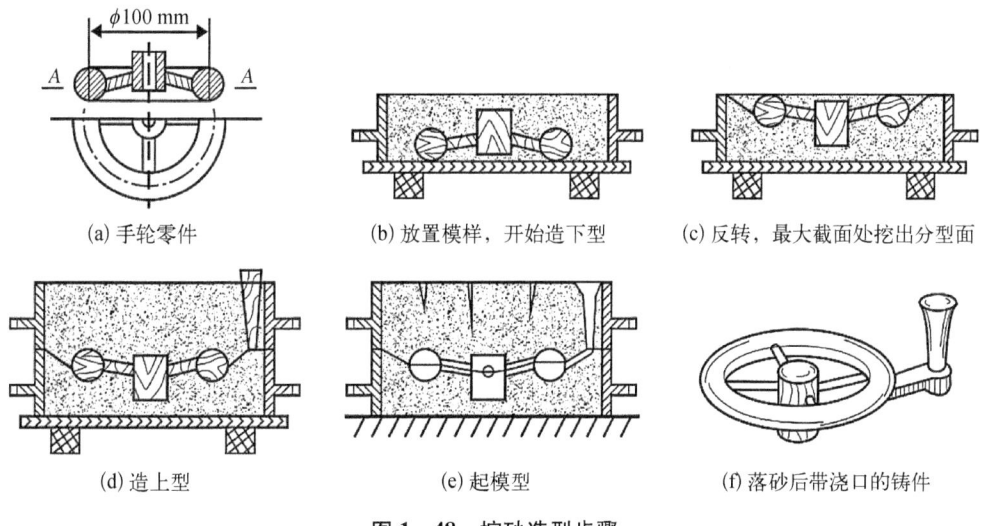

图 1-48 挖砂造型步骤

6. 刮板造型

刮板形状和铸件截面相适应,代替实体模样,可省去制模的工序,其造型步骤如图 1-49 所示。主要适用于单件小批生产的大、中型轮类、管类铸件,如皮带轮、齿轮等。

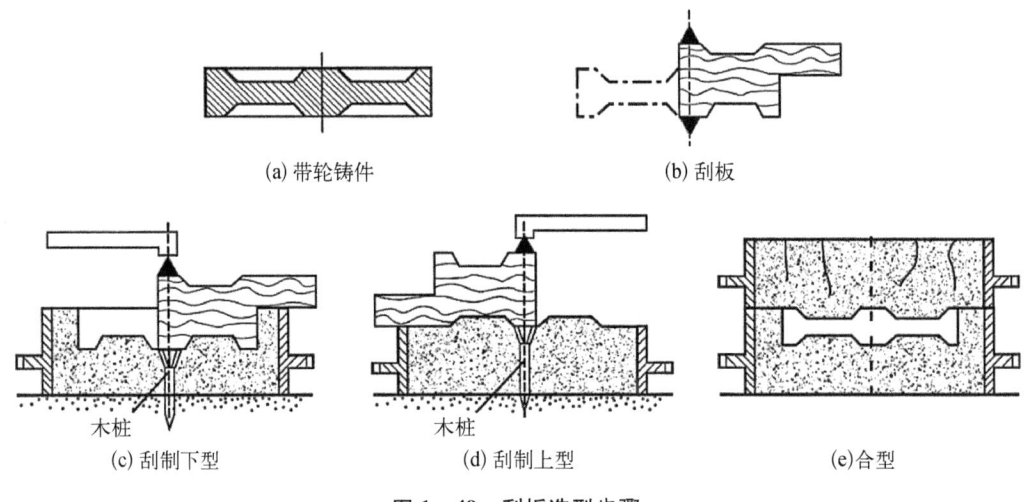

图 1-49 刮板造型步骤

在实际生产中,手工造型方法除了上述的方法,还有其他很多选择,选用哪种造型方法,通常需要结合铸件的结构特点、尺寸大小、生产批量,以及具体的生产条件来综合衡量,选择最佳方案。

1.4.4.2 机器造型(芯)

将紧砂和起模实现机械化的方法称为机器造型(芯),实质是用机器代替手工紧砂和起模,紧实的方法有压实、振实、振压等,以振压为主。常用的机器造型(芯)方法如下。

1. 振压造型

振压造型的紧砂原理如图 1-50 所示。充满型砂的砂箱等抬起后自由下落,撞击压实气缸,多次撞击后砂箱下部型砂由于惯性力的作用而紧实,再用压头压实上部较松散型砂。这种方法的主要特点是噪声大,压实比压较低,砂型紧实度不高。

2. 抛砂造型

抛砂造型的紧砂原理如图 1-51 所示。型砂送入抛砂头后,被高速旋转的叶片接住,受离

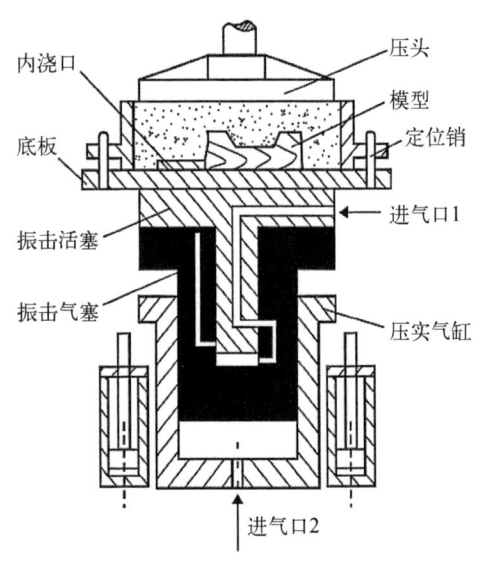

图 1-50 振压造型原理图

心力作用被压实成团,随后被高速(30~60 m/s)抛到砂箱中紧实。主要特点是砂箱尺寸可大范围变化,适用于中、小批量生产,特别是大件造型。

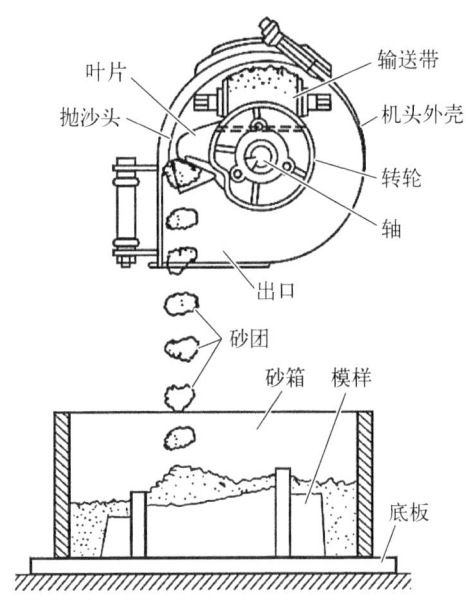

图 1-51 抛砂造型原理图

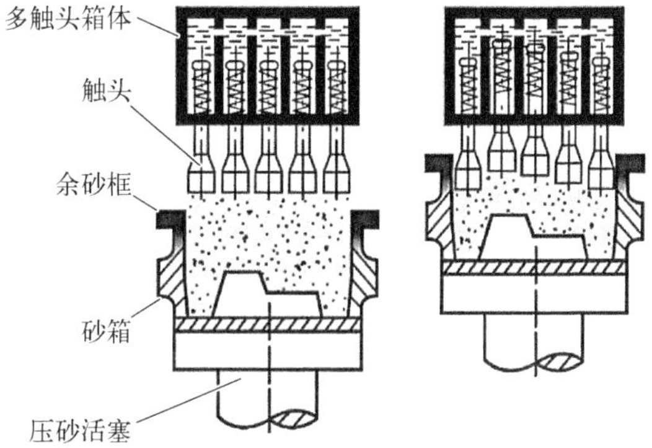

图 1-52 多触头高压造型原理图

3. 高压造型

高压造型的紧砂原理如图 1-52 所示。当压砂活塞向上移动时,触头将型砂压实,触头在箱内浮动,可适应不同形状的模样,砂型紧实度均匀。主要特点是砂型紧实度、铸件尺寸精度和表面光洁度高,生产率高,仅用于大批量生产。

4. 射压造型(芯)

射压造芯紧砂原理如图 1-53 所示。采用射砂和压实复合方法紧实型砂,型砂靠压缩空气带动,高速进入型腔。主要特点是型砂直接射入带有模板的造型(芯)室,所造砂(芯)型尺寸精度高,生产率很高,对型(芯)砂质量要求严。

5. 覆膜法造芯

覆膜法造芯,相应的机器称为壳芯机,有顶吹法和底吹法两种造芯方法,造芯原理如图 1-54 所示。其主要原理是利用酚醛树脂和一定量乌洛托品作黏接剂,包覆在原砂表面,形成松散

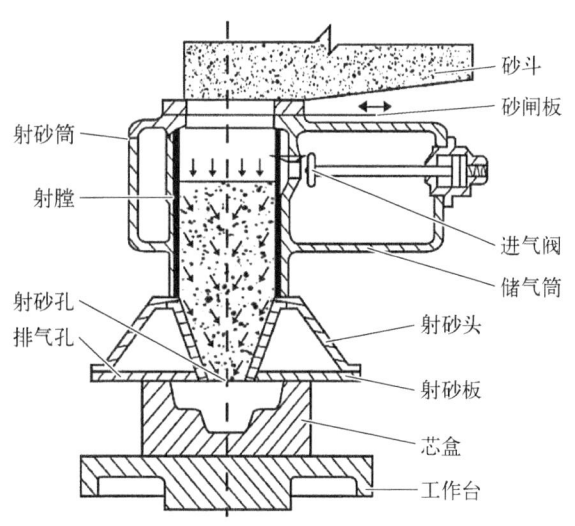

图 1-53 射压造芯原理图

覆膜砂,入芯盒后表层加热,固化形成壳层,倒出未固化芯砂,形成空心砂芯。主要特点是填砂与紧实同时完成,并在热的芯盒中硬化,生产效率高。

综合来说,对于造型方法的选择,可以参考下面规则来进行:单件、小批生产时,尽量采取多箱少芯,必要时可用活块,采用手工造型;成批、大量生产时,尽量采取少箱多芯,不

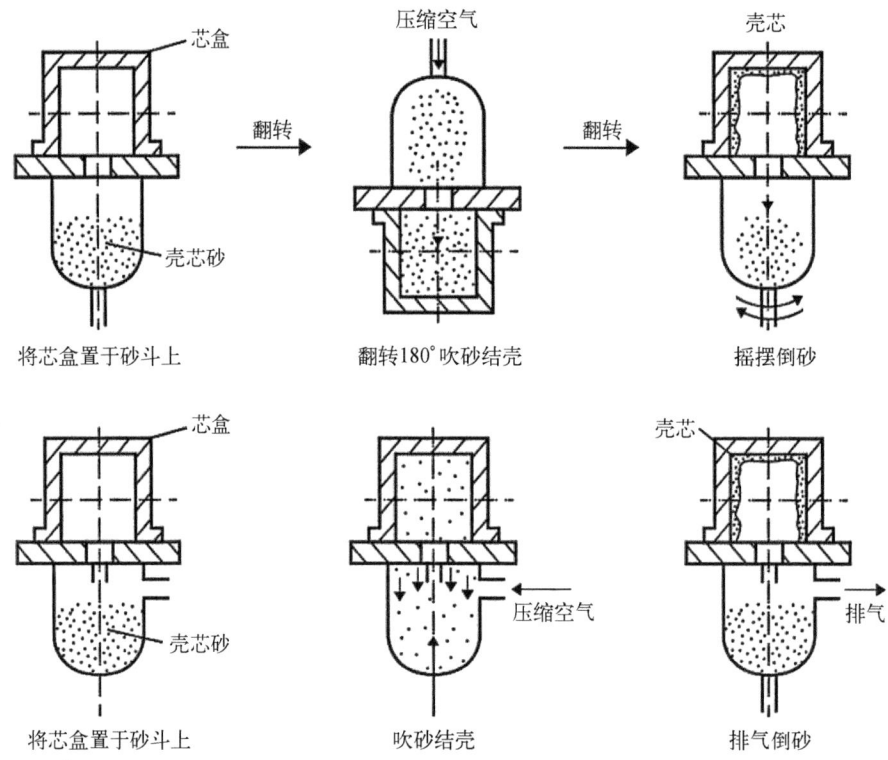

图 1-54 覆膜法造芯原理图

用活块,采用机器造型。这主要是因为造型时如果采用砂箱较多,就必然会带来反复开型、合型的操作,而且填砂紧实相对较难,不能采用机器造型来实现。而多的型芯会带来生产成本的增加,活块的存在使生产工艺变得复杂,而且难以实现生产过程的机械化。所以很多时候对于一些复杂零件,在不同的生产规模下应采用不同的造型方法。有外侧凹的零件,单件、小批生产时可采用三箱造型,不用型芯,而成批、大量生产时可使用外型芯将其简化为两箱造型。

1.5 特种铸造原理

砂型铸造具有成本低、适应性强、生产设备简单等优点,在生产中得到了广泛使用,但铸件尺寸精度低,表面质量及内部质量在许多情况下不能满足需要。通过改变铸型材料、浇注方式、液态合金充填铸型的形式和铸件凝固条件等因素,形成了不同于砂型铸造的特种铸造方法。与砂型铸造相比,特种铸造技术尺寸精度高,力学性能和内部质量较好,可生产技术要求高且难以加工的合金铸件,另外在生产一些结构特殊的铸件时,经济效益显著,可做到不用砂或少用砂,具有材料消耗少、劳动条件好等特点。

特种铸造技术的种类很多,下文简单介绍实际中应用较为广泛的金属型、熔模、消失模、压力、低压和离心等铸造方法的基本原理。

1.5.1 金属型铸造

金属型铸造是在重力作用下将液态金属浇入金属铸型中,从而获得铸件的成形方法。金属铸型一般可用几百到上万次,因此金属型铸造又称为永久型铸造,也称为硬模铸造。

制造金属铸型的材料应根据浇注的合金选用,一般金属铸型材质的熔点应高于浇入的液态合金的温度。在浇注锡、锌、镁等低熔点合金时,可用灰铸铁做金属铸型,在浇注铝、铜等合金时,由于合金液温度较高,需要用铸铁或钢做金属铸型。

铸件的内腔可以采用金属铸型芯或砂芯得到,对于薄壁复杂铸件或钢铁铸件,多采用砂芯,对于形状简单的铸件或者非铁合金铸件,多采用金属铸型芯。同时,为了保护金属铸型,使之不被高温金属液浸蚀,在金属铸型与高温金属液接触的表面应喷刷耐火涂料。耐火涂料一般由石墨粉、硅石粉等耐火材料,以及水玻璃黏接剂和水组成。

金属铸型的结构必须保证铸件连同浇注系统和冒口系统能从金属铸型中顺利取出,因此需设置分型面。按分型面的不同,金属铸型可分为整体式、水平分型式、垂直分型式和复合分型式等,如图 1-55 所示。其中垂直分型式铸型开设浇注系统和冒口,开、合型都比较方便,易于取出铸件和实现机械化生产,因此应用最广。整体分型式铸型无分型面,只适于形状简单、无分型面的铸件。水平分型式铸型在生产薄壁轮状铸件时用得较多,为防止这类铸件变形,金属型的温度分布应均匀,因此常将浇口开在铸件中心。复合分型式铸型由两个或两个以上的平直或曲面分型面组成,多用于形状复杂的铸件。

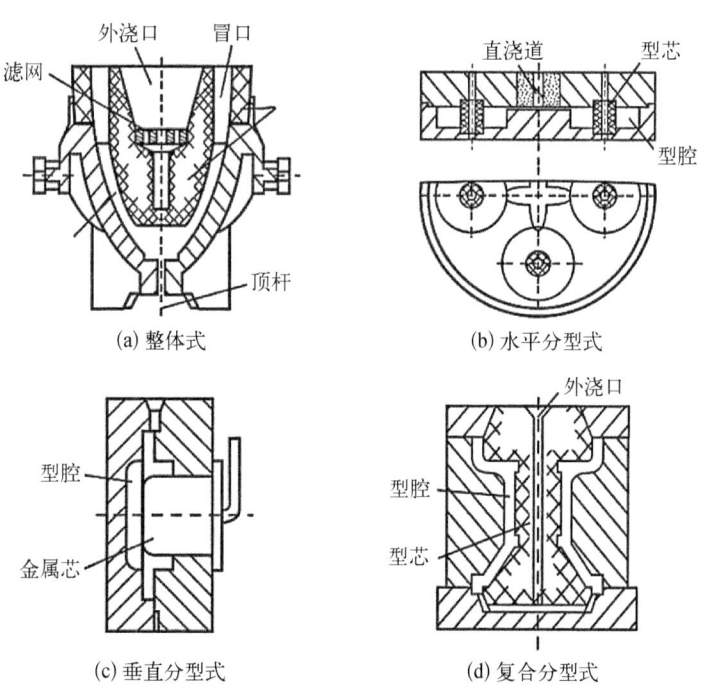

图 1-55 不同类金属型结构示意图

金属铸型导热性好,为防止金属液在型腔中冷却过快而产生浇不足、冷隔、气孔等缺陷,在浇注前需预热金属铸型,预热温度由合金的种类、铸件结构和大小而决定。金属型铸造多采用底注式或倒注式浇注系统,以防止浇注时金属液飞溅,遇金属型壁激冷凝结成"铁豆",存在于铸件中,影响铸件质量。由于金属铸型的激冷和不透气,浇注速度应做到先慢、后快、再慢,并且在浇注过程中尽量保证液流平稳。另外,由于金属铸型无退让性,浇注后应及时开型取出铸件。如果铸件在铸型中停留时间太长,则易产生较大的铸造应力,从而导致铸件开裂。

金属型铸造有如下优点:铸件的力学性能比砂型铸件高,同样合金的抗拉强度平均可提高约25%,屈服强度平均提高约20%,其耐蚀性和硬度亦显著提高,而且铸件的精度和表面质量比砂型铸件高,质量和尺寸稳定;金属型铸造工序简单,生产率高,并且劳动条件好;金属铸型可多次使用,省去了砂型铸造中的配砂、造型、落砂等许多程序,可节省大量的造型材料和生产场地,提高生产率,易于实现机械化和自动化生产。

金属型铸造虽有很多优点,但也有不足之处:金属铸型制造成本高,周期长,不适合单件、小批生产;金属铸型不透气,而且无退让性,易造成铸件浇不足、开裂或铸铁件白口等缺陷;金属型铸造时,铸型的工作温度、合金的浇注温度和浇注速度、铸件在铸型中停留的时间,以及所用的涂料等,均对铸件质量的影响较大,需要严格控制。

金属型铸造主要用于铜、铝、镁等有色合金铸件的大批量生产,如铝活塞、气缸盖、油泵壳体、铜瓦、衬套等。

1.5.2 熔模铸造

用蜡料或塑料等易熔材料制成可熔性模型,在其上涂覆若干层特制的耐火涂料,经过硬化形成整体型壳,熔掉模型,焙烧后浇入金属液而得到铸件的铸造方法称为熔模铸造,又称为失蜡铸造。由于获得的铸件具有较高的尺寸精度和较低的表面粗糙度,因此又称为熔模精密铸造。

熔模铸造的工艺过程分为压制蜡模、结壳、脱蜡、焙烧和浇注、落砂清理等过程,如图1-56所示,具体如下。

1. 压制蜡模

模料一般用蜡料、天然树脂和塑料配制,在一定温度下可以熔化。将熔化成糊状的蜡质模料压入模具压型,待其冷却凝固后即可得到蜡模。为方便蜡模从压型中取出,一般压制熔模前在压型表面涂覆分层剂,如机油、松节油等。在大量生产小型铸件时,还常把若干个

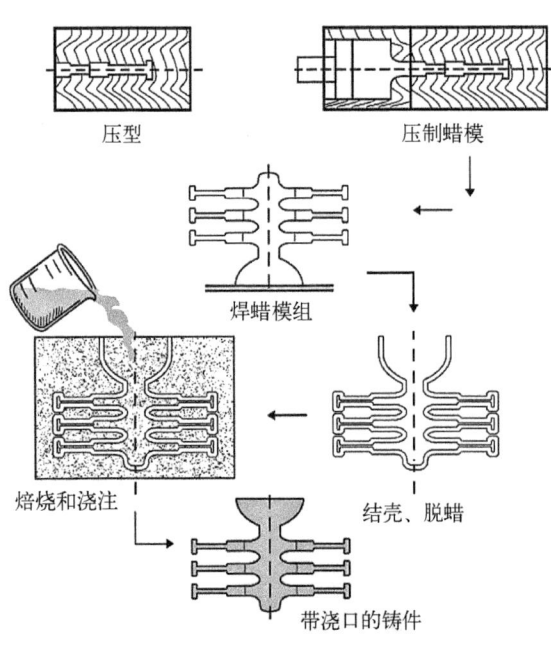

图1-56 熔模铸造工艺过程图

蜡模黏接在一个浇注系统上,构成蜡模组,以便一次浇注多个铸件,提高生产效率。

2. 结壳

把蜡模组放入黏接剂与硅石粉配置的涂料中浸泡,使涂料均匀涂覆在蜡模组表层,然后在上面均匀撒上一层硅砂,再放入硬化剂中硬化。一般先撒颗粒细的硅砂,再撒颗粒粗的硅砂,越靠近型壳外表面,硅砂越粗。如此反复多次,直至在蜡模组表面形成由多层耐火材料组成的坚硬型壳。

3. 脱蜡

将带有蜡模组的型壳浸入85℃以上的水中,则模料在其熔点以上温度下熔化并从型壳中脱出,从而获得型腔。

4. 焙烧和浇注

为了得到较高的强度,防止在浇注时发生变形和开裂,型壳在浇注前要进行焙烧,并置于砂箱,周围用型砂填紧。焙烧后趁热浇注,以获得较好的充型能力。

5. 落砂清理

待铸件冷却凝固后,将型壳打碎,取出铸件,并进行表面清理,如切除浇冒口、打磨毛刺等。

熔模铸造具有铸件尺寸精确、表面光滑、可铸造形状复杂的铸件、不受合金材料的限制、生产灵活性高和适应性强的优点。但熔模铸造时蜡模易变形,从而使铸件丧失原有精度,因此铸件尺寸不能太大。另外,熔模铸造工艺过程复杂,工序繁多,生产周期长,且冷却速度慢,因此铸件的力学性能较差。

总体来说,熔模铸造是一种少、无切削的先进精密铸造成形工艺,最适合25 kg以下的高熔点、难以切削加工的合金铸件的成批大量生产,主要用于生产汽轮机、水轮机上小型的叶片和叶轮等小型精密铸件。

1.5.3 消失模铸造

消失模铸造是采用泡沫聚苯乙烯塑料模样代替普通模样来造型,不起模,直接将金属液浇注到模样上,使其燃烧、气化并形成空腔来容纳金属液,从而获得铸件的方法,又称为实型铸造。

消失模铸造工艺过程一般有制造泡沫塑料模、上涂料、填砂、紧实、浇注、落料、清理等步骤,铸造工艺过程如图1-57所示。

消失模铸造时,当模样与金属接触后,泡沫塑料模样总是以变形收缩、熔化、气化和燃烧的过程进行,留在铸型内的模样气化分解,形成的空腔充填液态金属,这是此工艺的本质特征。由于泡沫塑料模样的存在,与普通砂型铸造相比,消失模铸造工艺的浇注系统是封闭式的,且常采用底注式浇注系统,浇筑速度快,浇注时合金液的温度高,其浇注系统的基本特点是快速浇注、平稳充型。

消失模铸造时铸件常见的缺陷主要是增碳、皱皮、气孔、夹渣、黏砂、塌箱、冷隔和变形等,应根据具体情况,合理采取相应的预防措施。

消失模铸造获得的铸件尺寸精度高、表面光洁,铸件加工余量小,无飞边、毛刺和拔模斜度,且落砂容易;由于铸造时无砂芯,无分型面,设计灵活,消失模铸造可生产形状复杂、

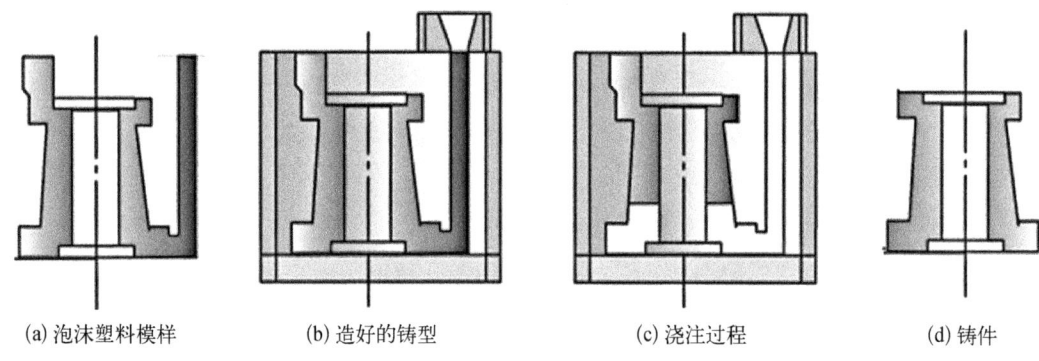

(a) 泡沫塑料模样　　(b) 造好的铸型　　(c) 浇注过程　　(d) 铸件

图 1-57　消失模铸造的工艺过程

薄壁、多孔槽的铸件,并减少了由型芯组合而造成的尺寸误差。

但消失模铸造的模样只能使用一次,并且由于泡沫塑料的密度小、强度低、模样易变形,影响铸件尺寸精度。另外,浇铸时模样受热分解产生气体污染环境,这是消失模铸造的主要缺点。

消失模铸造技术主要用于生产铸铁、碳钢、工具钢、不锈钢、铝、镁及铜合金等铸件。一般情况下,铸件质量可小至 1 kg,大到 50 t,铸件结构越复杂,就越能体现消失模铸造工艺的优越性和经济效益。

1.5.4　压力铸造

压力铸造简称为压铸,是将液态或半液态金属在高压作用下快速压入金属铸型中,并在压力下结晶,以获得铸件的成形方法。高压和高速充填是压铸的两大特点。它常用的压射比压为几千至几万千帕,甚至高达 2×10^5 kPa,充填速度多为 10~50 m/s,有些时候甚至可达 100 m/s 以上,充填时间很短,一般在 0.01~0.2 s。

压力铸造的主要设备是压铸机,根据压铸机压室工作条件的不同,可分为热压室压铸机和冷压室压铸机两类,当前最常用的是冷压式压铸机。冷压室压铸机按其压室结构和布置方式又可分为卧式压铸机和立式压铸机两种。压铸合金、压铸模和压铸机是压铸三要素,压铸工艺是三要素的有机组合和运用。图 1-58 为常用的卧式压铸机的铸造过程。

压铸所用的铸型为金属型,由定型和动型两部分组成,定型固定在压铸机定模板上,而动型可随压铸机动模板移动。此外,形成铸件内腔的芯棒也由压铸机上相应的机构控制,可实现自动抽芯与顶出铸件。

为得到合格的铸件,压铸过程中需要对压铸压力、压铸速度、浇注温度、压型温度,以及充填、保压及开型时间进行严格控制。一般对于厚壁或内部质量要求较高的铸件,应选择较低的充填速度和较高的增压压力,而对于薄壁、表面质量要求高的铸件及形状复杂的铸件,应选择较高的充填速度和较高的增压压力。

压力铸造获得的压铸件尺寸精度和表面质量高,并且由于采用金属型,压铸时冷却速度快,铸件易得到细晶组织,铸件强度和表面硬度高。另外,利用压铸可铸出形状复杂的薄壁件,且生产率高,每小时可铸 50~150 次。利用压铸成形时,可将各种金属或者非金

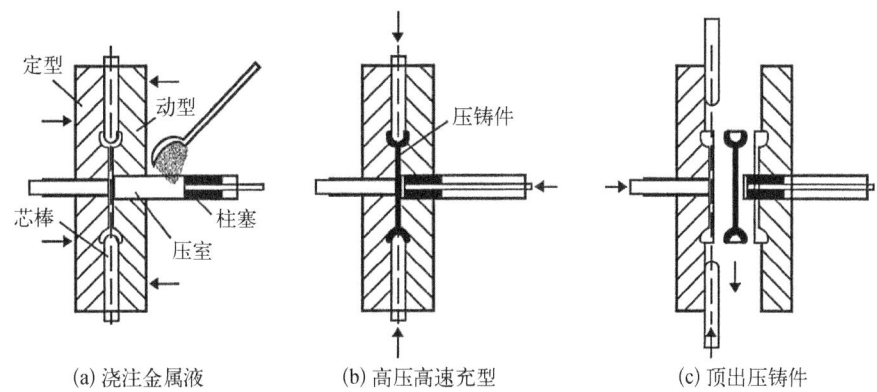

(a) 浇注金属液　　　(b) 高压高速充型　　　(c) 顶出压铸件

图 1-58　卧式压铸机压力铸造过程

属的零件放在压铸型中,压铸时与铸件合成一体成型,称为镶嵌法铸造。

但压力铸造所用的压铸设备投资大,成本高,因此仅适于大批量生产,考虑到铸型寿命,不适宜铁、钢等高熔点合金的铸造成形。另外,压力铸造时,由于充型速度快,且充型凝固快,型腔中气体难以排出,凝固过程中难以补缩,所以压铸件缺陷一般较多,容易产生皮下气孔。因此若对压铸件进行热处理,气孔中气体产生热膨胀压力,可能使铸件表面起泡、变形甚至开裂,因此普通压铸件不能进行热处理。采取真空压力铸造,可减少气孔、缩孔、缩松等缺陷生成。

压力铸造是所有铸造方法中速度最快的一种,主要用于少切削或无切削加工工艺,适宜于锌、铝、铜、镁等低熔点有色金属薄壁、复杂小件的大批量生产。

1.5.5　低压铸造

液态金属在低压(20~60 kPa)作用下,从型腔底部充填型腔,并在压力下凝固成形,这种获得铸件的铸造方法称为低压铸造,其充型压力介于重力铸造与压力铸造之间。低压铸造的铸型可以是金属、砂型或者砂芯。其工作原理如图 1-59 所示。

根据铸件形成过程,低压铸造可分为升液、充型和凝固三个阶段,其所需的压力及增压速度也不同。正确地制定低压铸造工艺是获得合格铸件的先决条件,根据低压铸造时铸件自下而上充型和自上而下凝固成形过程的基本特点,在制定工艺时,主要是确定压力大小、加压速度、浇注温度以及采用金属型铸造时铸型的温度和涂料的使用等。

低压铸造时浇注及凝固压力易调整、适应性强,因此可适应各种铸型。浇注充型平稳,减少了金属液飞溅和对铸型的冲刷,充型时气体较易排除,避免了气孔缺陷;便于实现顺序凝固,防止缩松和缩孔,铸件组织致密,力学性能好;无冒口,金属利用率高,为 90% 以上;设备简单,劳动条件好,易于实现自动化。但低压铸造存在升液管寿命短,液态金属在保温过程中易氧化和夹渣,且生产率较低等不足。

低压铸造广泛应用于铝合金和镁合金铸件(如汽车发动机缸体、缸盖、活塞和叶轮等),也可用于尺寸较大的铸件(如球铁曲轴、铜合金螺旋桨等)。

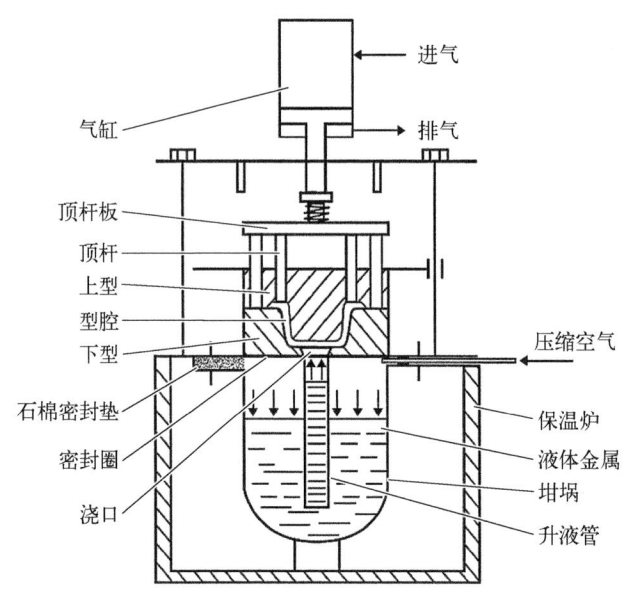

图 1-59 低压铸造工作原理示意图

1.5.6 离心铸造

将合金液浇入高速旋转的铸型,使金属液在离心力作用下充填铸型并结晶,这种铸造方法称为离心铸造,主要用来制备中空铸件,铸造时不需要型芯。

离心铸造的主要设备是离心铸造机,根据铸型旋转轴空间位置的不同,离心铸造机可分为立式和卧式两大类,如图 1-60 所示。

卧式离心铸造机旋转轴水平布置[图 1-60(a)],铸出的铸件壁厚较为均匀,适用于铸造长度大于直径的套筒类铸件。立式离心铸造机旋转轴竖直布置[图 1-60(b)],金属液浇注后受离心力与重力共同作用,造成铸件上薄下厚。显然,铸件高度越高,壁厚的差别也越大。因此,立式离心铸造机主要用于铸造高度小于直径的环类铸件。

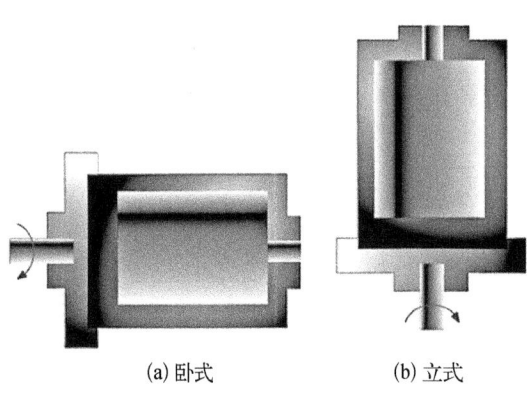

图 1-60 卧式和立式离心铸造工作原理示意图

离心铸造几乎不存在浇注系统和冒口系统的金属消耗,生产中空铸件时不用型芯,简化了套筒、管类铸件的生产过程。另外,利用离心铸造获得的铸件在离心力作用下由外向内的定向凝固,充型能力强,铸件致密度高,气孔、夹渣等少,力学性能高,还便于制造双金属铸件,结合面牢固。

但离心铸造获得的铸件内孔尺寸偏差大,而且内表面粗糙,加工余量大,且铸件易产生偏析,不适合密度偏析大的合金铸件及轻合金铸件。另外,离心铸造机是专用设备,不适合单件、小批量铸件的生产。

离心铸造是大口径铸铁管、气缸套、铜套、双金属轴承的主要生产方法,铸件的最大质量可达十多吨,最大直径可达 3 m,长度可达 8 m。

思 考 题

1. 简述液态金属的主要特点以及对液态金属进行加工的目的。
2. 简述附加压力产生的原因及其在材料成形中的意义。
3. 试分析合金流动性与成分之间的关系,并解释原因。
4. 简述铸造生产中改善合金充型能力的主要措施。
5. 简述缩孔产生的原因及防止措施。
6. 简述缩松产生的原因及防止措施。
7. 缩孔与缩松对铸件质量有何影响?为何缩孔比缩松更容易防止?
8. 什么是定向凝固原则?什么是同时凝固原则?各需采用什么措施来实现?上述两种凝固原则各适用于哪种场合?
9. 铸造应力有哪几种?形成的原因是什么?
10. 普通压铸件能否热处理?为什么?
11. 铸造时细化晶粒的目的是什么?影响形核冶金处理方法有哪些?
12. 某飞机制造厂的一牌号 Al-Mg 合金(成分确定)机翼,因铸造常出现"浇不足"缺陷而报废,如果你是该厂工程师,请问可采取哪些工艺措施来提高成品率?
13. 什么是粗糙界面和光滑界面?它们对晶体的生长方式和形态有何影响?
14. 细晶铸造的工艺方法有哪些?简要说明其原理。

第 2 章

塑性成形原理

金属塑性成形是指金属坯料在外力作用下产生塑性变形，获得具有一定几何形状、尺寸、精度以及服役性能的材料、毛坯或零件的加工方法，也称为压力加工。利用金属塑性成形方法，不但能获得强度高、性能好、形状复杂和精度高的工件，而且具有生产率高、材料消耗少等优点，因此在国民经济中得到广泛的应用。本章重点介绍金属塑性成形的共性原理与典型塑性成形工艺的基本原理。

2.1 塑性成形概述

2.1.1 塑性成形方法的分类

在实际中，根据塑性成形时的温度，可将金属的塑性成形分为热变形、温变形和冷变形三类，而根据塑性成形的特点，可分为体积成形和板料成形两大类。每类又包括多种加工方法，形成各自的工艺领域。

2.1.1.1 按成形温度分类

热变形是在再结晶温度以上进行的，热变形过程中既有加工硬化，又有再结晶，加工硬化会被回复和再结晶完全消除，为了保证成形的顺利进行，热变形温度比再结晶温度高得多。由于温度高，成形过程中可能带来材料的氧化、脱碳、过热或者过烧等问题。

温变形是在高于回复温度和低于再结晶温度的范围内进行的塑性成形过程，温变形过程中有加工硬化及回复现象，但无再结晶，硬化只得到部分消除。与热变形相比，温变形中坯料氧化和脱碳较少，利于提高工件的精度与表面质量。但与冷变形相比，温变形使变形抗力减小，塑性增加，一般不需要预先退火、表面处理和工序间退火，适合变形抗力大、对加工硬化敏感的高碳钢、中高合金钢、轴承钢和不锈钢等。

冷变形在室温下进行，可避免加热缺陷，能获得较高的精度和表面质量，但变形抗力较高，且随变形程度的增加而上升，表现出明显的硬化现象。冷变形比较适于常温下塑性比较好的材料，例如低碳钢、有色金属及合金的薄件和小件加工。

2.1.1.2 按成形特点分类

按照成形的特点，塑性成形可分为体积成形和板料成形。

1. 体积成形

由于塑性变形时金属密度的变化很小，坯料变形前后的体积可看作相等，因此成形过程中是靠体积转移和分配来实现的,故也称为体积成形。常见成形工艺包括轧制、挤压、拉拔和锻造等。

轧制是金属锭料或坯料通过两个旋转轧辊间的特定空间使坯料横断面积减小,长度增加,以获得一定截面形状工件的塑性成形方法。轧制是将大截面材料加工成小截面材料的常用加工过程。利用轧制方法可生产出型材、板材和管材等。

挤压是将在筒体中的大截面坯料或铸锭的一端加压,使金属从模孔中挤出,以获得符合模孔截面形状的小截面坯料的塑性成形方法,通常分为正挤压、反挤压和复合挤压。因为挤压是在三向受较大压应力状态下的成形过程,所以更适于塑性较差材料的成形。

拉拔是将中等截面的坯料拉过有一定形状的模孔,从而获得小截面工件的塑性成形方法。利用拉拔,可以获得型材、管材和线材。

锻造是利用锻压机械对金属坯料施加压力,使其产生塑性变形,从而获得具有一定力学性能、形状和尺寸的锻件的加工方法。锻造分为自由锻和模锻两类:金属在上下铁锤及铁砧间受到冲击力或压力而产生塑性变形的成形工艺称为自由锻;金属在具有一定形状的锻模膛内受冲击力或压力而产生塑性变形的成形工艺称为模锻。锻造常在热态下进行,目的是使金属具有较好的塑性,从而易于成形,所以锻造也称为热锻,但对于常温下塑性较好的材料,也可进行冷锻。

2. 板料成形

板料成形,又称为板料冲压,是利用压力装置和模具使板材产生分离或塑性变形,从而获得成形件或制品的成形方法。冲压可进一步分为分离工序和成形工序两类:分离工序用于使冲压件沿一定的轮廓与板料分离,如冲裁、剪切等工序;成形工序用来使坯料在不变坏的情况下发生塑性变形,成为具有特定形状和尺寸的零件,如弯曲、拉深等工序。

2.1.2 塑性成形方法的特点

塑性成形过程中材料尺寸形状和组织性能同时改变,有以下特点:

1. 质量比铸件好

金属材料经过相应的塑性成形后,晶粒得到细化,一些微观缺陷被消除,组织和性能都能得到改善和提高,特别是对于铸件组织,效果更为显著。

2. 材料利用率高

金属塑性成形主要是靠金属在塑性状态下的体积转移,其过程需切除的金属体积少,因而材料的利用率高,并且流线分布合理,提高了制件的强度。

3. 尺寸精度高

用塑性成形方法得到的工件可以达到较高的精度,精密模锻技术已经达到较少切削甚至无切削的要求,即实现了近净成形,甚至净成形。

4. 生产效率高

塑性成形方法具有很高的生产率,这对于金属的轧制、拉丝、挤压等工艺尤其明显,适于大批量生产。

2.1.3 塑性成形的主要理论

金属塑性成形方法具有悠久的历史,早在两千多年前,人们就发现铜和金等材料具有塑性变形的特性,并掌握了用锤击金属来制造工具及饰品的技术。随着近代科学技术的发展,塑性成形技术被赋予崭新的内容和含义,但是这门技术的理论基础,即金属的塑性成形原理,发展得较晚,直到20世纪20年代才逐步形成独立的学科。

虽然塑性成形方法多种多样,但其基本的原理性问题却是有共性的,如塑性变形的物理本质与机制,金属的塑性行为与变形抗力,塑性变形中组织性能变化规律,变形体内部的应力、应变分布与流动规律,以及塑性成形所需的变形力和变形功等。金属的塑性成形理论就是在上述塑性变形的共性原理基础上发展起来的一门工程应用技术理论,主要包括塑性成形力学、塑性成形材料学和塑性成形摩擦学。

塑性成形力学主要是连续介质力学,研究材料在外力作用下的应力、应变及分布规律,如应力状态、应变状态、屈服准则和本构关系。塑性成形材料学是运用材料科学的原理研究塑性变形过程中金属的组织演变及性能变化的规律,为确定塑性成形温度、速率等条件,使制品获得最佳组织、性能奠定材料学基础。塑性成形摩擦学关注塑性成形过程中由接触表面间的相对运动引起的摩擦,包括干摩擦、湿摩擦、边界摩擦和混合摩擦,研究这些摩擦对金属塑性变形中应力、应变分布和产品质量产生的影响。

金属塑性成形是一门新近发展起来的学科,生产中存在的大量问题还有待进一步认识、研究总结,新的成形方法也有待进一步开发,塑性成形理论本身也需要进一步发展和完善。本章主要从塑性成形的材料学方面介绍塑性成形的基本原理。

2.1.4 塑性成形的基本规律

金属的塑性成形过程遵循体积不变定律和最小阻力定律。

1. 体积不变定律

由于塑性变形时金属密度变化得很小,可看作坯料变形前后的体积相等,这个规律称为体积不变定律。实际上,在成形过程中由于气孔、缩松等缺陷减少,材料的密度反而略有增加,但在热加工过程中由于氧化烧损,体积略有减小。然而这些变化对整个金属坯件来讲,一般可以忽略不计。因为在每一道工序中,坯料一个方向尺寸减小,必然会使另外一个方向尺寸增加,所以应用体积不变定律可以确定各工序间尺寸变化,计算坯料尺寸、工序尺寸和锻模尺寸。因此,轧制、挤压、锻造等塑性成形工艺也称为体积成形。

2. 最小阻力定律

金属在塑性变形时,质点将沿着阻力最小的方向移动,称为最小阻力定律。一般来说,最小阻力方向是通过该质点向变形部分的周边所作的最短法线方向,因为此方向距离短、阻力小,质点移动所需要的功最小。金属在变形时有可能向各个方向变形,但最大的变形将向着大多数质点遇到的最小阻力的方向,宏观上变形阻力最小的方向,变形量最大。

利用该定律可提前判断变形金属的截面变化情况。如图2-1所示,当镦粗圆形截面毛坯时,由于质点遇到的阻力大小一致,金属质点沿半径方向移动,镦粗后仍为圆形截面;镦粗正方形截面毛坯时,以对角线划分的各区域里的金属质点都垂直于周边向外移动,随着变形量的增加,逐渐向圆形变化;镦粗长方形坯料时,长方形截面会逐渐向椭圆形转变,如果能不断镦粗下去,坯料最终可能成为圆形截面。

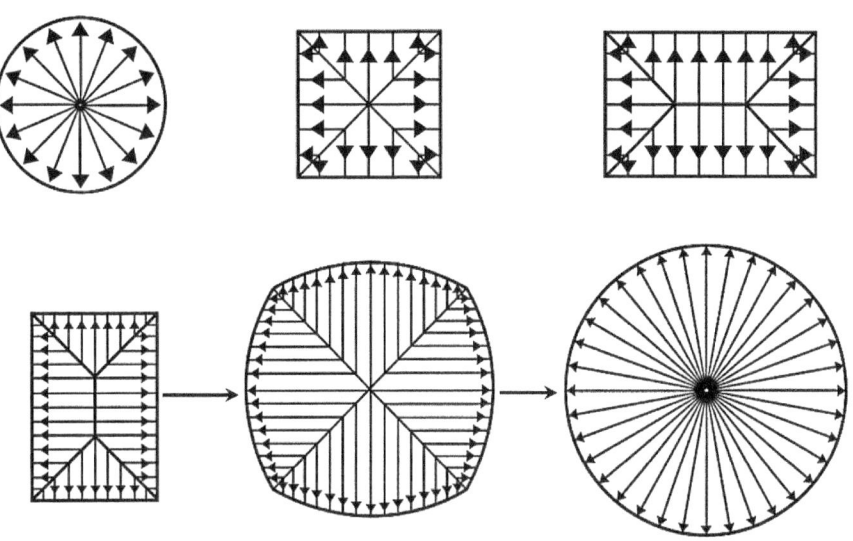

图 2-1 不同截面(圆形、正方形、长方形)金属坯料镦粗时的流动情况

2.2 金属的塑性

塑性成形需要材料具有良好的塑性,塑性越好,金属具有越好的塑性成形适应性。为了提高塑性成形的效率和质量,工程实践中总是希望金属具有较高的塑性。现代塑性成形领域出现了许多高强度、低塑性的新型材料,传统的塑性成形方法已不能满足需要,需采取相应的新工艺进行加工。因此,研究材料塑性变化的规律,讨论影响材料塑性的主要因素,寻求改善材料塑性的途径,对于选择合理的塑性成形方法,确定最佳工艺制度,进而提高产品质量具有十分重要的意义。

塑性是指金属在外力作用下能稳定地产生永久变形而不破坏其完整性的能力。塑性是相对的,即使是同一种材料,在不同的变形条件下也会表现出不同的塑性。例如,通常情况下铅的塑性极好,但在三向等拉伸应力状态下表现出很大的脆性;而大理石和红砂石这样的脆性材料在特殊的三向压应力装置中却表现出很好的塑性。因此,成形加工条件也影响材料的塑性。

人们有时会把金属的塑性与柔软性混淆起来,其实它们是有明显区别的两种概念。塑性反映材料产生永久变形的能力,可用变形抗力来衡量,而柔软性反映材料的软硬程度。塑性成形时,使金属发生塑性变形的外力,称为变形力。金属抵抗变形的力,称为变形抗力。变形抗力和变形力大小相等,方向相反,一般用接触面上平均单位面积变形力表示变形抗力大小。当压缩变形时,变形抗力即施压于工具表面的单位面积压力,故亦称为单位流动压力。

变形抗力的大小,不仅取决于材料的真实应力,还取决于塑性成形时的应力状态、接触摩擦以及变形体的尺寸等因素。只有单向拉伸或压缩时,变形抗力才等于材料在该变形温度、变形速度及变形程度下的真实应力。因此,离开具体成形加工方法的应力状态、接触摩擦等因素,就无法评论金属和合金的变形抗力。塑性成形时变形抗力的大小,主要取决于材料本身的真实应力,但它们之间的概念不同,它们的数值在大多数情况下也是不相等的。

研究金属塑性是为了探索金属塑性的变化规律,寻求改善金属塑性的途径,以便选择合理的成形加工方法,确定最适宜的工艺制度,为提高产品的质量提供理论依据。

2.2.1 塑性指标及其测量方法

2.2.1.1 塑性指标

同种材料在不同变形条件下(如不同应变速率和应变温度下)具有不同的塑性,因此评价材料的塑性需与测试条件结合起来。只有这样,不同类材料的相对塑性才能进行横向比较。

为了便于比较不同材料的塑性性能和确定某种材料在特定变形条件下的加工性能,需要有一种度量指标,这种指标称为塑性指标。塑性指标常用其断裂前产生的最大塑性变形来表示,也称为塑性极限,材料塑性指标越高,塑性越好。

由于影响材料塑性的因素很多,因此很难采用一种通用指标来描述,目前人们大量使用的仍是那些在特定的变形条件下所测出的塑性指标,如断面收缩率、延伸率、冲击韧性、最大压缩率、扭转角(或扭转数)和弯曲次数等。但冲击韧性是一种不完全塑性指标,它是弯曲变形抗力和试样弯曲挠度的综合指标,同样的冲击韧性值,材料塑性可能差异很大。

塑性指标的测量方法有两类,一类是力学性能试验,如拉伸试验法和扭转试验法等,获得的塑性指标是断面收缩率、延伸率、冲击韧性和扭转角等;另外一类是成形模拟试验,也称为成形性试验,如压缩试验法、轧制模拟试验法和杯突试验等,获得的塑性指标主要是压下率、临界压下量和杯突深度等。测量塑性指标对于选择变形工艺(如变形温度、变形速率和变形范围)具有重要指导作用。

2.2.1.2 塑性指标的测量方法

1. 拉伸试验法

用拉伸试验法可测出拉伸试样断裂时最大延伸率(δ)和断面收缩率(ψ),δ 和 ψ 的数值由式(2-1)和式(2-2)确定:

$$\delta = \frac{L_h - L_0}{L_0} \times 100\% \quad (2-1)$$

$$\psi = \frac{F_0 - F_h}{F_0} \times 100\% \quad (2-2)$$

式中,L_0 为拉伸试样原始标距长度;L_h 为拉伸试样断裂后标距间的长度;F_0 为拉伸试样原始截面积;F_h 为拉伸试样断裂处的截面积。

2. 压缩试验法

在简单加载条件下,由压缩试验法测定的塑性指标用式(2-3)确定:

$$\varepsilon = \frac{H_0 - H_h}{H_0} \times 100\% \qquad (2-3)$$

式中,ε 为压下率;H_0 为试样原始高度;H_h 为试样压缩后,在侧表面出现第一条裂纹时的高度。

3. 扭转试验法

扭转试验法需在专门的扭转试验机上进行,试验时圆柱体试样的一端固定,另一端扭转。随试样扭转数的不断增加,最后将发生断裂。材料的塑性指标用断裂前的总扭转数(n)来表示,对于一定试样,总扭转数越高,塑性越好,可将扭转数换为剪切变形量(γ):

$$\gamma = R\frac{\pi n}{360 L_0} \qquad (2-4)$$

式中,R 为试样工作段的半径;L_0 为试样工作段的长度;n 为试样破坏前的总扭转数。

4. 轧制模拟试验法

用偏心轧辊轧制矩形试样,试样上产生第一条可见裂纹时的临界压下量作为轧制过程的塑性指标,如图 2-2 所示。

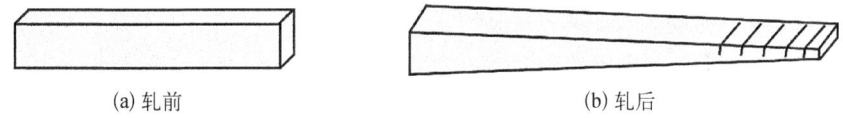

(a) 轧前　　　　　　　　　　(b) 轧后

图 2-2　轧制模拟试验样品轧制前后

5. 杯突试验

用规定的钢球或球形冲头顶压模内的试样,直至试样产生第一条裂纹为止,将其压入深度(mm),即杯突深度作为轧制过程的塑性指标。

上述各种试验,只有在一定条件下使用才能反映出正确的结果,所测数据只能确定具体加工工艺制度的一个大致的范围,有时甚至与生产实际相差甚远,因此需将几种试验方法所得结果综合起来考虑。

2.2.2　塑性图

以不同温度时得到的各种塑性指标为纵坐标,以温度为横坐标,绘成的曲线称为塑性图。塑性图给出了温度、速率及应力状态类型对金属及合金塑性指标的影响。在塑性图中所包含的塑性指标越多,速率变化的范围越宽广,应力状态的类型越多,对于确定正确的热变形温度范围越有益。

由于各种测定方法只能反映其特定的变形力学条件下的塑性情况,为确定实际加工过程的变形温度,塑性图上需给出多种塑性指标,最常用的有 σ_k、φ、ε、α 等。图 2-3 给出了 MB5 镁合金的塑性图。该合金在 530℃ 附近开始熔化,270℃ 以下为 α 和 γ 二相系,因此,它的热变形温度应选在 270℃ 以上的单相区。从图中可以看出,在较慢的速度下加工,当温度为 350~400℃ 时,φ 和 ε_m 都有最大值,因此不论是轧制还是挤压,都可以在这个温度范围内以较慢的速度进行。假如在锻锤下加工,因 ε_c 在 350℃ 左右有突变,所以变形温度应选择在 400~450℃。若工件形状比较复杂,在变形时易发生应力集中,则应根据 σ_k 曲线来判定。另外,从图中可知,σ_k 在相变点 270℃ 附近突然降低,因此,锻造或冲压时的工作温度最佳应在 250℃ 以下。

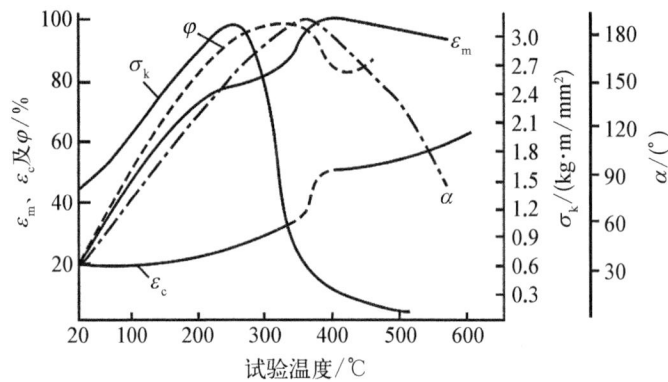

图 2-3 MB5 镁合金的塑性图

注:σ_k 为冲击韧性;ε_m 为慢速度作用下的最大压缩率;ε_c 为冲击力作用下的最大压缩率;φ 为断面收缩率;α 为弯曲角度。

塑性图可用来选择金属及合金的合理塑性成形方法及制订适当的冷热变形工艺,是金属塑性成形生产中不可缺少的重要的依据之一,具有很大的实用价值。

2.2.3 影响金属塑性的因素

上文已经提到,金属的塑性不是固定不变的,受许多因素的影响。影响金属塑性的因素很多,大致可分为两大类,一类是源于金属材料材质方面的内在因素,如金属的化学成分与组织结构等;另一类是来自变形条件方面的外在因素,如变形温度、变形速率和变形的力学条件等。

1. 化学成分的影响

化学成分对合金塑性的影响非常复杂。一般来说,纯金属的塑性好于合金,同一种金属,纯度越高,塑性越好,成形时变形抗力越小。低碳钢优于高碳钢,低碳低合金钢优于高碳高合金钢。例如,当少量碳固溶于铁中形成铁素体和奥氏体时,材料塑性好,强度低;但当碳含量过高,超过溶解能力,形成渗碳体(Fe_3C)时,材料硬度变高,塑性为零。高合金钢中由于合金元素含量高,合金成分复杂,其塑性差,变抗力大。因此纯铁、低碳钢和高合金钢,塑性依次下降。有害杂质元素一般使塑性变差,如 P(固溶)、S(生成 FeS、MnS,红脆)、N(Fe_4N 析出)、H(氢脆)和 O(氧化物夹杂)等杂质都会使钢的塑性变差。

当添加元素时,如果形成大颗粒质点(如碳化物)等,则材料强度上升,塑性下降;如果形成弥散小质点,则对材料的塑性影响不大。相同牌号的合金,组织状态不同,变形抗力也不同,如同样的 LY12 硬铝合金退火状态下,变形抗力为 100 MPa,淬火时效后为 300 MPa。

2. 组织结构的影响

相同化学成分的金属由于组织的不同,其塑性会有很多的差别。一般来说,纯金属或固溶体等单相组织金属比多相组织金属塑性好。多相组织的各相性能不同,使得变形不均匀,同时基体相往往被另一相机械地分割,故塑性降低。此时,第二相的性质、形状、大小、数量与分布状况等对材料的塑性起着重要影响。

细晶粒组织有利于提高金属的塑性。在一定的体积内,细晶粒金属的晶粒数目多,则塑性变形时取向有利于滑移的晶粒也较多,故变形能较均匀地分散到各个晶粒。另外,从每个晶粒的应变分布来看,晶粒较细时晶界的影响遍及整个晶粒,故晶粒的应变和靠近晶界处的应变的差异就较小。总之,细晶粒金属的变形不均匀性和由变形不均匀性所引起的应力集中均较小,故开裂的机会也少,断裂前可承受的塑性变形量增加。但晶粒越细,由于细晶强化作用,金属和合金的变形抗力越高。

铸造组织由于具有粗大的柱状晶粒和偏析、夹杂、气泡、疏松等缺陷,因此金属塑性降低,为保证塑性成形的顺利进行和获得优质的锻件,有必要采用先进的冶炼方法提高铸锭质量。锻造时应使铸件变形尽可能均匀,打碎粗大柱状晶粒,获得细晶粒组织,从而改变锻件的力学性能。

3. 变形温度的影响

在一定的变形温度范围内,随着温度升高,原子动能升高,从而材料塑性提高,变形抗力减小,有效改善了可锻性。

但是加热要控制在一定范围内,若加热温度过高,晶粒急剧长大,会使材料的力学性能降低,这种现象称为"过热"。若加热温度更高,接近熔点时,晶界氧化破坏了晶粒间的结合,使得金属失去塑性,坯料报废,这种现象称为"过烧"。金属锻造加热时允许的最高温度称为始锻温度。在锻造过程中,金属坯料温度不断降低,当温度降低到一定程度,塑性变差,变形抗力增加,不能再进行锻造,否则将引起加工硬化甚至开裂,此时停止锻造的温度称为终锻温度。始锻温度与终锻温度之间的区间,称为锻造温度范围。

4. 变形速率的影响

变形速率即单位时间内的变形程度,变形速率对变形抗力和塑性的影响如图 2-4 所示。从图中可以看出,刚开始时,随着变形速率的增大,恢复和再结晶不能及时克服加工硬化现象,金属表现出塑性下降、变形抗力增大的现象,可锻性变差。但金属在变形过程中,消耗于塑性变形的能量有一部分会转化为热能,产生热效应并使金属温度升高,当温度超过金属的再结晶温度时,金属

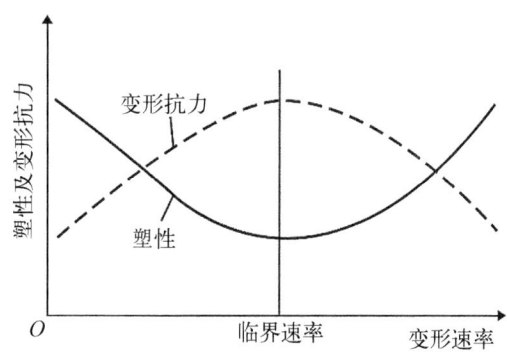

图 2-4 变形速率对变形抗力和塑性的影响

的加工硬化部分消除,从而塑性升高,变形抗力降低,可锻性变好。这种现象在应变速率大的时候更为明显,因此随着变形速率的进一步增加,当变形速率超过某一临界速率时,金属的塑性反而增加,变形抗力减小。但这种现象通常只有在高速锤上锻造时才能实现,一般设备上由于锻造速率低,金属变形速率不可能超过临界速率,故塑性较差的金属或大型锻件,还是应采用较小的变形速率。

5. 变形程度的影响

变形程度对塑性的影响,与加工硬化和加工过程中伴随着塑性变形的发展而产生的裂纹倾向有关。在热变形过程中,变形程度与变形温度、速率是相互联系的,若过程中加工硬化与裂纹的修复速率大于发生速率,变形程度对塑性影响不大。一般随着变形程度的增加,塑性降低,采用分散小变形对提高塑性有利,这主要是由于分散小变形过程中每次变形量都较小,变形的间隙由于软化的作用,塑性在一定程度上可以得到恢复。

6. 应力状态的影响

金属在经受不同方向的变形时,所产生的应力大小和性质不同。例如,金属在挤压变形时(图2-5)为三向受压状态,而在拉拔时(图2-6)为两向受压、一向受拉状态。

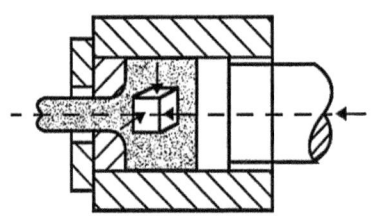   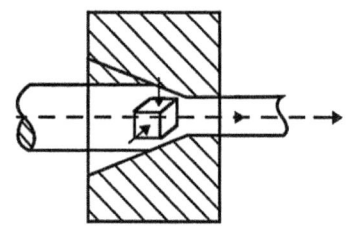

图2-5 挤压时的应力状态　　　　　图2-6 拉拔时的应力状态

理论和实践证明,在三向应力状态图中,压应力的数量越多,则其塑性越好。拉应力的数量越多,则其塑性越差。这主要是因为在金属材料的内部或多或少总是存在着微小的气孔或裂纹等缺陷,在拉应力作用下,缺陷处会产生应力集中,这使得缺陷扩展甚至达到破坏的程度,从而使金属失去塑性;压应力使金属内部原子间距减小,又抑制裂纹扩展,故金属的塑性会增高。但是,压应力同时使金属内部摩擦增大,变形抗力也随之增大,为实现变形加工,就要相应增加设备吨位,以增加变形力。

在选择具体加工方法时,应考虑应力状态对金属可锻性的影响。对于塑性较低的金属,应尽量在三向压应力下变形,以免产生裂纹。对于塑性较高的金属,变形时出现拉应力是有利的,可以减少变形能量的消耗。

7. 表面质量的影响

金属坯料表面质量对塑性的影响在冷变形过程中尤为显著。当表面过于粗糙,有划痕、微裂纹和粗大杂质时,易在受力过程中产生应力集中,引起开裂。因此,表面粗糙度对金属的可锻性也会产生影响,表面粗糙度越低,金属的可锻性越好。

综上所述,影响金属塑性变形的因素是很复杂的。在塑性成形时,要综合考虑各种因素的影响,根据具体情况采取相应的有效措施,力求创造最有利的变形条件,充分发挥金属的塑性,降低变形抗力,降低设备吨位,减少能耗,使变形进行得更充分,达到优质低耗的要求。

2.2.4 提高金属塑性的途径

提高塑性的途径有以下几个方面:

(1) 控制化学成分,改善组织结构,提高材料的成分和组织的均匀性。合金铸锭的成分和组织通常很不均匀,若能在变形前进行高温扩散退火,则能起到均匀化作用,从而提高塑性。

(2) 采用合适的变形温度和变形速率。要合理选择变形温度,保证金属坯料温度的均匀分布。变形温度过高,易使晶界处的低熔点物质熔化,而变形温度过低时,则会使再结晶不能充分进行,加工硬化严重,导致金属塑性的降低,引起锻造时的开裂。对于具有速率敏感性的材料,要注意合理选择变形速率。例如,MBD5镁合金,适于在压力机上塑性成形,如果需要在锤上模锻,最好开始以轻击进行,随着模膛的充满,再逐渐增加每次的变形程度。

(3) 选用三向压应力较强的变形过程,减小变形的不均匀性,尽量造成均匀的变形状态。

(4) 避免加热和加工时周围介质的不良影响。周围介质和气氛可能会腐蚀材料,并引起材料化学成分变化,生成脆性相,塑性降低。

2.2.5 金属的塑性变形机理

晶体有单晶体和多晶体之分。单晶体是指整个晶体内原子都周期性规则排列的晶体。而多晶体是指在晶体内每个局部区域里原子周期性规则排列,但不同局部区域之间原子的排列方向并不相同,因此多晶体也可以看作由许多取向不同的小单晶体(又称为晶粒)组成。下文以单晶体、多晶体和合金的塑性变形为例,介绍金属的塑性变形机理。

2.2.5.1 单晶体的塑性变形

单晶体在外力的作用下,通过位错运动,晶体发生滑移和孪生,从而实现塑性变形。

1. 滑移

晶体在外力的作用下,其一部分沿着一定的晶面和该晶面上的一定晶向,相对于另一部分产生相对移动,称为滑移,产生滑移的晶面称为滑移面,滑移的晶向称为滑移方向。

滑移通常在许多晶面上同时发生,在晶体表面形成阶梯状不均匀的滑移带。滑移线由滑移面和晶体表面相交形成,两条滑移线组成一个滑移层,多个滑移层在一起组成滑移带。抛光后的金属试件经拉伸变形后,可以在显微镜下观察到滑移线和滑移带,图2-7为300℃拉伸锌单晶体时的滑移线和滑移带。

试验表明,滑移并非沿任意晶面和晶向发生,而总是沿着该晶体中原子排列最紧密的晶面和晶向发生。这主要是因为对于原子密度最大的晶面,原子间距小,原子间的结合力强,而晶面间的距离较大,晶面与晶面之间的结合力较小,滑移阻力也小,所以容易成为滑移方向。

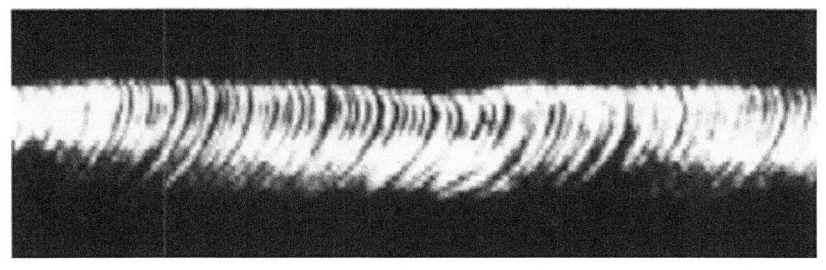

图 2-7 锌单晶体在 300℃拉伸时的滑移线和滑移带

通常同一种类型的晶格有几个可能产生滑移的晶面,即同时存在几个滑移面,而每一滑移面上同时存在几个滑移方向,一个滑移面和其上一个滑移方向构成一个滑移系。同一种类型晶格的滑移系总数是其晶胞上不同滑移面和该滑移面上滑移方向数乘积的和。

三种常见晶格的滑移系如图 2-8 所示。滑移系多的金属要比滑移系少的金属的变形协调性好、塑性高。具有立方晶格的金属有 12 个滑移系,其塑性变形的能力较强;而具有密排六方晶格的金属仅有 3 个滑移系,其塑性变形的能力较弱。具有体心立方和面心立方晶格的金属,两者具有 12 个相同的滑移系,它们似乎应具有相同的塑性,但试验证明,具有面心立方晶格的 Al、Cu、γ-Fe 等金属的塑性明显优于具有体心立方晶格的 α-Fe 等。研究两者塑性变形能力差异的原因,结果表明,滑移方向的作用大于滑移面的作用。体心立方晶格中每个晶胞滑移面上的滑移方向仅有两个,而面心立方晶格中每个晶胞滑移面上有三个滑移方向,所以后者的塑性变形能力更好。

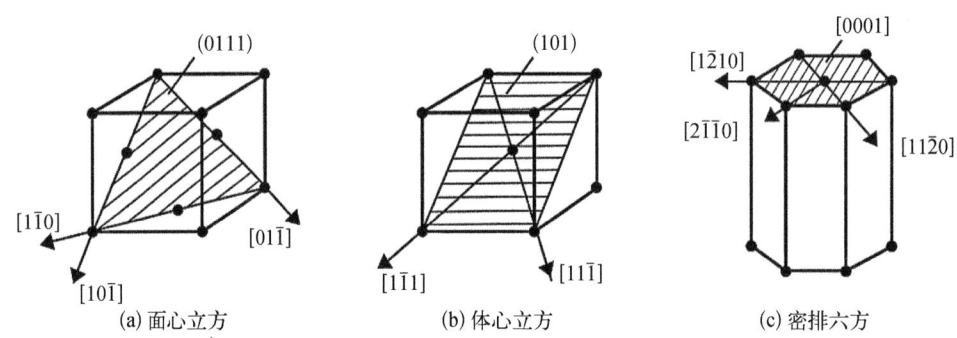

图 2-8 三种常见晶格的滑移面和滑移方向

要使单晶体在外力作用下产生滑移,必须要滑移面上沿滑移方向的切应力达到一临界值,这就是施密德(Schmid)临界切应力定律。大量试验证明,对于不同取向的单晶体,其开始滑移的拉伸力不同,但此时这些力在晶体滑移面上沿滑移方向的应力分量(即临界切应力)是完全相同的,其大小主要由该晶体滑移面间的原子结合力来决定,它是一个定值。如图 2-9 所示,F 为沿单晶试件轴向的拉伸力,A 为试件横截面积,φ 为滑移面法向与拉伸力间的夹角,λ 为滑移方向与拉伸力间的夹角,则作用在滑移面上沿滑移方向的切应力 τ 为

$$\tau = \frac{F}{A}\cos\lambda\cos\varphi = \sigma\cos\lambda\cos\varphi \quad (2-5)$$

式中，σ 为正应力。

当拉伸应力为屈服应力 σ_s 时，晶体开始塑性变形，这时滑移方向上的切应力（即临界切应力）为 τ_k。

伴随着滑移的重要现象之一是晶体的转动，晶体的转动与受力的方式有密切关系。拉伸时，滑移面向拉伸力的方向转动，而压缩时，滑移面向垂直于作用力的方向转动。另外，由于外部约束条件的作用，滑移还伴随有晶体的转动和滑移面的弯曲。图 2-10 为单晶体拉伸变形时的情况，晶体的滑移面为便于继续滑移而试图沿外力方向转动。而当压缩变形时，晶体的转动力试图使滑移面转向与压力垂直的方向，如图 2-11 所示。

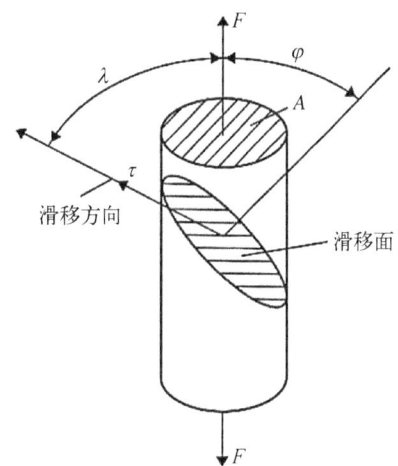

图 2-9　滑移时应力的分解

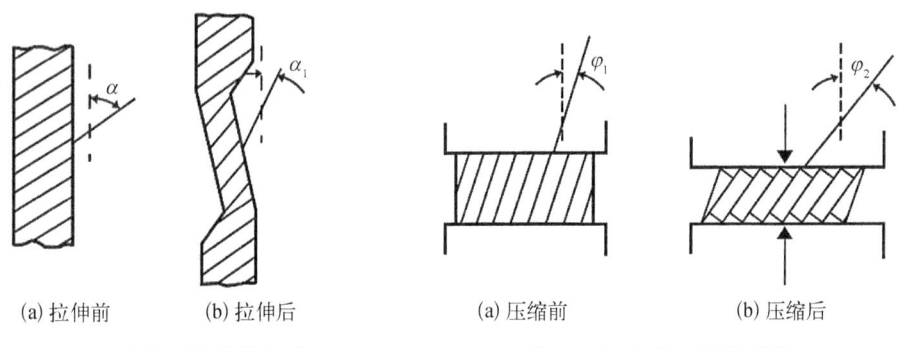

图 2-10　拉伸时晶体的转动　　图 2-11　压缩时晶体的转动

随着变形程度的增大，滑移面的转动和弯曲加剧，使得滑移越来越难以在这些原始滑移面上进行，这种现象称为几何硬化。滑移系总数多的金属晶体在一个滑移系发生几何硬化时，另一个滑移系可能由于晶体的转动而处于越来越有利的位向，使其易于产生滑移，这种现象称为几何软化。此时，新的滑移面将和旧的滑移面相交错。这种有两个滑移系启动，滑移不是同步而是依次交替进行的滑移称为双滑移。双滑移由于新旧滑移面相交，提高了变形力。

滑移通常是通过位错的移动来实现的。滑移是逐步进行的，首先在局部区域产生滑移，然后扩大，最后整个滑移面上都完成了滑移，而不是滑移面上所有原子同时产生相对滑移。一个位错滑移到晶体表面时，便形成一个原子间距的滑移量，此后位错便消失。因此滑移是原子从一个平衡位置转移到另一个平衡位置的运动，通过位错运动实现，其运动方式类似蠕虫爬行，是沿着滑移面逐步传播、移动的，如图 2-12 所示。同一滑移面上，有大量的位错移到晶体表面时，形成一条滑移线。为保证滑移的不断进行，必须有大量新的位错产生，即位错的增殖。晶体滑移过程的实质是位错的移动和增殖的过程。但是，滑移不改变晶体各部分的相对位向。

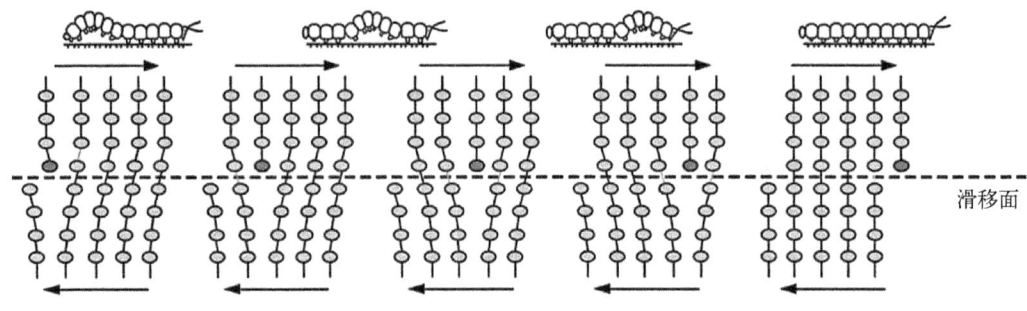

图 2-12 滑移机理示意图

2. 孪生

金属的塑性变形除以滑移方式进行外,孪生也是其重要方式之一。孪生是指晶体在外力的作用下,其一部分沿着一定的晶面和晶向,按一定关系发生相对的位向移动,产生均匀切变,如图 2-13 所示,孪生变形部分称为"机械孪晶"。与滑移不一样,孪生后,晶面两侧晶体的相对位向发生了改变,但不改变晶体的晶格点阵类型。

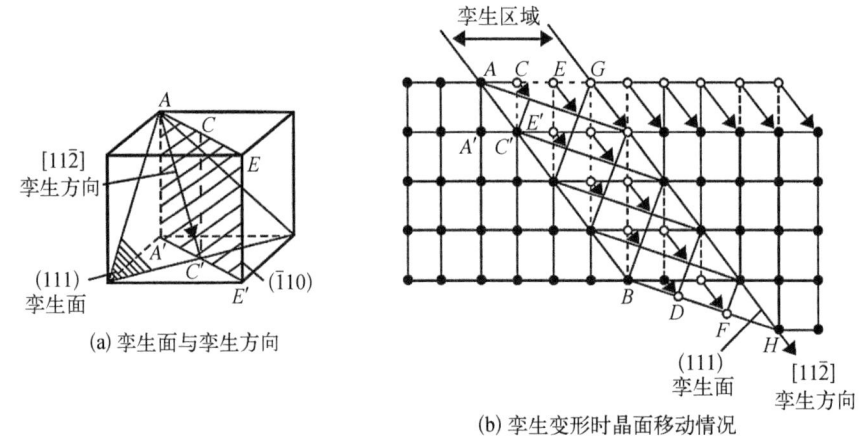

(a) 孪生面与孪生方向

(b) 孪生变形时晶面移动情况

图 2-13 面心立方晶体孪生变形示意

发生孪生时,晶体变形部分中所有与晶面平行的原子平面均向同一方向移动,移动距离与该原子面和晶面的距离成正比。虽然每个相邻原子间的位移较小,但许多层晶面积累起来的位移便可形成比原子间距大许多倍的变形。

孪生和滑移一样,是在应力的作用下产生的,存在一个临界的切应力,但发生孪生的临界切应力要比发生滑移的临界切应力大得多,因此只有在滑移难以进行的条件下,晶体才能发生孪生。

孪生是否出现,和晶体的对称性有密切的关系,面心和体心立方晶格对称性好,孪生不易出现,而密排六方晶格对称性差,在一定条件下,孪生容易出现。孪生还与变形条件有关,变形温度降低,能促进晶体的孪生化,在冲击力的作用下更易出现孪生。

多数体心立方金属的孪生临界切应力大于滑移临界切应力,因此滑移先于孪生进行,但在高速变形或低温拉伸时,常出现孪生。对于面心立方金属,孪生临界切应力远大于滑移临界切应力,因此滑移先于孪生进行,滑移容易,孪生不常见,只有在低温时才可能发生,此外,退火时也可能出现退火孪晶。而对于密排六方晶格结构的金属,由于金属对称性低,滑移系统少,当晶体取向不利于滑移时,孪生可成为其塑性变形的主要方式。孪生能使晶体变形部分的位向趋软,可以变得有利于滑移,为晶体发生滑移创造条件,所以在六方晶体中,滑移与孪生可交替进行。

总体来说,孪生的变形量不大,但能促进滑移,例如,镁单晶体单纯依靠孪晶只能获得7.39%的变形量,而依靠滑移可达到300%的变形量。但是,孪生的作用在于调整晶体的位向,激发进一步的滑移,使滑移与孪生交替进行,这样就可以获得较大的变形。另外,孪生也可造成晶格畸变,使金属得到强化。

滑移是一个渐进的过程,而孪生呈跳跃式,具有突然性的特点,如锡在孪生过程中发生锡鸣现象。孪生变形前后原子关于孪晶面对称,而滑移变形没有对称性。另外,孪生变形量远小于滑移变形量,孪生变形后,金属内部易出现空隙,具有破坏性。

2.2.5.2 多晶体的塑性变形

金属和合金材料由多晶体构成,多晶体由许多结晶方向不同的晶粒组成,每个晶粒可以看作一个单晶体,晶粒之间存在厚度相当小的晶界。多晶体塑性变形与单晶体塑性变形既有相同之处,又有不同之处。相同之处是变形方式以滑移、孪生为基本方式。但由于在多晶体中,各晶粒形状和大小不同,化学成分和力学性能分布也不均匀,另外,多晶体中相邻晶粒的取向不同,存在大量的晶界,晶界的结构与晶粒本身不同,晶界还聚集其他物质或者杂质,相邻晶粒在塑性变形时彼此相互影响,因此多晶体的性质不同于单晶体,其塑性变形过程更为复杂。

多晶体的塑性变形由晶内变形和晶间变形组成。晶内变形主要以滑移和孪生方式进行,低温时多为晶内变形,变形量较小。晶间变形以晶粒的滑动和转动、溶解-沉积机制和黏滞性晶间流动为主,变形是分批、逐步进行的。因此多晶体塑性变形是每个晶粒和晶间变形共同作用的结果,每个晶粒的变形相当于单晶体变形。多晶体变形时,除晶内变形外,晶界也发生变形,这类变形不仅同位错运动有关,扩散过程也起着重要的作用。

相邻晶粒间的相互滑动和转动是晶间变形的主要方式。由于金属是一个由大量晶粒靠原子间的吸引力和晶粒间的机械联锁力联结在一起的组合体,因此晶间变形比较困难。如图2-14所示,多晶体中各个晶粒在滑移时滑移面要发生转动,这是相邻晶粒互相转动的原因。但由于各个晶粒的位向不同,它们发生转动的方向和转角也各不相同,彼此又会互相制约。事实上,粗晶粒的板料在冲压变形后,晶粒发生转动引起冲压件表面的凹凸不平,这就是"橘皮"粒发生转动的最好证明。晶粒间的滑动是非常微小的,否则将引起晶界处的结构破损,进而导致金属在晶界处的断裂。只有在晶体能够恢复这种晶间微观破损的情况下(如在高温条件下)变形,才可能出现较大的晶间滑动变形。

多晶体的塑性变形具有以下特点:

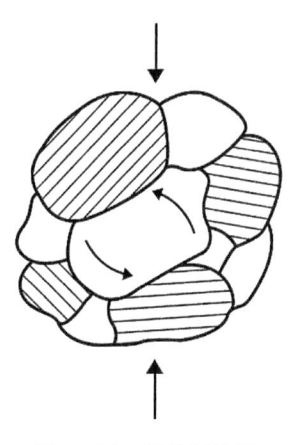

图2-14 晶粒间的滑动与转动

1. 晶粒间变形和应力分布不均匀

多晶体内相邻晶粒力学性能不完全相同,屈服强度有高有低,由于相邻晶粒是完整体,变形时,屈服强度低的晶粒产生的变形大,屈服强度大的晶粒将阻止屈服强度小的晶粒变形,而屈服强度小的晶粒在变形时将带动屈服强度大的晶粒变形。晶粒间产生附加拉应力和压应力,变形和分布不均匀,如图2-15所示。此外,相邻晶粒取向不同、大小不同,在受外力作用时不能同步变形,差异越大,应力与变形分布不均匀越大。

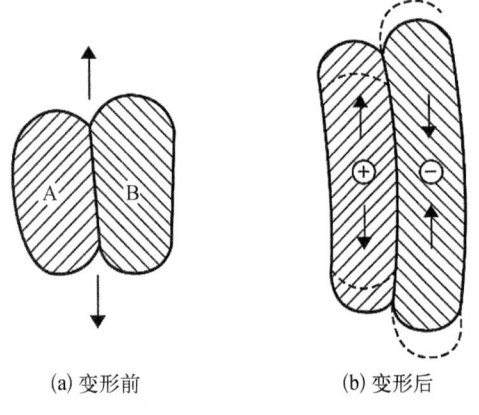

(a) 变形前　　(b) 变形后

图 2-15　多晶体塑性变形的不均匀

多晶体内的晶界及相邻晶粒的不同取向对变形产生重要的影响。如果将一个只有几个晶粒的试样进行拉伸变形,变形后就会产生"竹节效应",如图2-16所示。此种现象说明,在晶界附近变形量较小,而在晶粒内部变形量较大。

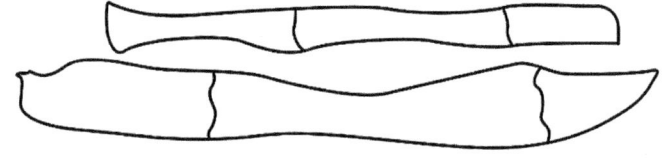

图 2-16　多晶体塑性变形的竹节现象

图2-17是粗晶铝在总变形量相同时,不同晶粒所承受的实际变形量,可见不论是同一晶粒内的不同位置,还是不同晶粒间的实际变形量,都不尽相同。因此,多晶体在变形过程中存在着普遍的变形不均匀性。

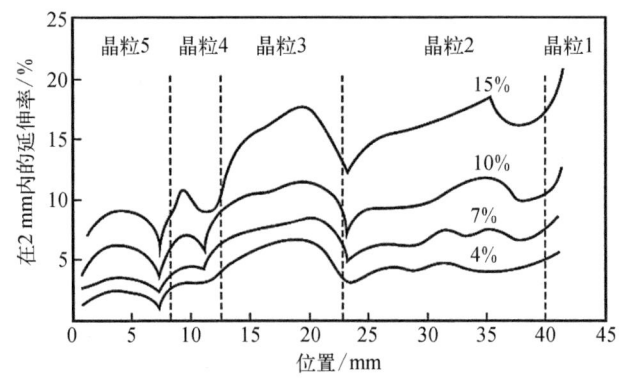

图 2-17　多晶铝晶粒和晶界(虚线)处的应变量

2. 变形抗力高

多晶体的塑性变形还受晶界的影响。在晶界中,原子排列是不规则的,结晶时这里还积聚了许多不固溶的杂质,因此晶界处原子排列的正常结构被破坏,处于高能状态,性质不同于晶内,影响材料力学行为。在塑性变形时晶界堆积了大量位错,还有其他缺陷,这些都造成晶界内的晶格畸变。所以,晶界使多晶体的强度和硬度比单晶体高。

多晶体内晶粒越细,晶界区所占比率就越大,金属和合金的强度、硬度就越高。此外,晶粒越细,在同一体积内晶粒数越多。塑性变形时,变形分散在许多晶粒内进行,变形会较为均匀,与具有粗大晶粒的金属相比,局部发生应力集中的程度较低,因此裂纹的出现和断裂的发生也会相对较迟。这就是说,金属在断裂前可以承受较大的变形量,所以细晶粒金属不仅强度、硬度高,而且在塑性变形过程中塑性也较好。

多晶体中,由于晶粒的取向不同,晶粒滑移系位向不同,外力达到临界应力值时也不一定滑移,协调变形要求难滑移系也必须滑移,因此更大的外力才能使滑移线开动,变形抗力高。

此外,多晶体中如果存在硬而脆的第二相,第二相阻碍位错移动,因此阻碍基体金属的塑性变形。

2.2.5.3 合金的塑性变形

工程上使用的材料绝大部分是合金,合金按其组织特征可分为单相固溶体合金和分布着第二相的多相合金。总体来说,合金的塑性变形情况和金属的类似,只是合金元素的存在使其组织和结构发生了变化,因而其塑性变形过程与多晶体相比,又有一些新的特点。

1. 单相固溶体合金的塑性变形

单相合金的组织与多晶体纯金属相似,因此其塑性变形过程也与多晶体纯金属基本相同。但由于单相合金中溶质原子的存在破坏了原子的规则排列,使晶格发生畸变,随着溶质原子数量的增加,晶格畸变增大。晶格畸变导致变形抗力增加,使固溶体的强度、硬度增加,这种现象称为固溶强化。固溶强化是提高金属材料性能的重要途径之一。

固溶强化的效果与溶质原子的含量有关,一般来讲,溶质原子的浓度越高,强化作用越大。溶质原子与基体金属的原子尺寸相差越大,强化作用越大。间隙固溶体一般要比置换固溶体的强化效果好。溶质原子与基体金属的价电子数相差越大,固溶强化作用越明显。单相固溶体的强度、硬度一般得到提高,而塑性、韧性降低,具有较大的加工硬化率,变形抗力增加。

2. 多相合金的塑性变形

单相固溶体合金主要通过固溶强化来提高其强度,但由于固溶强化程度有限,远不能满足需求,因此必须进一步以第二相或更多相来强化。多相合金与单相固溶体合金的不同之处在于除基体相外,还有其他相存在。多相合金中的第二相可以是纯金属、固溶体或化合物,其塑性变形不仅和基体相的性质有关,还和第二相的性质及存在状态有关。第二相本身的强度、塑性、应变硬化性质、尺寸大小、形状、数量、分布状态,以及两相间的晶体学匹配、界面能、界面结合情况等都将对变形产生影响。

因此在讨论多相合金的塑性变形时,通常按照第二相粒子尺寸大小,将合金分为聚合型两相合金和弥散分布型两相合金两类,如图2-18所示。当第二相粒子的尺寸与基体晶粒尺寸属于同一数量级时,称为聚合型两相合金。当第二相粒子十分细小,并且弥散地分布在基体晶粒内时,称为弥散分布型两相合金。

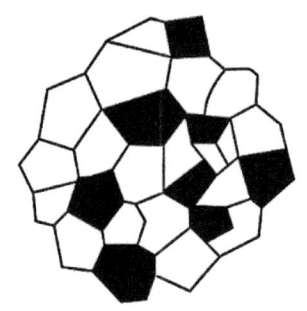 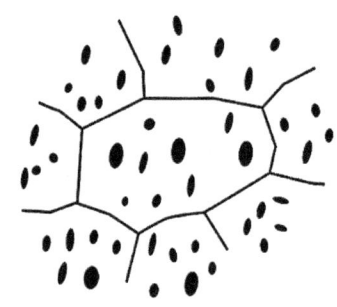

(a) 聚合型两相合金　　　　　　　　(b) 弥散分布型两相合金

图 2-18　聚合型两相合金和弥散分布型两相合金的显微组织示意图

1) 聚合型两相合金的塑性变形

当第二相粒子尺寸与基体相差不大,属于同一数量级,第二相具有一定的塑性并且强度高于基体时,合金的塑性变形情况取决于两相的体积分数。当第二相的数量很少,合金发生塑性变形时,首先在较软的基体相开始,并且变形基本在较软的基体相中进行,随着变形量的增加,产生应力集中,较硬的第二相也将产生少量的变形。当第二相的体积分数增加到30%时,其与较软的基体相的变形程度接近,此时合金的塑性是两个组成相变形能力的平均值。当第二相的体积分数高于70%时,则该相变为合金的基体相,合金塑性变形将主要由它来控制。

当基体为塑性相而第二相为一定数量硬而脆的相时,合金的塑性变形基本只在塑性好的基体上进行,硬而脆的第二相几乎不变形。此时合金的塑性变形能力取决于硬而脆的第二相的存在情况,如第二相的形状、大小、分布及数量等。

如果硬而脆的第二相颗粒粗大,变形只能在基体上进行。当外加应力很大时,将可能导致第二相破碎,并容易在第二相周围产生裂纹。这种合金的强度和塑性都较差。

如果脆性的第二相呈片层状分布在基体塑性相的晶内,虽然不会使合金变得很脆,但变形过程中,第二相片层间的间距会阻碍位错的运动,导致变形阻力增加,合金的强度提高。

如果脆性的第二相呈颗粒状均匀分布在晶内,比片层状对塑性相变形的阻碍作用要弱,将使合金强度降低、塑性增加。

2) 弥散分布型两相合金的塑性变形

当第二相以细小弥散的微细颗粒均匀地分布于基体相中,能产生显著的强化作用,称为弥散强化。这类合金的塑性变形主要在基体相中进行,第二相可产生变形,也可不产生变形。一般共格弥散的第二相能产生变形,而部分空格和非共格弥散的第二相不能产生变形。无论弥散的第二相是否产生变形,都会使合金获得强化,强化作用主要是通过其对位错的阻碍作用来实现。

弥散的第二相粒子的强化作用是通过对位错运动的阻碍作用表现出来的,即位错在运动过程中和第二相粒子相遇后,以绕过和切过的方式通过第二相粒子,由于方式不同,形成了不同的强化机理。

在第二相粒子较软、较细小,与基体存在共格关系的情况下,位错可以直接切过粒子,如图2-19所示。位错切过粒子时,将引起强烈的强化效应,主要由于位错切过颗粒时会产生新表面,界面能升高。

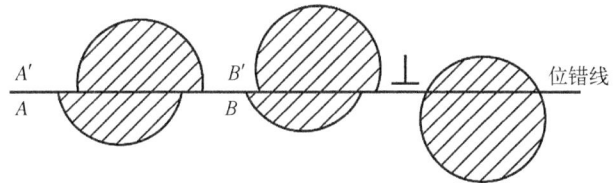

图2-19 位错切过粒子示意图

在第二相粒子较硬、尺寸较大,与基体存在非共格关系的情况下,粒子不变形,位错线无法切过粒子,只能绕过粒子继续运动,如图2-20所示。

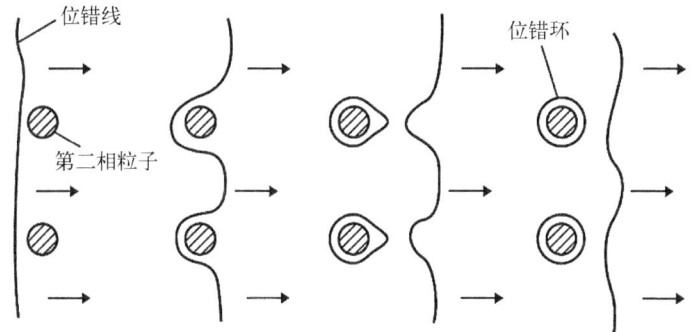

图2-20 位错绕过第二相粒子示意图

由图2-20可知,当位错线接近不能切过的粒子时,运动受阻,开始产生弯曲,随着位错弯曲的曲率半径(粒子间距的一半)减小,所需应力增加,当应力达到粒子间距所决定的临界弯曲应力时,位错线将会绕过粒子,继续向前移动,由于粒子右边弯曲的位错线与相邻部分的方向相反,将会相互吸引而合并消失,从而留下包围粒子的位错环和一条弯曲的位错线。随后,弯曲的位错线在位错线张力的作用下变直,并继续在外力的作用下前进。如果位错线持续不断地绕过粒子,在粒子周围陆续留下位错环,随着位错环的增加,相当于粒子间距减小,位错绕过粒子所需的剪应力就会逐渐增加,位错的通过变得更加困难,从而使得合金产生强化。这个机理是1948年奥罗万(Orowan)首先提出的,所以也称为奥罗万绕过机理。

上述机制可以解释多相合金的强化效应,也可以解释多相合金的塑性。两种机制均受控于粒子的性质、分布和尺寸,合理控制这些参数,可以在一定范围内调控合金的强度和塑性。

2.2.6 塑性变形对材料组织的影响

前文已经介绍,塑性成形有冷变形、热变形和温变形之分,塑性变形不仅可以改变材料的外形和尺寸,还能够改变材料的内部组织,那么塑性变形对材料组织有什么影响呢?

2.2.6.1 冷变形对材料组织的影响

塑性变形后的多晶体金属,除了和单晶体一样在各个晶粒内产生不同程度的滑移和孪晶,还可能产生下列组织的变化。

1. 晶粒形状发生变化

金属发生很大程度的塑性变形后,所有的晶粒都发生变形,并且由于滑移面的转向,所有晶粒沿同一变形方向被显著拉长或压扁。当变形量很大时,晶粒变成细条状,金属中第二相和晶界上的夹杂物也被拉长或拉碎,呈链状排列,形成显微镜下可观察到的纤维状条纹,这种组织称为纤维组织,如图 2-21 所示。沿纤维方向性能高,垂直于纤维方向性能低,产生各向异性。

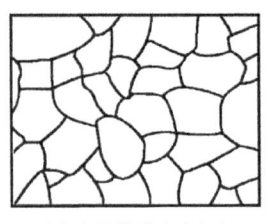
(a) 冷轧前退火态组织

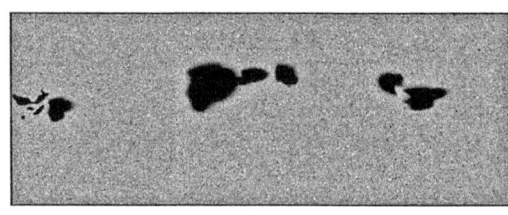
(b) 冷轧后显微组织　　　　　　(c) 链状排列夹杂物

图 2-21　纤维组织的形成

2. 晶粒内出现亚结构

冷加工过程是位错增加及加工硬化的过程。如图 2-22 所示,随着冷变形的进行,位错密度迅速提高,可由原来退火状态的 $10^6 \sim 10^7$ cm^{-2} 增至 $10^{11} \sim 10^{12}$ cm^{-2},通过透射电子显微镜观察,这些位错在变形晶粒中的分布很不均匀。

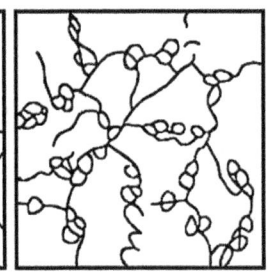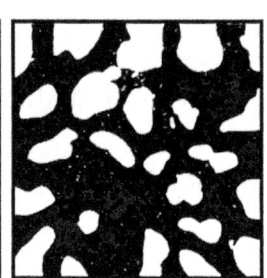

图 2-22　冷变形过程中位错的密度和分布变化

金属经过大的塑性变形后,由于位错的密度增大和发生交互作用,高位错密度区将位错密度低的部分分隔开,像在晶粒内又出现许多"小晶粒",但取向差不大(几分到几度),这种结构称为亚结构或者亚晶粒,如图 2-23 所示。亚晶粒之间有亚晶界,它是两个亚晶粒间晶格不连续、位向差极小的过渡区,是位错大量堆积的地区。

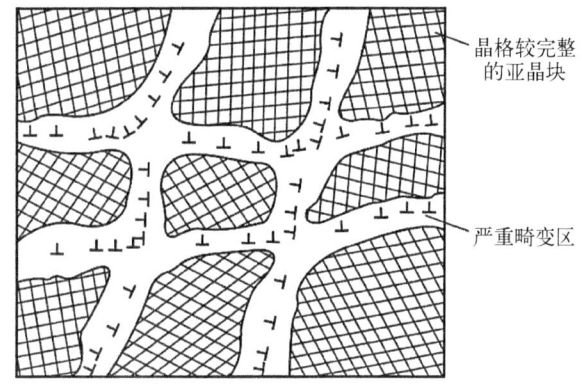

图2-23 亚结构

3. 产生变形织构

多晶体塑性变形时,当变形程度达到70%以上,晶粒晶格取向发生转动,使特定晶面和晶向排成一定方向,原来紊乱的晶粒结构出现有序化,有严格位向关系,称为"变形织构"。

变形织构可分为丝织构和板织构,塑性成形方式不同,可出现不同类型的织构,如图2-24和图2-25所示。当挤压、拉拔和锻造时,晶粒有一共同晶向,相互平行,与拉伸轴线一致,产生丝织构;轧制时,晶粒某个一特定晶向平行于轧制方向,产生板织构,也称为轧制织构。

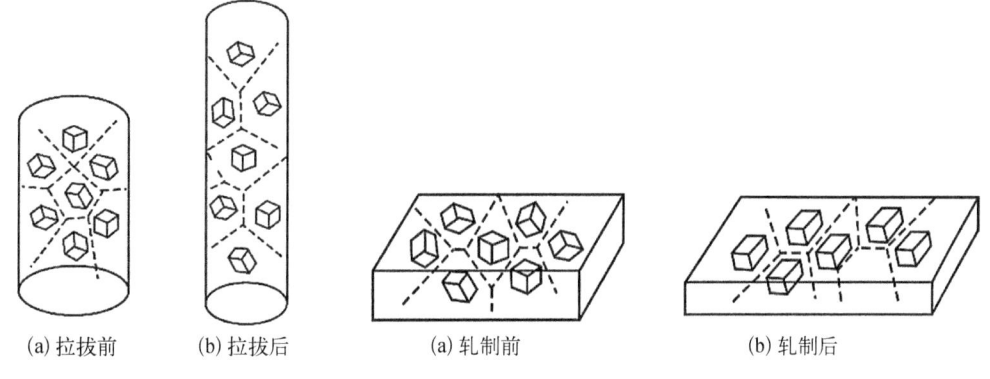

图2-24 拉拔形成的丝织构　　图2-25 轧制形成的板织构

变形织构使材料的力学性能和物理性能出现明显的各向异性。产生变形织构的金属退火后,多数情况下仍存在织构,称为再结晶织构。人们通常不希望金属材料产生织构,因为织构会造成材料的各向异性。但有些场合下织构的存在是有利的,如电器上使用的硅钢片,采取适当的冷轧和退火工艺,可以获得高导磁性织构成分。

4. 产生晶内及晶间的破坏

在冷变形过程中滑移等过程的复杂作用以及各晶粒所产生的相对转动与移动,造成晶粒内部及晶粒间界面处出现一些显微裂纹、空洞等缺陷,使得金属密度减少,这是金属产生显微裂纹的根源。

5. 晶粒超细化,甚至非晶化,形成非平衡材料

剧烈变形下,金属组织强烈细化形成超细晶粒,甚至失去原有的有序结构而非晶化,因此塑性变形成为非平衡材料。如图 2-26 所示,Q235 钢经强烈变形后形成了超细等轴晶组织,晶粒尺寸仅有 0.3~0.4 μm,比变形前大幅减小。

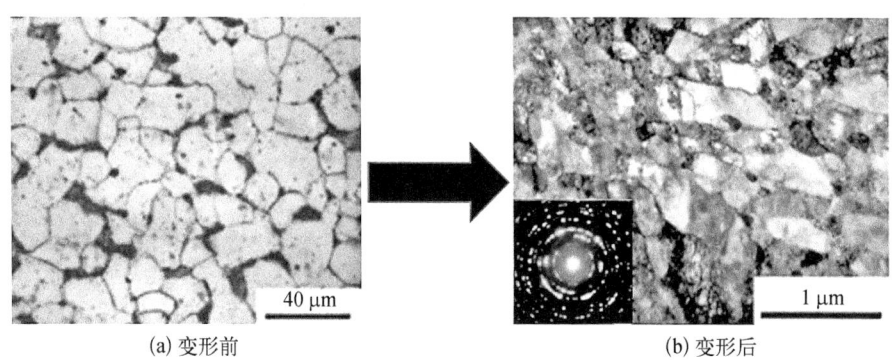

(a) 变形前　　　　　　　　　　　　(b) 变形后

图 2-26　Q235 钢经变形后的超细等轴晶组织

2.2.6.2　冷变形对材料性能的影响

冷变形影响材料的显微组织,因此将对材料的性能产生影响。冷变形后,材料性能的变化主要体现在以下几个方面。

1. 密度

金属经冷变形后,由于晶内及晶间物质的破碎,出现了显微裂纹、裂口、空洞等缺陷,金属的密度降低,降低程度随变形程度的增大而增加。

2. 电阻

晶间物质的破坏使晶粒直接接触,晶粒位向产生有序化,并且使晶间及晶内产生破裂,这些都对电阻的变化有明显影响。一般来说,冷变形使金属电阻增加(约百分之几),但增加的程度随金属而异。另外,金属冷变形后的电阻温度系数下降。

3. 化学稳定性

冷变形后,缺陷的产生使金属的内能增加,从而使化学不稳定性增加,耐蚀性降低。例如,冷变形的纯铁在酸中的溶解速率要比退火状态快。冷变形所产生的残余应力是金属易产生应力腐蚀的一个重要原因,在实际应用中它是相当普遍而又严重的问题。

4. 力学性能

由于发生了晶内及晶间破坏,晶格产生了畸变以及残余应力等,故对于冷变形后的金属及合金,其塑性指标随所承受的变形程度的增加而下降,在极限情况下可达到接近完全脆性的状态。另外,由于晶格畸变,出现应力,晶粒长大、细化,以及出现亚结构等,金属的强度指标随变形程度的增加而明显提高。

5. 织构与各向异性

金属材料塑性变形以后,在不同加工方式下,会出现不同类型的织构。织构的存在使金属呈现各向异性,可以通过恰当地选择塑性成形变形工艺和退火制度,或通过适当地调整化学成分来消除各向异性带来的影响。

2.2.6.3 冷变形金属加热时组织和性能的变化

金属发生塑性变形后,吸收了部分变形功,内能增高,结构缺陷增多,处于不稳定的高自由能状态,当条件满足时,可自发恢复到原始低内能状态。室温下,原子的扩散能力低,这种亚稳状态可以保持,一旦温度升高,原子扩散能力增强,就会自发地由高自由能状态向自由能降低的方向转变,发生组织、结构以及性能的变化。冷变形后的金属加热时,通常将依次发生回复、再结晶和晶粒长大三个阶段,这三个阶段不是完全分开的,而是常有部分重叠。

回复指冷变形金属在加热时,金相组织在再结晶晶粒形成前所产生的某些亚结构和性能的变化阶段。

再结晶指将经过大冷变形的金属加热到大约 $0.5T_m$ 的温度,经过一定时间保温后,冷金属内部的晶粒缺陷密度大大降低,新的等轴晶粒在基体内形核并逐渐长大,直至冷变形有缺陷的晶粒被完全替换。再结晶完成后,这些晶粒将以较慢的速度合并而长大,进入晶粒长大阶段。冷变形金属加热后,再结晶阶段的组织和性能变化最为显著,如图 2-27 所示。

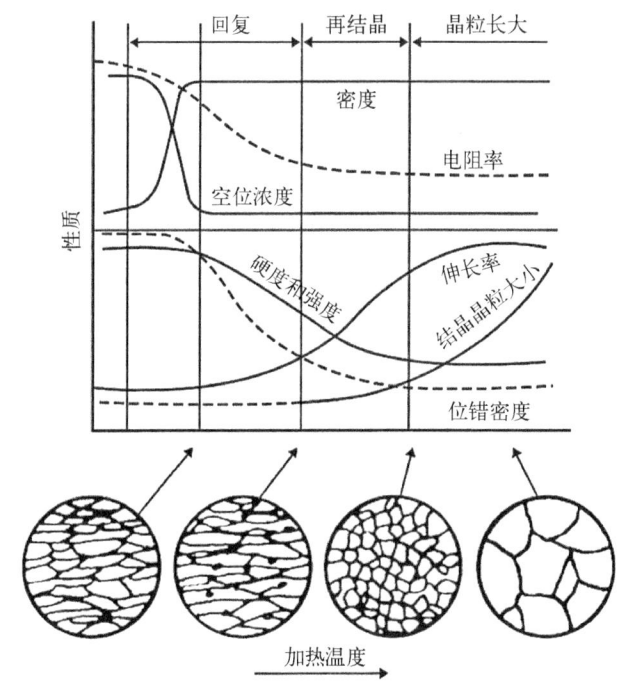

图 2-27 冷变形金属加热时回复和再结晶对组织和性能的变化

再结晶是一个显微组织彻底重新改变的过程,因而在性能方面也发生了根本性的变化,表现为金属的强度、硬度显著下降,塑性大为提高,加工硬化和内应力完全消除,物理性能也得到恢复,金属大体上恢复到冷变形前的状态。

再结晶不但是消除加工硬化的重要手段,还是控制晶粒大小、形态及均匀程度,获得或者避免晶粒择优取向的重要手段。因此通过控制变形和再结晶条件,可以调整再结晶晶粒的大小和再结晶的体积分数,以达到改善和控制金属组织、性能的目的。

2.2.6.4 热变形对材料组织和性能的影响

热变形和冷变形相比,最大的不同就在于回复、再结晶与加工硬化同时发生,加工硬化不断被回复、再结晶消除,使金属材料始终保持高塑性、低变形抗力的软化状态,因此,回复与再结晶过程也称为金属热塑性变形中的软化过程。

热变形温度一般高于再结晶温度,变形时加工硬化与回复和再结晶软化过程总是同时存在的。塑性成形伴随着加工硬化,在高温下就会发生回复和再结晶,无需像冷变形那样进行后续加热处理。从热变形过程中回复和再结晶发生的状态来看,分为动态回复、动态再结晶、静态回复、静态再结晶和亚动态再结晶五种形态。不同软化过程的软化机制发生的条件是不同的,但就回复和再结晶的本质来说,动态回复和动态再结晶与静态没有什么不同,都是金属软化的过程。

热变形对金属组织和性能的影响主要有以下几个方面:

1. 消除缺陷

热变形能使铸态金属中的气孔、疏松和微裂纹焊合,提高金属的致密度,还可以减轻甚至消除枝晶偏析。金属在变形中由加工硬化造成的不致密现象,也随着再结晶的进行而恢复。

2. 改善第二相分布

热变形可破碎粗大第二相和化合物,改善夹杂物与脆性相的分布形态,显著提高金属的力学性能,特别是韧性和塑性。

3. 改善晶粒组织

热变形能打碎铸态金属中的粗大树枝晶和柱状晶,并通过再结晶获得等轴细晶粒,使金属的力学性能全面提高。

4. 形成纤维组织

金属内部所含有的杂质、第二相和各种缺陷,在热变形过程中,将沿着最大主变形方向被拉长、拉细,从而形成纤维组织或带状结构。这些带状结构是一系列平行的条纹,也称为流线,如图2-28所示,材料性能沿流线方向提高。

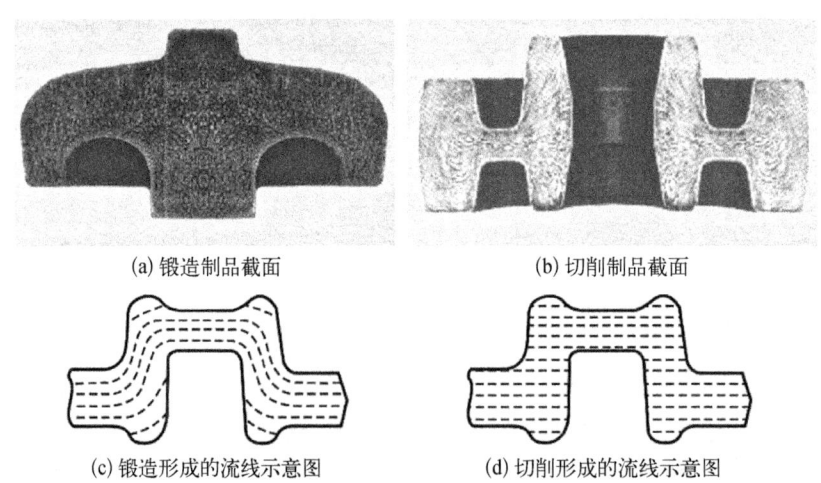

(a) 锻造制品截面　　　　　　　　(b) 切削制品截面

(c) 锻造形成的流线示意图　　　　(d) 切削形成的流线示意图

图2-28　曲轴中流线示意图

铸态金属在热加工过程中形成的纤维组织与金属在冷加工变形中由晶粒被拉长所形成的纤维组织不同，前者是由铸态组织中晶界上的非溶物质的拉长所造成的。纤维状组织一般只能在变形时通过不断地改变变形的方向来避免，很难用退火的方法去消除。在个别情况下，当这些晶间夹杂物能溶解或凝聚时，纤维组织也可以被消除。

2.3 金属的超塑性

金属在特定的条件下，如一定的化学成分、特定的显微组织及转变能力、特定的变形温度和应变速率等，金属会呈现异常的高塑性状态，称为金属的超塑性。超塑性材料具有超常的均匀变形能力，伸长率为百分之几百到百分之几千，具有大伸长率、低流动应力和易成形的特点。具有超过100%伸长率的材料，称为超塑性材料。

2.3.1 超塑性的分类

人们曾经认为超塑性是一种特殊现象，但随着很多的合金实现了超塑性，发现超塑性具有普遍性的规律，如粗晶粒合金、黑色金属等在一定条件下，通过同素异构转变、周期的相变、再结晶过程等，都可以获得超塑性。因此超塑性现象是一般金属和合金的一种普遍存在的现象，目前将超塑性分为细晶超塑性和相变超塑性两类。

2.3.1.1 细晶超塑性

细晶超塑性的主要特点是晶粒度细小、变形温度恒定、应变速率缓慢，且材料变形前必须经过晶粒细化并使其成为超细等轴晶组织。细晶超塑性材料的晶粒直径一般在 $0.5 \sim 5~\mu m$，晶粒越细、越均匀，越有利于超塑性。一般变形温度为 $(0.5 \sim 0.7) T_m$，在此温度下，原子热运动增加，有利于变形。另外，细晶超塑性要求变形速率较缓慢，应变速率一般在 $10^{-4} \sim 10^{-1}~s^{-1}$，主要是由于原子扩散蠕变成形需要足够的时间。

细晶超塑性是在恒温下产生的，没有相变等组织结构上的转变，故也称为恒温超塑性、结构超塑性、恒温超塑性或静态超塑性。细晶超塑性在恒温下易操作，大量用于超塑性成形，但由于晶粒的超细化、等轴化及稳定化要受到材料的限制，并非所有合金都能达到。

细晶超塑性变形是目前研究和应用最多的一种超塑性。一般所指的超塑性多属于此类，如 Zn-Al、Al-Cu、钛合金、铜合金、镍基合金及黑色金属的超塑性。目前已知的超塑性金属及合金已有数百种，迄今为止，人们发现的细晶超塑性材料大部分是共析和共晶合金。

2.3.1.2 相变超塑性

相变超塑性是指在一定的应力作用下，材料在相变温度附近反复加热和冷却，经过多次循环相变和同素异构转变而获得很大的伸长率，从而达到超塑性。

相变超塑性不要求金属具有超细晶粒组织，但要求材料在每一次的加热和冷却过程中发生相变或者同素异构转变。在低载荷下，在相变温度附近反复加热和冷却，经过一定的循环后即可积累很大的延伸变形量，出现超塑性。相变超塑性的总伸长率和温度循环次数有关，次数越多，伸长率越大。例如，碳钢反复160次，其伸长率可达500%。

相变超塑性的首要条件是金属和合金具有固态结构转变能力，其次受应力的作用，再者是在相变温度上下循环加热和冷却的,诱发它产生反复的结构变化,使金属原子发生剧烈运动而出现超塑性,所以也称为动态超塑性。

除具有相变点的碳钢、Fe-Ni 合金钢和铸铁外,铀、钛、锆等合金中也具有相变超塑性。由于相变超塑性必须给予动态的热循环作用,因此在温度控制方面比细晶超塑性困难得多。但由于相变超塑性不需要细晶结构,因此未来的应用价值可能更大。目前关于相变超塑性的研究远不如细晶超塑性那样广泛深入,人们对其规律尚无统一的认识,故下文关于超塑性的讨论都是针对细晶超塑性的。

2.3.2 细晶超塑性的力学特征

超塑性变形与普通金属变形在变形力学特征方面有着本质的差别。普通金属在拉伸变形时存在缩颈现象,而超塑性金属拉伸时由于没有加工硬化,或者加工硬化很小,基本可忽略,其条件应力应变曲线如图 2-29 所示。当应力超过最大值后,应力随着应变的增加而缓慢连续下降,而变形量逐渐增大,其伸长率可达百分之几百或百分之几千。对应的真实应力应变曲线图 2-30 所示。该曲线几乎为恒定的直线,由此可见,在整个变形过程中,真实应力几乎不随变形程度的增加而变化。

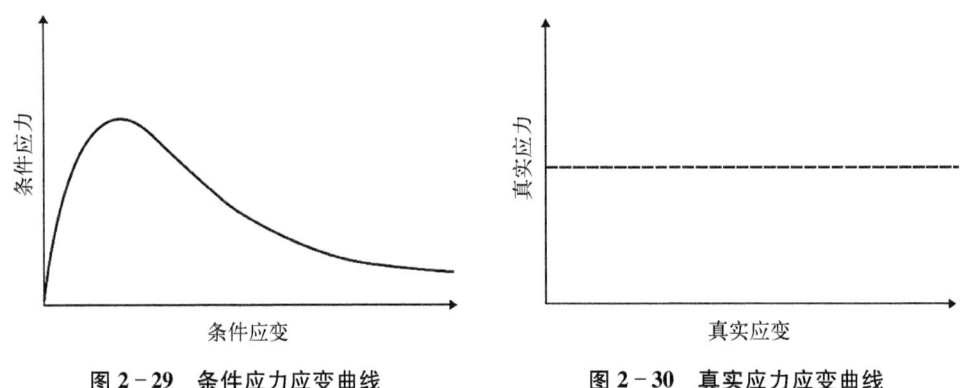

图 2-29 条件应力应变曲线　　图 2-30 真实应力应变曲线

金属之所以能显示出超塑性,是因为流动应力与真实应力的关系与理想弹塑性体相类似。流动应力与应变速率之间的关系具有牛顿黏性体的特征,流动应力随应变速率的增加而上升。因此超塑性变形时流动应力(真实应力)对应变速率极其敏感。其特征方程(本构方程)为

$$\sigma = K\dot{\varepsilon}^m \tag{2-6}$$

式中,σ 为真实应力;$\dot{\varepsilon}$ 为真实应变速率;K 为取决于试验条件的材料常数;m 为应变速率敏感性系数。

应变速率敏感性系数 m 是表征超塑性的一个重要指标。根据式(2-6),当 m 值较大时,随着应变速率的增大,流动应力迅速增大。如果试样在某处出现缩颈的趋势,则此处的局部应变速率增大,导致变形抗力增加,阻止此局部变形继续发展,于是变形将转移到其余部位继续进行。如果再出现颈缩趋势,同样由于颈缩部位的应变速率增加而局部强化,使颈缩传播到其他部位,从而获得巨大的宏观超塑性变形。因此整个超塑性变形过程

就是一个缩颈位置发生不断转移和交替的过程。材料的 m 值越大,应变速率敏感性越强,这种颈缩不断转移和交替的过程的延续时间可能越长,因而变形量越大,所以超塑性拉伸曲线在峰值以后有很长的连续曲线。由此可见,m 值反映了材料抗缩颈的能力,因而是评定材料能否呈现超塑性的重要指标,m 值越大,超塑性越好。对于一般金属,m = 0.02~0.2;而材料呈超塑性时,m = 0.2~1.0。

2.3.3 细晶超塑性的组织特征

2.3.3.1 变性前的组织特征

1. 具有极细的晶粒度,且为等轴晶

超塑性变形过程中,晶界起很重要作用,要求晶界数量多而短,且晶界要平坦,易于滑动,所以对于细晶超塑性材料,要求晶粒细小、等轴,一般在 0.5~5 μm,晶粒越细、越均匀,越有利于超塑性。一般直径大于 10 μm 的晶粒组织是难于实现超塑性的,但也有例外,如 Ti 合金,晶粒几十微米,仍具有超塑性。

2. 具有双相组织

要求材料具有双相是因为第二相能阻止母相晶粒长大,而母相也能阻止第二相的长大,互相抑制对方长大,保持细小的晶粒度。

3. 具有稳定的组织

晶粒稳定,长大的速率缓慢,有充分的热变形持续时间,充分发挥超塑性变形能力强的特点。

2.3.3.2 变形后的组织特征

与一般材料不同,超塑性变形后,金属显微组织有如下特征:

(1) 对异常大伸长率,晶粒未被拉长,仍保持等轴状。

(2) 观察显微组织可以发现,晶粒不是原样简单粗化,而是在晶粒回转的同时发生同向晶粒的接近、合并和再分割,此过程反复进行。

(3) 发生显著的晶界滑移、移动及晶粒回转,组织中未出现滑移线,并不产生脆性的晶界断裂。

(4) 超塑性变形后,组织中未出现亚结构和位错组织。

(5) 组织结构学织构不发达,若原始取向无序,变形后仍无序;原先的变形织构在变形后被破坏,呈无序化。

(6) 超塑性变形达到一定程度时,材料内部就会出现空洞,即微裂纹。

2.3.4 细晶超塑性的变形机制

超塑性变形十分复杂,变形过程中晶界滑动、晶粒旋转、扩散、位错运动等过程常常同时发生,目前尚处于研究阶段,没有达成统一的认识。

目前一般认为,细晶超塑性变形的机理是与扩散相关的晶界滑移和晶粒转动,其中晶界滑移起主导作用。除此之外,变形中还伴随扩散性蠕变和位错运动,扩散性蠕变和位错运动在一定程度上起着协调晶粒间相互移动和转动,以及松弛因晶界滑动和晶粒转动而产生的应力集中的作用。

伴随扩散蠕变的晶界滑移机理是由 Ashby-Verrall 提出的模型。该模型由一组二维的 4 个六方晶粒组成,如图 2-31 所示。在拉应力 σ 作用下由初始状态[图 2-31(a)]开始进行超塑性变形,晶界扩散和晶内扩散[图 2-31(b)]造成晶界滑移和晶粒转动[图 2-31(c)],最后达到图 2-31(d)的状态。最终晶粒的位置发生了改变,提供了 0.55 的真应变,晶粒的形状没有改变,宏观上金属材料沿受力方向伸长。总之,超塑性变形是金属材料在高温下的一种塑性变形方式。

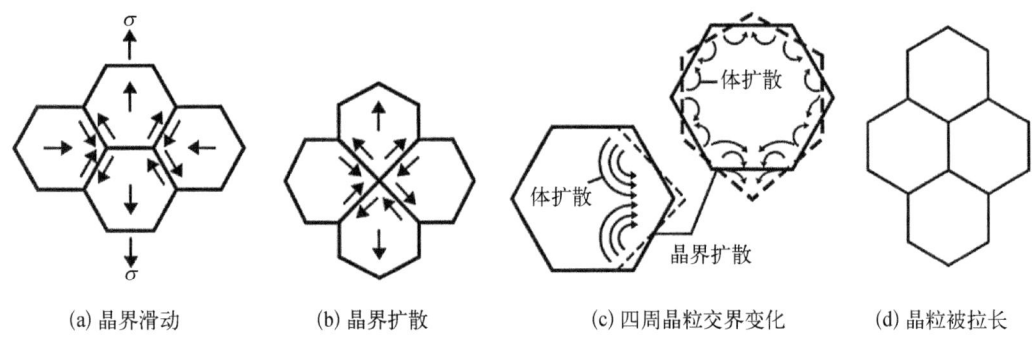

(a) 晶界滑动　　(b) 晶界扩散　　(c) 四周晶粒交界变化　　(d) 晶粒被拉长

图 2-31　塑性变形时的晶界滑动与扩散

2.3.5　影响超塑性的基本因素

影响超塑性的基本因素有应变速率、变形温度和显微组织等。

1. 应变速率的影响

细晶超塑性具有高度的速率敏感性,只有控制在一定范围内,才能获得超塑性。图 2-31 是 Al-Mg 共晶合金应变速率 $\dot{\varepsilon}$ 和流动应力 Y 与 m 值的关系曲线。

从图 2-32 可以看出,根据应变速率的不同,大致可以分为三个区域。Ⅰ区应变速率 $\dot{\varepsilon} < 10^{-4}\ \text{min}^{-1}$,数值极低,$m$ 值也较小($m \leq 0.3$),属于蠕变速率范围;Ⅱ区应变速率 $\dot{\varepsilon}$ 为 $10^{-4} \sim 10^{-1}\ \text{min}^{-1}$,应变速率适中,随 $\dot{\varepsilon}$ 增加,m 值增大并出现峰值,属于超塑性应变速率范围;Ⅲ区应变速率 $\dot{\varepsilon} > 10^{-1}\ \text{min}^{-1}$,$m$ 值下降,属于常规应变范围。因此 Al-Mg 共晶合金要想实现超塑性,其应变速率范围要控制在 $10^{-7} \sim 10^{-1}\ \text{min}^{-1}$。

2. 变形温度的影响

超塑性变形温度在 $0.5T_m$ 左右,不同的金属和合金有所差别。只有当应变速率和变形温度的综合作用有利于获得最大 m 值时,合金才会表现出最佳的超塑性状态。

3. 显微组织的影响

细晶超塑性要求材料晶粒尺寸一般为 $0.5 \sim 5\ \mu m$,且为等轴晶粒,界面短的晶界,界

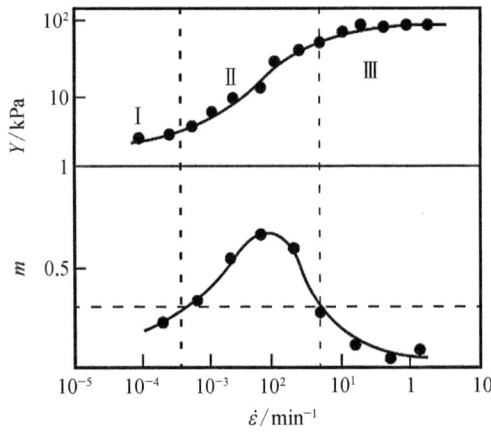

图 2-32　Al-Mg 共晶合金应变速率 $\dot{\varepsilon}$ 和流动应力 Y 与 m 值的关系曲线

面平坦,易流动;此外,最好是双相组织,能够互相抑制,阻止晶粒长大;晶粒稳定,长大的速率缓慢,有充分的热变形持续时间。

2.3.6 常见超塑性金属

目前已知的超塑性金属及合金已有数百种。到目前为止所发现的细晶超塑性材料,大部分是共析和共晶合金,如 Zn、Al、Ti、Mg、Ni、Pb、Sn、Zr、Fe 基合金,如表 2-1 所示。

表 2-1 常见超塑性金属及其特征

合 金	m	延伸率 δ/%	变形温度/℃
Zn - 22Al	0.5	>1 500	200~300
Al - 33Cu	0.9	500	440~520
Mg - 33Al	0.85	2 100	350~400
Ti - 6Al - 4V	0.85	>1 000	800~1 000
Pb - Cd	0.35	800	100

2.4 锻造成形原理

锻造是通过模具和工具利用压力使工件成形的方法,最初是通过石制工具锤打的方法来制造珠宝、钱币和各种器具,再发展成铁匠这一古老的职业。锻造是最古老的金属加工方法之一,其历史最早可追溯到公元前 4000 年前后。

大型锻件和合金钢锻件,多数利用初锻坯或者铸锭坯,内部组织疏松,存在缩孔、偏析、气泡以及夹杂等缺陷,必须利用锻造来消除缺陷,从而改善材料的性能。锻造是金属坯料在外力作用下产生塑性变形,改变形状、尺寸和改善性能,得到毛坯零件的过程。锻件比铸件和机加工零件有更高的强度和韧性。

锻造按照金属变形时的温度,可分为热锻、温锻和冷锻,其中热锻是应用最广泛的一种锻造工艺。按照工作时所受作用力的来源来分,锻造可分为手工锻造和机器锻造。手工锻造是利用手锻工具依靠人力在铁砧上进行的。机器锻造是现代锻造生产的主要方式,在各种锻造设备上均可进行。根据所用设备和工具的不同,可分为自由锻、胎模锻、模锻和特种锻造四类。

2.4.1 自由锻

自由锻是利用冲击力或压力使金属材料在上下两个砧铁之间或锤头与砧铁之间产生变形,从而获得所需形状、尺寸和力学性能的锻件成形过程,如图 2-33 所示。

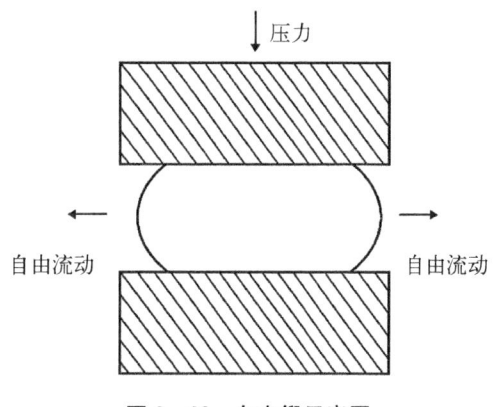

图 2-33 自由锻示意图

2.4.1.1 自由锻工序

自由锻的工序可分为基本工序、辅助工序和精整工序。

1. 基本工序

自由锻基本工序是指产生一定程度的变形,达到所需形状和尺寸的过程,如镦粗、拔长、冲孔等。

镦粗是使毛坯高度减小、横截面积增大的锻造工序,同时有去除氧化膜的作用,分为整体镦粗和局部镦粗,用于锻造齿轮坯、圆饼类锻件。

拔长是毛坯横截面积减少、长度增加的锻造工序,常用于锻造轴类和杆类等零件。拔长和镦粗经常交替使用。

冲孔是利用冲头在工件上冲出通孔或盲孔的操作过程,常用于锻造齿轮、套筒和圆环等空心锻件。

2. 辅助工序

为方便基本工序操作而附加的一些预先小变形量的工序称为辅助工序,如压肩、倒棱、压钳口等。

3. 精整工序

精整工序是使锻件完全达到锻件图所要求的工序,如滚圆、断面平整、弯曲校直、清除锻件表面氧化皮等。

2.4.1.2 自由锻工艺规程

工艺规程是保证生产工艺可行性和经济性的技术文件,是指导生产的依据,也是生产管理和质量检验的依据。生产中根据零件图绘制锻件图,确定锻造工艺过程并制订工艺卡,工艺卡中规定了锻造温度、尺寸要求、变形工序和所用设备等。主要包括以下几个内容。

1. 绘制锻件图

锻件图是在零件图的基础上考虑加工余量、锻造公差和余块等因素绘制而成的,它是计算坯料、设计工具和检验锻件的依据。

加工余量是自由锻件表面留有的供机械加工用的金属层。它与零件的形状、尺寸、加工精度、表面粗糙度等因素有关。

生产中,由于各种因素的影响,锻件的实际尺寸不可能达到锻件的公称尺寸,允许有一定限度的误差,称为锻件公差。

为简化锻件外形或根据锻造工艺需要,在零件的某些地方添加一部分大于余量的金属,这部分附加的金属叫作锻造余块,简称为余块。

为使锻工了解零件的形状和尺寸,在锻件图上应采用双点画线画出零件的轮廓,并在锻件尺寸线下面用括号注明零件的公差尺寸。例如,典型阶梯轴自由锻的锻件图如图 2-34 所示。

2. 坯料质量及尺寸计算

坯料质量计算公式为

$$G_{坯} = G_{锻} + G_{烧} + G_{切} \tag{2-7}$$

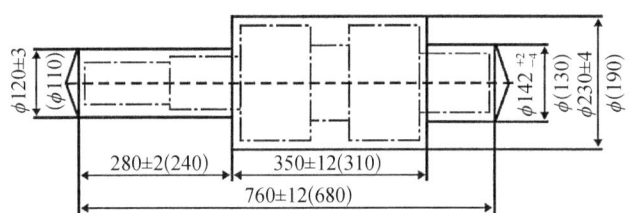

图 2-34 典型阶梯轴自由锻的锻件图(长度单位:mm)

式中,$G_{坯}$ 为坯料质量;$G_{锻}$ 为锻件质量;$G_{烧}$ 为加热时坯料因表面氧化而烧损的质量,第一次加热时取被加热金属质量的 2%~3%,以后各次加热时取 1.5%~2.0%;$G_{切}$ 为锻造过程中冲切掉的金属质量。

根据材料的密度和坯料质量计算坯料体积,根据体积不变原则和采用的基本工序类型的锻造比、高度与直径之比等,计算坯料横截面积、直径或边长等尺寸。

3. 选择锻造工序

根据工序特点和锻件形状确定自由锻的锻造工序,如基本工序、辅助工序和精整工序等,从而获得合格的形状和尺寸。

4. 确定锻造温度范围

锻造温度范围是指始锻和终锻温度之间的温度区域。确定锻造温度的基本原则是保证金属在锻造温度范围内具有较高的塑性和较小的变形抗力,并得到所要求的组织和性能,通常需要参考相图、塑性图和再结晶图来综合确定。锻造温度范围应尽可能宽一些,以减少锻造时重新加热的次数,提高生产率。

始锻温度即坯料开始锻造的温度,在加热炉内允许的最高加热温度,能够保证无过烧,避免锻后晶粒粗大。始锻温度需要考虑坯料组织、锻造方式和变形工艺等。

终锻温度即坯料终止锻造的温度,应保证在结束锻造之前坯料仍具有足够的塑性,且锻件在锻后获得再结晶组织。终锻温度应高于再结晶温度 50~100℃,若温度过高,再结晶晶粒会长大,若温度过低,会产生加工硬化,易造成锻件开裂。

5. 制定冷却规范

锻造完成时锻件仍有较高的温度,冷却时由于表面冷却快,内部冷却慢,锻件表里收缩不一,常使锻件翘曲,可能使一些塑性较低的锻件及大型复杂锻件产生变形或开裂等缺陷。因此,需要制定相应的冷却规范。

锻件冷却是锻造工艺过程中必不可少的工序,锻后锻件冷却方式常采用空气中冷却、炉灰或干砂中缓冷、随炉缓冷等几种方式。

空气中冷却也称为空冷,多用于碳含量小于 0.5 wt% 的碳钢和碳含量小于 0.3 wt% 的低合金钢小型锻件。炉灰或干砂中缓冷常用于中碳钢、高碳钢和大多数低合金钢中的中型锻件。随炉缓冷是锻后立即将锻件放入 500~700℃ 的炉中随炉缓冷的过程,常用于中碳钢和低合金钢的大型锻件以及高合金钢的重要锻件。锻件实际采取什么样的冷却规范,需要根据材料的化学成分、组织结构、锻件的断面尺寸等确定。

2.4.1.3 自由锻锻件的结构设计

由于自由锻的工艺特点，复杂形状的锻件难以成形，因此在满足使用要求的前提下，锻件形状应尽量简单和规则，这就是自由锻件的结构工艺性。当工艺性差时，自由锻难以成形，只有锻件工艺性好，才能适用于自由锻造，因此需要开展自由锻的结构设计。自由锻锻件的结构设计主要从以下方面进行考虑。

1. 避免锥体和斜面结构

因为锻造锥体和斜面结构必须使用专用工具，而且锻件成形较困难，操作不方便，所以为了提高锻造设备使用效率，应尽量用圆柱体代替锥体，用平行平面代替斜面，如图 2-35 所示。

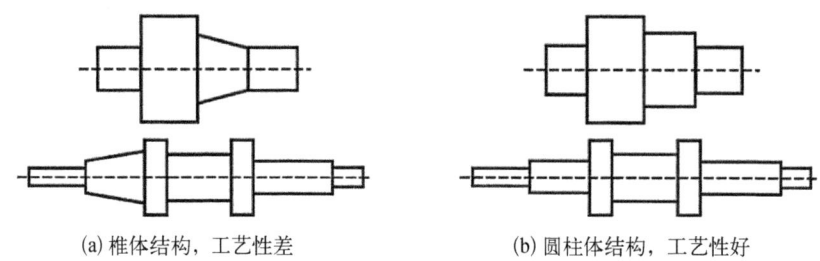

(a) 锥体结构，工艺性差　　　　(b) 圆柱体结构，工艺性好

图 2-35　锥体结构与圆柱体结构

2. 不能有空间曲线

当锻件形成空间曲线交接，锻造将十分困难，所以最好是平面与平面，或平面与圆柱面相接，从而消除空间曲线结构，使锻造操作变得简单，如图 2-36 所示。

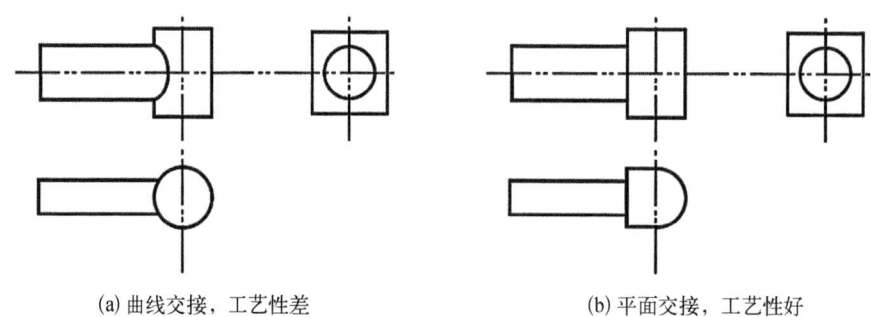

(a) 曲线交接，工艺性差　　　　(b) 平面交接，工艺性好

图 2-36　曲线交接与平面交接

3. 尽量减少辅助结构

锻件不设计加强筋、凸台等辅助结构，因为这些结构需采用特殊工具或特殊工艺措施来生产，导致生产率降低，生产成本提高。将这类结构锻件改成简单结构，这样可使其加工工艺性变好，提高其经济效益，如图 2-37 所示。一般情况下，凸台难以用自由锻方法锻出，而凹坑在加上余块后可以得到。

4. 复杂零件可设计成简单零件的组合

锻件横截面积有急剧变化或形状较复杂时，应设计成几个容易锻造的简单锻件，分别锻造后再用焊接成形或机械连接方法组合成整体，如图 2-38 所示。

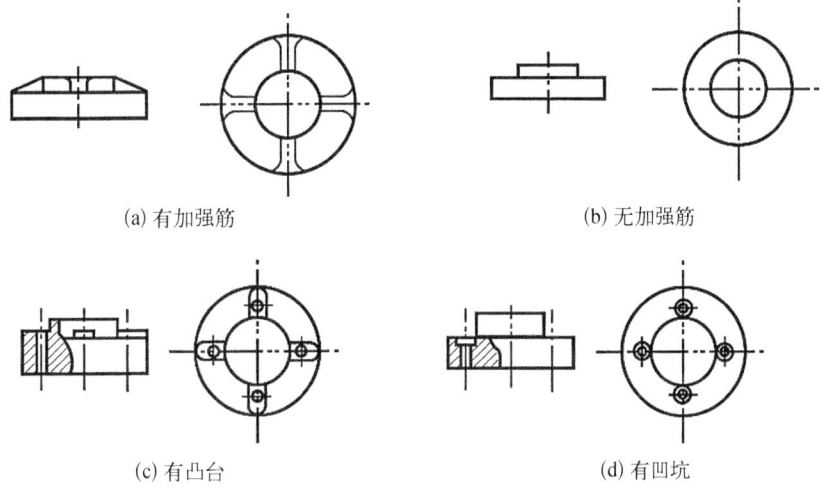

(a) 有加强筋　　　　(b) 无加强筋

(c) 有凸台　　　　(d) 有凹坑

图 2-37　盘类锻件的结构

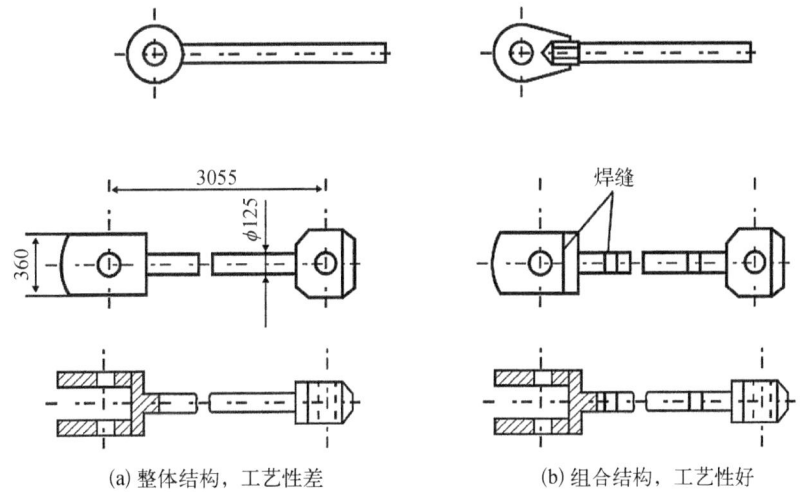

(a) 整体结构，工艺性差　　　　(b) 组合结构，工艺性好

图 2-38　组合锻件(长度单位：mm)

2.4.1.4　自由锻的特点和应用

自由锻分为手工锻造和机器锻造。手工锻造只能生产单件、小型锻件，生产率低，劳动强度大，锤击力小，在工业生产中已被机器锻造所代替。机器锻造根据锻造设备的不同，分为锤上自由锻和水压机上自由锻。锤上自由锻所用设备是空气锤和蒸汽-空气自由锻锤。空气锤的锤击能量小，只能锻造 100 kg 以下的小型锻件。蒸汽-空气锤可锻造质量从几十千克到几百千克的中小型锻件。水压机以压力代替冲击力，能够产生数十万千牛甚至更大的锻造压力，所以大型锻件通常采用水压机锻造。水压力在锻造时振动和噪声小，工作条件好。

自由锻设备通用性大，工具简单灵活，大、中、小型锻件均可适用，适用于单件、小批量及大型锻件的生产，特别在重型机械制造中，占有重要的地位。例如，水轮发电机机轴、轧辊等重型锻件,唯一可行的生产方法就是自由锻。但自由锻只能锻造形状简单的锻件,且锻件尺寸形状精度低,加工余量大。此外,自由锻造时工人劳动强度大,生产效率低。

2.4.2 胎模锻

胎模锻是在自由锻设备上利用自由锻的方法进行坯料变形,最后在未固定的锤头或砧座上的简单模具(胎模)内成形的压力加工方法。锻造时,胎模起成形工具的作用,使用时放在锤砧上,将坯料放在胎模模膛中。

胎模锻是介于自由锻与模锻之间的一种锻造方法,属于自由锻向模锻过渡的锻造方法。常采用自由锻的镦粗或拔长等工序初步制坯,然后在胎模内终锻成形。它既有自由锻造工艺灵活、工具简单的特点,又有模锻利用模膛成形,锻件形状复杂、尺寸准确、生产效率高的特点。

2.4.2.1 胎模锻模具

胎模不固定在锤头和砧座上,需要时放在下砧铁上,分为扣模、合模、套筒模和摔模等主要类型,如图 2-39 所示。

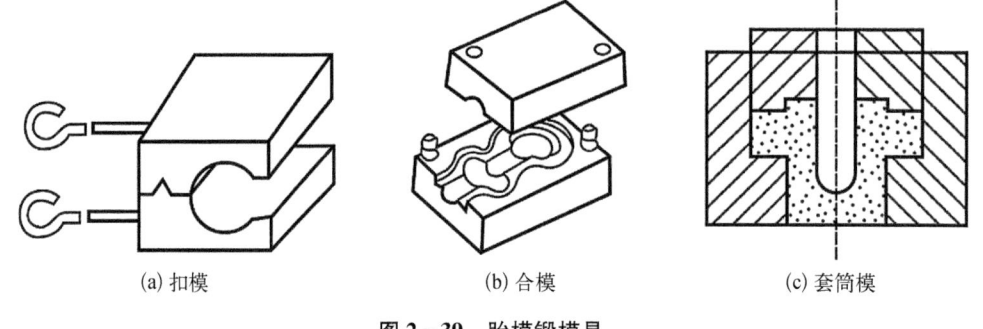

图 2-39 胎模锻模具

扣模如图 2-39(a)所示,由上扣、下扣组成,或只有下扣,上扣以上砧铁代替,一般用来对坯料进行全部或局部扣型。锻件在扣模中锻造时,坯料不转动,初步成形后锻件翻转 90°,在锤砧上平整侧面。扣模用于具有平直侧面的非回转体锻件的成形,或为合模制坯。

合模如图 2-39(b)所示,通常由上模和下模两部分组成,为了使上下模吻合及锻件不产生错移,经常用导柱和导销定位。合模多用于生产形状较复杂的非回转体锻件,如连杆、叉形件等锻件。

套筒模的结构如图 2-39(c)所示,锻模呈圆筒形,主要用于锻造齿轮、法兰盘等回转体盘类锻件。对于形状简单的锻件,只用一个筒模就可以进行生产。根据具体条件,筒模可制成整体模、镶块模或带垫模的筒模。对于形状复杂的胎模锻件,则需在筒模内再加两个半模,制成组合筒模。坯料在由两个半模组成的模膛内成形,锻后先取出两个半模,再取出锻件。

摔模主要用于锻造回转体锻件。

2.4.2.2 胎模锻的特点和应用

胎模锻与自由锻比较有如下特点：

（1）胎模锻件的形状和尺寸基本与锻工技术无关，靠模具来保证，对工人技术要求不高，操作简便，生产率较高。

（2）胎模锻造的形状准确，尺寸精度较高，因而工艺余块少、加工余量小，既节约了金属，也减轻了后续加工的工作量。

（3）胎模锻件在胎模内成形，锻件内部组织致密，纤维分布更符合性能要求。

胎模锻设备简单，锻模易加工，适合于中小型零件的小批量生产，多用在没有模锻设备的中小型工厂中。但胎模锻也存在不足，主要是胎模锻件比模锻件表面品质差，锻件精度较低，所留的机加工余量大。此外，操作者劳动强度大，胎模寿命较低。

2.4.3 模锻

模锻是在锻造设备的作用下，毛坯在锻模模腔中被迫塑性流动成形，从而获得所需形状、尺寸并具有一定力学性能的模锻件的方法，是一种大批量生产锻件的方法。

模锻按照其所用设备的不同，可分为锤上模锻和压力机模锻。锤上模锻对坯料施加的力为冲击力，而压力机模锻主要对坯料施加静压力。在模锻锤上进行的模锻称为锤上模锻。锤上模锻所用设备主要是蒸汽-空气模锻锤，简称为模锻锤。蒸汽-空气模锻锤的工作原理与蒸汽-空气自由锻锤基本相同。

2.4.3.1 锻模结构

锤上模锻用锻模结构如图 2-40 所示，它由带有燕尾的上模和下模两部分组成，上下模合在一起后，其中部形成完整的模腔。另外，模腔四周有飞边槽，常见的飞边槽形式如图 2-41 所示，它包括桥部和仓部，桥部的作用是增加金属从模腔中流出的阻力，促使金属充满模腔；仓部的作用是容纳多余的金属，同时减轻上模对下模的打击，起缓冲作用。使用时下模用紧固楔铁固定在模垫上，上模靠紧固楔铁，紧固在锤头上，随锤头一起做上下往复运动。

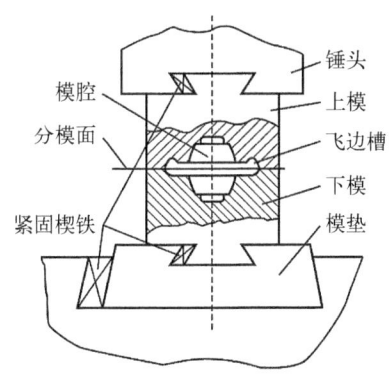

图 2-40 锤上模锻用锻模结构

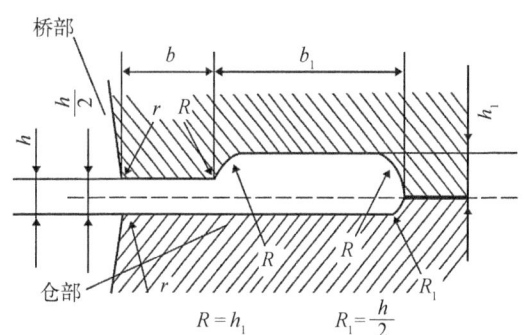

图 2-41 飞边槽的基本结构形式

模锻模腔根据其功用的不同可分为模锻模腔和制坯模腔两大类。

1. 模锻模膛

模锻模膛分为预锻模膛和终锻模膛两种。

预锻模膛的作用是使坯料变形到接近锻件的形状和尺寸,以便进行终锻时,金属容易充满终锻模膛。同时,减少了终锻模膛的磨损,从而延长锻模的使用寿命。对于形状简单或批量不大的模锻件,可不设置预锻模膛。

终锻模膛的作用是使坯料最后变形到锻件所要求的形状和尺寸,因此它的形状应和锻件的形状相同,但因锻件冷却时要收缩,终锻模膛的尺寸应比锻件尺寸大一个收缩量。

终锻模膛和预锻模膛的区别是预锻模膛的圆角和斜度较大,没有飞边槽。

2. 制坯模膛

对于形状复杂的模锻件,为了使坯料形状接近模锻件形状,使金属能合理分布并很好地充满模膛,就必须预先在制坯模膛内制坯。制坯模膛有拔长模膛、滚压模膛、弯曲模膛和切断模膛等。

根据模锻件的复杂程度不同,所需变形的模膛数量不等,可将锻模设计成单膛锻模或多膛锻模。单膛锻模是在一副锻模上只具有终锻模膛一个模膛。例如,齿轮坯模锻件可将截下的圆柱形坯料直接放入单膛锻模中成形。多膛锻模是在一副锻模上具有两个以上模膛的锻模,可以实现复杂形状模锻件的多工步模锻成形,如图 2-42 所示。

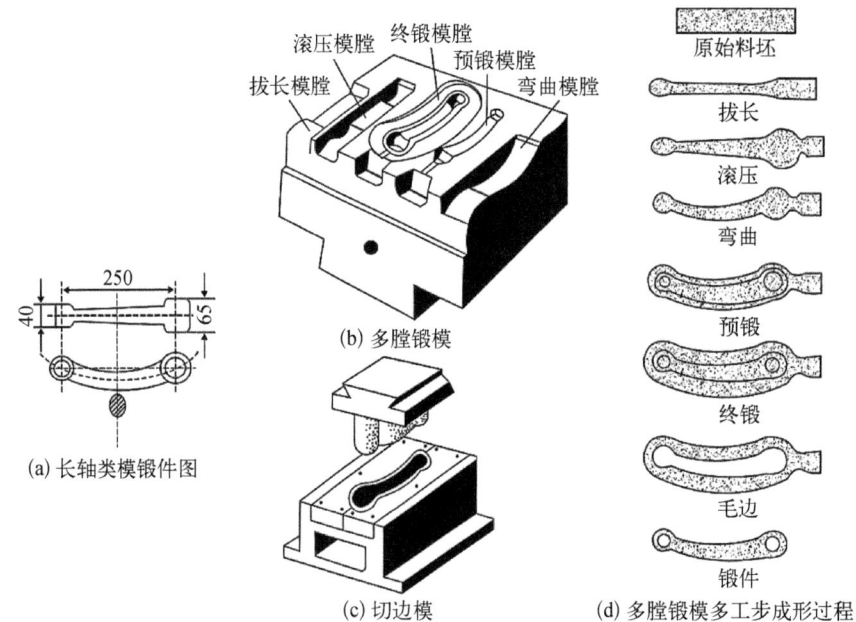

图 2-42 多膛模锻长轴类模锻件(长度单位:mm)

2.4.3.2 金属充满模膛过程

模锻是坯料整体塑性成形并充满模膛获得锻件的工艺,模锻时坯料变形过程可分为镦粗、充满模膛和打靠三个阶段,如图 2-43 所示,其变形过程中锻造力和位移的变化情况如图 2-44 所示。

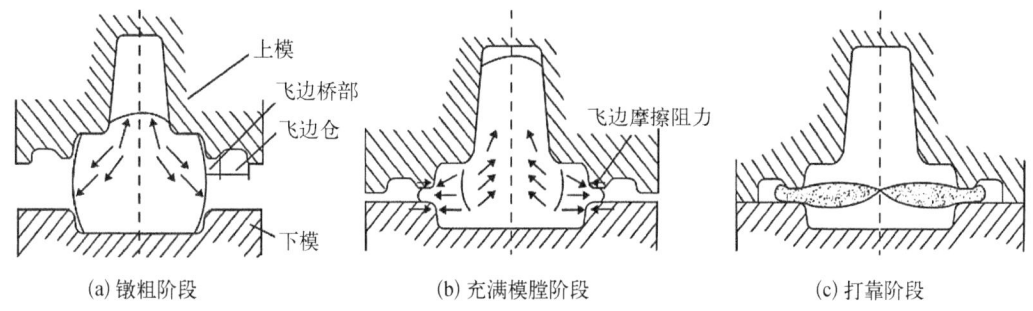

(a) 镦粗阶段　　(b) 充满模膛阶段　　(c) 打靠阶段

图 2-43　模锻时坯料变形过程三阶段

1. 镦粗阶段

开始锻击时,金属在外力作用下发生塑性变形,坯料高度减小,水平尺寸增大,并有部分金属压入模膛深处。这个阶段略像自由锻,阻力小,行程大,在金属与模膛侧壁接触达到飞边槽桥口锻造力达 P_1 时结束。

2. 充满模膛阶段

继续锻造时,由于金属充满模膛圆角和深处的阻力较大,行程减小,金属向阻力较小的飞边槽内流动,形成飞边。飞边在随后急剧变冷,以致金属流入飞边槽的阻力急剧增大,锻造力也迅速增大至 P_2。

3. 打靠阶段

由上坯料体积往往都偏大或者飞边槽阻力

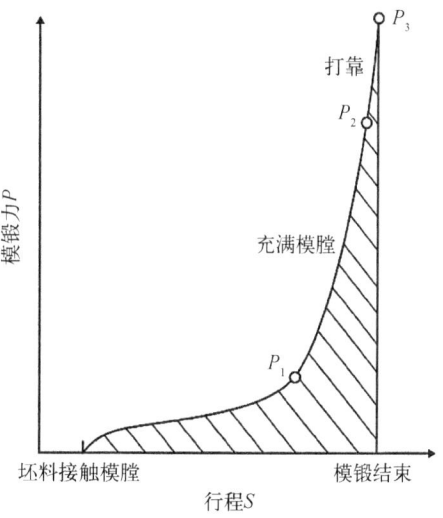

图 2-44　模锻时锻造力行程曲线

偏大,虽然模膛已经充满,但上下模还未合拢,需进一步锻足,因此称为锻足阶段。此时变形仅发生在分模面附近区域,以便向飞边槽挤出多余的金属,因此行程小,锻造力急剧增大,直至达到最大值 P_3。

由上文的分析可知,影响金属充满模膛的因素主要有金属的塑性和变形抗力、飞边槽的形状和位置、模锻温度、锻件形状和尺寸、设备的工作速度、充填方式以及锻模有无润滑、有无预热等。

2.4.3.3　模锻工艺规程

模锻生产的工艺规程包括绘制锻件图、计算坯料尺寸、确定模锻工序、选择设备及安排修整工序等。

1. 绘制锻件图

锻件图是设计和制造锻模、计算坯料以及检查锻件的依据。绘制模锻的锻件图时应考虑分模面、加工余量、锻造公差、加工余块、模锻斜度、模锻圆角和冲孔连皮等问题。

1) 分模面

分模面是上下锻模在锻件上的分界面。锻件分模面的位置选择得合适与否,关系到

锻件成形、锻件出模、材料利用率等一系列问题。因此绘制模锻的锻件图时,应遵循下列原则,保证锻件能从模腔中取出:

(1) 分模面应在模锻件最大截面上,保证模锻件取出;

(2) 分模面应使模腔的深度最浅,利于金属充满模腔,便于锻件的取出和锻模的制造;

(3) 分模面应使上下两模腔轮廓一致,减少错模现象;

(4) 分模面最好是平面,上下模腔深度尽可能一致,便于锻模制造;

(5) 分模面尽可能使锻件上所加的敷料最少,提高材料利用率,减少切削加工的工作量。

2) 确定加工余量、锻造公差和加工余块

模锻时金属坯料是在锻模中成形的,因此模锻件的尺寸较精确,其锻造公差和加工余量比自由锻件小得多。加工余量一般为 1~4 mm,锻造公差一般取为 ±0.3~3 mm。

对于孔径 $d>25$ mm 的带孔模锻件,孔应锻出,需考虑冲孔方便和留出冲孔连皮。冲孔连皮的厚度与孔径 d 有关,当孔径为 30~80 mm 时,冲孔连皮的厚度为 4~8 mm。

3) 模锻斜度

模锻件上平行于锤击方向的表面必须具有斜度,以便于从模腔取出锻件。对于锤上模锻,模锻斜度一般为 5°~15°。模锻斜度与模腔深度和宽度有关。当模腔深度与宽度的比值(h/b)较大时,取较大斜度值。内壁斜度比外壁斜度大 2°~5°。

4) 模锻圆角

在模锻件上所有两平面的交角处均需做成圆角。圆角可增大锻件强度,使锻造时金属易于充满模腔,避免锻模上的内尖角处产生裂纹,减缓锻模外尖角处的磨损,从而提高锻模的使用寿命。模腔深度越深,圆角半径就越大,具体参数参考相关工艺手册。

5) 冲孔连皮

对于具有通孔的锻件,由于不可能靠上下模的凸起部分把金属完全挤压掉,因此终锻后在孔内留下一薄层金属,称为冲孔连皮。把冲孔连皮飞边冲掉后,才能得到有通孔的模锻件。冲孔连皮的厚度与孔径 d 有关,当孔径 d 为 30~80 mm 时,冲孔连皮厚度为 4~8 mm。当孔径 $d<25$ mm 或冲孔深度 $h>3d$ 时,只在冲孔处压出凹穴。

2. 确定模锻工序

模锻工序主要是根据锻件的形状和尺寸来确定的。根据形状需要,直长轴锻件的模锻工步一般为拔长、滚压、预锻和终锻成形。弯曲锻件和叉形件还需采用弯曲工步。对于形状复杂的锻件,还需选用预锻工步,最后在终锻模腔中模锻成形。例如,锻造弯曲连杆模锻件时,坯料经过拔长、滚压、弯曲三个工步,形状接近于锻件,然后经预锻及终锻两个模腔制成带有飞边的锻件。

盘类模锻件多采用镦粗、终锻工步。对于形状简单的盘类锻件,可以只用终锻工步成形,对于形状复杂、有深孔或有高筋的盘类锻件,可用成形镦粗,然后经预锻、终锻工步最后锻成。

3. 安排修整工序

模锻件经终锻成形后,为保证和提高锻件质量,还需安排切边与冲孔、校正、热处理、清理及精压等修整工序。

锻后的模锻件周边都带有飞边,通孔处还有连皮,需用切边模和冲孔模将其切除。在形状复杂的锻件切边(冲连皮)之后进行校正,提高锻件精度。锻后的锻件还需要热处理,从而消除锻件的过热组织或加工硬化组织、内应力等。通常采用滚筒打光、喷丸清理、酸洗等方法清除锻件的氧化皮、油污及其他表面缺陷。另外,对于要求精度高和表面粗糙度低的模锻件,还需进行精压。

2.4.3.4 模锻件的结构设计

与自由锻一样,模锻件也需具有比较好的结构工艺性,若工艺性不好,则不易成形。根据模锻的特点及工艺要求,在设计模锻零件时,其结构应符合以下原则:

(1) 必须具有合理的分模面、模锻斜度和圆角半径,保证模锻件易于从锻模中取出;

(2) 在零件的非接合面、不需进行切削加工处,应有合理的模锻斜度和圆角;

(3) 为了减少工序,零件的外形应力求简单,最好要平直和对称,截面的差别不宜过大,避免薄壁、高筋、凸起等外形结构,另外在分模面上避免出现小枝杈和薄凸缘;

(4) 避免窄沟、深槽、深孔及多孔结构,以便于制造模具并延长模具寿命,孔径小于30 mm 和孔深大于直径两倍的孔结构均不易锻出,应尽量避免;

(5) 复杂零件采用锻-焊组合,从而减少敷料,简化模锻过程,如图 2-45 所示。

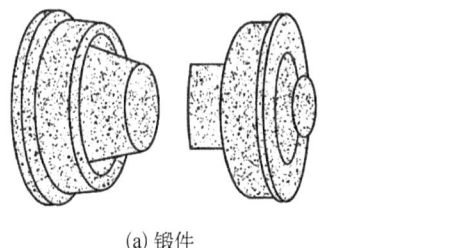

(a) 锻件　　　　　　　　　　(b) 组合件

图 2-45　锻-焊结构模锻件

2.4.3.5 模锻的特点和应用

与自由锻和胎模锻相比,模锻具有如下优点:

(1) 生产效率高;

(2) 能锻造形状复杂的锻件,金属流线分布更为合理;

(3) 模锻件尺寸较精确,表面质量好,加工余量较小;

(4) 节省金属材料,减少切削加工工作量;

(5) 可生产一些无切削产品,实现净成形或近净成形;

(6) 模锻操作简单,劳动强度低。

但是,模锻时锻件坯料是整体变形,坯料承受三向压应力,其变形抗力增大,因此锻造时需要吨位较大的专用设备,模锻件质量一般也不宜太大,其质量一般小于 150 kg。此外,由于模锻模具材料昂贵、制造周期长,而且每种模具只可加工一种锻件,因此成本高。

模锻适用于中、小型锻件的大批量生产,广泛用于汽车、拖拉机、飞机、机床和动力机械等工业生产中。随着工业的发展,模锻件在锻件生产中所占的比例越来越大。

2.5 板料成形原理

板料成形,又称为板料冲压,是利用压力装置和模具使板材产生分离或塑性变形,从而获得成形件或制品的成形方法。板料成形常用的金属材料有低碳钢、铜合金、镁合金及塑性高的合金钢等,材料形状可分为板料、条料及带料。一般冲压板料厚度小于 6 mm,且常在常温下进行,故板料成形又称为冷冲压。当板料厚度超过 8 mm 时才采用热成形。板料成形所用的原材料,特别是制造中空杯状和钩环状等成品时,必须具有足够的塑性。由于冲模制造复杂,成本较高,因此板料冲压适合于大批量生产。

板料成形具有下列特点:
(1) 可以冲压出形状复杂的零件,废料较少;
(2) 产品具有足够高的精度和较小的表面粗糙度值,互换性能好;
(3) 能获得质量轻、材料消耗少、强度和刚度较高的零件;
(4) 冲压操作简单,工艺过程便于机械化和自动化,生产率很高,故零件成本低。

冲压在现代汽车、拖拉机、电极、电器、仪表等日常生活用品的生产方面占据十分重要的地位,轿车车身至少有 75% 的零部件是由冲压件组成的。在飞机、导弹、枪炮等产品中,采用冲压件的零件比例也相当高。

板料成形生产中常用的设备是剪板机和压力机。剪板机把板料剪切成一定宽度的条料,以供下一步的成形工序用。压力机用来实现成形工序,制成所需形状和尺寸的成品零件。板料成形按照金属变形的性质,分为分离工序和成形工序。

2.5.1 板料的分离

分离工序是坯料的一部分相对另一部分分离的工序,如落料、冲孔、切断、修整等,也称为冲裁。冲裁既可以直接冲出所需形状的成品工件,又可以为其他成形工序提供毛坯。

2.5.1.1 板料冲裁过程

图 2-46 为板料冲裁模示意图。凸模与凹模都具有与工件轮廓一样形状的锋利刃口,凸、凹模之间存在一定的间隙,当凸、凹模间隙正常时,其过程可分为弹性变形阶段、塑性变形阶段和断裂分离阶段三个阶段,如图 2-47 所示。

1. 弹性变形阶段

凸模接触板料后,继续向下运动的初始阶段,材料产生弹性压缩、拉伸和弯曲变形,板料中的应力逐渐增大。此时,凸模下的板料略有弯曲,凹模上的板料则向上翘曲,间隙越大,弯曲和上翘越严重。同时,凸模稍许挤

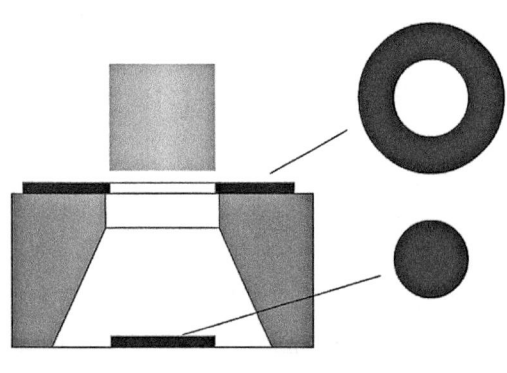

图 2-46 板料冲裁模示意图

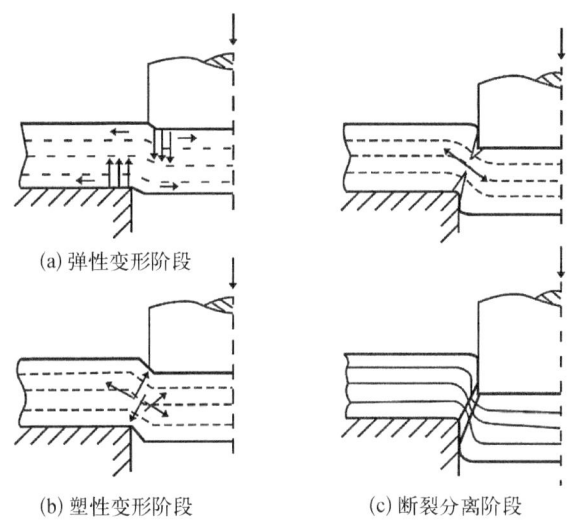

图 2-47 冲裁变形过程

入板料上部,板料的下部则略挤入凹模洞口,但材料的内应力未超过材料的弹性极限。

2. 塑性变形阶段

随着凸模继续压入,材料内的应力达到屈服极限时,便开始产生塑性变形。随着凸模挤入板料深度的增大,变形区材料硬化加剧,直到刃口附近侧面的材料由于拉应力的作用出现微裂纹时,塑性变形阶段结束。

3. 断裂分离阶段

冲头继续压入,已形成上下裂纹,逐渐向材料内部扩展,当上下裂纹重合时,板料便被剪断分离。冲裁件分离后,如图 2-48 所示,在断面上会形成光亮带、剪裂带、塌角和毛刺等区域。

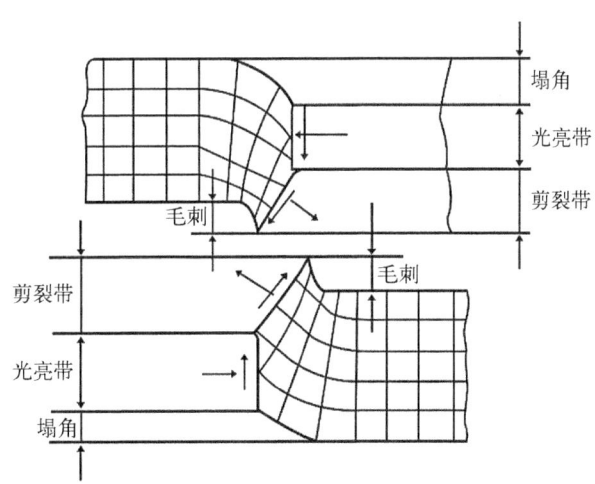

图 2-48 分离后断面情况

光亮带是塑性变形过程由冲头挤压切入所形成的,表面很光滑;剪裂带是剪断分离时所形成的断裂,表面较粗糙;塌角是坯料拉伸断裂时形成的,软料形成的塌角大于硬料。

2.5.1.2 模具间隙的确定

要提高冲裁件的质量,就要增大光面的宽度,缩小塌角高度。冲裁件断面质量主要与凸、凹模间隙,刃口锋利程度有关,同时受模具结构、材料性能、板厚等因素的影响。

模具间隙 Z 的设计是获得光亮带的基础,如图 2-49 所示。当凸、凹模间隙合适时[图 2-49(a)],冲裁时上、下裂纹重合为一条线,这时光面占板厚的 $1/2 \sim 1/3$,切断面的塌角、毛刺和斜度均很小,零件的尺寸几乎与模具一致,完全可以满足使用要求。此时冲裁力、卸料力和推件力适中,模具有足够的寿命。

当凸、凹模间隙过大时[图 2-49(b)],材料弯曲与拉伸增大,拉应力增大,塑性变形结束较早,材料易被撕裂,且裂纹在距离刃口稍远的侧面产生,光亮带减小,塌角与断裂的斜度增大,毛刺增加。推件力与卸料力大大减小,甚至为零,材料对凸、凹模的磨损大大减弱,所以模具寿命较高。

当凸、凹模间隙过小时[图 2-49(c)],冲裁时拉应力减小,压应力增大,凹模处产生的裂纹进入凸模下面的应力区后停止发展,凸模继续下压时,上、下裂纹不重合,中间部分将产生二次剪切,制件断面的中部留下撕裂面,两头为光亮带,光亮带最宽,塌角、毛刺、斜度等都有所减小,工件质量较高。间隙过小增大了冲裁力、卸料力和推件力,加剧了凸、凹模的磨损,降低了模具寿命。

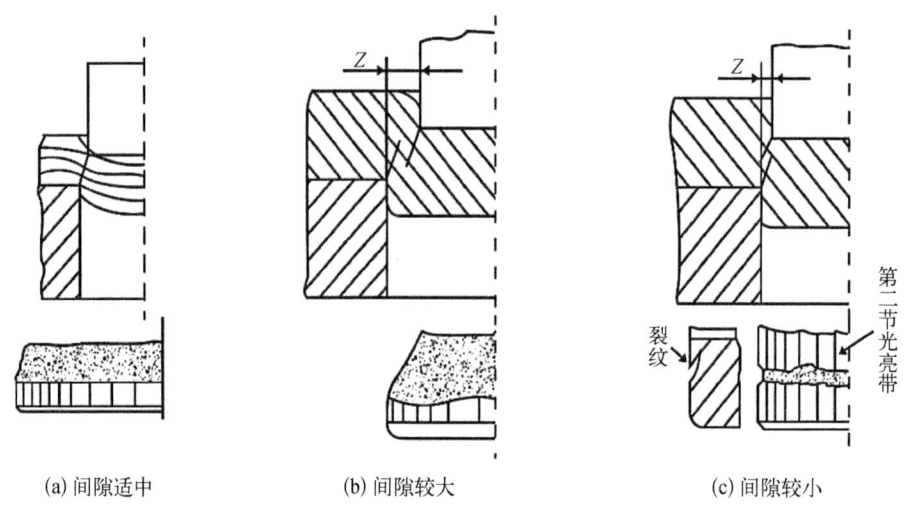

(a) 间隙适中　　　　(b) 间隙较大　　　　(c) 间隙较小

图 2-49　模具间隙对断面质量的影响

因此正确选择合理间隙对冲裁生产至关重要,实际中主要考虑冲裁件断面质量与模具寿命。当冲裁件断面品质要求较高时,应选取较小的间隙值;当冲裁件断面品质无严格要求时,应尽可能加大间隙,以利于提高冲模寿命。

2.5.1.3　凸、凹模刃口尺寸的确定

在冲裁件尺寸的测量和使用中,都是以光面的尺寸为基准的。落料件的光面是由凹模刃口挤切材料产生的,而孔的光面是凸模刃口挤切材料产生的。因此,计算刃口尺寸时,应按落料和冲孔两种情况分别进行。

设计落料模时,通过缩小凸模刃口尺寸来保证间隙 Z 值,先按落料件确定凹模刃口尺寸,取凹模作为设计基准件,然后根据间隙 Z 值确定凸模尺寸。

设计冲孔模时,通过扩大凹模刃口尺寸来保证间隙 Z 值,先按冲孔件确定凸模刃口尺寸,取凸模作为设计基准件,然后根据间隙 Z 值确定凹模尺寸。

冲模在工作过程中必然有磨损,落料件尺寸会随凹模刃口的磨损而增大,而冲孔件尺寸随凸模的磨损而减小。为了保证零件的尺寸要求,并提高模具的使用寿命,落料凹模尺寸应取工件尺寸公差范围内的下极限尺寸,而冲孔凸模尺寸应取工件尺寸公差范围内的上极限尺寸。

2.5.1.4 冲裁力的计算

冲裁力是选用压力机公称压力和检验模具强度的一个重要依据,计算准确时,有利于发挥设备的潜力,计算不准确时,有可能使设备超载而损坏,造成严重事故。

平刃冲裁模的冲裁力按式(2-8)计算:

$$P = KLs\tau_b \tag{2-8}$$

式中,P 为冲裁力,单位为 N;L 为冲裁周边长度,单位为 mm;s 为坯料厚度,单位为 mm;K 为系数,常取 1.3;τ_b 为材料抗剪强度,单位为 MPa。

2.5.1.5 冲裁件的排样

排样是指落料件在条料、带料或板料上合理布置的方法。排样合理可使废料最少,材料利用率大大提高。图 2-50 为同一个冲裁件采用四种不同排样方式的材料消耗面积对比。

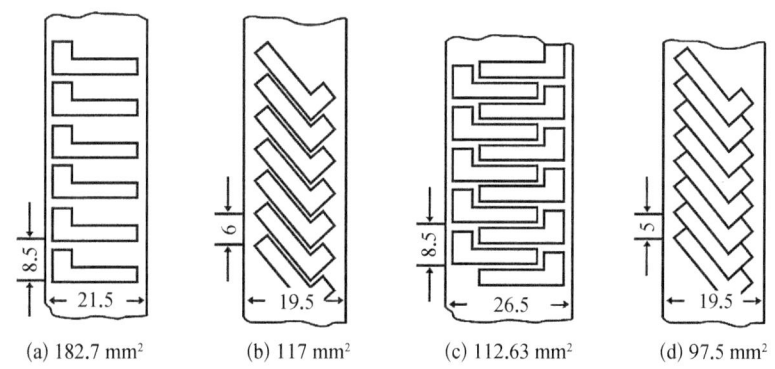

图 2-50 冲裁件不同排样方式材料消耗对比(长度单位:mm)

有搭边排样是在各个落料件之间均留有一定尺寸的搭边,其优点是毛刺小,而且在同一个平面上,冲裁件尺寸准确,质量较高,但材料消耗多,如图 2-50(a)~(c)所示。无搭边排样是用落料件形状的一个边作为另一个落料件的边缘。这种排样材料利用率很高,但毛刺不在同一个平面上,而且尺寸不容易准确保证。因此,只有在对冲裁件质量要求不高时才采用无搭边排样,如图 2-50(d)所示。排样时的搭边值需根据料厚、形状、材料等决定。

2.5.2 板料的成形

成形工序是坯料的一部分相对于另一部分产生位移而不破裂的工序,如拉深、弯曲、翻边、胀形、旋压等。

2.5.2.1 拉深

拉深是利用拉深模使平面坯料变成开口空心件的冲压工序,拉深时将平板料放在凹模上,冲头把材料拉入凹模而形成空心形状工件,如图 2-51 所示。拉深可以制成筒形、阶梯形、盒形、球形、锥形及其他形状复杂的薄壁零件。

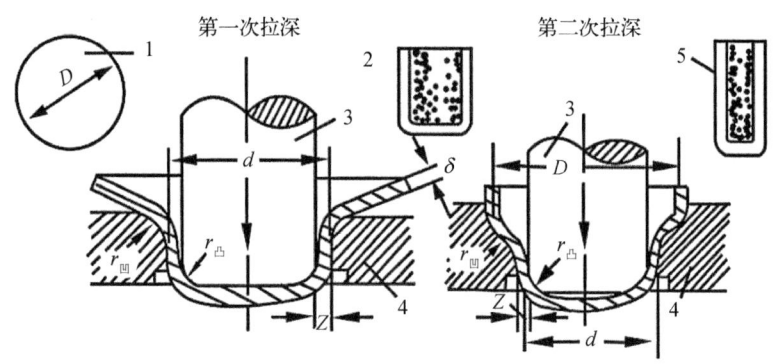

图 2-51 拉深工序

1-坯料;2-第一次拉深成品;3-凸模;4-凹模;5-成品

拉深模的凸模和凹模有一定的圆角($r_凹$、$r_凸$),而不是锋利的刃口,其间隙(Z)一般稍大于板料厚度(t)。在凸模作用下,板料被拉入凸、凹模之间的间隙里形成圆筒的直壁。拉深时,坯料是如何变形的呢?各区域厚度如何变化呢?如图 2-52 所示,拉深时凸缘区径向受拉,产生拉应变;轴向受压,产生压应变。拉深时拉深件的底部一般不变形,只起传递拉力的作用,厚度基本不变;凸缘为主要变形区,如果是圆形零件,圆形坯料外径直径(D)随拉深变形的增大而减小,转化为零件侧壁,在此过程中经历大程度塑性变形,产生加工硬化,厚度有所减小;而直壁与底部之间的过渡圆角部分被拉薄最严重,是拉深过程中最危险的部位。拉深件的法兰部分,切向受压应力作用,厚度有所增大。

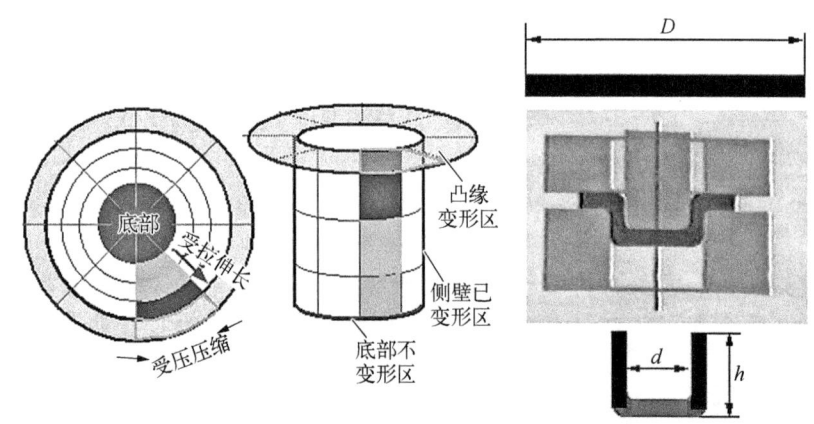

图 2-52 拉深时工件的受力及变形情况

拉深时坯料的直径 D 与工件的直径 d 相差越大,变形区越宽,变形程度就越大,加工硬化越强,拉深阻力越大,甚至有可能把工件直臂与底之间的过渡圆角拉裂。因此,拉深过程中为了避免拉裂,提出了拉深系数[式(2-9)]的概念:

$$m = d/D \qquad (2-9)$$

式中,m 为拉深系数;d 为工件的直径;D 为坯料的直径。拉深系数 m 是衡量拉深变形程度的指标。拉深系数越小,表明拉深件直径越小,变形程度越大,坯料被拉入凹模越困难,因此越容易产生拉裂废品。一般情况下,拉深系数不小于 0.5~0.8。坯料的塑性差时取上限值,塑性好时取下限值。

如果拉深系数过小,不能一次拉深成形时,则可采用多次拉深工艺(图 2-51)。

图 2-53 中,D 为毛坯直径,d_1、d_2、d_{n-1}、d_n 分别为各次拉深后的平均直径。第 1 次拉深系数 $m_1 = d_1/D$;第 2 次拉深系数 $m_2 = d_2/d_1$;第 n 次拉深系数 $m_n = d_n/d_{n-1}$;总的拉深系数 $m_总 = m_1 m_2 \cdots m_n$。多次拉深过程中必然产生加工硬化现象。为了保证坯料具有足够的塑性,生产中坯料经过一次或两次拉深后,应安排工序间的退火处理。此外,在多次拉深中,拉深系数应一次比一次略大,从而确保拉深件质量和生产顺利进行。

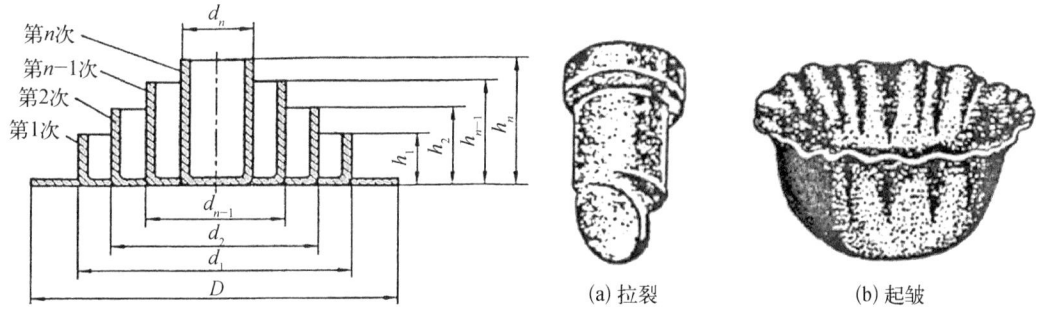

图 2-53 多次拉深工艺　　图 2-54 拉深时产生的主要缺陷

拉深时,产生的主要缺陷是拉裂和起皱,如图 2-54 所示。拉深时,当拉应力超过材料的强度极限时,直壁与底部的过渡圆角处会被拉裂,当环形部分压力过大时,会造成失稳起皱。因此,拉深过程中不允许出现裂纹和起皱现象。

影响拉深件质量的主要因素有:

(1)凹凸模圆角半径。圆角半径过小时,易拉裂。

(2)凸凹模具间隙。间隙过小时,摩擦力大,易拉裂工件,降低模具寿命;间隙过大时,易使拉深件起皱。

(3)拉深系数 m。m 小,则 d 小,变形大,坯料拉入凹模越困难,易拉裂。

(4)润滑。为了减小摩擦,降低拉深件壁部的拉应力,减少模具的磨损,拉深时通常要加润滑剂。

(5)毛坯相对厚度。薄坯料变形区易失稳起皱,拉深时应设置压边圈。

2.5.2.2　弯曲

弯曲是用模具把坯料弯成所需要形状的过程,是坯料一部分相对于另一部分弯曲成一定角度(a)、弯曲半径(r)的工序,如图2-55所示。弯曲可以在各种机械或液压压力机上进行。

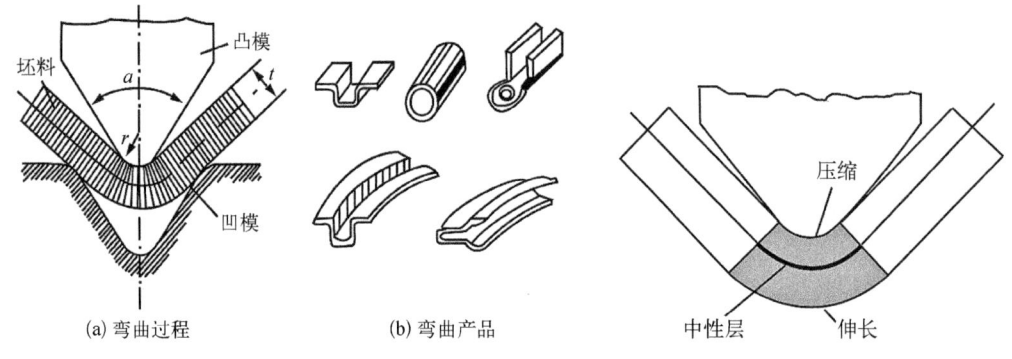

图2-55 弯曲过程及弯曲产品　　　　图2-56 弯曲变形过程

金属坯料在凸模的压力作用下,按凸、凹模的形状发生整体弯曲变形,如图2-56所示。弯曲变形主要发生在弯曲中心角周围,板料内层受压缩短,外层受拉伸长,伸长与压缩变形区间有一层不变形的金属,称为中性层。中性层不变形,用于计算展开长度。

弯曲时塑性变形程度的大小与板厚和弯曲半径r的大小有关,板越厚(t越大),r越小,则压缩及拉伸应力越大,变形程度越大,金属的加工硬化作用越强。r太小时,当外侧拉应力超过坯料的抗拉强度极限时,就有可能在工件弯曲的部分外侧开裂。

为防止弯曲时破裂,存在一个弯曲变形极限$r_{\min}$,即当板厚一定时,保证板料不弯裂的最小弯曲半径$r_{\min}$:

$$r_{\min} = (0.25 \sim 1)t \qquad (2-10)$$

式中,t为金属板料的厚度。最小弯曲半径与材料的塑性有关,当材料塑性好的时候,最小弯曲半径可以小一些。

弯曲时还应尽可能使弯曲线与坯料纤维方向垂直,若弯曲线与纤维方向一致,则容易产生破裂,此时可通过增大最小弯曲半径来避免。

在弯曲结束后,工件所弯的角度会因金属弹性变形的恢复而略有增加,这种现象称为回弹,回弹的角度称为回弹角。回弹主要与材质有关,某些材质的回弹角度甚至高达10°。可通过改进弯曲件局部结构(如设计加强筋)、选用合适的材料或退火处理来减少回弹。另外,可以在设计弯曲模时,使模具的角度比成品件角度小一个回弹角,采用补偿的方法使工件弯曲后得到准确的弯曲角度。

2.5.2.3 翻边

利用模具把板料上的孔缘或者外缘翻成竖边的冲压成形方法称为翻边,如图2-57所示。

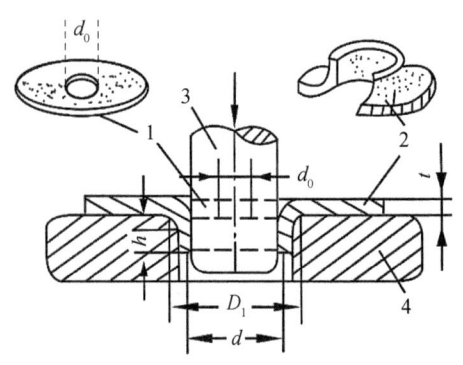

图2-57 圆孔翻边简图

注:d_0与d分别为翻边前后的孔径尺寸;h为翻边高度;D为翻边模尺寸。

翻边也是弯曲的一种。

翻边的种类很多,分类方法也相同。按变形性质,翻边可以分为伸长型翻边(圆孔翻边,拉应力)和压缩型翻边(边缘翻边,压应力)。进行翻边工序时,翻边孔的直径不能超过某一个容许值,否则将导致孔的边缘破裂,翻边件容许值可用翻边系数 K_0 来衡量,即

$$K_0 = d_0/d \tag{2-11}$$

式中,d_0 为翻边前的孔径尺寸;d 为翻边后的内孔尺寸。

显然,K_0 越小,变形程度越大。翻边时,孔的边缘不断裂时所能达到的最小 K_0 称为极限翻边系数,对于镀锡铁皮,K_0 不小于 0.65,对于酸洗钢,K_0 不小于 0.68。

影响极限翻边系数的主要因素有材料的塑性、应变硬化指数和各向异性系数等,上述数值越大,极限翻边系数就越小,越有利于翻边。当工件所需的凸缘较高时,用一次翻边成形可能会使孔的边缘造成破裂,这时可以采用先拉深,后冲孔,再翻边成形的过程来实现。

2.5.2.4 胀形

胀形是在模具的作用下,迫使毛坯厚度减薄和表面积增大,获得零件几何形状的冲压加工方法。胀形主要用于平板毛坯的局部胀形(或称为起伏成形),如压制凹坑、加强筋、起伏形的花纹及标记等。另外,管类毛坯的胀形(如波纹管)、平板毛坯的拉形等,均属于胀形工艺。

在实际生产中,通常采用的胀形方法主要有刚模胀形、固体软模胀形、液压胀形、起伏成形和圆柱形空心坯料的胀形等方法。软模胀形时材料的变形比较均匀,容易保证零件的精度,便于成形复杂的空心零件,所以在生产中得到广泛应用,如图 2-58 所示。

由于胀形时毛坯处于两向拉应力状态,因此变形区的毛坯不会产生失稳起皱现象,冲压成形的零件表面光滑,质量好。但胀形也存在胀形极限,超过胀形极限时,材料将不能成形。

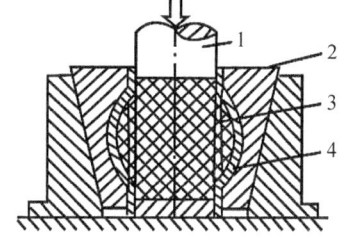

图 2-58 软膜胀形
1—凸模;2—分块凹模;
3—软橡胶;4—工件

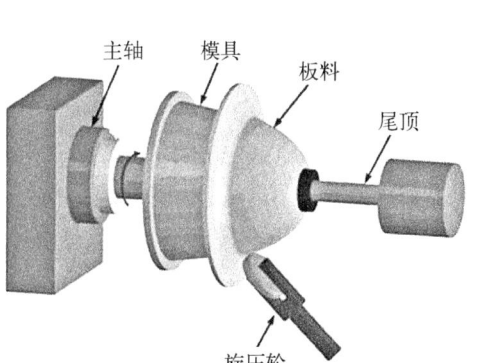

图 2-59 旋压成形

2.5.2.5 旋压

旋压是将金属筒坯、平板毛坯或预制坯用尾顶顶紧在旋压机芯模上,由主轴带动芯棒和坯料旋转,同时旋压轮从毛坯一侧将材料挤压在旋转的芯模上,使材料产生逐点连续的局部塑性变形,在旋轮的进给运动和坯料的旋转运动的共同作用下,使局部的塑性变形逐步地扩展到坯料的全部表面,并紧贴于模具,从而获得各种母线形状的空心旋转体零件的工艺过程,如图 2-59 所示。

旋压成形按变形特点可分为普通旋压和变薄旋压。

普通旋压是使平板毛坯逐次包覆于芯模表面形成空心件的一种旋压方法,其宏观效果类似于拉深成形,故又称为拉深旋压。变薄旋压与普通旋压不同,旋压过程总是伴随毛坯壁厚的明显减薄。变薄旋压分为剪切旋压和筒形件变薄旋压两种。

旋压成形过程同时具有锻造、挤压、拉深、弯曲、环轧、横轧和滚挤等工艺特点,是一种少无切削加工工艺。

2.5.3 冲压件的结构工艺性

利用板料制造各种冲压产品时,各种过程的选择、过程顺序的安排和各过程应用次数,都以产品零件的形状和尺寸以及每道工序中材料所允许的变形程度为依据。

形状比较复杂或者特殊的零件,往往要经过几个基本过程的多次冲压才能完成。变形程度较大时,还要进行中间退火。例如,黄铜弹壳的冲压过程中,工件壁厚要经过多次减薄拉深,由于变形程度较大,工序间要进行多次退火。

冲压件的成形还需要满足一定的结构工艺性要求,主要体现在以下几个方面。

1. 冲压件的精度和表面品质

在满足需要的情况下应尽可能降低要求,从而降低成本,提高生产率。冲压件表面品质尽可能不高于原材料所具有的表面品质,否则将要增加切削加工等工序,增加成本。

2. 冲压件的形状和尺寸

落料件的外形和冲孔件的孔形应力需要简单、对称,尽可能采用圆形、矩形等。落料件的外形应能使排样合理,废料最少,避免长槽与细长悬臂结构,因为这些结构模具制造困难、模具寿命低。

落料和冲孔的形状和大小应使凸、凹模工作部分具有足够的强度,例如,孔与孔的间距不能太小,工件周边的凹、凸部分不能太窄、太深,转角处应有一定的圆角等。

弯曲件形状应尽量对称,弯曲半径不能小于最小弯曲半径,以免弯裂。弯曲件冲孔的位置临近圆弧时,如果孔的形状和位置精度要求较高,应在成形后再冲孔。弯曲边的平直部分长度应大于板料厚度两倍,否则不宜成形。

拉深件外形应简单、对称且不宜太高,以便易于成形和减少拉深次数。拉深件非大底部孔应成形后再冲,拉深件圆角半径应大于板料厚度的三倍,否则将增加拉深次数和整形工作。

3. 简化成形过程和节约材料

在使用功能不变的情况下,应尽量简化结构,从而减少工序,节省材料,降低成本。

利用切口—弯曲工艺制成整体零件,节省了材料,简化了成形过程,提高了生产率。对于某些形状复杂或者特别的冲压件,可设计成若干个简单的冲压件,然后焊接或用其他连接方法形成整体件。

在强度、刚度允许的情况下,应尽量采用厚度较薄的材料来制作,以减少金属的消耗、减轻结构质量。在局部刚度不够的地方,可采用加强筋。

思 考 题

1. 解释铸锭锻造后力学性能提高的原因。
2. 简述化学成分和金相组织对金属可锻性的影响。
3. 什么是金属的可锻性？可锻性以什么来衡量？简要叙述影响可锻性的因素。
4. 简述变形速率对塑性和变形抗力的影响规律。
5. 简述应力状态对塑性和变形抗力的影响规律。
6. 多晶体塑性变形时有哪些特点？
7. 冷塑性变形后，金属内部组织和性能发生了什么变化？
8. 金属在锻造前为何要加热？加热温度为什么不能过高？
9. 金属锻造时始锻温度和终锻温度过高或过低，各有何缺点？
10. 锤上模锻的终锻模膛设有飞边槽，飞边槽的作用是什么？是否各种模膛都要有飞边槽？
11. 用 $\phi250\ mm \times 1.5\ mm$ 板料能否一次拉深直径为 50 mm 的拉深件？应采取哪些措施才能保证正常生产？（板料极限拉深系数为 0.5 mm）
12. 拉深件在拉深过程中易产生哪两种主要缺陷？如何解决？

第 3 章

焊接成形原理

焊接成形技术是将各种材料连接成可投入市场产品的首选加工方法,是改善产品成本、质量和可靠性的至关重要手段。焊接成形工艺不是一种辅助工艺,而是制造业中的关键加工手段,完成了许多关系国计民生与国防建设的重大战略性产品的生产。焊接成形技术的不断发展,促成它作为一种全新的制造技术,变革了传统的工业化格局,推动了整个社会的发展。

3.1 焊接成形概述

3.1.1 材料焊接的内涵

说到材料焊接,首先要提到材料连接。材料连接是指通过适当的手段,使两个或两个以上分离的固态物体形成一个整体,从而实现物理量传导的方法。先进连接应具备接头质量好、生产效率高、节约材料与能源以及操作便捷等特点。

材料连接方法包括胶接、机械连接和焊接等。

胶接是使用胶黏剂来连接材料的方法,具有适应性广、工艺简单和应力变形小等特点,但胶接一般需要固化,固化时间长,而且胶接剂易老化,耐热性差。

机械连接是利用螺纹、销钉、键和铆钉将两个及以上零件连接起来的方法,机械连接使用的一般是标准件,互换性好,选用方便,可靠,易检修,但机械连接增加了机械加工工序,且接头结构质量大,密封性差。

焊接是采用加热或加压等手段,借助金属原子的结合与扩散,使分离的金属材料牢固地连接起来的方法。焊接是金属连接的最重要方法,连接时无需辅助结构,结构质量轻,能制造重型、复杂零件,简化铸造、锻造等工艺。另外,焊接可以实现不同材料的连接,接头力学性能和密封性好,是一种不可拆卸的永久性连接方法。但焊接接头组织性能不均匀,存在裂纹、夹渣、气孔等焊接缺陷,从而引起应力集中,降低承载能力,且焊接结构不可拆卸,维修不便。

研究表明,固体材料之所以能够保持固定的形状,是由于其内部原子之间的距离足够小,使原子之间能形成牢固的结合力。要想将固体材料分成两块,必须施加足够大的外力来破坏这些原子间的结合。同理,要想将两块固体材料连接在一起,从物理本质上讲,就是要采取措施,使这两块固体连接表面上的原子接近到足够小的距离,使其产生足够结合力,从而达到永久性连接的目的。

但是,如图3-1所示,即使经过精密加工的金属表面,从微观上也存在凸凹不平的现象,同时金属表面常伴有氧化层、吸附气体层,和由于杂质原子吸附及水分、有机物吸附形成的污染层等,这些都会妨碍金属表面的紧密接触。因此,为了实现材料之间的可靠焊接,必须采取有效的措施。

第一个措施是用热源加热被焊母材的连接处,使之发生熔化,该处的氧化膜迅速分解,并增加了原子的振动能,促进扩散、化学反应、结晶和再结晶等物理化学反应,利用熔融金属之间的相溶及液-固两相原子的紧密接触来实现原子间的结合。

第二个措施是对被焊母材的连接表面施加压力,在清除连接面上的氧化物和污物的同时,克服连接界面的不平,或使之产生局部塑性变形,使两个连接表面的原子相互紧密接触,增加有效接触面积,并产生足够大的结合力。如果在加压的同时加热,结合过程更容易进行。

第三个措施是对填充材料加热,使之熔化,利用液态填充材料将固态母材润湿,使液-固界面的原子紧密接触,相互扩散,产生足够大的结合力,从而实现连接。

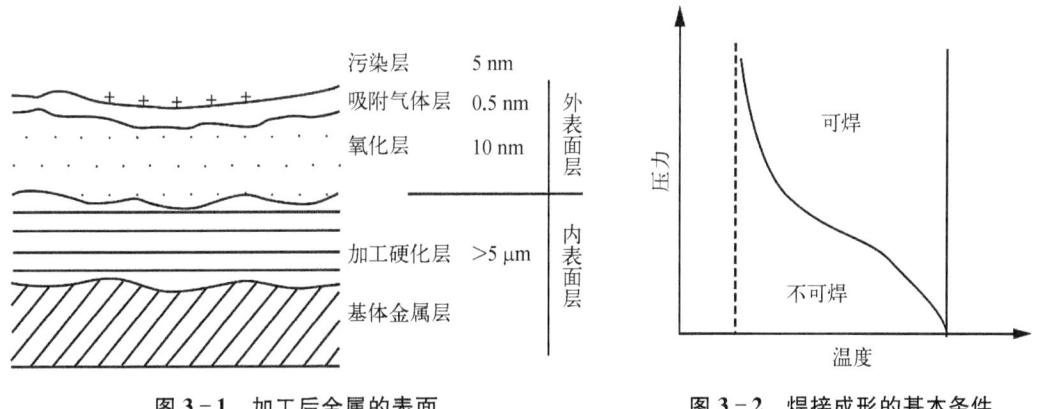

图3-1 加工后金属的表面　　　　图3-2 焊接成形的基本条件

因此,温度和压力是实现材料焊接成形的两个基本条件,如图3-2所示,温度越高,则焊接时所需要的压力越小,因此熔化焊接可以不需要压力。除了加热和加压这两个基本条件,还必须注意,金属表面的氧化物一旦去除,就要避免在焊接过程中再次形成氧化层,因此绝大多数焊接工艺都要在焊接过程中对焊接区域进行保护。另外,焊接过程中还要控制焊接冶金,避免有害反应的进行。

总之,焊接通过加压或加热来提供必需的能量,去除表面的氧化物,同时焊接时还需避免大气污染,控制焊接冶金。以上条件正是熔化焊、固相焊和钎焊方法能够实现永久性连接的基本原理。

3.1.2 焊接方法的分类及发展历程

自百年前电弧焊发明以来,现代焊接技术已迅速发展为制造工业中的重要技术,现在已有90余种工艺,采用了声、光、电、磁、热等一切可以产生热效应的能源,并且应用了电子、计算机等先进控制技术。

焊接方法种类繁多,而且新的方法仍在不断涌现,因此如何对焊接进行科学的分类是一个十分重要的问题。目前,按照焊接时接缝处是否熔化,焊接可分为固相焊、熔化焊和钎焊三类;按照焊接时所用能源的种类,可分为电弧焊、电阻焊、气焊和摩擦焊等;按照焊接时的保护方式,焊接可分为无保护焊、真空焊和气体保护焊等。其中,固相焊、熔化焊和钎焊是当前焊接技术最主要的分类方式,本章将按此分类方式介绍焊接的基本原理。

焊接技术在第一次工业革命前,主要以炭火加热的锻焊、钎焊等为主。第一次工业革命到第二次世界大战前,特别是自从火焰和电弧发展为焊接热源后,焊接作为一项专业化的技术才逐渐被人们认同。从1901年瑞典人发明有药皮的焊条以来,焊接技术历经上百年来的经验积累和技术提高,取得了长足的进步。二战后随着新技术的发展,出现了一些新的焊接方法,特别是20世纪50年代以后,焊接技术得到了更快的发展。1956年出现了以超声波和电子束作为热源的超声波焊和电子束焊;1957年出现了等离子弧焊和扩散焊;1950年和1970年出现了以激光束为热源的脉冲激光焊和连续激光焊;20世纪末出现了搅拌摩擦焊和微波焊。

焊接技术几乎运用了所有可以利用的热源,包括火焰、电弧、电阻热、超声波、摩擦热、等离子弧、电子束、激光、微波等。从19世纪末出现电弧焊到20世纪末出现微波焊,历史上每一种热源的出现,都伴随着新的焊接方法的诞生,并推动了科学技术的发展。至今,焊接热源的研究仍未终止,新的焊接方法和新的焊接工艺不断涌现,焊接技术已经应用于国民经济的各个领域。

科学技术的发展使新的焊接方法不断产生。20世纪80年代以后,焊接技术应用于社会经济和工业领域的各个方面,呈现加速发展的趋势。在世界高科技市场竞争中,一些发达国家相继建立了各自的材料焊接研究发展中心,支持并开展先进焊接技术的研究和应用,焊接科学越来越引起更多领域(如物理、材料、机械、计算机等)相关人士的关注。先进焊接技术的出现和研发是多学科相互交叉的结果,焊接科学的发展对电子、能源、汽车、航空航天、核工业等工业领域的发展起着至关重要的作用,极大地推动了社会进步。

我国在材料焊接科学领域的研究和应用也取得了高速发展,在工艺研究水平和工程结构焊接应用上接近国际先进水平,在某些方面有自己的特色,例如在航空航天、大型建筑工程结构的建造等方面,但在先进焊接设备水平上与国外仍有一定的差距。

3.1.3　焊接科学的研究领域和发展趋势

焊接科学的发展依托于冶金学、物理学和能源科学的发展,形成了数十种各具特点的焊接方法,如电弧焊、高能束焊、固相焊和钎焊等。不同的焊接热源作用于不同材质的结构,产生了不同的热力学、冶金学和力学相互交叉的焊接过程,形成了独具特色的焊接物理学、焊接冶金学、焊接结构力学和焊接自动控制等理论分支,并用此指导焊接工艺、焊接设备和焊接结构的发展,形成了一个完整的有科学基础、有广泛应用、有广阔前景的焊接科学体系。

焊接科学涉及的领域包括焊接能源物理学、焊接冶金学与材料焊接性、焊接结构力学、焊接设备及自动控制、焊接质量控制,以及焊接工艺与组织性能的关系等基础理论。

焊接能源物理学主要包括各种能源的本质、在焊接过程中的作用及应用范围。焊接能源的应用非常广泛,例如,化学反应产生的热源、光学和电子学热源(激光、电子束)、电能(电弧和电阻热)和机械能(摩擦热)等,可衍生很多新的焊接方法、设备及工艺。这些能源的加热温度、集中程度和保护状态等影响着焊接质量和应用,因此焊接能源物理学是研发焊接工艺和设备的理论基础。

焊接冶金学与材料焊接性以物理化学、材料科学原理为基础,研究材料在焊接条件下有关化学冶金和物理冶金方面的普遍规律,如焊接成形本质、焊缝化学冶金、热影响区组织性能、焊接缺陷的形成与防止等,在这个基础上分析各种条件下材料的焊接性,为制订合理的焊接工艺、探索高焊接质量的新途径提供理论依据。特别是从焊接角度研究材料的焊接性、焊接工艺、焊接材料等,明确材料的焊接性和材料焊接的基本理论和概念,分析不同材料的焊接特点和工艺要点,针对具体材料,研究焊接材料选择和制订焊接工艺的基本原则及方法。

焊接结构力学是研究焊接结构接头区的焊接应力与变形及焊接结构的刚度、强韧性和稳定性、断裂等力学行为的理论基础。因此,焊接结构力学已成为焊接结构设计、焊接工艺制订、接头应力消除、结构变形控制的理论基础,为保证焊接结构的安全运行提供了科学依据。

焊接设备及自动控制包括多方面的内容,例如,焊接热源控制是对焊接设备性能和特性的控制;焊接参数的柔性化和智能化控制是对焊接生产过程执行和协调的控制;焊接过程自动控制是对焊接过程稳定性和变化规律的自适应控制;焊接系统控制是对整个焊接系统的综合和集中控制。焊接控制使得焊接全过程的智能化和自动化过程稳定,例如,焊接机器人、轻便组合式智能焊接备和低成本焊接自动化设备等的研究和应用,对提高焊接质量和生产效率有关键的作用。

焊接质量控制是生产中一个很重要的方面,特别是锅炉及压力容器、电力管道、石油化工管线、船舶制造等,保证装备的正常运行涉及社会和企业的安全。如今,焊接结构和装备不断向大型化、重型化和高参数方向发展,这对焊接质量提出了越来越严格的要求,并以设计规范、制造法规或规程等形式,对生产企业的焊接质量控制和质量管理做出了科学的强制性规定。了解焊接质量体系的建立和运行、焊接工艺规程、焊接工艺评定以及焊接资质与认证等,掌握焊接质量与性能控制的基本技术要点,对保证焊接工程质量十分必要。

焊接科学发展到现代,已经不是科学家、发明家的个人行为,而是一项多学科、多领域融合的系统工程。焊接科学的重大使命就是要大力提高自主创新能力,在不断吸纳世界先进制造技术最新成就的同时,以可持续的创新发展为目标,向机械化、自动化、信息化、智能化和生态化方向前进。

经过 20 世纪的快速发展,焊接科学作为现代工业中的一个重要环节,和其他相关制造技术领域一样,以趋于成熟的体系进入了 21 世纪,即从手工制造向机械化、自动化、信息化、智能化制造方向发展,这标志着焊接科学进入了一个崭新的发展时期。

3.2 熔化焊原理

熔化焊是焊接接头加热至熔化状态,在温度场、重力等的作用下,不加压力,两个工件熔化的熔体会发生混合现象,待温度降低后,熔化部分凝结,两个工件就被牢固焊在一起的方法。

熔化焊过程是在焊接热源的作用下完成的。熔化焊时,焊件上的熔化部分与熔化的填充材料熔合形成焊缝。与此同时,焊件上焊缝两侧的未熔化部分也因热的作用引起组织和性能改变,形成焊接热影响区。不管是焊缝还是热影响区,它们的组织和性能变化都是热作用的结果。而热作用程度又因在焊件上的位置及时间不同而异。因此掌握焊接热源的有关知识及热源对焊件热作用的规律,即温度与空间位置和温度与时间的关系,是掌握熔化焊原理及保证焊接质量的前提和基础。

3.2.1 熔化焊焊接热过程

3.2.1.1 焊接热源的种类及特征

1. 焊接热源的种类

焊接热源的种类较多,常用熔化焊热源有电弧热、化学热、电阻热、电子束和激光束等,其中电弧热应用最广。常用熔化焊热源的特点及对应焊接方法如表3-1所示。

表3-1 常用熔化焊热源的特点及对应焊接方法

熔化焊热源	特 点	对应焊接方法
电弧热	气体介质在两电极间或电极与母材间强烈而持久的放电过程所产生的热能为焊接热源	焊条电弧焊、埋弧焊、气体保护焊和等离子弧焊等
化学热	利用可燃气体燃烧放出的热量或铝、镁与氧或氧化物发生强烈反应所产生的热量作为焊接热源	气焊、热剂焊等
电阻热	利用电流通过熔渣产生的电阻热作为焊接热源	电渣焊
电子束	利用高速电子束轰击工件表面所产生的热量作为焊接热源	电子束焊
激光束	利用聚焦的高能量激光束作为焊接热源	激光焊

2. 焊接热源的特征

焊接热源的特征主要从最小加热面积、最大能量密度及焊接达到的温度三个方面加以体现。最小加热面积是在保证热源稳定的条件下加热的最小面积,最大能量密度是热源在单位面积上的最大功率。在功率相同时,若热源加热面积越小,则能量密度越大,热源的集中性越好;在正常焊接参数下能达到的温度越高,加热速率越快,可用来焊接高熔点金属,具有更宽的应用范围。

焊接时不同的焊接热源的特征数据差别很大,因此焊接热源的特征不但影响焊接质量,还对焊接生产率有着决定性的作用。先进的焊接技术要求热源能够进行高速焊接,并能获得致密的焊缝和最小的加热范围。

3.2.1.2 焊接热作用

1. 焊接热作用的特点

焊件在焊接时不是整体被加热,而是只在热源直接作用点附近的区域被加热,加热和冷却极不均匀。焊接过程中热源相对于焊件是运动的,焊件受热的区域不断变化。当焊接热源接近焊件某一点时,该点温度迅速升高,而当热源逐渐远离时,该点又快速冷却。在能量高度集中热源的作用下,极短的时间内把大量的热能由热源传递给焊件,加热速率极大,而局部加热和热源的移动又使冷却速率也很大。焊接熔池中的液态金属是不稳定的,处于强烈的运动状态,在熔池内部,传热过程以流体对流为主,而在熔池外部以固体导热为主,还存在着对流换热以及辐射换热。因此,焊接热作用具有局部集中性、热源运动性、瞬时性和复合传热等特点。

2. 焊接热作用对焊接质量的影响

焊接热作用对焊接质量的影响主要有以下几个方面:施加到焊件金属上热量的大小与分布状态决定了熔池的形状与尺寸;焊接熔池进行冶金反应的程度与热的作用及熔池存在时间的长短有密切的关系;焊接加热和冷却参数的变化,影响熔池金属的结晶和相变过程,并影响热影响区金属显微组织的转变,因而焊缝和焊接热影响区的组织与性能也都与热的作用有关;焊接各部位经受不均匀的加热和冷却,造成不均匀的应力状态,产生不同程度的应力与变形;在焊接热作用下,受冶金、应力因素和被焊金属组织的共同影响,可能产生各种形态的裂纹及其他冶金缺陷;焊接热输入及焊接热效率决定母材和焊条或焊丝的熔化速率,因而影响焊接生产率。

3.2.1.3 焊接温度场

焊接过程中,焊件上各点的温度随时间而变化,某一瞬间焊接接头上各点温度的分布状态称为焊接温度场。焊接温度场是个瞬时的温度场,它研究的是焊件上一定范围内温度分布的情况。

焊接温度场可用等温线或等温面来表示。等温线或等温面是在某一瞬时温度场中相同温度的各点所连成的线或面。等温线或等温面的密集程度说明了温度变化率,等温线或等温面的分布决定了热量传递方向与速率,由于各个等温线或等温面之间存在温差,因此不能相交。

图 3-3 所示为厚大焊件电弧焊典型的焊接温度场。焊接时,热源沿一定的方向移动,热源的运动使焊件沿运动方向的温度分布不均匀。热源前面是未经加热的冷金属,温度低;热源后面则是刚焊完的焊缝,温度下降很小,处于高温,因此热源前面的等温线密集。

3.2.1.4 焊接热循环

在焊接热源作用下,焊件上某点的

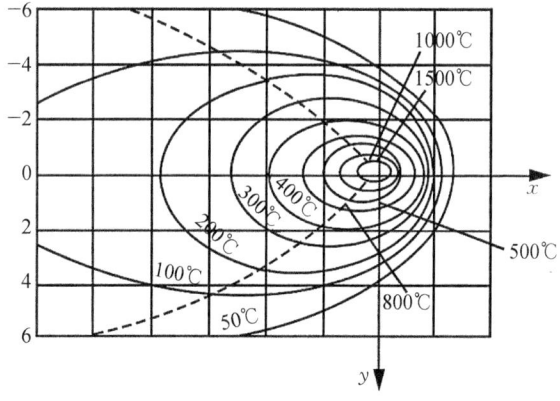

图 3-3 焊接温度场

温度随时间变化的过程称为焊接热循环。焊接热循环是针对焊件上某个具体的点的,当热源向该点靠近时,该点的温度升高,直至达到最大值,随着热源的离开,温度又逐渐降低至室温,该过程可用一条曲线来表示,称为热循环曲线,如图3-4所示。在焊缝两侧距离焊缝远近不同的各点,所经历的热循环不同,距离焊缝越近的点,加热达到的最高温度越高,距离焊缝越远的各点,加热达到的最高温度越低。焊件上距离焊缝不同远近各点的焊接热循环如图3-5所示。

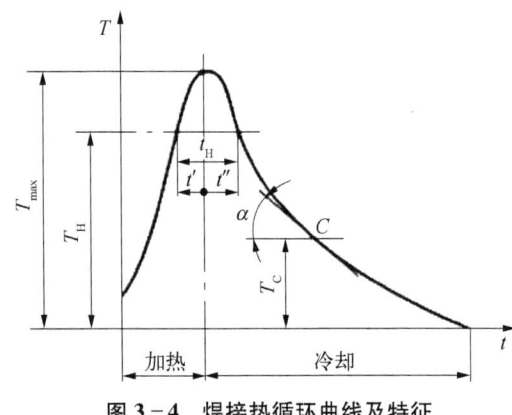

图3-4 焊接热循环曲线及特征

T_H-相变温度;T_C-瞬时温度

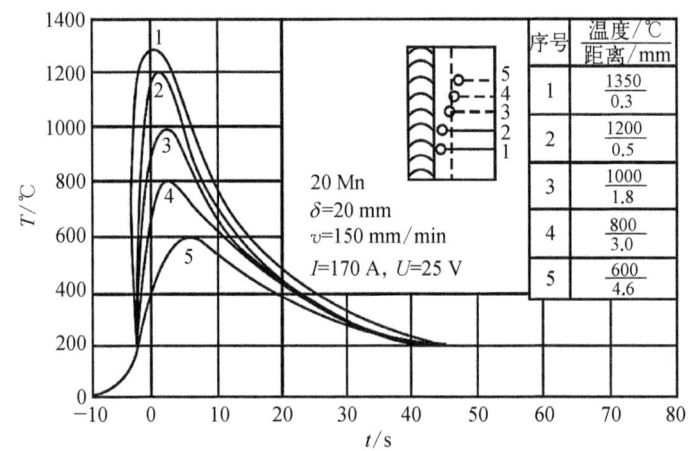

图3-5 距离焊缝不同远近各点的焊接热循环

1. 焊接热循环的特点

焊接热循环与一般热处理的热过程相比有以下特点:

加热温度高。对于钢,一般热处理情况下,加热温度仅略高于A_{C3},而在焊接时,近缝区熔合线附近可接近金属的熔点,对于低碳钢和低合金钢,一般在1 350℃左右。

加热速率快。焊接时由于采用的热源集中,故加热的速率比热处理要快得多,往往超过几十倍,甚至几百倍。

高温停留时间短。焊接时由于热循环的特点,在A_{C3}以上保温的时间很短,一般焊条电弧焊为4~20 s,埋弧焊为30~100 s。而在热处理时,可以根据需要任意控制保温时间。

冷却速率快。在热处理时,可以根据需要来控制冷却速率或在冷却过程中的不同阶段进行保温。而焊接时,一般都是在自然条件下连续冷却,冷却速率快,只在个别情况下才进行焊后保温或焊后热处理。

加热的局部性和移动性。热处理时,工件大多是在炉中整体加热,而焊接时,只是局部加热,并且随热源的移动,被加热的区域也移动。

2. 焊接热循环的主要参数

决定焊接热循环特征的基本参数主要有加热速率、最高加热温度 T_{max}、相变温度以上停留时间 t_H、冷却速率和冷却时间等,焊接热循环的这些工艺参数将对冷却后接头的组织与性能产生重要影响。

加热速率。焊接热源的集中程度较高,引起焊接时的加热速率增加。随着加热速率增加,相变温度提高,奥氏体均质化和碳化物溶解更加不充分,影响冷却后组织与力学性能。

最高加热温度 T_{max}。最高加热温度也称为峰值温度。距离焊缝远近不同的各点,加热的最高温度不同,焊接过程中的高温使焊缝附近的金属发生晶粒长大,甚至产生过热的魏氏体组织,从而降低材料的塑性。最高加热温度 T_{max} 过高,将使晶粒严重长大。

相变温度以上停留时间 t_H。在相变温度以上停留时间越长,越有利于奥氏体的均匀化,增加奥氏体的稳定性,但同时易使晶粒长大。

冷却速率和冷却时间。冷却速率是决定热影响区组织和性能的主要参数。对低合金钢来说,冷却速率,特别是在固态相变温度范围内的冷却速率,是焊接热循环中极其重要的参数,它将影响固态相变组织及性能。

总之,焊接热循环具有加热速率快、峰值温度高、冷却速率大和相变温度以上停留时间不易控制的特点,这些直接影响焊缝的化学冶金过程,从而使接头的性能发生变化。

3.2.2 焊接接头的组织与性能

熔化焊焊接过程的实质是在热源的作用下,母材金属局部熔化并和熔化的填充金属混合,形成焊接熔池,当热源离开后,焊接熔池温度迅速下降,并凝固结晶,形成焊缝。就钢材的熔化焊来说,一般经历加热、熔化、冶金反应、结晶、固态相变和形成接头等过程。

3.2.2.1 焊接接头的形成

熔池的形成与保护

熔焊过程中,焊条、焊丝等焊接材料在焊接热源作用下被熔化,焊条端部熔化形成的滴状液态金属称为熔滴。当熔滴长大到一定尺寸时,便在电磁力、电弧力等各种力的作用下脱离焊条,以滴状的形式向熔池过渡。用药皮焊条焊接时,熔滴过渡主要有三种形式,短路过渡、颗粒过渡和附壁过渡。

焊条药皮熔化后在焊条端部会形成药皮套筒,药皮套筒的长度对焊接工艺性、熔滴过渡形态和化学冶金反应等都有影响,因此必须控制药皮套筒的长度。药皮熔化后形成的熔渣以两种过渡形式向熔池过渡,第一种是以薄膜形式包在熔滴外面或夹在熔滴内同熔滴一起落入熔池,第二种是直接从焊条端部流入熔池或以滴状落入熔池,一般只有当药皮厚度大时才会出现第二种形式。

在焊接材料熔化的同时,被焊金属发生局部熔化。由熔化的焊条金属与局部熔化的母材共同组成的具有一定几何形状的液态金属区域称为熔池。如果焊接时不使用焊接材料,则熔池仅由局部熔化的母材组成。

在焊接过程中,熔池中温度分布不均匀引起液态金属密度差和表面张力分布的不均匀,这将使液相从低温区向高温区流动,产生对流运动。另外,焊接热源作用在熔池上的各种机械力使熔池中的液相产生搅拌作用,将熔化的母材与焊丝金属充分混合并使成分均匀化。搅拌作用有利于熔化金属更好地实现混合,使成分均匀化,也有利于气体和杂质的排除,从而提高焊缝的质量。但是,在液态金属与母材的交界处,常出现成分的不均匀性。焊接工艺参数、电极直径、焊炬的倾斜角度等对熔池中液相的运动状态都有很大的影响。

为了提高焊缝金属质量,焊接时应减少焊缝金属中有害杂质的含量和有益合金元素的损失。因此,为使焊缝金属得到合适的化学成分,必须对焊接区内的金属进行保护,以免受到空气的有害作用。熔焊过程中采用的保护方式主要有熔渣保护、气体保护和熔渣气体联合保护等,如表3-2所示。采用的保护材料有焊条药皮、焊剂、药芯焊丝中的药芯和保护气体等。

表3-2 熔焊方法的保护方式

保护方式	熔 焊 方 法
熔渣保护	埋弧焊、电渣焊、不含造气成分的焊条和药芯焊丝焊接
气体保护	气焊,在惰性气体和其他保护气体(如CO_2、混合气体)中焊接
熔渣气体联合保护	具有造气成分的焊条和药芯焊丝焊接
真空保护	真空电子束焊接
自保护	用含有脱氧剂、脱氮剂的自保护焊丝焊接

应该指出,熔池中的液体金属处于过热状态,冶金反应强烈,合金元素烧损严重,因此在焊接过程中仅采用上述方式保护熔化金属还不足以获得优质的焊接接头,必须对熔化金属进行冶金处理,控制冶金反应的发展,才能获得符合要求的焊缝成分和性能。

根据加热时金属所处的状态、成分、组织和性能的变化情况,如图3-6所示,可将焊接接头分为焊缝(OA)、熔合区(AB)和热影响区(BC)三个区域。热影响区是指焊接时,由于热源的作用,母材的组织和性能发生变化的区域;熔合区是指焊缝金属和母材金属的交界处,此区域很窄,所以也称为熔合线。熔合区在实际中常归到热影响区内,因此焊缝和热影响区组成焊接接头。焊接接头在整个焊接结构中是一个关键性部位,其性能优劣直接影响整个焊接结构的制造质量和使用安全性。

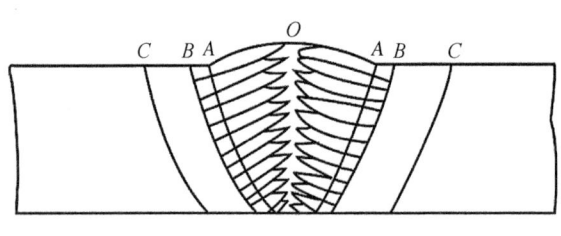

图3-6 焊接接头组成

焊接是一个局部加热、快速冷却的过程。焊接时,熔池中发生短暂而复杂的冶金反应,若以不同的速率冷却结晶,将形成不同的焊缝组织。同时,由于焊接温度场的作用,焊缝两侧部分母材被加热到不同的温度,其组织也将发生变化,这些微观组织的差异将引起宏观性能的差异,从而影响焊接接头的整体承载能力。

3.2.2.2 焊缝金属的组织

在焊接热源的作用下,熔化的母材和填充金属形成焊接熔池,当热源离开后,熔池中液体金属逐渐冷却,凝固成焊缝。由于焊接熔池体积小,周围被冷金属和环境介质所包围,因此熔池的冷却速率很大,熔池存在时间短。熔池中心和边缘存在着很大的温差,冷却速率快,促使柱状晶发展。熔池随热源而移动,熔池中发生强烈的搅拌,故熔池是在运动状态下进行结晶的。

熔池金属的结晶是从熔合区母材的半熔化晶粒上向焊缝中心成长的,当晶体最易长大方向与散热最快方向一致时,晶体便优先得到成长,有的晶体由于取向不利于成长,晶粒的成长会被遏止,这就是选择长大,并形成焊缝中柱状晶。焊缝柱状晶组织垂直于焊接热影响区,焊缝金属与联接处母材具有共同晶粒,具有交互结晶特征,如图3-7所示。

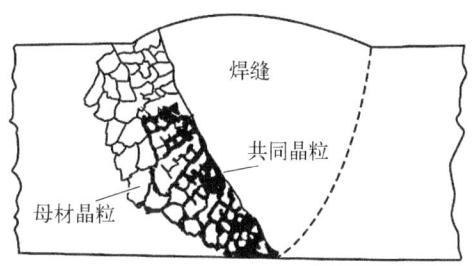

图3-7 焊缝金属的交互结晶

熔化焊时,熔池结晶过程随着热源移动连续进行,结晶速率等于焊接速率,焊接速率快时,熔池结晶速率也快,晶粒细小,焊缝金属强度及塑性好。反之焊接速率慢,熔池体积大,熔池冷却速率慢,晶粒粗大,焊缝金属强度及塑性变差。

对于钢材,焊缝金属的结晶组织在多数情况下是柱状奥氏体,奥氏体进一步转变为何种组织与焊缝金属间化学成分、冷却条件和热处理制度等因素有关。因此,不同钢材在不同焊接工艺条件下所得到的焊缝组织是不同的。

3.2.2.3 热影响区的组织

焊接过程中,焊缝两侧虽然未熔化,但是因受热影响而发生组织和力学性能变化,该区域称为热影响区。熔焊时,焊接接头由相互联系到组织和性能有区别的两个部分组成,即焊缝区和热影响区。由于焊接热循环的作用,热影响区金属实际上经受了一次相当于热处理的过程,因此焊后热影响区的组织和性能都要随之发生相应的变化。由于母材的成分不同,热影响区各点经受的热循环不同,焊后热影响区发生的组织和性能变化也不相同。实践证明,焊接接头的质量不仅取决于焊缝区,还受热影响区的影响,有时热影响区存在的问题比焊缝区还要复杂,特别在合金钢焊接时更是如此。所以,研究热影响区在焊接过程中组织和性能的变化有重要的意义。

用于焊接的结构钢,从热处理特性来看,可分为不易淬火钢和易淬火钢两类:不易淬火钢淬火倾向很小,如低碳钢及含合金元素很少的普通低合金钢;易淬火钢含碳或其他合金元素较多,如中碳钢、低中碳调质高强钢等。由于淬火倾向不同,这两类钢的焊接热影响区的组织和性能也不相同。

1. 不易淬火钢的热影响区组织

不易淬火钢,如低碳钢和含合金元素较少的 16Mn、15MnTi、15MnV 等低合金高强度钢,热影响区内各区域在焊接过程中所达到的最高温度不同,按照距离焊缝由远及近,分为部分相变区、细晶粒区、粗晶粒区和熔合区四个区域,如图3-8所示。

(1) 部分相变区,又称为不完全重结晶区。焊接时加热温度在 $A_{C1} \sim A_{C3}$ 的区域,低碳

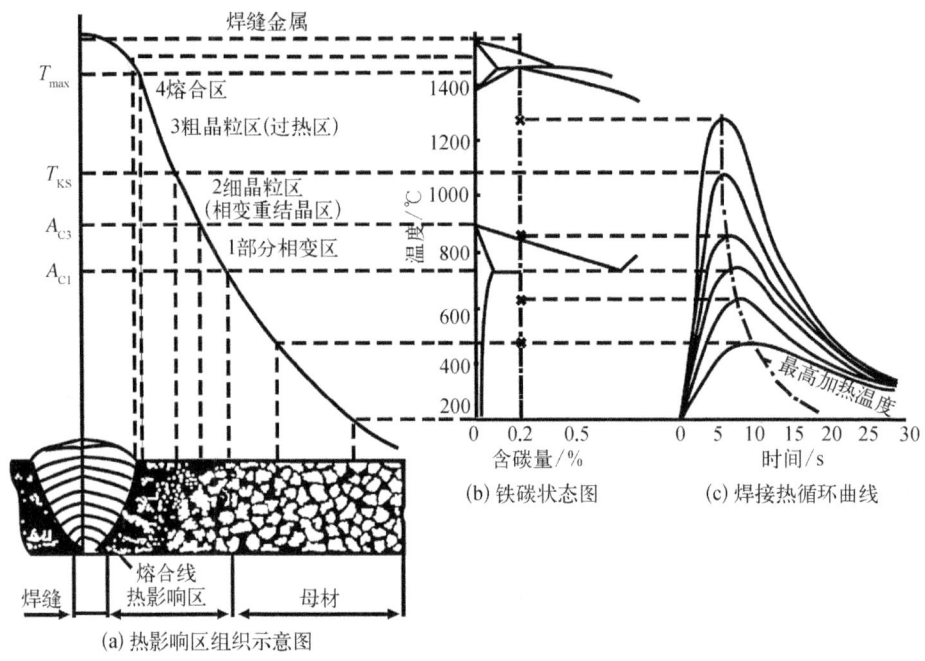

图 3-8 焊接热影响区与铁碳状态图的关系

钢为 750~900℃。该区母材中的珠光体和部分铁素体转变为晶粒比较细小的奥氏体,但仍保留部分铁素体。冷却时,奥氏体转变为细小的铁素体和珠光体,而未熔入奥氏体的铁素体不发生转变,晶粒比较粗大,故冷却后的组织晶粒大小极不均匀,所以力学性能也不均匀,强度有所下降。

(2) 细晶粒区,也称为相变重结晶区。该区域在 A_{C3}~1100℃,稍高于完全形成奥氏体的温度。该区母材中的铁素体和珠光体全部变为奥氏体,由于温度不高,晶粒长大得较慢,空冷后得到均匀而细小的铁素体和珠光体,相当于热处理中的正火组织。相变重结晶区由于晶粒细小均匀,既有较高的强度,又有较好的塑性和韧性,是热影响区中综合力学性能最好的区域。

(3) 粗晶粒区,又称为过热区。该区域具有过热组织或晶粒显著粗大,焊接时温度范围为 1100℃ 至固相线温度。对于低碳钢,焊接时该区母材中的铁素体和珠光体全部变为奥氏体,所以奥氏体晶粒急剧长大,冷却后形成粗大的铁素体和珠光体组织,使得金属的冲击韧性大大降低,一般比基体金属低 25%~30%,是热影响区中的薄弱区域。在焊接刚性较大的结构时,常在过热区产生脆化和裂纹。过热区的大小与焊接方法、焊接线能量及母材的板厚等因素有关。

(4) 熔合区。紧邻焊缝的母材与焊缝交界处的金属称为熔合区。焊接时,该区金属处于局部熔化状态,加热温度在固液相温度区间(1350~1450℃)。在一般熔化焊的情况下,此区仅有 2~3 个晶粒的宽度,甚至在显微镜下也难以辨认,该区域组织不均匀,母材一侧晶粒大。熔合区由于不均匀组织的存在,强度下降,塑性很差,是裂纹及局部脆断的发源地。

2. 易淬火钢的热影响区组织

易淬火钢,包括中碳、低碳调质高强钢和中碳调质高强钢等,如果母材焊前是正火或退火状态,则焊后热影响区的组织可分为完全淬火区和不完全淬火区;如果母材焊前是调质状态,则要形成一个回火区。

(1) 完全淬火区。加热温度超过 A_{C3} 的区域由于钢种的淬硬倾向较大,焊后冷却时得到淬火马氏体组织。在靠焊缝附近(相当于低碳钢的过热区),由于晶粒发生严重长大,因此为粗大的马氏体;而相当正火区的部分将得到细小的马氏体,当冷却速率较慢或含碳量较低时,会有索氏体和马氏体同时存在,用大线能量焊接时,还会出现贝氏体,从而形成以马氏体为主的共存混合组织。该区由于存在淬火组织,强度和硬度增高,塑性和韧性下降,并且容易产生冷裂纹。

(2) 不完全淬火区。母材被加热到 A_{C1} 和 A_{C3} 之间的热影响区。由于焊接时的快速加热,母材中的铁素体很少熔解,而珠光体、贝氏体和索氏体等转变为奥氏体。在随后的快速冷却过程中,奥氏体转变为马氏体,原铁素体保持不变,仅有不同程度的长大,最后形成马氏体和铁素体共存的组织,故称为不完全淬火区。该区的组织和性能很不均匀,塑性和韧性下降。

(3) 回火区。如果母材焊前是淬火状态,则在温度低于 A_{C1} 的区域,还要发生不同程度的回火处理,称为回火区。由于回火区的温度不同,所得组织也不一样,紧靠 A_{C1} 温度区,相当于瞬时高温回火,具有回火索氏体组织;温度越低,则淬火金属的回火程度降低,相应获得回火屈氏体、回火马氏体等组织。

3.2.2.4 接头性能的控制

总体来说,影响焊接质量的主要过程是焊接热过程、焊接冶金过程、金属结晶和相变过程,为保证焊接质量,必须采取相应的措施改善焊接接头的组织与性能。焊缝可以通过化学成分的调整及配合适当的焊接工艺来保证性能的要求。而对于焊接热影响区,由于热影响区性能不均匀是在焊接热循环作用下产生的,不可能进行成分的调整,因此需要根据焊接结构的具体使用要求来采取措施,例如,控制母材的成分与组织,采取预热、热处理等焊接工艺的控制。

3.2.3 典型熔化焊工艺原理

3.2.3.1 手工电弧焊

手工电弧焊是手工操作焊条进行焊接的电弧焊,它是迄今为止应用最为广泛的一种金属焊接方法。

手工电弧焊时,如图3-9所示,首先将电焊机的输出端两极分别与工件和焊钳连接,再用焊钳夹持外部涂有药皮的焊条,当焊条与工件轻微接触时,形成短路电流,接触处温度急剧升高,部分熔化,此时将焊条和工件分开,阴极将发射电子,使焊条和工件间气体电离,形成电弧。焊接时电弧在焊条的端部和被焊工件表面燃烧,如图3-10所示,利用电弧产生的6000~8000 K高温,使连接处的母材熔化,此时焊条也逐渐熔化,并以一定方式进入工件连接处,形成熔池。当焊条向前运动时,旧熔池的金属冷却凝固,同时形成新的熔池,这样就形成了连续的焊缝,使分离的工件连成整体。

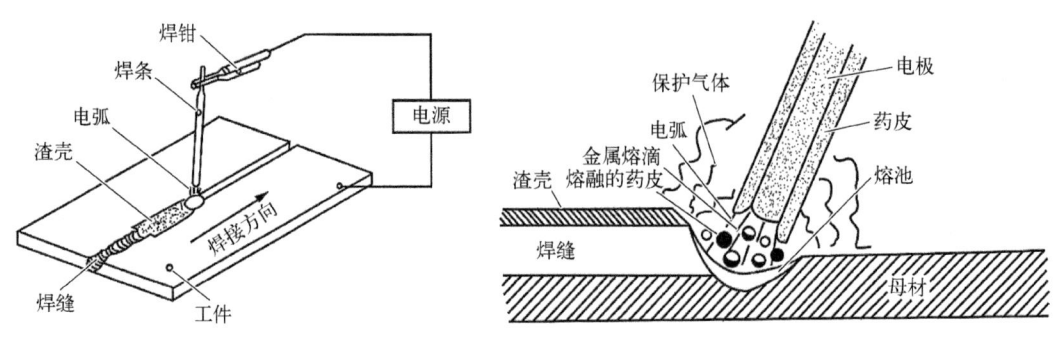

图 3-9 手工电弧焊焊缝形成过程　　图 3-10 手工电弧焊示意图

焊条由焊芯和药皮组成。焊芯是焊条中被药皮包覆的金属芯,焊接时充当电极导电,并产生电弧,熔化后作为填充金属形成焊缝。药皮是焊条中涂覆在焊芯外表面的涂料层,药皮在电弧热的作用下,一方面可以产生气体保护电弧,另一方面可以产生熔渣覆盖在熔池表面,防止熔化金属与周围气体的相互作用。熔渣更重要的作用是与熔化金属产生物理化学反应或添加合金元素,改善焊缝的性能。

药皮一般由矿物(如各种矿石和矿砂等)、金属及铁合金(如金属铬、金属镍及锰铁、硅铁、钛铁、钼铁、钒铁等)、化工产品(如钛白粉、纯碱、碳酸钾、碳酸钡以及起黏接作用的水玻璃等)和有机物(如淀粉、木粉、纤维素等)等组成,不同的原材料在药皮中起稳弧、造渣、造气、脱氧、添加合金元素、稀渣和黏接等作用。

焊条分为酸性焊条和碱性焊条两类:酸性焊条以酸性氧化物为主,氧化性强,合金元素烧损大,焊缝塑性和强度差,焊缝氢含量高,抗裂性差,但酸性焊条工艺性好,在实际中应用广泛;碱性焊条也称为低氢焊条,以碱性氧化物为主,含多铁合金,具有脱氢和脱氧的作用,焊缝力学强度和抗裂性好,但焊条工艺性差,常用于焊接重要结构件。

手工电弧焊根据焊接时接线方式的不同,分为直流正接和直流反接两种。直流正接时,工件接阳极,焊条接阴极,工件由于受到焊条发射的电子轰击,因此温度较高,工件受热较大,适用于焊接厚度较大的工件。直流反接则相反,焊条接阳极,工件接阴极,工件受热较小,适用于焊接厚度较薄的工件。

手工电弧焊的主要优点是简便灵活,适应性强,室内和室外条件下各种长、短焊缝,各种焊接位置都可以焊接,且焊条系列完整,可焊接大多数常用金属材料。但手工电弧焊劳动条件差,生产率低,且对焊工技术要求高,焊工技术决定了焊接质量。另外,焊接时需要熔化焊芯,电流大,可焊工件厚度在 1.5 mm 以上,1 mm 以下厚度过小的薄板则不适于手工电弧焊。

手工电弧焊适用于碳钢、低合金钢、不锈钢、耐热钢、低温用钢、铜及铜合金等金属材料的焊接、铸铁补焊和各种材料的堆焊。对于活泼金属(钛、铌、锆等)和难熔金属(钽、钼等),由于保护效果不够理想,焊接质量达不到要求,不能采用手工电弧焊。而对于低熔点、低沸点的金属(铅、锡、锌等)及其合金,由于电弧温度太高,易引起蒸发而不能用手工电弧焊。

3.2.3.2 埋弧自动焊

埋弧自动焊是电弧在颗粒状的可熔化焊剂覆盖下燃烧而进行焊接的电弧焊方法,是当今生产效率较高的机械化焊接方法之一。

埋弧自动焊过程如图3-11所示。焊剂由漏斗流出后,均匀地堆敷在装配好的焊件上,焊丝由送丝机构经送丝滚轮和导电嘴送入焊接电弧区,焊接电源的两端分别接在导电嘴和焊件上。送丝机构、焊剂漏斗及控制盘通常都装在一台小车上,从而实现焊接电弧的移动,焊接过程通过操作控制盘上的按钮开关等来实现自动控制。

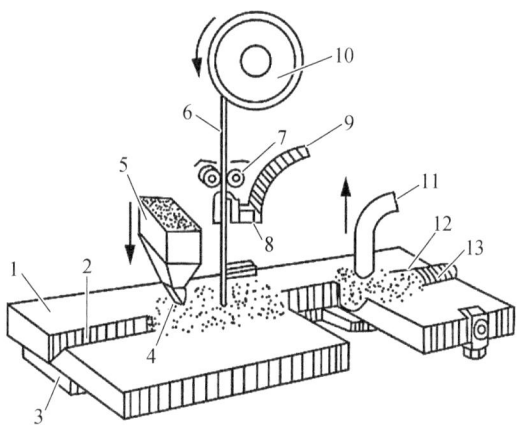

图3-11 埋弧自动焊焊接过程

1—母材;2—坡口;3—底板;4—焊剂;5—焊剂漏斗;6—焊丝;7—送丝机构;8—导电嘴;9—电缆;10—焊丝盘;11—焊剂回收器;12—焊渣;13—焊缝

引弧后,电弧将焊丝、母材和焊剂熔化并使部分蒸发,在电弧周围形成由熔渣构成的渣膜所包围的封闭空腔,隔绝空气,且使弧光不外露,如图3-12所示。电弧在这个封闭空腔中燃烧,熔化的焊丝以熔滴形式落下,与熔融母材金属混合形成熔池。熔渣浮在熔池之上,除了起除护作用,还与熔池金属发生冶金反应,影响焊缝化学成分。电弧向前移动,熔池金属逐渐冷却后结晶形成焊缝,浮在熔池上的熔渣冷却后形成渣壳,可继续对高温下焊缝起保护作用,避免被氧化。

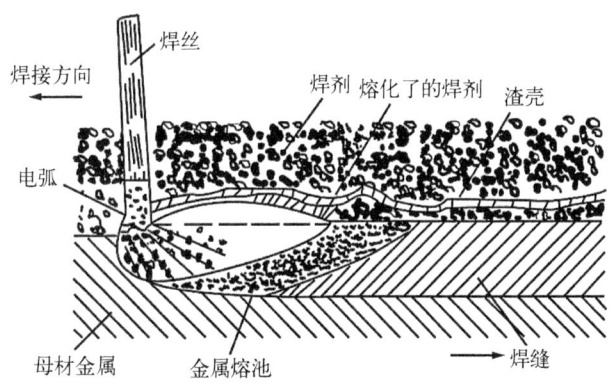

图3-12 埋弧自动焊示意图

埋弧自动焊的焊丝是光焊丝,不会因提高电流而造成焊条药皮发红的问题,即可使用较大的电流(比手工焊大5~10倍),因此熔深大,生产率较高,不开坡口单面一次焊,熔深可达20 mm。另外,埋弧自动焊焊接时熔渣隔绝空气效果好,气体、杂质易浮出,熔池金属与熔化的焊剂间冶金时间长,可减少焊缝中产生气孔、裂纹的可能性,焊缝质量高。同时,埋弧焊劳动条件好,减轻了焊条电弧焊操作的劳动强度,并且没有弧光辐射。

埋弧自动焊由于机动灵活性差,焊接设备比焊条电弧焊复杂,因此只适于长焊缝的焊接,如螺旋焊钢管。但由于埋弧焊电弧的电场强度较大,电流小于100 A时电弧的稳定性不好,因此不适合焊接厚度小于1 mm的薄板。埋弧自动焊由于是依靠颗粒状焊剂堆积形成保护条件,因此主要适用于水平面(俯位)焊缝焊接,而且由于受焊剂成分的限制,很难用来焊接铝、钛等氧化性强的金属及其合金。

埋弧自动焊是当今焊接生产中使用广泛的焊接方法之一,焊接时普遍用直径为 2~6 mm 的实芯焊丝,以充分发挥埋弧焊大电流和高熔敷率的优点。目前已用于碳素结构钢、合金结构钢、高合金钢和各种有色金属焊接的焊丝以及堆焊用的特殊合金焊丝,广泛用于造船、锅炉及压力容器、桥梁、起重机械、铁路车辆、工程机械、冶金机械、输油/气管线等行业中厚板结构的长焊缝焊接。

3.2.3.3 电渣焊

电渣焊是利用电流通过熔渣所产生的电阻热作为热源,将填充金属和母材熔化,凝固后形成金属原子间牢固连接的焊接方法。

电渣焊焊接过程如图 3-13 所示。焊前先把工件垂直放置,在两个工件间留有 20~40 mm 的间隙,在工件下端装好引弧板,上端装好引出板,并在工件两侧表面装好强迫成形装置。开始焊接时,使焊丝与引弧板短路起弧,不断加入少量焊剂,利用电弧的热量使之熔化,形成液态熔渣,待渣池达到一定深度时,增加焊丝送进速率并降低焊接电压,使焊丝插入渣池,电弧熄灭转入电渣焊接过程。由于高温熔渣具有一定的导电性,当焊接电流从焊丝端部经过渣池流向工件时,在渣池内产生的大量电阻热将焊丝和工件边缘熔化,熔化的金属沉积到渣池下面形成金属熔池,随着焊丝的送进,熔池不断上升并冷却凝固而形成焊缝。由于溶渣始终浮于金属熔池的上部,这不仅保证了电渣过程的顺利进行,而且对金属熔池起到了良好的保护作用。随着焊接熔池的不断上升和焊缝的形成,焊丝送进机构和强迫成形装置也不断向上移动,从而保证了焊接过程连续进行。焊接完毕后从引出板引出,确保焊接接头始端和终端获得正常尺寸的焊缝截面。

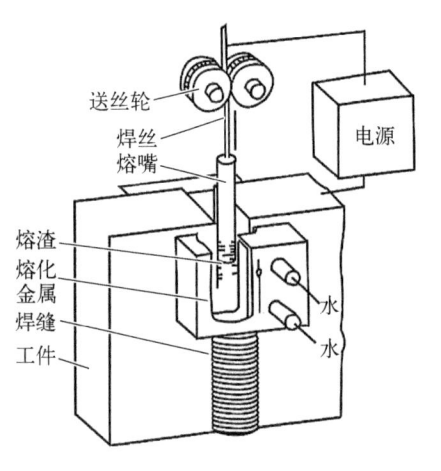

图 3-13 电渣焊焊接过程

电渣焊有丝极电渣焊、板极电渣焊、熔嘴电渣焊、管极电渣焊和窄间隙电渣焊等几类。

电渣焊时,工件不需要开坡口,只要使工件边缘之间保持一定的装配间隙即可,因此可以节约大量金属和加工时间,生产效率高,成本低。此外,电渣焊时渣池覆盖在熔池上,保护作用良好,且熔池金属保持液态时间长,有利于焊缝化学成分的均匀和气体杂质的上浮排除,因此出现气孔、夹渣等缺陷的可能性小,焊缝成分较均匀,焊接品质好。另外,电渣焊焊接速率小,焊件冷却速率相应降低,因此焊接应力小。

电渣焊的缺点是输入的热量大,接头在高温下停留时间长,热影响区大,焊缝附近容易过热,焊缝金属呈粗大结晶的铸态组织,冲击韧性低,焊件在焊后一般需要进行正火和回火热处理,这对于大型工件比较困难。因此焊前常在焊丝、焊剂中配入钒、钛等元素,从而细化焊缝组织。

电渣焊适用于焊接厚度 30 mm 以上的厚板或大截面结构,可焊接碳钢、合金钢、铝等金属材料,在重型机械、舰船、压力容器等制造领域应用普遍。

3.2.3.4 钨极氩弧焊

钨极氩弧焊是一种利用钨电极与焊件之间产生的电弧热熔化母材和填充焊丝,待冷却凝固后形成焊缝的一种气体保护焊方法,其焊接原理如图 3-14 所示。焊接时氩气从焊枪喷嘴连续喷出,在电弧周围形成惰性气体保护层,隔绝空气,防止对钨极、熔池以及邻近热影响区的有害影响,从而获得优质接头。钨极氩弧焊是惰性气体保护焊的主要形式,属于不熔化极氩弧焊。

焊接时,钨电极被夹持在电极夹上,从钨极氩弧焊焊枪喷嘴中伸出一定长度,在钨电极端部与被焊母材间产生电弧,对焊件进行焊接,在钨电极的周围通过喷嘴送进保护气,保护钨电极电弧以及熔池免受大气的危害。焊接时,需要填充金属到

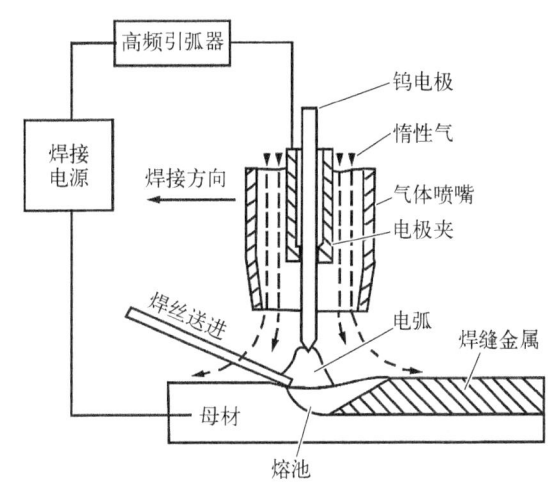

图 3-14 钨极氩弧焊焊接过程

熔池时,可以采用手动或者自动的方式进行,按照一定的速率向熔池中填充焊丝,焊丝熔化以后与熔化母材金属混合,共同凝固后形成焊缝。所以钨极氩弧焊可以分为手工钨极氩弧焊和自动钨极氩弧焊,其中自动钨极氩弧焊需要专用的送丝机。

钨极氩弧焊的使用电流有直流和交流两类,可分为直流正接钨极氩弧焊、直流反接钨极氩弧焊、直流脉冲钨极氩弧焊、正弦交流钨极氩弧焊和矩形波交流钨极氩弧焊四类。

1. 直流正接钨极氩弧焊

用直流正接(焊件接直流电源正极)焊接时,钨电极接直流电源的负极,其发热量较小,不易烧损,因而对同一直径钨电极许用电流较大。焊件接电源正极,发热量较大,熔深大,生产率高。钨极为阴极,热电子发射能力强,电弧稳定。因此,大多数金属的焊接都选用直流正接。

2. 直流反接钨极氩弧焊

直流反接焊接时,钨电极接正极,发热量大,易过热熔化,钨电极许用电流要比直流正接小。焊件接负极发热量小,获得的熔深浅,一般不推荐使用。但由于直流反接焊接时,熔池表面被质量大的正离子撞击,致使氧化膜破碎而被去除,因此具有去除焊件表面氧化膜的作用,称为"阴极雾化"或"阴极破碎"。例如,焊接铝、镁及其合金时,采用交流或直流反接,质量较大的氩离子撞击熔池表面高熔点氧化膜,使之破碎,有利于焊接和保证质量。

3. 直流脉冲钨极氩弧焊

采用可控脉冲电流,当电流为脉冲电流 I_m 时,形成点状熔池,当电流为基值电流 I_j

时,点状熔池凝固,形成焊点,且维持电弧连续稳定燃烧。只要合理调节脉冲间歇时间 t_j,保证相邻焊点之间有一定的重叠量,就可获得连续焊缝。

采用脉冲电流,可以减少焊接电流的平均值,焊件可获得较低的热输入,故能焊接薄板、超薄板构件。采用脉冲电弧,既可因脉冲电流幅值大得到较大熔深,又可将总的平均焊接电流控制在较低的水平,控制焊缝和热影响区的热输入量,从而使焊接接头具有良好的韧性,减少了产生裂纹的倾向。另外,脉冲电弧还具有加强熔池搅拌的功能,可以改善熔池冶金性能,且有助于消除气孔等。

4. 正弦交流钨极氩弧焊

焊接时采用正弦交流电源,当焊接电流处于负半波(工件为负)时,电弧有阴极清理作用,而当焊接电流处于正半波(工件为正)时,工件发热量大,可形成较大熔深。此方法钨电极许用电流介于直流正极性和直流反极性之间,熔深也介于两者之间。但采用正弦交流钨极氩弧焊时,电弧稳定性比直流正接时差一些,主要用于焊接铝、镁及其合金和铝青铜。

5. 矩形波交流钨极氩弧焊

焊接时采用不对称(负半波导通时间短)矩形波交流电源替代正弦交流电源,可提高交流钨极氩弧焊的稳定性,可保证良好的阴极清理作用和合理的两极热量分配。

采用钨极氩弧焊焊接时,氩气不与金属产生化学反应,又不溶于金属,且密度比空气大25%,能有效地隔绝电弧周围空气。直流正极性电弧(工件正极,钨电极负极)稳定,即使在很小的焊接电流(小于 10 A)下仍可稳定燃烧。钨极氩弧焊焊接时由于是明弧且无渣,因此熔池可见,易实现机械化、自动化和全位置焊接。另外,钨极氩弧焊焊接时电弧热源与填充焊丝分别控制,易于实现单面焊双面成形,并由于填充焊丝不通过电弧,因此不会产生飞溅,焊缝成形美观。

但钨极氩弧焊钨电极承受电流能力有限,故熔深浅,熔敷率小,生产率低。焊接所用惰性气体(氩气、氦气)较贵,与其他电弧焊方法(手工电弧焊、埋弧自动焊、CO_2 气体保护焊)相比,生产成本较高。另外,依靠氩气排开空气进行保护的效果有限,所以焊前对焊件表面的清理工作要求严格。

钨极氩弧焊一般用于不锈钢、耐热钢以及铜、钛、铝、镁等有色金属的焊接,也适合于焊接易氧化、氮化及化学活泼性强的金属,对于低熔点(低沸点)和易蒸发的铅、锡、锌等金属,则难以焊接。另外,由于钨电极承受电流能力有限,从生产率的角度来考虑,所焊板材为 3 mm 以下的薄板为宜。

3.2.3.5 熔化极氩弧焊

熔化极氩弧焊是在钨极氩弧焊基础上发展起来的一种焊接方法,焊接时焊丝作为电极且作为焊缝填充金属,利用焊丝与工件之间产生的电弧将金属熔化。

熔化极氩弧焊原理如图 3-15 所示,焊接时从焊枪连续送进的焊丝不断熔化,以

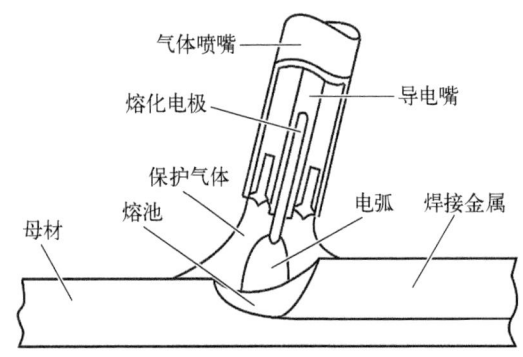

图 3-15 熔化极氩弧焊原理图

熔滴形式过渡到熔池中去,与熔化的母材金属融合形成焊缝金属。焊接过程中,电弧熔化焊丝和母材形成的熔池及焊接区域在惰性气体或活性气体的保护下,可以有效地阻止周围环境空气的有害作用。

当以 Ar 或 Ar+He 混合气体作保护气体时,称为熔化极惰性气体保护电弧焊焊接(metal inert-gas arc welding,MIG 焊接)。在氩气中加入少量氧化性气体(O_2、CO_2 或其混合气体)的焊接称为熔化极活性气体保护电弧焊(metal active gas arc welding,MAG 焊接),当以 CO_2 气体作为保护气体,填充金属丝作为电极的熔化极气体保护焊称为 CO_2 焊。该方法用于黑色金属焊接时,活性气体中 O_2 的含量为 2%~5% 或 CO_2 的含量为 5%~20%,其作用是提高电弧稳定性和改善焊缝成形。另外,强氧化性可抑制焊缝中氢存在,防止产生氢气孔和裂纹,虽然有强烈氧化作用,但是当采用含有 Si、Mn 等脱氧元素的焊丝时,氧化后易脱氧。上述气体一般为富 Ar 混合气体,有时统称为 MIG 焊接。

与焊接电弧焊、埋弧自动焊等其他熔化极电弧焊相比,熔化极氩弧焊和钨极氩弧焊一样,几乎可以焊接所有的金属,尤其适合于焊接铝及其合金、铜及其合金以及不锈钢等材料。焊接时对焊接区保护简单、方便、明弧无渣,焊接区便于观察,易于实现机械化、自动化焊接和进行全位置焊接。另外,焊丝电流密度大、熔敷率高,因而生产率高,在生产中日益广泛地被采用。

3.2.3.6 真空电子束焊

真空电子束焊是经过聚焦的高速运动的电子束撞击焊件时,动能转化为热能,从而使焊件连接处熔化形成焊缝的焊接方法。真空电子束焊通过材料的熔融和气化使材料结合牢固,特别适合焊接难熔、活性、高纯度金属及小零件的焊接。

真空电子束焊机通常由电子枪、高压电源及控制系统、真空工作室、真空系统、工作台以及辅助装置等几大部分组成,如图 3-16 所示。真空电子束焊机功率密度高,集束功率密度可达 10^9 W/cm^2,束径可达几微米,焊接时升温速率快,被光斑照射区域可在几分之一微秒时间内升温至几千度以上,因此对于很深而且很窄的平面焊缝,电子束焊接技术是一种非常可靠的工艺。

真空电子束焊熔深大、焊接速率高,焊件热影响区小、焊件变形小,可以对精加工后的零部件进行焊接,且焊接时接头不开坡口,装配不留间隙,无填充金属。真空电子束焊接时由于电子束斑点尺寸小,功率密度大,可进行深穿入式的焊接,

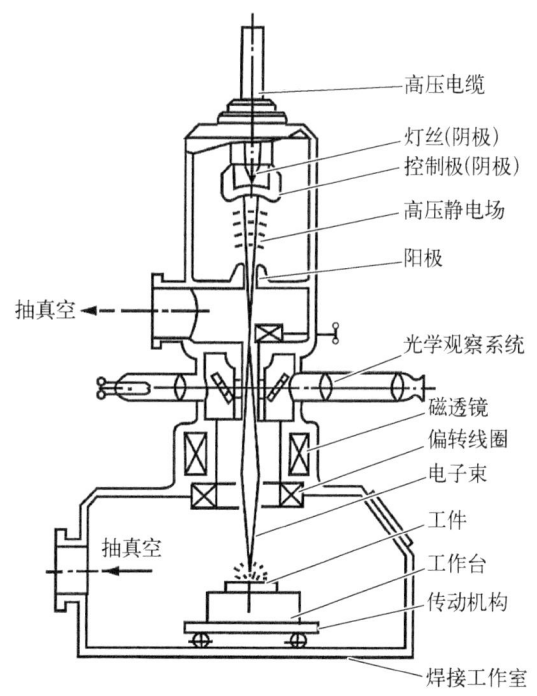

图 3-16 真空电子束焊机示意图

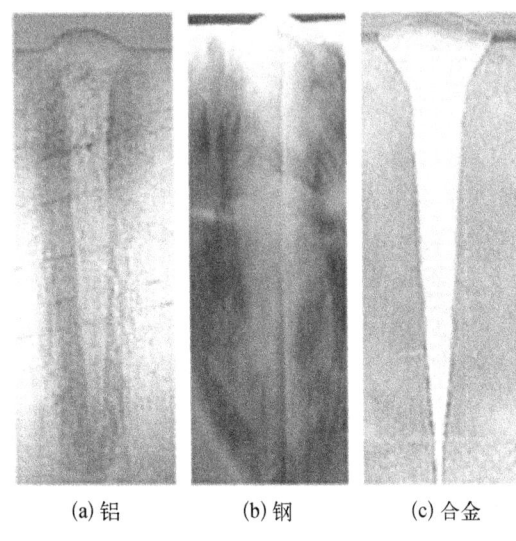

(a) 铝　　(b) 钢　　(c) 合金

图 3-17 真空电子束深熔焊焊缝

可以焊出很窄并且深度超过 100 mm 的焊缝,如图 3-17 所示,焊缝深宽比达 50∶1,可一次焊透厚度 0.1~300 mm 的不锈钢板。

真空电子束焊能量集中,熔化和凝固过程快,高温时间短,合金元素烧损少,能避免晶粒长大,改善了接头的组织性能,焊缝抗蚀性好,可焊接不同的金属、合金及异种金属,如铜/不锈钢、钢/硬质合金等,尤其是高难熔金属。另外,真空中焊接可防止氧、氮等污染,有利于焊缝金属的除气和净化,焊缝化学成分纯净,特别适合于活泼金属焊接。

真空电子束焊是近年来发展起来的一种先进的焊接方法,广泛用于原子能、航天、航空、汽车、电子、电器、机械、医疗、石油化工、造船、能源等工业部门,创造了巨大的社会及经济效益。

3.2.3.7 激光焊

激光焊是以高能量密度激光束作为热源,对金属进行熔化形成焊接接头的特种熔化焊接方法。

按照激光发生器的工作性质不同,激光有固体半导体、液体、气体激光之分。根据激光对工件的作用方式和输出器输出能量不同,激光焊分为连续激光焊激光和脉冲激光焊。根据激光焊时焊缝的形成特点,可以把激光焊分为激光热导焊和激光深熔焊,如图 3-18 所示。

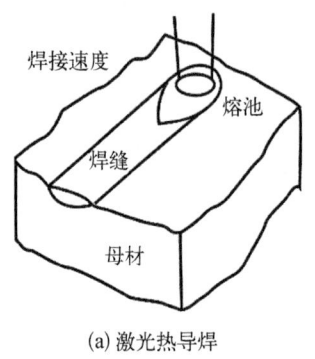
(a) 激光热导焊

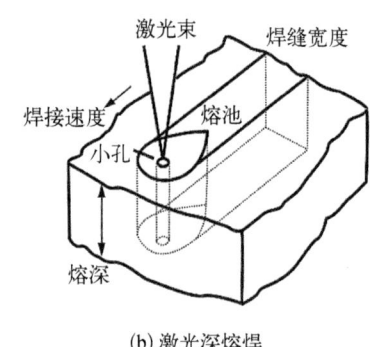
(b) 激光深熔焊

图 3-18 激光热导焊和深熔焊原理

激光热导焊使用激光功率密度低,激光辐射加热待加工表面时,表面热量通过热传导向内部扩散,通过控制激光脉冲宽度、能量、峰功率等激光参数,使工件熔化,形成特定的熔池,熔池形成时间长,且熔深浅,多用于小型零件的焊接,如图 3-18(a)所示。

激光深熔焊功率密度高,当功率密度高于 10^5 W/cm² 时,材料产生蒸发并形成小孔,这个充满蒸气的小孔犹如黑体,可以吸收全部的入射光束能量,小孔和围着孔壁的熔融金属随着前导光束向前移动,熔融金属充填小孔移开后留下的空隙并随之冷凝,形成焊缝,如图 3-18(b)所示。焊接时激光辐射区金属熔化速率快,在金属熔化的同时伴有强烈的气化,能获得熔深较大的焊缝,焊缝的深宽比较大,可达 12∶1。

相同激光功率和焊接速率条件下,深熔焊和热导焊两种焊接模式得到的焊缝成形横断面照片如图 3-19 所示,从图中可以明显看出,深熔焊具有很大的熔深和深宽比,而热导焊熔深很小。

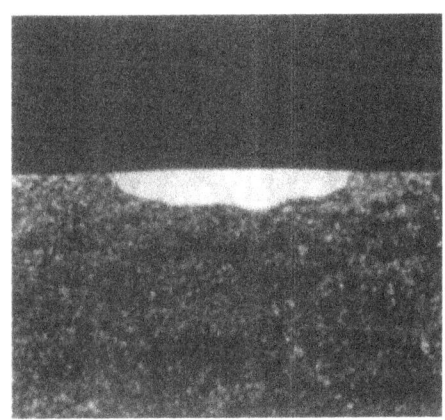 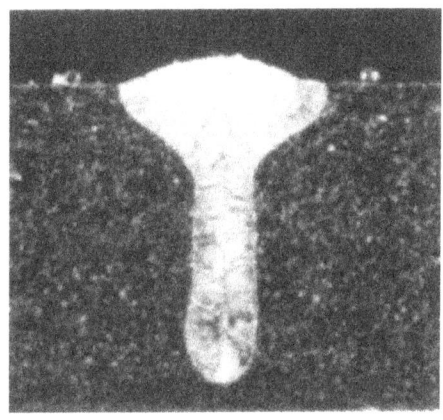

(a) 激光热导焊　　　　　　　　(b) 激光深熔焊

图 3-19　激光热导焊和深熔焊的焊缝成形断面照片

激光焊接时,焊缝成形参数主要包括熔深和焊缝宽度,在同样的激光功率和焊接速率下,不同的焦点位置会影响聚焦光斑大小,从而影响作用在工件表面的激光功率密度,其结果是形成不同深度的小孔,或不能形成小孔效应,产生不同熔深的焊缝。在焦平面处的激光功率密度往往超过激光焊接所需要的功率密度,在焦点位置焊接,可能会出现金属气化、熔渣飞溅或者打孔现象。正确焊接技术是使焦平面离开工件表面一小段距离,这个距离称为离焦量。一般,对熔深要求不高时最好用正离焦,这样很容易获得牢固美观的焊缝。实际焊接过程中经常是激光器各项参数设置完毕后,最后通过微调离焦量来达到完美的焊接效果。

激光焊与电子束焊相比,无需严格的真空系统,操作方便,焦点光斑小,焊接速率快,功率密度高,可用于绝缘体、异种金属、金属与非金属等高熔点材料的焊接,焊接后热影响区小,材料变形小,无需后续工序。激光束易于导向、聚焦,实现各方向变换,适合复杂形状构件的焊接,且激光可以通过透明材料壁进行聚焦,因此可以焊接一般焊接方法难以接近或无法安置的焊点。但激光焊接设备昂贵,能量转化率低(5%~20%),加工定位要求高,必须确保焊件的最终位置与激光束对准,且最大可焊厚度受功率限制。

激光焊可以与 MIG 焊组成激光 MIG 复合焊,如图 3-20 所示,可实现大熔深焊接,同时热输入量比 MIG 焊大大减小。

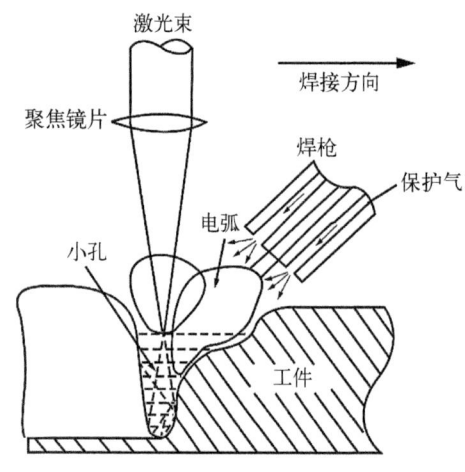

图 3-20 激光 MIG 复合焊原理示意图

3.2.3.8 气焊

气焊是利用可燃性气体在氧气中燃烧时所产生的热量,将母材焊接处熔化而实现连接的熔焊方法。助燃气体主要为氧气,可燃气体主要采用乙炔、液化石油气等。

氧-乙炔气焊是利用乙炔在纯氧中燃烧产生的热量进行焊接的气焊方法,焊接设备由氧气瓶、氧气减压器、乙炔发生器(如乙炔瓶和乙炔减压器)、回火保险器、焊炬和橡皮管等组成。氧-乙炔气焊时,乙炔和氧气的比例不同,可产生碳化焰、中性焰和氧化焰三种不同特点的火焰,如图 3-21 所示,适宜于不同类型材料的焊接。

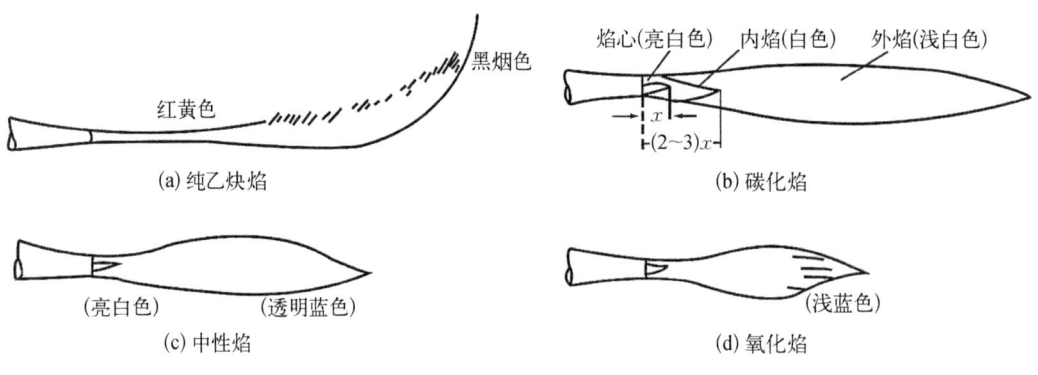

图 3-21 氧-乙炔焰

1. 碳化焰

内焰区有部分乙炔燃烧,火焰比中性焰长,内焰温度为 2 700~3 000℃;过剩乙炔分解为 C 和 H_2,游离碳会渗到熔池,使焊缝含碳量增高,碳化焰焊接低碳钢时,焊缝强度提高,但塑性降低。氢进入熔池,使焊缝产生气孔及裂纹。碳化焰不适用于低碳钢、合金钢的焊接,而适用于碳钢、铸铁等材料的焊接。

2. 中性焰

无过剩的氧和乙炔,也称为轻微碳化焰,火焰由焰心、内焰和外焰三部分组成,其中,内焰微微可观。焰心与内焰之间,燃烧生成的 CO、H_2 与熔化金属相互作用,使氧化物还原。内焰 3 050~3 150℃,中性焰焊接时,都用内焰来熔化金属。一般中性焰适用于焊接碳钢和紫铜、铝合金。焊接时主要用中性焰。

3. 氧化焰

氧的浓度较大,氧化反应剧烈,火焰缩短,内焰与外焰层次不清,最高 3 100~3 300℃,具有氧化性,焊接一般的钢件时焊缝中易产生气孔,氧化严重,同时熔池产生严重的沸腾现象,使焊缝的强度、塑性和韧性降低,严重地降低焊缝质量。氧化焰中由于氧过剩,易使金属氧化,故用途不广,仅用于焊接黄铜,以防止锌的蒸发。

气焊所用的焊丝是没有药皮的金属丝,其成分与工件基本相同,原则上要求焊缝与工件达到相等的强度。

气焊焊接合金钢、铸铁和有色金属时,熔池中容易产生高熔点的稳定氧化物,如 Cr_2O_3、SiO_2 和 Al_2O_3 等,使焊缝中夹渣,故在焊接时需使用适当的焊剂,可与这类氧化物结成低熔点的熔渣,从而有利于浮出熔池。因为金属氧化物多呈碱性,所以一般都用酸性焊剂,如硼砂、硼酸等。焊接铸铁时,往往有较多的 SiO_2 出现,因此通常会采用碱性焊剂,如碳酸钠和碳酸钾等。使用时,通常用焊丝蘸在端部送入熔池。焊接低碳钢时,只要接头表面干净,不必使用焊剂。

气焊与焊接电弧比,气体火焰温度低,热量分散。气焊的生产率低,焊接时接头变形严重,且显微组织粗大,因此性能较差。但气焊熔池温度易控制,易实现单面焊双面成形。气焊便于预热和后热,不需要电源,野外维修方便,主要用于薄钢板(厚度 0.5~3 mm)、铜及铜合金的焊接和铸铁的补焊。

3.3 固相焊原理

固相焊是焊接过程中无液相参与,无论加热与否,焊接时必须利用压力使待焊部位的表面在固态下直接紧密接触的焊接方法,又称为压力焊。

根据焊接时加热与否,固相焊分为两类:一类将被焊金属接触部分加热至塑性或局部熔化状态,然后施压,同时加热加压,使原子结合,类似于熔化焊的一般过程,但是由于有压力的作用,提高了焊接接头的质量,这类焊接方法有电阻焊、锻焊、接触焊、摩擦焊、扩散焊、超声波焊等;另一类不加热,但对被焊金属接触面施加足够大的压力,引起塑性变形,使原子相互接近而获得焊接接头的方法,这类焊接方法有冷压焊、爆炸焊等。

固相焊是焊接科学技术的重要组成之一,广泛应用于航空航天、原子能、电子技术、汽车及拖拉机制造和轻工等工业部门。统计资料表明,用固相焊完成的焊接量,每年约占世界总焊接量的三分之一,并有继续增加的趋势。

3.3.1 电阻焊原理

电阻焊是焊件组合后通过电极施加压力,利用电流流过接头的接触面及邻近区域产生的电阻热,将其加热到局部熔化或塑性状态,使之在加压条件形成接头的一种焊接方法。电阻焊按工艺特点主要分为点焊、缝焊、对焊和凸焊,按所用电流波形分为交流、直流和脉冲电流三大类。

3.3.1.1 点焊

点焊是利用柱状铜合金电极,在两块搭接焊件接触面之间形成焊点,而将工件连接在一起的焊接方法,其焊接原理如图 3-22 所示。

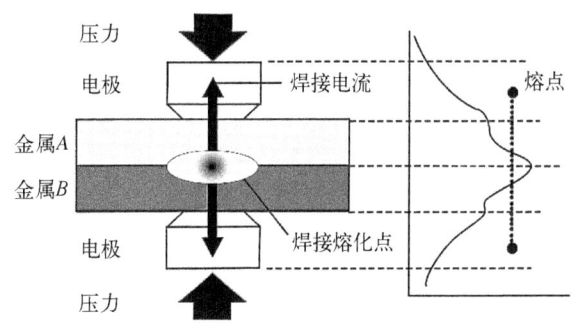

图 3-22 点焊焊接原理示意图

点焊过程分为焊件预先压紧通电、焊接区加热到熔点以上和在电极压力下凝固冷却三个密不可分的阶段。点焊时存在分流现象,主要是在焊接第二点时,部分电流会流经已焊好的焊点。

点焊是一种高速、经济的连接方法。它适合于制造可以采用搭接接头,不要求气密性,厚度小于 3 mm 的冲压、轧制的薄板构件。可焊材料为低碳钢、淬火钢、镀锌钢板、不锈钢、铝合金和铜合金等。广泛用于制造汽车、车厢等薄壁结构以及罩壳和轻工业。

3.3.1.2 缝焊

缝焊是焊件搭接或对接并置于滚轮电极间,滚轮加压焊件并转动,连续或断续送电,从而产生一连串熔核相互搭叠的密封焊缝的电阻焊方法,其焊接原理如图 3-23 所示。

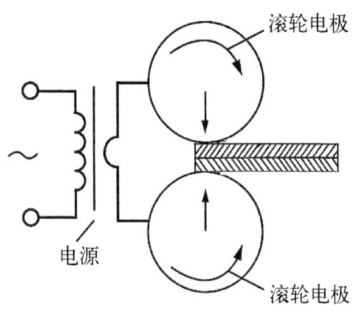

图 3-23 缝焊焊接原理示意图

缝焊按通电和工件运动方式可分为连续缝焊、断续缝焊和步进缝焊。

1. 连续缝焊

连续缝焊时滚盘连续转动,电流连续通过,工件表面过热,电极磨损严重,很少使用。在高速缝焊(4~15 m/min)中仍有使用工频交流电焊接的,交流电每个半周期将形成一个焊点,交流电为零时相当于休止时间,此法在制桶、制罐工业中获得应用。

2. 断续缝焊

断续缝焊时滚盘连续转动,电流断续通过,形成的焊缝由彼此搭接的熔核组成,用于 1.5 mm 以下钢、高温合金和钛合金的焊接。

3. 步进缝焊

步进缝焊时滚盘断续转动,电流在滚盘不动时通过工件。由于金属的熔化和结晶均在滚盘不动时进行,改善了散热和压固条件,因此有效提高焊接质量,延长滚盘寿命,多用于铝、镁合金的焊接。

缝焊分流作用大,因此需要的焊接电流比点焊增加 15%~40%。缝焊主要用于制造厚度小于 3 mm 且要求密封性的薄壁结构,广泛应用在家用电器(电冰箱壳体)、交通运输(汽车、拖拉机油箱)及航空航天(燃料油箱)等工业中要求密封性的接头制造上,有时也用来连接普通钣金件。可焊材料为低碳钢、合金结构钢、不锈钢、耐热钢、铝合金、钛合金等。

3.3.1.3 对焊

对焊是把两个焊件端部沿轴线对准,利用电流加热焊接的方法,分为电阻对焊和闪光对焊两种,如图 3-24 所示。

1. 电阻对焊

电阻对焊利用了锻焊结合的原理,其特点是先将两个焊件在压紧状态下通电,然后顶锻焊接。

电阻对焊过程分为预压加热、顶锻、维持和休止等程序。预压的目的是建立良好且分

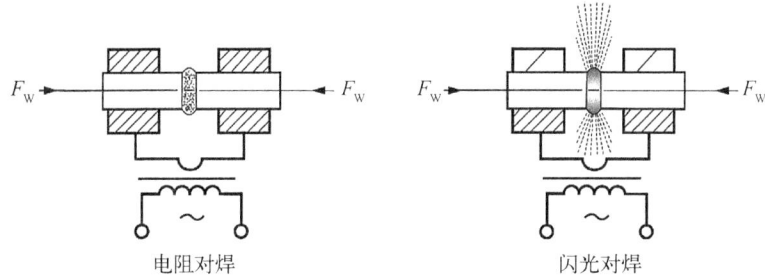

图 3-24 对焊焊接原理示意图

布均匀的物理接触点,有利于形成对称分布温度场,使温度较快地达到均匀分布。加热是电阻对焊的主要阶段,在机械力与电阻热的综合作用下,接触点迅速加热变形,使接触面积增加,在热传导作用下端面温度渐趋均匀,而沿焊件端部纵深形成一定的温度分布,同时在压力作用下焊件渐渐产生塑性变形而缩短。顶锻排除端面的氧化物等杂质,使后续纯净金属在塑性变形下紧密接触,致使界面消失,组成共同晶粒,从而形成接头。维持的目的是使焊件在加压下冷却,避免由收缩应力所产生的缺陷。

电阻对焊的焊接接头光滑、毛刺小,焊接过程简单,但焊件加热温度沿径向分布不易均匀,仅适宜焊接截面积小于 250 mm^2、端面形状相同(棒或厚壁管),氧化物易于挤出的材料,如碳素钢、不锈钢、钢和铝等。

2. 闪光对焊

闪光对焊时先接通电源,然后逐步使两个焊件端面靠近,开始端面上个别点接触导电,由于通过电流密度很大,接触点很快熔化并爆破,随着焊件的再靠近,接触点在端面上随机不断产生爆破(闪光),使焊件端面加热软化,然后迅速顶锻,完成焊接。

闪光阶段是闪光对焊加热过程的核心,其目的是通过闪光阶段的发热和传热,不但使焊件端面温度均匀上升,使焊件沿纵深加热到合适且稳定的温度分布状态,而且通过闪光过程中的爆破,焊件端面上的夹杂物随液态金属一起被抛出,利用爆破时所产生的金属蒸气和其他气氛排挤大气,减少端面氧化,并于闪光末期在端面形成一薄层液态金属保护层。

顶锻是实现焊接的最后阶段,目的是封闭焊件端面的间隙,排除液态金属层及表面的氧化物杂质,并对焊接区的金属施加一定的压力,使其获得必要的塑性变形,从而使焊件界面消失,形成共同晶粒。

闪光对焊分为连续闪光焊和预热闪光焊两种。

连续闪光焊时闪光和顶锻连续完成。焊接时先闭合一次电路,使焊件端面轻微接触,间隙中产生闪光,接着缓慢移动焊件,使两个焊件端面仍保持轻微接触,形成连续闪光过程,闪光过程应当稳定强烈,防止焊口金属氧化。当闪光达到规定程度后(烧平端面、闪掉杂质、热至熔化),即可以适当压力迅速进行顶锻挤压。先带电顶锻,再无电顶锻到一定长度,焊接接头即告完成。顶锻过程应快速有力,以保证焊口闭合良好,使接头处产生适当的锻粗变形。连续闪光焊适合于断面为 1 000 mm^2 左右的闭合零件拼口焊,如车圈、铝窗等。

预热闪光焊即在连续闪光焊前增加一次预热过程,以扩大焊接热影响区,再闪光和顶锻。焊接时先闭合电源,然后使两个工件端面交替分开,使其间隙发生断续闪光来实现预热,或使两个工件端面一直紧密接触,用脉冲电流产生的电阻热(不闪光)来实现预热。预热过程要充分,频率要适当,以保证热影响区的塑性,闪光和顶锻过程与连续闪光焊相同。预热闪光焊适合 5 000~10 000 mm² 大型截面黑色金属零件的焊接,如钢轨的接长。

闪光对焊应用范围广,凡是可以锻造的金属都能进行焊接,如低碳钢、中高强度低合金钢、工具钢、不锈钢、铜合金、铝合金、镁合金、钼合金、镍合金和钛合金等。如果仔细控制焊接条件,还可以连接许多异种金属组件。

3.3.1.4 凸焊

凸焊是在两个工件贴合面上通过预制的凸点加压并通电加热,压塌凸点形成焊点的电阻焊方法。凸焊是在点焊基础上发展起来的,利用预先加工出的凸点或零件固有的型面、倒角达到提高贴合面压强与通电后电流密度的目的。若同时采用较大的平板电极来降低电极与工件接触面的压强和通电后电流密度,可达到消除工件表面压痕、提高电极寿命的目的。

凸焊接头的形成经历了预压、通电加热和冷却结晶三个阶段,如图 3-25 所示。

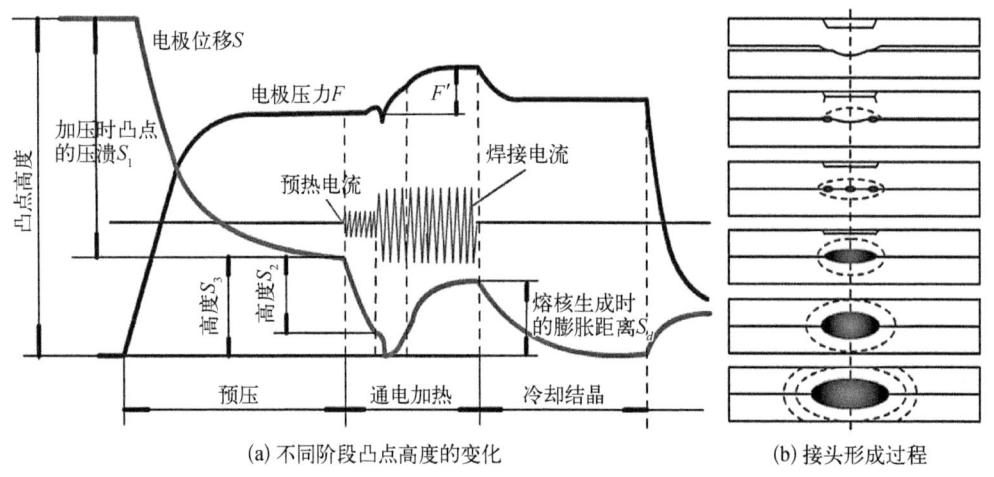

(a) 不同阶段凸点高度的变化   (b) 接头形成过程

图 3-25 凸焊接头的形成过程

在预压阶段,电极加压,凸点开始变形,高度下降,与下板的贴合面增大,不仅使焊接区导电通路稳定,而且使贴合面上的氧化膜破碎,形成比点焊时更好的接触。通电加热后,电流将集中流过凸点贴合面,当采用预热电流时,凸点的压溃缓慢,随着焊接电流的接通,凸点才彻底被压平。凸点压溃、两板贴合后形成较大的加热区,随着加热的进行,个别接触点的熔化逐步扩大,形成足够尺寸的熔核和塑性环。此时切断焊接电源,熔核在压力作用下开始冷却结晶,这个阶段与点焊熔核的结晶过程基本相似。

影响凸焊的因素主要是电极压力、焊接时间和焊接电流。电极压力应使凸点达到焊接温度时将其完全压溃,并使两个工件紧密贴合,电极压力过大会过早地压溃凸点,失去凸焊的作用,同时因电流密度减小而降低接头强度,压力过小又会引起严重飞溅。焊接时间由焊接电流和凸点刚度决定,通常凸焊的加热时间比点焊过程短。焊接电流比点焊小,但其大小要确保在凸点完全压溃之前必须能使凸点熔化。

凸焊可分为单点凸焊、多点凸焊、环焊、T形焊、滚凸焊和线材交叉凸焊等。凸焊时必须预先制备凸点,形状为半圆形和圆锥形的凸点应用最广。圆锥形凸点刚度大,可预防凸点过早压溃,还可减少由于电流线过于密集而发生的飞溅。

凸焊与点焊相比,一次可实现多点焊且分流小,可用较小电流焊接,而且凸焊采用大平面电极,焊件表面质量好,电极寿命长。另外,焊件表面的油、锈、氧化皮、镀层对凸焊影响小。但与点焊相比,凸焊需要事先预制凸点,电极需要承受较高的压力。

板件凸焊最适宜的厚度为 0.5~4 mm,焊接更薄的板件时,凸点设计要求严格,防止凸点过早压溃,对于小于 0.25 mm 厚的薄板,更宜于采用点焊。凸焊多用于低碳钢和低合金钢薄板的焊接,以及螺帽和螺钉类零件的凸焊、线材交叉凸焊和板材 T 型凸焊等。凸焊不能用于铝、铜等金属的焊接,因为软金属凸点过早压溃,失去凸焊的作用。

3.3.2 扩散焊原理

扩散焊是在真空或惰性环境下,利用一定温度和压力使待焊表面相互接触,通过待焊表面微观塑性变形或微量液相的产生扩大物理接触,促使氧化膜破碎分解,然后经过较长时间的原子互扩散,形成牢固一体的焊接接头的焊接方法。

扩散焊的温度和压力使焊接表面微观凸起处产生塑性变形,增大紧密接触的面积,激活原子,促进相互扩散。对于一些相容性较差、扩散过程较慢和高温塑性较差的合金,为加速焊接过程和降低对表面制备的要求,常在两个焊接表面间加一层很薄、熔点低、易发生塑性变形、含少量易扩散元素、物理化学性能与母材的差异比被焊材料之间的差异小,且不与母材发生不良冶金反应的特定成分材料,即中间扩散层。中间扩散层一般厚几十微米,以箔片的形式夹在待焊件表面,或者在待焊件表面用电镀、真空蒸镀、等离子喷涂等方式直接涂敷几微米,这类扩散焊称为加中间层扩散焊。有时,中间扩散层与母材通过固态扩散形成少量液相,填充缝隙而形成接头,这类扩散焊称为瞬间液相扩散焊。保证扩散焊接头质量的主要因素是焊接界面区原子是否相互充分扩散,加压、加热和加扩散层都是为了保证和促进扩散过程。

3.3.2.1 扩散焊焊接过程

根据是否添加扩散层,扩散焊分为加中间层扩散焊和不加中间层扩散焊。根据保护介质的不同,扩散焊分为气体保护扩散焊、真空扩散焊以及溶剂保护扩散焊。根据扩散焊时的状态不同,扩散焊分为固态扩散焊、瞬间液相扩散焊、超塑性成形扩散焊和烧结扩散焊。下面将以固态扩散焊和瞬间液相扩散焊为例,介绍扩散焊的焊接过程。

1. 固态扩散焊焊接过程

固态下的焊接过程可分为物理接触、接触表面的激活,以及体积扩散、微孔消除三个阶段,如图 3-26 所示。

一般,金属通过精密加工后,微观上仍然是凸凹不平的,实际表面上还存在着加工硬化层、氧化膜、污物和表面吸附层等。扩散焊时将这样的表面装配在一起,如果不施加任

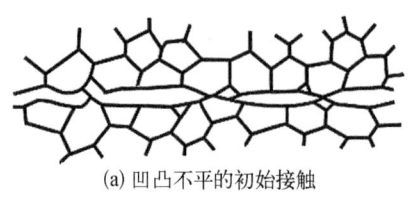
(a) 凹凸不平的初始接触

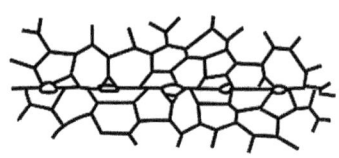
(b) 第一阶段：物理接触阶段

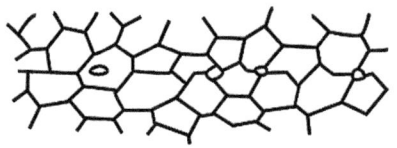
(c) 第二阶段：接触表面的激活阶段

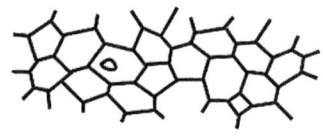
(d) 第三阶段：体积扩散、微孔消除阶段

图 3-26 扩散焊的三阶段模型

何压力,仅有小部分凸起的部位接触[图 3-26(a)],实际接触面仅占全部表面积的 1% 左右,其余表面之间的距离都大于原子引力起作用的范围。因此只有通过焊接开始的第一阶段的加压加热,使微观凸起处产生塑性变形,紧密接触的表面积才不断增大,原子相互扩散并交换电子,形成金属键连接。

1)第一阶段：物理接触阶段

在压力和温度作用下,初期接触的凸起部位屈服后产生塑性变形被压溃,焊接部位接触面积迅速增大,可达到 90% 以上,剩下的少部分未能达到紧密接触的区域逐渐演变成界面孔洞,如图 3-26(b)所示。在这个阶段,大部分孔洞可消除,较大孔洞难以消除,形成缺陷。

2)第二阶段：接触表面的激活阶段

达到紧密接触后,由变形引起的晶格畸变、位错、空位等各种缺陷使得界面原子处于激活状态,扩散迁移十分迅速,很快就形成以金属键为主要形式的接头,如图 3-26(c)所示。但此时接头强度不高,必须继续保温扩散一定时间,使扩散层达到一定深度,再通过回复、再结晶及晶界推移,使接头变成牢固的冶金连接,这个阶段大约要延续几分钟到几十分钟。

3)第三阶段：体积扩散、微孔消除阶段

通过继续扩散,结合层向体积方向发展,扩大牢固连接面,消除界面和孔洞,接头组织与成分均匀化,形成可靠连接,如图 3-26(d)所示。在这个阶段扩散速率比较慢,通常需要几十分钟到几十小时,才能达到晶粒,穿过界面生长,原始界面消失。由于需要时间很长,第三阶段一般难以进行到底。如果在焊接温度下保温扩散,会引起母材晶粒长大,接头强度下降,可以在较低的温度下进行扩散。

上述三个阶段相互交叉进行,过程中可生成固溶体、共晶体或金属间化合物,相容性差的接头焊接时有害物质的生成可使接头性能变差。

2. 瞬间液相扩散焊焊接过程

瞬间液相扩散焊也称为接触反应钎焊或者扩散钎焊,若生成低熔点的共晶体,也称为共晶反应钎焊。瞬时液相扩散焊是在加中间层扩散焊的基础上,为解决弥散强化的高温合金及纤维强化的复合材料等新型材料的焊接而发展起来的。

瞬间液相扩散焊的焊接过程可分为液相生成、等温凝固和成分均匀化三个阶段，如图 3-27 所示。

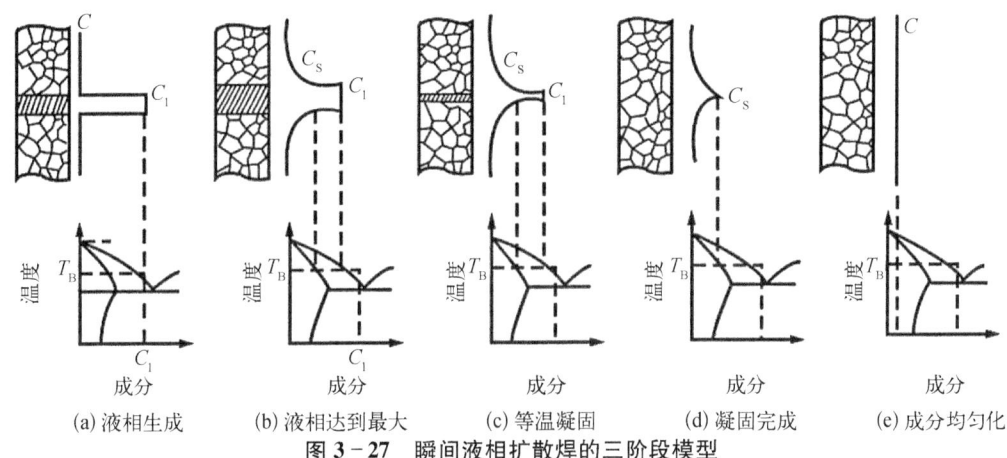

图 3-27 瞬间液相扩散焊的三阶段模型

注：C 为浓度；C_S 为固相浓度；C_1 为液相浓度；T_B 为焊接温度。

1) 第一阶段：液相生成阶段

待焊件处理完后，首先将中间层材料夹在焊接面之间并施加一定压力，然后在真空或者惰性气氛保护环境下加热，使中间扩散层熔化成液相，或与基体金属发生作用，形成液相共晶，液相薄膜在较小压力下润湿母材，中间层与母材之间的扩散继续进行，达到最大液相量，如图 3-27(a) 和 3-27(b) 所示。

2) 第二阶段：等温凝固阶段

元素继续扩散，达到固、液相线之间的成分时开始保温，进入等温凝固阶段，随着扩散的进行，液相数量逐渐减小，充分扩散后，液相消失，形成接头，如图 3-27(c) 和 3-27(d) 所示。

3) 第三阶段：成分均匀化阶段

液相完全消失后，接头部位成分与母材还有一定的差异，需要经过长时间扩散使成分完全均匀化，形成与母材组织成分一致的接头，如图 3-27(e) 所示。

瞬间液相扩散焊的焊接温度低，对焊接表面的要求也大大降低，由于液相的形成，原子扩散速度快，焊接速度也比较快。另外，焊接时液相薄膜在压力作用下更易破坏界面连续的氧化膜，并能消除接头表面的油污，而且液相层在压力条件下凝固，最后所得焊接接头组织致密，易得到与母材组织近似的接头。瞬间液相扩散焊在陶瓷基复合材料的焊接中应用较多。

3.3.2.2 影响扩散焊过程的因素

焊接温度、焊接压力、保温时间以及焊件表面状态等，是影响扩散焊过程及接头质量的主要因素。

1. 焊接温度

材料在加热过程中的变化都要直接或间接地影响扩散焊焊接过程及接头质量。

原子的扩散系数与温度呈指数关系,一般情况下焊接温度越高,扩散系数越大,接头结合强度越高。出现液相的扩散焊,加热温度要比中间层材料熔点稍高一点,等温凝固和均匀化扩散的温度可略微低些。但焊接温度受材料冶金特性方面的限制,要尽量避免焊接时出现低熔共晶、金属化合物等,也要避免焊接时焊接温度过高使母材晶粒迅速长大。

2. 焊接压力

焊接时施加压力的主要作用是使结合面微观凸起的部分产生塑性变形,达到紧密接触,同时促进界面区的扩散,加速再结晶过程。对于异种金属扩散焊,较大的压力可以减小或防止孔洞的产生。

焊接压力过低,焊接件表层塑性变形不足,表面形成物理接触的过程进行得不彻底,界面上残留的孔洞过大且过多。增加压力能减小空洞的数量,产生结合强度较好的接头,但过大的压力会导致工件变形。压力对扩散焊的第一阶段(物理接触阶段)影响较大,对第二阶段和第三阶段影响小,故在扩散焊的后期可减小压力,防止工件变形。

扩散焊焊接压力范围很宽,最小只有 0.04 MPa(液相扩散焊),最大可达 350 MPa(等静压扩散焊),而一般常用压力为 10~30 MPa。

3. 保温时间

保温时间是指被焊工件在焊接温度下保持的时间,在该保温时间内必须保证扩散过程全部完成,达到所需的结合强度。

扩散焊所需的保温时间与焊接温度、焊接压力和对接头成分及组织均匀化的要求密切相关。原子扩散的平均距离与扩散时间的平方根成正比,即抛物线定律,因此,随着接头成分均匀化程度增高,保温时间将以平方的速度增长。若保温时间太短,扩散焊接头达不到与母材相当的强度,若保温时间过长,扩散焊接头强度难以进一步提高,反而会使母材的晶粒长大。

保温时间与焊接温度和焊接压力密切相关,当温度较高或压力较大时,时间可以缩短,在保证强度的条件下,保温时间越短越好。

焊接温度是一个关键的工艺参数,选择时可参照已有的研究试验结果,在不损害母材性能、保证焊接质量的前提下,应尽可能缩短焊接时间。

4. 焊接表面状态

焊接表面状态(如清洁度和平整度等)严重影响焊后的接头质量,焊前必须进行表面处理。表面处理一般包含获得一定要求的表面光洁度和平直度,去除表面氧化物,消除表面的气体、水或有机物膜层等。表面越平整、清洁,越容易进行扩散焊,接头强度也越高。焊接表面处理后需在特定的气氛或真空环境下对焊件进行保护。

表面处理的要求还受保温温度和焊接压力的影响,随着保温温度和焊接压力的提高,表面处理的要求就降低,一般为了降低保温温度或压力,才需要制备较洁净的表面。

3.3.2.3 扩散焊接头常见缺陷

裂纹、未焊透、残余变形、局部熔化和错位是扩散焊接头的常见缺陷。常见缺陷及其产生原因如表 3-3 所示。

表 3-3 常见缺陷及其产生原因

缺陷类型	产 生 原 因
裂 纹	升温和冷却速率太快,压力太大,温度过高,加热时间太长;焊件表面精度低
未焊透	温度或压力不足,保温时间短,真空度低;夹具或者零件安装不正确;加工精度低
残余变形	加热温度过高,压力太大,保温时间过长
局部熔化	温度过高,时间过长;加热装置结构不合理或者加热装置与焊件的相对位置不对
错 位	夹具结构不合理或工件安装位置不对,焊件错动

3.3.2.4 扩散焊的特点及应用

扩散焊焊接温度低,母材损伤小,接头组织性能与母材接近或相同,接头区域无凝固组织,无气孔、宏观裂纹等熔焊时的缺陷,且焊接变形小,几乎不存在残余应力,可进行内部及多点、大面积焊接,是一种高精密的焊接技术。

扩散焊也存在不足,主要是焊件表面制备要求高,焊接和辅助准备时间长,无法批量连续生产。另外,扩散焊设备一次性投资大,且工件尺寸受到设备限制。

扩散焊广泛应用于碳钢、不锈钢、钛、镍、铝合金、金属间化合物、碳/碳复合材料、陶瓷基和金属基等复合材料的连接,特别适合于塑性差、熔点高的同种/异种/多层材料间连接,其中70%以上涉及异种材料的连接,如钢(铜/镍)/铝(钼)、钢/铜(铸铁)、铜/铝(钛、镍、钼)、钛(渗铝)/铝和陶瓷/金属等的连接。焊接制品广泛应用于航空航天、仪表及电子、核工业、能源、化工及机械制造等行业。

3.3.3 摩擦焊

摩擦焊是利用焊件接触面相互摩擦,使工件端部升温到热塑性状态,然后顶锻加压,通过界面间的原子扩散和再结晶实现焊接的方法。

摩擦焊过程通常由机械能转化为热能、材料塑性变形、热塑性下的顶锻和原子间扩散再结晶四个步骤构成。摩擦破坏了焊件焊接表面的氧化膜或其他污物,使纯净金属暴露出来,另外,摩擦产热使焊接表面很快形成热塑性层,随着顶锻力的作用,界面氧化膜破碎,材料发生塑性变形与流动,通过界面元素扩散及再结晶而形成接头。

按照接头的摩擦运动形式,摩擦焊主要分为连续驱动摩擦焊、惯性摩擦焊、相位摩擦焊、径向摩擦焊、线性摩擦焊和搅拌摩擦焊等。在实际生产中应用较多的是连续驱动摩擦焊和搅拌摩擦焊。

3.3.3.1 连续驱动摩擦焊

连续驱动摩擦焊用来焊接两个圆形横截面工件,如图3-28所示。焊接时首先使一个工件以中心线为轴高速旋转,然后将另一个工件向旋转工件施加轴向压力,开始摩擦加热。当达到给定的摩擦焊时间或规定的摩擦变形量,即接头加热到焊接温度时,立即停止工件的转动,同时施加更大的轴向压力,进行顶锻焊接。

摩擦焊焊接过程的一个周期可分成摩擦加热过程和顶锻焊接过程两部分。摩擦加热

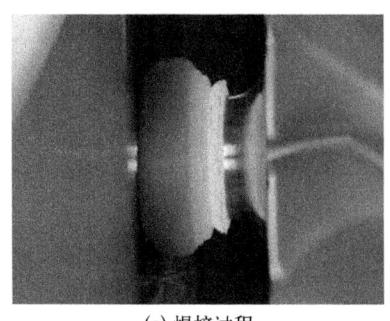 

(a) 焊接过程　　　　　　　　(b) 焊件

图 3-28　连续驱动摩擦焊过程及焊件

过程可在整个摩擦焊焊接过程中,待焊接的金属表面由于摩擦加热经历了从低温到高温,形成了一个存在于全过程的高速摩擦塑性变形层,焊接时的产热、变形和扩散现象都集中在变形层中。在停车阶段和顶锻焊接过程中,摩擦表面的变形层和高温区金属被部分挤出焊缝,金属经受锻造,形成了质量良好的焊接接头。

连续驱动摩擦焊时焊接部位氧化膜与杂质被清除,焊后接头组织致密,无气孔、夹渣等缺陷,接头质量好。该方法操作简单,易实现自动化,不需要焊接材料,生产率高,凡是接头部分具有紧凑回转断面,高温塑性良好的同种及可互相固溶和扩散的异种金属,几乎都可以采用连续驱动摩擦焊的方法进行焊接,可焊金属范围较广。

但该方法对于非圆形横断面工件,或高温强度高、塑性低、导热性好的材料,如不锈钢/铜、硬质合金/钢等以及活性金属(钛、铅等),氧化膜不易破碎或有镀膜、渗层及摩擦系数太小(铸铁、黄铜等)的金属不容易焊接。另外,受摩擦焊机主轴电动机功率和压力不足的限制,目前最大的焊接断面为 200 cm^2,且设备复杂,投资大。

3.3.3.2　搅拌摩擦焊

搅拌摩擦焊是利用摩擦热与塑性变形热作为焊接热源,如图 3-29 所示,在焊接过程中工件要刚性固定在垫板上,焊头一边高速旋转,一边沿工件的接缝与工件相对移动,焊头的凸出段(圆柱体或带螺纹圆柱体,称为搅拌针)伸进材料内部,通过焊头的高速旋转与焊接工件材料产生摩擦和搅拌,使得连接部位的材料温度升高软化,同时焊头的肩部与工件表面摩擦生热,用于防止塑性状态材料的溢出,也可以起到清除表面氧化膜的作用。

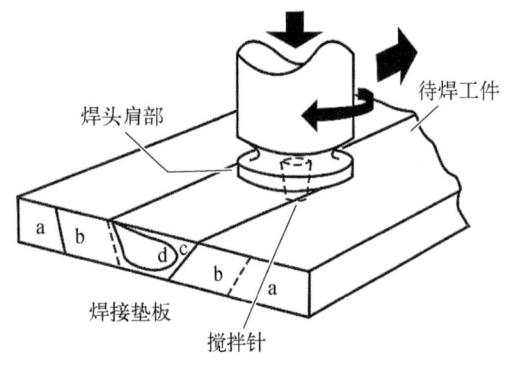

图 3-29　搅拌摩擦焊工作原理

注:图中 a 区为母材;b 区为热影响区;c 区为热影响区;d 区为焊接区。

采用搅拌摩擦焊取代传统的氩弧焊,不仅能完成材料的对接、搭接、丁字型连接等多种接头形式,而且能用于高强度铝合金铝锂合金的焊接,大大提高了焊接接头的力学性能,并且排除了熔焊缺陷产生的可能性。

3.4 钎焊原理

熔化焊是利用电弧将待焊件的接缝处及焊条或焊丝加热熔化,随后冷却凝固成焊接接头的过程。若焊接时待焊件加热而不熔化,仅由熔化的焊材填入待焊件间隙中,能否形成牢固的接头呢?钎焊就是在钎剂的保护下,采用比母材熔点低的金属材料作为钎料,加热到钎料和母材熔点之间,钎料熔化而母材不熔化,利用液态钎料润湿、填充接头间隙并与母材相互扩散实现连接的方法。

工程中通常将钎焊分为两类,即硬钎焊和软钎焊。液相线温度在 450℃ 以上的钎料用于钎焊时称为硬钎焊,450℃ 以下的钎料用于钎焊时称为软钎焊。

3.4.1 钎料及其选用

3.4.1.1 钎料的分类

钎料指钎焊时用来形成焊缝的填充材料。钎料在焊接时通过润湿母材并与母材之间相互作用形成固溶体之类的结构,从而实现焊接材料的紧密连接。

钎料按熔点的高低可分为两大类,常把液相线温度低于 450℃ 的钎料称为易熔钎料,俗称软钎料。液相线温度高于 450℃ 的钎料称为难熔钎料,俗称硬钎料。

根据组成钎料的主要元素,可把软钎料和硬钎料分为各种合金基的钎料,如软钎料又可分为锡基、铅基、铋基、铟基、镉基、锌基等钎料。硬钎料又可分为铝基、银基、铜基、锰基、镍基等钎料。

3.4.1.2 钎料的润湿性

钎焊连接是由熔化的钎料填入焊件间隙并相互作用而凝固成接头的过程,因此焊接时钎料熔化形成的液态钎料需要与母材具有很好的润湿性,这样才能沿固态母材表面自由铺展,并且在附加压力的作用下尽可能填满焊缝的全部间隙。影响液态钎料润湿性的因素主要有以下几个方面。

1. 钎料成分

钎料成分对润湿性有着重要的影响,一般液态钎料与母材间若有一定的固溶度,通常就能很好地润湿,反之则较难润湿。例如,液态 Zn 和固体 Al 在 500℃ 有近 30% 的固溶度,它们润湿得就很好。液态 Pb 和固态 Al 在 500℃ 时几乎没有固溶度,它们极难润湿。

2. 温度

随着温度的升高,液体的表面张力不断减少,有助于提高钎料的润湿性。

3. 金属表面氧化物的影响

金属表面总存在氧化物,而在有氧化膜的金属表面上液态钎料往往凝聚成球状,不与金属发生润湿。氧化物对钎料润湿性的这种作用源于氧化物的表面张力远低于金属本身的表面张力。

4. 母材的表面状态

母材表面状态(如粗糙度等)在一定情况下影响润湿性,由于毛细作用,粗糙度大有利于液态钎料在母材表面的铺展。但当液态料同母材相互作用较强时,粗糙度影响不大。

5. 表面活性物质

当液态钎料中加有表面活性物质时,它的表面张力将明显减小,使母材的润湿性得到改善。

6. 环境气氛

采用保护气氛时,金属表面不易形成氧化膜,而还原性气氛可将金属表面氧化膜还原,有利于保证钎焊的润湿性。

3.4.1.3 钎料与母材的相互作用

钎料与母材的相互作用主要是母材向液态钎料的溶解和钎料组分向母材的扩散,这些作用对钎焊接头的性能有决定性的影响。

1. 母材向液态钎料的溶解

液态金属与固态金属接触时,会使固态金属晶格内的原子结合键被破坏,而与液态金属的原子形成新的键,这便是固态母材向液态金属的溶解过程。钎焊时,一般都发生母材向液态钎料中的溶解。

2. 钎料组分向母材的扩散

钎焊时,钎料的组分会向固态母材进行扩散。其扩散量除与钎焊温度有关外,还与扩散组分的浓度梯度、扩散系数、扩散面积和扩散时间有关,满足扩散规律。

由于钎料与母材的相互作用,形成的钎焊接头基本上由三个区域组成,从母材到钎缝区分别为扩散区、界面区和中心区三个部分组成,其组织和成分与钎料原有组织和成分差别较大,如图3-30所示。

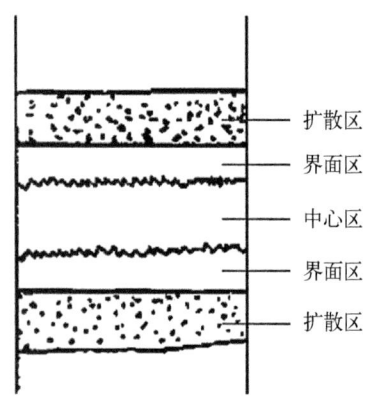

图3-30 钎焊接头凝固组织示意图

不同区域都是由焊接时钎料和母材的相互作用形成的。扩散区组织是钎料组分向母材扩散形成的;界面区组织是母材向钎料溶解,冷却后形成的;中心区由母材的溶解和钎料组分的扩散以及结晶时的偏析形成的,其组织也不同于钎料的原始组织,只有间隙大时,该区的组织同钎料原始组织才比较接近。根据钎料与母材成分以及相互作用的不同,钎缝可以形成固溶体组织、共晶组织和金属间化合物组织。

3.4.1.4 钎料的选用

钎焊时焊件是依靠熔化的钎料凝固而连接起来的,钎焊接头的质量在很大程度上取决于钎料。为了满足工艺要求和获得高质量的焊接头,钎料选用时应考虑以下几点:

(1) 钎料的熔点要比母材的熔点低,一般需要低几十摄氏度,若两者熔点过于接近,会使钎焊过程不易控制,甚至导致母材晶粒长大以及局部熔化;

(2) 钎料与母材之间要具有良好的润湿性,确保能充分填满焊缝间隙;

(3) 钎料与母材能有适当的相互作用,保证它们之间形成牢固的结合;

(4) 钎料应具有稳定和均匀的成分,尽量减少钎焊过程中的偏析现象和易挥发元素的损耗等;

（5）确保所得到的钎焊接头应能满足产品力学性能和物理化学性能等方面的要求；

（6）尽量少用或不用稀有金属和贵重金属。

3.4.2 钎剂及其选用

钎剂又称为钎焊熔剂或熔剂。钎剂的作用是以液态薄膜的形式覆盖在工件金属和钎料的表面上，隔离空气起保护作用，保护钎料及焊件不被氧化，并能够清除母材和钎料表面的氧化物及其他杂质。另外，钎剂还可改善液态钎料对工件金属的浸润性，增大钎料的填充能力。

研究表明，在钎剂的作用下金属表面氧化物的清除有溶解、反应、剥落、松动或被流动的钎料推开等多种过程。例如，在较高温度下钎焊铜合金或铁合金时，选用钎剂的主要成分是硼酸，熔融态的硼酸与过渡金属的氧化物可以反应形成硼酸盐，所生成的反应物溶于过量的钎剂之中，这是以溶解作用去除氧化膜的机制。

钎剂通常分为软钎剂和硬钎剂两类。软钎剂按其成分可分为无机软钎剂和有机软钎剂两类。按其残渣对钎焊接头的腐蚀作用，可分为腐蚀性、弱腐蚀性和无腐蚀性三类，其中无机软钎剂都为腐蚀性钎剂，有机软钎剂属于后两类。常用的软钎剂有磷酸水溶液（用于钎焊不锈钢或锰青铜，300℃以下使用）、氯化锌水溶液和松香（用于钎焊表面氧化不严重的金、银、铜等金属，300℃以下使用）等。

硬钎剂有硼砂、硼酸和氟硼酸钾等。硼酸使用温度在800℃以上，一般配合铜基钎料使用，去氧化物能力差，不能去除Cr、Si、Al、Ti等的氧化物；氟硼酸钾熔点低，去氧化物能力强，是熔点低于750℃银基钎料的适宜钎剂。

3.4.3 典型钎焊工艺原理

钎焊按照应用热源分，可分为烙铁钎焊、火焰钎焊、电阻钎焊、感应钎焊、浸沾钎焊和炉中钎焊等。

3.4.3.1 烙铁钎焊

烙铁钎焊是最简便的软钎焊方法，在无线电及仪表等工业部门得到广泛的应用。它是依靠烙铁头的热传导加热母材和熔化钎料来进行钎焊，由于热量有限，对于钎焊温度高的硬钎焊及热容量大的工件是不适用的。

3.4.3.2 火焰钎焊

火焰钎焊是利用可燃气体（如乙炔、丙烷、石油气、雾化石油或煤气等）燃烧产生的热量进行钎焊的方法，助燃气体为氧气和压缩空气。其特点主要是设备简单轻便，易自制，燃气来源广。

火焰钎焊主要用铜基钎料或银基钎料钎焊碳钢、低合金钢、不锈钢、铜及铜合金的薄壁和小型焊件，也用铝基钎料钎焊铝及铝合金。

3.4.3.3 电阻钎焊

电阻钎焊与电阻焊相似，依靠焊接电流通过钎焊处所产生的电阻热来加热焊件和熔化钎料。电阻钎焊使用低电压大电流进行钎焊，通常可在普通的电阻焊机上进行，也可使用专门的电阻钎焊设备。根据导电率的不同要求，电阻钎焊的电极可采用石墨、铜合金、耐热钢、高温合金和难熔金属制造。一般电极应有较高导电率,而用作加热的电极需要高电阻材料。

此种钎焊方法适用于钎焊接头尺寸不太大、形状简单的零件,目前主要用于钎焊刀具、电机的定子线圈导线端头以及各种电气元件上的触点等。

3.4.3.4 感应钎焊

感应钎焊是将待钎焊部位置于交变磁场中,通过它在交变磁场中产生的感应电流电阻热来完成钎焊的方法,可在空气中、真空中或保护气体中进行。钎焊广泛地用于钢、不锈钢、铜及铜合金、高温合金等具有对称形状的零件,它特别适合于管件套接、管和法兰、轴与轴套之类的接头。

3.4.3.5 浸沾钎焊

浸沾钎焊是将焊件局部或整体浸入盐混合熔液或钎料熔液中,依靠液体介质的热量来实现钎焊,也称为液体介质中钎焊,分为盐浴钎焊和熔化钎料钎焊两类。

盐浴钎焊是将装配好的焊件浸入熔盐中,钎料熔化浸入接头间隙完成钎焊的方法。它主要用于硬钎焊,熔融盐液起加热及保护作用,生产率高,适合于机械化、批量生产。盐浴钎焊需要使用大量盐类,熔融盐液大量散失热量并放出腐蚀性蒸气,同时遇水有爆炸危险,劳动条件差,不适宜钎焊有深孔、盲孔和封闭型的焊件,因为盐液很难流入这些孔中,且流入的盐液也较难排净。

熔化钎料钎焊是将装配好的焊件浸入熔态钎料中,钎料浸入接头间隙完成钎焊的方法,特别适用于钎缝多而密集的产品。这种方法主要用于以软钎料钎焊钢、铜及铜合金,特别是那些钎缝多而密集的产品,如蜂窝式换热器、电机电枢、汽车水箱等。

3.4.3.6 炉中钎焊

炉中钎焊是利用电炉加热焊件进行钎焊的方法,特点是焊件整体加热,焊件受热均匀,变形小。炉中钎焊分为空气炉中钎焊、保护气氛炉中钎焊和真空炉中钎焊三种。保护气氛炉中钎焊所用气体有 H_2 和 CO,它们不仅能防止空气侵入,还能还原焊件表面氧化物。另外,还可用惰性气体氩气进行保护。

3.4.4 钎焊的特点

与熔焊相比,钎焊时只有钎料熔化而母材保持固态,工件加热温度一般远低于母材的熔点,因此母材组织和力学性能变化小,变形也小,接头光滑平整,尺寸精确。当工件整体加热钎焊时,可同时钎焊由多条接缝组成的复杂形状构件,因此钎焊的生产率很高。

钎焊特别适于异种金属、金属与非金属材料,如铝/不锈钢、钛/不锈钢、金属/陶瓷、金属/复合材料等的连接,以及可焊接性能差异很大、用其他连接方法往往难以甚至无法实现连接的材料,且焊接时对工件厚度的差别也没有严格限制。另外,钎焊设备简单,对热源要求也较低,焊接工艺过程也较为简单,易实现生产过程的自动化和保证焊件的可靠性。

但钎焊接头强度基本为钎料的强度,强度较低,工作温度也低于钎料的熔点,而且焊前清整要求高。

3.5 常用金属材料焊接

不同的材料由于物理化学性质不同,在焊接过程中产生缺陷的种类与概率不同,即焊接难易程度不同,需要采取的工艺措施也不相同。本节简单介绍几种常用金属材料的焊接原理及相应的焊接工艺措施。

3.5.1 金属材料的焊接性

金属材料的焊接性是指材料在限定条件下,焊接成规定设计要求的构件,并满足预定服役要求的能力。焊接性包括两方面的内容:一方面,在一定焊接工艺条件下,被焊金属形成裂纹、夹渣、气孔等焊接缺陷的敏感性,即结合性能;另一方面,在一定焊接工艺条件下,被焊金属焊接接头对使用性能要求的适应性,即使用性能。换言之,在一定的工艺条件下,产生焊接缺陷的倾向性和严重性大、冶金反应对焊缝性能和产生缺陷的影响程度大,同时焊接热过程对焊接热影响区组织性能及产生缺陷的影响程度比较大,若焊接接头性能不满足使用要求,则材料的焊接性比较差。

影响材料焊接性的因素有材料、工艺、设计和使用四个方面。材料是指焊接时参与物理化学反应和发生组织变化的所有材料,包括母材、焊丝和焊剂等;工艺是指采用的焊接方法、焊接热输入、焊接材料、预热、后热及焊后热处理、焊接顺序等;设计是指焊接结构和焊接接头的设计形式,主要影响热的传递和力的状态方面;使用因素取决于产品工作条件,如工作温度、载荷性质、环境条件等。因此,影响材料焊接性的因素很多,需要综合考虑。

如何评价材料的焊接性?焊接性的评价通常用碳当量法和冷裂纹敏感系数法。因为材料碳当量越小,焊接性越好,碳对材料焊接性的影响最为明显,当前常根据材料的碳当量制定焊接工艺规程和焊接规范,因此本节仅介绍碳当量法。

碳当量法是把影响焊接性能的元素对可焊性的影响折算为碳的影响。经验公式为

$$w = w(C) + \frac{w(Mn)}{6} + \frac{w(Cr + Mo + V)}{5} + \frac{w(Ni + Cu)}{15}$$

式中,w 为碳当量。$w<0.4\%$ 时,可焊性好。一般的焊接工艺条件下,不会产生裂纹,焊前不需要预热;w 为 $0.4\% \sim 0.6\%$ 时,可焊性较差,钢材易于淬硬,焊前需采取适当的工艺措施,需要预热,预热温度一般为 $70 \sim 200$℃;$w>0.6\%$ 时,可焊性差。焊接前后都需采取措施。

3.5.2 结构钢的焊接

3.5.2.1 低碳钢的焊接

低碳钢的含碳量(质量分数)小于 0.25%,一般无淬硬倾向,对焊接过程不敏感,可焊性良好,可用各种焊接方法进行焊接,而不需要采取特殊的工艺措施,一般情况下都可以得到性能良好的接头,热影响区的性能也不会发生明显变化。

低碳钢焊接时一般情况下选用酸性焊条，只有当工件厚度大，在低温条件下施焊及钢中碳及硫的质量分数偏高，可能出现裂纹时，才考虑选用碱性焊条。

但也要注意在低温环境下焊接厚度大、刚性大的结构时，应该进行预热，否则容易产生裂纹，重要结构件焊后要进行去应力退火以消除应力。另外，电渣焊时要避免接头的严重过热，焊后应进行正火处理以细化晶粒。当钢的含碳量（质量分数）在上限（0.21%~0.25%）时，在含硫量过高，工件刚度大或在低温条件下进行焊接，可能出现裂纹。

3.5.2.2 中碳钢的焊接

中碳钢含碳量（质量分数）为 0.25%~0.60%，含碳量增加，可焊性变差，需采取一定的工艺措施，以保证焊接质量。

焊接中碳钢的主要困难是基体金属近缝区容易产生低塑性的淬硬组织。钢中含碳量越高，工件厚度越大，淬硬倾向也越大。由于出现淬硬组织，中碳钢焊接接头的塑性和疲劳强度较低。当工件刚度大、焊条及焊接规范选择不当、工艺不合理时，容易在热影响区及焊缝中出现冷裂纹。但如果母材中含碳量高，在焊接时，第一层焊缝金属中混入 20%~30% 的母材，使焊缝金属中的含碳量增高，容易引起焊缝金属出现热裂纹。

为了避免焊缝附近出现淬硬组织，焊接中碳钢一般需要预热，预热温度一般在 150~250℃，且焊后对于重要的结构件，还常进行热处理。选择焊条时一般采用低氢焊条。采用横向摆动的焊接方法，摆动范围为 5 倍至 8 倍焊条直径，为减少母材混入焊缝，坡口尽量开成 V 形，焊接时要用小电流，收弧时要注意填满弧坑。

3.5.2.3 高碳钢的焊接

高碳钢中碳的质量分数大于 0.60%，焊接特点与中碳钢基本相同，但淬硬和裂纹倾向更大，焊接性比中碳钢差。

一般这类钢不用于制造焊接结构件，大多是用手工电弧焊或气焊来补焊、修理一些损坏件，且焊接时需要注意焊前预热和焊后缓冷。

3.5.2.4 低合金结构钢的焊接

普通低合金结构钢，简称为低合金钢。低合金钢的含碳量虽然较低，但因其他元素的含量不同，可焊性差别很大。低合金结构钢焊接时钢材强度级别越高，焊后热影响区的淬硬倾向也越大，钢材强度级别越高，产生裂纹的倾向也增加。

焊接时应按照等强度原则选择焊条，焊前要进行预热，防止冷裂纹、热裂纹和热影响区出现淬硬组织。多数情况下焊后不需进行热处理，只有在钢材强度等级较高、焊接厚壁容器以及采用电渣焊时等才采用热处理。

3.5.3 不锈钢的焊接

不锈钢是具有优良化学稳定性和一定抗腐蚀性的高合金钢，其铬含量大于 12%（质量百分比），还含有镍、猛、钼等合金元素，按组织状态分为奥氏体不锈钢、铁素体不锈钢和马氏体不锈钢等。不锈钢的耐腐蚀性能和可焊接性能随铬含量的增加而提高，马氏体不锈钢含碳量较高，铬含量低，耐腐蚀性能较差，硬度高，焊接性能较差，奥氏体不锈钢的焊接性最好，马氏体不锈钢最差。

不锈钢焊接时易出现的焊接缺陷是晶界腐蚀和热裂纹。

晶界腐蚀的主要产生原因是焊接时,在450~850℃温度范围接头部位晶界处析出高铬碳化物($Cr_{23}C_6$),引起晶粒表层含铬量降低,形成贫铬区,易受腐蚀。焊接时可从增加焊缝中稳定碳化物形成元素的含量、选择超低碳焊条或母材、采取小电流快速焊并强制冷却、焊后进行热处理等方面来防止。

热裂纹常见于奥氏体不锈钢。主要原因是材料膨胀系数大,收缩应力大,凝固温度范围大,低熔点杂质偏析严重,集中在晶界,形成低熔点共晶。焊接时可从选用含碳量很低的母材和焊接材料、减少母材与焊材的杂质、加入一定量的铁素体形成元素以及采取小电流快速焊等方面来防止。

3.5.4 铸铁的焊接

铸铁碳含量(质量分数)大于2.11%,碳含量很高,可焊性很差,通常不作为焊接结构件材料,生产中常对铸件缺陷进行补焊。按碳在铸铁中存在的状态及形式的不同,可将铸铁分为白口铸铁、灰口铸铁、可锻铸铁、球墨铸铁及蠕墨铸铁五类。

铸铁焊接时熔合区易产生白口组织、裂缝和气孔,且硬度高,很难加工。铸铁的补焊一般采用气焊和手工电弧焊,焊接工艺为热焊法和冷焊法。

热焊法焊前需要在600~700℃预热,焊接过程中温度一般要大于400℃,焊后缓冷,主要依靠工艺防止产生白口组织和裂纹。热焊法焊件受热均匀,焊接应力小,焊接质量好,易机加工,一般仅用于焊后要求机械加工或形状复杂的重要工件。

冷焊法焊前不预热或低温预热(小于400℃),依靠焊条的化学成分来防止产生白口组织和裂缝。其主要特点是生产率高,劳动条件好,成本低,焊件变形小,但焊接品质不易保证,易白口化,加工性能差。生产中冷焊多用于补焊要求不高的铸件或用于补焊高温预热易引起变形的工件。

3.5.5 铝及铝合金的焊接

铝及铝合金焊接时易氧化,易在焊缝中形成气孔,尤其是铝和防锈铝的焊接。另外,焊接接头易开裂,且高温时强度和塑性极低,易产生变形。

氢是铝及其合金熔焊时产生气孔的主要原因。氢的来源主要是弧柱气氛中的水分、焊接材料以及母材所吸附的水分,其中焊丝及母材表面氧化膜的吸附水分对焊缝气孔的产生影响最大。为防止焊缝气孔,可从限制氢溶入熔融金属,或者减少氢的来源以及加大氢的逸出等方面着手。主要采取以下措施。

焊前清理:目的是去除氧化膜、油污、水分,可采用酸洗和碱洗等化学清理方法,或者用钢丝刷与刮刀清除表面氧化膜及油污等机械清理方法。

焊前预热:对厚度超过5~8 mm焊件,焊前预热至100~300℃,以减小焊接应力,避免裂纹,且有利于氢的逸出,防止气孔的产生。

焊后清理:焊后清理接头处的焊剂和焊渣,防止其与空气、水分发生作用,腐蚀焊件。

采用的焊接工艺一般是氩弧焊、气焊、点焊、缝焊和钎焊等,焊接时要依据相关国家标准进行。

3.5.6 铜及铜合金的焊接

由于铜的导热性高,焊接时热量极易散失,因此焊接时易出现未焊透和未熔化等缺陷。铜在液态时易氧化,生成的 Cu_2O 与铜组成低熔点共晶分布在晶界,且铜的收缩系数大,易产生焊接应力和裂缝。另外,铜在液态时吸气性强,焊接时易产生气孔和氢脆,且铜合金中的元素更易氧化,使可焊性更差。

因此对于铜及铜合金的焊接,焊接时应加入脱氧剂(如磷青铜焊丝利用磷脱氧),防止 Cu_2O 产生。焊前对焊剂、钎剂或焊条药皮做烘干处理,焊后彻底清洗残留溶剂或熔渣,避免接头的腐蚀破坏。厚板焊接时,通过焊前预热来弥补热量的损失,改善应力分布状况,焊后锤击焊缝,减小残余应力,并再结晶退火。

目前我国焊接纯铜及黄铜常用的方法有气焊、手弧焊、埋弧焊、惰性气体保护焊及等离子弧焊等。气焊及钨极氩弧焊主要应用于薄件(厚度 1~4 mm)的焊接。焊接板厚在 5 mm 以上的较长焊缝时,宜采用埋弧焊及熔化极氩弧焊。

3.6 焊接缺陷及其控制

3.6.1 主要焊接缺陷

焊接接头的不完整性称为焊接缺陷,主要有焊瘤、裂纹、未焊透、气孔、咬边和夹渣等缺陷,如图 3-31 所示。

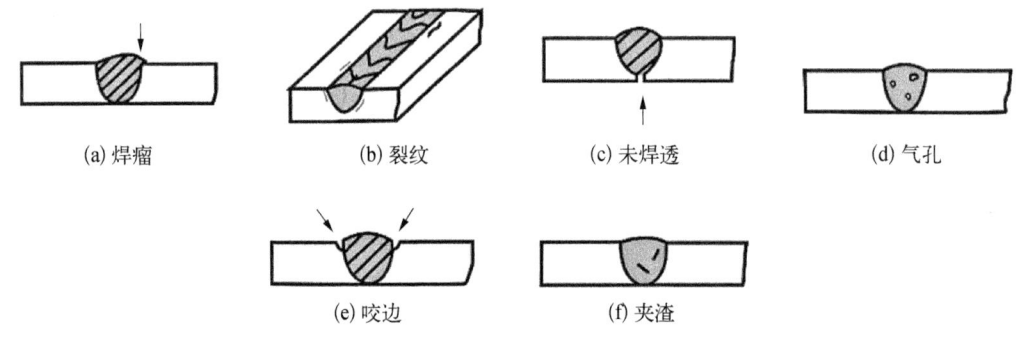

图 3-31 焊接主要缺陷

焊瘤是焊缝边缘存在的未与焊件熔合的堆积金属。其产生主要是由焊接时焊条熔化太快、电弧过长、电流过大、运条太快以及焊速太慢等原因引起的。

未焊透是被焊金属和填充金属之间局部未熔合的部位,与焊接时装配间隙太小、坡口间隙太小、运条太快、电流过小、焊条未对准焊缝中心以及电弧过长等原因有关。

气孔主要存在于焊缝表面或内部。焊件不洁、焊条潮湿、电弧过长、焊速过快以及含碳量高是产生气孔的主要原因。

焊件与焊缝边缘的交界处有小的沟槽,称为咬边。电流过大、焊条角度不对、运条方法不正确以及电弧过长是产生咬边的主要原因。

夹渣主要是非金属或氧化物。焊接时焊条未搅拌熔池、焊件不洁、电流过小、焊缝冷却太快以及熔渣未清除干净时容易产生夹渣。

裂纹主要存在于焊缝和焊件表面或内部。其产生原因与焊件含 C、P、S 高,设计不合理,焊后冷速太快,焊接顺序不正确等因素有关,焊接应力大,存在咬边、气泡、夹渣、未焊透等缺陷。

3.6.2 焊接缺陷的防止措施

防止焊接缺陷的主要途径可从制定正确的焊接指导文件和针对缺陷产生的原因在操作中采取防止措施两方面入手。

对于咬边、焊瘤和未焊透等缺陷,焊接时首先需正确选择焊接规范参数,如电弧焊中,电流和焊速的控制影响最大,其次是预热温度需要控制好。

对于焊接裂纹,需从冶金和应力两方面因素入手,所有防止和减少拉应力的措施都能防止和减少焊接裂纹。在冶金方面,为了防止热裂纹,应控制焊缝金属中有害杂质(如 C、S、P)的含量。

对于气孔和夹渣等缺陷,除了保证合适的坡口参数和装配品质,焊前清理非常重要,需仔细清除焊件表面的污物,包括坡口面锈蚀和污垢清除以及层间清渣。

思 考 题

1. 采用直流焊机进行电弧焊时,什么是直流正接?它适用于哪一类焊件?
2. 采用直流焊机进行电弧焊时,什么是直流反接?它适用于哪一类焊件?
3. 手工电弧焊时,焊芯和药皮在电弧焊中分别起什么作用?
4. 什么是焊接热影响区?低碳钢焊接时热影响区有什么特点?
5. 产生焊接应力和变形的原因是什么?
6. 钎焊时钎剂的作用是什么?常用的钎剂有哪些?
7. 何谓金属材料的焊接性?它包括哪几个方面?
8. 低碳钢的焊接性能如何?焊接低碳钢应用最广泛的焊接方法有哪些?
9. 焊接时如何控制焊接接头组织的性能?需要采取哪些措施呢?
10. 熔化焊焊接热循环有什么特点?如何影响接头的组织与性能?焊接时应采取什么措施?
11. 简述扩散焊的焊接过程。
12. 试分析瞬间液相扩散焊与钎焊之间的异同。
13. 加中间层扩散焊时中间层材料的特点及作用是什么?

第4章

粉末材料成形原理

粉末成形是通过粉末的制取、成形和烧结而制备金属、陶瓷等材料及其制品的一种工艺过程,俗称为粉末冶金(powder metallurgy)。粉末冶金法与生产陶瓷有相似的地方,用粉末烧结的方法制造陶瓷产品是陶瓷行业的基本工艺方法,因此也叫作金属陶瓷法。

利用粉末冶金方法可制备普通熔铸法无法生产的材料,如多孔材料、假合金、复合材料和特种陶瓷材料等,是一种少切削、无切削工艺(近净成形),可大批量生产同一种零件。但粉末冶金的粉末成本一般较高,成形制品的形状、尺寸受到一定限制,另外成形模具较贵,烧结零件韧性也相对较差。

粉末冶金技术作为新材料研发的重要方法,具有其他方法无法企及的特殊性质,受到越来越多的重视。本章着重介绍粉末材料成形过程中的基本原理和方法。

4.1 粉末的性能

4.1.1 粉末体及粉末颗粒

4.1.1.1 粉末体

粉末冶金的原材料是粉末,粉末与粉末冶金制品或材料同属于固态物质,但是就分散性和内部颗粒的联结性质而言是不一样的。固态物质按分散程度不同,分为致密体、粉末体和胶体三类。

致密体是一种集合体,致密体内无宏观孔隙,靠原子间的键力联结,大小在1 mm 以上的称为致密体或者固体。

粉末体简称为粉末,是由大量颗粒及颗粒之间的空隙所构成的集合体。粉末体内颗粒之间有许多小孔隙而且联结面很少,面上的原子间不能形成强的键力。粉末体不像致密体那样具有固定形状,而是表现出与液体相似的流动性,然而由于粉末移动时颗粒之间存在摩擦,故流动性有限。

胶体又称为胶状分散体,由分散相和连续相组成,分散相粒子直径在 1~100 nm,是一种高度分散的多相不均匀体系。

4.1.1.2 粉末颗粒

实际粉末体中可能存在一次颗粒和二次颗粒,颗粒之间存在孔隙。

粉末中能将其分开并可独立存在的最小实体称为单颗粒或者一次颗粒。多数场合下,颗粒与邻近的颗粒黏附在一起,构成二次颗粒,又称为聚合体或凝集颗粒。颗粒间的黏附力比范德瓦耳斯力大得多,接近电荷的库仑引力。粉末颗粒的表面状态十分复杂,一般粉末颗粒越细,外表面越发达,同时粉末颗粒的缺陷多,内表面也就相当大。外表面是可以看到的明显表面,内表面则包括裂纹、微缝以及与颗粒外表面连通的空腔、孔隙等,但不包括封闭在颗粒内的潜孔。

图4-1描绘了由若干一次颗粒聚集成二次颗粒的情形。一次颗粒之间形成一定的黏接面,在二次颗粒内存在微小的空隙。一次颗粒或单颗粒可能是单晶颗粒,而更普遍情况下是多晶颗粒,晶粒间往往不存在空隙。

粉末体中的二次颗粒可以由化合物的单晶体或多晶体经分解、焙烧、还原、置换或化合等物理化学反应并通过相变或晶型转变而形成,也可以由极细的单颗粒通过高温处理(如煅烧、退火)烧结而成。例如,由仲钨酸铵盐单晶体煅烧后得到的三氧化钨的颗粒团,还原时由于烧结作用,其中的单颗粒逐渐长大,彼此结合,成为多晶体,从而使整个颗粒团聚,形成比较牢固的二次颗粒;超细钨粉通过

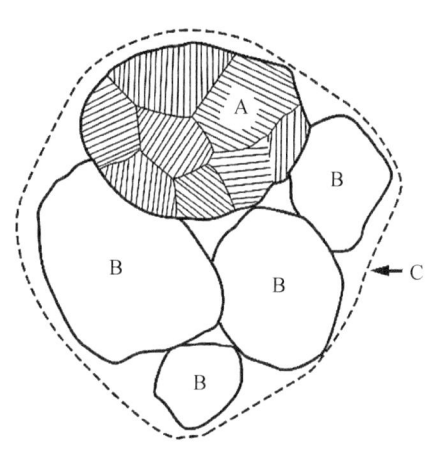

图4-1 聚集颗粒示意图

图中,A为晶粒;B为单颗粒或一次颗粒;C为聚合体或二次颗粒。

高温碳化,由数个或数十个钨的单颗粒在转变成碳化钨晶体的同时烧结成一个较大的碳化钨二次颗粒。用液相沉积法制造粉末时,可以由离子或原子通过结晶直接转变为二次颗粒。

单颗粒或二次颗粒靠范德瓦耳斯力黏接而成团粒,团粒的结合强度低,用研磨、擦碎等方法或在液体介质中可被分散成更细的团粒或单颗粒。

颗粒的聚集程度对粉末的工艺性能影响很大。从粉末的流动性和松装密度来看,聚集颗粒相当于一个大的单颗粒,流动性和松装密度均比细的单颗粒高,而且压缩性也较好。但是,一次颗粒在压制过程中同样经受变形过程,也会影响压缩性和成形性,而在烧结过程中,一次颗粒所起的作用比二次颗粒更重要。

制粉工艺对颗粒的晶粒结构起着主要的作用。一般来说,颗粒具有多晶结构,而晶粒大小取决于工艺特点和条件,对于极细的粉末,可能出现单晶颗粒。

粉末颗粒实际结构的复杂性还表现为晶体的不完整性,即存在许多结晶缺陷,如空位、畸变、位错、夹杂等。从更微观的角度看,粉末晶体由于严重的点阵畸变,有较高的空位浓度和位错密度。因此,粉末总是储存了较高的晶格畸变能,具有较高的活性。

从上面的分析可以看到,粉末的性能实际上包括单颗粒的性能、粉末体的性能和粉末孔隙特性,分为化学性能、物理性能和工艺性能。

4.1.2 粉末的化学性能

粉末的化学性能主要由粉末的成分决定,化学成分包括主要组元成分的含量和杂质的含量。杂质主要来源于以下方面。

(1) 与主要金属结合,形成固溶体或化合物的金属或非金属成分,如还原铁粉中的Si、Mn、C、S、P、O 等。

(2) 从原料和粉末生产过程中带进的机械杂质,如硅酸盐、难熔金属或碳化物等不溶物。

(3) 粉末表面吸附的氧、水汽、氮气和二氧化碳等。

(4) 制粉工艺带进的杂质,包括水溶液电解粉末中的氢,气体还原粉末中溶解的碳、氮或氢,羰基粉末中溶解的碳等。

了解粉末的化学性能,就需要采取一定的分析方法对粉末的主要成分及杂质含量进行测定。

4.1.3 粉末的物理性能

粉末的物理性能包括粉末颗粒的形状与结构、大小与粒度组成、比表面积、密度、显微硬度,光学和电学性质,以及熔点、比热容、蒸气压等热学性质,由颗粒内部结构决定的 X 射线、电子射线的反射和衍射性质,磁学与半导体性质等。但研究表明,粉末的熔点、蒸气压、比热容与同成分致密材料的差别很小,而光学、X 射线、磁学等性质与粉末冶金的关系不大。因此在本节中仅介绍粉末颗粒的形状、粒度及粒度分布的概念及其测定方法。

4.1.3.1 粉末颗粒的形状

将粉末试样均匀分散后用放大镜或各种显微镜进行观察,可以发现,粉末的单颗粒具有类似的几何形状,常见粉末颗粒的形状如图 4-2 所示。

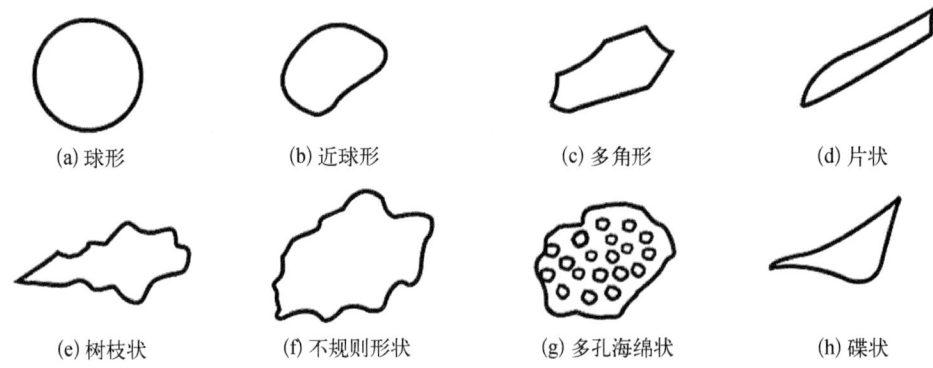

(a) 球形 (b) 近球形 (c) 多角形 (d) 片状
(e) 树枝状 (f) 不规则形状 (g) 多孔海绵状 (h) 碟状

图 4-2 粉末颗粒的形状

颗粒形状与制粉方法密切相关,一般金属气态或液态制粉易获得球形粉末,固态制粉易获得不规则形状粉末,水溶液电解法制粉易获得树枝状粉末。颗粒形状与粉末生产方法的关系见表 4-1。

表 4-1 颗粒形状与粉末生产方法的关系

颗粒形状	粉末生产方法	颗粒形状	粉末生产方法
球 形	气相沉积、液相沉积	树枝状	水溶液电解
近球形	气体雾化、置换(溶液)	不规则形状	金属氧化物还原
多角形	塑性金属机械研磨	多孔海绵状	金属旋涡研磨
片 状	机械粉碎	碟 状	水雾化、机械粉碎、化学沉淀

颗粒形状直接影响粉末工艺性能,如流动性、松装密度、气体透过性,另外,对成形和烧结过程也产生影响。一般来讲,球形粉末流动性好,松装密度高,在相同压制条件下,压坯密度高;形状复杂粉末流动性较差,但粉末之间机械啮合力大,相同压力下,压坯强度高,弹性后效小;颗粒形状复杂,表面粗糙,压坯中粉末颗粒接触紧密,能促进烧结;颗粒形状简单,压坯中颗粒之间接触不良,如球形和片状粉末,烧结性较差。

4.1.3.2 粒度及粒度分布

用直径表示颗粒大小称为粒径和粒度,是粉末物理性能中的重要参数之一。严格讲,粒度仅指单颗粒,而粒度组成指整个粉末体,但是粉末粒度通常指颗粒平均大小,即粉末的统计性平均粒径。

粉末颗粒大小分为粗粉($150\sim500$ μm)、中等粒度粉($40\sim150$ μm)、细粉($10\sim40$ μm)、极细粉($0.5\sim10$ μm)和超细粉(小于 0.5 μm)五个等级。超细粉又分为微细晶粉末($0.4\sim0.5$ μm)、超细晶粉末($0.1\sim0.4$ μm)和纳米粉末($0.1\sim100$ nm)三个等级。

粉末的粒度与测量方法、测量参数以及颗粒形状有关。粉末粒度分布可以通过几种方法进行测量,由于测量参数选择不同,测量的数据也不相同。大多数粉末粒度分析仪只使用一个几何参数,并设定为球形颗粒。分析的基础可能是表面积、投影面积、最大尺寸、最小横截面积或体积等任何一个几何值。

实际中除了粉末的粒度,还要考虑粉末的粒度分布。由于组成粉末的无数颗粒不属于同一粒径,因此又用不同粒径的颗粒占全部粉末颗粒的百分含量来表征粉末颗粒大小的状况,称为粒度组成,也叫作粒度分布。粒度分布有频率分布和累计分布两种形式。

1. 频率分布

在粉末样品中,某一粒度大小或某一粒度大小范围内的颗粒数(与之相对应的颗粒个数为 n_i)在样品中出现的百分含量(%),即频率(f),这种频率与颗粒大小的关系,称为频率分布。频率分布曲线是以各粒级间隔的横坐标长度为底边,将相应的频率 f 或与之相对应的颗粒个数 n_i 为高的小矩形群所组成的图形,如图 4-3 所示,曲线峰值所对应的数径称多数径。

应当指出,颗粒频率分布曲线的纵坐标,不限于用颗粒个数表示,也可用颗粒质量表示,这时所得的曲线,又称为质量粒径分布。此外,粒径分布的组距不一定非为等组距,也可采用不等组距。

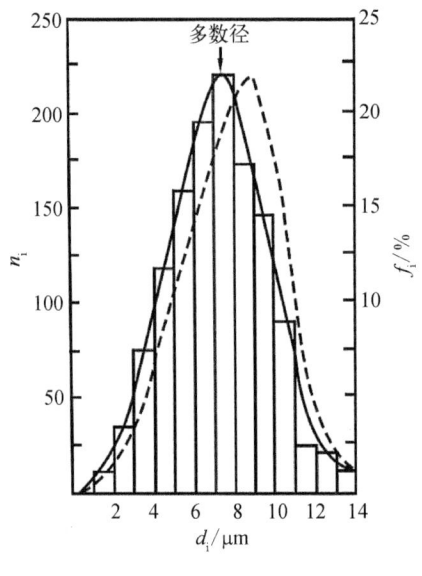
图 4-3 频率分布曲线

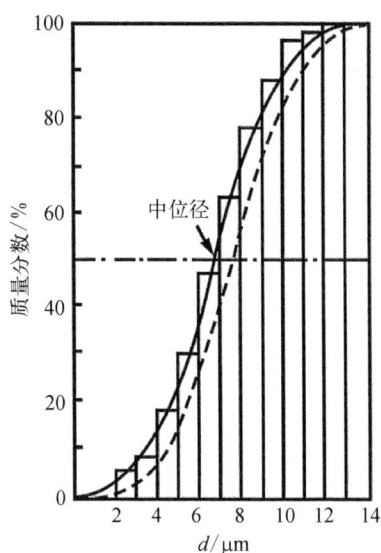
图 4-4 累积分布曲线

2. 累积分布

将颗粒大小的频率分布按一定方式累积,便得到相应的粉末累积分布曲线。累积百分数代表包括某一级在内的小于该级的颗粒数占全部粉末数的百分含量,以它对平均粒径作图,就得到图 4-4 中实线所代表的累积分布曲线。

累积分布曲线在数学意义上是相对于微分分布曲线的积分曲线,因为在累积曲线上各点的斜率,即累积曲线函数对粒径变量的微分正好是微分曲线上对应点的纵坐标值。而且,微分分布曲线上的多数径对应于积分分布曲线拐点的粒径,表示在该粒径附近,粒径变化一个单位(1 μm)时,颗粒数百分含量的变化率最大。

在累积分布曲线上,当样品的累计粒度分布百分数达到 50% 时所对应的粒径,称为 D50,常用来表示粉体的平均粒度,对应 50% 的粒径称中位径。相应地,当一个样品的累计粒度分布数达到 97% 时所对应的粒径称为 D97,它表示粒径小于它的颗粒占 97%。D97 常用来表示粉末粗端的粒度指标。

3. 粒度测量技术

颗粒的粒度、粒度分布及形状能显著影响粉末及其产品的性质和用途。粒度的测定方法有多种,常用的有筛分法、显微镜法、沉降法、吸附法、光衍射法等。不同测定方法的粒径基准、测量范围和粒度分布基准如表 4-2 所示。

表 4-2 常用粉末粒度分析方法

粒度基准	方法名称	测量范围/μm	粒度分布基准
几何学粒径	筛分法	>40	质量分布
	光学显微镜	0.2~500	个数分布
	电子显微镜	0.01~10	个数分布

续 表

粒度基准	方法名称	测量范围/μm	粒度分布基准
当量粒径	重力沉降 离心沉降	1~50 0.05~10	质量分布 质量分布
比表面粒径	气体吸附 气体透过	0.001~20 0.2~50	面积分布 面积分布
光衍射粒径	光衍射 X光衍射	0.001~10 0.0001~0.05	体积分布 体积分布

在上述粉末粒度分析方法中,筛分法由于所用设备简单,是一种最简单,也是应用最早和最广泛的粒度测定方法,可用于快速分析粉末颗粒的粒度。所以接下来就以筛分法为例,介绍一下粉末粒度的测量技术。

筛分法原理是按照筛孔尺寸依次组合的一套试验筛,如图4-5所示,借助振动把金属粉末筛分成不同的筛分粒级,称量每个筛上及底盘上的粉末质量,计算出每个筛分粒级的百分含量,从而得出粉末粒度的组成。

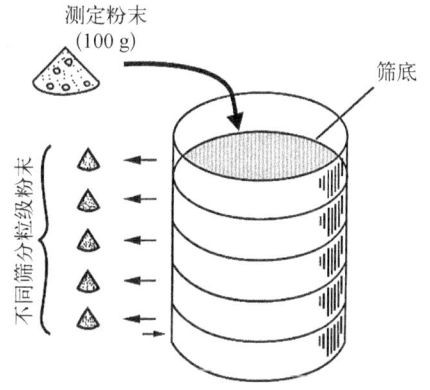

图4-5 筛分析法示意图

筛分法所用筛盘由金属丝编织的筛网加边框制成,直径为200 mm,高为50 mm。各国制定的筛网标准不同,网丝直径和筛孔大小也不一样。目前,国际标准采用泰勒(Taylor)筛制,筛分法中,用网目数"目"表示筛网的孔径和粉末的粒度。

目数就是在1 in(英尺,1 in=25.4 mm)长度筛网上分布的筛孔数。若以m代表目数,a代表网孔尺寸,d代表丝径,它们之间的关系如下:

$$m = \frac{25.4}{a+d} \tag{4-1}$$

一般来说,要得到非常小的筛网网孔尺寸是很困难的,所以筛分技术一般只适用粒径大于38 μm的颗粒。电刻筛可得到5 μm的筛孔直径,但由于颗粒的团聚以及颗粒黏附在筛网上,更小的电刻筛并无实际用途。常用标准筛目数与孔径的对应关系如表4-3所示。

表4-3 标准筛尺寸

目 数	孔径/μm	目 数	孔径/μm
18	1 000	30	600
20	850	35	500
25	710	40	425

续 表

目　数	孔径/μm	目　数	孔径/μm
45	355	170	90
50	300	200	75
60	250	230	63
70	212	270	53
80	180	325	45
100	150	400	38
120	125	450	32
140	106	500	25

虽然筛分法操作简便、快速,是应用最广泛的粒度分析技术,除可以大体测定粉末颗粒的大小外,还可以通过计算每个筛分粒级的百分含量,得出不同的粒度组成,即粒度分布,但也存在一些问题。筛孔中的缺陷将允许大尺寸的颗粒通过,而且筛分时间过长将导致大颗粒碎分为小颗粒,当筛分时间太短时,由于筛网上的堆积,细小的颗粒没有足够的时间通过。另外,筛孔的平均尺寸在制造时有 3%~7% 的允许误差,不同的操作方法会使筛分产生 8% 的误差,但如果严格控制筛分过程,差异性可缩小到 1%。

此外,筛分法还存在不足,对于细粉、极细粉末等,筛分法受到筛网孔径的限制难于测定,需要采用显微镜法、沉降法、光衍射法等分析方法。

4.1.4　粉末的工艺性能

粉末工艺性能是粉末冶金制品选用粉末原料最重要的参数,是模具设计和产品密度设计必要的原始数据。

金属粉末的工艺性能主要包括松装密度、振实密度、流动性、压缩性和成形性。粉末的工艺性能主要取决于生产方法和粉末的后处理工艺,还与粉末的物理、化学性能密切相关。

4.1.4.1　粉末密度

粉末材料的理论密度,通常不能代表粉末颗粒的实际密度,因为颗粒几乎都有孔。有的孔与颗粒外表面相通,称为全开孔或半开口;颗粒内不与外表面相通的孔称为闭孔。颗粒密度根据颗粒的体积是否计考虑这些孔隙的体积而有不同的值,一般来讲,有真密度、有效密度和表观密度三种颗粒密度。

真密度 D_1 是颗粒质量 m 与粉末总体积 $V_\text{总}$ 除去粉末开孔和闭孔的体积相除得到的值。真密度实际上就是粉末的固体密度。

$$D_1 = m/(V_\text{总} - V_\text{孔}) = m/(V_\text{总} - V_\text{开孔} - V_\text{闭孔}) \tag{4-2}$$

式中,m 为颗粒质量;$V_\text{总}$ 为粉末总体积;$V_\text{开孔}$ 为粉末开孔体积;$V_\text{闭孔}$ 为粉末闭孔体积。

有效密度 D_2 是颗粒质量与包括闭孔的颗粒体积相除得到的值。用密度瓶法测定的密度接近这种密度值,故又称为密度瓶密度。

$$D_2 = m/(V_\text{总} - V_\text{开孔}) \tag{4-3}$$

表观密度 D_3 是指包含开孔与闭孔孔隙体积的粉末密度,如松装密度和振实密度。

$$D_3 = m/V_{总} \quad (4-4)$$

真密度、有效密度和表观密度之间大小关系为:$D_3 < D_2 < D_1$。

在粉末压制操作中,常采取容量装粉法,即用充满一定容积的型腔的粉末量来控制压件的密度和单个质量,这就要求每次装满型腔的粉末有严格不变的质量。但是,不同粉末的容积一定时,其质量是不同的,常用松装密度或振实密度来描述粉末的这种容积性质。松装密度和振实密度对粉末的工艺性能影响最大,所以接下来重点介绍粉末松装密度和振实密度。

1. 松装密度

松装密度是指粉末自然地充满规定的容器时单位容积的粉末质量,即在不受重力之外的其他任何力作用下松散粉末的密度。

粉末松装密度的测量方法有漏斗法、斯科特容量计法和振动漏斗法三种。粉末从漏斗孔按一定高度自由落下充满杯子测量松装密度的方法称为漏斗法。漏斗法测量松装密度的装置如图4-6所示。一定量的粉末按一定高度从标准漏斗口自由落下后充满一定体积的杯子,称量杯子中粉末的质量,通过计算即可得到松装密度。松装密度是包含开孔与闭孔孔隙的粉末密度,松装密度综合反映了粉末粒度和粒度组成、粉末颗粒形状、颗粒密实程度等一系列性能特征。

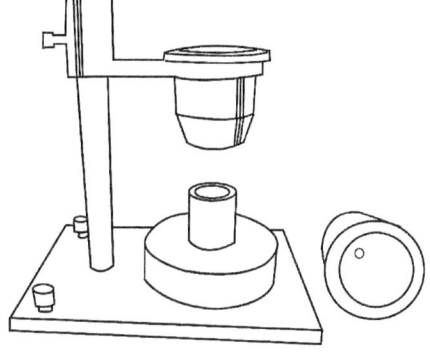

图4-6 松装密度测量装置

把粉末放入上部组合漏斗的筛网上,自由或靠外力流入布料箱,交替经过布料箱中4块倾斜角为25°的玻璃板和方形漏斗,最后从漏斗孔按一定高度自由落下充满杯子的方法称为斯科特容量计法。将粉末装入带有振动装置的漏斗中,在一定条件下进行振动,粉末借助于振动,从漏斗孔按一定高度自由落下充满杯子的方法称为振动漏斗法。对于在特定条件下能自由流动的粉末,采用漏斗法,对于不能自由流动的粉末,采用后两种方法。

松装密度是粉末冶金机械零件压模设计的重要工艺参数,它直接决定阴模模腔的装粉高度。在生产中,为了保证制品密度的一致,必须要求粉末松装密度稳定。

2. 振实密度

振实密度是将松散粉末装入振动容器中,在规定条件下经过振实后所测得的粉末密度。在测定粉末的振实密度时,可得一定量的粉末装在如图4-7所示的振实密度测量装置的量筒中,在规定的条件下进行振动,直到粉末的体积不再减小,测得振实体积,计算得到振实密度。一般振实密度比松装密度高20%~50%,粉末振实密度比其松装密度增大的百分数,是粉末粒度及其分布、颗粒形状及其表面粗糙度、比表面积等物理性能

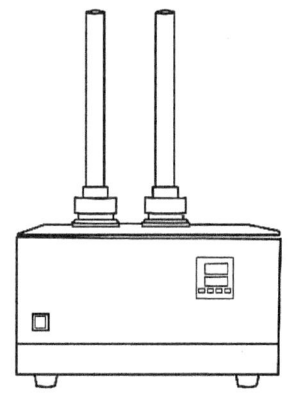

图4-7 振实密度测量装置

的综合体现。振实密度测量时,所用量筒容积和所用粉末数量应根据粉末的松装密度来选择。

松装密度是粉末自然堆积的密度,它取决于颗粒间的黏附力、相对滑动的阻力以及粉末体孔隙被小颗粒填充的程度。虽然敲击或振动会使粉末颗粒堆积得更紧密,但是粉末体内仍存在大量的孔隙,其所占的体积称为孔隙体积。孔隙体积与粉末体的表观体积之比称为孔隙度,粉末体的孔隙度包括粉末颗粒之间空隙的体积和颗粒内孔隙的体积之和。显然,松装粉末的孔隙度比振实粉末的孔隙度高。

粉末体的孔隙度或密度是与颗粒的形状、颗粒的密度、颗粒表面状态、粉末的粒度和粒度组成等有关的一种综合性质。但实际上,颗粒间的黏附阻碍颗粒运动,会使孔隙度提高。如果颗粒的大小不相等,较小的颗粒填充到大颗粒的间隙中,孔隙度将降低。

粉末颗粒形状对松装密度和振实密度有着重要的影响。球形粉末的松装密度最高,孔隙度最低,约为50%;片状粉末的孔隙度可达90%;而介于这两种形状之间的还原粉或电解粉,孔隙度则为65%~75%。表4-4为粒度和粒度组成大致相同的三种铜粉的密度和孔隙度,可以看到,由于形状不同,松装密度、振实密度和松装时孔隙度相差很大。

表4-4 三种颗粒形状不同铜粉的密度和孔隙度

颗粒形状	松装密度/(g/cm^3)	振实密度/(g/cm^3)	松装时孔隙度/%
片状	0.4	0.7	95.5
不规则形状	2.3	3.14	74.2
球形	4.5	5.3	49.4

粉末颗粒的大小也对松装密度和振实密度有着重要的影响。相同条件下粒度范围窄的细粉末,松装密度都较低。表4-5给出了不同粒度钨粉的松装密度。由此可见,细钨粉末由于易"搭桥"和互相黏附,妨碍颗粒相互移动,因此松装密度比较小。当粗、细粉末按一定比例混匀时,由于粗颗粒间的大孔隙可被一部分细颗粒所填充,可获得比较大的松装密度。

表4-5 钨粉的费氏平均粒度对松装密度的影响

费氏平均粒度/μm	松装密度/(g/cm^3)	费氏平均粒度/μm	松装密度/(g/cm^3)
1.20	2.16	6.85	4.40
2.47	2.52	26.00	10.20
3.88	3.67	—	—

4.1.4.2 粉末流动性

粉末流动性是指50 g粉末从标准漏斗流出所需要的时间,单位为s/50 g,简称为流速。流动性测试装置与图4-6测松装密度的装置一致,但测试时粉末的质量是50 g,粉末从漏斗流出时需要用秒表来计时。标准漏斗是用150目金刚砂粉末,在40 s内流完

50 g 来标定和校准。美国标准还规定用孔径 1/5 in(5.08 mm)的标准漏斗测定流动性差的粉末。

另外,还可采用粉末自然堆积角(又称为安息角)试验测定流动性,如图 4-8 所示,让粉末通过一组筛网自然流下并堆积在直径为 1 in(2.54 cm)的圆板上。当粉末堆满圆板时,以粉末锥的高度衡量流动性,粉末锥的底角称为安息角,也可作为流动性的量度。粉末锥越高或安息角越大,表示粉末的流动性越差,反之则流动性越好。

流动性和松装密度一样,与粉末体和颗粒的性质有关。一般来讲,等轴状粉末、粗颗粒粉末的流动性好,粒度组成中,极细粉末占的比例越大,流动性越差。但是,粒度组成向偏粗的方向增大时,流动性变化不明显。

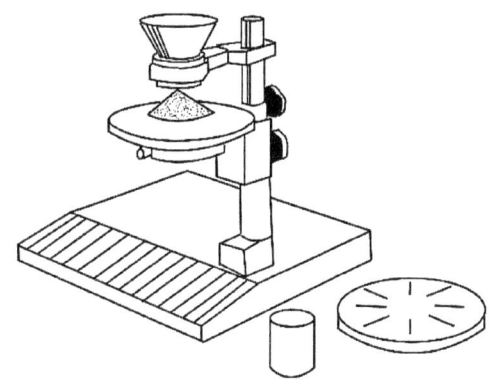

图 4-8 粉末安息角测量装置

流动性还与颗粒密度和粉末松装密度有关。如果粉末的松装密度不变,颗粒密度越大,则流动性越好;如果颗粒密度不变,松装密度的增大会使流动性提高。例如,尽管球形铝粉相对密度较大,但由于颗粒密度小,流动性仍比较差。

另外,流动性也同松装密度一样,受颗粒间黏附作用的影响,颗粒表面如果吸附水分、气体或加入成形剂,会降低粉末的流动性。粉末流动性直接影响压制操作的自动装粉和压件密度的均匀性,因此是自动压制工艺中必须考虑的重要工艺性能。

对于一些流动性比较差的粉末,可以通过造粒工序制备团粒来改善其流动性。

4.1.4.3 粉末压制性能

粉末压制性是压缩性和成形性的总称,与粉末的化学成分和物理性能密切相关。压缩性代表粉末在压制过程中被压紧的能力,在规定的模具和润滑条件下加以测定,常用一定的单位压制压力下粉末所达到的压坯密度表示,也可以用压坯密度随压制压力变化的曲线图表示,或者用压坯的强度来衡量。成形性是粉末压制后,压坯保持既定形状的能力,用粉末得以成形的最小单位压制压力表示,或者用压坯的强度来衡量。

影响压缩性的因素是颗粒的塑性或显微硬度。当压坯密度较高时,塑性材料粉末比硬、脆材料粉末的压缩性好。球磨后的金属粉末由于塑性变差,一般压缩性能会降低,但在一定温度下退火后由于塑性的改善,压缩性提高。当金属粉末内含有合金元素或非金属夹杂时,会降低粉末的压缩性,因此粉末中碳、氧等含量的增加必然使压缩性变差。颗粒形状和结构对压缩性也有明显的影响,例如,雾化粉末多呈球形,比不规则形状的还原粉末的松装密度高,压缩性也好。

成形性受颗粒形状的影响最为明显,松软、形状不规则的粉末压紧后颗粒的联结增强,成形性就好,例如,还原铁粉的压坯强度比雾化铁粉高。

在评价粉末的压制性时,必须综合比较压缩性与成形性。一般来说,成形性好的粉末,压缩性差;相反,压缩性好的粉末,成形性差。例如,松装密度大的粉末,压缩性虽好,但成形性差;细粉末的成形性好,但压缩性较差。

4.2 粉末的制备

粉末冶金的生产工艺是从制取原材料——粉末开始的,因此粉末既是粉末冶金工业的一大产品,又可以为后续工序(如成形、烧结)提供原材料。粉末的种类很多,有纯金属粉末、合金粉末、金属化合物粉末和陶瓷粉末等。从粉末外形来看,根据制品性能的不同,可能需要使用各种形状的粉末,例如,生产过滤器时就要求使用球形粉末。从粉末粒度来看,也可能需要使用粒度不同的粉末,如微米级粉末和纳米级粉末等。

为了满足对粉末的各种要求,需要有各种各样生产粉末的方法,这些方法可以使纯金属、合金或者金属化合物从固态、液态或气态转变成粉末态。在固态下制取粉末的方法主要有机械粉碎法、电化腐蚀法、还原法和还原-化合法等。在液态下制取粉末的方法主要有置换法、溶液氢还原法、雾化法、水溶液电解法和熔盐电解法等。在气态下制备粉末的方法主要有蒸气冷凝法、羰基化合物的热离解法、气相氢还原法和化学气相沉积法等。

从粉末制备过程的实质来看,现有粉末制取的方法大体上可以归纳为物理机械法和物理化学法两大类:物理机械法是将原料机械地粉碎来获得粉末,而化学成分基本上不发生变化;物理化学法是借助物理化学作用,改变原材料的化学成分或聚集状态来获得粉末。粉末的生产方法很多,从工业规模而言,应用最广泛的是机械粉碎法、金属氧化物还原法、雾化法和电解法,其他方法(如气相沉淀法和液相沉淀法)在特殊应用时也很重要。

4.2.1 机械粉碎法

固体物料在气力、机械力、电力或者爆破等外力作用下,克服了内聚力,固体物料破碎的过程称为粉碎。工业生产中采用的粉碎方法,主要靠机械力的作用,因此称为机械粉碎法。最常见的机械粉碎方法有压碎、劈碎、剪碎、击碎和磨碎五种。

根据物料粉碎的最终程度,可以分为粗粉碎和细粉碎。根据粉碎的作用机构,以压碎作用为主的有碾碎、辊轧以及颚式破碎等,以击碎作用为主的有锤磨等,属于击碎和磨碎等多方面作用的有球磨、棒磨等。目前使用的粉碎机械,往往同时具有多种粉碎方法的联合作用,以其中某一种方法为主。不同形式的粉碎机械,其处理物料所用的粉碎方法也各不相同。虽然所有的材料都可以被机械地粉碎,但碎粉效率和碎粉所用能耗与材料的结构及特性密切相关。下文以机械研磨制粉中利用最多的球磨为例,探讨球磨的基本原理及影响因素。

4.2.1.1 球磨的基本原理

机械研磨是利用机械力将材料粉碎,从而制取粉末的方法,实质是利用动能来破坏材料的内结合力,使材料分裂产生新的界面。机械研磨是一种简单、有效、应用广泛的制粉方法,特别适合脆性粉末(如陶瓷粉末和硬质合金粉末等)的制备。但机械研磨制备的粉末存在加工硬化,形状不规则,易出现流动性变坏和团块等特征,另外该方法的能量利用率较低。

机械研磨制粉的主要方式是球磨,所用的设备为球磨机,根据球磨机工作方式的不同,可分为滚筒式球磨机、行星式球磨机、振动式球磨机和搅拌式球磨机等。球磨时,球磨筒将机械能传递到筒内的球磨物料及介质上,相互间产生冲击力、挤压力、摩擦力等,物料在这些力的作用下粉碎。因此球磨筒、磨球、研磨物料和研磨介质是球磨制粉的四个基本要素。

球磨制粉时,对于脆性粉末,粉末的细化过程实质上就是大颗粒不断解理的过程;对于塑性较强的粉末,细化过程较为复杂,存在着磨削、变形、加工硬化、断裂和冷焊等行为。不论何种性质的研磨物料,提高磨球动能和提高磨球有效碰撞概率是提高球磨效率的基本原则。

4.2.1.2 影响球磨效果的因素

影响球磨效果的因素主要有球料比、填充率、球体直径、研磨介质和转速等。

1. 球料比

球料比是磨球和磨料的比例,一般要确保粉末能填满球体之间的间隙,且稍微掩盖住球表面。磨料太少,则球与球碰撞次数增多,磨损太大;磨料过多,则磨削面积不够,不能很好地磨细粉末,需要延长研磨时间,能量消耗增大。

2. 填充率

填充率是指料和球占磨腔的比例。随着球磨机内料位的增高,功率消耗也增加,球磨机的产量也相应提高。当填充率增加到40%～50%时,功率消耗达到一个限制,此时球磨机的产量最高,当充填率再增加时,功率消耗急剧下降,产量也降低。任何一种球磨机都存在一个最佳料位值,物料性质不同,最佳料位值也不同。

3. 球体直径

球的大小对物料的粉碎有很大的影响。如果球体直径小,质量轻,则对物料的冲击力弱;如果球体直径太大,则装球的个数少,因此撞击数减少,磨削面积减少,也会使球磨效率降低。一般将大小不同的球配合使用,球的直径 d 按一定的范围选择:

$$d \leqslant \left(\frac{1}{24} \sim \frac{1}{18}\right) D \tag{4-5}$$

式中,D 为球磨筒直径。物料的原始粒度越大,材料越硬,则选用的球也应越大。实践中,球磨铁粉一般选用直径为 10～20 mm 的钢球;球磨硬质合金混合料则选用直径为 5～10 mm 的硬质合金球。

4. 研磨介质

物料除了在空气介质中进行干磨,还可加入固体或者液体介质进行球磨,这些加入的研磨介质称为工艺程控制剂,如硬脂酸、水、酒精、汽油、丙酮等。当加入的介质是液体时,称为湿磨,在硬质合金、金属陶瓷及特殊材料的研磨中常采用。有时在湿磨中加入一些表面活性物质,可使颗粒表面被活性分子层包覆,从而防止细粉末的冷焊团聚。活性物质还可渗入粉末颗粒的显微裂纹里,产生一种附加应力,形成尖劈作用,促进裂纹的扩张,有利于粉碎过程。

湿磨可减少金属的氧化,可减少物料的成分偏析,并有利于成形剂的均匀分散。另外,湿磨时液体介质的存在可使颗粒间的介电常数增大,原子间的引力减少,可防止金属颗粒的再聚集和长大。加入表面活性物质可促进粉碎作用,还可减少粉尘飞扬,改善劳动环境。

5. 转速

球磨过程中有冲击、剪切、压缩和研磨四种作用力在破碎粉末,作用力的大小和种类主要取决于球和物料的运动状态,而球和物料的运动取决于球磨筒的转速。滚筒式球磨机工作时球和物料随球磨筒转速的不同有三种基本情况,如图 4-9 所示。

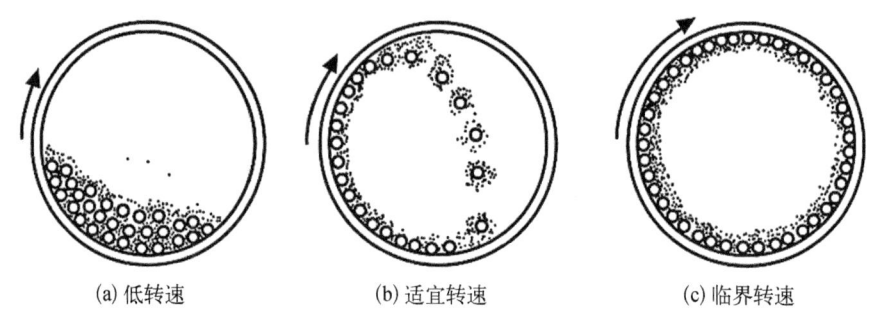

(a) 低转速　　　　　(b) 适宜转速　　　　　(c) 临界转速

图 4-9　球和物料随球磨筒转速不同的三种状态

当转速较低时,球料混合体与筒壁做相对滑动运动并保持一定的斜度,随转速的增加,球料混合体斜度增加,抬升高度加大,这时磨球并不脱离筒壁。球和物料沿筒体上升至坡度角,然后滚下,称为泻落,如图 4-9(a)所示。这时物料的粉碎主要靠球的摩擦作用,效果差。

当球磨机转速较高,转速达一个临界值时,球在离心力的作用下,随着筒体上升至比第一种情况更高的高度,然后在重力作用下掉下来,称为抛落。这时物料和球之间不仅有球的摩擦作用,还有球落下时的冲击作用,其中冲击对物料的粉碎作用最大,物料被粉碎的效果最好,如图 4-9(b)所示。

继续增加球磨机的转速,当离心力超过球体的重力时,紧靠球磨筒内衬板的球不脱离筒壁而与筒体一起回转,这时磨球、粉料与磨筒处于相对静止状态,此时研磨作用停止,如图 4-9(c)所示,效果最差。

4.2.1.3　强化研磨

球磨粉碎物料是一个相对很慢的过程,特别是当要求物料粉碎得很细时,需要延长研磨时间。普通钢球研磨可使脆性材料粉末粒径减至 1 μm 左右,再用硬质合金球体可进一步降低粉末粒径,但研磨效率显著降低。为了提高研磨效率,发展了多种强化研磨的方法,如振动球磨和搅拌球磨等,下面简单介绍搅拌球磨。

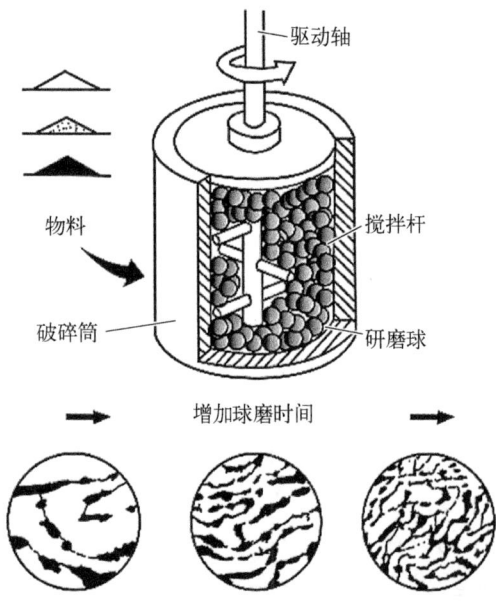

图 4-10　高能搅拌球磨示意图

搅拌球磨使用高能搅拌球磨机,搅拌球磨与滚筒球磨的区别在于使球体产生运动的驱动力不同,另外能量利用率高,是一种高能量利用效率的球磨设备。搅拌球磨机的筒体是用水冷却的固定筒,内装硬质合金球或钢球,球体由钢制的转子搅动,转子表面镶有硬质合金或钴基合金,如图 4-10 所示。转子搅动球体使之产生相当大的加速度,并传给被研磨的物料,对物料有较强烈的研磨作用。同时,球的旋转运动在转子中心轴的周围产生旋涡作用,对物料产生强烈的环流,使粉末研磨得很均匀。此外,由于采用惰性气体保护,且使用镶嵌有硬质合金的搅拌杆,搅拌球磨的氧含量比滚动球磨或振动球磨要低,铁等杂质含量也较低。

搅拌球磨除了用于物料粉碎和硬质合金混合料的研磨,还用于制备合金化粉末和生产弥散强化复合材料。在机械合金化过程中,不同金属粉末在高能搅拌球磨机中通过粉末颗粒与磨球之间长时间激烈地冲击、碰撞,使粉末颗粒反复产生冷焊、断裂,导致粉末颗粒中原子扩散,从而获得合金化粉末,如图4-11所示。20世纪60年代以来,氧化物弥散强化材料由于具有优良的抗蠕变行为而逐步用于电子工业。通过高能球磨合金化技术,粉末在研磨机中经由反复冲击、冷焊、断裂,成功地将高硬度粒子弥散分布在合金中,再经后续热处理加工,获得弥散强化材料。

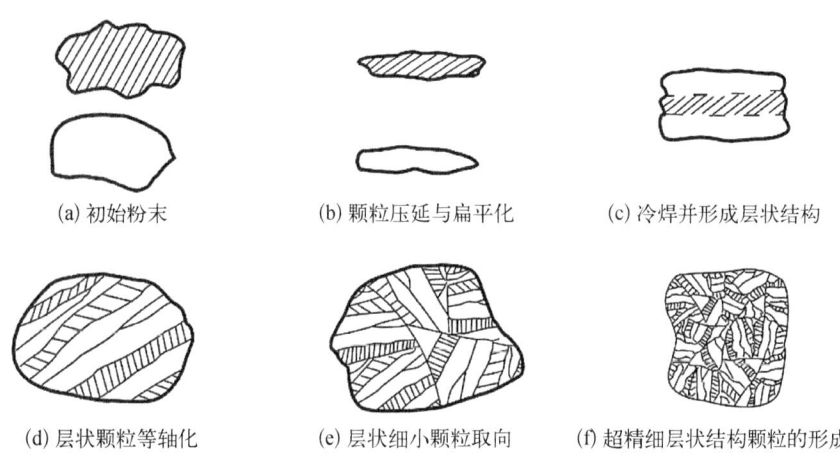

图4-11 机械合金化过程示意图

与其他研磨不同,高能搅拌球磨中连续的碰撞研磨并不能使颗粒随球磨时间无限变细,而是使颗粒的微观结构发生改变。机械合金化所需时间 t 取决于搅拌球体直径 d 和搅拌杆转速 N,即

$$t = Cd^2/N^{1/2} \tag{4-6}$$

式中,d 为搅拌球体的直径;C 为与均匀化程度有关的常数。

搅拌球磨可制得亚稳态粉末、纳米尺寸粉末(小于100 nm),甚至非晶态粉末。和其他机械制粉技术一样,搅动球磨也会掺入杂质。这一问题可用与粉体材料相同的球体、搅拌杆、球磨筒等加以解决。

4.2.2 雾化法

雾化法是利用高压雾化介质(如气体或水)强烈冲击液流,或通过离心力使液态金属熔体破碎为细小液滴,快速凝固得到粉末的过程。雾化法属于机械制粉法,是直接击碎液体金属而制得粉末的方法,应用较广泛,生产规模仅次于还原法。利用雾化法易制得成分均匀、纯度高、组织均匀、工艺性能好的优质粉末,且粉末颗粒形状、大小和粒度分布等都在一定范围内可调。另外,由于快速凝固细化了结晶结构,消除了宏观偏析,雾化法是生产预合金粉的最好方法,制备的合金粉每个颗粒具有与既定熔融合金完全相同的均匀化学成分。

雾化法的种类很多,有二流雾化法、旋转电极雾化法、离心雾化法和其他雾化法,如转辊雾化、真空雾化、油雾化等。

4.2.2.1 二流雾化法

二流雾化法是通过雾化喷嘴产生高速、高压介质流将液态金属熔体粉碎成细小的液滴,并快速冷却凝固成细小粉体的过程,如图4-12所示。常用的雾化介质有水或气体,相应的雾化为水雾化和气体雾化。高速的气流或水流,既是破碎金属液的动力,又是金属液滴的冷却剂,因此雾化过程既有物理机械作用,又有物理化学变化。

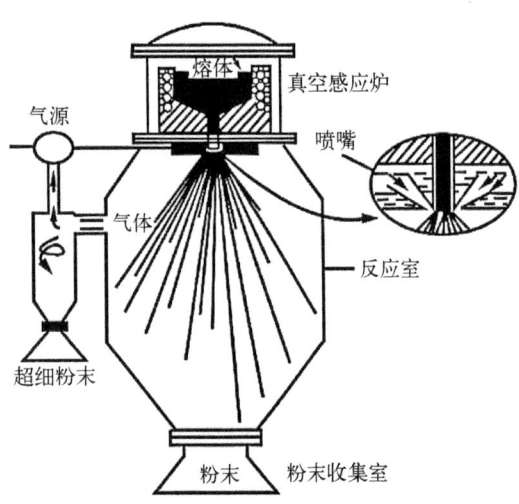

图4-12 惰性气体垂直雾化法示意图

二流雾化法利用惰性气作为雾化介质时,所得粉体为圆形,且氧含量最低;当用水作为雾化介质时,所得粉体为不规则形状,且氧含量高。二流雾化法易批量化生产,但在制备过程中合金液与渣体和耐火材料坩埚接触,粉末中易产生非金属夹杂。

4.2.2.2 旋转电极雾化法

旋转电极雾化是将金属或合金制成自耗电极,端面受电弧加热而熔融为液体,通过电极高速旋转的离心力将液体抛出并粉碎为细小液滴,熔滴由于表面张力的作用成为球状,球形液滴在空中凝固从而获得粉体的方法。旋转电极雾化是离心雾化的一种方式,常用的旋转电极雾化方法有等离子弧旋转电极工艺和钨尖端旋转电极工艺两类,如图4-13所示。

旋转电极转速为5 000~25 000 r/min,一般生产的粉末粒度为30~500 μm。由于旋转电极雾化不受熔化坩埚及其他杂质的污染,生产的粉末很纯,粉末球形度好、密度高、流动性好,是当前3D打印成形用球形金属粉末的主要制备方法之一。图4-14是用旋转电极雾化方法制备的TC4球形合金粉末。

旋转电极雾化方法的缺点是生产效率低,设备昂贵,运行成本高,粉末颗粒较粗。该方法可用来制备活性金属或合金粉末,如锆、钛、铌、镍等金属及其合金等,也可用来制备高温合金、钛和镍耐热合金以及难熔金属粉末等。

4.2.2.3 离心雾化法

离心雾化法是利用机械旋转造成的离心力将金属液流击碎成细的液滴,然后冷凝成粉末的雾化过程。常见的离心雾化法有旋转圆盘雾化法、旋转杯雾化法、旋转轮雾化法、旋转网雾化法、等离子体雾化法、旋转坩埚雾化法以及上文介绍的旋转电极雾化法等,图4-15给出了几种常见的离心雾化法示意图。

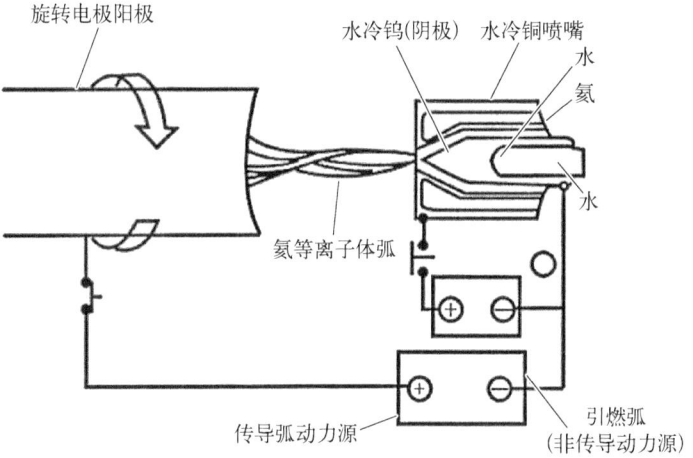

(a) 等离子弧旋转电极工艺(PREP)

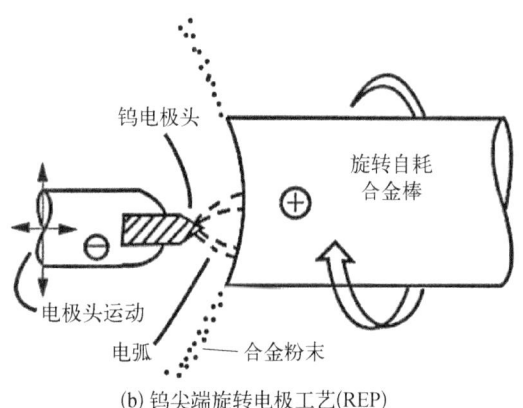

(b) 钨尖端旋转电极工艺(REP)

图 4-13 旋转电极雾化法示意图

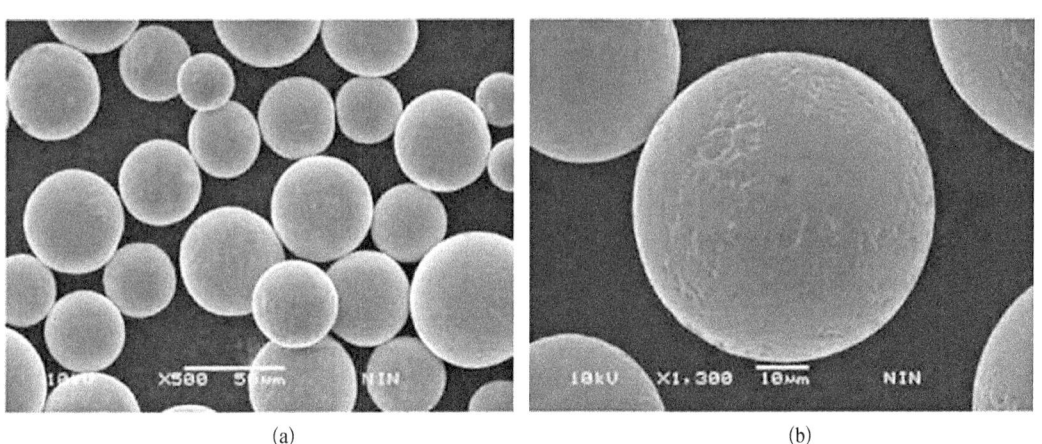

(a)　　　　　　　　　　　　(b)

图 4-14 旋转电极雾化法制备的 TC4 合金粉末

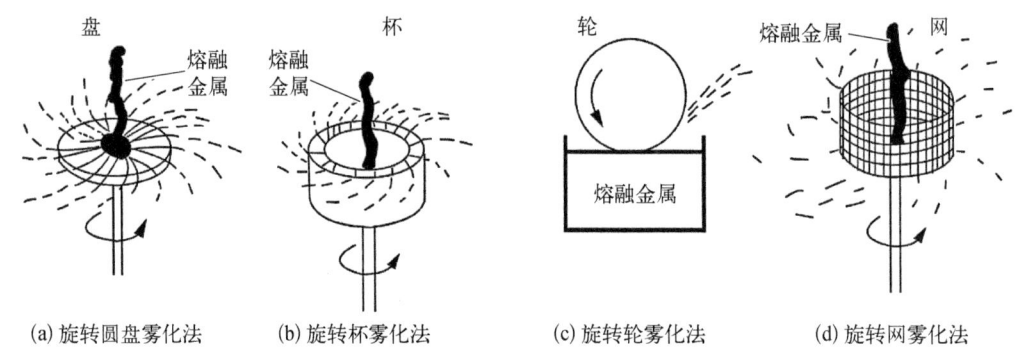

图 4-15 几种常见离心雾化法示意图

4.2.2.4 其他雾化方法

雾化方法的种类很多,除了上文介绍的几类,还有辊筒雾化法、熔滴雾化法、超声雾化法和真空溶气雾化法等,不同雾化方法有不同的应用特点。

辊筒雾化法可用来制取非晶态金属,粉末形态为片状。熔滴雾化法用来制备球形粉末。超声雾化法利用高速气体脉冲破碎熔体,用来制备球形粉末。真空溶气雾化法利用过饱和溶解气体真空时突然逸出膨胀,致使合金液体雾化,然后冷凝为球形粉末。镍、铜、钴、铁和铝等基体合金均可以采用溶氢的方法来实现真空溶气雾化制粉。

4.2.3 还原法

用还原气体(固体)或活泼金属将氧化物及盐类还原制备粉末的过程称为还原法,是一种应用最广泛的制粉方法。还原法的热力学条件是还原剂氧化反应的生成自由能变化小于金属氧化反应的生成自由能变化。还原剂和被还原物料状态可以是固态、气态或者液态。

制造金属粉末常用的还原剂有固体碳(如木炭、焦炭和炭黑等)、气体(如氢、分解氨和转化天然气等)和金属(如钠、钙和铝等),相应的还原方法分别称为碳还原法、气体还原法和金属热还原法。

4.2.3.1 碳还原法

碳还原法是碳或碳化物作为还原剂还原氧化物或选择性还原冶金原料中的某种氧化物,制得金属、合金或中间产品的过程。

碳还原金属氧化物反应进行的条件是碳对氧的亲和势大于被还原金属对氧的亲和势。碳对氧的亲和势随温度升高而增大,而各种金属对氧的亲和势随温度升高而降低。故在高温下,可用碳还原金属氧化物制取相应的金属。碳还原会产生一氧化碳气体,根据热力学原理,降低气体生成物压力有利于还原反应进行,故某些高熔点金属(如钽、铌)虽然对氧的亲和势大,但是可在真空下进行碳还原以制取金属,在真空下进行碳还原常称为真空碳还原。

碳还原法可用来制备铁、锰、铜、镍、钨、钽、铌等金属粉,但因为碳还原法会造成产品中含碳含量增加,因此在工业上大规模应用的碳还原法制取金属粉末主要是生产铁粉。

另外，利用碳还原法还可以制取难熔化合物粉，如碳化物、硼化物和氮化物粉末等。基本反应通式如下。

碳化物 MeC：

$$MeO+2C = MeC+CO \tag{4-7}$$

硼化物 MeB：

$$4MeO+B_4C+3C = 4MeB+4CO \tag{4-8}$$

氮化物 MeN：

$$MeO+C+N_2NH_3 = MeN+CO+H_2 \tag{4-9}$$

当前硼化物 MeB 最经济并且最普遍采用的制取方法是用碳化硼和碳还原金属氧化物。

4.2.3.2 气体还原法

气体还原法是利用氢气、一氧化碳和甲烷等还原性气体将金属化合物（如金属氧化物、金属卤化物）在高温下转变成金属粉末的方法。还原程度是原料粉末氧化物由还原造成的去氧量与其原始含氧量之比，常以百分数表示。

气体还原法制备的粉体多为细粉或者超细粉，反应过程中温度越高，粉末的粒度越细，如氢气还原六氯化钨制取超细钨粉。气体还原法可以制取铁粉、镍粉、钴粉、铜粉、锡粉、钨粉、钼粉等；用共同还原法可以制取一些合金粉，如铁-钼合金粉、钨-铼合金粉等，也可用来制备包覆粉末。与其他方法（如碳还原法）相比，产品性质较易控制，纯度也较高，生产成本也较低，故得到了很大的发展。

4.2.3.3 金属热还原法

金属热还原法主要应用于制取稀有金属（Ta、Nb、Ti、Zr、Th、U、Cr 等），特别适于制取无碳金属，也可以制取像 Cr-Ni 这样的合金粉末。只有形成化合物的活化能大大降低的金属才有可能作为金属热还原剂。

金属热还原的反应可用一般化学式来表示：

$$MeX + Me' = Me'X + Me + Q \tag{4-10}$$

式中，MeX 为被还原的化合物（氧化物、盐类）；Me' 为金属热还原剂；Q 为反应的热效应。

金属热还原时，被还原物料可以是固态、气态，也可以是熔盐，气态和熔盐物料的还原过程具有气体还原和液相沉淀的特点。

表 4-6 给出了用不同还原剂和被还原物质进行还原作用制取粉末的实例。

表 4-6 还原法制取粉末实例

被还原物料	还原剂	举 例	备 注
固体	固体	$FeO+C \longrightarrow Fe+CO$	固体碳还原
固体	气体	$WO_3+3H_2 \longrightarrow W+3H_2O$	气体还原
固体	熔体	$ThO_2+2Ca \longrightarrow Th+2CaO$	金属热还原

续 表

被还原物料	还原剂	举　　例	备　　注
气体	固体	—	
气体	气体	$WCl_4+3H_2 \longrightarrow W+6HCl$	气相氢还原
气体	熔体	$TiCl_4+2Mg \longrightarrow Ti+2MgCl_2$	气相金属热还原
溶液	固体	$CuSO_4+Fe \longrightarrow Cu+FeSO_4$	置换
溶液	气固体	$Me(NH_3)_nSO_4+H_2 \longrightarrow Me+(NH_4)_2SO_4+(n-2)NH_3$	溶液氢还原
熔盐	熔体	$ZrCl_4+KCl+Mg \longrightarrow Zr+$产物	金属热还原

4.2.4 气相沉积法

气相沉积法是利用挥发性金属化合物蒸气分解或与其他气体的化学反应获得超细粉末的一种粉末制备方法。采用这种方法制备粉末时不需要熔化,不需要接触坩埚,因而避免了污染物的一个主要来源。为了保证高纯度,它依靠蒸馏和挥发生成气相,然后在气态中反应后,生成固体金属粉末。主要有金属蒸气冷凝法、羰基物热离解法、气相还原法和化学气相沉积法等类型。

4.2.4.1 金属蒸气冷凝法

这种方法主要用于制取具有大蒸气压的金属(如锌、镉等)粉末。这些金属的特点是有较低的熔点和较高的挥发性,如果将这些金属蒸气在冷却面上冷凝,便可形成很细的球状粉末。

4.2.4.2 羰基物热离解法

一氧化碳与过渡族元素可反应生成羰基化合物,通式为 $Me(CO)_n$,羰基化合物为易分解的液体或者易升华的固体,一般有毒性。羰基物热离解法是把生成的羰基物进行加热,从而分解得到金属粉末的方法,如羰基铁粉、羰基镍粉和羰基钴粉等。

羰基物分解的通式为

$$Me(CO)_n \longrightarrow Me+nCO \tag{4-11}$$

例如,羰基镍的分解方程为

$$Ni(CO)_4 \longrightarrow Ni+4CO \tag{4-12}$$

羰基物热离解法特点是制备出的粉末比较细,可达 3 μm 左右,粉末纯度也比较高,特别是羰基铁粉不含 S、P、Si 等杂质。羰基物热离解法是一种通过气相形核制备金属粉末的方法,在可分解温度范围内,通过调整分解温度,可获得大小及形态不同的金属粉末。温度高,晶核生成数量多,分解速率高,粉末颗粒细,通过控制反应条件可以获得粉末尺寸在 0.2~20 μm 的粉体。粉末颗粒形状主要取决于分解温度,温度低时,粉末颗粒呈尖角状,提高温度,颗粒呈规则的球形,温度更高时,颗粒呈絮状组织。

利用羰基物热离解法,可以用来制备纯金属粉末、合金粉末和包覆粉末。当几种粉末一起分解时,还可以得到合金粉末。当羰基物和其他粉末一起分解时,还可以得到包覆粉末,例如,在 SiC 粉末上分解,可得到包覆金属层的 SiC 粉末。其他的金属(如铬、铂、铑、金和钴)也可以通过羰基物热离解法制备。

4.2.4.3 气相还原法
见 4.2.3.2 节气体还原法。

4.2.4.4 化学气相沉积法
化学气相沉积法(CVD)是从气态金属卤化物还原制取难熔化合物粉末和各种涂层的方法,包括碳化物、硼化物、硅化物和氮化物等,碳化物和氮化物涂层在硬质合金中取得了很好的效果。

从气态金属卤化物还原化合沉积制取各种难熔化合物的反应通式如下。

碳化物:
$$金属卤化物 + C_mH_n + H_2 \longrightarrow MeC + HCl + H_2 \qquad (4-13)$$

硼化物:
$$金属卤化物 + BCl_3 + H_2 \longrightarrow MeB + HCl \qquad (4-14)$$

氮化物:
$$金属卤化物 + N_2 + H_2 \longrightarrow MeN + HCl \qquad (4-15)$$

硅化物:
$$金属卤化物 + SiCl_4 + H_2 \longrightarrow MeSi + HCl \qquad (4-16)$$

4.2.5 液相沉淀法

液相沉淀法是在液相中通过物理、化学作用沉淀出粉末的方法,液相可以是熔盐、熔融金属和水溶液等。

从熔盐中沉淀即金属热还原法已在还原法制备粉末中做了介绍。从熔融金属中沉淀称为辅助金属浴法,熔体金属可以是 Fe、Cu、Ni、Al、Sn、Co、Pb、Ag 等,主要用来制备优质难熔化合物,如碳化物、硅化物、硼化物和氮化物等,还可用来制取几种难熔化合物的固溶体。其工艺过程是在金属浴中生成难熔化合物,然后溶掉基体金属,得到难熔化合物粉末。例如,在合金钢中的 Ti、Zr、V、Nb 等元素以碳化物形式存在,溶掉 Fe 即可得到碳化物,主要用来制取难熔化合物粉末。

从水溶液中沉淀制取粉末是应用最广泛的方法,其中又以金属置换法和溶液氢还原法两种水溶液沉淀制粉法应用最为广泛。

4.2.5.1 金属置换法
金属置换法是用一种金属从水溶液中置换出另一种金属的方法,可以用来制取 Cb、Pb、Ag、Au、Sn 等粉末,如用 Zn 置换 Cu。从热力学上讲,只能用负电位数较大的金属从水溶液中置换出另一种正电位较大金属,所以置换能否进行,需要参考各种金属在水溶液中的标准电极电位。

影响置换过程和粉末质量的因素主要有:

（1）金属沉淀剂的影响。除了温度,金属沉淀剂的特性和状态会影响置换速率。金属沉淀剂粉末的粒度和比表面积越大,置换速率越快。

（2）被沉淀金属的影响。被沉淀金属的性质是控制置换动力学的重要因素。置换速率很大时往往在沉淀剂金属表面形成一层膜,这时金属离子通过膜扩散到沉淀剂金属的表面,过程由扩散控制。

（3）搅拌速率的影响。当过程由化学反应控制时,搅拌不影响置换速率,随着温度升高,置换速率增加;当过程由扩散控制时,搅拌对反应速率影响大。

另外,被沉淀金属离子浓度影响粉末的粒度,例如,用铁从硫酸铜中置换铜,铜离子浓度高时,形核率高于晶核长大率,可得到较细的粉末。置换时溶液的 pH 也会对粉体的特性产生一定的影响。

4.2.5.2 溶液氢还原法

溶液氢还原法是用氢气作为还原剂从溶液中还原金属的制粉方法,其反应通式为

$$Me^{n+} + \frac{1}{2}nH_2 \longrightarrow Me + nH^+ \qquad (4-17)$$

在热力学上,只有金属的还原电位比氢的还原电位更大时,上述溶液氢还原法反应才能进行。增加氢的分压、提高溶液 pH、降低氢电位、增加溶液中金属离子浓度、提高金属电位是增大溶液氢还原反应还原程度的主要途径,通过 pH 改变氢电位是最有效的途径。

溶液氢还原法可以用来制取银粉、镍粉、钴粉等,如果多种金属共还原,也可用来制取合金粉末,如 Ni - Co 合金粉末等。如果在溶液中加入其他粉末作为核心,在一定条件下还可以得到颗粒表面完全包覆一层金属的包覆粉末,如 Al@Ni、石墨@Ni、Al_2O_3@Ni、WC@Co 等。

4.2.6 电解法

电解法是金属阳离子在阴极表面通过析出获得金属粉末的过程,分为水溶液电解和熔盐电解法两类。电解法在金属粉末生产中具有重要作用,在物理化学法生产的粉末数量中,电解法生产粉末的数量仅次于还原法。

电解法生产的金属粉末纯度高,由于结晶及长大,粉末形状一般为树枝状,压制性较好。另外,通过电解工艺的调整,制备的金属粉末粒度可控,因此也可以用来生产超细粉末。水溶液电解法可以生产铜、铁、镍、银、铅等金属粉末,在一定条件下也可以使几种元素共沉积,从而制得铁-镍、铁-铬等合金粉末。熔盐电解法可以用来制取难熔金属粉末。

电解法的缺点是能耗高,制取粉末的成本较高,因此电解粉末的总产量比前述的还原法低。

4.3 粉末的成形

粉末既是粉末冶金的产品,也是原材料,除小部分粉末直接应用(如隐形涂料用的 Fe

粉、Ni 粉,食品、医药用的超细铁粉),其他大部分粉末都要经过成形这一步,才能转变为需要的东西。

粉末的成形就是将粉末紧实成具有一定形状、尺寸、孔隙度和强度的坯体的工艺过程。成形是重要性仅次于烧结的粉末冶金工艺过程,比其他工序更限制和决定粉末冶金整个生产过程,影响随后各工序及最终产品质量,也影响生产的自动化、生产率和生产成本。粉末成形方法的合理与否直接决定粉末冶金工艺能否顺利进行。

粉末成形的方法很多,有压制成形、等静压成形、注浆成型、连续成形和热成形等,压制成形属于普通成形法,其他方法属于特种成形方法。

压制成形是将粉末装入钢制压模(阴模)中,通过模冲对粉末加压,卸压后,脱出压坯,完成成形过程,也称为模压成形。压制成形是粉末冶金迄今应用最广泛的成形方法,不仅用于制造致密度高、力学性能高、尺寸要求精确的各类制品,能够适应的粉末品种、制品形状和尺寸的范围大,而且可以用于制造多孔材料和特殊性能材料。模压成形是最重要、应用最广的成形方法,因此本节有关成形原理的论述以模压成形为基础。

4.3.1 粉末压制成形前准备

基于产品最终性能的需要或者改善粉末成形过程的要求,粉末原料在成形之前要经过预处理,主要包括退火、混合、筛分、造粒、添加成形剂和添加润滑剂等主要步骤。

4.3.1.1 退火

将粉末缓慢加热到一定温度,保持足够时间,然后以适宜速率冷却的一种材料热处理工艺称为退火。金属粉末退火可以还原氧化物,降低碳和其他杂质的含量,提高粉末的纯度,同时能消除粉末的加工硬化,稳定粉末的晶体结构。另外,退火还可将超细粉末表面钝化,防止自燃。

用还原法、机械研磨法、电解法、喷雾法以及羰基物热离解法所制得的粉末通常都要退火处理。退火温度根据金属粉末的种类不同而不同,通常为该金属熔点的 0.5~0.6 倍,有时为了进一步提高粉末的纯度,退火温度也可以超过此值。

退火通常在还原性气氛中进行,有时也可用惰性气氛或真空。在要求清除杂质和氧化物,即进一步提高粉末的纯度时,要采用氢、分解氨、转化天然气或煤气等还原性气氛或真空退火。为了消除粉末的加工硬化或者使细粉末粗化防止自燃时,就可以采用惰性气体作为退火气氛。

4.3.1.2 混合

混合是将两种或两种以上不同成分的粉末,或者成分相同而粒度不同的粉末混合在一起的过程。混合是压制前常用的预处理步骤,通过混合可以达到控制粉末粒度分布的目的。例如,粗大的粉末颗粒具有较好的压缩性和较差的烧结性能,而小颗粒粉末具有差的压缩性和较好的烧结性能,常将小颗粒和大颗粒混合在一起,从而改善粉末的烧结性能。另外,大小颗粒的适当搭配,改善了粉末的填充性质,提高了粉末的压缩性。

粉末混合方法有机械法和化学法两种。其中最广泛的是机械法,即用各种混合机械

(如球磨机、V形混合器、锥形混合器、酒桶式混合器和螺旋混合器等)将粉末机械地掺和均匀而不发生化学反应。

1. 机械法混料

机械法混料又可分为干混和湿混。湿混时使用的液体介质常为酒精、汽油、丙酮和水等。为了保证湿混过程能顺利进行,要求液体介质不与物料发生化学反应、沸点低、易挥发、无毒性、来源广泛且成本低廉。湿混介质的加入量需适当,过多时料浆的体积增加,球与球之间的粉末相对减少,从而使研磨和混合效率降低,反之,介质过少时,料浆黏度增加,球的运动困难,球磨效率也将降低。湿混时无粉尘飞扬,可减轻噪声,有利于环境保护。另外,湿混时由于液体介质的保护,粉末不易氧化,还可提高破碎效率,有利于粉末颗粒的细化。

机械混合的均匀程度与混合组元的颗粒大小与形状、组元的相对密度、混合时所用介质的特性、混合设备的种类和混合工艺(如装料量、球料比、时间和转速)等有关,在生产实践中,混合工艺参数大多由试验方法选定。

用球磨机或振动球磨机混料时,可以把混合和研磨工艺合并进行,在这些设备中粉末可以得到比较强烈的混合,同时粉末颗粒会进一步被粉碎,在硬质合金、结构材料和其他材料的生产中得到了广泛的应用。另外,在混合过程中,混合料中的软金属(如铜、钴、镍等)料会把较硬的组元颗粒覆盖起来,使物料分布更加均匀。

在制备粉末和黏接剂混合物时,由于有机高分子黏接剂需要高剪切力使之在颗粒间产生分子级的分散,用来处理干粉的普通混合槽的混合效果较差,常采用双行星磨、单旋挤压机、柱塞挤压机和双旋挤压机等来混合。

2. 化学法混料

化学法混料是将金属或化合物粉末与添加金属的盐溶液均匀混合,或者是各种组元都以某种盐的溶液形式混合,然后经沉淀、干燥、还原等处理方法而得到均匀分布的混合粉末的方法。与机械法比较,化学法能使物料中的各种组元分布更加均匀,可以实现原子级混合。另外,化学法可消除元素粉末组元(特别是轻重组元)间的偏析,获得无偏聚粉末,更有利于烧结的均匀化。而且,由于使用了化学法混料,基体组元的每一个粉末表面都包覆了一层金属添加剂,这有利于烧结过程中的合金化,因此所得的最终产品组织结构较理想,综合性能优良。

在现代粉末冶金生产中,为了获得高质量的产品,已广泛采用化学法,如制造 W-Ni-Cu 高密度合金、Fe-Ni 磁性材料、Ag-CdO 触头合金等。化学法混料的缺点是操作较繁琐,劳动条件较差。

4.3.1.3 筛分

筛分是把不同粒度的粉末通过网筛或振动筛进行分级,使粉末能够按照粒度分成粒度分布范围更窄的粉末,目的是筛选出符合粒度要求的粉末颗粒。筛分一般在振动筛系统或气体分离器上完成。

筛分过程中杂质主要集中分布在一个较小的粒度范围内,因而通过筛分可以除去粉末中的部分机械杂质,使粉末的纯度有所提高。在制备对孔隙尺寸有要求的过滤器或节流阀时,粉末筛分是不可缺少的重要步骤。因为制备过滤材料要求有均匀的孔隙通道,而通常只有粒度分布范围很窄的粉末原料才能达到这个要求,通过筛分可以得到符合粒度要求的粉末。

4.3.1.4 造粒

造粒是借助于聚合物的黏接作用将小颗粒粉末制成较大颗粒或团粒,从而降低颗粒运动时的摩擦面积,改善粉末流动性的过程。

在粉末成形过程中,一些小而硬的粉末,例如,陶瓷(如 Al_2O_3)、金属间化合物(如 NiAl)、难熔金属(如 W 和 Mo)以及其他的化合物(如 WC,TiB_2)不仅流动性差,而且松装密度低,因此粉末的工艺性能很差,常需要对其制粒以增加流动性,改善工艺性能。造粒的方法是将粉末与有机试剂(如聚乙烯醇、纤维素或聚乙二醇溶液)调制成料浆,然后利用圆筒制粒机、圆盘制粒机、擦筛机或者振动筛来制粒。目前,较先进的工艺是喷雾干燥制粒,它是将液态物料雾化成细小的液滴后与加热介质(N_2 或空气)直接接触,接着液体快速蒸发而干燥制粒的过程,喷雾干燥常用于产量大的造粒设备。

4.3.1.5 添加成形剂

成形剂是为了提高压坯强度或为了防止混料时偏析而添加的物质,在烧结时去除,也称为黏接剂,常用的成形剂一般为合成橡胶、硬脂酸、石蜡、聚乙二醇、聚乙烯醇等有机物。在粉末冶金铁、铜基零件中常加入硬脂酸锌作为成形剂,加入量(质量分数)一般为 0.5~1.5%;在硬质合金制造工艺中常用石蜡、合成橡胶作为成形剂,加入量(质量分数)一般为 1.0~2.0%。

成形剂的加入可以适当增大粒度,减小颗粒间的摩擦力,还可以改善流动性,提高压制性能,常用于硬质粉末(如硬质合金、陶瓷)和流动性差的粉末(如细粉和轻质粉末)。对于硬质合金、陶瓷等变形抗力很高,难以通过压制产生变形的粉末,添加成形剂可赋予粉末坯体足够的强度,有利于成形;对于细粉或轻质粉末,添加成形剂可改善流动性,提高压制性能。

好的成形剂需要满足以下条件:能赋予待成形坯体足够的强度;分解温度范围较宽,易于排除;成形剂及其分解产物不与粉末发生反应,不影响烧结;不明显影响粉末流动性;分解产物不污染环境。

成形剂通常在混料过程中以干粉末的形式加入,与主要成分的金属粉末一起混合,在某些场合(如硬质合金生产)也以溶液状态加入,此时,先将石蜡或合成橡胶溶于汽油或酒精中,再将它掺入料浆或干的混合料中。压制前,需将其中的汽油或酒精挥发。

4.3.1.6 添加润滑剂

压制过程的基本问题之一是模壁与粉末之间存在摩擦力,随着压制压力的增大,粉末压坯从模壁中挤压出来变得更加困难,添加润滑剂后,润滑剂组成的流体通过产生一层高黏度聚合物膜来降低模壁的摩擦,从而使粉末压坯容易成形和脱模。常用的润滑剂有硬脂酸、硬脂酸锌、工业润滑蜡、二硫化钼、石墨粉、硫磺粉等。

润滑剂添加方法主要有模壁润滑和粉末内润滑两种。模壁润滑是用静电喷涂、溶液涂敷等方法直接将润滑剂涂抹在模具内壁,而粉末内润滑是润滑剂直接加入粉末中。理论上模壁润滑更好,但是它不容易与自动压制设备配合,因此通常把润滑剂与金属粉末的混合即粉末内润滑作为压制前的最后一道工序。对于金属粉末,经常采用硬脂酸盐作为粉末内润滑剂,润滑剂质量分数不宜过高,一般添加量为 0.5%~1.5%,将润滑剂质量分数提高 0.1%,坯件的无孔隙密度下降 0.05 g/cm³。

4.3.2 粉末压制成形过程

压制成形是将粉末装入钢制压模(阴模)中,通过模冲对粉末加压,卸压后,脱出压坯,完成成形过程,也称为模压成形。传统的成形压模由上模冲、下模冲和阴模组成,如图 4-16 所示,采用单向压制成形,即沿一个轴的方向施加压力。

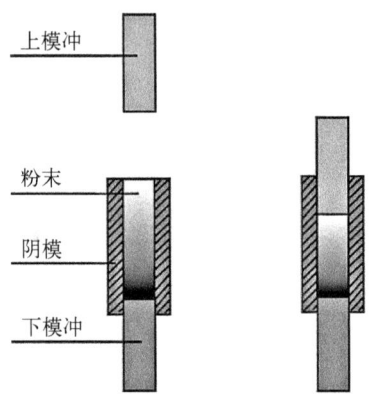

图 4-16 成形压模的基本结构

粉末填装进入模具的阴模后,利用模冲在阴模中对粉末施加轴向压力,达到成形的目的。在这种传统模压过程中,上模冲和下模冲分别成形压坯的上表面和下表面。在装粉的时候上模冲提升,下模冲在装粉的时候所在的位置就是装粉高度。按预先计算好的粉末量把粉末加入模腔,粉末从料斗中加入,粉末的流动性或粉末堆积的变化都会导致压坯质量的变化。在加压过程中装料位置随下模冲的位置而变化,下模冲的位置在装粉过程中的变化有助于粉末均匀填充模腔。装料结束后,下模冲下降到压制位置,上模冲进入模腔。两个模冲都传递载荷,从而在粉体上产生压力。随着压制压力增加,压坯密度提高,压制结束时,粉末及粉末颗粒产生最大的应变。随后,上模冲又退到原来的位置,下模冲使坯体脱出阴模。随着再一次的加料,重复上面的循环。

压制成形时,压坯密度和松装密度之比为压缩比,这个比值对模具设计有重要参考价值,可以确保压坯得到设定的高度和密度。例如,当铁粉松装密度为 2.4 g/cm³,施加 335 MPa 的压力时,可得到 4.8 g/cm³ 的压坯密度,此时的压缩比为 2。那么,为得到一个最后高度为 1.5 cm 的压坯,就要求装粉高度为 3.0 cm。

4.3.2.1 粉末压制时的位移与变形

压制时,粉末颗粒在压力的作用下发生相对移动,体积减小,逐渐达到最紧密堆积,最终获得一定形状和强度的压坯。粉末在压制过程,随着压制压力的增加,经历了位移、变形和断裂三个阶段,如图 4-17 所示。

1. 粉末的位移

粉末在松装堆集时,由于颗粒表面不规则,颗粒间摩擦力的作用使粉末颗粒相互搭架形成拱桥孔洞的现象,称为拱桥效应,如图 4-18 所示。拱桥效应与粉末松装密度、流动性存在一定联系,另外颗粒形状、粒度及其组成、表面粗糙度、密度、表面黏附作用(颗粒的磁性、陶瓷颗粒的静电、液膜存在)等也对拱桥效应存在影响。

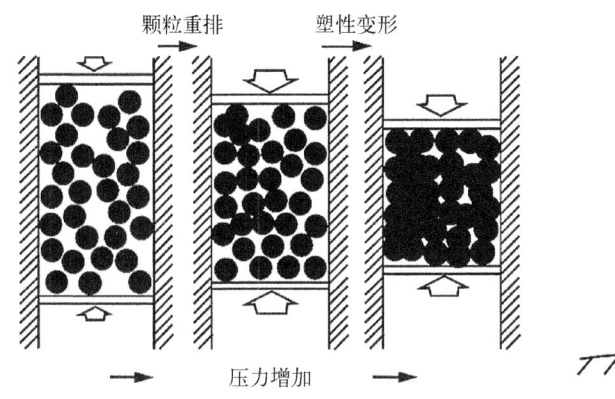
图4-17 金属粉末压制过程中的三个阶段

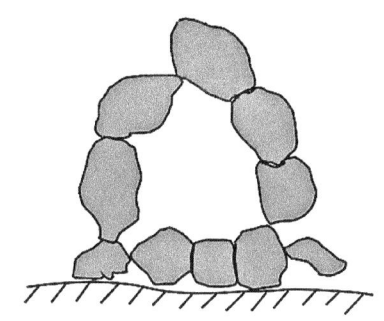
图4-18 粉末堆积的拱桥效应

拱桥效应增大了空隙率,因此粉末体具有很高的孔隙度,如还原铁粉的松装密度一般为 $2\sim3$ g/cm³,钨粉的松装密度仅为 $3\sim4$ g/cm³,远低于其理论密度。当施加压力时,粉末体内的拱桥效应遭到破坏,粉末颗粒便重新排列位置,彼此填充孔隙,使颗粒间接触面积增大。在此过程中,粉末之间存在因接近、分离、滑动、转动以及因粉碎而产生移动等位移情况如图4-19所示。

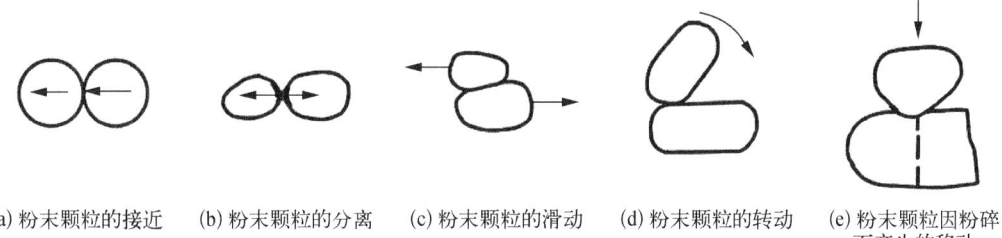

(a) 粉末颗粒的接近　(b) 粉末颗粒的分离　(c) 粉末颗粒的滑动　(d) 粉末颗粒的转动　(e) 粉末颗粒因粉碎而产生的移动

图4-19 粉末位移的形式

2. 粉末的变形

粉末体受压后体积明显减小,除与第一阶段的位移有关外,还与粉末在压力作用下发生的变形有关。变形有弹性变形和塑性变形两种。

材料在外力作用下产生变形,当外力取消后,材料变形即可消失并能完全恢复原来形状的性质称为弹性变形。一定的条件下,材料在外力的作用下产生形变,当施加的外力撤除或消失后该物体不能恢复原状的这种物理现象称为塑性变形。压缩铜粉的试验指出,发生塑性变形所需要的单位压力是该材质弹性极限的 $2.8\sim3$ 倍。金属塑性越大,塑性变形也就越大。

3. 粉末的断裂

在压制成形过程中,当施加的压力超过强度极限后,粉末颗粒碎裂成更小的碎片,使粉末接触更加紧密。

对于脆性粉末,当粉末受到的点接触应力大于其断裂强度后,将断裂形成更小的颗粒。例如,压制难熔金属(如W、Mo)或其化合物(如WC、Mo₂C)等脆性粉末时,除有少量变形外,主要是脆性断裂。

而对于塑性粉末,当粉末受到的点接触应力大于其屈服强度后,粉末将产生塑性变形,由最初的点接触逐渐变成面接触,接触面积随之增大,粉体也逐渐产生加工硬化,逐渐脆化,当压力继续增大时,粉末就可能碎裂。

对那些有显著的加工硬化或脆性的材料,致密化可以通过颗粒发生断裂来提高。由于断裂的产生,粉末总表面积增加,与此同时,由于颗粒尺寸变小,颗粒间的摩擦力增大,从而阻碍压缩,颗粒的加工硬化程度进一步提高。在很高的压制压力下(超过 1 GPa),粉末压坯在发生较大尺寸的变形后,只留下很低的孔隙度,这时,进一步增大压力已没有意义。

4.3.2.2 粉末压制成形后的压坯强度

在粉末成形过程中,随着成形压力的增加,粉体经历位移、变形和断裂三个过程,孔隙逐渐减少,压坯逐渐致密化,由于粉末颗粒之间力的作用,压坯的强度也逐渐增大。压坯强度就是坯块反抗外力作用,保持其几何形状尺寸不变的能力。压坯强度表征压坯抵抗破坏的能力,是衡量粉末性能、压制过程和压坯质量的重要指标之一,也是反映粉末质量优劣的重要标志之一。

压坯强度一般来源于粉末颗粒之间的机械啮合力和粉末颗粒表面原子之间的引力,这两种力的作用是坯块具有强度的原因。

1. 机械啮合力

粉末的外表面呈凹凸不平的不规则形状,通过压制,粉末颗粒之间由于位移和变形可以互相楔住和勾连,从而形成粉末颗粒之间的机械啮合,这是压坯具有强度的主要原因之一。粉末颗粒形状越复杂,表面越粗糙,则粉末颗粒之间彼此啮合得越紧密,压坯的强度越高。

2. 粉末颗粒表面原子间的引力

当金属粉末处于压制后期时,粉末颗粒受强大外力作用而发生变形,粉末颗粒表面上的原子彼此接近,当进入引力范围时,粉末颗粒便由于引力作用而联结起来,于是,压坯便具有一定的强度,粉末的接触区域越大,压坯强度越高。

应当注意,上述两种联结力在压坯中所起的作用并不相同,还与粉末压制过程有关。对于任何金属粉末,压制时粉末颗粒之间的机械啮合力是使压坯具有强度的主要原因,但当粉末中加入成形剂后,成形剂将使压坯具有足够的强度。

压坯强度的测定方法目前主要有抗弯强度试验法和测定压坯边角稳定性的转鼓试验法。转鼓试验是以测定坯块的质量损失率来表示坯块强度,质量减少越小,压坯的强度越好。此外,还有圆柱形或轴套形压坯沿其直径方向加压测试压溃强度的方法。

4.3.3 压制过程中力的分析

粉末体在压模内受到压制压力的作用而成形,压制压力是压制时施加于上模冲使粉末成形的压力,而实际上作用在压块截面上的力并非都是相等的,同一截面内中间部位和靠近模壁的部位,压坯的上、中、下部位所受的力都不一致,除了轴向应力,还有侧压力、摩擦力、弹性内应力、脱模压力等,这些力对压坯都起不同的作用。

4.3.3.1 正压力、净压力和压力损失

压制压力 P 作用在粉末上后分为两部分：一部分用来使粉末产生位移、变形和克服粉末的内摩擦，这部分力称为净压力，常以 P′ 表示；另一部分用来克服粉末颗粒之间的内摩擦和粉末颗粒与模壁之间的外摩擦，这部分力称为压力损失，通常以 ΔP 表示。因此，压制时所用的总压力为净压力与压力损失之和，即

$$P = P' + \Delta P \quad (4-18)$$

由于存在着压力损失，压模内各部分的应力是不相等的，上部应力比底部应力大，接近模冲的上部同一截面，边缘的应力比中心部位大，而在远离模冲的底部，中心部位的应力比边缘应力大。

4.3.3.2 侧压力

压制过程中由粉体的流动所引起的模壁施加于压坯的侧面压力称为侧压力($P_{侧}$)。由于粉末颗粒之间的内摩擦和粉末颗粒与模壁之间的外摩擦等因素的影响，压力不能均匀地全部传递，传到模壁的压力将始终小于压制压力，即侧压力始终小于压制压力。为了分析受力情况，取一个简单立方体压坯来进行研究，如图 4-20 所示。

通过力学分析计算，可得侧压力 $P_{侧}$ 与压制压力 P 之间满足以下关系：

$$P_{侧} = \frac{\gamma}{1-\gamma}P = \xi P \quad (4-19)$$

式中，γ 为泊松比；ξ 为侧压系数，$\xi = \gamma/(1-\gamma)$。

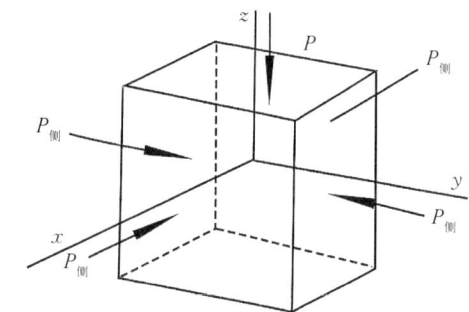

图 4-20 压坯受力示意图

侧压力使压模内靠近模壁的外层粉末与模壁之间产生摩擦力，摩擦力使接近加压端面部分压力最大，远离加压端面部分压力逐渐降低，压力分布的不均匀使坯块各个部分密度分布不均匀。

侧压力的大小受粉末性能及压制工艺的影响，式(4-19)是把适用于固体的胡克定律应用到粉末压坯，通过计算获得侧压力，计算过程中假定在弹性变形范围内有横向变形，既没有考虑粉体的塑性变形，也没有考虑粉末特性及模壁变形的影响，因此根据式(4-19)计算出来的侧压力仅是估计值，与实际情况不相符。实际上由于外摩擦力的影响，侧压力在压坯的不同高度上是不一致的，随着高度的降低而逐渐下降。侧压力的降低大致具有线性特性，且直线倾斜角随压制压力的增加而增大。尽管如此，侧压力的研究对于估算摩擦力，计算压制成形过程中的压力损失，指导压制模具的设计仍具有重要意义。

4.3.3.3 外摩擦力

外摩擦力是指粉末颗粒与阴模或者芯杆之间的摩擦力。外摩擦力的大小取决于粉末与模壁或者芯杆之间的摩擦系数、压坯和模壁或者芯杆之间的黏接倾向、模壁或者芯杆加工的粗糙度、压坯的高度和直径等因素。由于外摩擦力的存在，压制时，作用在压坯表面的压制压力沿轴向往下传递时不断损失，压力损失的大小可用式(4-20)表示：

$$\Delta P = f = \mu P_{侧} = \mu \xi P \qquad (4-20)$$

式中,ΔP 为压力损失;f 为外摩擦力;$P_{侧}$ 为侧压力,是粉末受力时压坯向外膨胀导致模壁作用在压坯上的反作用力;μ 为粉末和模壁之间的摩擦系数;ξ 为侧压系数;P 为压制压力。

通过计算,可得模底受到的净压力 P' 为

$$P' = P\exp\left(-4\frac{H}{D}\xi\mu\right) \qquad (4-21)$$

式中,H 为压坯高度;D 为压坯直径;ξ 为侧压系数,即侧压力与压制压力的比值。

如果再考虑消耗在弹性形变上的压力,则模底受到的压力 P'' 可由如下经验公式确定:

$$P'' = P\exp\left(-8\frac{H}{D}\xi\mu\right) \qquad (4-22)$$

由此可见,压坯尺寸 H/D 对压力损失有明显影响,H/D 相同,D 不同,压制时沿高度方向克服外摩擦力所损失的压力不同,因此达到相同的压坯密度,所需单位压制压力不同,小直径压坯需要较高的压制压力。这主要是由于压制时只有压坯外围与模壁接触的部位受外摩擦力的作用,而压坯不与模壁接触的部位不受外摩擦力的作用,因此,当压坯高度一定时,截面积较大的压坯不受外摩擦力作用的粉末所占的百分比较大,克服外摩擦力所损失的压力越小。

外摩擦力造成了压力损失,使得压坯的密度分布不均匀,压坯甚至还会因粉末不能顺利充填某些棱角部位而出现废品。为了减少因摩擦出现的压力损失,可以采取添加润滑剂、减小模具的表面粗糙度、提高硬度或改进成形方式等措施,如采用双面压制等。

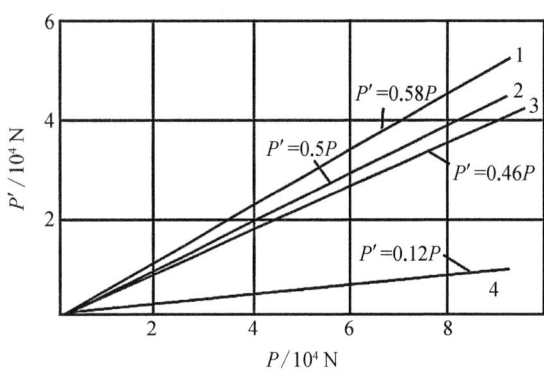

图 4-21 下模冲的压力 P' 与总压制压力 P 的关系
1—用硬脂酸润滑模壁;2、3—用二硫化钼润滑模壁;4—无润滑剂

图 4-21 给出了不同压制条件下下模冲的压力 P' 与总压制压力 P 的关系。可以看出,在无润滑剂情况下,外摩擦造成的压力损失为 88%;而当使用润滑剂润滑模壁时,外摩擦造成的压力损失降低 42%。由此可见,添加润滑剂可大大减少压力损失,从而改善压制时压坯密度的不均匀。

4.3.3.4 脱模压力

压制压力卸除后,使压坯由模具中脱出所需的压力称为脱模压力。脱模压力与压制压力、粉末性能、压坯密度和尺寸、压模和润滑剂等有关。

脱模压力与压制压力的关系,取决于摩擦因数和泊松比。除去压制压力之后,如果压坯不发生任何变化,则脱模压力等于粉末与模壁的摩擦力损失。然而,压坯在压制压力消除之后要发生弹性膨胀,压坯沿高度伸长,侧压力减小,因此脱模压力小于摩擦力。塑性

金属粉末的弹性膨胀不大,所以脱模压力与摩擦力损失相近。

另外,研究表明,脱模压力随着压坯高度增加而增加,在中小压制压力(小于 400 MPa)的情况下,脱模压力一般不超过 $0.3P$。铁粉的脱模压力 $P_{脱}$ 约为 $0.13P$,而硬质合金物料在大多数情况下脱模压力 $P_{脱}$ 约为 $0.3P$。当使用润滑剂来压制铁粉时,可以将脱模压力降低到 $0.03P \sim 0.05P$。

4.3.3.5 弹性后效

粉末体受压后内部产生的变形抗力,称为弹性内应力。弹性内应力与颗粒所受的外力作用方向相反,力图阻止颗粒变形,当压制压力消除后,弹性内应力松弛,改变颗粒的外形和颗粒的接触状态,从而使粉末发生膨胀。这种在压制过程中,当压力去除,把压坯从压模中脱出时,由于弹性内应力的松弛作用,粉末压坯发生弹性膨胀的现象,称为弹性后效。

弹性后效通常以压坯胀大的百分数表示,即

$$\delta = \frac{\Delta l}{l_0} \times 100\% = \frac{l - l_0}{l_0} \times 100\% \tag{4-23}$$

式中,δ 为沿压坯高度或直径的弹性后效;l_0 为压坯卸压前的高度或直径;l 为压坯卸压后的高度或直径。

影响弹性后效大小的因素很多,如粉末种类及粉末特性(粒度、组成、形状、大小、硬度等)、压制压力大小、加压速率、压模材质或结构、润滑条件等。表 4-7 给出了 Cu 粉在不同压制条件下的弹性后效。

表 4-7 Cu 粉在不同压制条件下的弹性后效

P/MPa	无润滑	加凡士林	油酸苯溶液
250	1.15%	1.10%	0.25%
400	1.20%	1.10%	0.30%

一般来说,粉末成形性差,难成形,需要高的压制压力,增加弹性后效。由于压制时压坯的各个方向受力大小不一样,因此弹性内应力也不相同,压坯的弹性后效出现各向异性的特点。由于轴向压力比侧压力大,因此沿压坯高度的弹性后效比横向的要大一些,压制方向的尺寸变化可达 5%~6%,而垂直于压制方向上的变化仅为 1%~3%。

压制完毕卸除压力后,压坯弹性后效会使材料储存的弹性内应力得到释放,内应力重新分布,压坯尺寸发生变化,若尺寸的变化过程受到抑制,压坯将产生变形或者开裂,因此弹性后效是压坯产生变形、开裂的主要原因之一。另外,由于弹性后效,不可能把脱模后的压坯再放回原来的模腔,这将影响烧结后材料的尺寸,因此弹性后效是设计模具的重要参数之一,在模具设计时必须进行考虑。

4.3.4 粉末压坯密度的分布

4.3.4.1 压制压力与压坯密度的关系

粉末在压制过程中,随着压制压力的增加,经历了位移、变形和断裂三个阶段,在这个过程中，压坯的相对密度出现有规律的变化，逐渐致密化，对于理想的粉末，通常将这种变化假设为图 4-22 的三个阶段。

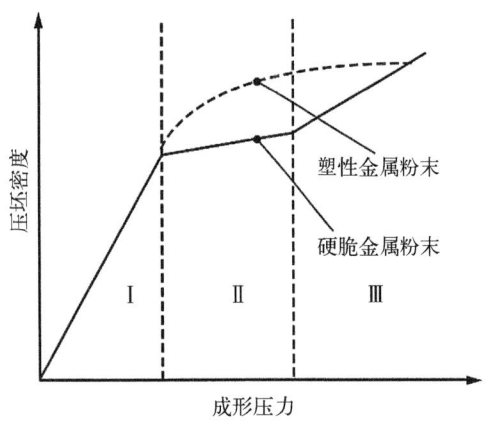

图 4-22　理想状态粉末压坯密度与成形压力的关系

第Ⅰ阶段：在这个阶段内，由于拱桥效应的破坏，粉末颗粒发生位移，填充孔隙，因此当压力稍有增加时，压坯的密度增加很快，所以此阶段又称为滑动阶段。

第Ⅱ阶段：压力继第Ⅰ阶段施加后继续增加时，压坯的密度几乎不变。这是由于压坯经第Ⅰ阶段压缩后密度已达到一个定值，粉末体出现了一定的压缩阻力，在此阶段，虽然加大压力，但孔隙度不减少，因此密度也就变化不大。

第Ⅲ阶段：当压力继续增大超过某一个定值后，随着压力的升高，压坯的相对密度继续增加，因为当成形压力超过粉末的临界应力后，粉末颗粒开始变形，由于位移和变形都起作用，因此压坯密度又随之增加。

上述三个阶段是为了讨论问题而假设的理想状态，实际情况更为复杂。实际粉末压制时，三个阶段相互重叠，不可截然分开，位移阶段有变形，变形阶段有位移，如图 4-23 所示。在第Ⅰ阶段，粉末体的致密化过程虽然以粉末颗粒的位移为主，但同时必然会有少量的变形；在第Ⅲ阶段，致密化是以颗粒的变形为主，但同时伴随着少量的位移。另外，第Ⅱ阶段的存在情况根据粉末种类的不同而有差异，粉末性质不同，某一阶段的特征可能不明显或特别突出。对于硬而脆的粉末，其第Ⅱ阶段较明显，曲线较平坦；对于塑性较好的粉末，其第Ⅱ阶段则不明显，如压制铜、锡、铅等塑性很好的金属粉末时，第Ⅱ阶段不明显，基本消失。

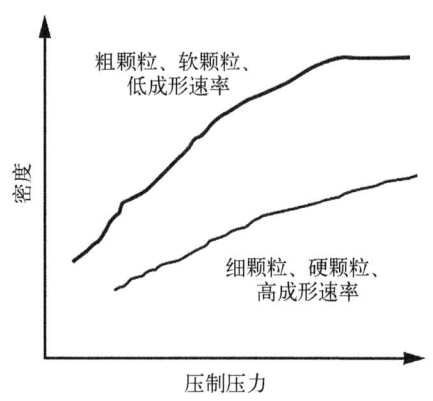

图 4-23　实际粉末压坯密度与成形压力的关系

20 世纪 20 年代以来，国内外科学家对粉末压形问题进行了系统研究，提出了数百个压制理论公式和经验公式。最早提出的是粉末相对体积与压制压力对数呈线性关系的经验公式。但多数作者都把粉末体作为弹性体处理，忽略了压制过程中粉末加工硬化和粉末间摩擦的影响，不考虑时间因素，这些都将影响其压制公式的适用范围。在这些公式中，较重要的压制方程有巴尔申压制方程、艾-夏-柯方程、川北公式和黄培云压制方程 4 种。

1. 巴尔申压制方程

该方程由苏联人巴尔申于 1938 年提出。方程假设粉末体在压制时发生弹性压缩变形，服从胡克定律，不考虑粉末压制时加工硬化的影响，并假设粉末与模壁间无摩擦。由此得出压制方程：

$$\lg P_{\max} - \lg P = L(\beta_v - 1) \tag{4-24}$$

式中,P 为压制压力,单位 MPa;$P_{\max}$ 为压至全致密时的压制压力,单位 MPa;β_v 为压坯相对体积;L 为压制因素。

式(4-24)为巴尔申压制方程,表示压制过程中压制压力的对数与粉末相对体积 β 呈线性关系。该方程适用于中等压力范围、硬脆粉末或中等硬度粉末的压制,对于塑性较好的粉末如铅、锡粉,使用该方程则出现偏差。

2. 艾-夏-柯方程

美国人艾西(Athy)、夏皮洛(Shapiro)和德国人柯诺皮斯基(Konopicky)系统研究了关于压制时沉积岩和黏土的压坯孔隙率和压制压力的关系,得出了如下的规律:

$$\theta = \theta_0 e^{-BP} \tag{4-25}$$

式中,θ_0 为无压时的孔隙率;θ 为压制压力为 P 时的孔隙率;B 为粉末的压缩系数。式(4-25)表明,压制压力与压坯相对密度呈现直线关系。该方程在中压及高压范围内应用较好,在很低的压力下出现偏差,适用于大多数粉末的压制。

3. 川北公式

该公式由日本人川北公夫于1956年以经验公式的形式提出,后来又经过理论推导,于1963年提出以下理论方程:

$$C = \frac{abP}{1+bP} \tag{4-26}$$

式中,P 为压制压力,单位为 MPa;a 为松装孔隙度,单位为%;C 为体积压缩比;b 为压缩系数。

由式(4-26)可推导出压制压力的倒数($1/P$)与粉末体积压缩比的倒数($1/C$)成直线关系。川北公式形式简单,没有采用对数关系,对低压力范围和软质粉末适应较好。

4. 黄培云压制方程

黄培云先生分析了以前的众多压制方程,认为由于其推导过程中做了许多假定,或是从特定的研究对象出发,因此方程的适用性受到一定限制。他首次将粉末视为标准非线性固体,考虑粉末体的非弹性性质、加工硬化、模壁摩擦和压制时间对粉末压制成形的影响,并应用自然应变概念处理工程中的大变形问题,推导出双对数压制方程:

$$\lg\ln\frac{(\rho_m - \rho_0)\rho}{(\rho_m - \rho)\rho_0} = n\lg P - \lg M \tag{4-27}$$

$$m\lg\ln\frac{(\rho_m - \rho_0)\rho}{(\rho_m - \rho)\rho_0} = \lg P - \lg M \tag{4-28}$$

式中,ρ_m 为致密金属密度,单位 g/cm³;ρ_0 为粉末松装密度,单位 g/cm³;ρ 为压坯密度,单位 g/cm³;P 为压制压力,单位 MPa;M 为压制模量;n 为硬化指数的倒数;m 为硬化指数。

黄培云于1964年提出式(4-27),是黄培云压制方程的最初形式,考虑了粉末压制过程中的应力应变弛豫、加工硬化以及大程度应变;1980年黄培云对原模型又进行修正,提出了改进后的式(4－28)。

黄培云压制方程对硬质或软质粉末的中、高、低压力都较为有效,既适用于粉末压制成形,也适用于粉末冷等静压成形。用回归分析方法整理铜、锡、钨、钼、碳化钨粉末的模压成形和冷等静压成形,试验数据表明,与巴尔申压制方程、艾-夏-柯方程和川北公式相比,黄培云双对数压制方程的直线关系最符合。

4.3.4.2 压坯中密度分布的不均匀性

压制时由于压力的损失,压坯的密度分布在高度和横截面上是不均匀的。图 4－24 给出了直径为 72 mm,压制压力为 550~680 MPa,粉末质量为 3 kg 的铁粉压坯中密度和布氏硬度的分布情况,从图中可以看出,在与模冲相接触的压坯上层,密度和硬度都是从中心向边缘逐步增大的,顶部的边缘部分密度和硬度最大;在压坯的纵向层中,密度和硬度沿着压坯高度由上而下降低。但是,在靠近模壁的层中,由于外摩擦的作用,轴向压力的降低比压坯中心大得多,使压坯底部的边缘密度比中心密度低。因此,压坯下层的密度和硬度的分布状况和上层相反。

6.16	5.84	5.60
5.58	5.58	5.53
5.28	5.39	4.98
4.84	4.60	4.91
4.66	4.73	4.67
4.23	4.55	4.77

55	63	79	100	
54	62	79	93	97
55	54	58	70	86
48	55	55	54	79
51	46	47	39	73
41	40	37	36	55
34	34	36	27	39
30	30	27	23	32
34	34	30	24	

图 4－24 还原铁粉压坯中密度(左,g/cm^3)和布氏硬度(右,kg/mm^2)的分布状况

在压力 P = 700 MPa,阴模直径 D = 20 mm,高径比 H/D = 0.87 条件下,镍粉各部分的密度分布如图 4－25 所示。图 4－25 中所示的数据表明,靠近上模冲边缘部分的压坯密度最大,而靠近模底边缘部分的压坯密度最小。

图 4－25 镍粉压坯的密度(g/cm^3)分布

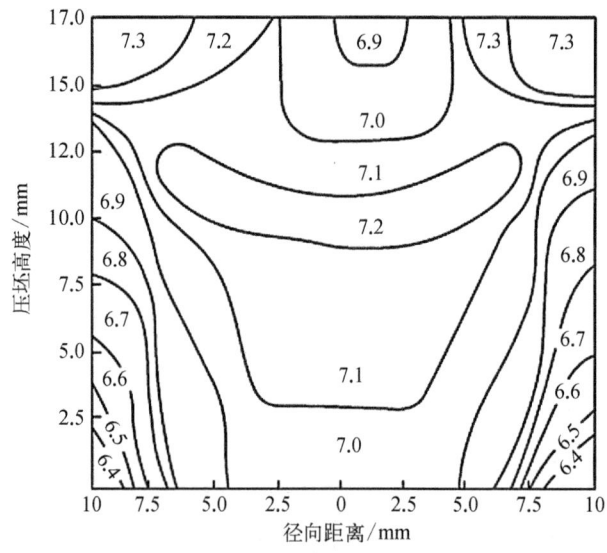

密度分布过于不均匀可使压坯不能正常实现成形,脱模过程中不同密度处的应力重新分配,使压坯出现分层、断裂、掉边角等现象。另外,压坯密度不均匀可使烧结时压坯收缩不均匀,导致烧结后变形,烧结体性能也会产生不均匀。

压坯的密度不均匀性可用绝对密度差、相对密度差或平均密度来衡量。

绝对密度差 d_j 为

$$d_j = d_{max} - d_{min} \tag{4-29}$$

相对密度差 d_r 为

$$d_r = (d_{max} - d_{min})/d_{max} \times 100\% \tag{4-30}$$

式(4-29)和(4-30)中,d_{max} 为压坯中密度最大值;d_{min} 为压坯中密度最小值。

压坯的密度差反映了模压成形的技术水平,密度差数值要求越小,表明对压坯的压制水平要求越高,因此在可能的情况下,应采用尽可能宽松的密度差要求。

4.3.4.3 影响压坯密度分布的因素

上文已经说明,压制时的压力损失是模压成形时压坯密度分布不均的主要原因。压制时直接影响压制压力的传递和局部压力大小的因素主要是外摩擦力、内摩擦力和侧压力,而间接影响压制压力的传递和局部压力大小的因素有压制方式、压坯形状与尺寸、压模结构与设计和润滑条件等。不管是直接影响因素还是间接影响因素,都会影响压力损失的大小,进而影响压坯密度分布的均匀性。

1. 压坯形状与尺寸

增加压坯的高度会使压坯各部分的密度差增加,而加大直径会使密度分布更加均匀,即高径比越大,密度差别越大。为了减小密度差,压坯的高径比需要降低到适宜的大小。

在压制横截面不同的复杂形状压坯时,必须保证整个压坯内的密度相同,否则在脱模过程中,密度不同的连接处就会由应力的重新分布而产生断裂或分层。压坯密度的不均匀也将使烧结后的制品因收缩不一而急剧变形,进而出现开裂或歪扭。因此对于具有复杂形状的压坯,必须根据实际情况采取相应的措施。

2. 润滑条件

采用模壁光洁程度很好的压模,并在模壁上涂润滑油,能够减小外摩擦系数,改善压坯的密度分布。润滑方法除了模壁润滑,还有粉末内润滑,粉末内润滑可以减小内摩擦力。采用润滑剂时,润滑剂种类的选择和用量的控制是关键,还需要注意润滑剂产生的副作用,见4.3.1.6节。

图4-26给出了有润滑剂和无润滑剂时电解铜粉压坯的密度沿高度的变化曲线。从图中可以看出,没有润滑剂时压坯密度沿高度

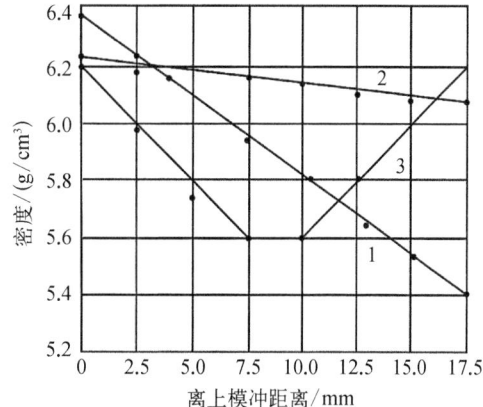

图4-26 电解铜粉压坯的密度沿高度的变化

1—单向压制,无润滑剂;2—单向压制,添加4%石墨粉;3—双向压制,无润滑剂

方向直线下降,压坯相对密度差很大;添加 4% 石墨粉作为内润滑剂时,虽然压坯密度沿高度方向仍在下降,但相对密度差大大减小,这表明添加石墨降低了压制成形时的摩擦系数,从而降低了压力损失,改善了压坯的密度分布;而不加润滑剂双向压制时,相当于两个单向压制,压坯中间部位密度最低,两端密度较大,相对密度差比单向压制小。

3. 压制方式

目前常见的模压成形方法有单向压制、双向压制、浮动阴模压制和拉下式压制四种,如图 4-27 所示。

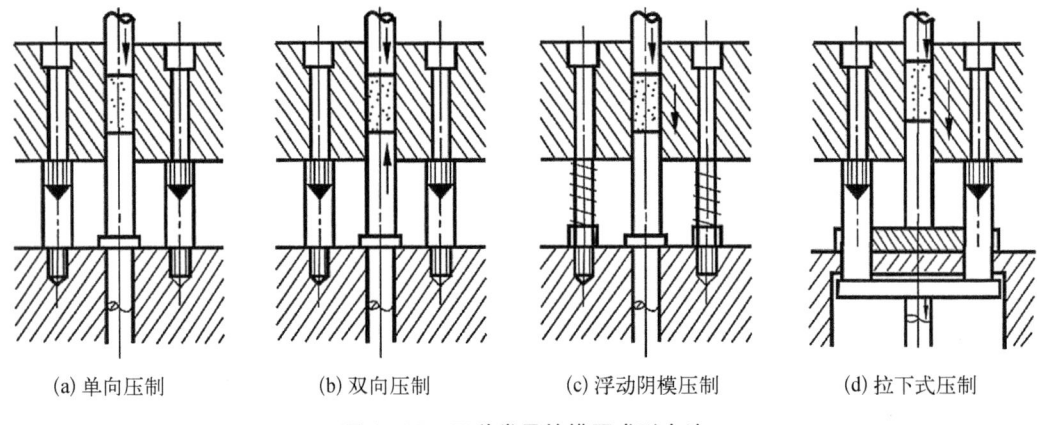

(a) 单向压制　　(b) 双向压制　　(c) 浮动阴模压制　　(d) 拉下式压制

图 4-27　四种常见的模压成形方法

图 4-27(a) 是单向压制示意图。单向压制过程中阴模不动,下模冲或者上模冲中的一个不动,压制压力仅通过可移动的另外一个模冲施加到粉末体上。单向压制获得的压坯密度分布不均匀,随着压坯高度 H 和高径比 H/D 的增大,密度不均匀性增大。但单向压制模具结构简单,生产率高,比较适应于高度小、壁厚大的压坯。

图 4-27(b) 是双向压制示意图。双向压制过程中阴模不动,上、下模冲都对粉末体施加压力,可分为同时双向压制和非同时双向压制。双向压制相当于两个单向压制的叠加,因此同样压制条件下,密度差比单向压制小,可用于 H/D 较大压坯的压制。

虽然外摩擦是密度分布不均匀的主要原因,但是许多情况下可以利用粉末与压模零件之间的摩擦来减小这种密度分布的不均匀性,这就是利用摩擦力的压制方法。浮动阴模压制是一种利用摩擦力的压制方法,压制时粉末在一个运动模冲和一个固定模冲之间进行压制,如图 4-27(c) 所示。阴模由弹簧支撑,处于浮动状态,开始加压时,由于粉末与阴模壁间摩擦力小于弹簧支撑力,只有上模冲向下移动;随着压力增大,当两者的摩擦力大于弹簧支撑力时,阴模与上模冲一起下行,与下模冲间产生相对移动,由于阴模与压坯表面的相对位移可以引起模壁与相接处的粉末层的移动,因此压坯密度沿高度分布更均匀一些。在浮动阴模压制时,弹簧的支撑力即浮动压力 P_f 是关键,只有浮动压力 P_f 等于阴模的重力 W,上下模冲压力才相等,浮动压力 P_f 过大,中性轴下移,密度差增大,实际生产中一般 P_f 稍大于 W,便于成形时阴模的自动复位。

拉下式压制是另外一种利用摩擦力的压制方法,又称为引下式压制、强动压制等,如图 4-27(d) 所示。压制开始时,上模冲首先被压下一定距离,然后与阴模一同下降(阴模被强制拉下),阴模下降的速率可调整,其拉下的距离相当于浮动的距离。压制终了时,上模冲回升,阴模则进一步被拉下,以便压坯脱出。其压坯密度分布类似于双向压制。拉下式压制适用于高度/厚度≤6或高径比≥2的零件。

浮动阴模压制和拉下式压制的压制效果与双向压制类似,压坯密度分布与双向压制相同,而且脱模方便,便于装粉,是生产中广泛采用的一种压制方式。

另外,对于套筒类零件,如汽车钢板销衬套、含油轴套、气门导管等,还可在带有摩擦芯杆的压模中压制。因为芯杆与压坯表面的相对位移可以引起与模壁或芯杆相接触的粉末层的移动,因此压坯密度沿高度方向分布得均匀一些,如图4-28所示。

用带摩擦芯杆的压模进行压制时,如果只润滑可动芯杆,经润滑后的芯杆摩擦力极小不会引起粉末层的移动,粉末与凹模壁的摩擦会引起压坯密度沿高度的降低,出现压坯密度沿高度方向急剧降低的现象,压制效果与单相压制类似。

4. 压模结构

为了使具有复杂形状且横截面不同的压坯密度均匀,必须设计出不同动作的多模冲压模,并且应使它们不同部位的压缩比相等,如图4-29所示。采用组合模冲代替整体模冲,实现补偿装粉,是实现压缩比相等的关键,组合模冲尽量在下模冲上实现。实际生产中,不可能完全按理论计算设计组合模冲,仍需根据实际情况进行简化。

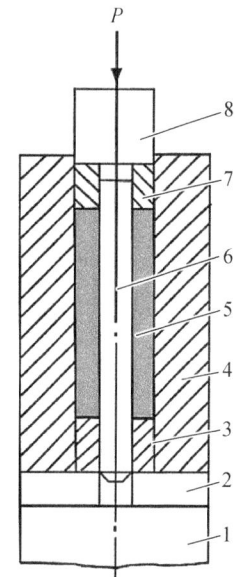

图4-28 带摩擦芯杆的压模

1—底座;2—垫板;3—下压环;4—凹模;5—压坯;6—芯杆;7—上压环;8—限制棒

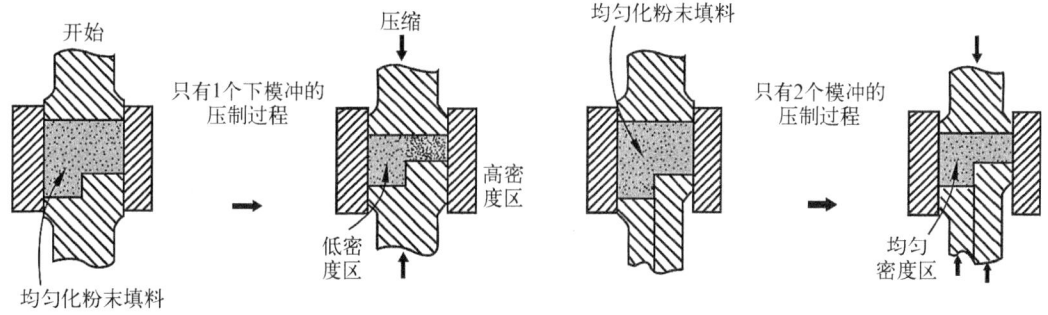

图4-29 复杂形状压坯的压制

4.3.5 影响压制成形过程的因素

影响压制成形的因素主要有粉末的性质、添加剂的使用和压制工艺(如压制压力、加压方式和加压速率)等。

4.3.5.1 粉末性质对压制过程的影响

1. 粉末硬度和塑性

金属粉末的硬度和塑性对压制过程的影响很大,软金属粉末比硬金属粉末易于压制,为了得到某一个密度的压坯,软金属粉末比硬金属粉末所需的压制压力要小得多,高硬度粉末难以在压制过程中获得较高的压坯密度。因此,材料的屈服强度、粉末的硬度以及粉末的加工硬化行为等因素都不同程度地影响着粉末材料的压坯强度。

2. 粉末形貌

由于粉末间有较好的啮合效果,使用形貌不规则的粉末很难获得较高的压坯密度,但是使用不规则粉末压坯具有较高的压坯强度。使用球形粉末可获得高的压坯密度,但是压坯的强度较低。

3. 粉末的摩擦性能

金属粉末的摩擦性能对压模的磨损影响很大,一般来说,压制硬金属粉末时模具的寿命较短。例如,压制硬质合金粉末和铁制品时,前者对压模的磨损更大,这是由于硬质合金粉末比铁粉硬度更大,更难于控制。为了保证得到合格的压坯和降低压模损耗,在压制时通常要添加润滑剂或成形剂。

4. 粉末的纯度(化学成分)

粉末的纯度(化学成分)对压制过程有一定的影响,粉末纯度越高,越容易压制。制造高密度零件时,粉末的化学成分对其成形性能影响非常大,因为杂质常以氧化物形态存在,而金属氧化物粉末多是硬而脆的,且存在于金属粉末表面,压制时使得粉末的压制阻力增加,压制性能变坏,并且使压坯的弹性后效增加,如果不使用润滑剂或成形剂来改善其压制性能,那么必然降低压坯密度和强度。

5. 粉末的粒度及粒度组成

粉末的粒度及粒度组成不同时,在压制过程中的行为是不一致的。一般来说,粉末越细,流动性越差,在充填狭窄而深长的模腔时越困难,越容易形成搭桥。另外,粉末较细,松装密度就较低,相同质量的压坯,在压模中需要较大的充填容积,因此需要增加模腔高度尺寸,这样在压制过程中模冲的运动距离和粉末之间的内摩擦力都会增加,压制损失也随之加大,最终将影响压坯密度分布的均匀性。

与形状相同的粗粉末相比,细粉末的压缩性较差,而成形性较好,在不提高压制压力的前提下,由于细粉末颗粒间的接触点较多,接触面积增加,使用细粉末可获得压坯强度较高的制品。但对于球形粉末,在中等或大压力范围内,粉末颗粒大小对密度几乎没有影响。

6. 粉末的松装密度

粉末的松装密度是设计模具尺寸时必须考虑的重要因素。松装密度小时,模具的高度及模冲的长度必须大,在压制高密度压坯时,如果压坯尺寸长,密度分布容易不均匀。但是,当松装密度小时,压制过程中粉末接触面积增大,压坯的强度高。松装密度大时,模具的高度及模冲的长度可以缩短,压模的制作较方便,也可节省原材料,对于制造高密度压坯或者长而大的制品有利。在实践中使用多大的松装密度,需要视具体情况来确定。

4.3.5.2 润滑剂和成形剂对压制过程的影响

粉末在压制时由于模壁和粉末之间、粉末和粉末之间产生摩擦,会出现压力损失,造成压力和密度分布不均匀,为了得到所需要的压坯密度,必然要使用更大的压力。因此,无论是从压坯的质量或是从设备的经济性来看,都希望尽量减少这种摩擦。

压制过程中减少摩擦的方法大致有采用较低表面粗糙度的模具或用硬质合金模代替

工具钢模以及使用成形剂或润滑剂等方法。成形剂是为了改善粉末成形性能而添加的物质,可以增加压坯的强度。润滑剂是为了降低粉末颗粒与模壁和模冲之间的摩擦,改善密度分布,减少压模磨损和有利于脱模的一种添加物。

4.3.5.3 压制工艺的影响

1. 加压方式的影响

在压制过程中由于压力损失,压坯中产生密度分布不均匀现象,为了减少这种现象,可以采取双向压制以及利用摩擦力的压制方式,或者改变压模结构等措施,因此粉末所采用的压制方式对粉末的压制过程有着重要的影响。总体来说,当压坯高径比 $H/D \leqslant 1$ 且高厚比 $H/T \leqslant 3$ 时,可采用单向压制;当压坯高径比 $H/D > 1$ 且 $H/T > 3$ 时,采用双向压制;当压坯高径比 $10 > H/D > 4$ 时,采用带摩擦芯杆压模压制、浮动阴模压制、拉下式压模压制等;而对于很长的制品,需采用特殊成形方法,如等静压成形、粉末挤压成形等。

2. 保压时间的影响

粉末在压制成形过程中,为了使压力充分传递,以及使粉末体孔隙中的空气有足够的时间从模壁和模冲或者模冲和芯棒之间的缝隙中逸出,提高压坯的密度及密度分布均匀性,也为了给粉末之间的机械啮合和变形提供时间,压制成形时常在某一个特定压力下保持一定时间,特别是对于形状较复杂或者体积较大的制品,由于保压时间不同,压坯密度的差别很大,如图4-30所示。在压制大型粉末冶金制品时,为了使压坯空隙中的气体排出,提高压坯致密度,保压时间有时长达 2 min 以上。

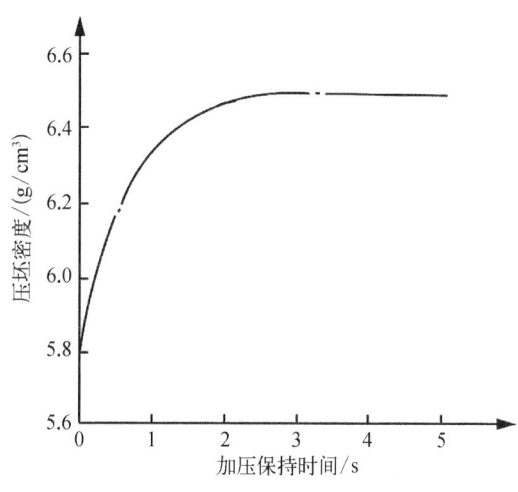

图 4-30　保压时间对压坯密度的影响

3. 加压速率

粉末压制过程中的加压速率不仅影响粉末颗粒间的摩擦状态和加工硬化程度,而且影响空气在粉末颗粒间孔隙中的逸出情况,如果加压速率过快,空气逸出就困难,因此,通常的压制过程都是以缓慢加压状态进行的。

加压速率很快的压制属于动压范畴,如冲击成形,其加压速率相当于锻造速率。粉末体受到高速冲击载荷作用时,压坯的致密化过程与静压时的情形不同。试验表明,用同样的粉末和压模称取相同质量的粉末,分别在液压机上加 5 t 的静压力或者用质量 2 kg 的落锤以 4 m/s 的速度各冲击两次,这两种情况下的压坯密度几乎一样,即用 5 t 静压的效果与 2 kg 落锤的动压效果基本相同,也就是说,冲击成形的效果远比静压要高得多。

高速冲击成形所得的压块密度分布比用缓慢加压所得的压块更加均匀,这是因为当压制压力由静压变成动压时,粉末体不仅受到静压的作用,还将受到压机动量的作用,速率越大,动量也越大,一般静压的速率是每秒零点几米,而落锤的冲击速率是 6~18 m/s,冲击成形的时间很短,因此相比于静压成形,冲击成形的效率远大于静压成形。

其次,冲击成形时粉末体受冲击力后的变形速率很快,一般大于粉末体因受力的作用而发生的加工硬化速率,此时粉末体变形不受加工硬化作用的影响,因而冲击成形时变形所需的应力比静压时变形所需的应力要小得多。

同时,粉末体是以大量的点线接触为主的复杂接触,当受到外力冲击作用时,接触区域因迅速变形而放出大量的热量,这种瞬时放出的热能必然使接触部分温度升高,导致粉末的塑性增加而易于变形。

4.4 粉末的烧结

烧结(sintering)指粉末或粉末压坯在一定的气氛中,在低于其主要成分熔点的温度下加热,借助于原子迁移实现颗粒间联结,从而获得具有一定组织和性能的材料或制品的过程。烧结是粉末冶金生产过程中最基本的工序之一,对最终产品的性能起决定性作用。烧结的结果是颗粒之间发生黏接,烧结体的强度增加,多数情况下,密度得到提高。如果烧结条件控制得当,烧结体的密度和其他物理性能及力学性能可以接近或达到相同成分致密材料的性能。

由粉末烧结方法可以制得各种纯金属、合金、化合物及复合材料。根据粉末烧结时是否有液相出现,烧结分为固相烧结和液相烧结。

4.4.1 固相烧结

固相烧结是指烧结温度低于所有组分熔点的烧结。单元系按照组成体系可分为单元系烧结和多元系烧结两类。

4.4.1.1 固相烧结热力学

粉末受热、高温下发生黏接,就是烧结现象,因此高温烧结过程有自发的趋势。从热力学观点看,粉末烧结是系统自由能减小的过程,即烧结体相对于粉末体在一定条件下处于能量较低的状态。因此烧结系统自由能的降低,是烧结过程中驱动力作用的结果。粉末烧结过程中的驱动力主要包括以下几个方面:

(1) 由于颗粒间结合面(烧结颈)的增大和颗粒表面的平直化,粉末体的总比表面积和总表面自由能减小;

(2) 烧结体内孔隙的总体积和总表面积减小;

(3) 粉末颗粒晶格畸变和空位、位错等部分缺陷的消除。

总之,烧结前存在于粉末和粉末压坯内的过剩自由能包括表面能和畸变能,前者是同气氛接触的颗粒和孔隙的表面自由能,后者是颗粒内由存在的过剩空位、位错及内应力所造成的能量增高。表面能比晶格畸变能小,如极细粉末的表面能为几百焦耳每摩尔,而晶格畸变能高达几千焦耳每摩尔,但是对于烧结过程,特别是早期阶段,主要作用来自粉末颗粒表面能。

烧结后颗粒的表面转变为晶界面,由于晶界能更低,故总的能量仍是降低的。随着烧结的进行,烧结颈处的晶界可以向两边的颗粒内移动,而且颗粒内原来的晶界可以通过再结晶长大发生移动并减少。因此晶界能进一步降低成为烧结颈形成与长大后烧结继续进行的主要驱动力,这时烧结颗粒的联结强度进一步增加,烧结体密度等性能进一步提高。

烧结过程中,不管总孔隙度是否降低,孔隙的总表面积总是减小的。闭孔隙形成后,在孔隙体积不变的情况下,表面积减小主要靠孔隙的球化,而球形孔隙继续收缩和消失能使总表面积进一步缩小。因此孔隙表面自由能的降低始终是烧结过程的驱动力。

4.4.1.2 固相烧结过程

粉末有自动黏接或者成团的倾向,特别是极细的粉末,室温下长时间后会逐渐黏接。在高温下,粉末颗粒被加热,颗粒之间发生黏接,就是常说的烧结现象。粉末的固相烧结过程按时间可大致分为烧结初期黏接面的形成、烧结中期烧结颈的形成与长大和烧结后期闭孔隙的形成与球化三个阶段。

1. 黏接面的形成阶段

在粉末或粉末压坯内,颗粒间接触面上能达到原子引力作用范围的原子数目有限。但是在高温下,由于原子振动的振幅加大,颗粒原始接触面通过原子扩散,使更多的原子进入原子引力的范围,形成黏接面,粉末颗粒之间由原来的机械啮合转变为原子间的冶金结合,形成晶界,如图4-31所示。

随着黏接面的扩大,烧结体的强度逐渐增加,表面积减小,导电性能提高。但颗粒间黏接面的形成,通常不会导致烧结体的收缩,因而致密化并不是烧结过程开始的标志,只有烧结体的强度增大才是烧结发生的明显标志。在这个阶段,烧结体颗粒内晶粒不发生变化,颗粒外形基本不变。

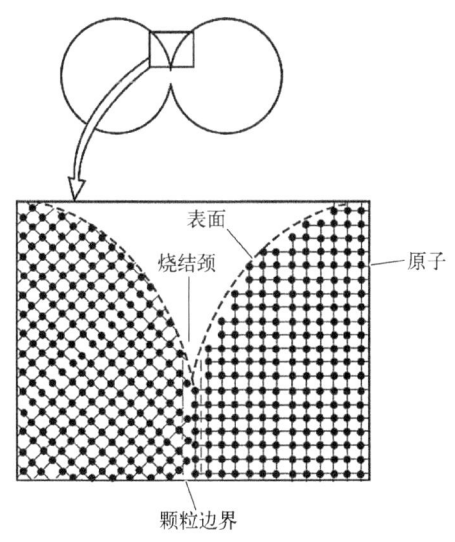

图4-31 烧结初期黏接面的微观结构示意图　　图4-32 粉末颗粒间形成的烧结颈

2. 烧结颈的形成与长大阶段

随着烧结的继续,进入烧结的中期,这时原子向颗粒结合面大量迁移,形成烧结颈并不断扩大,颗粒间的距离缩小,形成连续的孔隙网络。同时由于晶粒的长大,晶界越过孔隙移动,而被晶界扫过的地方,孔隙大量消失。烧结体收缩、密度和强度增加是这个阶段的主要特征。图4-32给出了粉末颗粒之间形成烧结颈的扫描电子显微照片。

3. 闭孔隙的形成与球化阶段

在烧结的最后阶段,当烧结体密度达到90%以后,多数孔隙被完全分隔成一系列的小孔隙,闭孔数量增加,最后发展成孤立孔隙,形状趋近球形并不断缩小,处于晶界上的闭孔则有可能完全消失,有的因发生晶界与孔隙间的分离现象而成为晶内孔隙,并充分球化。在这个阶段,整个烧结体仍可以缓慢收缩,但主要靠小孔的消失和孔隙数量的减少来实现。这一阶段可以延续很长时间,但是仍残留少量的闭孔隙不能消除。图4-33为烧结后在烧结体内残留的球化孔隙。

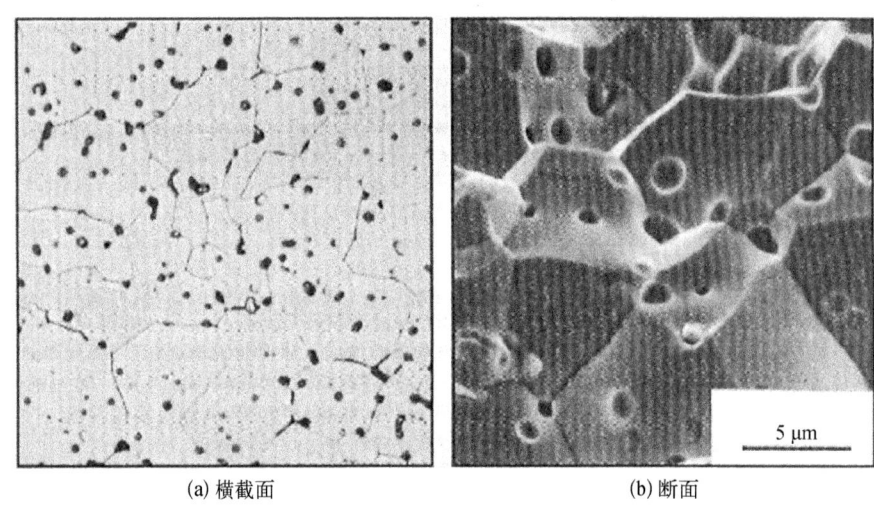

(a) 横截面　　　　　(b) 断面

图4-33　烧结后在烧结体内残留的球化孔隙

4.4.1.3　固相烧结机构

在烧结过程中,粉末颗粒接触面上发生的量与质的变化,以及烧结体内孔隙的球化与缩小等过程都是以物质迁移为前提的。烧结机构就是研究烧结过程中各种可能的物质迁移方式以及迁移速率。烧结时物质迁移的各种可能过程见表4-8。

表4-8　烧结时物质迁移的各种可能过程

序　号	烧　结　结　构	迁　移　距　离
1	黏接	不发生物质迁移
2	表面扩散	发生物质迁移,并且原子移动较长的距离
2	晶格扩散(空位机制)	发生物质迁移,并且原子移动较长的距离
2	晶格扩散(间隙机制)	发生物质迁移,并且原子移动较长的距离
2	晶界扩散	发生物质迁移,并且原子移动较长的距离
2	蒸发与凝聚	发生物质迁移,并且原子移动较长的距离
2	塑性流动(小块晶体的移动)	发生物质迁移,并且原子移动较长的距离
2	晶界滑移(小块晶体的移动)	发生物质迁移,并且原子移动较长的距离
3	回复或再结晶	发生物质迁移,但是原子移动较短的距离

烧结初期颗粒间的黏接具有范德瓦尔斯力的性质,不需要原子做明显的迁移,只涉及颗粒接触面上部分原子排列的改变或位置的调整,过程所需要的激活能很低。因此,即使在温度较低、时间较短的条件下,黏接也能发生,这是烧结早期的主要特征,此时烧结体的收缩不明显。

晶格扩散、蒸发与凝聚、塑性流动等,因原子移动的距离较长,过程的激活能较大,只有在足够高的温度或外力的作用下才能发生。它们将引起烧结体的收缩,使得性能发生明显的变化,这是烧结主要过程的基本特征。

值得指出,烧结体内虽然可能存在回复和再结晶,但是只有在晶格畸变严重的粉末烧结时才容易发生。回复和再结晶首先使压坯中颗粒接触面上的应力得以消除,因而促进烧结颈的形成。由于粉末中的杂质和孔隙会阻止再结晶过程,因此粉末烧结时的再结晶晶粒长大现象不像致密金属那样明显。

4.4.1.4 固相烧结分类

1. 单元系固相烧结

单元系固相烧结是纯金属、固定化学成分的化合物和均匀固溶体的粉末在其熔点以下的温度进行的烧结。单元系烧结过程中不存在组元之间的溶解,也不形成化合物,因而不出现新的组成物或新相,也不发生凝聚状态的改变(不出现液相),也称为单相烧结。单元系固相烧结除产生致密化及纯金属的组织变化外,不存在组元间的溶解,也不形成化合物,对研究烧结现象与过程最为方便,因此最早的烧结理论和模型都是研究纯金属或金属氧化物材料。

粉末烧结是系统自由能减小的过程。对单元系粉末的烧结来说,粉末颗粒处于化学平衡态,烧结过程无化学反应、无新相形成、无物质聚集状态的改变,因此单元系烧结物质间不发生改变,仅由烧结前后体系的能量状态所决定。单元系粉末烧结时系统自由能的降低是烧结进行的驱动力,主要包括总界面积和总界面能的减小,烧结体内孔隙的总体积和总表面积减小,粉末颗粒晶格畸变和空位、位错等缺陷的消除等,其中总界面积和总界面能的减小在系统自由能的降低中起主导作用,是烧结驱动力的主要来源。

单元系烧结的主要机构是扩散和流动,它们与烧结时间和温度的关系极为重要。无论是扩散还是流动,当温度升高后都会加快进行。因单元系烧结是原子扩散,当温度低于再结晶温度时,扩散很慢,原子移动的距离也不大,因此颗粒接触面的扩大很有限。只有当温度超过再结晶温度使自扩散加快后,烧结才会明显地进行。如果流动是塑性流动,虽然引起变形的表面应力随温度升高而降低,但材料的屈服极限降低得更快,因此温度升高会使烧结速率加快。

单元系实际的烧结过程都是连续烧结,温度逐渐升高,达到烧结温度后保温,因此各种烧结反应和现象也逐渐出现和完成,大致上可以把单元系烧结划分成三个温度阶段。

低温预烧阶段。此阶段主要发生材料的回复、吸附气体与水分的蒸发,以及压坯内成形剂的分解与排除。由于回复消除了压制时的残余弹性应力,颗粒接触反而相对减小,加上挥发物的排除,因此压坯体积收缩不明显。在这个阶段,密度基本维持不变,但是因为颗粒间接触增加,材料导电性有所改善。

中温升温烧结阶段。此阶段开始出现再结晶,首先在颗粒内,变形的晶粒转变为新晶粒,同时颗粒表面氧化物被完全还原,另外,由于扩散的加剧,颗粒间形成烧结颈,故电阻率进一步降低,强度迅速提高,但密度增加较缓慢。

高温保温烧结阶段。此阶段由于温度高,扩散和流动加剧,烧结充分进行并接近完成,形成大量闭孔,并继续缩小,使得孔隙尺寸和孔隙总数均有减少,烧结体密度明显增加。

影响单元系烧结过程的因素主要有粉末活性、粉末表面状态、烧结气氛和压制压力等。粉末活性主要包括颗粒的表面活性与晶格活性两方面,前者取决于粉末的粒度和形状,后者由晶粒大小、晶格缺陷和内应力等决定,在其他条件相同时,粉末越细,活性越大。粉末粒度减小将使烧结的起始温度降低,收缩率增大。粉末颗粒内晶粒大小对烧结过程也有相当大的影响,晶粒细,晶界面就多,活性大,对扩散过程有利,因此由单晶颗粒组成的粉末烧结时晶粒长大的趋势小,而多晶颗粒组成的粉末晶粒长大的倾向大。一般来说,通过低温还原和低温煅烧金属盐类得到的金属和氧化物粉末具有较细的粒度和较高的烧结活性。

粉末表面状态对烧结过程有重要影响。如果在烧结过程中粉末表面的氧化物能被还原或溶解在金属中,当氧化层小于一定厚度时,对烧结有促进作用。因为当氧化膜被还原成金属时,新鲜表面原子的活性增大,很容易烧结。许多试验已经证明,预氧化烧结过程的激活能可以降低,但是如果表面氧化物层太厚或不能被还原,将阻碍烧结过程中的扩散,烧结难以进行。

烧结时气氛有惰性气氛、氧化性气氛、真空气氛和还原性气氛等。难还原的金属粉末烧结需要强还原性气氛,真空烧结对于多数金属的烧结都有利,但真空烧结使金属的挥发损失增大,成分改变,而且容易造成产品变形。烧结气氛中添加活性成分能活化某些粉末的烧结,例如,氧化物陶瓷的烧结中氧的分压对材料的烧结影响最明显。在湿氢或氮、氩等惰性气氛中烧结氧化物能降低烧结温度。

压制工艺影响烧结过程,特别是压制压力,主要是因为压制压力影响成形后压坯的密度、残余应力、颗粒表面氧化膜的变形或破坏,以及压坯孔隙中气体等,若压制压力很高,烧结时内应力的释放会导致压坯尺寸胀大,密度降低。

2. 多元系固相烧结

在粉末冶金中,多数粉末冶金材料是由几种不同成分的元素或化合物粉末烧结而成的,因此实际上很少采用单元系粉末的烧结,而以多元系烧结为主。多元系固相烧结是由金属与金属,金属与非金属,金属与化合物等两种或两种以上组元粉末在其低熔点组分的熔点以下温度所进行的固相烧结过程,烧结过程不出现液相。

多元系固相烧结也是体系自由能降低的过程,其烧结驱动力来源于总界面积和总界面能的减小,粉末颗粒晶格畸变和部分空位、位错等缺陷的消除,烧结体内孔隙的总体积和总表面积减小,以及合金化引起的体系自由能的降低。烧结过程中颗粒尺寸 $10\ \mu m$ 的粉末界面能降低为 $1\sim 10\ J/mol$,而合金化反应的自由能降低一般为 $100\sim 1\ 000\ J/mol$,因此多元系烧结过程驱动力主要来源于合金化带来的自由能降低,而表面能的降低属于辅助地位。

相对于单元系烧结,多元系固相烧结除了发生同组元或异组元颗粒间的黏接,还发生异组元之间的溶解反应、合金化反应和均匀化等过程,而这些都是靠组元在固态下的互相扩散来实现的,而固态扩散是一个缓慢的过程,取决于合金化热力学和扩散动力学。

多元系固相烧结的种类很多,根据烧结过程中系统组元之间有无固相溶解存在,又分为无限互溶系的烧结、有限互溶系的烧结和完全不互溶系的烧结。

1) 无限互溶多元系固相烧结

无限互溶多元系固相烧结是两种或两种以上组元在固态和液态下都能以任意成分互溶体系的烧结。主要是简单二元系的烧结,如 Fe－Ni、Cu－Ni、Cu－Ag、Co－Ni、Cu－Au 和 W－Mo 等。

这种体系烧结的本质是合金化或者扩散均匀化,互扩散影响合金化均匀程度,遵从固相扩散的一般规律。因此凡是能够影响扩散特性的因素,都可以影响烧结的均匀化程度。影响烧结合金化的主要因素有烧结温度、烧结时间、粉末粒度、粉末预合金化程度、杂质元素和压坯密度等。

一般随着烧结温度提高,原子扩散速率增加,扩散系数增加,合金化速率加快,但高的烧结温度带来了产品的变形和烧结收缩大的问题,导致精度控制困难;烧结时间长,元素扩散距离长,有利于合金化;粉末粒度小,特别是细粉末,活性高,且烧结时扩散距离短,均匀化所需时间短;粉末预合金化可以降低扩散活化能垒,提高扩散系数,有利于烧结;渗入 Si、Mn 等杂质易形成稳定氧化物,阻碍元素扩散;压坯密度提高,有效接触面积增大,扩散通道增加,利于烧结。

2) 有限互溶多元系固相烧结

有限互溶多元系固相烧结是两种或两种以上组元在液态下无限互溶而在固态下有限互溶体系的烧结,烧结后得到的是多相合金。典型的二元系有 Fe－C、Fe－Cu 等烧结钢和 W－Ni 等,三元系如 Fe－C－Me 等。其中有代表性的是烧结钢,它是用铁粉与石墨粉混合,压制成零件,在烧结时,碳原子不断向铁粉中扩散,在高温中形成 Fe－C 有限固溶体(γ－Fe),冷却下来后形成主要由 α－Fe 与 Fe_3C 两相组成的多相合金,它比烧结纯铁有更高的硬度和强度。烧结温度、烧结时间、混合料均匀程度、压坯密度、石墨种类、形状及粒度和冷却速率等对烧结过程有重要的影响。

3) 互不相溶多元系固相烧结

互不相溶多元系固相烧结是两种或两种以上组元在固态、液态下都没有互溶性体系的烧结,典型体系有 Cu－C(CF)、Ag－C(CF)、W－Cu、Mo－Cu 和 Ag－CdO 等。组元间不互溶且不发生反应的合金通常称为"假合金","假合金"不能通过熔炼铸造的方法制备获得,是仅能通过粉末冶金工艺生产材料的典型代表。

互不相溶系能否实现烧结,同单元系或者互溶多元系一样,也与表面自由能的减少有关。因为互不相溶,组元之间无合金化,因此表面自由能非常关键。皮涅斯认为,互不溶系的烧结服从不等式:

$$\gamma_{AB} < \gamma_A + \gamma_B \tag{4-31}$$

即 A－B 的界面能 γ_{AB} 必须小于 A、B 单独存在的表面能(γ_A、γ_B)之和。如果 $\gamma_{AB} > \gamma_A +$

γ_B,虽然在 $A-A$ 或 $B-B$ 之间可以烧结,但是在 $A-B$ 之间却不能。在满足式(4-31)的前提下,如果 $\gamma_{AB} > |\gamma_A - \gamma_B|$,那么在两组元的颗粒间形成烧结颈的同时,它们可以互相靠拢至某一个临界值。如果 $\gamma_{AB} < |\gamma_A - \gamma_B|$,则开始时通过表面扩散,比表面能低的组元覆盖在另一组元的颗粒表面,然后同单元系烧结一样,在类似复合粉末的颗粒间形成烧结颈。只要烧结时间足够长,可充分烧结,这时得到一种成分均匀包裹在另一成分的颗粒表面的合金组织。不论是上述情况中的哪一种,γ_{AB} 越小,烧结驱动力越大,即使烧结时不出现液相,两种固相的界面能也将决定烧结过程。而在液相烧结时,由于有界面湿润性问题存在,不同成分的液-固界面能的作用就显得更重要。

互不相溶多元系烧结体如复合材料,当密度趋于理论密度时,性能 P 与组成的体积分数 V 之间满足

$$P = P_1 V_1 + P_2 V_2 + \cdots \tag{4-32}$$

式中,P_1、P_2、P 分别为不同组分和复合材料性能;V_1、V_2 为不同组分的体积分数。

总体来说,互不相溶体系烧结可以用来制备多种"假合金"以及颗粒、纤维增强复合材料等,材料存在性能与成分之间的加和规律,可根据性能需要设计组分或者由组分预测性能。当难熔组分含量很高时,混合均匀比较困难,需采用特殊的混料方法,如共沉淀粉末、共沉积粉末等。实际中为提高密度,经常需补充致密化工艺或热成形工艺,例如,利用粉末热挤压可制备全致密 Cu-Al$_2$O$_3$ 和 Cu-石墨复合材料等。另外,因为互不相溶,烧结后颗粒间的结合界面弱,对材料性能(如热导率等)影响大,需添加其他物质提高界面强度。

4.4.2 液相烧结

粉末压坯仅通过固相烧结一般难以获得很高的致密度。在烧结时,若低熔组元熔化或形成低熔点共晶物,那么由液相引起的物质扩散比固相扩散快,而且最终液相将填满烧结体内的孔隙,因此可获得高致密度、性能好的烧结产品。液相烧结是两种或两种以上组元组成的压坯,在其低熔成分熔点温度之上、高熔成分熔点温度之下某一温度进行的烧结。低熔成分不一定是单质组元,也可能是低共熔物。简单来说,烧结过程中出现液相的粉末烧结过程称为液相烧结。由于低熔组分同难熔固相之间互相溶解或形成合金的性质不同,液相可能消失或始终存在于全过程,故又分为稳定液相烧结和瞬时液相烧结。

4.4.2.1 液相烧结基本条件

在液相烧结系统中,如果满足一定的条件,形成的液相可以为物质提供另外一种迁移方式,从而加快烧结。因此液相烧结能否顺利完成,取决于同液相性质相关的三个基本条件。

1. 液相必须润湿固相颗粒

烧结过程中形成的液相必须在固相周围形成薄膜,因此润湿是液相烧结的首要条件。液体润湿固体的程度,由平衡态的表面能决定:

$$\gamma_{SV} = \gamma_{SL} + \gamma_{LV} \cos \theta \tag{4-33}$$

式中，γ_{SV} 是固-气表面能；γ_{SL} 是固-液表面能；γ_{LV} 是液-气表面能；θ 为接触角。液相烧结需满足的润湿条件是 $\theta<90°$，液相只有具备完全或部分润湿的条件，才能在附加压力作用下渗入颗粒的微孔和裂隙甚至晶粒间界。

当 $\theta=0°$ 时，液相充分润湿固相颗粒，这是最理想的液相烧结条件。

当 $0<\theta<90°$ 时，普通液相烧结，烧结效果一般。

当 $\theta>90°$ 时，烧结开始时，液相即使生成，也会很快跑出烧结体，称为渗出。这样，烧结合金中的低熔点组分大部分被损失掉，使烧结致密化过程不能顺利完成。这种情况在烧结气氛与固相或液相组分间形成稳定氧化物的烧结体系中易出现，如 Al-Pb、Cu-Al、Cu-Sn 等。一般可通过加入合金元素改善液相对固相颗粒的润湿性，促进液相烧结过程。

影响润湿的因素主要有烧结温度、烧结时间、添加剂、固相颗粒的表面状态和烧结气氛等，可从这些因素调整液相对固相颗粒的润湿性。

2. 固相在液相中应具有一定的溶解度

固相在液相中有一定的溶解度是液相烧结的又一个条件，主要是因为固相有限溶解于液相可以改善润湿性，固相溶于液相后，液相数量相对增加。另外，固相溶于液相，可以借助液相进行物质迁移，颗粒表面突出部位的化学位较高，产生优先溶解，通过扩散和液相流动在颗粒凹陷处析出，增加了固相物质迁移通道，改善固相晶粒的形貌，使固相颗粒分布得均匀，还能减小颗粒重排的阻力。

但是，溶解度过大会使液相数量太多，也对烧结过程不利，例如，形成无限互溶固溶体的合金，液相烧结因烧结体解体而根本无法进行。另外，当固相溶解对液相冷却后的性能有不好的影响（如变脆）时，也不利于采用液相烧结。

3. 液相数量

液相烧结应以液相填满固相颗粒的间隙为限度。烧结开始，颗粒间孔隙较多，经过液相烧结后，颗粒重新排列并且有一部分小颗粒溶解，使得孔隙被增加的液相填充，孔隙相对减小。因此，液相数量增加，液相充分而均匀地包覆固相颗粒，减小固相颗粒间的接触机会，为颗粒重排列提供足够空间，降低重排列阻力，对致密化有利。一般认为，液相量以不超过烧结体积的 35% 为宜，超过时不能保证产品的形状和尺寸，但过少时烧结体内将残留一部分不被液相填充的小孔，而且固相颗粒也将因直接接触而过分烧结长大。

因此，对于那些在液相冷却后形成粗大针状组织的合金体系（如 Fe-Al），一般不采用液相烧结，若必须采用液相烧结，则严格控制液相的数量及其分布。

4.4.2.2 液相烧结过程

图 4-34 是液相烧结的致密化过程示意图，液相烧结过程大致可以划分为液相生成和颗粒重排、固相溶解和析出以及固相骨架形成三个阶段。

1. 液相生成和颗粒重排阶段

固相烧结时，不可能发生颗粒的相对移动，但是有液相存在时，颗粒在液相内近似悬浮状态，受液相表面张力的推动而发生移动，因而液相对固相颗粒润湿和有足够的液相存在是颗粒移动的重要前提。颗粒间孔隙中液相所形成的毛细管力以及液相本身的黏性流动，使颗粒调整位置、重新分布，达到最紧密的排布，在这个阶段，烧结体密度迅速增加。

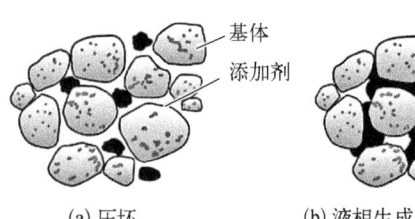 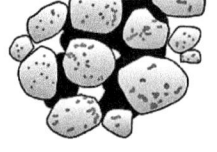 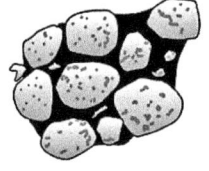 

(a) 压坯　　　　　(b) 液相生成与颗粒重排　　　(c) 固相溶解和析出　　　(d) 固相骨架形成与晶粒长大

图 4-34　液相烧结中的致密化过程示意图

2. 固相溶解和析出阶段

由于固相颗粒大小不同、表面形状不规整、颗粒表面各部位的曲率不同，溶解于液相的平衡浓度不相等，由浓度差引起的颗粒之间和颗粒不同部位之间的物质迁移也就不一致。随着加热继续，固相小颗粒或颗粒表面曲率大的部位在液相中溶解，液体的体积增加，直到固体组分在液体中饱和，而溶解的物质在大颗粒表面或其有负曲率的部位析出，随后溶解-析出，达到平衡。在溶解-析出的过程中，液相成了固相原子迁移的载体，小的晶粒溶解后在大晶粒表面再析出。图 4-35 为较小晶粒溶解后在较大晶粒上析出的晶粒生长的溶解-析出过程。溶解-析出的结果是固相颗粒外形逐渐趋于球形或其他规则形状，小颗粒逐渐缩小或消失，大颗粒长大，颗粒更加靠拢。

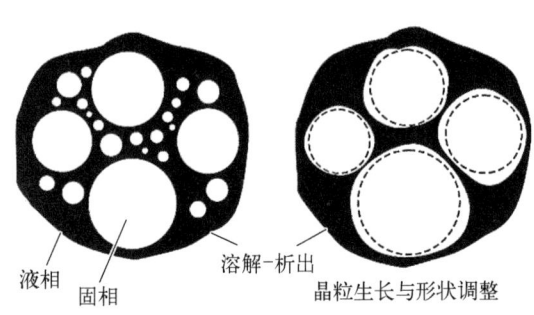

图 4-35　溶解-析出过程

经过一段时间后，晶粒总的数目减少，剩下晶粒的尺寸增大。但由于在此阶段充分进行之前，烧结体内气孔已基本消失，颗粒间距已很小，因此致密化速率显著减慢。

3. 固相骨架形成阶段

液相烧结经过上述两个阶段后，固相颗粒相互靠拢，颗粒间彼此黏接形成骨架，剩余的液相充填于骨架的间隙。此时以固相烧结为主，致密化速率显著减慢，烧结体密度基本不变。

4.4.2.3　液相烧结的分类

1. 瞬时液相烧结

瞬时液相烧结是烧结初、中期存在液相，后期液相消失的烧结过程。其主要特点是烧结的初、中期为液相烧结，而烧结的后期为固相烧结，如 Cu-Sn、Cu-Pb、Ag-Ni、Fe-Fe_3P、Fe-Cu_3P 和 Fe-Ni-Al 等体系的烧结。瞬时液相烧结时液相的数量主要取决于低熔点组分含量、升温速率和粉末颗粒的粒度，因此可以通过这三个方面的调整来改变液相的数量。

2. 稳定液相烧结

稳定液相烧结是在一定温度下，烧结体系中始终存在液相的烧结过程。例如，不互溶体系（如 W-Cu、Ag-W、Cu-WC 和 Cu-TiB_2 等）的烧结，互溶体系[如 WC-Co、W-Cu(Fe)-Ni、TiC-Ni 和 Pb-Sn]的烧结等。

3. 熔渗

熔渗是熔点比坯体低的金属或合金熔融后流动、填充压坯或烧结坯孔隙的方法。熔渗过程中,依靠外部金属液润湿粉末多孔体,在毛细管力作用下,液体金属沿着颗粒间孔隙或颗粒内孔隙流动,直到完全填充孔隙为止。从本质上说,它是液相烧结的一种特殊情况,前期为固相烧结,而后期为液相烧结。不同的是致密化主要靠易熔成分从外面去填满孔隙,而不是靠压坯的本身收缩,因此,熔渗的零件基本上不产生收缩,烧结所需时间也短。熔渗作为工艺方法主要用于生产电触头材料(Cu-W、Ag-W)、Fe-Cu机械零件,以及金属陶瓷材料或复合材料等。

熔渗能顺利完成,必须具备以下几个基本条件:一是熔渗时骨架材料与熔渗金属的熔点相差要较大,这样在熔渗时才不造成零件变形;二是同液相烧结一样,熔渗金属形成的液相应能很好地润湿骨架材料,润湿角 θ 应尽可能小;三是骨架材料与熔渗金属之间不互溶或溶解度不大,因为如果两者之间反应生成熔点高的化合物或固溶体,液相则消失,使熔渗无法继续进行;四是骨架应是连通的开孔隙网络结构,孔隙率一般不小于10%;五是熔渗金属的量以填满孔隙为限度,过少或过多均不宜。

熔渗有部分熔渗法、全部熔渗法和接触熔渗法三种工艺,如图4-36所示,其中最简单的是接触法,即把金属压坯或碎块放在被浸零件的上面或下面,送入高温炉中,这时需要根据压坯孔隙度计算熔渗金属量。在真空或熔渗件一端形成负压的条件下,可以减小孔隙气体对金属液流动的阻力,提高熔渗质量。

理想的熔渗处理应该保证坯件中全部微孔都得到彻底地填充,液相在微孔结构中具有良好的流动性和润湿性,熔渗处理后不留残渣。

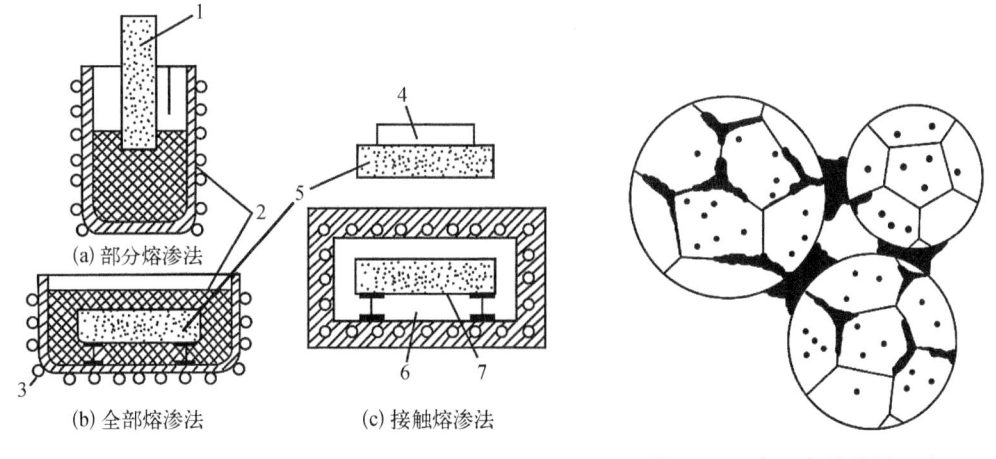

图4-36 熔渗方式   图4-37 超固相线烧结示意图

1、5、7-多孔体;2-熔融金属;3-加热体;4、6-固体金属

4. 超固相线烧结

在粉末颗粒间的接触点与颗粒内晶界处形成液相膜,借助半固态粉末颗粒间的毛细管力使烧结体迅速达到致密化的烧结方法,称为超固相线烧结,如图4-37所示。烧结时液相在粉末颗粒内形成,这是在微区范围内比普通液相烧结更为均匀的烧结过程。例如,

将完全预合金化的粉末加热到合金固相线与液相线之间的某一个温度,使每个预合金粉末的晶粒内、晶界处以及颗粒表面形成液相,可使烧结体迅速达到致密化。

4.4.2.4 液相烧结的特点

液相的存在使小颗粒或者粉末颗粒的尖角处优先溶于液相,在大晶粒表面再析出,加快了原子迁移速率。溶解-析出使小颗粒逐渐缩小或消失,固相颗粒逐渐趋于球形或其他规则形状,从而降低了颗粒间的摩擦,有利于颗粒重排列并获得有效的颗粒间填充,因此加快了烧结速率,可制得全致密的粉末冶金材料或制品。另外,在无外压的情况下,毛细管力的作用也将加快坯体的收缩。液相烧结后获得材料的晶粒尺寸可以通过调节液相烧结工艺参数加以控制,便于优化显微结构和性能。

但液相烧结也存在不足,最主要的是烧结变形问题,特别是当烧结坯体液相数量过大或混合粉的粒度、混合不均匀时,易出现变形,因此一般将液相数量控制在35%以内。另外,液相烧结制品收缩大,尺寸精度控制困难。

4.4.3 特种烧结技术

特种烧结技术是为了适应材料的特殊应用和需求而开发出的一些特殊的烧结技术,如热压烧结、电火花烧结、放电等离子烧结、微波烧结和选择性激光烧结等,目的是提高烧结速率或者降低烧结温度,改善被烧材料的微观结构和性能。

4.4.3.1 热压烧结

烧结过程可以分为不加压烧结和加压烧结两大类。不施加外压力的烧结,称为不加压烧结,而施加外压力的烧结,称为加压烧结。对置于模具中的松散粉末或对粉末压坯加热的同时对其施加压力的烧结过程就是热压烧结(hot pressing,HP)。

利用热压烧结时,由于粉料处于热塑性状态,形变阻力小,易于塑性流动和致密化,所需的成形压力仅为冷压法的十分之一,因此可以用来成形大尺寸产品。另外,热压烧结时由于同时加温、加压,有助于粉末颗粒的接触、扩散、流动等传质过程,降低烧结温度,缩短烧结时间,因而抑制了晶粒的长大。

热压烧结与常压烧结相比,具有烧结温度低的特点,而且烧结体中气孔率低,密度高,易获得近全致密的材料。另外,在较低温度下烧结,抑制了晶粒的生长,烧结体晶粒较细,机械强度高。许多陶瓷粉体在烧结过程中,烧结温度的提高和烧结时间的延长导致晶粒长大,而利用热压烧结在降低烧结温度的同时缩短了烧结时间,从而避免了晶粒的长大,可获得细晶粒的陶瓷材料。另外,利用热压烧结,还可生产形状较复杂、尺寸较精确的产品。因此,热压烧结广泛用于在普通无压条件下难致密化的材料制备,缺点是生产率低、成本高。

热压烧结时,对于在空气中很难烧结的制品,为了防止其氧化等,烧结时常在炉膛内通入一定的气体,形成所要求的气氛,如惰性气氛和还原性气氛等,在此气氛下进行的烧结称为气氛热压烧结,若将炉膛内抽成真空,则称为真空热压烧结。

烧结时,对装于包套之中的松散粉末加热的同时,对其施加各向同性等静压力的烧结方法称为热等静压(hot isostatic pressing,HIP)烧结,烧结时压力传递介质为惰性气体,烧结温度可达2 000℃,压力可达200 MPa,集高温、高压于一体。热等静压烧结时由于施加的是各向同性的等静压力,因此克服了外摩擦力,烧结体的各向受压均衡,制品的致密度高、均匀性好、性能优异。另外,热等静压烧结生产周期短、工序少、能耗低、材料损耗小。

由于热等静压强化了压制和烧结过程,降低烧结温度,消除孔隙,避免晶粒长大,可获得高的密度和强度,因此相比于普通热压烧结,热等静压烧结温度更低,制品致密度更高,如表4-9所示。

表4-9 不同材料热等静压和热压烧结时烧结温度和烧结制品的致密度

材料	温度/℃		相对密度/%	
	热等静压	热压	热等静压	热压
钨	1 484~1 590	1 590~2 100	99.0	96~98
WC-Co合金	1 350	1 410	99.99	99.0
氧化锆	1 350	1 700	99.99	98.0
石墨	1 594~2 515	3 000	93.4~98.0	89.0~93.0

4.4.3.2 电火花烧结

电火花烧结可以看作一种物理活化烧结,又称为电火花压力烧结。这是利用粉末间火花放电所产生高温的同时受外力作用的一种特殊烧结方法。

电火花烧结设备的原理如图4-38所示。通过一对电极板和上、下模冲向模腔内的粉末通入高频、中频交流和直流的叠加电流。压模由石墨或其他导电材料制成,靠火花放电产生的热和通过粉末与模冲的电流产生的焦耳热来加热粉末。粉末在高温下处于塑性状态,通过模冲加压烧结,并且高频电流通过粉末形成机械脉冲波,因此致密化过程在极短的时间(1~2 s)就可以完成。

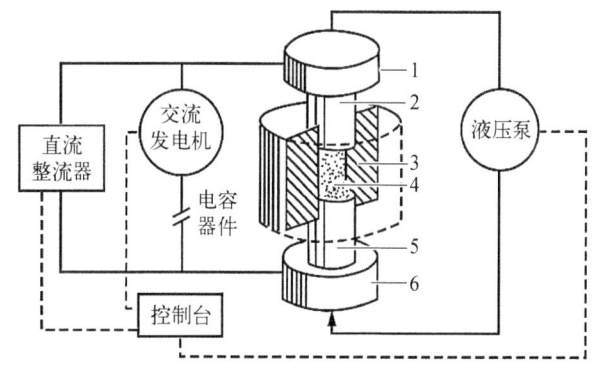

图4-38 电火花烧结机的原理
1、6—电极板;2、5—模冲;3—压模;4—粉末

电火花烧结与一般热压烧结很相近,也可获得近全致密的材料,但热压烧结所用的压力高达几十兆帕,而电火花烧结所用的压力仅有几兆帕。

4.4.3.3 放电等离子烧结

放电等离子烧结(spark plasma sintering, SPS)是一种物理活化烧结工艺,烧结时,粉末颗粒间在大电流作用下产生高温火花放电形成等离子体,活化颗粒表现,加速烧结颈部的形成和生长,促进烧结过程。

SPS与热压烧结有相似之处,但加热方式完全不同,它是一种利用通-断直流脉冲电流直接通电烧结的加压烧结法。通-断式直流脉冲电流的主要作用是产生放电等离子体、放电冲击压力、焦耳热和电场扩散作用。在 SPS 过程中,电极通入直流脉冲电流时瞬间产生放电等离子体,使烧结体内部各个颗粒均匀地产生焦耳热,并使颗粒表面活化。

SPS 过程可以看作颗粒放电、导电加热和加压综合作用的结果。除加热和加压这两个促进烧结的因素外,在 SPS 技术中,颗粒间的有效放电可产生局部高温,可以使表面局部熔化、表面物质剥落。另外,高温等离子的溅射和放电冲击清除了粉末颗粒表面的氧化物等杂质和吸附的气体。

放电等离子烧结是制备功能材料的一种全新技术,它具有升温速率快、烧结时间短、组织结构可控、节能环保等鲜明特点,可用来制备金属材料、陶瓷材料、复合材料,也可用来制备纳米块体材料、非晶块体材料、梯度材料等。

4.4.3.4 微波烧结

微波烧结是利用微波具有的特殊波段与材料相互作用而产生热量,使材料整体加热至烧结温度并实现致密化的方法。研究表明,微波辐射会降低激活能,加快原子扩散,达到促进致密化,促进晶粒生长,加快化学反应等效果。

由于不同的材料、不同的物相对微波的吸收存在差异,因此可以通过选择性加热或选择性化学反应获得新材料和新结构,还可以通过添加吸波物相来控制加热区域,也可利用强吸收材料来预热微波透明材料,利用混合加热烧结低损耗材料。微波烧结升温速率快,烧结时间短,另外,微波烧结易于控制、安全、无污染。

4.4.3.5 选择性激光烧结

选择性激光烧结(selective laser sintering,SLS)工艺又称选区激光烧结技术或粉末材料选择性激光烧结等,该方法最初是由美国得克萨斯大学奥斯汀分校的 Dechard 于 1989 年提出,并于 1992 年开发了基于 SLS 的商业成形设备。SLS 工艺利用粉末材料在激光照射下烧结的原理,在计算机控制下层层堆积成形。

选择性激光烧结可用来制备高分子材料、金属材料和陶瓷材料。SLS 工艺过程分为前处理、中处理和后处理三个过程。前处理主要利用计算机进行画图及分层处理,后处理主要是工件的取出、冷却和表面处理,中处理即工件的制作过程。

选择性激光烧结工艺参数对制品的精度和强度的影响很大。激光和烧结工艺参数,如激光功率、扫描速率和方向及间距、烧结温度、烧结时间与层厚度等,对层与层之间的黏接、烧结体的收缩变形、翘曲变形甚至开裂都会产生影响。

思 考 题

1. 什么是松装密度和振实密度?松装密度的控制在粉末材料成形中有何重要意义?
2. 分析粉末粒度、粉末形貌与松装密度之间的关系。
3. 粉末流动性太差,难以满足成形需要,如何提高其流动性?
4. 在哪些情况下需向粉末中添加成形剂?为什么?
5. 利用机械研磨法制粉时,影响研磨效果的因素有哪些呢?
6. 简述压坯中密度分布不均匀的状况及其产生的原因,并探讨如何改善压坯的密度分布。

7. 用能量的观点阐述互不相溶体系固相烧结的热力学条件。

8. 简述液相烧结的三个基本条件,并以 W－Ni－Fe 合金为例,分析液相烧结的三个基本条件在合金烧结致密化过程中的作用。

9. 什么是熔浸?实现熔浸的基本条件是什么?

10. 根据粉末成形性与压缩性的影响因素,提出获得成形性能优异且压缩性高的金属粉末的技术措施。

11. 对于多台阶的粉末冶金零件,设计压模时应注意哪些问题?

第5章

高分子材料成形原理

5.1 高分子材料概述

高分子材料是以高分子化合物为基体组分的材料,通常也称为聚合物材料。聚合物(polymer)或高分子化合物(macromolecule),是由众多原子或原子团主要以共价键结合而成的相对分子质量较高(通常超过1万)的化合物。

根据高分子的来源,高分子材料可以分为天然高分子材料和合成高分子材料。人类社会最初利用天然高分子材料作为生活和生产的基本材料,并掌握了其加工技术。例如,人们使用蚕丝、棉花和羊毛织成布料,利用木材、棉花和麻制造纸张。19世纪30年代末,天然高分子进入改性阶段,形成了半合成高分子材料。1870年,美国科学家海厄特(Hyatt)首次利用硝化纤维素和樟脑制成了赛璐珞塑料,这是一种具有划时代意义的人造高分子材料,广泛应用于台球、梳子、假牙及电影胶片等。1907年,合成高分子酚醛树脂的出现,标志着人类开始有目的地应用合成方法制造高分子材料。1953年,德国科学家齐格勒(Ziegler)和意大利科学家纳塔(Natta)发明了配位聚合催化剂,极大地拓宽了合成高分子材料的原料来源,催生了大量新型的合成高分子材料,使得聚乙烯和聚丙烯等通用合成高分子材料走入了千家万户。如今,高分子材料、金属材料、无机非金属材料以及复合材料,已成为国家经济建设、国防发展和人民生活的重要组成部分。

5.1.1 高分子材料分类

高分子材料种类繁多,根据其物理形态和应用目的,可以分为塑料(plastic)、橡胶(rubber)、纤维(fiber)、黏合剂(adhesive)、涂料(coating)及功能高分子材料(functional polymers)等。其中,塑料、合成橡胶和合成纤维称为现代三大高分子合成材料。

1. 塑料

塑料通常是以合成树脂为基础,加入塑料助剂(如填料、增塑剂、稳定剂、润滑剂、交联剂及其他添加剂)制成的材料。根据塑料在受热时的行为以及是否具有重复成型加工能力,塑料可分为热塑性塑料(thermoplastic)和热固性塑料(thermoset)。热塑性塑料在加热时能够熔化,经过冷却后固化,并能够多次熔化和加工,展示出良好的可重复加工性;而热固性塑料在加热过程中经历固化反应,形成立体网状结构,此后再加热也不会熔化,且在溶剂中不可溶解。当温度超过分解温度时,它们会受到破坏,失去再加工的可能性。

依据具体用途,塑料还可分为通用塑料与工程塑料。通用塑料性能一般、价格较低、产量大、用途广泛,主要用于非结构性材料,例如,聚乙烯(polypropylene, PP)、聚丙烯、聚氟乙烯、聚苯乙烯(polystyrene, PS)及酚醛塑料等。工程塑料则具有较高的力学性能,适用于较宽的温度范围及严苛的环境条件,并且在这些条件下具备持久的使用性能,常作为结构材料使用。在此领域,长期使用温度在100~150℃的塑料称为通用工程塑料,如聚酰胺(polyamide, PA)、聚碳酸酯(polycarbonate, PC)和聚甲醛(polyoxymethylene; polyformaldehyde, POM)等;而长期使用温度超过150℃的塑料称为特种工程塑料,包括聚酰亚胺、聚芳酯、聚苯酯、聚砜、聚苯硫醚、聚醚醚酮及氟塑料等。

2. 橡胶

橡胶是一类以线性结构为特征的柔性高分子聚合物,其分子链具有良好的柔韧性,施加外力时能够产生显著的形变,去除外力后迅速恢复到原状。橡胶的突出特征是在较宽温度范围内展现出优异的弹性,因此通常称为弹性体。需要注意的是,相同种类的高分子聚合物根据其制备方法、条件及加工方式的不同,既可以用作橡胶,也可以用作纤维或塑料。

橡胶根据其来源主要可以分为天然橡胶与合成橡胶。早期橡胶工业一般采用天然橡胶,从植物中采集获得,具有较高的弹性。随着第二次世界大战期间对橡胶需求的激增,以及工农业和交通运输业的快速发展,天然橡胶的供应已不能满足市场需求,因而推动了合成橡胶的研究与发展。

合成橡胶是通过人工合成方法制备的高弹性高分子材料,通常是由聚合物单体经过聚合反应合成的高分子材料。依据性能与用途的不同,合成橡胶可以分为通用合成橡胶与特种合成橡胶。用于替代天然橡胶制造轮胎及其他常用橡胶制品的合成橡胶称为通用合成橡胶,如丁苯橡胶、顺丁橡胶、乙丙橡胶、丁基橡胶及氯丁橡胶等。近年来新出现的一种新型集成橡胶,主要用于轮胎的胎面。特种合成橡胶则用于特定性能的需求,如耐寒、耐热、耐油及耐臭氧等,代表性材料包括丁腈橡胶、硅橡胶、氟橡胶、丙烯酸酯橡胶及聚氨酯橡胶。随着特种合成橡胶综合性能的提升,制造成本的降低及应用范围的扩大,其应用也逐渐向通用合成橡胶迈进。因此,通用橡胶与特种橡胶之间的界限并不严格,而是随着技术进步不断发展的。

3. 纤维

纤维通常指长度远大于直径且具有一定柔韧性的细长物质。纤维根据其来源可分为天然纤维和化学纤维,天然纤维有棉花、麻和蚕丝等。随着化学反应、合成技术及石油工业的进步,人造纤维及合成纤维的出现改变了传统纤维的生产方式,称为化学纤维。人造纤维是以天然聚合物为原料,经化学处理和机械加工得到的材料,主要包括黏胶纤维、铜氨纤维和乙酸纤维等。合成纤维则是由合成聚合物制得的,种类繁多,目前已实现工业化生产的有40多种,其中主要产品包括聚酯纤维(涤纶)、聚酰胺纤维(尼龙)及聚丙烯腈纤维(腈纶),这三类纤维的产量占合成纤维总量的90%以上。合成纤维具有高强度、耐高温、耐酸碱、耐磨损、质量轻、保暖性好及电绝缘性等优点,应用广泛且原料丰富,生产过程不受自然条件限制,因此发展迅速。

合成纤维可按多种标准进行分类,例如,按照加工长度可分为长丝纤维和短纤维;根据性能及生产方法可划分为常规纤维和差别化纤维;依据化学组成可分为聚丙烯腈纤维、聚酯纤维、聚酰胺纤维、氯纤维、聚丙烯纤维以及特种纤维等。

合成纤维凭借其优异的物理、力学和化学性能,广泛应用于纺织工业,在国防工业、航空航天、交通运输、医疗卫生和通信等重要领域中也发挥着重要作用,成为国民经济发展的重要组成部分。

4. 黏合剂

黏合剂,又称为胶黏剂,是能够将各种材料紧密结合在一起的物质。一般,相对分子质量较小的高分子都可作为黏合剂。常见的热塑性树脂黏合剂包括聚乙烯醇、聚乙烯醇缩醛、聚丙烯酸酯及聚酸胺类;热固性树脂黏合剂则以环氧树脂、酚醛树脂和不饱和聚酯为代表。橡胶类黏合剂(如氯丁橡胶、丁基橡胶、丁腈橡胶、聚硫橡胶及热塑性弹性体等)也是重要的黏合剂成分。

黏合剂的种类繁多,按照主要成分可分为有机黏合剂和无机黏合剂,有机黏合剂包括天然黏合剂、热塑性树脂黏合剂及合成黏合剂,无机黏合剂则涉及磷酸盐型、硅酸盐型、硼酸盐型及低熔点玻璃陶瓷等。根据受力情况,黏合剂可分为结构型黏合剂(适用于长期负荷)、非结构型黏合剂(具备一定黏合强度)及特种黏合剂(适用于极端温度或特定环境)。按使用形式,黏合剂可分为单组分黏合剂和双组分黏合剂;按形态,黏合剂可分为水性胶、溶剂型胶、无溶剂胶、膏状物、热熔胶等。

5. 涂料

涂料是涂布在物体表面以形成具有保护和装饰功能的膜层材料。涂料通常是一种多组分材料体系,主要包含成膜物、颜料和溶剂三种主要成分。其中,成膜物(基料)是涂料的主要成分,其性质对于涂料的性能(如保护和力学性能)具有决定性影响。作为成膜物的材料组分需能溶解于适当溶剂中。颜料的主要作用是遮盖和赋色,一般为无机或有机粉末,部分颜料还具有增强特性、赋予特殊性能及改善流变性能的功能。溶剂则是用于溶解成膜物的易挥发性液体。

6. 功能高分子材料

功能高分子材料是在高分子材料领域中发展最快,具有重要理论及实际应用的新兴领域。这类材料不仅具有聚合物的一般力学性能、绝缘性能和热性能,还具备特殊的物质、能量和信息的转换、传递、储存等功能。目前,功能高分子材料的特殊电学、光学、医学、仿生等物理化学性能已成为功能材料学科研究的核心组成部分,其研究进展将推动更多具有高附加值的新型功能高分子材料的出现。

通常,塑料、橡胶、纤维及高分子共混物和复合材料属于具有力学性能及部分热学功能的结构高分子材料,而涂料和黏合剂为具有表面及界面功能的高分子材料。功能高分子材料的范围更为广泛,除了包括力学、表面和界面功能,还涉及电学、磁学、光学和热学等物理性能,化学反应、催化、分离、吸附等化学性能,以及抗凝血、组织替代和生物降解等生物功能。此外,功能转换型材料涉及光电、热电转换等多功能高分子材料。新型功能高分子材料包括近年发展起来的绿色材料、智能材料及特殊结构材料,如树枝聚合物、超分子聚合物、拓扑聚合物和手性聚合物等。功能高分子材料的多样化结构和新颖特性不仅丰富了高分子材料的研究方向,同时拓展了其应用领域。

5.1.2 高分子材料成形方法

高分子材料成形是将高分子化合物及各种添加剂转化为实用材料或制品的一种工程技术。为了实现转化，需采用适当的方法，并深入研究这些方法与所生产产品的质量之间以及多种变量(如材料的流变性、其他物理性质、加工条件及设备结构等)之间的关系，这构成了高分子材料成形技术的核心任务。目前，各类高分子材料(塑料、橡胶和合成纤维等)的年产量已超过六千万吨，其应用遍及国民经济的各个领域。尤其是在过去 20 年，军事和高新技术对具有不同性能的高分子材料的迫切需求极大地推动了高分子材料的合成与加工技术的快速发展。自 20 世纪 60 年代以来，随着加工技术理论研究的深入，加工设备设计的创新，以及加工过程自动化控制的完善，产品的质量与生产效率显著提升，产品的适用范围不断扩大，原材料和成品的成本也显著降低，从而使高分子成形工业进入了一个快速发展的新阶段。

在高分子材料的成形过程中，往往会发生形状、结构以及性能等多方面的变化。形状转变通常是为了满足实际使用的基本要求，例如，将粒状或粉状的高分子化合物加工成各种型材和制品。在大多数情况下，形状的变化通过材料的流动或变形来实现。材料结构的转变则包括组分的变化、排列的改变及材料宏观与微观结构的变化。例如，可以将单一高分子化合物制成均质材料，或者将不同材料以多种方式加工成非均质材料，如层压材料、增强材料、多孔材料及其他复合材料等。此外，高分子材料的结晶和取向可能引发材料聚集态的变化。这些结构的转变主要是为了满足成品的内部质量要求，通常通过配方设计、材料的混合以及不同加工方法和成形条件的选择来实现。加工过程中，材料的结构变化有时是由材料固有特性引起的，有时是故意设计的结果，例如，高分子化合物的交联或硫化，以及生橡胶的塑炼降解等；而有些变化可能是由不当的加工方法或条件引起的，例如，高温导致的分解、交联或烧焦等现象。

一般而言，高分子材料的成形过程通常包括两个主要阶段：首先，原材料发生变形或流动，以获取所需形状。然后，通过相应方法保持获得的形状，即固化。高分子材料的成形工艺通常可分为以下几类。

聚合物熔体的加工。该类方法包括挤出、注射、压延及模压等，用于生产热塑性塑料型材和制品。热固性塑料则通过模压、注射或转移模塑制备，橡胶制品的加工也属于此类，挤出法同样可用于纤维纺丝。

类橡胶状聚合物的加工。通过真空成形、压力成形或其他热成形技术制造各类容器、大型制件及某些特殊产品，薄膜或纤维的拉伸也包含在这一技术范畴内。

聚合物溶液的加工。采用流涎法制备薄膜，油漆、涂料和黏合剂等通常以溶液的形式进行制造；与挤出成形技术结合后，聚合物溶液也可用于湿法或干法纺丝。

低分子聚合物或预聚物的加工。例如，丙烯酸酯、环氧树脂、不饱和聚酯树脂及浇铸聚酰胺等，可利用此技术制造各种尺寸的整体浇铸制件或增强材料。

聚合物悬浮体的加工。例如，通过橡胶乳液、聚乙酸乙烯酯乳液或其他乳液，以及聚氯乙烯(polyvinyl chloride, PVC)糊等生产多种乳液制品、涂料、黏合剂、搪塑材料等。

可以看出，大多数加工技术遵循流动-硬化的基本程序。根据加工方法的特征或聚合物在加工过程中的变化情况，这些工艺可以进一步分类。常见的一种分类方式是依据聚合物在加工中是否发生物理或化学变化，将加工技术分为三类：第一类是主要发生物理变化的加工过程，如热塑性聚合物的注射成形、挤出成形（包括吹塑成形、纤维纺丝）、压延成形、热成形、搪塑成形及流延薄膜的制备。此类加工过程中，聚合物需加热至软化或流动温度以上，随后通过塑性形变或流动形成最终产品，最后通过冷却固化而完成成形。第二类是仅发生化学变化的加工过程，例如，在铸塑成形中，单体或低聚物在引发剂或热的作用下发生聚合或交联反应，从而固化。第三类则是同时发生物理和化学变化的加工过程，包括加热-流动与交联-固化作用，热固性塑料的模压成形、注射成形与转移模塑成形，以及橡胶成形都属于这一类别。

上述加工工艺大致可分为以下四个步骤：① 混合、熔融和均化；② 输送和挤压；③ 拉伸或吹塑；④ 冷却和固化（包括热固性聚合物的交联和橡胶的硫化）。然而，并非所有制品的加工成形过程都必然包含上述四个步骤，例如，注射成形和模压成形通常不需要拉伸或吹塑，而热固性聚合物的交联硬化（下文称为硬化过程）在成形后无需进一步冷却。考虑到涂料及黏合剂在加工过程中的转变技术与塑料、橡胶和纤维的加工技术存在显著差异，本章将着重探讨与塑料、橡胶和纤维相关的加工理论与技术。

5.2 高分子材料的加工性能

本节将着重讨论高分子材料的熔融性能、成形性能、流变性能及其在成形过程中的物理和化学变化。

5.2.1 高分子材料的熔融性能

聚合物的熔融过程是将固态聚合物转化为聚合物熔体的关键过程，涵盖了熔化和融合的相互作用。当聚合物吸收大量热量时，其大分子链之间的运动能量超过分子间的作用力，致使聚合物的链节及整体大分子链能够自由运动。随着传递给大分子链的能量持续增加，聚合物逐渐转变为黏流状态；当施加外力时，分子链便开始流动，从而使聚合物进入熔融状态，并增加分子链的构象数量。

在聚合物的成形过程中，流动性变形是不可或缺的。必须指出的是，熔体流动过程中必然会产生剪切摩擦热。因此，在加工成型过程中，聚合物熔融的能量来源主要有两个方面：一方面是由外部加热提供的热量，称为外热。这一热量通常由安装在设备外部的加热器提供，主要通过热传导的方式传递给固态聚合物；另一方面是流动过程中分子间及分子与设备之间产生的剪切摩擦热，称为内热。内热的生成与设备结构、运转速率及聚合物自身性能密切相关。

剪切摩擦产生的内热在聚合物成形加工中普遍存在，例如，在塑料的挤出加工或橡胶的密炼及混炼过程中。这些过程可称为具有强制熔体移走的传导熔融，代表了聚合物熔融的主要方式，如图 5-1 所示。

在该方法中，熔体的强制移走为后续的热传导过程提供了便利。熔融所需的能量

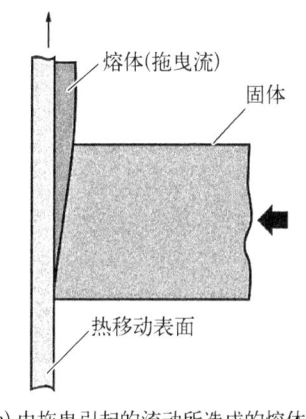
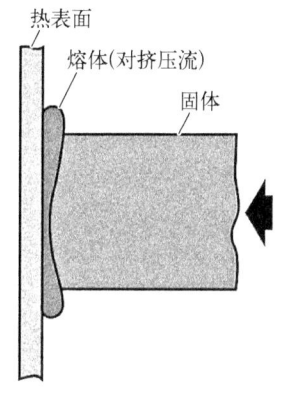

(a) 由拖曳引起的流动所造成的熔体移走的传导熔融

(b) 由压力引起的流动所造成的熔体移走的传导熔融

图 5-1 有熔体移走的传导熔融

一方面源于接触表面的热传导,另一方面源于由设备运动导致的熔体被拖拽或受挤压力的作用,从而造成高黏性聚合物熔体产生大量的剪切摩擦热,进而为熔融过程提供必要的能量。熔融效率受到热传导率、熔体迁移速率和黏性耗散生热速率三者的共同影响。因此,必须合理调控内热和外热的比例,以避免聚合物的过热分解或塑化不充分。

此外,存在一种无熔体移走的导热熔融方式,如图 5-2 所示。在此过程中,全部所需热量由与物料接触的高温表面(例如机筒内表面)传导而来,或者由非接触表面的热辐射和热空气对流提供。由于基本没有内热,该熔融速率完全依赖于热传导的效率。由于聚合物在固态和黏流态下的热导率相对较低,这种熔融机制的熔融效率较低,通常适用于成品的二次加工或后处理,例如,在滚塑或热成形过程中。

除了上述两种主要熔融方式,其他热源熔融技术包括耗散混合熔融,利用电、化学或其他能源的耗散熔融以及压缩熔融等。

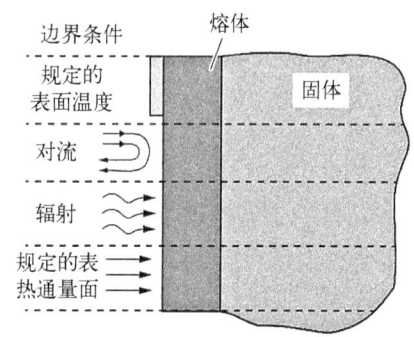

图 5-2 无熔体移走的传导熔融

在具有强制熔体移走的传导熔融过程中,能量来源大致可分为两个方面:一是加热器通过机筒壁向上和向下传导的热量,这是因为机筒外壁上的加热器产生了上下温差,而左右温差较小;二是通过熔膜的移走,熔融层受到的剪切作用促使部分机械能转化为热能(黏性耗散)。因此,剪切产生的热量通常与剪切速率的平方成正比,熔膜越薄,剪切速率越大,所产生的热量也就越多。

在熔融过程中,主导热能的种类由聚合物本身的物理性质、加工条件以及设备的结构参数共同决定。

1. 聚合物的物理性质

聚合物的物理性质包括熔点、比热容、导热系数及熔融潜热等。根据熔融热力学平衡熔点方程的推导,提高熔融热并减小熔融熵会导致熔点上升。需要强调的是,熔点的高低是由这两个因素共同决定的,因此在研究聚合物链结构与熔点之间的关系时,不能仅考虑单一因素的影响,而应充分考虑各因素之间的相互作用。对熔点较高的聚合物而言,要实现较高的熔融速率,必须采用相应较高的熔融温度。同时,聚合物比热容越大,从玻璃态转变为黏流态所需的热量越多,熔融速率越低;相反,导热系数越大的聚合物,其熔融速率越高。结晶态聚合物的熔融潜热越大,熔融速率相对较低。在高分子材料加工过程中,适当添加增塑剂和其他助剂可以有效改善其熔融性能。

2. 加工条件

加工条件的主要影响因素包括螺杆的温度和转速。在机筒温度较低且螺杆转速较高的情况下,剪切产生的内热将占据主导地位;当螺杆转速低且机筒温度高时,主要的热量来源则为机筒的传导热。由于聚合物的热扩散系数远低于金属或玻璃等材料,过高的温差可能会导致局部温度过高,从而引发聚合物的降解;同样地,当聚合物熔体冷却时,如果冷却介质与熔体之间的温差过大,则可能因冷却速度过快导致产品内部产生内应力,最终引起变形。因此,外热与内部剪切热的良好配合在聚合物加热过程中至关重要,否则局部过热将导致聚合物分解。增大螺杆转速将加剧聚合物分子间及分子内的摩擦,从而提升剪切耗散热的产生,提高混炼效果,而这一热源效应优于外部加热。然而,过高的转速会缩短聚合物在螺杆内的停留时间,影响塑化效果,从而对熔体质量产生不利影响。

3. 设备的结构参数

设备的结构参数包括螺杆的长径比、螺杆螺旋角、螺杆结构、间隙及套筒结构等。螺杆直径越大,通常会使塑化效果越好,产量越高。较大的螺杆长径比能够延长聚合物在螺杆中的停留时间,同时减少压力流和漏流,从而增强熔融与塑化能力,提高熔体均匀性,稳定输出压力,这对温度分布要求较高的物料具有优势。然而,长径比过大会增加螺杆加工的难度,增大功率消耗,在严重情况下可能导致螺杆与套筒间的间隙不均,甚至出现刮磨现象。一般而言,螺杆的长径比应维持在 20~28;国外有延伸至 28~40 的设计。此外,其他参数(如螺杆螺距、螺槽深度及套筒结构等)也会对熔融与塑化效果产生一定的影响。

5.2.2 高分子材料的成形性能

5.2.2.1 聚合物的聚集态及其加工性

聚合物通常可以划分为线型聚合物和体型聚合物。值得注意的是,体型聚合物是通过线型聚合物或一些低分子物质与低分子量聚合物的化学反应而合成的。众所周知,线型聚合物的分子具有较长的链状结构,它们在聚集态中相互贯穿、重叠并缠结在一起。在聚合物中,长链分子之间及分子内部的强大吸引力赋予其多样的力学性能。这些力学性能与聚合物的长链结构、分子缠结程度及聚集态的力学状态密切相关,直接影响其在加工过程中表现出的特性和行为。

根据聚合物的力学性能及分子热运动的特点,聚合物可以分为玻璃态(对于结晶聚合物则为结晶态)、高弹态和黏流态等不同的聚集态。这些多样的聚集态导致了聚合物在成型加工过程中的多样性。图 5-3 展示了线型聚合物的弹性模量-温度曲线,从图中可以看出聚合物聚集态与成形方法之间的关系。

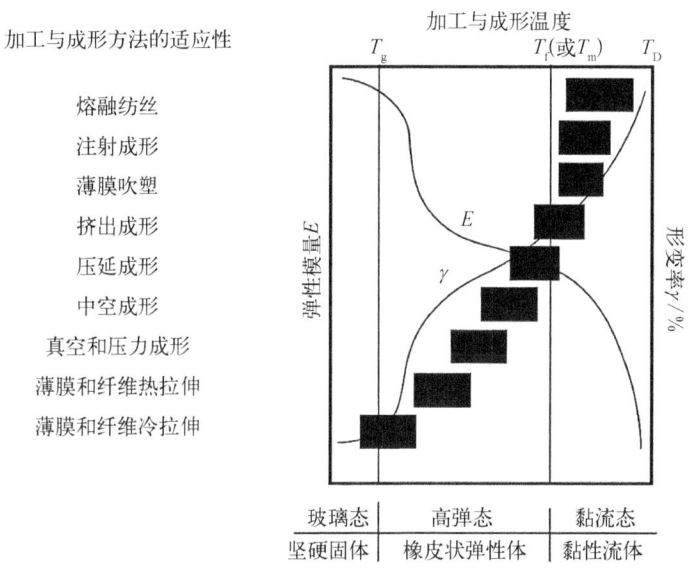

图 5-3　线型聚合物的聚集态与成形方法的关系示意

聚合物能够在不同的聚集态之间转变,这一过程受到多个因素的影响,包括聚合物的分子结构、组成体系、施加的应力以及周围环境的温度。在聚合物及其组成条件确定的情况下,聚集态的转变主要与温度相关。处于不同聚集态的聚合物由于主价键和次价键共同作用下形成的内聚能存在差异,从而展现出一系列独特的性能。这些性能在很大程度上决定了聚合物对加工技术的适应性,并促使聚合物在加工过程中表现出不同的行为。

处于玻璃化温度(T_g)以下的聚合物表现为坚硬的固体。在此状态下,聚合物的主价键和次价键所形成的内聚力为材料提供了良好的力学强度。在外力作用下,聚合物主链的键角或键长可能发生一定程度的变形,因此,玻璃态聚合物具有一定的变形能力,而且在应力范围内该变形表现出可逆性。由于玻璃态聚合物的弹性模量较高,变形量相对较小,因此不适于进行会导致严重变形的加工;不过,可通过车削、铣削、削切和刨削等机械加工方式进行处理。在 T_g 以下的特定温度范围内,材料容易发生断裂损伤,这个温度称为脆化温度,该温度标志着高分子材料使用的下限温度。

当温度超过 T_g 时,聚合物进入高弹态,显示出显著降低的弹性模量和显著增强的变形能力,但此时变形仍为可逆状态。对于非晶态聚合物,在 T_g 与熔融温度(T_f)之间的温度,靠近 T_f 的一侧由于聚合物表现出的高度黏性,促进了真空成形、压力成形、压延成形及弯曲成形等多种成形操作。然而,最大形变到形变完全恢复不能瞬时完成,因此高弹形变具有时间依赖性,这一点在加工过程中尤为重要。为确保产品符合形状和尺寸要求,必须迅速将产品冷却至 T_g 以下温度,这是该类加工过程的关键环节。

对于结晶或部分结晶的聚合物,当施加的外力超过其屈服强度时,可以在玻璃化温度与熔点之间(即 $T_g \sim T_m$)进行薄膜或纤维的拉伸。由于 T_g 对材料力学性能的影响显著,T_g

成为选材和合理应用的重要参数,也是大多数聚合物加工过程的最低温度。例如,在纺丝过程中,初生纤维的后拉伸温度不应低于 T_g,而实际上应在 T_g 以上若干度进行。

高弹态的上限温度为 T_f。当温度达到 T_f 或 T_m 时,聚合物将转变为黏流态,通常该状态的聚合物称为熔体。在 T_f 以上的高温范围内,材料表现出类似橡胶的流动行为。这个转变区域适合进行压延成形、某些挤出成形和吹塑成形等工艺。生橡胶的塑炼也发生在这个温度区域,因为此条件下橡胶具有良好的流动性,能够在塑炼机辊筒上受到强烈的剪切作用,从而适度降低分子量,使其转化为易于成形加工的塑炼胶。

在 T_f 以上的更高温度下,分子热运动显著增强,材料的弹性模量降低至最低值,此时聚合物熔体的特征是微小的外力即可引发宏观流动。此状态下的形变主要是不可逆的黏性形变,冷却后的聚合物可使其形变保持永久性。因此,这一温度范围通常用于熔融纺丝、注射成型、挤出、吹塑和贴合等加工。然而,过高的温度将显著降低聚合物的黏度,不恰当的流动性增加可能导致注射成型中的溢料,挤出制品的形状扭曲、收缩及在纺丝过程中发生纤维毛细断裂等不良现象。

当温度接近分解温度(T_d)时,聚合物可能会发生分解,导致产品的物理机械性能下降及外观缺陷。因此,T_f 与 T_g 也是聚合物材料进行成形加工的关键参考温度。对于结晶聚合物,T_g 与 T_m 之间存在一定的定量关系。以链结构不对称的结晶聚合物为例,T_m(K)与 T_g(K)之间的比例约为 3∶2,因此可以通过 T_g 来估算结晶聚合物的成形加工温度。

聚合物展现出一系列独特的加工性能,包括良好的可挤压性(extrudability)、可模塑性(mouldability)、可纺性(spinnability)和可延性(stretchability)。这些加工特性不仅为聚合物材料的发展和应用提供了广阔的可能性,也是聚合物在各个领域广泛应用的重要原因。

5.2.2.2 聚合物的可挤压性

在聚合物加工过程中,材料常常受到挤压作用,例如,在挤出机、注塑机的料筒内,压延机的辊筒之间,以及模具内的操作环境中。聚合物的可挤压性是一个重要的参数,指的是聚合物在挤压作用下能够获得并保持其形状的能力。深入研究聚合物的挤出特性对于材料的选择及加工工艺的优化具有重要意义,有助于实现对产品性能的准确控制和提升。

衡量聚合物挤压性的关键物理量是熔体的黏度,包括剪切黏度和拉伸黏度。当熔体的黏度过高时,聚合物在形变过程中获取形状的能力将显著降低,固态聚合物甚至无法成功通过挤压成形。相反,若熔体黏度过低,虽然聚合物表现出良好的流动性,能够较容易地获得一定形状,但其保持形状的能力难以满足要求。因此,评估聚合物挤压性的一种有效方法是测定其熔融指数(melt flow index),该值通过熔融指数仪进行测定,其结构如图 5-4 所示。

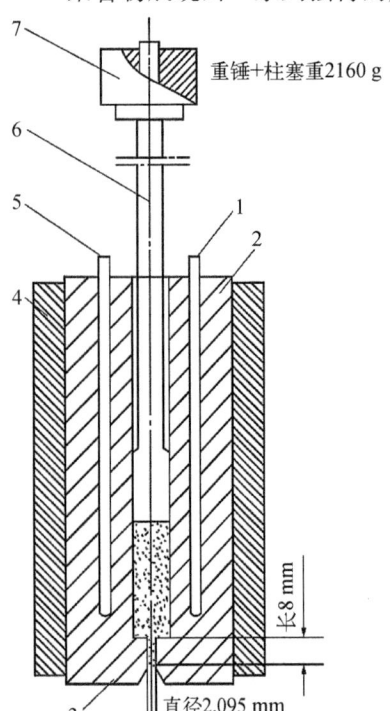

图 5-4 熔融指数仪结构示意图
1—热电偶测温管;2—料筒;3—出料孔;
4—保温层;5—加热器;6—柱塞;7—重锤

这种仪器只测定给定剪应力下聚合物的流动度(简称为流度 ϕ_F,即黏度的倒数 $\phi_F = 1/\eta$)。在给定温度和给定剪切应力下,用定温下 10 min 内聚合物经料孔挤出的质量(g)来表示,其数值就是熔体流动指数(melt flow index,MFI),通常称为熔融指数。

根据 Flory 的经验式,聚合物黏度 η 与重均分子量 $\overline{M}_w$ 有如下关系:

$$\log \eta = A + B\overline{M}_w^{1/2} \quad (5-1)$$

式中,A 和 B 均为常数,取决于聚合物的特性和温度,由式(5-1)可知,测定的流度实质反映了聚合物相对分子质量的大小。相对分子质量较高的聚合物比相对分子质量较低的聚合物更易于缠结,分子体积更大,故有较大的流动阻力,表现出较高的黏度和低的流动度。

由于实测的熔体流动速率及其剪切速率仅为 $10^{-2} \sim 10^{-1} \text{ s}^{-1}$,远比实际注射或挤出成形中通常的剪切速率($10^2 \sim 10^4 \text{ s}^{-1}$)要低,因此,经熔融指数仪测定出的 MFI 并不能说明实际成形时聚合物的流动情况。但由于该方法简便易行,对成形塑料的选择和适用性有一定的参考价值。表 5-1 列出了某些成形方法与材料的熔融指数的对应关系,其中,熔融指数为 1 时,相当于熔体黏度约为 $1.5 \times 10^4 \text{ N} \cdot \text{s/m}^2$。

表 5-1 一些成形方法与材料的熔融指数的对应关系

加工方法	产品	MFR
挤出成形	管材	小于 0.1
	片材、瓶、薄壁管	0.1~0.5
	电线电缆	0.1~1.0
	薄片、单丝	0.5~1.0
	多股丝或纤维	≈1.0
注塑成形	瓶(高光泽)	1.0~2.0
	胶片	9.0~15.0
	厚壁制件	1.0~2.0
	薄壁制件	3.0~6.0
涂布	涂敷纸	9.0~15.0
真空成形	制件	0.2~0.5

5.2.2.3 聚合物的可模塑性

可模塑性是材料在温度和压力作用下,能够发生形变并在模具型腔中成功成形的能力。在注射成型、模压成型和挤出成型等加工方法中,聚合物的可模塑性要求其能够充分填充模具型腔,获得所需的尺寸、精度和一定的密实度,从而满足产品的使用性能标准。

聚合物的可模塑性主要受其内在特性(流变性、热性能及其他物理力学性质与热固性塑料的化学反应特性等)、工艺参数(温度、压力和成形周期等)以及模具结构尺寸的影响。从图 5-5 的模塑压力-温度曲线可以看出,尽管较高的温度会提高熔体的流动性,有利于成形,但过高的温度可能导致聚合物分解,并增加产品的收缩率;相反,当温度过低时,熔体黏度增大,流动性降低,导致成形困难,而且弹性回弹的影响会显著降低制品的形

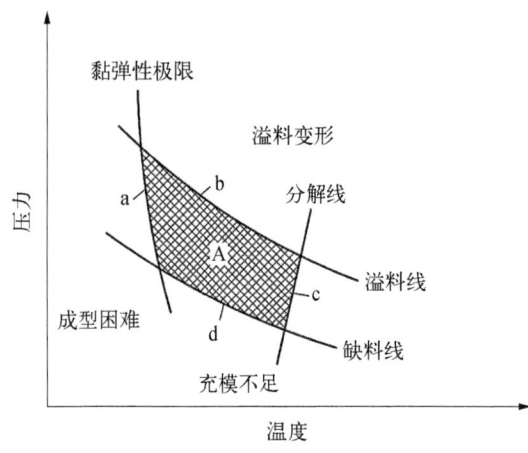

图 5-5 模塑压力-温度曲线

状稳定性。适度增加压力通常能够改善聚合物的流动性,但过高的压力会导致熔体溢出(熔体在模具分型面之间溢出)并增加制品内部应力;压力过低则可能导致成形不完全,造成缺料现象。因此,图中四条线所形成的交叉区域代表了模塑的最佳条件。

模塑条件不仅影响聚合物的可模塑性,还对制品的力学性能、外观、收缩率以及制品内部的结晶和取向等方面产生广泛影响。聚合物的热性能(如导热系数、热焓和比热容等)直接影响其加热与冷却过程,从而影响熔体的流动性和硬化速率,进而影响最终制品的性质(如结晶行为、内应力、收缩和畸变等)。此外,模具的结构尺寸也对聚合物的可模塑性有显著影响,不合理的模具设计甚至可能导致成形失败。

除了通过测定聚合物流变性来评估其可模塑性,螺旋流动试验是一种广泛应用于加工过程中的评估方法。该试验通过具有阿基米德螺旋形槽的模具进行,如图 5-6 所示。在注射压力的推动下,聚合物熔体从模具中部注入,随着流动过程的进行,熔体逐渐冷却并固化为螺线。螺线的长度反映了不同种类或不同级别聚合物流动性的差异。

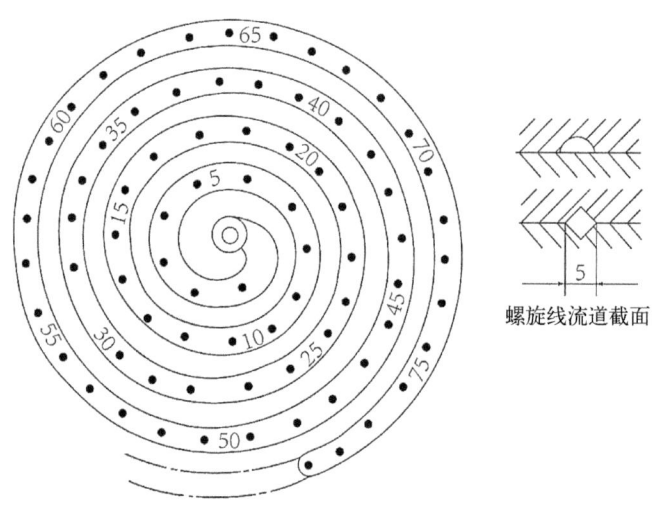

图 5-6 螺旋流动试验模具示意图

Holmes 等认为,在高剪切速率(通常是注塑条件)下,螺线的极限长度 L 是加工条件和聚合物流变性与热性能两组变量的函数,关系式如下:

$$\left(\frac{L}{d}\right)^2 = C\left(\frac{\Delta P d^2}{\Delta T}\right)\left(\frac{\rho \Delta H}{\lambda \eta}\right) \tag{5-2}$$

式中，d 为螺槽横截面的有效直径；ΔT 为熔体与螺槽壁间的温度差；ΔP 为压力降，ρ 为固体聚合物的密度；ΔH 为熔体和固体之间的热焓差；λ 为固体聚合物的导热系数；η 为熔体黏度；常量 C 由螺线横截面的几何形状决定。

模具的热传导对螺旋线长度的影响可以通过图 5-7 进行说明。当熔体进入模具并与模槽壁接触时，由于模壁温度低于熔体温度，模壁的热传导作用会使熔体迅速冷却并固化。因此，能够进入螺槽的聚合物数量会随着冷却速率（即熔体与螺槽壁之间的温差）的增加而减少。当模壁周围硬化的熔体厚度增加至槽的中心部位时，熔体的流动被阻断，形成表征流动性的螺线。螺线越长，聚合物的流动性越好。此外，螺线长度还与熔体流动压力相关，随着挤压熔体压力的增加而增加。如果在挤压过程中较早停止施加压力（如回退料筒的柱塞），螺线长度会减小，因此挤压时间（即注射时间）对螺线长度也有显著影响。根据式（5-2），随着聚合物黏度的增加，导热系数增大和热焓的降低，螺线长度会减少。同时，增大螺槽的几何尺寸能够增加螺线长度。

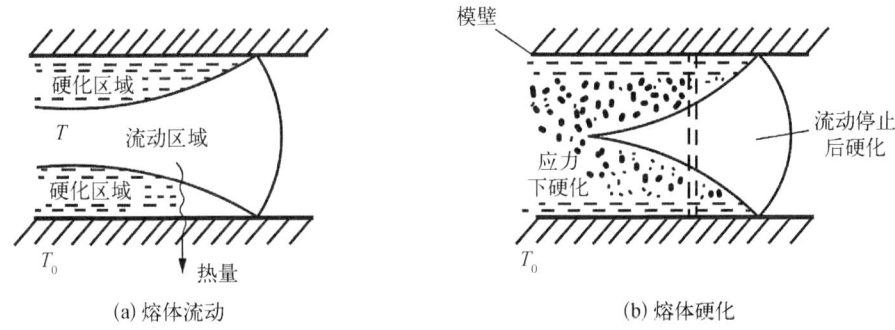

图 5-7 模槽中熔体的流动与硬化作用

通过螺旋流动试验，可以获得以下信息：① 聚合物在不同剪切应力和温度范围内的流变性质；② 模塑过程中温度、压力和成形周期等的最佳条件；③ 聚合物相对分子质量及配方中各种添加剂成分和用量对模塑材料流动性及加工条件的影响关系；④ 成形模具浇口和模腔的形状与尺寸对材料流动性及模塑条件的影响。

5.2.2.4 聚合物的可纺性

可纺性是聚合物材料通过加工形成连续的固态纤维的能力。它主要取决于材料的流变性质、熔体黏度、熔体强度以及熔体的热稳定性和化学稳定性等。作为纺丝材料，首先要求熔体从喷丝板毛细孔流出后能形成稳定细流。细流的稳定性通常与熔体从喷丝板流出的速率 v、熔体的黏度 η 和表面张力 γ_F 有关。

在很多情况下，熔体细流的稳定性可简单表示为

$$\frac{L_{\max}}{d} = 36 \frac{v\eta}{\gamma_F} \tag{5-3}$$

式中，$L_{\max}$ 为熔体细流最大稳定长度；d 为喷丝板毛细孔直径。可以看出，增大纺丝速率（对应于熔体细流直径减小）有利于提高细流的稳定性。由于聚合物的熔体黏度较大（通常为 10^4 N·s/m²），表面张力较小（一般为 0.025 N/m），故 η/γ_F 的值很大，这种关系是聚

合物具有可纺性的重要条件。

在纺丝过程中,由于拉伸和冷却的作用,纺丝熔体的黏度会显著增加,这有助于提高纺丝细流的稳定性。然而,随着纺丝速率的增加,熔体细流所承受的拉应力也增大,导致拉伸形变的加剧。如果熔体的强度不足,可能会导致细流的断裂。因此,具有良好可纺性的聚合物必须具备较高的熔体强度。纺丝细流的熔体强度与拉伸速率的稳定性以及材料的内聚能密度密切相关。不稳定的拉伸速率容易引发纺丝细流的断裂,而当材料的内聚能密度较低时,更容易出现凝聚性断裂。对于特定的聚合物,其熔体强度通常会随着熔体黏度的增加而提高。

此外,作为纺丝材料,聚合物还需具备良好的热稳定性和化学稳定性。这是因为在纺丝过程中,聚合物需要在高温下保持较长时间,并且在设备和毛细孔中流动时,会经历显著的剪切应力。因此,确保聚合物在这些条件下的稳定性对于成功的纺丝过程至关重要。

5.2.2.5 聚合物的可延性

可延性是指无定形或半结晶固体聚合物在单向或双向受压延或拉伸时变形的能力。这个特性为生产高长径比(长度与直径,或长度与厚度之比)产品提供了可能。利用聚合物的可延性,可以通过压延或拉伸工艺制备薄膜、片材和纤维,尽管在工业应用中拉伸法仍是最为广泛的方法。

线型聚合物的可延性源于其高分子长链结构的柔韧性。当固体材料在玻璃转变温度(T_g)至熔融温度(T_f 或 T_m)之间承受超过屈服强度的拉力时,便会产生宏观塑性延伸形变。在这一过程中,材料不仅被拉伸,还会发生变细、变薄和变窄。材料在延伸过程中的应力-应变关系如图5-8所示,线段$O-a$代表初期的弹性形变,此时杨氏模量较高,延伸形变值较小。在ab段,材料抵抗形变的能力开始降低,表现出形变加速的趋势,并由弹性形变转变为高弹性形变。点b称为屈服点,而对应的应力称为屈服应力(σ_y)。从b点开始,近水平的曲线表明,随着屈服应力的作用,聚合物链段逐渐发生形变和位移,从而实现延伸应变的增大。在持续的σ_y作用下,材料的变形性质逐渐从弹性形变转变为以大分子链的解缠和滑移为主的塑性形变。在这一

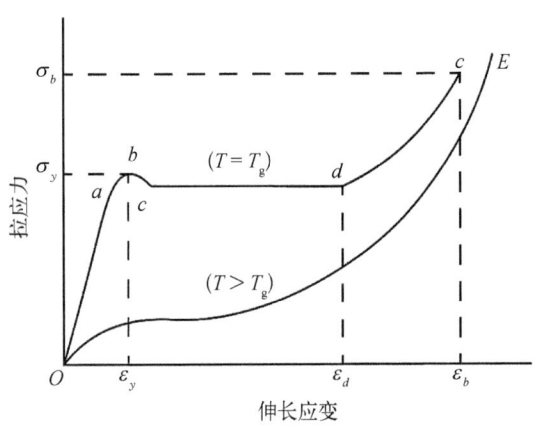

图5-8 聚合物拉伸时典型的应力-应变曲线图

过程中,材料在拉伸时会产生热量(外界施加的功转化为分子运动的能量,导致宏观放热现象),温度随之升高,将进一步加速形变,并可能出现"细颈"现象。这种因形变引起热量增加,使材料变软并加速变形的现象称为"应变软化"。"细颈"是指在拉应力作用下,材料截面形状突然变细的一个局部区域。

细颈的形成表明,在屈服应力作用下,聚合物中的结构单元(如链段、大分子和微晶)因拉伸而开始取向。在细颈之后(图5-8中曲线cd),材料在恒定应力下的拉长倍数称为自然拉伸比。显然,自然拉伸比越大,聚合物的延伸程度和结构单元的取向程度也越高。

随着取向程度的提升,大分子之间的作用力增强,从而导致聚合物黏度的增加,使材料表现出"硬化"趋势,形变趋于稳定,不再积极发展。此现象称为"应力硬化",它使材料的杨氏模量增大,增强抵抗形变的能力,从而相应提高产生形变所需的应力。当应力达到点 e 时,材料无法承受该应力而发生破坏,此时的应力(σ_b)称为抗张强度或极限强度,形变的最大值(ε_b)称为断裂伸长率。因此,在一定温度下,材料在持续拉伸过程中并不会无限制地拉细,拉应力最终将转移至模量较低的低取向部分,这部分材料将进一步取向,从而能够获得均匀拉伸的制品。这便是聚合物通过拉伸能够生产纺丝纤维和拉幅薄膜等产品的原因。

聚合物的可延性取决于其塑性形变能力和应变硬化作用。形变能力与固体聚合物所处的温度密切相关,在 T_g 至 T_f(或 T_m)温度范围内,聚合物分子在一定拉应力作用下能够实现塑性流动,以满足拉伸过程中材料截面尺寸减小的要求。对于半结晶聚合物,拉伸通常在略低于 T_m 的温度进行,而无定形聚合物在接近 T_g 的温度进行。适度升高温度可以进一步增强材料的可延伸性,使得拉伸比增大,甚至一些延伸性较差的聚合物也能成功拉伸。通常情况下,在室温至接近 T_g 的范围内进行的拉伸称为"冷拉伸",而在 T_g 以上温度进行的拉伸则被称为"热拉伸"。

5.2.3 高分子材料的流变性质

在大多数加工过程中,聚合物会经历流动和形变,研究这一现象的科学学科称为流变学。聚合物流变学的核心研究内容是理解高分子材料在应力作用下所表现出的弹性、塑性与黏性形变的行为,并探讨这些行为与多个因素之间的相互关系,包括聚合物的结构、性质、温度、施加的力的大小、作用方式、作用时间,以及聚合物体系的组成等。由于流动与形变是聚合物加工过程中的基本工艺特征,因此流变学的研究对聚合物的加工具有重要的现实意义。

聚合物的流变行为往往具有复杂性。例如,在黏性流动中,聚合物熔体不仅展现出弹性效应,同时包含热效应。这使得准确测定聚合物熔体的流变行为变得相对困难。至今,关于聚合物流变行为的解释仍然存在许多定性或经验性的表述,部分定量描述仍需要附加诸多条件,与实际情况的吻合程度也并不完全。因此,聚合物流变学可视为一门半经验的物理科学,其相关理论尚未完全成熟。然而,流变学的概念已成为聚合物成形加工理论的重要组成部分,极大地指导了材料选择与使用、最佳加工工艺条件的确定、加工设备及成形模具的设计,进而提升产品质量等方面的研究与应用。

5.2.3.1 聚合物流体的流动类型

根据聚合物流体的流动速率、外力作用形式、流道几何形状、流动中的热量传递情况以及聚合物本身的结构与性质等,聚合物流体的流动可划分为五种主要形式。

1. 层流和湍流

在成形条件下,聚合物流体的雷诺数(Re)通常小于 10,表现为层流状态。这是由于聚合物流体具有高黏度和相对较低的流速,例如,低密度聚乙烯的黏度为 300~1 000 Pa·s。然而,在某些特定情况下,例如,熔体通过小浇口注入大型腔体时,由于剪切应力过大等,可能会出现弹性湍流,导致熔体破碎,并对成形过程造成损害。

2. 稳定流动和不稳定流动

在聚合物流体流动的通道中,若任何位置的流动状态保持恒定且不随时间变化,同时所有影响流动的因素均保持不变,则称为稳定流动。例如,在正常运转的挤出机中,聚合物流体沿螺杆螺槽向前流动,这种流动尽管其流速、流量、压力和温度等参数可能有所不同,但不随时间而变化;在正常的纺丝过程中,喷丝板孔各点的流速等参数也具有相对稳定的值。与此相对应,当流体在输送通道内的流动状态随时间变化,即影响流动的各种因素呈现动态变化时,则称为不稳定流动。例如,在注射成型的充模过程中,模腔内的流动速率、温度和压力等因素均随时间变化,从而构成了塑料流体的不稳定流动。

3. 等温流动和非等温流动

等温流动是指流体在流动过程中各处的温度保持不变。在此过程中,流体与外界进行热量交换,但输入与输出的热量需保持相等。在实际的材料成形过程中,聚合物流体的流动通常处于非等温状态。这是因为在不同成形工艺要求下,流道各区域的温度需要得到控制。此外,因黏性流动过程中存在的耗散生热等热效应,流体在径向和轴向上都会产生一定的温差。例如,在塑料注射成型过程中,熔体在充满模具的型腔后开始冷却。将熔体充模流动阶段作为等温流动,并不会产生显著偏差,反而能大大简化成形过程的理论分析。

4. 一维流动、二维流动和三维流动

聚合物流体在流道内的流动,受外力作用方式和流道几何形状的不同,流体内质点的速度分布可表现为一维、二维及三维特征。一维流动指的是流体内质点的速度仅在一个方向上变化,例如,聚合物流体在等截面圆管内的层状流动,其速度分布仅为圆管半径的函数,这是典型的一维流动。二维流动是指流道截面上各点的速度需要用两个垂直于流动方向的坐标进行表述,例如,聚合物流体在矩形截面通道中流动时,其流速在通道的高度和宽度两个方向都发生变化,这是一种典型的二维流动。三维流动,即流体内质点的速度在三维空间内同时发生变化,例如,流体在截面变化的锥形通道中流动,其质点速度不仅在截面的横向和纵向方向变化,同时沿着主流动方向发生变化。此时,流速需要用三个互相垂直的坐标来表示,构成了典型的三维流动。

5. 剪切流动和拉伸流动

剪切流动是指流体质点的运动速度仅沿与流动方向垂直的方向发生变化的流动,如图 5-9(a)所示。拉伸流动是指流体质点的运动速度仅沿着与流动方向一致的方向发生变化的流动,如图 5-9(b)所示。

6. 拖曳流动和压力流动

根据流动的边界条件,剪切流动可进一步划分为拖曳流动和压力流动。拖曳流动是由边界的运动引起的流动,例如,滚筒表面对流体的剪切摩擦所产生的流动;压力流动则是在边界固定的情况下,由外部压力作用于流体所引起的流动,例如,聚合物流体在注射成型过程中的流动是由压力梯度产生的剪切流动。

5.2.3.2 牛顿流体及其流变方程

低分子液体在圆管中流动时,当其雷诺数 Re 小于 2 100 时为层流流动,Re 值大于 2 500 时液体就从层流逐渐转变为湍流流动,由层流到湍流的过渡区 Re 可达 2 000~4 000

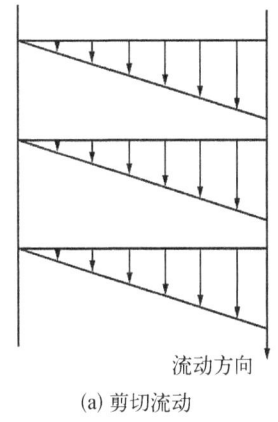
(a) 剪切流动

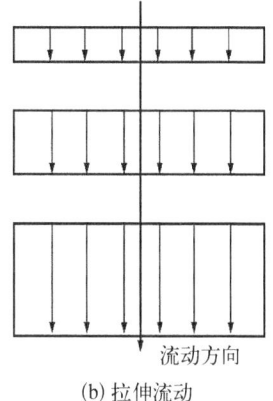
(b) 拉伸流动

图 5-9　剪切流动和拉伸流动的速度分布

或者更多。通常,聚合物熔体在加工过程中的流动基本上是层流流动。一般,熔体的 $Re \ll 1$。

为了研究流体流动的性质,可以把层流流动看作一层层彼此相邻的薄层液体沿外力作用方向进行的相对滑移。液层有平直的平面,彼此之间完全平行。图 5-10 是流动液体中液层移动情况的示意。F 为外部作用于整个液体的恒定的剪切力,A 为向两端无限延伸的液层的面积。液层上的剪应力为

$$\tau = \frac{F}{A} \quad (5-4)$$

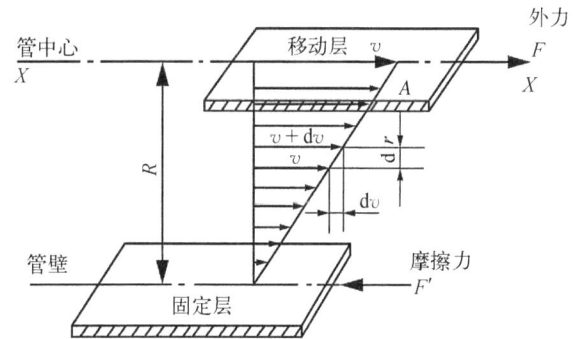

图 5-10　液体在管内流动时流动速率与管子半径的几何关系

在恒定的应力作用下液体的应变表现为液层以均匀的速率 v 沿剪切力作用方向移动。但液层间的黏性阻力和管壁的摩擦力使得相邻液层间在移动方向上存在速率差,管中心阻力最小,液层移动速率最大。管壁附近液层同时受到液体黏性阻力和管壁摩擦力作用,速率最小,在管壁上液层的移动速率为零(假定不产生滑动)。

当液层间的径向距离为 dr 的两流层的移动速率为 v 和 $v + dv$ 时,流层间单位距离内的速率差就是速率梯度 dv/dr,液层移动速率 v 等于单位时间 dt 液层沿管轴上移动的距离 dx,即 $v = dx/dt$。故速率梯度可以表示为

$$\frac{dv}{dr} = \frac{d(dx/dt)}{dr} = \frac{d(dx/dr)}{dt} \quad (5-5)$$

而剪切力作用下该层液体产生的剪切应变 $\gamma = dx/dr$,因此式(5-5)可改写为

$$\frac{dv}{dr} = \frac{d\gamma}{dr} = \dot{\gamma} \quad (5-6)$$

式中，$\dot{\gamma}$ 表示单位时间内的剪切应变，即剪切速率。

牛顿在研究低分子液体的流动行为时，发现剪应力和剪切速率之间存在一定的关系，可表示为

$$\tau = \eta\left(\frac{dv}{dr}\right) = \eta\frac{d\gamma}{dt} = \eta\dot{\gamma} \tag{5-7}$$

式(5-7)说明，液层单位表面上剪应力 τ 与液层间的速率梯度 $\frac{dv}{dr}$ 成正比；η 为比例常量，称为牛顿黏度。η 是液体自身所固有的性质，η 的大小表征液体抵抗外力引起流动形变的能力。

不同液体的 η 不同，与液体的分子结构和液体所处温度有关。其单位为帕斯卡秒，符号为 Pa·s。符合牛顿黏性定律的流体称为牛顿流体，式(5-7)称为牛顿流体流动定律，即牛顿流体的流变学方程。

5.2.3.3 非牛顿流体及其流变行为

聚合物的流动行为因其具有长链大分子结构及复杂的缠结形态而较为复杂，相比于低分子液体，聚合物熔体、溶液及悬浮体在流动时展现出更为丰富的特性。在宽广的剪切速率范围内，这类聚合物液体的流动表现出剪切力与剪切速率之间并不成正比例关系，其流动黏度也并非恒定值。因此，聚合物流体在加工过程中的流动特征通常不遵循牛顿流体的流动定律，其黏度会随剪切速率的变化而变化，这些流体归类为非牛顿流体。这一特性对聚合物的加工性能和最终成品的质量具有重要影响，因此深入研究非牛顿流体的流动行为对于优化聚合物加工工艺具有重要的现实意义。

非牛顿流体流动有多种描述的关系式，用得最多的是幂律定律：

$$\tau = K\left(\frac{dv}{dr}\right)^n = K\left(\frac{d\gamma}{dt}\right)^n = K\dot{\gamma}^n \tag{5-8}$$

式中，K 为稠度系数，单位 Pa·s；n 为流动指数，用来表征液体偏离牛顿型流动的程度。$n<1$ 时为假塑性体；$n>1$ 时为膨胀性流体；n 偏离整数 1 越远，则流体的非牛顿性越强。

图 5-11 中 d 曲线为牛顿流体，曲线 a 为宾厄姆流体，该流体在流动前存在一个剪切屈服应力 τ_y，只有当剪切应力高于 τ_y 时，宾厄姆流体才开始流动。

宾厄姆流体有这样的流变行为，是因为此种流体在静止时内部有凝胶性结构。只有当外加剪切应力超过 τ_y 时，这种结构才完全崩溃，产生不能恢复的塑性流动。泥浆、牙膏、油漆和沥青等都属于宾厄姆流体。

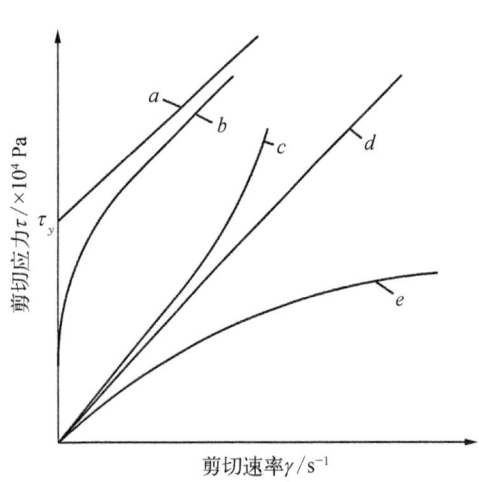

图 5-11 各类型流体的流动曲线（剪切应力-剪切速率关系）

图中，a 为宾厄姆流体；b、e 为假塑性流体；c 为膨胀性流体；d 为牛顿流体。

图 5-11 中的 b 和 e 曲线代表假塑性流体,这类流体是非牛顿流体中最为普遍的一种类型。橡胶及绝大多数聚合物的浓溶液、塑料的熔体和溶液,都可归类为假塑性流体。从图中可以观察到,假塑性流体在剪切速率增加时,剪切应力增幅显著快于剪切速率的增幅,并且表现出没有屈服应力的特征。这种流体的一个显著特点是,黏度随着剪切速率或剪切应力的增加而降低,因此常称为"剪切变稀流体"。

此外,图 5-11 中 c 曲线表示的膨胀性流体也不表现出屈服应力。其特征在于,黏度随着剪切速率或剪切应力的增大而上升,故又称为"剪切增稠流体"。常见的膨胀性流体包括固体含量较高的悬浮液、在较高剪切速率下的聚氯乙烯糊以及碳酸钙填充的塑料熔体,这些流体在工程和工业应用中具有重要的实际意义。

研究聚合物流体的剪切黏性在聚合物加工中具有重要的理论和实践意义。

1. 评估聚合物流体的质量

流动曲线在宽广的剪切速率范围内描述了聚合物的剪切黏性,而这种剪切黏性是聚合物内在结构的直接反映。当聚合物链的结构、相对分子质量、相对分子质量分布及链间的结构化程度发生变化时,流动曲线将相应发生变化。因此,流动曲线不仅可以用作评估聚合物流体质量是否正常的依据,还能反映聚合物质量的波动程度。

2. 提供特定流动条件下的表观黏度

聚合物流体在不同成形技术中表现出不同的剪切速率,而且在同一加工技术下,不同设备中流体的流动速率也存在显著差异(表 5-2)。在处理相关工艺及工程问题时,了解聚合物流体在特定流动条件下的表观黏度至关重要,而流动曲线能够提供所需的数据支持。通过对流动曲线的分析,工程师能够更好地预测和控制聚合物的加工性能,从而优化生产工艺。

表 5-2 各种成形方法中剪切速率

加工方式	剪切速率/s^{-1}	设备或部件名称	剪切速率/s^{-1}
模压	1~10	注射	$10^3 \sim 10^5$
开炼	50~500	涂覆	$10^2 \sim 10^3$
密炼	500~5 000	PA6-VK 管	$10^{-3} \sim 10^{-2}$
挤出	10~10^3	PA6-分配管	$10^{-2} \sim 10^{-1}$
压延	50~500	PA6-喷丝板孔道	$10^2 \sim 10^4$
纺丝	$10^2 \sim 10^5$	PA6-纺丝泵	$10^4 \sim 10^5$

3. 根据流动曲线调整工艺参数

某丙纶地毯厂使用了熔融指数相同的 A、B 两种聚丙烯原料(MFI=15)。当纺丝温度为 250℃时,A 类纺丝正常,B 类则有飘丝甚至"落雨"等现象,熔体黏度较低且不能正常生产。因为熔融指数通常是在低剪切速率下($\dot{\gamma}=30\ s^{-1}$)测定的,而熔体流经喷丝孔的剪切速率较高($\dot{\gamma}=3\times10^3\ s^{-1}$)。因此应先测定 A、B 两种聚合物的流动曲线,然后找出该 $\dot{\gamma}$ 值对应的熔体黏度,见表 5-3。

表 5-3　两种聚丙烯熔体黏度与温度和剪切速率的关系

$\dot{\gamma}/\text{s}^{-1}$		3×10				3×10³			
温度/℃		230	240	250	260	230	240	250	260
黏度	A	478.6	426.5	380.1	346.7	42.7	38.9	37.1	33.9
	B	501.1	436.5	389.0	348.9	38.9	37.1	33.9	31.5

由表中可以看出,B 熔体的最佳纺丝温度比 A 的低 10℃左右,这个结论与生产实际完全相符。

5.2.3.4 聚合物流体黏度的主要影响因素

聚合物流变性包括黏性和弹性,黏度是表征黏性大小的参数,是聚合物成型加工设计优化的重要参数。聚合物流体在给定剪切速率下的黏度主要取决于流体内部的自由体积和大分子长链间的缠结。自由体积大,分子间距大,分子间作用力就小,大分子链段容易活动,高分子流体黏度就小。分子间缠结程度大,大分子形成的网络密度大,分子间作用力增大,大分子链段不容易活动,高分子流体黏度就大。影响自由体积和大分子链缠结的主要因素,即影响黏度的主要因素,主要包括剪切速率或剪切应力、温度、压力、分子结构(刚性或柔性链、自由体积、缠结、支链结构)、相对分子质量、组成(溶剂、填料)等。

1. 剪切的影响

在通常加工条件下,绝大多数聚合物熔体都表现为假塑性流动,黏度随着剪切速率或剪切应力增大而降低,称为剪切变稀现象。剪切变稀可归因于大分子的长链性质,剪切速率增大,大分子链解缠和滑移,导致结构形变,分子间范德瓦尔斯力减弱,流动阻力减小,黏度降低(图 5-12)。分子链刚性大和形状不对称的聚合物最为明显。

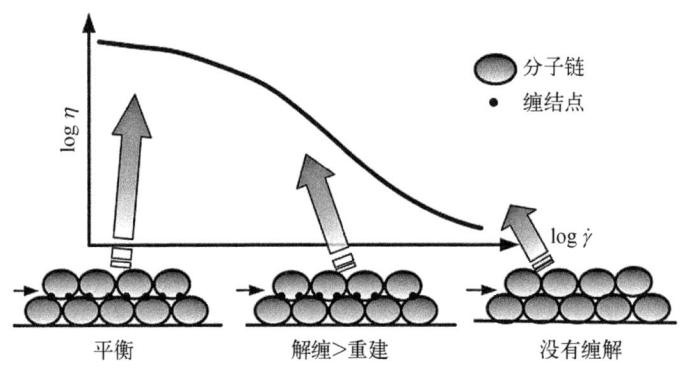

图 5-12　剪切分子解缠

有少数高分子体系,如高浓度的聚氯乙烯塑料溶胶、高浓度填充体系等,黏度随剪切速率增大反常地升高,这种现象称为剪切变稠效应。剪切增稠特性的流体用途很广泛,例如,有人在开发类似材料的防弹衣,日常穿着很柔软,遇到高速子弹就会变硬。

具有剪切变稀效应的流体称为假塑性流体,具有剪切变稠效应的流体称为胀流性流体。它们均属于非牛顿流体范畴。聚合物成型加工过程中,聚合物流体黏度决定加工难度且影响产品的均一性,应选择或设计适当的剪切速率或剪切应力范围进行加工。

2. 温度的影响

温度升高,高分子链段和分子链的无规则热运动加剧,分子间距增大,自由体积增大,链段更易活动,熔体黏度下降。通常温度每升高10℃,熔体黏度降低1/3~1/2。不同种类的高分子对温度的敏感性存在差别。对温度敏感的高分子,可通过调整温度来改变成型工艺参数,以获得较佳的工艺条件和高质量的制品。但是在利用熔体黏度对温度的敏感性来获得较佳的工艺条件时必须考虑:当成型温度波动时,将引起黏度显著变化,造成操作不稳定,影响制品质量;温度过高会引起高分子降解,而且增加能耗。

研究表明,在黏流温度以上,热塑性高分子熔体黏度随温度升高而呈指数关系降低(图5-13)。在玻璃化转变温度100℃以上时,热塑性高分子熔体黏度与温度的关系通常可用安德拉德(Andrade)方程[即阿伦尼乌斯(Arrhenius)方程]描述:

$$\ln \eta = \ln A + \frac{E_\eta}{RT} \tag{5-9}$$

式中,A 为温度无穷大时的黏度常量;R 为摩尔气体常量[8.314 J/(mol·K)];E_η 为高分子的黏流活化能。

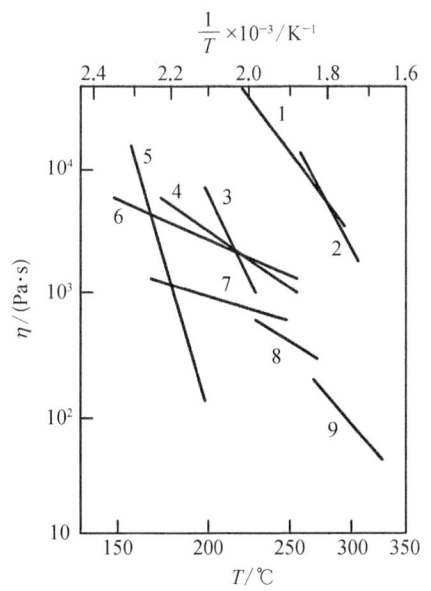

图5-13 高分子熔体表现黏度与温度的关系
1-PS;2-PC;3-PMMA;4-PP;5-醋酸纤维素(CA);6-高密度聚乙烯(HDPE);7-POM;8-PA;9-PET

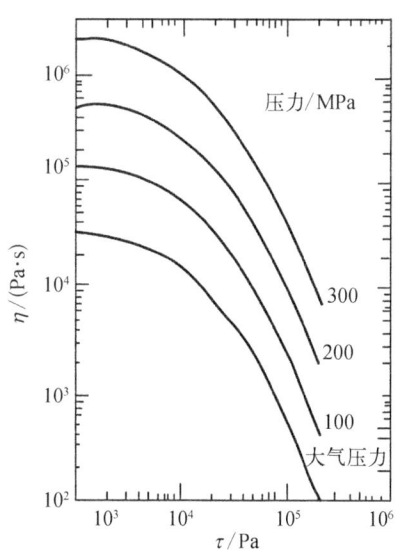

图5-14 低密度聚乙烯(low density polyethylene, LDPE)熔体表观黏度对压力的依赖性

3. 压力的影响

高分子成形时的压力一般为10~300 MPa,压力对高分子熔体流动性的主要影响是压力增高,流动性下降,黏度上升,如图5-14所示。这归结为在高压下,高分子材料内部的自由体积减小,分子链活动性降低,分子间作用力增加,以致熔体的黏度随之增大。增压

增黏这一事实说明,单纯通过增大压力来提高高分子熔体的流量是不恰当的。此外,过大的压力会造成功率的过大消耗和设备的更大磨损。

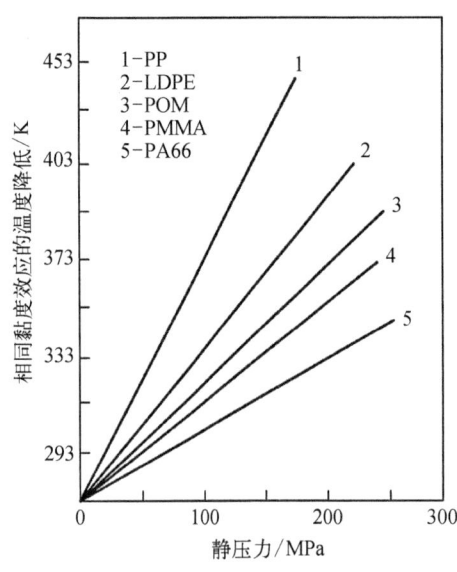

图 5-15 熔体黏度恒定时温度与压力的等效关系

高分子材料在正常的加工温度范围内,增压对黏度的影响和降温对黏度的影响有相似性。加工过程中通过改变压力或温度,都能获得同样的黏度变化,这种关系称为温度-压力等效性。对于多数高分子,压力增加 100 MPa 时,熔体黏度的变化相当于温度降低 30~50℃ 的效果(图 5-15)。

4. 分子结构的影响

链的柔性越大,缠结点就越多,链的解缠和滑移就越困难,高分子流动时非牛顿性就越强,对剪切速率就越敏感,提高剪切速率有利于增大流动性,如 PE、PVC、PP。链的刚性越大,分子间吸引力就越大,熔体黏度对温度的敏感性越大,提高加工温度有利于增大流动性,如 PC、PS、PET。

聚合物分子链结构为直链型或支化型,这对流动性影响很大,这种影响既来自支链的形态和多寡,也来自支链的长度。一般来说,短支链对材料黏度的影响甚微。对高分子材料黏度影响大的是长支链的形态和长度。若支链虽然长,但是其长度不足以使支链本身发生缠结,这时分子链的结构往往因支化而显得紧凑,使分子间距增大,分子间相互作用减弱,与相对分子质量相当的线型高分子相比,支化高分子的黏度要低些。

若支链相当长,支链相对分子质量 M 达到或超过临界缠结相对分子质量的三倍 ($M_b \geq 3M_c$),支链本身发生缠结,这时支化高分子的流变性质变得复杂:在高剪切速率下,与相对分子质量相当的线性高分子相比,支化高分子黏度较低,非牛顿性较强;在低剪切速率下,与相对分子质量相当的线性高分子相比,支化高分子的零剪切黏度或者要低些,或者要高些。

5. 相对分子质量的影响

相对分子质量增大,不同链段偶然位移相互抵消的机会增多,因而分子链重心移动减慢,要完成流动过程就需要更长的时间和更多的能量。所以高分子的黏度随相对分子质量增加而增大。线性柔性链高分子浓溶液或熔体的初始剪切黏度 η_0 与平均相对分子质量之间的关系符合福克斯-弗洛里(Fox-Flory)公式:

$$\eta_0 = K\overline{M}_W^\alpha \tag{5-10}$$

或

$$\lg \eta_0 = \lg K + \alpha \lg K\overline{M}_W \tag{5-11}$$

式中,K 为取决于高分子性质和温度的试验常数;α 为与相对分子质量有关的指数。当

$M_W>M_C$(临界相对分子质量,5 000~15 000)时,α 为 3.4~3.5;当 $M_W<M_C$ 时,α 为 1~1.8。因此,当 $M_W>M_C$ 时,η_0 随重均分子量的 3.4~3.5 次方关系增加,相对分子质量越高,非牛顿流动行为越强烈;当 $M_W<M_C$ 时,η_0 随重均分子量的 1~1.8 次方关系增加,说明低相对分子质量时缠结对流动的影响不显著,高分子熔体表现为牛顿性流动。

平均相对分子质量高,制品的物理力学性能就高,但流动黏度过高,加工困难。为了降低黏度,需要提高温度,但受高分子热稳定性的限制。因此,常采用加入低分子量物质(溶剂或增塑剂)和降低高分子相对分子质量的方法来减小高分子的黏度,以改善其加工性能。聚合物熔体黏度与相对分子质量的关系如图 5-16 所示。

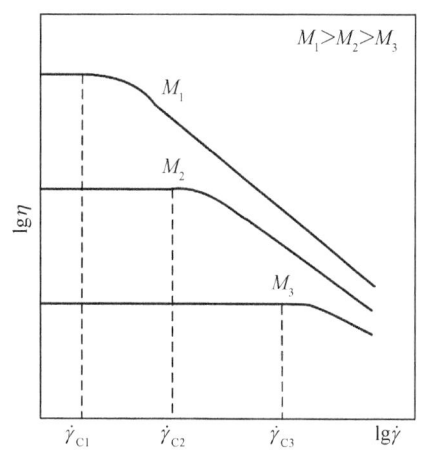

图 5-16 聚合物熔体黏度与相对分子质量的关系

从纯粹加工的角度来看,降低相对分子质量肯定有利于改善材料的加工流动性,例如,橡胶行业采用大功率炼胶机破碎、塑炼胶料。但相对分子质量降低必然影响材料的强度和弹性,因此,需综合考虑。不同的材料,因用途不同,加工方法各异,对相对分子质量的要求不同。总体来看,橡胶材料的相对分子质量要高一些(为 $10^5 \sim 10^6$),纤维材料的相对分子质量要低一些(约为 10^4),塑料居中。而塑料中,用于注射成型的树脂相对分子质量应小一些,用于挤出成型的树脂相对分子质量可大些,用于吹塑成型的树脂相对分子质量可适中。

6. 添加剂和溶剂的影响

大多数高分子材料加工时均需使用添加剂。在众多添加剂中,除去交联剂、硫化剂、固化剂等对材料流动性有质的影响,对流动性影响较显著的有两大类:填充补强材料(即填料)、软化增塑材料(即增塑剂)。

常用的填充补强材料有碳酸钙、赤泥、陶土、高岭土等无机材料,或者炭黑、短纤维等增强(补强)材料。填充补强材料加入高分子材料后都使体系黏度上升,弹性下降,硬度和模量增大,流动性变差。

常用的软化增塑剂有各种矿物油以及一些低聚物等。软化增塑剂的作用是减弱物料内大分子链间的相互牵制,使体系黏度下降,非牛顿性减弱,流动性得以改善。

溶剂能削弱高分子的分子间作用力,使分子间距增大,缠结减少,体系黏度降低,流动性增大。

5.2.3.5 聚合物流体的弹性行为

聚合物流体不仅具有较高的黏性,而且具有弹性。弹性使聚合物流体在受剪切应力或拉伸应力时产生两个效应:形变恢复效应和法向力效应。

形变恢复效应:弹性使聚合物流体吸收部分外力,把它变成弹性能储存起来。一旦外力去除,储存的弹性能会产生可恢复的形变。

法向力效应:聚合物流体流动过程中,受剪切应力作用时,分子链在剪切方向取向。取向使流体在剪切面法向上产生法向应力。

这两个效应对聚合物加工成形有很大的影响,主要表现有爬杆效应(包轴或魏森贝格效应)、端口效应、离模膨胀(挤出胀大)效应和熔体破裂效应等。

1. 爬杆效应

1944 年魏森贝格(Weissenberg)在英国伦敦帝国学院公开表演了一个有趣的试验:在一只有黏弹性流体(非牛顿流体的一种)的烧杯里,旋转试验杆。对于牛顿流体,由于离心力的作用,液面将呈凹形;而黏弹性流体(非牛顿流体)却向杯中心流动,并沿杆向上爬,液面变成凸形,甚至在试验杆旋转速率很低时,也可以观察到这一现象(图 5-17)。黏弹性体的这种效应称为爬杆效应或 Weissenberg 效应或包轴效应。

聚合物液体是黏弹性液体,在受剪切力作用旋转流动时,弹性的大分子链沿着圆周方向拉伸变形而取向,绕着转轴形成弹性环,弹性环的解取向使其产生一种朝向轴心的法向力,该法向力能够克服离心力而迫使高分子包住转轴,随着越包越厚、越紧,高分子被迫沿轴向上爬升。

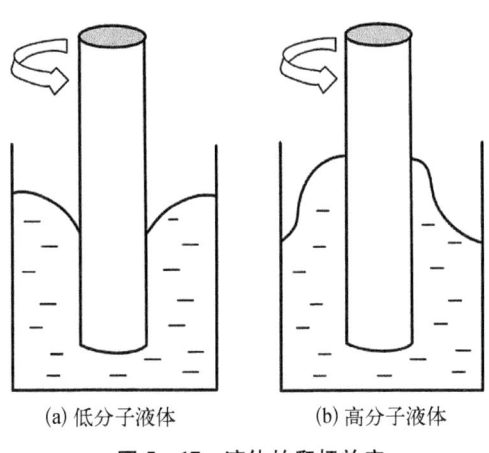

图 5-17 液体的爬杆效应
(a) 低分子液体 (b) 高分子液体

2. 端口效应

聚合物流体被挤压从大直径通道进入小直径通道时,会出现明显的压力降,这种现象称为端口效应(或入口效应)。如图 5-18 所示,若料筒中某点与口模出口之间的总压力降为 Δp,则 Δp 可分成三部分:口模入口压力降 Δp_{en}、口模内压力降 Δp_{di} 和口模出口压力降 Δp_{ex},即

$$\Delta p = \Delta p_{en} + \Delta p_{di} + \Delta p_{ex} \quad (5-12)$$

造成端口压力降的原因可能是:① 聚合物流体从料筒进入口模时,流体黏性流动的流线在入口处收敛引起能量损失,从而造成压力降。② 在入口处,聚合物流体产生弹性变形,因弹性能储存而消耗能量,造成压力降。③ 聚合物流体流经入口处,剪切速率的剧烈增加引起流动骤变,为达到稳定的流速分布而造成压力降。

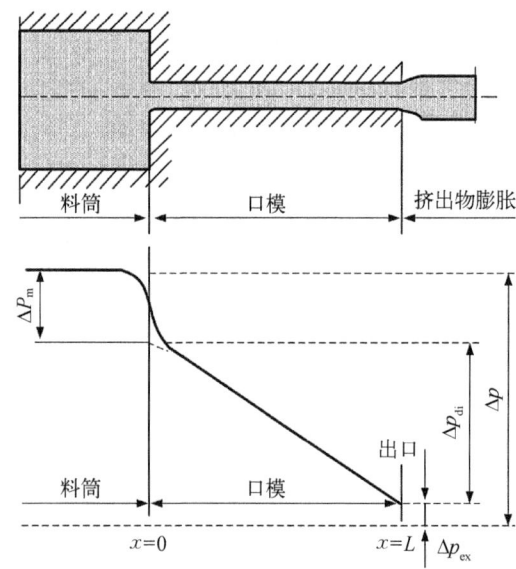

图 5-18 聚合物熔体挤出口模过程中的压力分布

口模内压力降 Δp_{di} 是稳态层流的黏性能量损失的结果,这种压力损失转换成摩擦热,使高分子流体温度升高。

口模出口压力降 Δp_{ex} 是聚合物流体在出口处的压力与大气压之差。就牛顿流体而言,Δp_{ex} 为零;而对于非牛顿流体,$\Delta p_{ex}>0$,并且随剪切速率的增加而增大。

3. 离模膨胀效应

聚合物熔体从口模中挤出时,出口直径一般要大于流道直径,这种现象称为离模膨胀效应或巴勒斯(Barus)效应,也称为挤出胀大效应(图 5-19)。

离模膨胀的程度用膨胀比 B 表示。膨胀比 B 为流体离开口模出口后,自然流动(无拉伸)时最大直径 d 与口模直径 D 之比,即

$$B = \frac{d}{D} \quad (5-13)$$

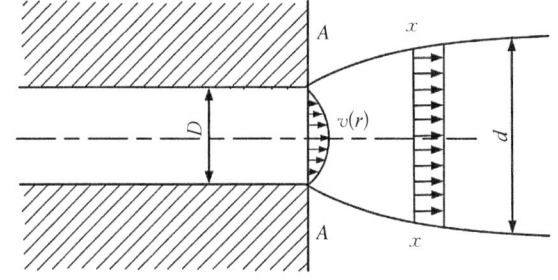

图 5-19 聚合物熔体挤出口模时的流动状态

通常,膨胀比 B 为 1~3。相对分子质量越高,相对分子质量分布越宽,非牛顿性越强,B 值越大。离模膨胀的原因主要有三个。

(1) 取向效应:聚合物流体在口模内流动过程中处于高剪切状态,大分子在流动方向取向伸直,出模后因无剪切力而发生解取向,引起横向胀大。

(2) 记忆效应(或弹性效应):当聚合物流体由大截面的流道进入小直径口模时,在入口处流线收敛,沿流动方向产生速度梯度,于是聚合物受到拉伸而产生了拉伸弹性变形。这部分形变在经过模孔的过程中来不及完全松弛,到了出口时,流体的约束被解除,径向阻力消失,弹性变形获得恢复,由伸展状态回缩为卷曲状态,引起离模膨胀。

(3) 正应力效应:黏弹性流体在口模内的剪切变形,使之在垂直剪切方向上存在正应力,出模后正应力的约束解除,从而引起流体在垂直流动方向的膨胀。

4. 熔体破裂现象

聚合物熔体在挤出或注塑加工时,当熔体剪切速率较低时,挤出物具有光滑的表面和均匀的形状,熔体流动为稳定流动。当剪切速率达到某个值时,挤出物表面失去光泽变得粗糙,类似橘子皮,出现不稳定流动;当剪切速率再增加时,挤出物表面更加粗糙不平,在挤出物的周向出现波纹,这种现象称为"鲨鱼皮症";当剪切速率继续增加时,挤出物表面出现众多的不规则的结节、扭曲或竹节纹,甚至解离和断裂成碎片或柱段,这种现象称为熔体破裂(图 5-20)。

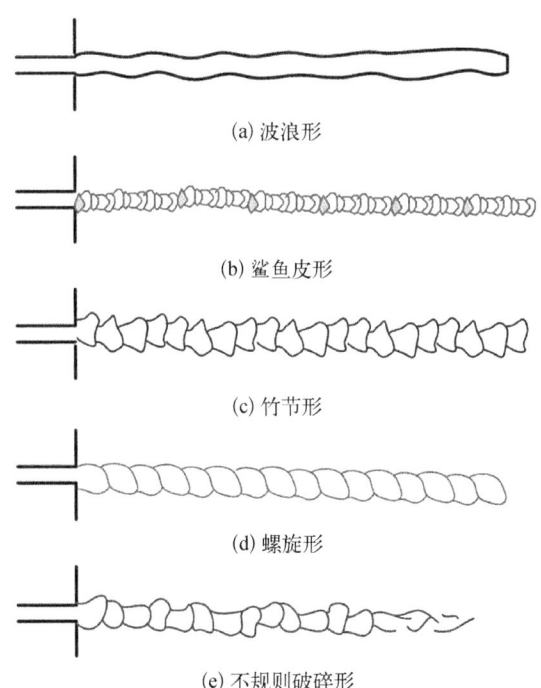

(a) 波浪形

(b) 鲨鱼皮形

(c) 竹节形

(d) 螺旋形

(e) 不规则破碎形

图 5-20 不稳定流动和熔体破裂现象

熔体破裂的原因有两个方面。

一方面是聚合物熔体流动时在管壁上的滑移现象和熔体中弹性恢复。管壁附近熔体所受剪切作用最大,由于剪切变稀,所以在管壁附近的熔体具有较低的黏度,同时熔体流动过程中的分级效应使低相对分子质量的部分较多地集中在管壁附近,这两种作用都使管壁附近的熔体黏度降低,从而引起熔体在管壁上滑移,流速增大。剪切速率分布的不均匀性还使熔体中弹性能的分布沿径向存在差异,管壁附近剪切速率大,高分子的弹性形变和弹性能储存较多。熔体中弹性能的分布不均匀导致在径向上产生弹性应力,当产生的弹性应力一旦增加到与黏性流动阻力相当时,黏性阻力不能再起平衡弹性应力的作用,随即发生弹性恢复作用。管壁附近的熔体黏度最低,黏性阻力最小,所以弹性恢复在管壁附近较容易发生。高剪切应力或高剪切速率加剧了管壁附近的滑移现象和弹性恢复,从而引起熔体破裂。

另一方面是口模内熔体各处所受剪切作用的不同。熔体在口模入口区域和口模孔内流动时,受到的剪切作用不一样,因而引起熔体在离开口模后产生不均匀弹性恢复。此外,在入口端收敛角以外区域存在着旋涡流动(图 5 - 21),这部分熔体与其他部分的熔体相比较,受到的剪切作用不同。当旋涡中的熔体周期性地进入口模时,引起流线中断,当它们流过口模时,就可能引起极不一致的弹性恢复,如果这种弹性恢复力很大,以致能克服黏性阻力时,就能引起挤出物出现畸变和断裂。高剪切应力或高剪切速率加剧了剪切作用的不同和弹性恢复的不一致,从而引起熔体破裂。

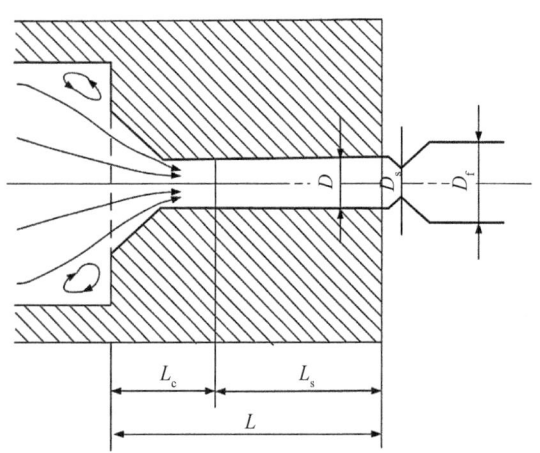

图 5 - 21　聚合物熔体在口模入口和出口区域的流动

综上所述,熔体破裂现象是聚合物熔体产生弹性应变和弹性恢复的总结果,是一种整体现象。

聚合物流体是典型的黏弹性流体,既有黏性,又有弹性,成型加工过程中弹性行为大多对产品性能的稳定性不利,值得重点关注。

5.2.4　高分子材料加工过程中的物理和化学变化

在聚合物的成形加工过程中,材料经历了一系列物理和化学变化,例如,在特定条件下,聚合物可以结晶或改变其结晶度。此外,外力的作用能够引发聚合物分子链的取向,而当存在薄弱环节或具有活性反应基团(活性点)时,聚合物还可能发生降解或交联反应。这些物理和化学变化不仅引起聚合物在力学、光学、热学及其他性质上的变化,同时会对加工过程本身产生重要影响。

这些变化的性质对产品质量影响各异,有些是有益的,有些则可能带来负面影响。例如,为了生产透明且具有良好韧性的制品,需避免结晶或过大晶粒的形成。然而,有时为了提高制品在使用过程中的尺寸稳定性,对结晶聚合物进行热处理能够加速结晶过程,从而有助于防止使用中发生缓慢后结晶,避免尺寸和形状的持续变化。

在许多加工过程中,通过拉伸方法使聚合物薄膜中的分子形成取向结构,可获得具有特殊性能的各向异性材料,广泛扩展聚合物的应用领域。此外,利用化学交联作用的加工过程能够生产硫化橡胶和热固性塑料,从而提高聚合物的力学强度和热性能。同时,使用塑炼降解技术可以改善橡胶的流动性和加工性能。然而,加工过程中若发生降解与交联反应,可能导致聚合物性质的劣化,降低可加工性和使用效果。

因此,深入了解聚合物加工过程中结晶、取向、降解和交联等物理与化学变化的特性及其与加工条件之间的相互影响,并据此对这些变化进行适当控制,对聚合物的加工和应用具有显著的实际意义。

5.2.4.1 高分子材料的结晶

在塑料成形、薄膜拉伸及纤维纺丝等过程中,聚合物结晶现象普遍存在。然而,大多数聚合物结晶的基本特征包括结晶速率缓慢、结晶不完全以及缺乏明确的熔点。关于聚合物结晶的结构,学术界迄今仍存在不同的观点,并提出了多种结晶模型。普遍认为,聚合物在加工过程中,当熔体冷却至结晶阶段时,通常生成球晶。而在高应力条件下,熔体有可能生成纤维状晶体。

表 5-4 列出了某些结晶性高分子材料的特征数据,结晶性高分子材料的晶体形态通常包括斜方晶型、单斜晶型与三斜晶型。由于结晶的不完全性,结晶聚合物一般包含晶区与非晶区两个部分。定量描述这种状态的物理量为结晶度,定义为不完全结晶聚合物中晶相所占的质量分数或体积分数。

表 5-4 某些结晶性高分子材料的特征数据

高分子化合物	晶 系	分子构型	结晶密度/(g/cm^3)	结晶弹性模量/GPa	通常的结晶度[①]/%
PE	斜方	平面锯齿形	0.997	240	65(LD) 85~95(HD)
IPP	单斜或三斜	螺旋形(3/1)	0.95	34	45~60(MD) 70(HD)
SPP	斜方	螺旋形(4/1)	0.93		
PA-6	单斜 三斜	平面锯齿形 平面锯齿形	1.24 1.24	142	20~25 30~35
PA-66	斜方	平面锯齿形(2/1)	1.70		
PEO	三方	螺旋形(9/5)	1.50	53	70~80
PET	三斜	多数平面构形	1.46	125	10~30
PPS	斜方	螺旋形(2/1)	1.44		55~65
PTFE	拟六方	螺旋形(13/6)	2.35		50~80

① LD-低密度;MD-中密度;HD-高密度。

1. 影响结晶的因素

聚合物的结晶过程通常在等温条件下进行,称为静态结晶过程。然而,实际上聚合物在加工过程中,结晶多为非等温进行,并受到拉应力、剪应力及压应力等外力的影响,导致材料发生流动和取向。这种多因素影响下的结晶称为动态结晶,下文将讨论影响结晶过程的主要因素。

冷却速率。温度是聚合物结晶过程中最为敏感的因素。聚合物从熔融温度降至玻璃化温度的冷却速率直接决定了晶核的生成及晶体的生长条件。因此,聚合物在加工过程中能否形成结晶,结晶的程度,晶体的形态和尺寸都与熔体的冷却速率密切相关。通常采用中等冷却速率,并将冷却温度选在玻璃化温度与最大结晶速率之间。

熔融温度和熔融时间。残余晶核的数量和大小与成形温度紧密相关,同时影响结晶速率。更高的熔融温度和较长的熔融时间通常会导致残存晶核数量的减少,使得熔体冷却时主要以均相成核为主,从而降低结晶速率并增大晶体尺寸。反之,较低的熔融温度和较短的熔融时间会增加残存晶核的数量,促进异相成核作用,进而加快结晶速率并减小晶体尺寸,提高力学性能和热变形温度。

应力作用。在聚合物的纺丝、薄膜拉伸、注射成形、挤出、模压及压延等成形加工过程中,高应力的施加往往会加快结晶的程度。这是由于在应力作用下,聚合物熔体的取向引发了成核作用,例如,受拉伸或剪切力作用时,大分子链沿受力方向伸直,并在有序区域内生成"原纤",这种结构成为初级晶核,从而促进晶体生长。应力对结晶速率及最大速率结晶温度的影响见图 5-22。随着拉伸或剪切速率的增大,原纤的浓度将增加,熔体的结晶速率亦随之提升。例如,在剪切作用下,聚丙烯生成球晶的时间约比静态结晶下减少一半。如图 5-23 所示,在聚对苯二甲酸乙二酯[poly(ethylene terephthalate),PET]的熔融纺丝过程中,拉伸时的结晶速率甚至比未拉伸时快 1 000 倍,结晶度可达到 10%。

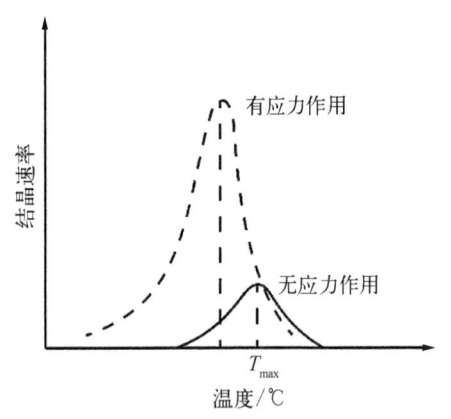

图 5-22 应力对结晶速率和最大速率结晶温度的影响

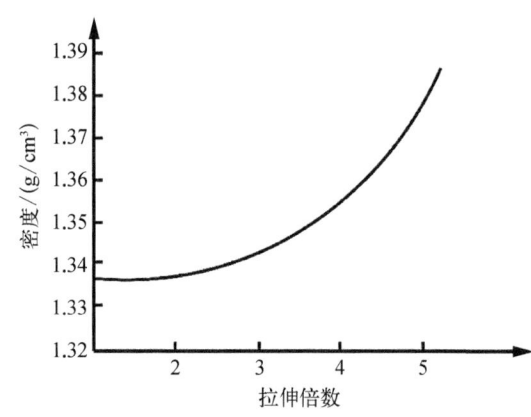

图 5-23 拉伸倍数对 PET 密度的影响

成核剂的影响。成核剂可发挥异相成核作用,可有效控制制品中球晶的大小,有助于改善制品内外结晶的不均匀性。当成核剂的折射率与聚合物相近,或晶粒尺寸足够小时,有助于提升制品的透光性。成核剂种类与用量的不同,会导致聚合物结晶形态的变化。

例如,聚丙烯在常规冷却下易形成大且脆的 α 球晶,通过添加 0.2%~0.3% 含量的 β 成核剂后,有可能形成细小的 β 晶。相较之下,α 晶体具有较高的密度和较低的冲击韧性,而 β 晶体结构疏松,显示出更高的冲击韧性。

扫描电子显微镜(SEM)图像表明,在 α-PP 中,片晶是从球晶中心向外沿径向放射生长,而在 β-PP 中,片晶由球晶中心平行集结后呈现支化生长,或呈螺旋状生长。α-PP 与 β-PP 之间的性能差异主要源于其晶体结构和形态的明显不同。此外,α-PP 与 β-PP 的球晶界面的特征也显著不同。α-PP 的球晶之间呈现明显的晶界,为材料的薄弱环节,容易被化学反应或冲击所破坏;而 β-PP 的球晶之间没有明显的界面,片晶互相交错,并存在大量连续的分子链连接 β 晶,从而在材料发生破坏时可吸收更多能量,展现了更好的韧性和延展性。

综上所述,实际生产中可根据制品的性能要求,决定是否添加成核剂以及选择成核剂的种类和用量。

2. 结晶对制件性能的影响

由于完全结晶和完全无定形的材料样本难以制备,因此结晶度的变化对聚合物性能的影响只能在不同结晶度下进行比较。结晶过程中分子链的聚集作用导致聚合物体积收缩,密度增加。密度的增加意味着分子间引力的增强,分子结构更为有序,这使得晶态聚合物某些力学性能(如弹性模量、硬度、屈服强度等)随着结晶度的提升而增强。然而,聚合物的伸长率和冲击韧性会随着结晶度的提高而减小。结晶度的增大还可能导致材料的脆化,见表 5-5。

表 5-5 不同结晶度聚乙烯的性能

性　能	结晶度/%			
	65	75	85	95
相对密度	0.91	0.93	0.94	0.96
熔点/℃	105	120	125	130
拉伸强度/MPa	1.4	18	25	40
伸长率/%	500	300	100	20
冲击强度/(kJ/m^2)	54	27	21	16
硬度/GPa	1.3	2.3	3.6	7.0

绝大多数晶态聚合物在玻璃化温度与熔点之间通常会出现屈服点,并在拉伸时产生细颈现象;而在较低的结晶度下,未必出现屈服点,拉伸时也不表现出细颈现象。

物质的折射率与密度密切相关。当光线通过聚合物的晶区时,必然在晶区表面发生反射和折射,无法直接通过。因此,含有结晶与非结晶区域的聚合物通常呈现乳白色或不透明,如聚乙烯、尼龙等。随着结晶度的降低,透明度会增加。完全无定形的聚合物通常为透明的,如有机玻璃和聚苯乙烯。然而,某些情况下,如果聚合物的晶相密度与非晶相密度非常接近,或者当结晶规模小于光波长的一半时,即使存在结晶,也可能展现出透明性,如聚 4-甲基-1-戊烯。

结晶度的提高还会影响聚合物的热性能。当结晶度达到20%时,聚合物的"刚硬化"效应能够使大分子链中非晶区域缩短,限制链段的位移和取向;而当结晶度超过40%时,高密度微晶的形成会使材料中产生连续的晶相,从而显著提高材料的软化点和热畸变温度,使其具备更高的使用温度,超出玻璃化温度。

在结晶性塑料的成形过程中,由于结晶的形成,成形收缩率通常较高。加入玻璃纤维或无机填料能够有效降低成形收缩率。然而,结晶性塑料在熔融成形时容易出现缩孔状凹斑或空洞。

聚合物结晶度的增加通常会导致透水性和透氧性的下降,同时会对耐溶剂性、吸水性及化学反应活性等特性产生影响。

5.2.4.2 高分子材料的取向

高分子材料在成形加工过程中不可避免地经历多个层次的取向现象。取向过程是大分子链或其链段的有序化过程,而热运动导致大分子趋于无序,即解取向过程。因此,若希望获得取向材料,必须在取向后迅速降温至玻璃化温度以下,从而冻结分子链或链段的运动。

取向过程主要存在两种形式:一种是聚合物熔体和浓溶液中的大分子、链段或不对称几何形状的固体颗粒在剪切流动过程中沿流动方向进行的流动取向;另一种是受拉伸应力作用下,分子链、链段及其他结构单元沿受力方向发生的拉伸取向。

1. 流动取向

流动取向是由聚合物熔体或浓溶液流动而引发的一种取向现象。其产生的原因主要有两方面:一方面,在管道或型腔内,流动方向上各异的流速导致卷曲的分子在剪切力的作用下沿流动方向被拉伸和取向;另一方面,由于熔体的高温,分子热运动剧烈,因此存在解取向作用。

为了改善制品性能,聚合物中通常会添加纤维状或粉状的填料。由于这些填料的几何形状具有不对称性,在注射模塑或传递模塑的流动过程中,填料轴与流动方向之间必然会形成一定的夹角,导致各部位所受剪切应力不同,直至填料长轴方向与流动方向完全一致并实现取向。以压制扇形片状物为例,图5-24展示了这一过程。试验结果表明,扇形样品在切向的抗拉强度总是高于径向,而切向的收缩率往往小于径向。根据实测和显微分析的结果可以推测,填料在模压过程中的位置变更遵循图5-14的1~6的顺序:含有纤维填料的流体流线自浇口处沿半径方向散开,中心部分的流速达到最大。当熔体前沿遇到阻力(如模壁)时,其流动方向将转变为与阻力垂直,最终形成同心环状的填料排列。

2. 拉伸取向

拉伸取向受到单一方向的作用力引起的现象称为单轴拉伸取向(或单向拉伸);当同时受到两个相互垂直方向的作用时,则表现为双轴拉伸取向(或双向拉伸)。无定形高分子的取向包括链段取向与大分子链取向两个方面,这两个过程通常是同时进行的,但速率不同,主要由高弹拉伸、塑性拉伸或黏性拉伸所引起。结晶性高分子的拉伸取向则包含晶区取向与非晶区取向,两个过程同时进行,但发展速率不同,晶区取向迅速发展,而非晶区的取向相对缓慢。当晶区取向达到最大时,非晶区取向才达到中等程度。晶区取向的过程伴随链段重排、重结晶及微晶取向等现象,且通常伴随相变的发生。随着取向的发

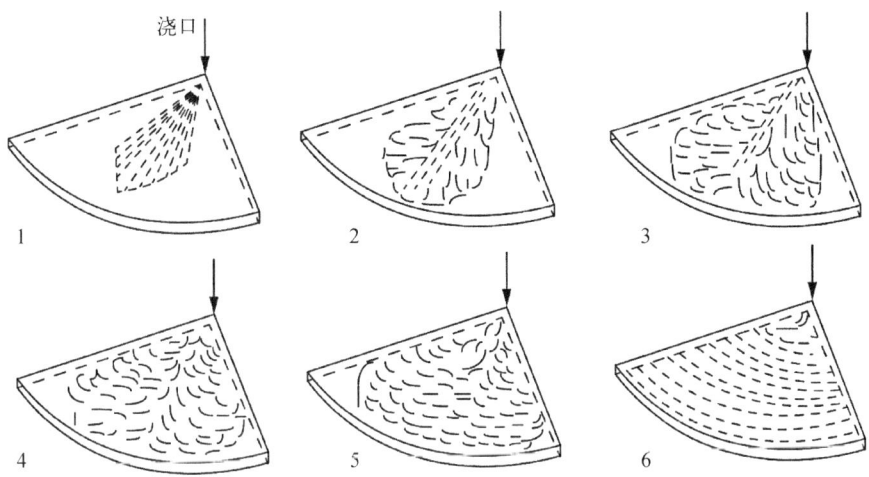

图 5-24 注射成形时聚合物熔体中纤维填料在扇形制件中的流动取向过程

展,聚合物的结晶度会有所提高。

聚合物的三种拉伸机理示意图见图 5-25。高弹拉伸通常发生在接近玻璃化温度时,并且拉伸应力小于屈服应力,此时的取向主要是链段的形变和位移,表现出较低的取向度和不稳定的取向结构。当拉伸应力超过屈服应力时,塑性拉伸便可发生,此时,即使是接近玻璃化温度,拉伸应力也主要用于克服屈服应力,而剩余应力成为导致塑性拉伸的有效应力。这种状态下,高弹态的大分子链作为独立结构单元会发生解缠和滑移,材料将由弹性形变转变为塑性形变,从而获得高且稳定的取向结构。在工程应用中,塑性拉伸通常发生在玻璃化温度与熔融温度之间,随着温度的升高,材料的模量和屈服应力降低,在较高温度下,可以减少拉伸应力并增大拉伸率。一旦温度足够高,材料的屈服强度几乎无显著表现,这时在较小外力作用下即可获得均匀且稳定的取向结构。

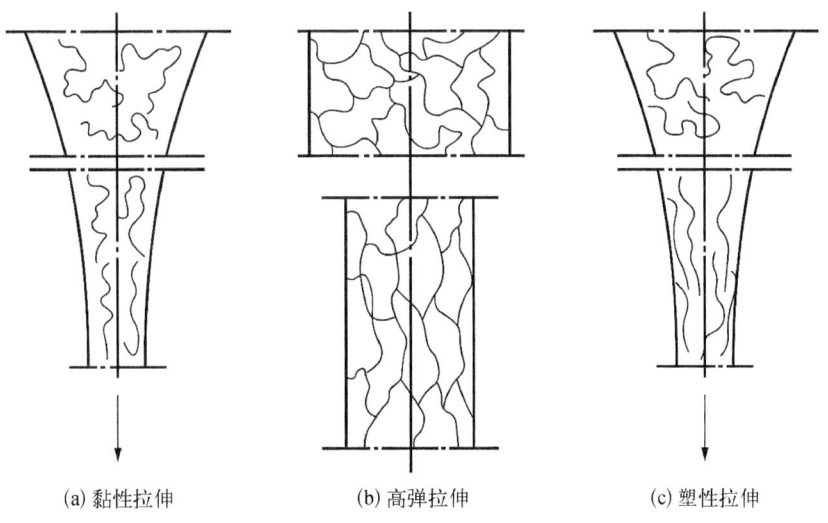

(a) 黏性拉伸　　(b) 高弹拉伸　　(c) 塑性拉伸

图 5-25 聚合物三种拉伸机理示意图

黏性拉伸发生在熔融温度以上,此时微小的应力便可引发大分子链的解缠和滑移。由于高温下解取向发展迅速,黏性拉伸的有效取向度较低。黏性拉伸的取向作用与剪切流动引起的取向现象存在相似之处,但两者的应力与速度梯度的方向截然不同:在剪切作用下,速度梯度垂直于流线方向;而在拉应力作用下,速度梯度沿拉伸方向存在。

3. 影响取向的因素

聚合物的结构。链结构简单、柔性大的高分子化合物(如相对较低的相对分子质量)更有利于产生取向,同时这些材料更容易发生解取向。结晶性高分子的取向结构通常比无定形高分子更为稳定;复杂结构的高分子化合物虽然难以产生取向,但是在施加较大应力后,其解取向的难度也相对较高。

低分子化合物。增塑剂、溶剂等低分子化合物的添加会降低高分子化合物的玻璃化温度与熔融温度,进而促进取向,使得取向应力和温度显著下降,但解取向的能力随之增强。

温度。取向与解取向都与分子链的松弛能力相关。温度升高会降低熔体的黏度,缩短松弛时间,从而有利于取向,同时促进解取向。然而,两者的速率并不相同,聚合物材料的有效取向取决于这两种过程之间的平衡条件。

拉伸比。高分子化合物在屈服应力作用下被拉伸的倍数,即拉伸前后的长度比,称为拉伸比。取向度通常随着拉伸比的增加而提高。拉伸比与高分子化合物的结构及其物理性能密切相关。大多数高分子化合物的拉伸比在4~5;高结晶度的HDPE和PP拉伸比通常为5~10;结晶度不同的PET、PA拉伸比一般为2.5~5;无定形的PS的拉伸比通常为1.5~3.5。在单轴拉伸的情况下,拉伸比可以为3~10;在双轴拉伸的情况下,两个方向的拉伸比各自为3~4。不同的拉伸比会导致材料性能的显著差异。

4. 取向对高分子材料性能的影响

对于未取向的高分子材料,链段的取向是随机的,因此未取向材料的机械性能呈现各向同性。然而,一旦发生取向,拉伸强度、冲击强度、断裂伸长率、弹性模量、透气性等性能都显著提升。在单轴取向的情况下,取向方向(纵向)与垂直于取向方向(横向)的强度存在差异:纵向强度增加,而横向强度相应减少。拉伸取向能够提高高分子材料,如聚苯乙烯和聚甲基丙烯酸甲酯[poly(methyl methacrylate),PMMA]等脆性材料的韧性。经过流动取向后,制品沿流动方向的强度显著高于垂直方向的强度。例如,在注射模塑制品中,沿流动方向的拉伸强度为垂直方向的1~3倍,而冲击强度可达到1~10倍。对于结晶性高分子,拉伸过程导致结晶度增加,玻璃化温度相应上升。处于高取向和高结晶度状态的高分子材料的玻璃化温度通常会提升约25℃。表5-6展示了不同拉伸方法对PET薄膜力学性能的影响。

表5-6 拉伸方法对PET薄膜力学性能的影响

项目		未拉伸	纵向拉伸	双向拉伸	双向拉伸和后拉伸
拉伸模量/GPa	纵向	2.47	8.95	4.58	7.04
	横向	2.47	1.78	4.58	3.52

续 表

项　目		未拉伸	纵向拉伸	双向拉伸	双向拉伸和后拉伸
拉伸强度/MPa	纵向	52.8	290	176	267
	横向	52.8	49.3	176	119
断裂伸长率/%	纵向	>500	48	120	52
	横向	>500	445	120	250
5%伸长时的拉伸强度/MPa	纵向	—	232	102	186
	横向	—	52.8	102	77.5

5.2.4.3 高分子材料的降解

聚合物加工通常在高温和应力的条件下进行,这使得聚合物的大分子链可能因热、应力的影响,或者因高温环境中微量水分、酸、碱等杂质及空气中氧的作用而发生相对分子质量降低和大分子结构的变化。这类现象通常称为降解(或裂解)。在加工过程中,聚合物的降解现象一般难以完全避免。

除了少数有意进行的降解,加工过程中发生的降解大多是有害的。轻度降解可能导致聚合物出现变色,而进一步的降解可能引发低分子物质的生成、相对分子质量(或黏度)的降低,导致制品出现气泡、流纹等缺陷,最终削弱制品的各项机械性能。严重的降解可能导致聚合物焦化变黑,产生大量的分解产物,甚至使未完全分解的聚合物与分解物质一起从加热料筒中剧烈喷出,从而影响加工过程的顺利进行。

通常情况下,轻度降解并不会形成新的物质,而是生成一些相对分子质量低于原始聚合物但聚合度不同的同类大分子。在严重降解的情况下,聚合物的结构被破坏,生成单体或其他低分子物质。深入了解聚合物降解过程的机理及其基本规律,对于聚合物的加工具有重要意义。例如,在工艺上需要利用降解反应时,应设法增强降解作用;而在提高加工制品的质量和使用寿命时,应尽量减少降解反应的程度。

1. 影响降解的因素

聚合物在加工过程中是否发生降解及其降解程度,与加工条件、聚合物本身的性质以及聚合物的质量等因素密切相关。

聚合物结构。大多数聚合物是通过共价键结合而成的。当加工过程中施加的能量等于或超过键能时,降解现象便容易发生。分子内的共价键相互影响,例如,主链上伯碳原子的键能通常高于仲碳原子、叔碳原子和季碳原子。因此,主链中含有叔碳原子的聚丙烯比聚乙烯的稳定性差,更易发生降解。此外,橡胶由于在双键 β 位置上存在不稳定单键,其降解性也显著高于其他饱和聚合物。

温度。在加工温度下,聚合物中一些具有不稳定结构的分子最先分解。过高的加工温度和过长的加热时间会导致其他分子的降解。单纯因过热引起的降解称为热降解,此类降解过程通常涉及自由基链锁反应。降解反应的速率随温度升高而加快。例如,由图 5-26 温度对聚苯乙烯降解反应速率的影响曲线可看出,聚苯乙烯在 227℃ 以下的降解速率极慢,超过该温度后,降解速率则显著加快。从图 5-27 可以看出温度对几种聚合物降解速率的影响。

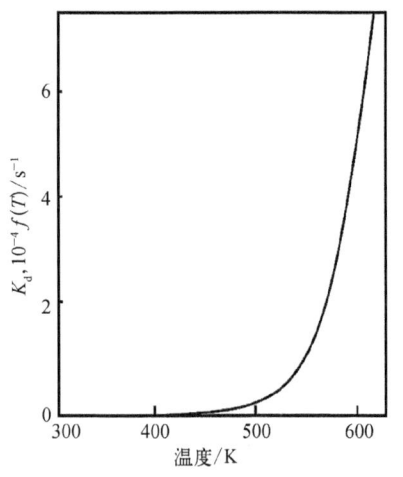

图 5-26 温度对聚苯乙烯降解反应速率的影响

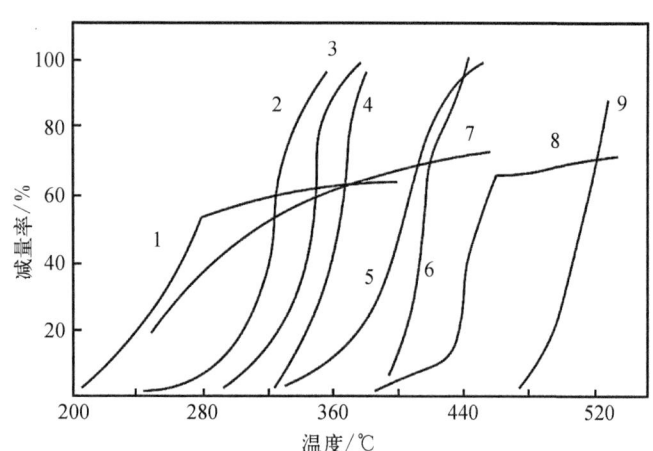

图 5-27 几种热塑性聚合物受热时降解失重曲线

1—聚氯乙烯;2—聚甲基苯烯酸甲酯;3—聚异丁烯;4—聚苯乙烯;5—聚丁二烯;6—聚乙烯;7—聚丙烯腈;8—聚片二氯乙烯;9—聚四氟乙烯

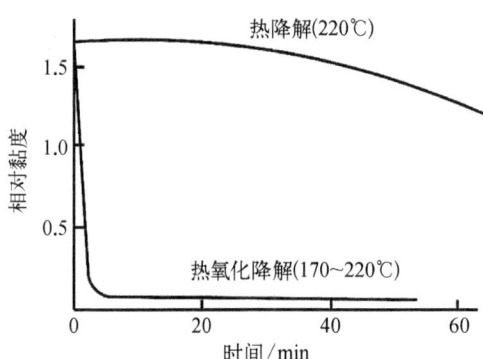

图 5-28 未稳定的聚甲醛在热降解和热氧化降解时黏度随时间变化的关系

氧。空气中的氧在高温条件下会导致聚合物生成具有较弱键能且极不稳定的过氧化结构。通常情况下,存在空气时的热降解称为热氧化降解。由图 5-28 中聚甲醛在热降解和热氧化降解下的降解动力学曲线可以看出,氧的存在显著加速了聚合物的热降解过程,从而导致聚合物相对分子质量的显著降低。

应力。在混炼、挤压和注射等加工过程中,聚合物会受到剪切应力的影响。在剪切作用下,聚合物大分子的键角和键长发生变化,并被迫产生拉伸形变。当剪切应力的能量超过大分子的键能时,可能引发大分子的断裂和降解。单纯因应力作用引起的降解称为机械降解。

2. 成形加工过程中对降解作用的利用与避免

聚合物在加工过程中发生降解,通常会导致制品外观劣化、内在质量下降以及使用寿命缩短。因此,在加工过程中,应尽量减少和避免聚合物的降解。为此,常采取以下措施。

严格控制原材料技术指标,使用合格原材料。聚合物的质量在很大程度上受合成过程工艺的影响。例如,若大分子结构中含有双键或支链,或相对分子质量分散性较大,原材料不纯,或者因后期净化不良而混入引发剂、催化剂、酸、碱及金属粉末等多种化学或机械杂质,都会降低聚合物的稳定性和加工性。此外,杂质中的某些物质可能会催化降解反应。

对聚合物进行严格的干燥处理,特别是聚酯、聚醚和聚酰胺等聚合物存放过程容易吸附空气中的水分,因此在使用前应将水分含量降低至 0.01% ~ 0.05%以下。

确定合理的加工工艺和条件。应确保聚合物在不易发生降解的条件下加工成形,这对于热稳定性较差且加工温度与分解温度非常接近的聚合物尤为重要。绘制聚合物成形加工温度范围(图 5 - 29),有助于确定合适的加工条件,通常加工温度应低于聚合物的分解温度。某些聚合物的分解温度与成形加工温度如表 5 - 7 所示。

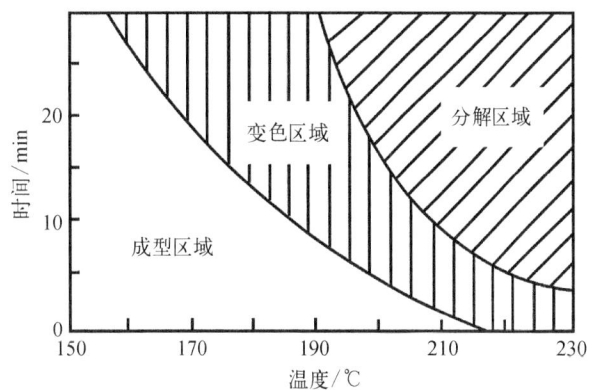

图 5 - 29 硬聚氯乙烯成形加工温度范围

表 5 - 7 几种聚合物的分解温度与成形加工温度

聚 合 物	热分解温度/℃	成形加工温度/℃	聚 合 物	热分解温度/℃	成形加工温度/℃
聚苯乙烯	310	170~250	聚丙烯	300	200~300
聚氯乙烯	170	150~190	聚甲醛	220~240	195~220
聚甲基丙烯酸甲酯	280	180~240	聚酰胺-6	360	230~290
聚碳酸酯	380	270~320	聚对苯二甲酸乙二酯	380	260~280
氯化聚醚	290	180~270	聚酰胺-66		260~280
高密度聚乙烯	320	220~280	天然橡胶	198	小于 100
			丁苯橡胶	254	小于 100

优化加工设备和模具结构。应消除设备中与聚合物接触部分可能存在的死角或缝隙,减少过长的流道,改善加热装置,并提高温度显示装置的灵敏度和冷却系统的效率。

根据聚合物的特性,尤其是在加工温度较高的情况,可考虑在配方中添加抗氧剂和稳定剂。抗氧剂能够与氧反应生成稳定物质,从而显著减缓热氧化降解的速率;稳定剂则能够与自由基反应,终止或改变连锁降解反应,实际上充当自由基的受体,捕捉游离基,从而消除引发降解的因素。在某些情况下,也可以利用降解作用来改变聚合物的性质。例如,通过机械降解作用,聚合物之间或聚合物与其他单体之间可以进行接枝或嵌段聚合,从而制备共聚物。

5.2.4.4 高分子材料的交联

在聚合物加工过程中,形成三维网状结构的反应称为交联。通过交联反应,可以生成交联聚合物(即体型聚合物),与线型聚合物相比,交联聚合物在力学强度、耐热性、耐溶剂性、化学稳定性及形状稳定性等方面显著提升。因此,交联聚合物在要求高强度、耐高温及抗蠕变的应用领域具有广泛的应用前景。交联反应的典型实例包括通过模压、层压和铸塑等方法制备热固性塑料和硫化橡胶。然而,在加工热塑性聚合物时,不当的加工条件或其他因素可能导致非正常的交联现象,这种现象应尽量避免。

在聚合物的加工过程中,交联反应通常通过大分子上的活性中心(包括活性官能团或活性点)之间的反应,或活性中心与交联剂之间的反应进行。交联反应可以发生在大分子与低分子之间,也可发生在大分子间。通常至少有一种反应物质为线型聚合物(其相对分子质量可低至几千),因此,交联反应归为大分子化学反应,即大分子作为一个整体参与反应。各种交联键的示意图如图5-30所示。影响交联反应进行速率及聚合物交联度的因素主要包括以下几个方面。

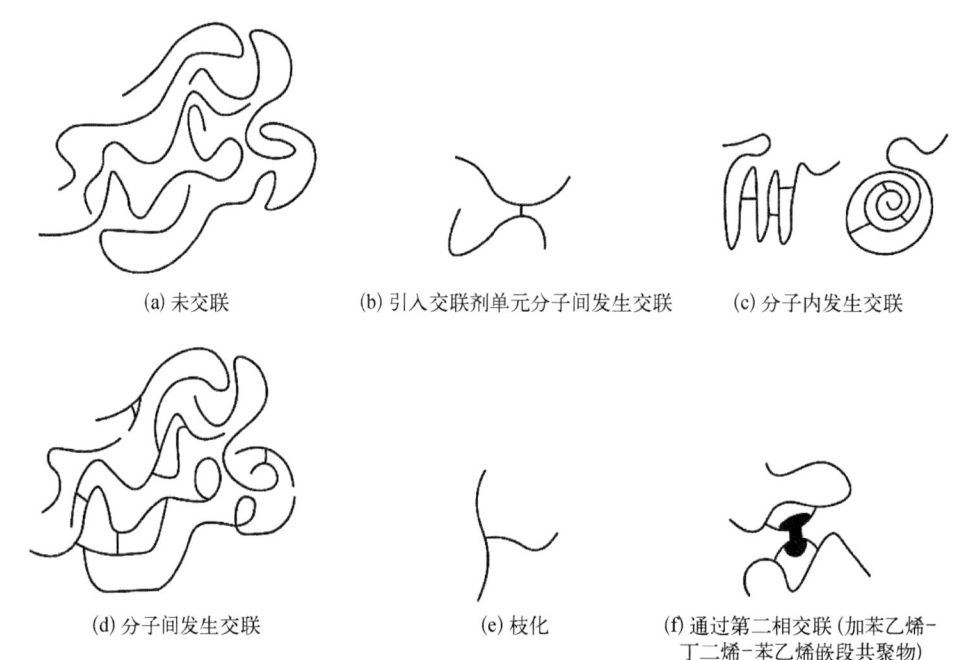

图5-30 各种类型交联键示意图

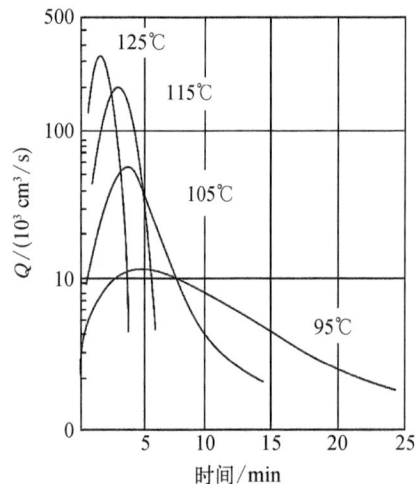

图5-31 注射成形用酚醛塑料粉加热时流动性Q与温度和时间的关系

1. 温度的影响

大分子官能团的化学反应特性与低分子官能团相似。研究表明,如图5-31所示,注射用酚醛塑料加热过程中,初期流动性随着温度的升高而增强,最大流动速率出现的时间也随之提前。随后,流动性逐渐降低,这表明交联度的增加影响了聚合物的流动性。流动性下降阶段的曲线斜率反映了交联反应的速率,较高的温度促进交联速率加快,因此曲线的斜率增大,聚合物的黏度也迅速下降。相反,斜率较小的曲线表明交联速率较慢,流动性下降较为缓和。

2. 硬化时间的影响

聚合物的硬化过程通常经历初期熔融状态,流动性短暂增加,此时交联反应速率迅速上升到最大值。然而,随着交联的初步形成,聚合物体系的流动性逐渐下降,导致进一步交联难以进行。当聚合物达到不可流动状态时,大分子的扩散运动将受到限制,交联反应的进行更加困难。此外,随反应时间延长,反应活性点或官能团的浓度会逐步降低,从而导致交联反应速率减缓,即使在较高温度下长时间加热,也难以实现完全交联的聚合物。交联聚合物的网络结构中往往留存一些未反应的活性点或官能团。图 5-32 展示了硬化时间对聚合物交联度的影响。短硬化时间会导致交联度较低,从而使聚合物性能欠佳,称为"硬化不足"或"欠熟"(在橡胶中称为"欠硫"),此时聚合物的机械强度、耐热性和电绝缘性等性能都较差,制品表面可能出现灰暗、细微裂纹或翘曲,吸水率增大,使用性能受限。然而,过高的交联度(称为"硬化

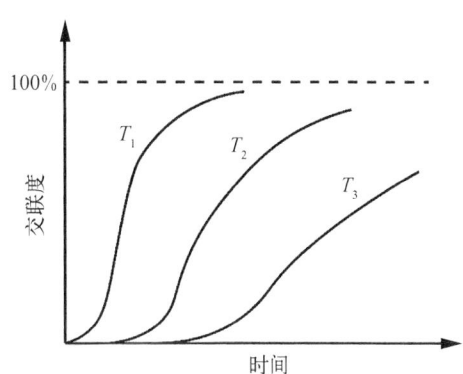

图 5-32 硬化时间对热固性聚合物交联度的影响($T_1 > T_2 > T_3$)

过度"或"过熟",在橡胶中称为"过硫")也会导致聚合物脆化、变色和起泡,进而降低其物理力学性能。因此,控制适宜的硬化时间至关重要。通常情况下,随着硬化时间的延长,交联度增加,聚合物的硬度、机械强度、耐热性、电绝缘性、耐溶剂性和化学稳定性等性能都有所提升,产品的形状稳定性及抗蠕变能力增强,收缩率减少。然而,对橡胶而言,过度的交联度(即过硫)会消耗橡胶的弹性,增加硬度,因而不宜追求。

3. 反应官能度的影响

聚合物的交联度还与参与交联反应物质的官能度及活性点数量密切相关。官能度或活性点的数量越多,形成的交联键数量也可能越多,从而在聚合物单位体积内形成更高的交联密度。

4. 应力的影响

在加工过程中,增加流动、搅拌等扩散因素能够增加官能团或活性点间接触和反应的机会,从而有利于加快交联反应速率。因此,将聚合物保持在黏流态,并促使其流动与混合是加速交联反应的重要条件。

5.3 塑料成形原理

由高分子合成反应制备的聚合物通常作为塑料和橡胶制品的原材料。用于橡胶制品的聚合物称为生胶,而用于塑料制品的聚合物称为树脂。塑料制品的生产过程包括树脂品种和添加剂成分的选择、成形加工及后续加工等环节。根据成分的不同,塑料可分为简单组分塑料和复杂组分塑料。复杂组分塑料在成形加工之前通常需进行配制,即将各组分的原料通过混合与塑化处理,制成粉状、粒状或其他形式的塑料。

塑料成形是将原料(包括树脂与各种添加剂的混合料或已配制的塑料)在特定的温度和压力条件下加工成特定形状的工艺过程。成形后的塑料制品可以通过后续加工(如削切、焊接、表面涂覆等)来满足特定的工艺或使用要求。

在大多数情况下,成形过程是通过加热使塑料处于黏流态,在该状态下经历流动、成形和冷却固化(或交联固化),从而将塑料制成各种形状的产品。一次成形能够生成从简单形状到复杂形状且尺寸精密的制品,应用范围广泛,绝大多数塑料制品均通过首次成形法获得。一次成形法包括但不限于挤出成形、注射成形、模压成形、压延成形、铸塑成形、传递模塑成形、模压烧结成形及泡沫塑料成形等。

二次成形是将一次成形得到的塑料制品(如片材、管材、板材等)加热至类似橡胶的状态(在材料的玻璃化转变温度 T_g、熔融温度 T_f 或熔点 T_m 之间),并通过外力作用使其变形,最终经过冷却成形来获得所需产品。

5.3.1 成形物料的配制

5.3.1.1 物料的组成和添加剂的作用

在实际生产过程中,塑料往往由多种组分构成,复杂组分的配合称为配制。配制过程一般采用混合的方式,旨在将添加剂与聚合物形成均匀的复合物。

成形加工所用的物料主要是粒料或粉料,这些粉料和粒料都是由聚合物和添加剂配制而成的。添加剂的种类及其用量的选择依据塑料的性能要求及加工工艺。主要添加剂包括增塑剂、防老剂、填料、润滑剂、着色剂和固化剂等。聚合物或树脂是粉状或粒状塑料的主要成分,成形后保持在制品中形成均匀的连续相,能够将各种添加剂结合在一起,并赋予制品所需的物理和机械性能。其自身的性能对加工性能及最终产品的质量影响深远,主要影响因素包括相对分子质量、相对分子质量分布、颗粒结构及粒度等。

增塑剂是一类对热及化学试剂具有良好稳定性的有机化合物,通常是在一定范围内能够与聚合物相容且不易挥发的液体,个别增塑剂可能为固态且熔点较低。增塑剂的添加能够显著提高塑料的柔韧性和耐寒性,降低塑料的玻璃化温度、熔点及软化温度,减少黏度并增加流动性,从而改善塑料的加工性能。

为了解决聚合物在成形加工过程中或在长期使用和储存中可能遭遇的降解及交联问题,通常会添加一类称为防老剂的物质,主要包括稳定剂、抗氧剂和光稳定剂等。

为了改善塑料的成形加工性能,提升制品的技术指标,赋予塑料制品新的特性,或降低成本和聚合物单耗,通常会添加一类称为填料的物质,填料可分为有机填料和无机填料两大类。

另外,为了改善塑料熔体的流动性能,减少或避免对设备的黏附,并提高制品表面光洁度,塑料中会添加润滑剂,其中一种重要的润滑剂是涂在与塑料接触的模具表面的脱模剂,避免塑料黏附于金属设备并便于脱模。

在热固性塑料的成形过程中,有时还需加入一种能够促进树脂完成交联反应或加速交联反应的物质,称为固化剂(或交联剂)。除了这些常规添加剂,还有一些特殊用途的添加剂,如发泡剂、阻燃剂和抗静电剂等。

5.3.1.2 混合与塑化设备及工艺

1. 混合与塑化设备

通过共混改性是推进高性能聚合物材料开发的重要途径。为实现多种聚合物材料及各种添加剂的有效分散、混合和塑化,需采用相应的混炼工艺过程。混合设备一般根据操作方式分为间歇式和连续式两大类。间歇式混合设备的混合过程是间断进行的,主要包括投料、混炼和卸料三个步骤,形成一个循环过程。典型的间歇式混合设备包括捏合机、高速搅拌机、开炼机和密炼机等。

根据基本结构和运转特性,间歇式混合设备还可进一步细分为静态混合设备、滚筒类混合设备和转子类混合设备。静态混合设备主要包括重力混合器和气动混合器。这类混合器的混合室处于静止状态,依靠重力和气动力促进物料的流动与混合,适用于大批量固态物料的温和分布混合,混合强度较低。

滚筒类混合设备则利用混合室的旋转运动来实现混合目的,包括鼓式混合机、双锥混合机和 V 形混合机等。此类设备属于中低强度的分布混合设备,主要用于粉状和粒状固态物料的初步混合,如混色、配料和干混,且可向固态物料中添加少量液态添加剂。

转子类混合设备依靠混合室内转动部件——转子的旋转进行混合,主要设备包括螺带混合机、锥筒螺杆混合机、犁状混合机、双行星混合机、Z 型捏合机以及高速混合机等。螺带混合机和锥筒螺杆混合机主要用于粉状或粒状材料的混合,以及粉状、粒状材料与少量液态添加剂的协同混合;犁状混合机主要用于块状物料的混合,具备较强的分散能力;Z 型捏合机适用于高黏度物料的混合,如塑料配料和固态物料中液态添加剂的热混;高速混合机是应用广泛的混合设备,能够处理配料、混色、共混物与填充物的预混,以及各类母料的预混,因其高转速而归类为高强度混合设备。

上述间歇式混合设备主要用于高分子材料的初混合过程,适用于在非熔融状态下进行物料的混合。此外,还有多种用于溶液或乳液混合的各类桨叶搅拌器,其结构类似于常规化工混合中所采用的搅拌器。

值得注意的是,间歇混合设备中的开炼机和密炼机是最为关键的两种设备。从结构上来看,它们可归类为转子类混合器,具有广泛的适用性和较高的混合强度,主要用于橡胶的塑炼与混炼、塑料的混炼以及高浓度母料的制备等。

相比之下,连续混合设备主要包括单螺杆挤出机、双螺杆挤出机、行星螺杆挤出机,以及从密炼机发展而来的连续混炼机,如法雷尔连续混炼机(Farrel continuous mixer,FCM)。具体设备将在下文中结合塑料成形方法进行详细阐述。各种常用的混合与塑化设备如图 5-33 所示。

2. 混合与塑化工艺

一般而言,选择粉状塑料原料或粒状塑料原料的依据主要取决于物料的性质及成形加工方法。粉状热塑性树脂用于简单组分塑料时可直接用于成形;某些热塑性缩聚树脂在完成缩聚反应后,经过切片处理形成的简单组分粒状塑料同样能够直接用于成形,其配制过程相对简单。然而,大多数复杂组分的粉状和粒状热塑性塑料(如 PVC 塑料)或热固性塑料原料的配制过程较复杂,一般包括原料准备、混合、塑化、粉碎或粒化等多个环节,其中混合和塑化是最为关键的工艺过程。工艺流程详见图 5-34。

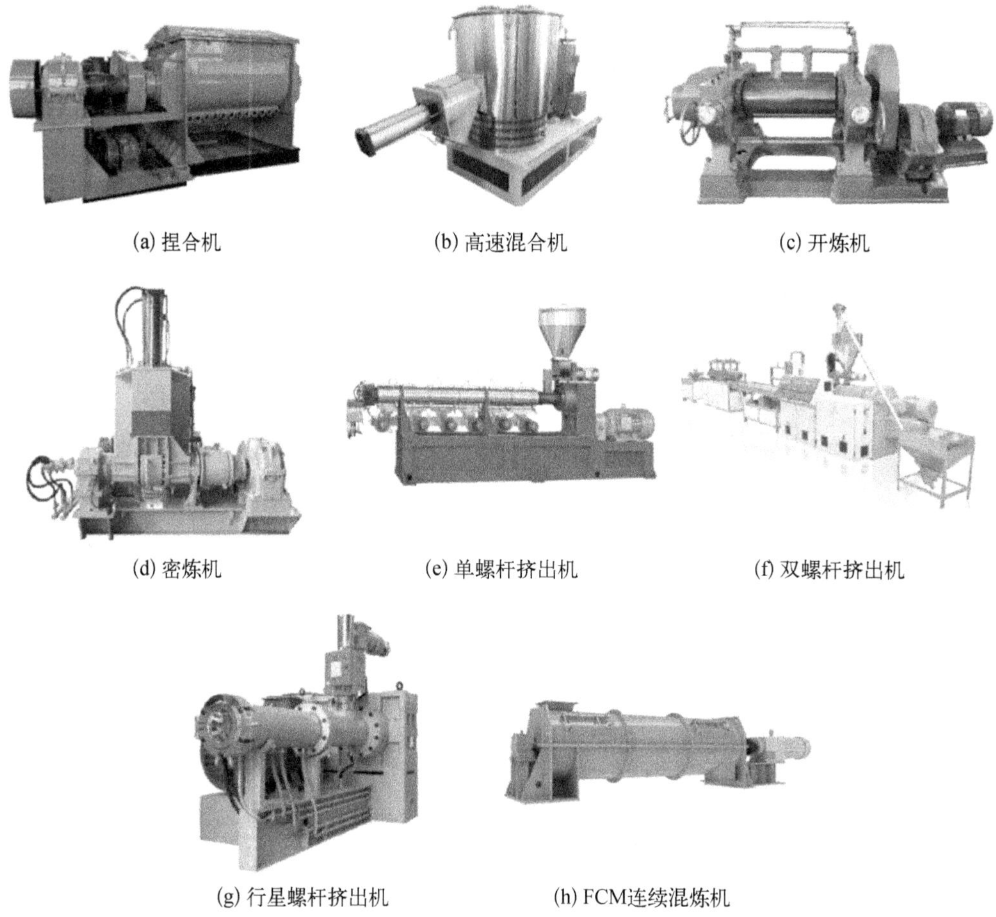

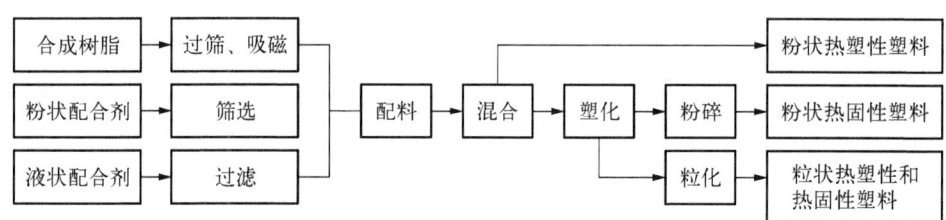

(a) 捏合机
(b) 高速混合机
(c) 开炼机
(d) 密炼机
(e) 单螺杆挤出机
(f) 双螺杆挤出机
(g) 行星螺杆挤出机
(h) FCM连续混炼机

图 5－33　各种类型的混合与塑化设备

合成树脂
过筛、吸磁
粉状配合剂
筛选
液状配合剂
过滤
配料
混合
塑化
粉碎
粒化
粉状热塑性塑料
粉状热固性塑料
粒状热塑性和热固性塑料

图 5－34　粉状和粒状塑料配制工艺流程

5.3.2　挤出成形原理

挤出成形，又称为挤压模塑或挤塑，是一种利用螺杆或柱塞的挤压作用，使受热熔化的塑料在压力推动下强行通过口模，从而形成具有恒定截面的连续型材的成形方法。挤出法几乎适用于所有热塑性塑料的成形，同时可加工某些热固性塑料。通过该工艺生产的制品包括管材、板材、薄膜、线缆包覆物以及塑料与其他材料的复合材料等。目前，挤出制品在热塑性塑料制品生产中约占 40%～50%。挤出设备还可用于塑化造粒、着色和共混等工艺。因此,挤出成形被广泛认为是一种生产效率高、用途广泛且适应性强的成形方法。

5.3.2.1 挤出设备

挤出机是挤出成形过程中的核心设备,其中最基本和通用的类型是单螺杆挤出机。该设备由一根阿基米德螺杆在加热的料筒中旋转构成,其基本结构如图 5-35 所示,主要包括传动装置、加料装置、料筒、螺杆、机头和口模五个部分。

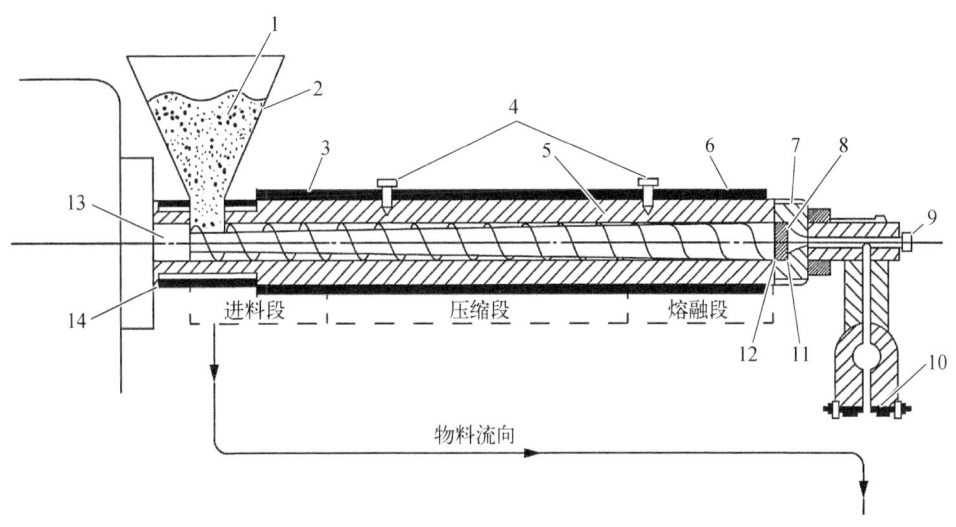

图 5-35 单螺杆挤出机结构示意图
1—物料;2—料斗;3—硬衬垫;4—热电偶;5—机筒;6—加热装置;7—衬套加热器;8—多孔板;9—熔体热电偶;
10—口模;11—衬套;12—过滤网;13—螺杆;14—冷却夹套

在单螺杆挤出机执行挤出工艺时,挤出过程中的工艺参数(如温度和压力)沿着螺杆轴向发生变化,如图 5-36 所示。进料段的主要功能是将料斗中的物料向前输送,此时压力变化较小,温度仅在进料段的后半段开始上升,为后续物料的熔融做准备;压缩段用于将松散物料压实并熔融,温度和压力逐步上升;计量段中,物料完全熔融成为流体,温度和压力达到峰值,最终从机头挤出。

单螺杆挤出机因其设计简单、制造容易和成本低廉而得到广泛应用。然而,其混炼效率较低,不适合加工粉料,并且在提高压力时容易出现逆流现象,导致生产效率降低,因此存在一定的局限性。为了解决这些问题,双螺杆挤出机应运而生。双螺杆挤出机发展迅速,其显著特点包括:摩擦产生的热量较少,物料受剪切力均匀;螺杆的输送能力较大,挤出量稳定,停留时间较短;料筒可实现自清洗等,广泛应用于各种塑料的配料、共混及增强改性等领域。

双螺杆挤出机与单螺杆挤出机之间的根本区别在于物料的输送方式。单螺杆挤出机中的物料输送依赖于拖曳,其中固体输送段为摩擦拖曳,熔体输送段为黏性拖曳;而双螺杆挤出机通过螺纹的推力实现物料的输送,即正向位移输送或强制输送,基本不存在倒流或滞流现象。

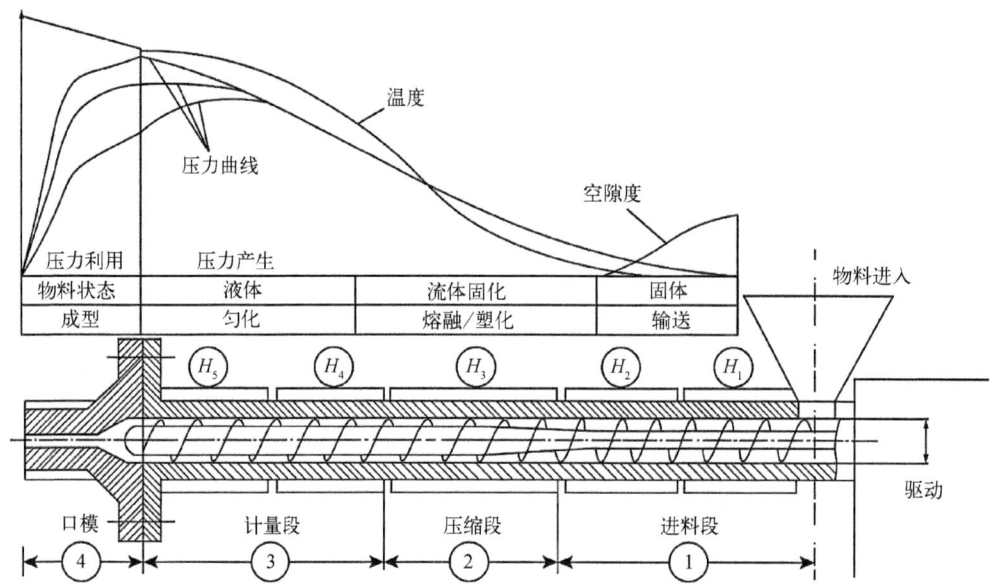

图 5-36 单螺杆挤出机的功能段及其压力和温度的变化

图 5-37 展示了典型的双螺杆挤出机结构。双螺杆挤出机由机头、螺杆、机筒、加热器、加料装置和传动装置等组成。由于双螺杆结构显著增加了设计变量的数量(如旋转方向、啮合程度等),因此不同类型的双螺杆挤出机之间的差异通常大于单螺杆挤出机之间的差异。同向旋转的啮合挤出机多用于配混料及作为排气装置和化学反应器等,而反向旋转的挤出机多用于挤出热敏性材料(如 PVC)制品。

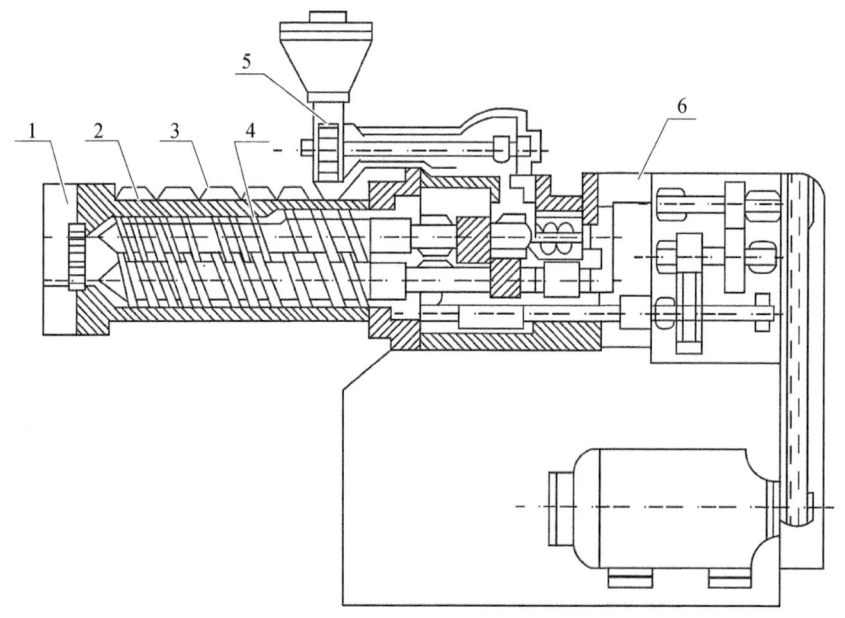

图 5-37 双螺杆挤出机结构示意图
1-机头;2-机筒;3-加热器;4-螺杆;5-加料装置;6-传动装置

5.3.2.2 挤出成形基本理论

在固体进料的挤出过程中,塑料经历了从固体状态到弹性体,再到黏性液体的转变。此过程中,物料在不断变化的温度和压力条件下,既存在拖曳流动也有压力流动,因此挤出过程中物料的状态变化与流动行为表现出高度的复杂性。目前,挤出成形领域广泛应用的基础理论包括固体输送理论、熔融理论和熔体输送理论。由于篇幅有限,这里仅做简要介绍。

1. 固体输送理论

在螺杆挤出过程中,物料通过料斗进入螺槽。当物料与螺纹接触时,螺杆面产生与其表面垂直的推力,将物料向前推进。在这一推移过程中,物料与螺杆及料筒之间的摩擦,以及料粒相互间的碰撞和摩擦,共同作用于物料,使其被压实,并在螺杆前端的熔体压力和料筒内表面温度的影响下,部分固体粒子的表面逐渐软化。为研究此类固体粒子的输送过程,常采用一种称为固体床理论的简化模型进行分析。

该理论将已被压实的塑料物料视作一种"固体塞"(如图 5-38 所示),在推力的作用下沿着螺槽向前移动。该理论基于固体摩擦力的静平衡。为便于理论推导与计算,需要做出以下假设:

第一,物料与螺槽和料筒内壁紧密接触,形成固体塞并以恒定的速率移动。

第二,略去螺翅与料筒的间隙、物料重力和密度变化等的影响。

第三,螺槽深度恒定,压力仅为螺杆长度的函数,摩擦系数与压力无关。

第四,螺槽中固体物料像弹性固体塞一样移动。

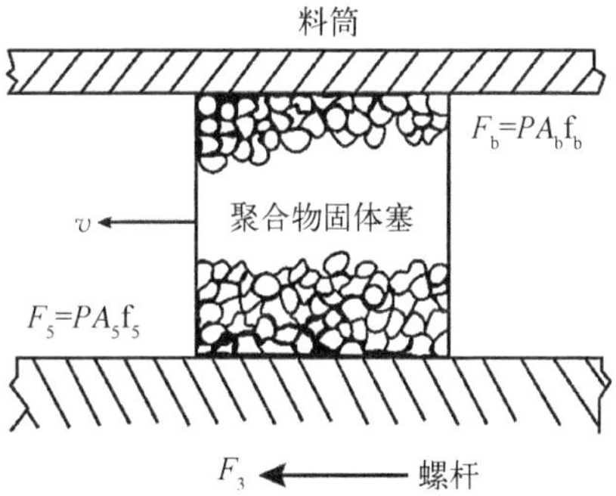

图 5-38 中,F_b 和 F_s、A_b 和 A_s 以及 f_b 和 f_s 分别为固体塞与机筒及螺杆间的摩擦力、接触面积和摩擦系数,P 为螺槽中体系的压力。固体塞在螺槽中的移动可以看成在矩形通道中的运动,如图 5-39 所示。螺杆对固体塞的摩擦力 F_b 在螺槽 z 轴上的分力为 F_{bz},而 $F_{bz} = A_s f_s \cos \phi_h$,$\phi_h$ 为螺杆的螺旋角,在稳定流动的情况下,$F_b = F_{bz}$,即 $A_s f_s =$

图 5-38 "固体塞"摩擦模型

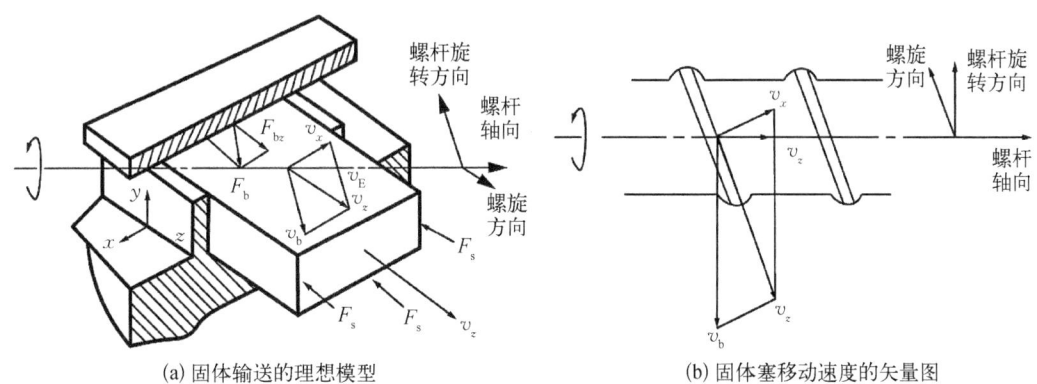

(a) 固体输送的理想模型　　　　(b) 固体塞移动速度的矢量图

图 5-39 螺槽中固体输送的理想模型和固体塞移动速度的矢量图

$A_b f_b \cos \phi_h$。显然,只有当 $F_s < F_{bz}$ 时,物料才能在机筒和螺杆间产生相对运动,并被迫沿螺槽移向前方。只要能正确地控制塑料与螺杆及塑料与机筒之间的摩擦系数,即可提高固体输送段的送料能力。

2. 熔融理论

塑料在挤出机中的塑化过程极为复杂,理论研究多集中于均化段熔体的流动,而对螺杆上固体物料在加料段的输送研究相对较少。熔化区研究较少的原因是该区域同时存在固体和熔融物料,物料在流动与输送中经历相变,因此分析过程极为复杂。通常,塑料在挤出机内的熔化过程主要发生在压缩段,因此深入研究固体转变为熔体的过程与机制,对于优化螺杆结构、保障产品质量和提高挤出机生产效率具有重要意义。

当固体物料由加料段进入压缩段时,受到逐渐增大的挤压,在机筒温度及摩擦热的作用下,固体物料在塑炼中开始逐渐熔化,并在进入均化段时基本完成熔化过程,表现为相态的改变和黏度的变化。

基于大量试验结果,塔德莫尔(Tadmor)提出了熔融理论,他假设挤出过程为稳定的,固体床为均匀的连续体,物料的熔化温度范围较窄,固、液相之间的界面明显,并且固体粒子的熔化主要发生在分界面上。在一个螺槽中固体物料的熔化过程可以用图 5-40 表示。图 5-40 中可以看出,与机筒表面接触的固体粒子由于受机筒的传导热和摩擦热的影响,开始熔化,并形成一层称为熔膜的薄膜。这些熔融物料在螺杆与机筒的相对运动作用下,向螺纹推进面汇集,并形成称为熔池(简称为液相)的漩涡状流动区。在熔池的前方充满着由于热软化和半熔融而相互黏连的固体粒子,以及尚未完全熔化、温度较低的固体粒子,称为固体床(简称为固相)。熔融区内固相与液相的界面称为迁移面,熔化大多发生在此分界面上,实质上是固相向液相转变的过渡区域。

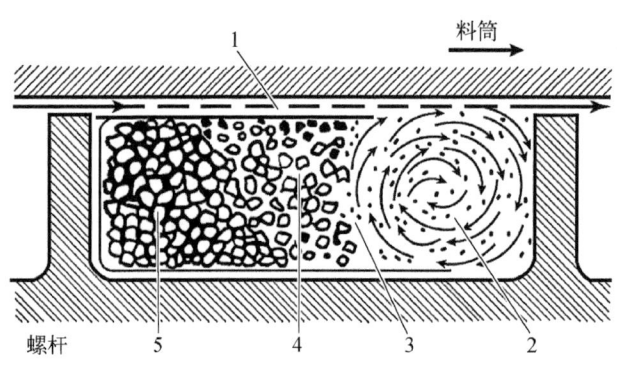

图 5-40 固体物料在螺槽中的熔融过程

1—熔膜;2—熔池;3—迁移面;4—熔结的固体粒子;5—未熔结的固体粒子

随着塑料向机头方向的输送,熔融过程逐渐进行,固相的宽度逐渐减小,液相宽度逐渐增加,直到熔化区终点,整个螺槽内被熔融物料充满。从熔化开始到固体床宽度降为零的整个长度称为熔化长度。一般而言,熔化速率越高,熔化长度越短;反之,则越长。

3. 熔体输送理论

目前关于均化段的研究最为深入,其流动状态、内部结构及生产率等方面均有详细分析。设 Q_1 为送料段的送料速率，Q_2 为压缩段的熔化速率，Q_3 为均化段的挤出速率。如果 $Q_1<Q_2<Q_3$，那么挤出机就处于供料不足的操作状态，以致生产不正常，产品质量不符合要求；假若 $Q_1 \geqslant Q_2 \geqslant Q_3$，则均化段处于控制状态，操作平稳，能够保证产品质量。然而，三者之间若差异过大，则均化段压力将过高，可能导致超载，从而影响正常的挤出加工过程。因此，在正常工作状态下，均化段的挤出速率代表了挤出机的整体生产率。

在均化段，熔体的流动可分为四种形式：正流、逆流、漏流以及横流，如图 5-41 所示。其中，正流指沿螺槽朝机头方向流动的情况，是螺杆旋转时螺纹斜棱推力在螺槽轴向的作用结果，也称为拖曳流动，塑料的挤出过程正是由此流动产生的，其体积流率（体积/单位时间）用 Q_D 表示。正流在螺槽深度方向的速度分布如图 5-41(a) 所示。逆流的方向与正流相反，它是由机头、口模、过滤网等对塑料的反压引起的反压流动，所以又称为压力流动。逆流的体积流率用 Q_P 表示，速度分布如图 5-41(b) 所示。将正流和逆流合成就得到净流，其合成速度分布如图 5-41(c) 所示。横流是沿 x 轴方向即与螺纹斜棱垂直方向的流动，如图 5-41(d) 所示。塑料沿 x 轴方向流动到达螺纹侧壁时受阻，转向 y 方向流动，随后又被机筒阻挡，料流折向与 x 轴相反的方向，接着又被螺纹另一个侧壁挡住，被迫改变方向，这样便形成环流。这种流动对塑料的混合、热交换和塑化影响很大，但对总的生产率影响不大，一般都不予以考虑，其体积流率用 Q_T 表示。物料在均化段的流动是以上四种流动的组合，它在螺槽中是以螺旋形式的轨迹向前移动的。漏流也是由口模、机头、过滤网等对塑料的反压引起的，不过它是从螺杆与机筒的间隙沿着螺杆轴向料斗方向的流动。通常，漏流随间隙增大而增加。其体积流率以 Q_L 表示。由于间隙通常很小，因此漏流比正流和逆流小得多。其流动情况如图 5-41(e) 所示。

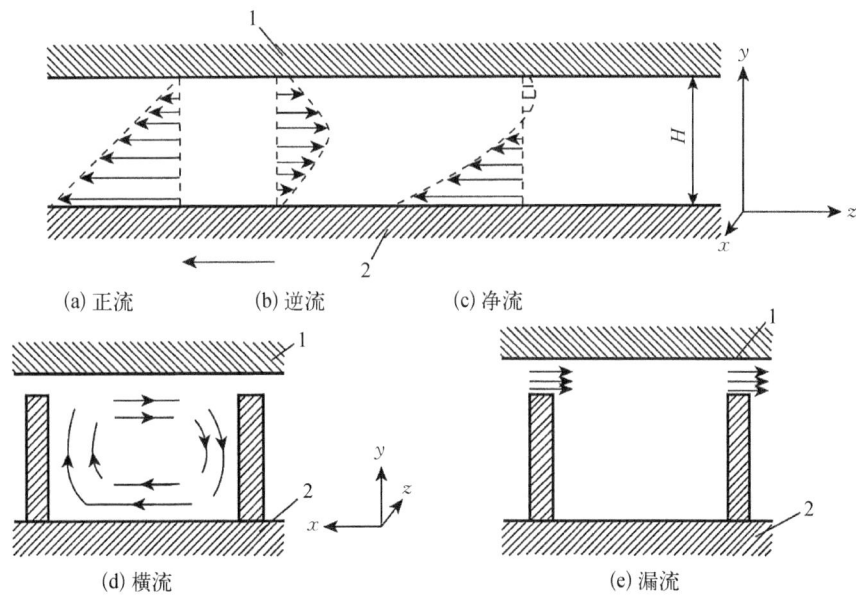

图 5-41 螺槽中塑料熔体的流动

1—螺杆根径；2—料筒

5.3.2.3 挤出成形工艺过程及影响因素

适合于挤出成形的塑料种类很多,制品的形状和尺寸有很大差别,但挤出成形工艺过程大体相同。其程序为物料的干燥、成形、制品的定形与冷却、制品的牵引与卷取(或切割),有时还包括制品的后处理等。工艺流程图如图 5-42 所示。

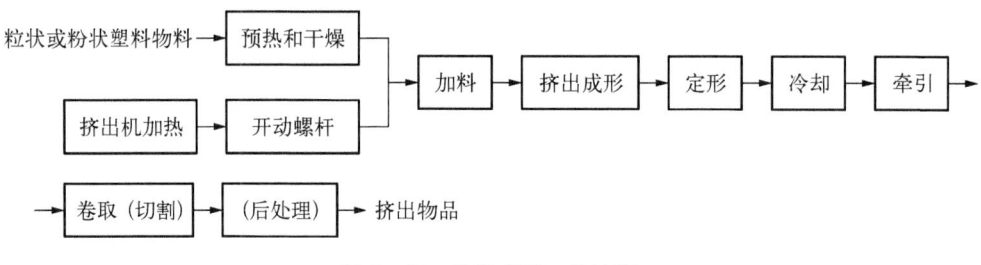

图 5-42 挤出成形工艺流程

(1) 影响制品纵向不均匀性的因素。不正常的固体输送;不完全的熔融;物料配制过程的混合不均匀;不合理的口模设计导致较低的流线化程度,从而熔融物料集聚且不连续地流出滞流区;挤出速率过快导致熔体的不稳定流动;冷却和牵引过程随时间发生变化。

(2) 影响制品横向不均匀性的因素。三个口模区域中任何一个设计不合理;口模壁面温度控制不当;由压力引起口模壁面的弯曲变形;在流道中存在作为型芯起支撑作用的障碍物。

5.3.3 注射成形原理

注射成形,又称为注射模塑或注塑,是一种重要的热塑性塑料加工方法。该工艺涉及将塑料(通常为颗粒状)在注射成形机的料筒内加热至熔融状态。熔融塑料在柱塞或螺杆的推动下被加压并向前输送,以高速注入温度较低的闭合模具中。经过一段冷却时间后,模具被打开,从而获得成品。需要注意的是,注射成形是一种间歇性操作的过程。

迄今为止,除了氟塑料,几乎所有热塑性塑料均可采用这种成形方法。注射成形的显著特点包括生产周期短、适应性强、生产效率高以及易于实现自动化,因此在塑料制品的生产中得到了广泛应用。从塑料产品的形状来看,除长型管材、棒材和板材等特定型材外,几乎所有形状和尺寸的塑料制品均可使用此方法进行成形。根据统计,这种工艺所生产的塑料产品占现有塑料制品生产的 20%~30%。近年来,注射成形技术也应用于某些热固性塑料(如酚醛树脂)的成形过程。

5.3.3.1 注射成形设备

注射成形过程依赖于注射机的高效操作。市场上注射机的类型和规格繁多,其基本功能包括两个:一是加热塑料以达到熔融状态;二是施加高压使熔融塑料迅速射出,并填充模具型腔。目前,在工业领域广泛使用的多为移动螺杆式注射机,其结构示意图如图 5-43 所示。注射机主要由注射系统、锁模系统及模具三部分组成。

注射系统起塑化和注射作用,由加料装置、料筒、螺杆及喷嘴组成。

加料装置。注射机上设有料斗,通常呈倒圆锥或锥形,以便于塑料的装入。许多注射机的加料装置配有计量装置,以确保定量加料,部分机型还设有加热或干燥设备,提升材

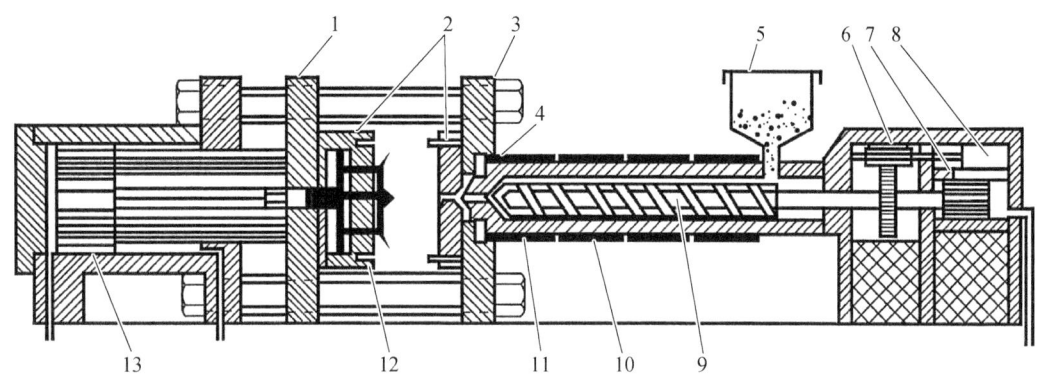

图 5-43 移动螺杆式注射机结构示意图

1—动模板；2—注射模具；3—定模板；4—喷嘴；5—料斗；6—螺杆传动齿轮；7—注射油缸；8—液压泵；
9—螺杆；10—加热料筒；11—加热器；12—顶出杆；13—锁模油缸

料的加工温度和流动性。

料筒。料筒的设计类似于挤出机的机筒，其尺寸取决于注射机的最大注塑量。由于螺杆在料筒内对塑料进行搅拌和推进，注射机具有较高的传热效率和混合效果，因此料筒的容量通常为最大注射量的 2~3 倍。

螺杆（包括分流梭和柱塞）。螺杆是移动螺杆注塑机的核心部件，外形为螺纹金属杆件。其主要功能为塑料的输送、压实、塑化及注射压力的传递。与挤出机螺杆相比，注射螺杆的长径比和压缩比相对较小，均化段的长度较短，螺槽深度一般为 15%~25%。为了提高塑化效率，加料段的长度约占螺杆总长度的一半。此外，注射螺杆能够进行旋转和前后移动，从而实现高效的塑化、混合和注射作用。液压传动因其具有优良的平移特性、保持压力的能力及可调节性而成为大多数注塑机的主要动力方式。

分流梭和柱塞是柱塞式注塑机料筒内的主要部件。分流梭的作用是将料筒内流经该处的物料成为薄层，使塑料流体产生分流和收敛流动，从而缩短传热导程。这既加快了热传导，也有利于减少或避免由塑料过热而引起的热分解现象。同时，塑料熔体分流后，在分流梭与料筒间隙流速增加，剪切速率增大，从而产生较大的摩擦热，使物料得到进一步的混合塑化，有效提高柱塞式注塑机的生产率及制品质量。

喷嘴。在螺杆或柱塞的作用下，熔融塑料通过喷嘴注入模具以进行成型。喷嘴不仅连接料筒与模具，其内径逐渐收敛，并呈现半球形，与模具紧密接触。当熔融塑料以高速率流经喷嘴时，剪切速率的增加会进一步提高其塑化程度。注塑热塑性塑料的喷嘴设计多样，最常见的类型包括通用式、延长式和弹簧针阀式。

锁模系统的主要功能是确保成型模具的可靠闭合及实现模具的开合动作。该系统包括定模板、动模板、锁模油缸及顶出装置等部件。锁模系统的常见结构形式有直压式和曲肘式。在注射成形过程中，塑料熔体通常以 80~150 MPa 的高压注入模具，因此，闭合模具系统的夹持力的大小和稳定性极大地影响着产品的尺寸精度和整体质量，因此必须具备足够的锁模力。

模具通常可分为定模和动模。当模具开启时，动模与定模分离，通过脱膜机构将制品推出。依据塑件的材料特性、结构形状及工艺要求,某些注射模具可能还包括侧向分型面、抽芯机构及排气结构等,以满足特定的生产需求。

5.3.3.2 注射成形工艺过程及原理

热塑性塑料的注射成形过程涉及多个关键步骤,包括加料、塑化、注射充模、冷却固化以及脱模等。从原理上讲,该过程可以归纳为塑化、流动与冷却三大基本环节。

在加料阶段,若添加的塑料过多或受热时间过长,可能导致热降解现象的发生,同时增加注塑机的功率损耗;若加料不足,料筒内则缺乏传递压力的介质,导致型腔内熔体压力降低,不易实现补压,从而引发塑件的收缩、凹陷、空洞,甚至缺料等缺陷。因此,合理控制加料量是确保注射成形质量的重要前提。

塑化过程是通过加热使塑料在料筒内达到充分的熔融状态,从而赋予其良好的可塑性。决定塑化质量的主要因素包括物料的加热条件和所受剪切作用。通过料筒对物料进行加热,聚合物分子发生松弛,实现固态与液态之间的转变。在这一过程中,特定的温度是实现塑性变形、熔融及塑化的必要条件;而与机械力相关的剪切作用显著增强了混合与塑化过程,促使其深入聚合物分子层面。此时,塑料熔体的温度分布、物料组成及分子形态都发生改变并趋于均匀,同时,螺杆的剪切作用会在塑料中产生更多的摩擦热,进而促进塑化的完成。因此,在进入模腔之前,塑料熔体需实现充分塑化,确保达到规定的成形温度,使各处温度尽可能均匀,且将热分解物的含量降低至最低水平,从而保证提供足够量的熔融塑料以支持连续的生产过程。

充模环节是注塑机的柱塞或螺杆将塑化后的熔体推进料筒前端,通过喷嘴及模具浇注系统进入并填充型腔的过程。在该过程中,模具型腔内的熔体体积迅速增加,随之而来的压力也迅速增大,直至熔体完全充满型腔,此时压力达到最大值。

保压过程则是在熔体冷却固化时,持续施压的柱塞或螺杆促使浇口附近的熔体不断补充入模具中,确保型腔中的塑料成形为形状完整且致密的塑件,直至浇口冻结,此时保压过程结束。

倒流现象是在浇口尚未冻结的情况下,柱塞或螺杆后退,导致型腔内熔体压力解除的过程。在此期间,型腔内熔料的压力会高于浇口流道的压力,导致熔料流向浇注系统。倒流会引发塑件的收缩、变形及质地疏松等缺陷。

在浇口冻结后的冷却阶段,当浇注系统的塑料完全冻结后,继续保压便不再有必要,此时可以退回柱塞或螺杆,解除对料筒内塑料的压力,并加入新料。同时,模具内通入冷却水、油或空气等冷却介质,实现进一步的冷却。

在脱模阶段,当塑件冷却至一定温度后,可以开启模具。在推出机构的作用下,将塑料制件推出模外。此时,型腔压力应接近或等于外部压力,以确保脱模顺利及塑件质量良好。

5.3.3.3 注射成形工艺的影响因素

注射成形工艺的核心任务在于采取一切可行措施来获得塑化良好的塑料熔体,并将其有效注射入模腔。随后,在受控条件下冷却固化,使制品的质量达到要求。因此,最重要的工艺条件包括对塑化和注射充模质量有显著影响的参数,如温度(料温、喷嘴温度、模具温度)、压力(注射压力、模腔压力)及注射周期(注射时间、保压时间、冷却时间)等。图

5-44展示了熔体温度与注射压力的关系,形成的工艺参数取值区域由四条线围成。在该区域内,物料能够实现较为理想的注射成形,低于底部曲线时物料处于固态或无法流动,高于顶部曲线则可能导致塑料发生热分解;在缺料线的左侧,物料无法充满模腔,而在溢料线的右侧,熔体会溢出模具零件之间的缝隙,形成毛刺。由此可见,工艺参数的选取需严格控制在上述四条线所包围的区域内,方可实现高质量的注射成形。

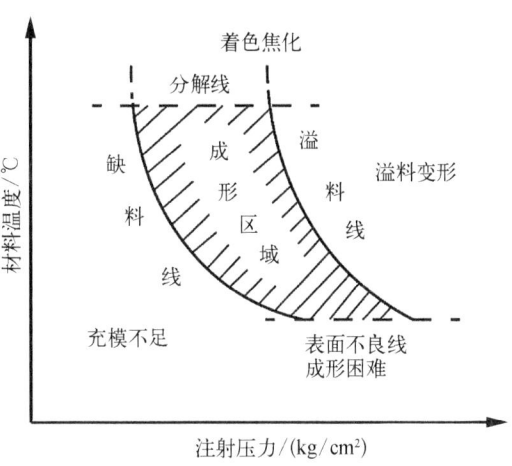

图 5-44 注射成形的工艺参数取值图

5.3.4 压延成形原理

压延成形是热塑性塑料主要成形方法之一,常与挤出成形和注射成形合称为热塑性塑料的三大成形工艺。该过程涉及将熔融塑化的塑料在两个或多个平行辊筒之间进行加工,其中每对辊筒作为旋转的成型模具。塑料材料通过旋转的辊筒受到拉伸或挤压,甚至同时受到这两种作用,从而在连续增密的情况下形成具有特定厚度和光洁度的膜状或片状塑料制品。

塑料压延成形通常适用于生产厚度在 0.05~0.5 mm 的薄膜及厚度在 0.3~1.0 mm 的片材。当制品的厚度不符合此范围时,通常选择采用吹塑或挤出等其他成形方法。此外,压延成形可以结合一定的基材,制造人造革、塑料墙壁纸等产品。例如,压延过程可以生成含填充剂的薄片,并能够在其表面刻制花纹。将压延薄片复合到织物或纸张上,可以生产人造革或涂层纸,而这类工艺是挤出法难以实现的。同时,对于黏度极高的聚合物,挤出法效率较低,压延薄膜的品质通常优于吹塑。因此,压延成形视为一种重要的连续加工方法。

压延成形加工能力大,生产速率快,产品质量好,连续化生产、自动化程度高,但设备庞大,生产流程较长,一次投资较高,维修复杂,制品宽度受辊筒长度限制,因此连续片材的生产效率不如挤出法高。适合于压延的热塑性塑料一般有聚氯乙烯(PVC)、聚乙烯(PE)、丙烯腈-丁二烯-苯乙烯(ABS),以及改性聚砜(PS)、醋酸纤维素(CA)和氯乙烯/乙烯-醋酸乙烯酯(VC/EVA)等,目前压延成形使用最多的是 PVC,约占 PVC 制品总量的 1/5。

5.3.4.1 压延成形设备

压延机是执行热塑性塑料压延成形的主要设备,通常由机体、辊筒、辊筒轴承、辊距调整装置、润滑系统、传动系统及若干辅助设备组成。压延机可以根据辊筒的数量与排列方式进行分类,常见的辊筒配置包括三辊、四辊和五辊,排列方式有三角型、直线型、逆 L 型、正 Z 型、斜 Z 型及 L 型等。几种常见的压延机辊筒排列方式如图 5-45 所示。

机体的主要功能是支撑辊筒、轴承及其他相关附件。辊筒是压延机中最为关键的部件,通常呈中空圆柱形(略微筒形),其内部能够通入蒸气、过热水或油进行加热或冷却。辊筒的表面通常要求光洁度高且硬度大。为确保加工的精度,各辊筒的直径与长度应保

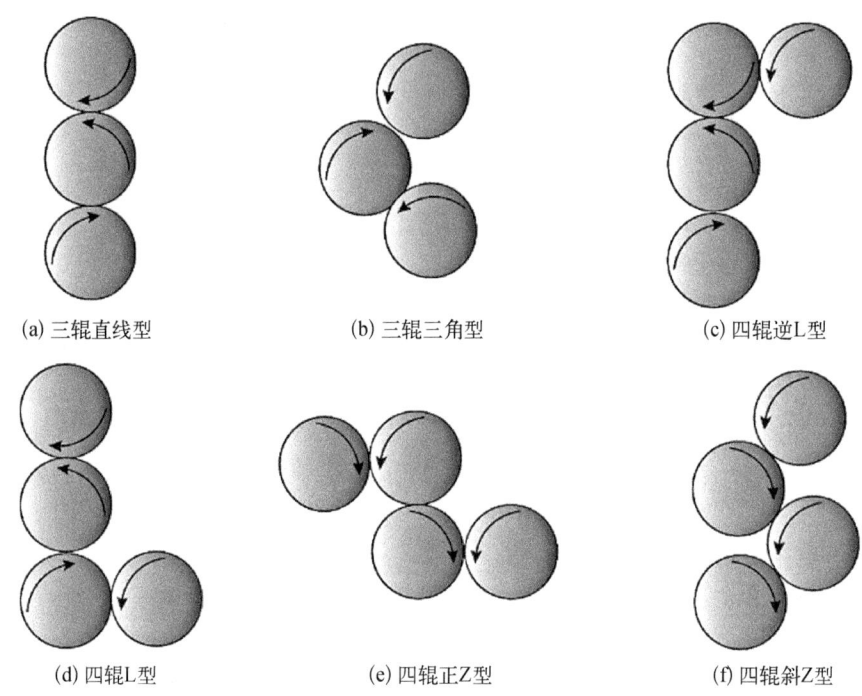

图 5-45 常见压延机辊筒排列方式

持一致,而辊筒间的间距可通过调节装置进行调整,以控制制品的厚度。

此外,压延机还包括主机加热及温度控制装置、冷却装置、引离卷取装置、输送带、刻花装置、金属检验器及射线测厚仪等组件。

5.3.4.2 压延成形原理

在压延成形过程中,辊筒之间产生的剪切力使得物料多次受到挤压与剪切,从而提高其可塑性,并在进一步塑化的基础上延展成薄型制品。然而,受热熔化的物料与辊筒之间的摩擦及其自身的剪切摩擦会产生大量热量,局部过热可能导致塑料降解。

图 5-46(a)表示物料在两个辊筒间挤压情况,其中,图 5-46(b)和图 5-46(c)分别展示了压力和速度在辊间的分布。物料在两个辊筒间受到挤压,形成"钳住区"(A-D),此区域是物料同时受到两辊作用的区域。辊筒对塑料的挤压与剪切作用会改变物料的宏观结构与分子形态,结合适当的温度,使塑料实现塑化与延展。

5.3.4.3 压延成形工艺及影响因素

整个压延过程大致可以分为供料阶段(包括塑料组分的捏合、塑化和供料等)及压延阶段(包括压延、引离、压花、冷却定形、输送、切割和卷取等工序),但并非所有产品都需要经历所有阶段。压延成形的工艺流程如图 5-47 所示。

影响压延制品质量的因素有很多,大体分为以下几大部分。

1. 影响制品厚度的因素

在压延过程中,薄膜常常出现横向厚度不均匀的问题,其主要原因在于辊筒在压制过程中产生的分离力以及辊筒在轴向存在的温差。在压延过程中,辊筒对物料施加挤压与

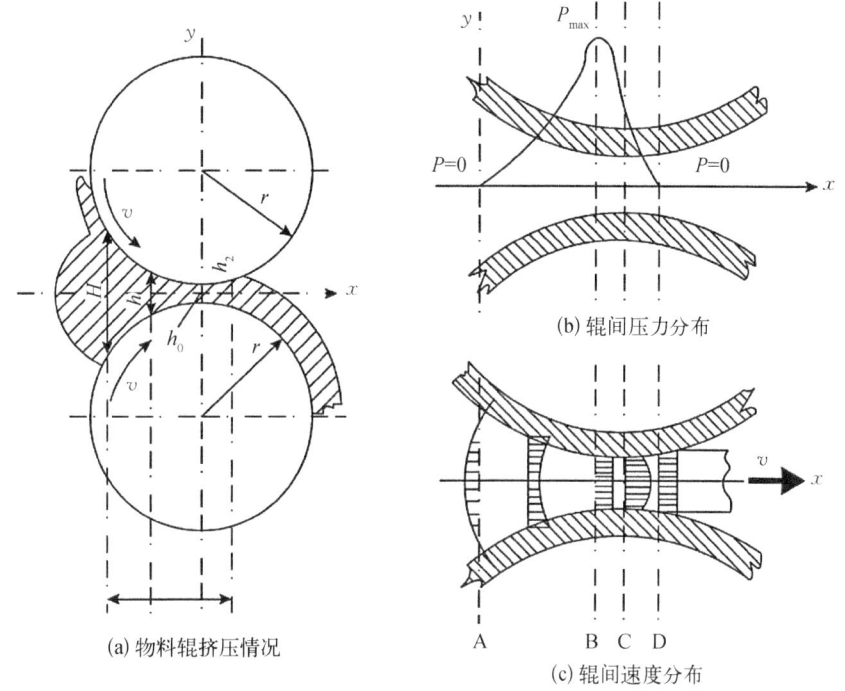

图 5-46　辊筒间塑料熔体受到挤压时的情况以及压力和速度的分布
A—始钳住点；B—最大压力钳住点；C—中心钳住点；D—终钳住点

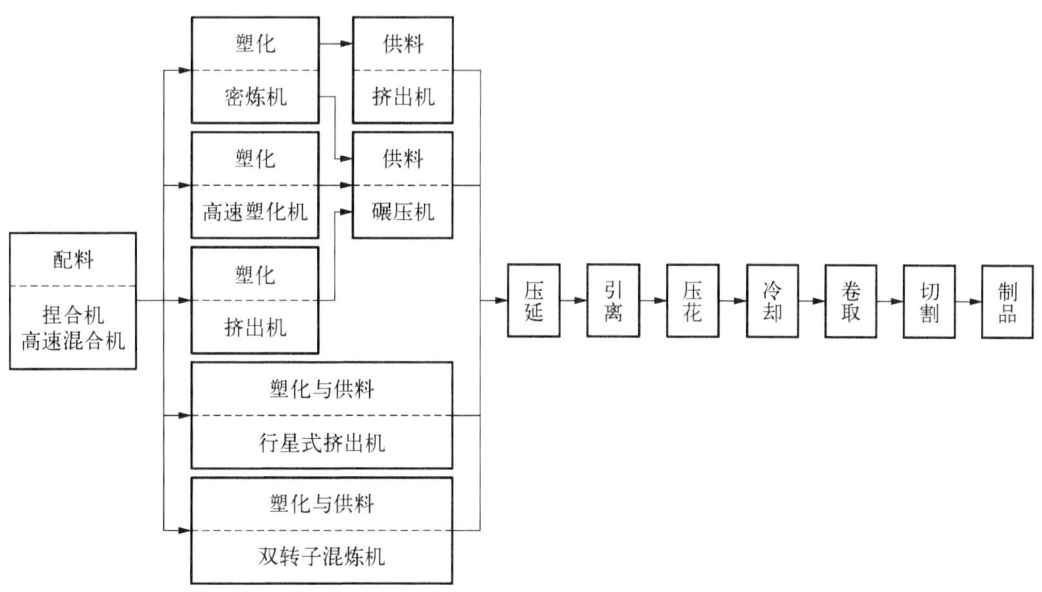

图 5-47　压延成形的工艺流程图

剪切应力的同时,物料对辊筒产生反向的分离力,该力促使辊筒沿轴向发生弹性变形,导致两端间距减小而中心间距增大,从而形成腰鼓形状。此时的辊筒间隙变化会降低制品的尺寸精度。

在实际生产中,为了实现更快速地压延出最大宽度和最薄薄膜,通常分离力会增大。为应对该问题,可将辊筒设计为略带腰鼓形状,或者调整两辊筒的轴位,使其交叉一定角度,或施加预应力,以减轻分离力的负面影响,提高制品厚度的均匀性。同时,由于辊筒两端易于散热,其温度通常低于中间部分。为了解决辊筒表面温度分布不均匀的问题,生产过程中广泛采用红外灯或其他加热器对辊筒两端进行局部加热补偿,或在辊筒近中部采用风管冷却,以确保辊筒整体温度的一致性。

2. 压延效应

在压延过程中,热塑性塑料受到较大剪切应力的作用,导致其大分子沿膜的流动方向发生定向,生成的薄膜在力学性能上表现出各向异性,这一现象称为压延效应。压延效应使得薄膜在纵向(压延方向)的拉伸强度高于横向拉伸强度,而横向的断裂伸长率高于纵向。实际应用中,制品在温度变化较大时,往往出现各向尺寸变化的不一致,纵向可能收缩甚至断裂,而横向和厚度方向则呈现膨胀。对于需要各向同性的压延产品,压延效应应尽可能被消除或者控制在适宜范围内;而对于需要特定定向效应的产品,生产过程应注重压延方向,以获得特定方向的压延效应。

压延效应的强度受多个因素的影响,包括压延温度、转速、供料厚度及材料性能等。适当提高塑料的材料温度可以增强大分子的热运动,削弱其定向排列,从而减轻压延效应;而提升辊筒的转速与速比会增强压延效应,反之,压延时间的增加则可能导致压延效应的减弱。此外,当制品的厚度较小时,其受到的剪切作用增强,压延效应也随之增加。因此,越薄的压延制品,其压延效应越显著,从而影响其最终的质量。为了降低这种不良影响,制造过程中应避免使用各向异性的添加剂,并适当提高物料的塑性,在压延后缓慢冷却,以便促使取向分子链松弛,从而减少压延效应的影响。

3. 影响制品表面质量的因素

通常,分子量高与分子量分布狭的树脂制品的力学性能、热稳定性及表面质量也高,但要求较高的压延温度,对生产薄制品而言并不利。因此,在选择原材料树脂时需综合考虑表面质量与加工性能。此外,在加工树脂时所用的增塑剂与稳定剂也需要慎重选择。增塑剂的使用会影响树脂的黏度,进而影响制品的耐热性与光学性能;而稳定剂可能与树脂体系的相容性捆绑在一起,在压延过程中被挤出并附着在辊筒表面,产生黏辊现象。

压延的工艺条件主要包括辊筒的温度、辊速与其速比、辊距、辊筒旋转状况及辊隙存料的多少等。冷却不足会导致制品出现黏连、起皱及较大的收缩率,产生的卷曲后易引起展开不平;相反,冷却过度会导致冷却辊表面因温度过低而形成水珠。因此,冷却辊的速率也是影响制品表面质量的重要因素。

5.3.5 中空吹塑成形原理

中空吹塑成形是一种专业的成形技术,广泛应用于制造空心塑料制品。该工艺通过气体压力的作用,使闭合于模具型腔内的处于类似橡胶态的型坯得以膨胀,从而转变为中空制品。这种二次成形过程不仅具有良好的适应性,而且能够有效地生产出各种口径较小的塑料制品,如瓶、壶、桶及儿童玩具等。常用的原材料包括聚乙烯、聚氯乙烯、聚丙烯和聚苯乙烯等高分子聚合物,它们因其优异的物理与化学性能,成为中空吹塑成形工艺中不可或缺的基础材料。

5.3.5.1 中空吹塑成形的分类及工艺

按型坯制造方法的不同,可分为注射吹塑和挤出吹塑两种。

挤出吹塑工艺过程包括:

(1) 管坯的形成通常直接由挤出机挤出,并垂直挂在安装于机头正下方的预先分开的型腔中。

(2) 当下垂的型坯达到合格长度后立即合模,并靠模具的切口将管坯切断。

(3) 从模具分型面上的小孔送入压缩空气,使型坯吹胀紧贴模壁而成形。

(4) 保持充气压力使制品在型腔中冷却定形后即可脱模。

其中,单层直接挤出吹塑的基本过程如图5-48所示。

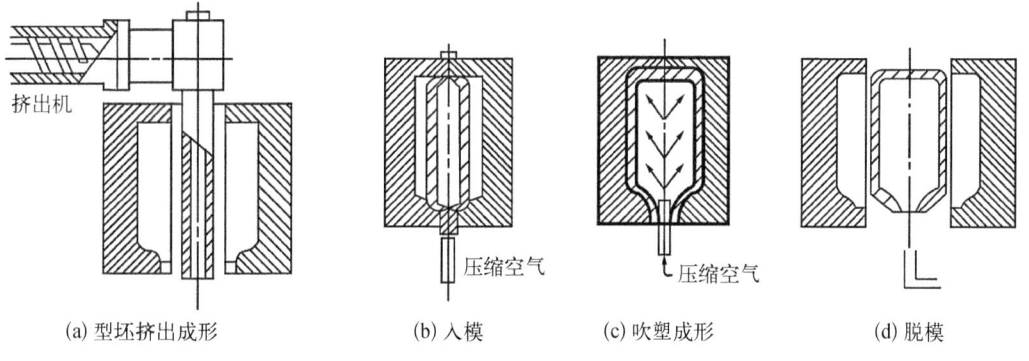

图 5-48 单层直接挤出吹塑过程

注射吹塑的成形过程如图5-49所示,由注塑机在高压下将熔融塑料注入型坯模具内,并在芯模上形成适宜尺寸、形状和质量的管状有底型坯。若生产的是瓶类制品,瓶颈部分及其螺纹也在这一步骤成形。所用芯模为一端封闭的管状物,压缩空气可从开口端通入,并从管壁上所开的多个小孔逸出。型坯成形后,注射模立即开启,通过旋转机构将留在芯模上的热型坯移入吹塑模内,合模后从芯模通道吹入0.2~0.7 MPa的压缩空气,型坯立即被吹胀,从而脱离芯模并紧贴到吹塑模的型腔壁上,在空气压力下进行冷却定形,然后开模取出吹塑制品。

5.3.5.2 中空吹塑成形工艺的影响因素

注射吹塑与挤出吹塑的主要区别在于型坯的成形方式,而两者在型坯的吹胀及成品的冷却定形过程中采纳的原则却十分相似。因此,影响吹塑工艺过程及制品质量的关键因素也存在相似性,主要包括型坯温度、吹气压力、充气速率、吹胀比、模具温度和冷却时间等。

1. 型坯温度

在挤出吹塑过程中,型坯成形受到离模膨胀与垂伸两种条件的显著影响。离模膨胀

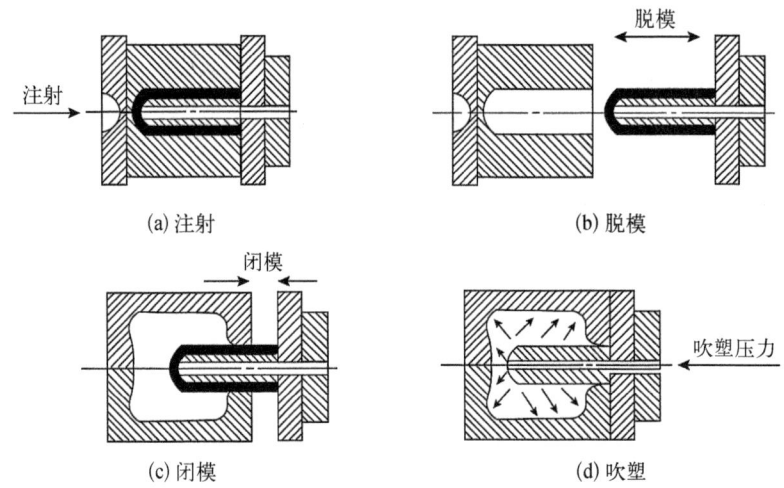

图 5-49 注射吹塑的成形过程示意图

会导致型坯直径及壁厚增加,同时相应地减少其长度;而垂伸产生相反效应。这两种因素的相互作用直接决定了模具闭合前型坯的尺寸与形状,并对后续成品的性能产生重要影响。

当型坯的直径与壁厚过大时,在吹塑过程中可能会出现过多的飞边,导致成品表面出现皱褶;反之,如果型坯的直径与壁厚过小,则可能在吹塑时出现缺料现象,且成品的薄壁会导致机械强度不足,极端情况下甚至可能造成型坯的断裂。

聚合物熔体的离模膨胀源自高分子的弹性行为,而型坯的垂伸体现了材料的弹性形变与黏性流动。由于影响这些行为的因素较为复杂,当前尚未形成能够完全描述此过程的统一的数学模型。在确定吹塑制品所使用的原材料及工艺条件后,熔体温度成为影响整个工艺过程的主要因素。对于对温度敏感的聚合物材料,必须谨慎控制工艺过程中温度变化,以确保型坯温度维持在材料的玻璃化温度和熔点之间。

2. 吹气压力和充气速率

在吹塑过程中,型坯在进入模具并被夹持后需注入压缩空气。该压缩空气的作用主要体现在三个方面:一是膨胀型坯使之紧贴模具的型腔,二是对已经吹胀的型坯施加持续的压力,三是促进制品的冷却。吹气压力通常与塑料的特性、型坯温度、模具温度、型坯壁厚、吹胀比及成品的形状与大小等因素有关。对于熔体黏度较低、冷却速率较小的塑料材料,可以采用较低的吹气压力;而当型坯或模具温度较低时,往往需要提高吹气压力。

在型坯的膨胀阶段,通常使用低吹气速率注入大流量空气,以确保型坯能够均匀、迅速地膨胀,进而缩短型坯与模腔接触前的冷却时间。同时,这一方法能够防止型坯内部形成文丘里效应,即局部真空环境造成型坯的塌陷。在型坯完成吹胀后,气压需根据实际情况适当增加,以确保型坯紧贴模腔并有效冷却,从而保证成型质量。

3. 吹胀比

吹胀比为制品尺寸与型坯尺寸之比,在特定型坯尺寸与质量下,制品的尺寸越大,吹胀比也越高。尽管增大吹胀比可以实现材料成本的节约,但成品的壁厚相应减少,可能影响最终产品的强度和刚度;反之,减小吹胀比会提高材料成本,过厚的壁厚还可能延长冷却时间。因此,吹胀比的大小通常受到材料性质及制品尺寸与形状的影响。

4. 模具温度和冷却时间

模具温度的设置应谨慎,过低的模具温度可能导致制品过早冷却定形,从而影响后续加工及花纹轮廓的清晰度;而过高的模具温度会延长冷却时间,增加生产周期。一般而言,模具温度的确定应依据材料的类型和性质,特别是材料的玻璃化温度。

在吹塑过程中,冷却时间占据了成形周期的60%以上。因此,提高吹塑制品的冷却效率对于提升生产效率至关重要。冷却过程不仅决定了成品的质量,冷却时间不足或冷却程度不够可能导致制品收缩率的不均匀,从而引发翘曲现象。因此,除了对模具进行降温,还可通过向型腔内部注入液氮、二氧化碳等冷却介质来加速材料的冷却过程,从而提升生产效率,缩短生产周期。

5.4 橡胶成形原理

橡胶,又称为弹性体,展现出优异的弹性特性。其在相对小的外力下即可实现显著变形,并在去除外力后迅速恢复到原始形状。这种独特的高弹性质使橡胶在众多应用中具有独特的价值。然而,当橡胶经历较大变形时,表现出类似于黏性液体的性质。橡胶的黏弹特性赋予其在缓冲、防震、减振和动态密封等领域中有着无法被其他材料替代的应用能力。

尽管橡胶有诸多优点,但也存在一些不足之处。例如,在小于50%的变形范围时,橡胶没有固定的杨氏模量,而小变形范围内的杨氏模量约为 1.0 N/mm^2。此外,橡胶的拉断强度较低,特别是对于未经过补强的非结晶型橡胶,如丁苯橡胶、丁腈橡胶和硅橡胶,硫化橡胶的拉断强度通常仅为 $1 \sim 3 \text{ MPa}$。为提升橡胶的性能,常在橡胶中添加炭黑、白炭黑、树脂、纤维等补强剂,以提高其硬度、模量、拉断强度、撕裂强度及耐磨耗性能等。为了克服橡胶在高温下的黏性流动特性,并满足广泛的温度应用需求,常需要添加交联剂,以形成三维网状结构。同时,橡胶分子链中的双键在空气中易与氧反应,导致分子链断裂或结构破坏,进而使性能下降,因此需要在橡胶材料中加入防老剂以提高产品的使用寿命。此外,为改善橡胶的耐寒性和加工性能,通常会添加增塑剂、分散剂、增黏剂等多种添加剂。因此,橡胶制品实际上是多种材料的复合体系。

所有橡胶制品的制造均需通过配混和一系列加工过程。橡胶加工特指将生胶及其配合剂经过一系列化学与物理作用转化为最终橡胶制品的过程,主要包括生胶的塑炼、塑炼胶与各种配合剂的混炼和成形、胶料的硫化等工序(图5-50)。这些步骤最终形成三维网状结构,赋予其使用价值。

5.4.1 生胶和橡胶助剂

5.4.1.1 橡胶原料

橡胶的原料主要是生胶,此外还包括硫化剂、补强剂、防老剂等各种添加剂。根据来

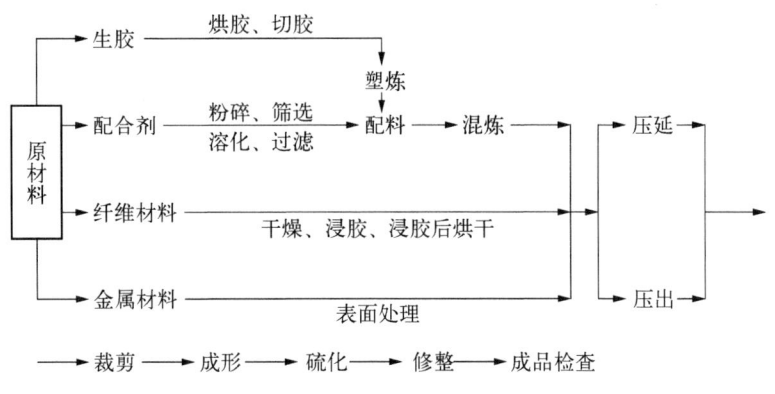

图 5-50 橡胶制品的一般成形过程

源不同,橡胶可分为天然橡胶、合成橡胶和再生橡胶。天然橡胶的主要成分为异戊二烯的聚合物,具有良好的综合性能,可以单独使用或与其他橡胶、高分子材料(如塑料和纤维)等混合制备出更加优异的改性材料。

合成橡胶是相对于天然橡胶提出的概念,是通过单体转化为聚合物而制得的弹性体。典型的合成橡胶包括丁苯橡胶(SBR)、聚丁二烯橡胶(BR)、聚异戊二烯橡胶(IR)、丁基橡胶(IIR)、乙丙橡胶及一系列特种橡胶(如氯丁橡胶和丁腈橡胶)等。

随着社会经济的迅速发展,橡胶工业生产中的矛盾逐渐凸显,能耗高、污染重已成为阻碍行业发展的重大问题,生产橡胶的经济成本和环境成本不断上升。因而,再生橡胶应运而生,其通过物理、化学或机械方法将废旧橡胶中硫化的交联网络分解为相对独立的线性状态,从而尽量维持橡胶大分子本身化学结构的完整性而不产生破坏。

5.4.1.2 橡胶助剂

在天然橡胶、合成橡胶及其制品的加工过程中,所有添加的化学物质统称为橡胶助剂。尽管与橡胶相比,用量较少,但这些助剂对橡胶的加工和改性过程起着关键作用。根据助剂功能的不同,橡胶助剂通常可分为硫化体系助剂、加工添加剂、补强填充体系助剂、防护体系助剂、特种配合体系助剂和乳胶用助剂等。

1. 硫化体系助剂

主要由硫化剂、硫化促进剂、硫化活性剂、防焦剂四部分组成。

硫化剂是使橡胶分子链之间相互交联的关键物质,通常称为交联剂,能够有效改善橡胶在加热后所表现出的黏性和流动性。硫化剂可分为硫黄硫化剂和非硫黄硫化剂,其中,硫黄硫化剂包括元素硫和硫给予体,而非硫黄硫化剂包括金属氧化物、有机过氧化物、胺类化合物、树脂等。

硫化促进剂(简称为促进剂)是指在橡胶硫化过程中增强胶料与硫化剂之间反应的化学物质,能够降低硫化温度,提高硫化速率、提升硫化剂的利用率并改善硫化胶的性能。根据用量,硫化促进剂可分为主要促进剂与副促进剂。选用硫化促进剂时需考虑橡胶体系与促进剂的匹配性、焦烧安全性、硫化平坦性及其对橡胶性能的影响。

硫化活性剂的加入可以提升促进剂的活性,降低促进剂的用量或缩短硫化所需时间。活性剂一般不直接参与交联反应,但对交联过程中的成键速率和数量具有显著影响。硫化活性剂根据属性可分为无机活性剂和有机活性剂两类,其中无机活性剂通常包括金属氧化物、氢氧化物和碱式碳酸盐,而有机活性剂主要包括醇类、胺类和脂肪酸类。

防焦剂可有效防止胶料在加工期间出现焦烧现象(早期硫化),而又不干扰促进剂在硫化温度下的正常功能,常称为硫化延缓剂。使用防焦剂可提高胶料加工的安全性以及其储存寿命。

2. 加工添加剂

在橡胶加工过程中,增塑剂的作用是提高胶料的塑炼性能、压延挤出性能及注射成形等加工性能。根据增塑机制的不同,增塑剂可分为物理增塑剂和化学增塑剂。物理增塑剂通常称为软化剂,而化学增塑剂称为塑解剂。软化剂在加工过程中增加橡胶分子间距,从而降低分子间的作用力,降低生胶的门尼黏度,起到润滑作用,实现增强胶料塑性的目标。塑解剂则是通过化学方式促进胶体的塑炼过程,缩短塑炼所需时间。与软化剂相比,塑解剂效果显著,且用量相对较少,对产品物理性质不产生明显影响。

此外,匀化剂的加入有助于混炼胶中各组分的均匀化,提高不同橡胶之间的相容性,同时不影响胶料的硫化性能及其他加工性能。匀化剂还具有增塑、润滑及增黏的功能,可以改善胶料的拉伸强度与耐候性,降低胶料的滑动阻力。增黏剂则用于提升胶料的自黏性及成形黏性,为胶料的各组分提供自扩散与互扩散的条件,并增强其黏合力,还能改善胶料的耐老化性能,具备补强与增塑功效。

3. 填充剂

填充剂通常依功能分为补强填充剂和增容填充剂。补强填充剂(简称为补强剂)能够显著提高胶料的拉伸强度、抗膨胀性、定伸应力、抗撕裂强度及耐磨性,从而改善橡胶制品的性能,延长产品的使用寿命。补强剂可根据其表面特性分为亲水性补强剂与疏水性补强剂。亲水性补强剂的表面性质与生胶不同,不易被生胶润湿,主要包括陶土、碳酸钙和氧化锌等;而疏水性补强剂的表面性质与橡胶相近,易于与橡胶进行混炼,主要包括各种炭黑。橡胶大分子可在炭黑表面滑动,且炭黑粒子的表面活性不同,在与橡胶混炼过程中,通常以弱范德瓦尔斯力吸附与部分强化学吸附的形式结合。吸附的炭黑可使橡胶链段在应力作用下发生滑动和形变,有效分散和消耗外力的功率,增强了橡胶的强度,从而不导致分子链的断裂。

增容填充剂加入胶料后不会显著改变胶料的基本特性,其化学活性较低,且相对密度小,有助于降低生产成本。增容填充剂主要可分为无机增容填充剂和有机增容填充剂,其中橡胶工业中普遍使用的是无机增容填充剂,主要包括硅酸盐、碳酸盐、硫酸盐及金属氧化物等。

4. 特种配合体系添加剂

防老剂是减缓或抑制橡胶老化的添加剂,主要可分为物理防护法与化学防护法。物理防护法通常包括多种橡胶并用、橡塑共混、涂覆防护涂层及使用防护蜡等。而化学防护法,是在胶料中添加光稳定剂,可有效降低光降解的老化效应,提升橡胶的性能持久性与使用寿命。

海绵橡胶制品是通过在橡胶中添加发泡剂及发泡助剂,利用相转变或内外部压力生成气泡而形成的。在发泡过程中,橡胶的硫化交联现象随之发生。橡胶发泡剂主要可分为物理发泡剂和化学发泡剂。物理发泡法是将低沸点或易挥发物质(惰性气体或低沸点液体)混合或溶解于橡胶中,改变温度或压力以生成气泡,且胶料的化学成分并没有变化。化学发泡剂可细分为无机发泡剂和有机发泡剂。虽然无机发泡剂(如碳酸氢钠和碳酸铵等)成本低且产物无毒,但由于其使用温度低、分散性差以及制品外观不佳,在工业上的应用逐渐减少。

在橡胶材料中加入阻燃剂能够赋予橡胶阻燃性能(包括难燃性、自熄性与消烟性)。阻燃剂根据成分可分为有机和无机阻燃剂。常见的无机阻燃剂包括水合氢氧化物、金属氧化物和无机盐等,通常需大剂量添加,可能影响硫化胶的物理与化学性质。有机阻燃剂主要包括含卤和含磷类物质,其中,含卤阻燃剂(如氯和溴化合物)在燃烧时会释放大量毒烟,对健康造成危害,因此近年来其使用量逐渐减少。多聚磷酰胺(APP)作为一种典型的含磷阻燃剂,在三元乙丙橡胶中表现出优异的应用前景。

5.4.2 生胶塑炼

5.4.2.1 塑炼的目的和要求

将具有弹性的生胶转化为具有可塑性的胶料的工艺过程称为塑炼。塑炼过程的主要目的是使胶料适用于混炼、压延、挤出和成形等后续工艺操作。研究表明,粉状配合剂在混炼过程中是否能够有效分散并达到均匀混合的程度,与生胶的可塑性密切相关。无论可塑性是过大还是过小,都可能导致混炼不均匀。在压延和挤出工艺中,生胶的可塑性同样需要符合特定要求,以确保良好的工艺效果,例如,操作的顺畅性、半成品表面的光滑度、收缩程度的降低以及胶料的自黏性及其与帘布的黏合性。由此可见,生胶的塑炼是后续工艺过程的基础。然而,生胶的过度塑炼可能对硫化胶的性能产生负面影响。试验结果表明,具有较大可塑性的胶料,其硫化胶的机械强度、弹性和耐磨性等性能都会下降。因此,生胶的塑炼应在满足工艺要求的前提下,尽量避免过度塑炼。

5.4.2.2 塑炼原理

橡胶通过塑炼过程来增加可塑性,实质上是通过断裂橡胶分子链来降低大分子链的长度。该断裂作用既可以发生在大分子主链上,也可以发生在侧链上。在塑炼过程中,橡胶会受到氧气、电力、热量、机械力及增塑剂等多种因素的影响,因此塑炼的机理与这些因素密切相关,其中氧气和机械力起着重要作用,并且两者相辅相成。塑炼通常可分为低温塑炼和高温塑炼,前者主要依赖机械降解作用,而氧气发挥了稳定游离基的作用;后者则以自氧化降解为主,机械作用增强了橡胶与氧的接触。

5.4.2.3 塑炼工艺

橡胶的塑炼通常采用开放式炼胶机(开炼机)、密闭式炼胶机(密炼机)或螺杆炼胶机进行。在使用开炼机进行塑炼时,主要控制的工艺参数包括辊温、辊距、辊速、速比、装胶容量和塑炼时间等。前三项参数主要影响塑炼过程中机械剪切力的大小,从而影响塑炼效率；辊温较低、辊距较小、辊速和速比较高有利于提高塑炼效率。塑炼时间的影响如图 5-51(a)所示，在塑炼的最初 10~15 min，胶料的可塑性显著增加，而超过 20 min 后，可塑性的提升幅度减小。这是因为经过一段时间的塑炼后，生胶的温度逐渐升高，橡胶分子链所受到的机械力作用减少，因此塑炼效率降低。

密炼机的塑炼过程属于高温塑炼，适宜的温度范围一般为 140~160℃。在此温度下，橡胶的塑炼主要以氧化作用为主，机械力作用则相对次要。因此，随着塑炼时间的延长，橡胶的可塑性逐渐增加，其关系如图 5-51(b)所示。

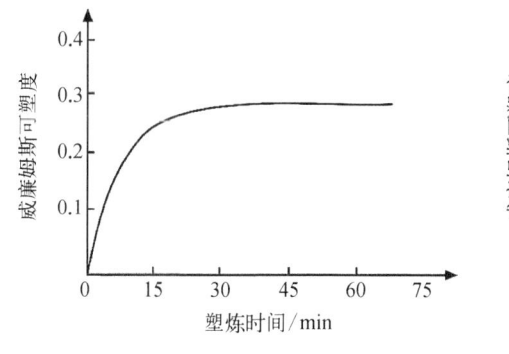
(a) 开炼机塑炼时间与天然橡胶可塑性的关系

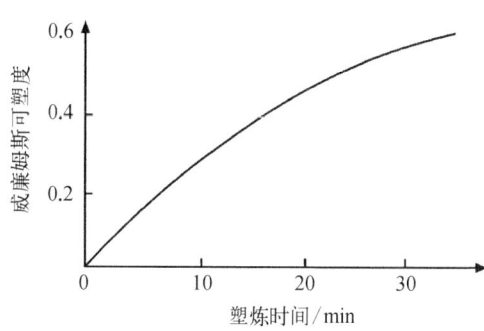
(b) 密炼机塑炼时间与橡胶可塑性的关系

图 5-51 塑炼时间对橡胶可塑性的影响

橡胶的塑炼特性随其化学组成、分子结构、相对分子质量分布等的不同而有显著差异。一般来说，天然橡胶的塑炼比较容易，合成橡胶的塑炼相对困难。天然橡胶与合成橡胶塑炼特性上的一系列差别可从表 5-8 中看出。

表 5-8 天然橡胶与合成橡胶塑炼特性的比较

塑炼特性	天然橡胶	合成橡胶	塑炼特性	天然橡胶	合成橡胶
难易	易	难	塑炼胶复原性	小	大
生热量	小	大	塑炼胶收缩性	小	大
塑解剂的效果	有效	效果低	塑炼胶黏着性	大	大

天然橡胶采用开炼机和密炼机塑炼都能得到很好的塑炼效果，用开炼机塑炼时，通常低温(40~50℃)塑炼效果较好；采用密炼机塑炼时，温度宜控制在 155℃ 以下。

丁苯橡胶是最早工业化的合成橡胶，由丁二烯和苯乙烯共聚形成，也是产量和消耗量最大的合成橡胶胶种。其中，软丁苯胶的初始穆尼黏度一般为 54~64，可不塑炼或只做轻微塑炼。长时间的机械塑炼只能稍许地提高其可塑性，且时间过长易生成凝胶；比较有效的是采用高温塑炼法，但温度控制在 130~140℃ 较好；当温度高于 150℃ 时，也容易生成凝胶。

5.4.3　胶料混炼

5.4.3.1　混炼的目的

为了提升橡胶产品的使用性能,改善橡胶加工工艺特性并降低生产成本,必须在生胶中添加多种配合剂。混炼过程是通过机械手段使生胶与不同配合剂均匀混合的关键过程。

混炼是橡胶加工中最容易受到影响的工序之一,其质量直接关系到最终产品的性能。如果混炼不充分,可能导致胶料中配合剂分散不均、可塑性过低或过高、焦烧、喷霜等问题,进而对后续加工工序造成困扰,并导致成品特性下降。因此,控制混炼胶的质量对于维持半成品和成品的性能至关重要。

通常,混炼质量的评估包括几个项目:目测或显微镜观察、可塑性的测定、密度的测定、硬度的测定、机械性能的测试以及化学成分分析。这些检验旨在判断配合剂在胶料中的分散是否均匀,是否存在漏加或错加现象,以及操作是否符合工艺要求。

5.4.3.2　混炼原理

由于生胶具有极高的黏度,为了确保各类配合剂能够均匀地混入和分散,必须利用炼胶机提供的强烈机械作用进行混炼。不同配合剂由于其表面特性差异,对橡胶的活性也存在显著的不同。根据其表面性质,配合剂通常可以分为两类:一类是亲水性配合剂,如碳酸盐、陶土、氧化锌和锌钡白等;另一类是疏水性配合剂,如各种炭黑等。亲水性配合剂与生胶的表面特性差异较大,因此不易被橡胶充分润湿;而疏水性配合剂的表面性质与生胶相似,更易被橡胶润湿。

为实现良好的混炼效果,对亲水性配合剂的表面进行化学改性是必要的,可以通过使用表面活性剂来增强其与橡胶的相互作用。表面活性剂大多为有机化合物,具备不对称的分子结构,通常含有—OH、—NH$_2$、—COOH、—NO$_2$、—NO$_3$ 或—SH 等极性基团,表现出亲水性并导致显著的水合作用。此外,表面活性剂的分子结构中常包含非极性长链或苯环烃基,赋予其疏水性。因此,表面活性剂在橡胶与配合剂之间充当媒介,从而提升配合剂在橡胶中的混炼效果。

炭黑是最广泛使用的配合剂,其在橡胶中的均匀分散过程可以分为三个阶段:第一阶段,炭黑颗粒被生胶润湿,此时生胶分子逐步进入炭黑颗粒聚集体的空隙,形成包容橡胶。第二阶段,含有高浓度炭黑的包容橡胶在剪切力的作用下逐渐撕裂,形成较小的团块并分散于整个胶料中,即分散阶段;当胶料受到足够大的剪切力时,混入橡胶中的炭黑颗粒聚集体被打破,直至充分分散。第三阶段涉及生胶的化学降解,此时橡胶分子链在剪切力作用下断裂,导致相对分子质量和黏度降低。

评估生胶混炼性能的优劣通常以炭黑均匀分散所需的时间来测量。通过密炼机的转动力矩与时间的关系曲线,可以确定出现第二个转矩峰的时间,此时视为分散过程的结束时间,也称为炭黑混入时间(black incorporation time, BIT 值)。BIT 值越小,表示混炼过程越容易。

生胶的断裂特性对某些生胶的加工性能如图 5-52 所示,其中 λ_b 为断裂伸长比,θ_d 为形变指数。可以看出,生胶落在完全弹性和完全塑性线之间。相对分子质量分布窄的溶聚丁苯橡胶和丁二烯橡胶在虚线左边,这两种胶在混炼时呈干酪状,容易脱辊,加工十分困难。而相对分子质量分布宽的溶聚丁苯橡胶和丁二烯橡胶、低温和高温乳液聚合丁苯橡胶均在虚线右侧,这些生胶包辊性好,容易加工。因此,为了使生胶有较好的加工性能,需控制生胶的平均分子量、相对分子质量分布和支化度,使得 θ_d 和 λ_b 稍大些。

5.4.3.3 混炼工艺

根据所使用设备的不同,混炼工艺可分为开放式炼胶机混炼与密炼机混炼。开放式炼胶机混炼的缺点包括粉剂飞扬严重、劳动强度大、生产效率低以及生产规模较小;其优点在于可处理多种胶料或制造特殊胶料。密炼机混炼则具

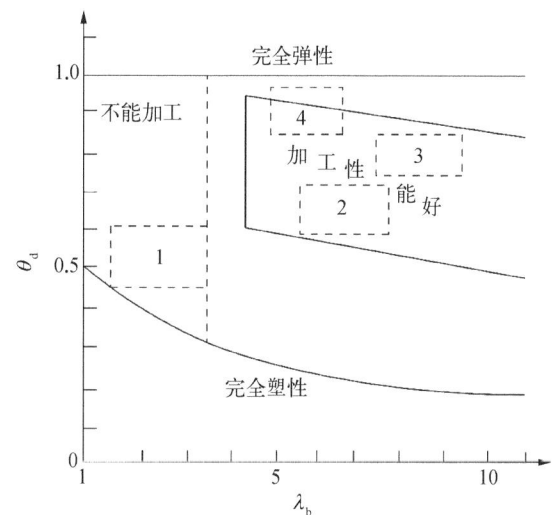

图 5-52 表征生胶断裂特性的 θ_d - λ_b 图

1—相对分子质量分布窄的溶聚丁苯橡胶和丁二烯橡胶;
2—相对分子质量分布宽的溶聚丁苯橡胶和丁二烯橡胶;
3—低温乳液聚合丁苯橡胶;4—高温乳液聚合丁苯橡胶

备高度机械化、劳动强度低、混炼时间短、生产效率高和粉剂飞扬少等优点。

在混炼过程中,需根据橡胶及其配合剂的特性,合理确定混炼的容量、辊温、辊距及混炼时间等工艺参数。同时,应根据胶料的性质,合理选择加料顺序和混炼的时间、温度以及上顶栓的压力等工艺条件。

5.4.4 橡胶的成形

5.4.4.1 橡胶的压延成形

橡胶的压延工艺包括将胶料加工成具有特定厚度和宽度的胶片,在胶片表面压制特定图案,以及在作为制品结构骨架的织物上施加一层薄胶(如贴胶或擦胶)。

压延的主要设备为压延机,按辊筒数量可分为双辊、三辊和四辊等配置。此外,压延机通常配备有开放式炼胶机(胶料预热)、胶料运输装置、浸胶和干燥设备,以及冷却装置,以确保胶料的质量和性能。

根据压延物类型,压延工艺可分为三种主要类型。

1. 胶片压延

预热后的胶料通过压延机被压制成符合规格的胶片,此过程称为胶片压延。所制成胶片需具备光滑的表面,无气泡和皱缩,厚度应均匀。胶片压延的工艺如图 5-53 所示。图中,若中辊与下辊之间不积胶,则下辊仅用于冷却,其温度应低于中辊;若中辊与下辊间存在积胶,则下辊的温度应接近中辊。在适量的积胶情况下,能有效减少胶片气泡。四辊压延[如图 5-53(c)所示]可获得规格准确的胶片。压延过程中,辊温应根据胶料的特性进行调整;通常,高胶含量或高弹性的胶料应设置在较高的辊温,而低胶含量或低弹性的胶料需较低的辊温。

胶片压延后,其纵向(胶片前进方向)与横向的力学性能存在显著差异。试验表明,

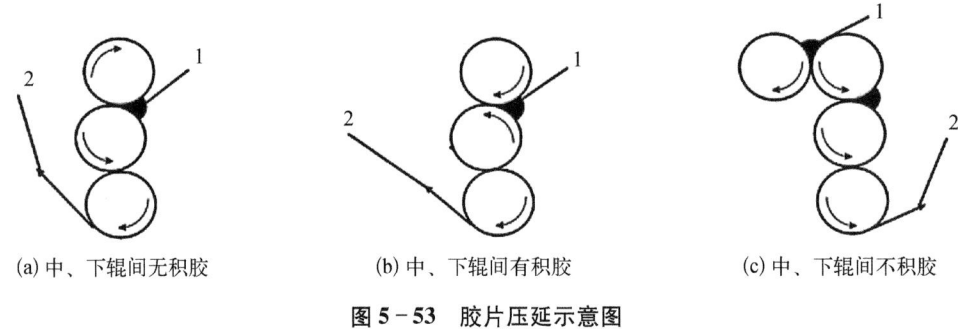

(a) 中、下辊间无积胶　　　　(b) 中、下辊间有积胶　　　　(c) 中、下辊间不积胶

图 5-53　胶片压延示意图

1—进料；2—出料

纵向的扯断力通常大于横向，且纵向伸长率小于横向，而收缩率大于横向。这种固有的纵横向性能差异称为压延效应，源于橡胶及各种配合剂分子在压延过程中发生定向排列。压延效应对某些制品（如球胆）可能有负面影响，导致纵向破裂，而在某些要求高纵向强韧性的产品中，可利用这一效应。压延效应的强度与胶料性质、压延温度及操作工艺相关。使用各向异性配合剂（如滑石粉、陶土和碳酸镁等）时，压延效应更为明显。适当提高压延机的辊温或热炼的辊温可以有效增加胶料的热塑性，从而降低压延效应的影响。

2. 压型

压型操作是将胶料压制成特定断面形状或表面具有特定花纹的胶片，通常用作鞋底、轮胎胎面等的坯胶。此类操作使用带有图案的压延机，辊筒至少需有一个刻有特定花纹的表面。操作过程与胶片压延类似，但压型要求具备准确的规格、清晰的花纹以及良好的胶料致密性。各种类型的压型方法如图 5-54 所示。影响压型质量的因素包括胶料的可塑性、热炼温度、返回胶加入比例，以及辊温和装胶量等。需要特别注意的是，压型依赖于胶料的可塑性，而非施加压力，因此应确保辊筒间的压力平衡，并要求胶料具备适度的可塑度。此外，应在压型后采取快速冷却措施以确保花纹的定型。

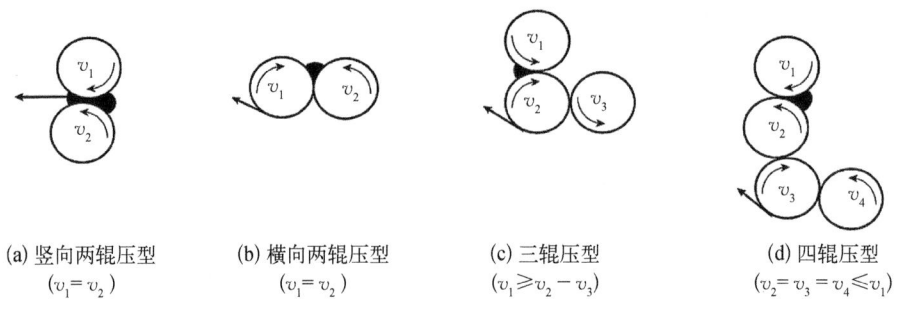

(a) 竖向两辊压型　　(b) 横向两辊压型　　(c) 三辊压型　　(d) 四辊压型

$(v_1=v_2)$　　　　$(v_1=v_2)$　　　　$(v_1 \geqslant v_2-v_3)$　　$(v_2=v_3=v_4 \leqslant v_1)$

图 5-54　胶料压型示意图

3. 纺织物的贴胶和擦胶

通过压延机在纺织物上施加一层薄胶称为贴胶，而将胶料融入纺织物中称为擦胶。这两种工艺的主要目的在于保护纺织物并提高其弹性，因此要求橡胶与纺织物之间具

有良好的附着力,且压延后的胶布厚度应均匀,表面应无布折和露线。贴胶和擦胶的方法在工业生产中得到了广泛应用,有些纺织物可同时采用这两种技艺。两者各具有优劣:贴胶法因摩擦力较小,对纺织物的损伤较轻,同时压延速率快、效率高,但胶料的渗透性相对较差,可能影响附着力。因此,贴胶法适用于薄型或经纬密度较稀的纺织物(如帘布),特别是对于已浸胶的纺织物更为合适。相比之下,擦胶法具有较高的附着力,因为胶料的渗透程度较大,但容易损坏纺织物,适合用于密度大的纺织物(如帆布等)。

胶料的性能、纺织物的水分含量、温度、压延的辊温和速率以及操作技术水平等直接影响织物的贴胶和擦胶质量。

4. 几种橡胶的压延特性

天然橡胶具有较高的热塑性和较低的收缩率,因而较易于压延。天然橡胶的另一个特点是易于黏附热辊,故在压延时需要适当控制辊筒间的温差,从而保证胶片的顺畅转移。丁苯橡胶的收缩率相对较高,因此用于压延的胶料需要充分塑炼。通过在胶料中添加软化剂、填料或少量天然橡胶可以有效降低收缩率。此外,由于丁苯橡胶在压延过程中会迅速收缩并包裹大量空气,因此容易产生气泡且难以排除,故其压延温度应低于天然橡胶(一般低5~15℃),在压延前需进行多次热炼以降低气泡产生。氯丁橡胶对温度非常敏感,其通用型胶在70~94℃易出现黏辊现象,因此应谨慎掌握辊温,以在恰当的温度范围内进行操作。对一般压延质量要求可采用低温法,辊温不超过60℃;而若希望获得较高压延质量的胶片,可采用高温法,将辊温控制在高于90℃。这种操作方式可有效减小胶料的收缩率,确保胶片的厚度保持准确。在胶料中掺入少量的石蜡、硬脂酸或10%天然橡胶等,都可有效减少黏辊现象。

5.4.4.2 橡胶的挤出成形

橡胶的挤出工艺在设备与加工原理方面,与塑料的挤出工艺具有显著的相似性。在橡胶挤出机中,胶料通过螺杆的旋转作用,在螺杆与机筒筒壁之间经历强大的挤压力,这促使胶料沿着机器的前端持续移动,并通过不同形状的模具进行各种截面半成品的挤出,从而实现初步的形状成形。在橡胶工业中,挤出工艺得到了广泛应用,涉及产品包括轮胎胎面、内胎、胶管的内外层胶,以及电线与电缆的外套等多种形状的制品,这些制品都可通过橡胶挤出机进行挤出和成形。

橡胶挤出机具备多种优势,例如,能够补充混炼和热炼的过程,从而提高胶料的整体质量。此外,挤出机适用范围广泛,通过更换模具形状,可以挤出各种尺寸和形状的半成品,包括管材、板材、棒材、片材及条材等。同时,挤出机占地面积小、结构简单、造价低,且便于灵活机动使用。

影响橡胶挤出操作的因素很多,主要的有以下几点。

1. 胶料的组成和性质

一般而言,顺丁橡胶的挤出性能接近于天然橡胶,表现出优良的挤出性能。丁苯橡胶、丁腈橡胶及丁基橡胶则因其具有膨胀与收缩特性,挤出操作相对困难,最终产品表面常显得粗糙。氯丁橡胶对温度变动敏感,因此在操作中必须严格控制机身温度(不得超过50℃)以及机头和模具的温度(大约60℃)。

2. 胶料中的含胶量

胶料含胶量较高时,通常会导致挤出速率减慢和收缩现象加剧,挤出物表面效果不佳。在一定范围内,随填充剂含量的增加,挤出性能会逐渐改善,不仅挤出速率提高,收缩现象也得以减小。然而,随着胶料硬度的增加,挤出过程中所产生的热量也会显著上升。通过在胶料中添加软化剂(如松香、沥青、油膏、矿物油等),可以有效提高挤出速率和改善制品表面光滑度。此外,掺加再生胶的胶料通常具有更快的挤出速率,并可有效降低收缩率及减小挤出过程中的发热。

3. 胶料的可塑性和生热性能

除了胶料的成分,胶料的可塑性与生热性能对挤出操作也有重要影响。当胶料的可塑性较强时,挤出过程中内部摩擦力较小,从而产生的热量较低,减少了焦烧的风险,并可提高挤出速率,使得制品表面更光滑。然而,较高的可塑性也可能导致挤出产品的变形和尺寸稳定性下降。因此,在制造某些特定胶管的内层胶时,通常需要控制其可塑度在 0.2 左右。

4. 挤出机的特征

为确保胶料在挤出机内部经过适当时间的挤压和剪切作用,且不至于过热或焦烧,挤出机螺杆的长径比和螺槽深度需合理设计。通常,挤出机的长径比为 4~5.5(冷喂料挤出机长径比则为 8~16),而螺槽深度占螺杆外径的 18%~23%。此外,与塑料挤出机相比,橡胶挤出机的加料口通常采用与螺杆倾角为 33°~45° 的设计,以便胶料能顺利卷入筒腔内。

5. 挤出温度

挤出机内的温度控制是橡胶挤出工艺中至关重要的环节,它直接影响挤出操作的正常进行与半成品的质量。通常情况下,模口的温度应最高,其次是机头,机身温度最低。胶料在模口处经历短暂的高温,会增强其热塑性,加快分子松弛,降低其弹性恢复能力,从而减少膨胀率与收缩率,得到表面光滑的半成品,同时降低了焦烧的风险。在含胶率高且可塑性小的胶料中,适宜选择较高的加工温度。

6. 挤出速率

挤出速率通常以单位时间内挤出物的长度或质量来衡量。橡胶的挤出速率受到胶料性质及工艺条件等多种因素的影响。在正常的挤出操作中,应尽量维持稳定的挤出速率;否则,速率变化可能导致机头内压力波动,从而引发挤出物的截面尺寸和长度的不一致性。

5.4.5 橡胶的硫化

硫化是在特定温度下,混炼胶(含硫化剂)通过加热所引发的一系列化学反应过程。该过程一般是在高温和包含硫化剂的条件下进行的,但对于某些特定的胶料,也可在较低温度(40~80℃)甚至室温下实现硫化。此外,还可以通过不添加硫化剂的方式以射线诱导交联反应。硫化的本质是混炼胶在一定条件下,橡胶分子由线型结构向网状结构的转变,这个交联过程是橡胶加工的重要环节之一,能够显著提高橡胶的耐温性和强度等物理特性。

5.4.5.1 硫化过程胶料性能的变化

硫化过程中,橡胶的物理、机械及化学性能发生了显著变化,其性能与硫化时间的关系如图5-55所示。图中显示,拉伸强度、定伸强度和弹性等性能在硫化时间增加时会达到一个峰值,随后随着硫化时间的继续延长,其数值将逐渐降低,而硬度保持相对不变。相对而言,伸长率及永久变形等性能在初期随着硫化时间的增加逐渐降低至最低值,之后随硫化时间的延长会缓慢上升。

5.4.5.2 硫化方法

不同橡胶制品采用的硫化工艺方法如图5-56所示。

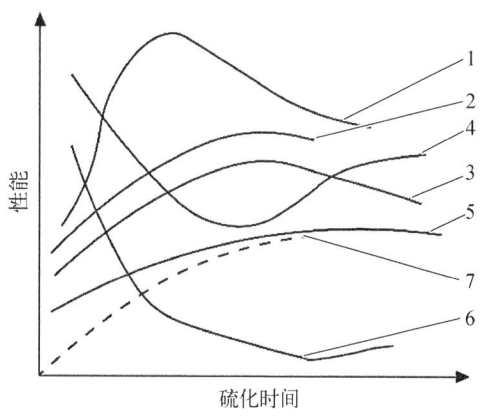

图5-55 性能随硫化时间变化

1-拉伸强度;2-定伸强度;3-弹性;4-伸长率;
5-硬度;6-永久变形

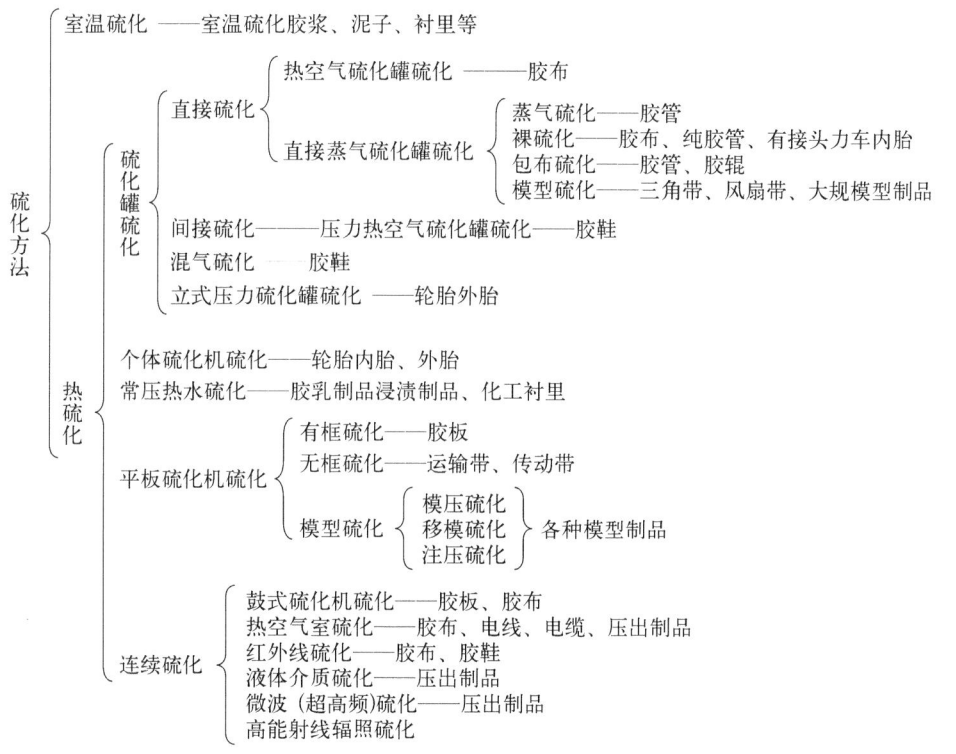

图5-56 不同橡胶制品的硫化工艺方法

5.4.5.3 硫化条件的确定与调整

构成硫化工艺条件的主要因素是温度、时间和压力,它们对硫化质量有决定性影响。

1. 硫化温度

硫化温度是橡胶硫化工艺中最重要的控制因素之一。在选择硫化温度时,需综合考虑硫化胶的性能与生产效率。具体而言,需关注胶种、硫化体系、硫化工艺方法及产品结构等因素。

胶种。一般而言,天然橡胶的硫化温度不宜高于160℃,因为常规硫化体系下,天然橡胶的返原现象较为突出,超过此温度会导致难以获得高性能的产品,并可能使胶料变得黏稠,进而影响脱模。丁苯橡胶、丁腈橡胶的硫化温度通常可高于150℃,但不应超过190℃;氯丁橡胶及其他含卤素的聚合物,最佳硫化温度不超过170℃;而硅橡胶和氟橡胶则需在170℃以上进行硫化,特别是在二次硫化过程中。

硫化体系。对于采用常硫硫化体系配合的胶料,通常不宜使用上限温度进行硫化;而对于采用有效硫体系的胶料,可使用较高的硫化温度。以过氧化物为交联剂的胶料通常选择半衰期为1 min的温度进行硫化,硫化时间一般为5~7 min。

硫化方法。在进行裸硫化或无压硫化时,通常选择相对较低的硫化温度或采用逐步升温的方式;而在注压硫化工艺中,由于胶料先经过螺杆的预热与塑化,因此可以选用较高的硫化温度以提高生产效率。

制品的结构等因素。由于橡胶为热的不良导体,对于厚度较大的制品,采用高温硫化可能导致内部与表层胶料的硫化状态不均,常造成产品表层过硫化而中心层欠硫化。对于发泡制品,高温硫化可能在开模时因膨胀而导致产品破裂;低硬度和低强度的产品也可能因高温硫化而出现缩边或烂边现象。

2. 硫化时间

在确定硫化温度后,硫化时间通常由硫化仪的T90硫化时间来决定。当硫化温度发生变化时,可以依据硫化温度系数重新计算新的硫化时间。硫化温度系数定义为在特定温度下,橡胶达到一定硫化程度所需时间与在相差10℃的温度条件下所需的时间之比。通常情况下,硫化温度系数取值为2.0或接近于1.9~2.1,这意味着每提高或降低10℃,硫化时间相应缩短一半或延长一倍。然而,硫化温度系数并非在所有情况下都保持恒定,它与胶料的配方、生胶类型及硫化条件密切相关。对于某些特定橡胶制品,需在不同温度下测定胶料的正硫化时间。

需要强调的是,测定胶料的正硫化时间并不等同于确定具体产品的正硫化时间,产品的硫化时间还需要考虑制品的厚度、结构,材料组成,模具尺寸以及硫化方法等因素。

3. 硫化压力

在大多数情况下,硫化时的压力可发挥以下作用:

(1)提高胶料的致密性,消除气泡。
(2)促进胶料在模具内的流动,使其迅速填充模腔。
(3)实现胶料与模具表面的紧密贴合,从而获得清晰的花纹与光滑的表面。
(4)增强橡胶与布层或金属之间的黏合力,提高制品的耐屈挠性。

硫化压力的设定应依据胶料的性能(主要为可塑性)、产品结构及工艺条件。对于流动性较差的胶料,通常需要施加较大的硫化压力;反之,流动性较好的胶料则可适当降低压力。厚度大、层数多或结构复杂的产品通常需要较大的硫化压力。但总体来说,硫化压力对硫化速率的影响较小。

5.5 纤维成形原理

化学纤维种类繁多,其生产方法及工艺具有显著差异。然而,依照基本的工程原理,化学纤维的成形加工可概括为以下三个主要阶段。

1. 基础阶段

化学纤维成形加工的基础阶段涵盖原料的制备以及纺前的准备工作。原料制备涉及成纤聚合物的合成或天然高分子化合物的化学处理及机械加工,而纺前准备则是纺丝流体的制备,包括高分子熔体、溶液或乳液的调制。

对于再生纤维、纤维素酯纤维和莱赛尔(Lyocell)纤维,原料制备过程需经过一系列的化学处理和机械加工,以去除相关杂质并确保其满足纤维生产所必需的物理及化学性能。相比之下,合成纤维的原料制备过程涉及通过一系列化学反应将相关单体聚合为具有特定官能团、相对分子质量及相对分子质量分布的线型聚合物。由于聚合方法和聚合物性质的不同,合成聚合物可以处于熔体或溶液状态。在这一过程中,聚合物熔体可以直接送往纺丝,这种方式称为一步法;此外,可先将聚合所得到的聚合物熔体或溶液制成切片或粉末,再通过熔融或溶解制备成纺丝流体,此方法称为二步法。

2. 纺丝

在化学纤维的生产过程中,通常采用成纤高分子的熔体或浓溶液进行纺丝。前者称为熔体纺丝,后者则称为溶液纺丝。根据纺丝溶液固化的机理,溶液纺丝又可以分为干法纺丝和湿法纺丝。

熔体纺丝。如图 5-57 所示,切片在螺杆挤出机中熔融,或将连续聚合反应生成的熔体送入纺丝箱体的各个纺丝部位。随后,熔体经过纺丝泵的定量压送,过滤后通过喷丝板的毛细孔被压出,形成细流,并在纺丝甬道中进行冷却以完成成形。最终,初生纤维被卷绕成一定形状的卷装(适用于长丝)或均匀落入盛丝桶中(适用于短纤维)。

湿法纺丝。图 5-58 为湿法纺丝示意图。纺丝溶液经过混合、过滤和脱泡等纺前准备后送至纺丝机,通过纺丝泵计量,经过烛形滤器、鹅颈管进入喷丝头(帽),从喷丝头毛细孔中挤出的溶液细流进入凝固浴,溶液细流中的溶剂向凝固浴扩散,浴中的凝固剂向细流内部扩散。聚合物在凝固浴中析出,从而形成初生纤维。

干法纺丝。图 5-59 为干法纺丝的示意图。从喷丝头毛细孔中挤出的纺丝溶液不进入凝固浴,而进入纺丝甬道。通过甬道中热空气的作用,溶液细流中的溶剂快速挥发,并被热空气气流带走。溶液细流在逐渐脱去溶剂的同时发生浓缩和固化,并在卷绕张力的作用下伸长变细,从而成为初生纤维。

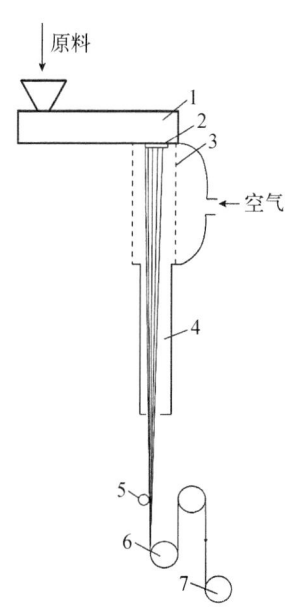

图 5-57 熔体纺丝示意图

1—螺杆挤出机;2—喷丝板;3—吹风窗;4—纺丝甬道;5—给油盘;6—导丝盘;7—卷绕装置

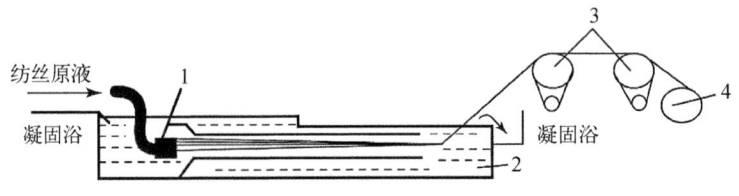

图 5-58 湿法纺丝示意图

1-喷丝头;2-凝固浴;3-导丝盘;4-卷绕装置

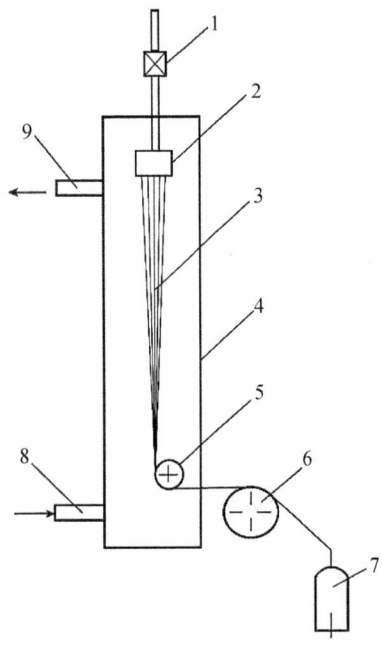

图 5-59 干法纺丝示意图

1-计量泵;2-喷丝头;3-纺丝线;4-干燥甬道;5、6、7-卷绕元件;8-干燥气体入口;9-干燥气体出口

3. 后加工

纺丝后获得的初生纤维结构尚不完善,其力学性能通常较为低下,表现为较大的伸长率、较低的强度以及较差的尺寸稳定性。因此,这些初生纤维尚不可直接用于纺织加工,必须经过一系列的后处理工序。后加工的内容会因化学纤维的品种、纺丝方法及产品的具体要求而有所不同,其中最主要的工序包括拉伸和热定型。

在化学纤维的生产过程中,无论是纺丝阶段还是后处理阶段,通常需施加润滑剂。此外,在利用溶液纺丝法生产纤维和直接纺丝法制造锦纶的后处理过程中,必须进行水洗工序,以去除附着在纤维表面的凝固剂和溶剂,以及混合于纤维中的单体和低聚物。在黏胶纤维的后处理过程中,通常还需要进行脱硫、漂白和酸洗等工序。

在短纤维的生产中,后处理包括卷曲和切断;而在长丝的生产中,需施加加捻和络筒操作。对于弹力丝的生产,需进行变形加工;而在生产网络丝时,可在长丝的后处理设备上安装网络喷嘴,通过喷射气流的作用使单丝相互缠结,从而形成周期性的网络结构。为增强纤维的特定性能,在后处理过程中,还可进行一系列的特殊处理,例如,提高纤维的抗皱性、耐热水性及阻燃性等特性。

5.5.1 纺丝基本原理

5.5.1.1 纺丝过程的基本步骤和主要变化

纺丝是将纺丝流体以一定的流量从喷丝孔挤出,固化而成为纤维的过程。它是化学纤维生产过程中最重要的环节之一。

从工艺原理角度,熔体纺丝、干法纺丝和湿法纺丝这三种方法都由四个基本步骤构成:

(1)纺丝流体在喷丝孔中流动。

(2)挤出细流中的内应力松弛和流动体系的流场转化,即从喷丝孔中的剪切流动向纺丝线上的拉伸流动的转化。

（3）挤出细流的单轴拉伸流动。

（4）纤维的固化。

在这些过程中，纺丝线要发生几何形态、物理状态和化学结构的变化。几何形态的变化是指纺丝流体经喷丝孔挤出和在纺丝线上转变为具有一定断面形状的、长径比无限大的连续丝条。

纺丝中化学结构的变化，对于纺制再生纤维才是重要的，而在熔体纺丝中只有很少的裂解和氧化等副反应发生，通常可不予考虑。

纺丝中物理状态的变化，虽然在宏观上用温度、组成、应力和速度等几个物理量就能加以描述，但整个纺丝过程涉及纺丝流体的流动和形变，丝条固化过程中的冻胶化作用、结晶、二次转变和拉伸流动中的大分子链取向，以及过程中的扩散、传热和传质等。物理状态的变化还与几何形态和化学结构的变化相互交叉、彼此影响，构成了纺丝过程固有的复杂性，这些都是纺丝理论的核心问题。

纺丝理论是在高分子物理学和连续介质力学等学科的背景下发展起来的，涉及的问题相当广泛。当前，纺丝理论还正处于开拓和发展之中，作为一个具有完善科学系统的纺丝成形理论尚远，还有待进一步探索。

5.5.1.2 纺丝过程的基本规律

为对纺丝过程进行理论分析，首先需要对该过程所呈现的一些基本规律进行深入理解。这些规律包括以下方面。

在纺丝线的任意位置上，聚合物的流动特征为稳态和连续性。稳态指的是在纺丝线的任意特定点，其状态参数保持恒定，不随时间变化。具体而言，尽管运动速率 v、温度 T、组成 C 和应力 P 等参数在整个纺丝线上各点可能存在差异，并随位置而连续变化，但在每个选定的位置上，这些参数在时间上保持不变。这种现象在纺丝线上形成一种稳定的分布，称为稳态分布。

对于熔体的等温稳态纺丝，若不考虑速度在丝条截面上的分布，可以作为单轴拉伸处理。纺程（喷丝头到卷绕点之间的路径）上各点每一瞬时所流经的聚合物质量相等，即服从流动连续性方程所描写的规律：

$$\rho_0 A_0 v_0 = \rho_x A_x v_x = \rho_L A_L v_L = 常数 \tag{5-14}$$

式中，ρ_0、ρ_x、ρ_L 分别代表丝条在喷丝孔出口、纺丝线上坐标为 x 的某点和卷绕点聚合物的密度；A_0、A_x、A_L 分别代表上述各点的丝条横截面积；v_0、v_x、v_L 分别代表上述各点丝条的运动速率。在喷丝孔出口处，由于考虑到挤出细流内部在横截面上的速率分布，式中 v_0 应为平均速率。ρ_x 取决于温度和相态的变化。对于纺丝线上基本不发生结晶的熔体纺丝，ρ_x 可通过温度分布确定。由于纤维的直径 d_x 可以通过取样或激光衍射法等测定，因此剩下的唯一速率场不难确定。

图 5-60 是 PA6 纺丝时，在不同纺丝速率下测得的纺丝线直径变化。图 5-61 为由此推算出的纺丝速率分布。

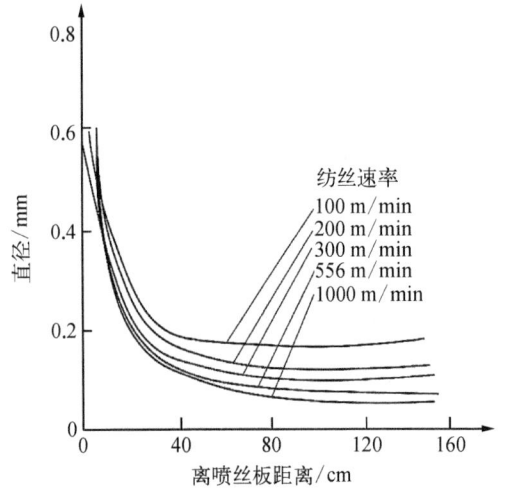

图 5-60 PA6 熔体纺丝线上的直径变化

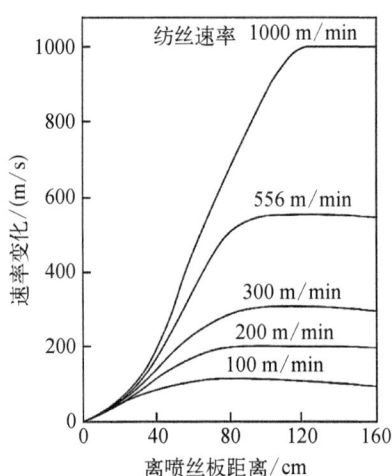

图 5-61 PA6 熔体纺丝线上的速率变化

纺丝流体本身存在不均匀性、挤出速率或卷绕速率的变化,以及外部成形条件的波动,式(5-14)所描述的纺丝状态可能受到破坏,从而导致纤维产品的外观形状不规则或内部结构不均匀。需要指出的是,在实际生产过程中,纺丝条件难以实现完全准确和稳定的控制,稳态纺丝仅作为一种理想状态存在。在正常的工业生产中,虽然应该尽可能接近上述假设,但实际上,纺丝条件和材料特性的变化始终存在,这些变化会引起偏离理想稳态过程。因此,任何不再满足稳态条件的纺丝过程都称为非稳态纺丝。导致非稳态纺丝的原因极为复杂,其表现现象也多样化。为简化问题,本章将仅在稳态条件下探讨熔体纺丝、湿法纺丝和干法纺丝的核心要素。

首先,在纺丝线的主要成形区域内,占主导地位的流变行为是单轴拉伸,这与在刚性壁约束下的剪切流动有所不同。这两者的速度场特征也存在显著差异:剪切流动的速度场展示出相对于流动方向的径向速度梯度,而拉伸流场的速度梯度与流动方向平行,即为轴向速度梯度。

其次,纺丝过程是一个在非平衡状态下,状态参数(如温度、应力、组成)连续变化的动力学过程。即使纺丝过程的初始(挤出)条件和最终(卷绕)条件保持不变,纤维的结构和性质仍然会受到状态变化途径的显著影响,即依赖于状态变化的"历史"。因此,在研究纺丝条件与纤维结构及性质之间的关系时,必须对从纺丝流体转变为固态纤维的动力学问题进行深入考量。

最后,纺丝动力学涉及多个同时进行且相互关联的单元过程,包括流体力学过程、传热、传质以及结构和聚集态变化过程等。因此,对纺丝过程的理论阐述必须建立在对这些单元过程及其相互关系的充分理解之上。

5.5.1.3 纺丝过程的基本方程

纺丝过程工程解析所用的基本方程由下面三个方程组成:

第 i 组分的连续性方程:

$$\frac{\mathrm{D}\rho_i}{\mathrm{D}t} + \rho_i \mathrm{div} \boldsymbol{V}_i = 0 \qquad (5-15)$$

运动方程：

$$\rho \frac{\mathrm{D}\boldsymbol{V}}{\mathrm{D}t} = \nabla \boldsymbol{P} + \rho f \qquad (5-16)$$

能量方程：

$$\rho C_V \left(\frac{\mathrm{D}T}{\mathrm{D}t}\right) = -\mathrm{div}J + \boldsymbol{P} : \nabla \boldsymbol{V} - \frac{\mathrm{D}U}{\mathrm{D}t} \qquad (5-17)$$

式(5-15)~式(5-17)中，$\frac{\mathrm{D}}{\mathrm{D}t}$ 为对时间的实质微分符号；div 是一个算符，它所代表的运算是矢量微分算符与另一个矢量的标积；$\boldsymbol{V}_i$ 为速度矢量；$\boldsymbol{P}$ 为应力张量；f 为体力；ρ 为密度；T 为温度；C_V 是恒定条件下的比热容；J 是热通量；U 为内能；$\boldsymbol{P} : \nabla \boldsymbol{V}$ 表示流动过程中的能量损失。

除了上述三个基本方程，还包括结构方程(流变方程)、结晶动力学方程、与分子取向相关的公式以及热力学状态方程等。

对于熔体纺丝，尽管理论上可以通过这些方程及边界条件(如丝条表面的传热公式和空气阻力公式)进行求解，但是结果在工艺过程的设计和评估中仍然过于复杂，因此需要进行大量的简化和近似处理。近年来，这个领域的研究取得了快速进展，利用熔体纺丝的数学模拟计算，已经获得了相应的应力场、速度场和温度场的分析数据，这些数据对实际生产具有重要的指导意义。

在干法纺丝中，通常需考虑成纤聚合物与溶剂的双组分体系结构形成问题。因此，与单组分体系的熔体纺丝相比，干法纺丝在工程解析上显得尤为复杂。需建立的新方程包括双组分体系中的扩散方程以及丝条表面两相界面的溶剂蒸发速度方程。此外，针对熔体纺丝的其他方程式需进行相应的修正。

湿法纺丝的工程解析更为复杂，因为多组分的扩散过程伴随着相态和结构的转变；如果涉及化学反应，那么定量解析的难度将进一步增大。

5.5.1.4　纺丝流体的可纺性

可纺性通常指流体在适当条件下能够形成纤维，即其适合制造纤维的能力。当某种流体在单轴拉伸应力作用下表现出显著的不可逆伸长形变时，该流体便可以视为可纺。因此，可纺性反映了流体在稳定拉伸操作中形成细长丝条的能力，实质上是一个与单轴拉伸流动相关的流变学问题。

显然，仅具备可纺性并不足以满足纺丝液体的要求。该液体在纺丝条件下还需具备足够的热稳定性和化学稳定性，能够在形成丝条后顺利转化为固态，并且经过适当处理后，固化的丝条需具备必要的物理和力学性质。因此，可纺性是纺丝流体的必要条件，但并非唯一条件。

从成形的角度来看，聚合物流体在喷丝孔中挤出后，受轴向拉伸而形成丝条，因此良好的可纺性是保证纺丝过程持续进行的前提条件。可纺性的评估问题是纺丝溶液或熔体在制备纤维过程中面临的基本问题。

20 世纪 60 年代初,齐亚比茨基(Ziabicki)等对可纺性形成了较为明确的概念。在探讨流体丝条断裂机理的基础上,他们系统性地提出了定量可纺性的理论,指出决定丝条最大长度的断裂机理至少包括两种:一种是内聚破坏(即脆性断裂),另一种是毛细破坏。

内聚破坏机理基于能量强度理论。在黏弹性流体的拉伸流动中,当储存的弹性能密度超过某一个临界值时,流动会发生破坏。在稳态流动中,当应力达到拉伸强度时,即会发生断裂,如图 5-62(a)所示。

丝条的毛细破坏则与由表面张力引起的扰动及其不稳定性的发展和传播有关。这种扰动在液体自由表面上形成毛细波动。一旦毛细波动的振幅达到自由表面无扰动丝条的半径,液流便会分解为液滴,从而发生断裂,如图 5-62(b)所示。因此,毛细破坏现象与经典流体力学中的稳定性问题密切相关。

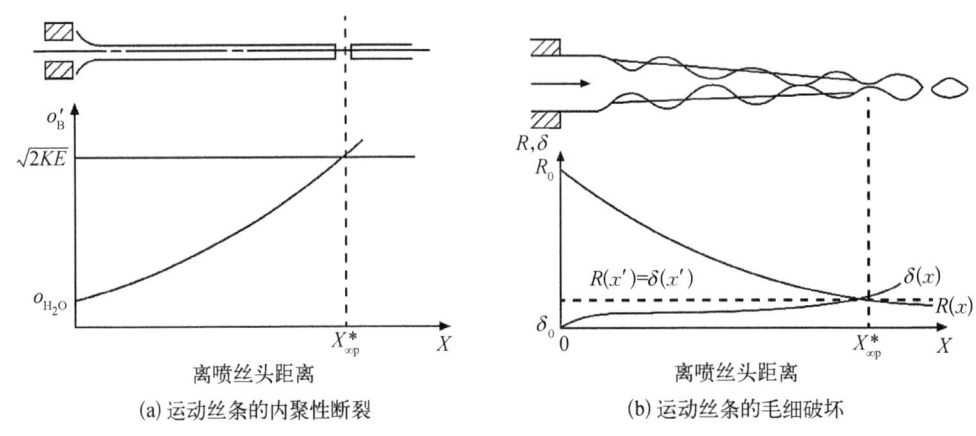

(a) 运动丝条的内聚性断裂　　(b) 运动丝条的毛细破坏

图 5-62　运动丝条的内聚性断裂与运动丝条的毛细破坏

E-杨氏模量;$x^*_{\infty p}$-内聚破坏的最大拉丝长度;$x^*_{\infty p}$-毛细破坏的最大拉丝长度

上文讨论的可纺性理论,只能定性地用于对实际纤维成形的分析,因为这种理论所做的流体模型假设都过于简单。对于非线性的黏弹性纺丝流体,内聚破坏或毛细波生长的临界条件都将更为复杂。

5.5.2　熔体纺丝

5.5.2.1　熔体纺丝工艺

熔体纺丝的工艺主要包括纺丝熔体的制备,熔体从喷丝孔挤出,熔体丝条的拉伸、冷却、固化以及丝条的上油和卷绕。

图 5-63 为螺杆挤出纺丝流程图。涤纶树脂切片从料斗加入,切片在螺杆的通道中运动,经过加料段、压缩段、计量段、熔体导管,再经过计量泵和喷丝组件,由喷丝头喷出细丝。细丝进入恒温的丝室(纺丝吹风窗)和冷却套筒,进行冷却成形,再经给油给湿盘上油后,丝束绕在绕丝筒上,供下一步加工用。

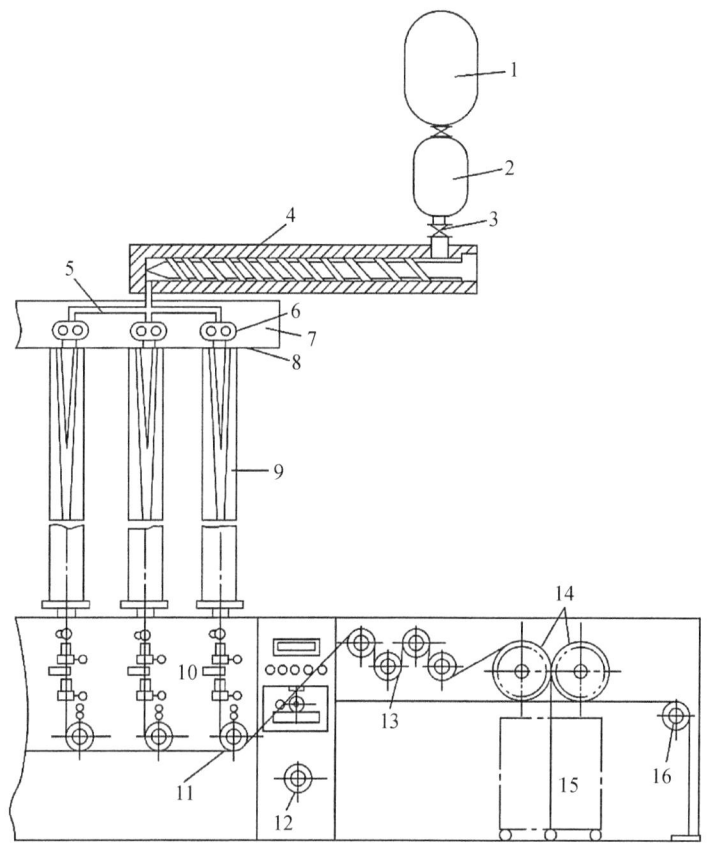

图 5-63 涤纶纤维螺杆挤出纺丝示意图

1—大料斗;2—小料斗;3—进料筒;4—螺杆挤出机;5—熔体导管;6—计量泵;7—纺丝箱体;8—喷丝头组件;9—纺丝套筒;10—给油盘;11—卷绕辊;12、16—废丝辊;13—牵引辊;14—喂入轮;15—盛丝桶

5.5.2.2 熔体纺丝的工艺条件及控制

涤纶短纤维的螺杆挤出纺丝工艺过程可划分为纺丝和后加工两个主要阶段。在熔体纺丝过程中,存在两种主要变化:物理变化和化学变化。物理变化是纺丝过程中的主要变化,指的是切片加热熔融成为均匀熔体,并在经过纺丝板后冷却形成纤维。化学变化是指切片在熔融过程中因受热、氧等因素的影响,引发聚合物的热降解、氧化降解、再聚合及凝胶化等副反应,这些副反应对纺丝成形具有重要影响,需尽量避免。

影响纺丝成形的因素主要包括以下几个方面。

1. 纺丝温度

涤纶切片的热稳定性相对较差,在熔融过程中容易发生降解,因此需严格控制树脂切片的含水量。在加热熔融之前,需对树脂进行真空干燥,将水分含量控制在 0.03% 以下。在树脂熔化后,熔体黏度较高,纺丝过程中必须根据聚合物的黏度、纺丝速率及喷丝板孔径等参数严格控制熔体温度。涤纶的熔融温度约为 265℃,其分解温度在 300℃ 以上,因此熔体温度应在 286~290℃ 最佳。温度过高会引起熔体黏度降低,流动性增强,熔体压力降低,从而使自重引伸超过喷丝头的拉伸,导致细丝发生屈曲和黏接现象。相反,温度过低会使黏度增大,需提高喷丝压力,这会导致出丝不均匀,最终可能在喷头处中断,从而形成硬丝头。

2. 冷却速率

冷却速率与纺丝吹风窗和冷却套筒的温度、湿度以及空气流速密切相关。丝室的冷却温度直接影响纺丝板的温度、喷头的拉伸效果、丝条内部的应力平衡及未拉伸丝材的预定向。若温度过高,冷却速率较慢,丝条的冷凝时间延长,导致丝条在拉伸时易发生断头;若温度过低,则冷却速率过快,可能出现"夹心"现象,从而影响纤维的拉伸性能。实践表明,丝室冷却温度应保持在 35～37℃,低于 30℃ 或高于 40℃ 的冷却温度都不适宜。丝室的温度调节主要通过卷绕车间的恒温恒湿空气过滤系统,通过逆流形式与丝条进行热交换,从而实现冷却,有时还可采用横向吹风来辅助降温。

3. 喷丝速率和卷绕速率

喷丝速率,即熔体从喷丝孔中喷出时的速率,对熔体喷丝压力的建立有直接影响,且喷丝压力的大小与熔体的黏度息息相关。因此,必须准确控制喷丝速率。一般而言,喷丝速率越高,喷丝板上腔体内的喷丝压力越大,熔体黏度相应降低,改善出纺丝孔后熔体的膨胀现象,喷头拉伸过程中不易断裂。当喷丝孔径和纺丝纤度不变时,喷丝速率会随着卷绕速率的增加而提高。

卷绕速率对纤维的冷却成形以及拉伸性能也有显著影响。涤纶纤维的卷绕速率通常设定在 600～700 m/min,有时甚至更高,远高于喷丝速率,因而喷丝头处的拉伸显著增强,能有效促使纤维分子定向。然而,该拉伸过程发生在喷丝板附近,此时纤维尚未完全凝固,分子排列尚不能实现不可逆的组织结构。因此,尽管喷丝头拉伸较大,但纤维结构的整齐程度仍然不足,对纤维强度的提升贡献有限,后续必须进行额外的拉伸处理。

4. 给湿及油剂处理

在熔融纺丝过程中,丝条从冷却套筒匀速传送到卷绕装置的时间较短,因此纤维的湿度无法与空气中的湿度达到平衡。若纤维在卷绕前未能有效吸收湿度,则在后续卷绕过程中易于滑脱,同时,完全干燥的纤维可能诱发静电现象。因此,在纤维经过冷却套筒后,必须通过润湿处理,使丝条吸收水分并附着适量的抗静电油剂,这将有利于后续的加工过程。

5.5.3 溶液纺丝

某些聚合物(如聚丙烯腈)在加热时既不软化也不熔融,通常在 280～300℃ 时才会出现分解现象。因此,采用熔融状态形成纤维是不切实际的,这要求采用溶液纺丝法(包括干法纺丝或湿法纺丝)进行纤维生产。

干法纺丝是将聚合物制备为纺丝溶液,通过纺丝泵供料,液体细流经喷丝头喷出后进入热空气环境。在此过程中,细流中的溶剂遇热蒸发,蒸气被空气排走,而聚合物随之凝固为纤维。干法纺丝的速率通常在 200～500 m/min,聚氯乙烯和聚丙烯纤维长丝通常采用此方法进行纺丝。

与干法纺丝相比,湿法纺丝常用于腈纶、维纶、黏胶纤维、氨纶和芳纶等的生产。湿法纺丝的速率相对较低,通常在 10~50 m/min。该方法要求制备用于纺丝的原液(即成纤高聚物的浓溶液),经过过滤和脱泡后,利用计量泵将原液从喷丝头挤出。在凝固浴的作用下,通过适当的喷丝头拉伸,形成初生纤维。湿法纺丝过程比熔体纺丝更为复杂,除热量传递外,质量传递同样至关重要,且可能伴随化学反应。因此,本节将重点定性讨论以硫氰酸钠为溶剂湿法纺丝生产腈纶短纤维的主要问题。

5.5.3.1 湿法纺丝工艺

腈纶可采用多种溶剂进行溶液纺丝,常用的有机溶剂包括二甲基甲酰胺、二甲基亚砜和碳酸乙烯酯等。此外,无机溶剂(如硫氰酸钠和硝酸)也可用于溶液纺丝。其中,采用二甲基甲酰胺作为溶剂的腈纶湿法纺丝工艺较为普遍,因为其溶解能力强,能够制备高浓度的纺丝溶液,同时溶剂的回收过程相对简单。然而,硫氰酸钠水溶液的溶解能力较低,对设备的腐蚀性较强,且回收工艺较为复杂。尽管如此,目前仍然采用该湿法纺丝方法,原因在于该工艺能够通过将丙烯腈在硫氰酸钠溶液中进行溶液聚合,直接获得纺丝溶液,从而简化工艺流程,实现聚合与纺丝的连续化,有效降低生产成本。

从聚合釜获得的聚丙烯腈硫氰酸钠溶液经过脱单体、混合、脱泡和过滤等预处理后,制备成纺丝溶液。然后,纺丝计量泵将该溶液定量压入烛形过滤器,并通过喷丝头挤出。喷出的浆液细流在凝固浴中凝固,形成丝条。在预热浴中,丝条进一步凝固并脱水,同时进行适当的拉伸;随后,在蒸气加热下实施高倍拉伸;最后,经过水洗、干燥、定型、卷曲、切断和打包等工序,生产适用于纺织的纤维。

纺丝原液通过喷丝孔压出,形成细流,并在一定介质中凝固为细条。纤维的凝固成形是一个较为复杂的过程,腈纶湿法纺丝成形的示意图如图 5-64 所示。

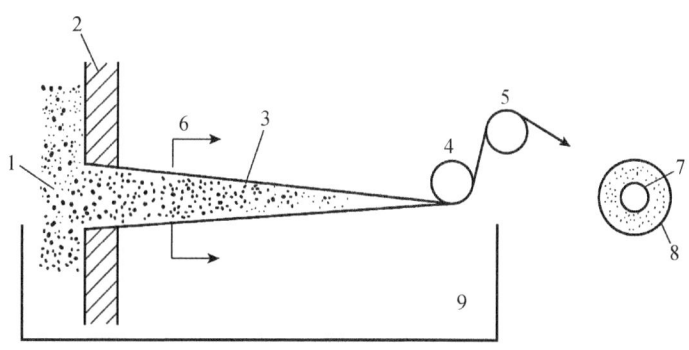

图 5-64 湿法成形示意图

1—纺丝溶液;2—喷丝孔处截面;3—凝固的单纤维;4、5—绕丝导轮;6—截面线;
7—截面 6 处纤维内层;8—截面 6 处纤维外层;9—凝固浴

在湿法纺丝过程中,通常采用制备纺丝原液的溶剂水溶液作为凝固浴。从喷丝孔喷出的细流中,硫氰酸钠(NaSCN)的含量为 44%~45%,而凝固浴中的 NaSCN 含量一般为 10%~12%。浓度差异导致了"双扩散"现象:纺丝溶液细流中的 NaSCN 不断向凝固浴扩散,同时凝固浴中的 NaSCN 向细流扩散。由于纺丝溶液细流中的 NaSCN 浓度远高于凝固浴中的浓度,因此 NaSCN 分子进入凝固浴的机会远大于从凝固浴向细流中扩散的机会。这种"双扩散"现象导致纺丝溶液细流中的 NaSCN 浓度逐渐降低,进而使溶解在硫氰酸钠中的聚丙烯腈失去溶解性,引起大分子逐渐相互聚集,并将部分水分排挤出体系,细流最终转变为纤维。细流从液态转变为固态的过程本质上是一个由量变到质变的转变。

溶剂的扩散是逐步进行的,纤维的凝固也是逐渐进行的。当细流从喷丝孔进入凝固浴时,细流的外层首先接触凝固浴并开始凝固,而内层则未能立即完成凝固。在后续的溶剂扩散以及水的渗透过程中,必须通过外层到达内层,因此纤维的凝固速率相对较慢。在这一缓慢凝固过程中,聚丙烯腈大分子逐渐相互聚集,从而形成结构均匀的纤维。

5.5.3.2 影响湿法纺丝的因素

影响纺丝过程及纤维质量的因素是多方面的,主要有以下几个方面。

1. 纺丝溶液

溶液的黏度是最主要的影响因素之一。溶液需要在适当的黏度范围内,以确保可纺性。溶液黏度与聚合物的相对分子质量及聚合物在溶液中的浓度密切相关。实证研究显示,聚丙烯腈的相对分子质量在6万至8万时,能够获得品质较好的纤维。过高或过低的黏度都不利于纺丝,因为高黏度会导致脱泡和过滤等工序困难,低黏度则会影响纤维的性能与经济效益。通常,溶液中聚丙烯腈的浓度应控制在12.2%~13.5%。不均匀的溶液也会影响可纺性,可能导致喷丝头的堵塞和细丝断裂。例如,若脱泡不彻底,形态不好的单丝可能会断裂,造成毛丝现象。

2. 凝固浴

纤维的成形过程实际上是纺丝原液的凝固,因此凝固浴的性质直接影响纺丝过程。首先,凝固浴中 NaSCN 的浓度影响纤维的凝固速率及质量。当凝固浴的浓度过低时,会导致纺丝溶液细流内外的浓度差增大,溶剂扩散加速,形成过厚的聚集层,这样的高聚物会阻碍内部溶剂扩散,影响纤维的凝固成形。此类纤维往往脆弱易碎,易出现空洞或裂缝,降低其机械强度并影响染色效果。当凝固浴浓度过高时,会减缓 NaSCN 的"双扩散"速率,形成纤维时的凝固不完全,造成丝条柔软易断、并丝或结块等问题。研究表明,凝固浴中 NaSCN 浓度维持在10%~12%时,凝固作用适中所制得的纤维通常具有高耐磨性、良好的柔软性及耐曲折性。其次,凝固浴的温度一般应控制在10~12℃。温度过高时,凝固作用过于剧烈,容易导致纤维的结构疏松、不均匀,强度降低及发白等异常情况。而温度过低时,虽然内部结构凝固均匀,但形成速率缓慢,可能引起并丝或断头。在低于10℃的温度下加工,不仅耗费巨大的冷冻能量,而且经济上也不合理。最后,凝固浴的浸长是丝条细流从喷丝孔喷出至凝固浴的流长,在一定纺丝速率下,浸长可视为丝条在凝固浴中的停留时间。通常建议浸长保持在约1 m,过短会导致丝条不能充分凝固,产生毛丝或并丝;而过长可能导致纤维凝固过度,不利于后续拉伸,从而降低纤维质量。

3. 纺丝速率

湿法纺丝过程中,喷丝速率相对较慢,且要求喷丝速率高于纤维在凝固浴中凝固后出浴的速率,即细流在凝固浴中应松弛前进,喷丝头拉伸表现为负值。这个过程有助于聚丙烯腈大分子在凝固时少受干扰,自由聚集,形成结构紧密、排列均匀的纤维。在聚丙烯腈的湿法纺丝中,喷丝速率一般设定在 6~10 m/min,喷丝头的负拉伸率通常在-65%~-58%。然而,负拉伸率不宜过大,过大会显著增大蒸气拉伸阶段的拉伸倍数,从而可能导致所制得的纤维刚性过强,缺乏蓬松感。

5.5.3.3 干法纺丝工艺

干法纺丝主要用于长纤维的制造,其显著优点在于织物的柔性、弹性和耐磨性较好,脆性较小,且溶剂回收工艺相对简单,能够通过冷凝回收实现。在干法纺丝过程中,聚合物溶液在空气(或惰性气体)中通过蒸发去除溶剂,从而形成丝,因此要求所用溶剂具有适宜的沸点。若采用沸点较低的溶剂,挥发速率过快,可能导致纤维成型不良;而过高沸点的溶剂不易挥发,同样不可取。

干法纺丝溶液的制备与湿法纺丝相似,但干纺溶液的浓度普遍较高,例如,聚丙烯腈的湿法纺丝浓度通常为 15%~20%,而干法纺丝的浓度为 26%~30%。由于高浓度纺丝溶液多采用相对分子质量较小的聚合物制备,高分子量聚合物容易出现黏接现象。

图 5-65 展示了聚丙烯腈干法纺丝的工艺流程。使用相对分子质量低于 5 万的聚丙烯腈树脂,以二甲基甲酰胺为溶剂,配制成 30% 的纺丝溶液。该纺丝溶液通过齿轮泵传送至纺丝机顶部,经过最后一次过滤后加热、升温,以降低黏度,然后进入喷丝头。喷丝头喷出的细丝进入夹套加热的纺丝套筒,温度控制在 165~180℃,同时,由喷丝头四周吹入的热空气使细丝干燥并形成纤维。

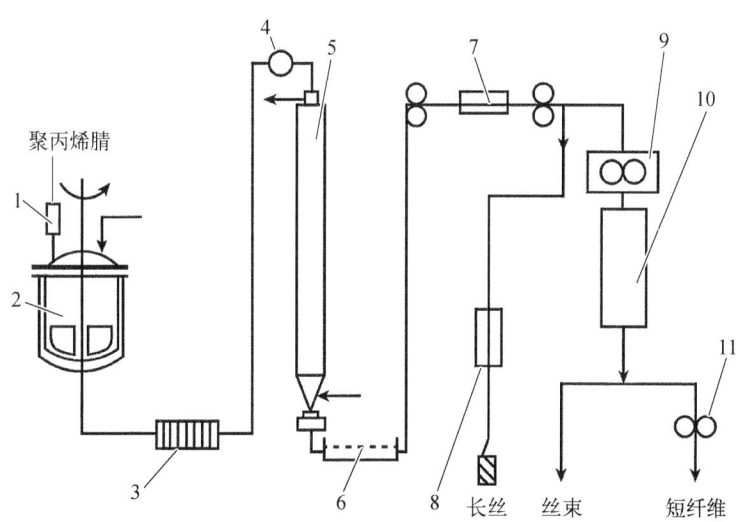

图 5-65 干法纺丝工艺流程图

1—储槽;2—溶解盆;3—过滤器;4—计量泵;5—纺丝甬道;6—洗涤槽;7—拉伸浴槽;
8—干燥热定型(长丝);9—卷曲机;10—干燥热定形(丝束);11—切断机

思 考 题

1. 什么是高分子材料?什么是高分子化合物?两者有什么区别?
2. 试说说通用塑料和工程塑料,热固性塑料和热塑性塑料的区别。并各举出 3 例。
3. 聚合物熔融有哪几种方式,各种方式的主要影响因素是什么?
4. 高分子材料加工成形过程中,常用添加剂有哪些种类?
5. 请说出晶态与非晶态聚合物的熔融加工温度范围,并讨论两者作为材料的耐热性好坏。

6. 聚合物的三种聚集态分别是什么？各有什么特点？如何影响聚合物的加工性？
7. 什么是聚合物的可挤压性、可模塑性、可纺性和可延性？如何评价？
8. 请说一说聚合物流体的流动类型，切力变稀流体随剪切速率增加黏度下降的原因是什么？
9. 画出非牛顿流体的流动曲线，并说说其特点。
10. 试区分三组概念：剪切流动和拉伸流动、稳态流动和非稳态流动、等温流动和非等温流动。
11. 什么是流变？聚合物流变性如何影响其加工性能？
12. 请解释爬杆效应、剪切变稀、剪切变稠、无管虹吸和挤出胀大现象及其原因？
13. 什么是不稳定流动和熔体破裂现象？请解释原因。
14. 聚合物流体弹性的表现是什么？影响聚合物流体弹性的因素主要有哪些？
15. 橡胶、纤维、塑料三大合成材料对相对分子质量的要求有什么不同？就塑料而言，对注塑级、挤出级、吹塑级(中空制品)的相对分子质量有什么要求？
16. 聚合物加工过程中的结构变化主要有哪些？如何影响高分子材料的性能？
17. 在塑料挤出成形中，如果制品出现竹节形、鲨鱼皮一类缺陷，在工艺上应如何消除这类缺陷？
18. 什么叫塑料的混合和塑化？其主要区别在哪里？
19. 通用热塑性塑料 PE、PP、PS、PVC 的一般特性和用途是什么？
20. 挤出机的螺杆三段指的是什么？物料三区指的是什么？
21. 请解释塑料一次成型和二次成型的区别是什么？
22. 请解释挤出成型、注射成型、压延成型和中空吹塑的基本原理和技术特点。
23. 简要说明熔体纺丝、湿法纺丝和干法纺丝三种常规纺丝方法的基本特征。
24. 简要说明防老剂的防护原理。
25. 炭黑补强作用的三个基本性质是什么？简要说明炭黑的补强机理。
26. 举例说明一个耐热、耐油橡胶配方的设计原理。
27. 要使聚合物在加工过程中通过拉伸获得取向结构，应在聚合物的什么温度下拉伸？
28. 塑料的塑化和橡胶的塑炼的目的和原理有何异同？
29. 请解释橡胶硫化的机理及其基本步骤。

第6章

复合材料成形原理

复合材料成形是将两种或多种性质不同的原材料复合成为一个整体结构,从而获得复合材料的方法。复合材料成形过程中两种及以上原材料经过复合、形成界面、结合相容,最终成为一个整体,制品质量受设备模具、材料性质、工艺条件等多重因素影响,涉及界面相容、传质传热、热力耦合、固化定型等基本问题,充分了解这些成形基本原理,是实现复合材料成形方案设计、工艺优化和质量控制的必要基础。

6.1 复合材料概述

6.1.1 复合材料

根据国际标准化组织(International Organization for Standardization, ISO)的定义:复合材料是由两种或两种以上物理和化学性质不同的物质组合而成的一种多相固体材料。复合材料中,通常有一相为连续相,称为基体或基体材料;另一相为分散相,称为增强体或增强材料。分散相通常以独立的形态分布在整个连续相中,两相之间存在着相界面。因此,复合材料通常是由连续相(基体)和分散相(增强体)组合而成的一种多相固体材料。

根据《材料科学技术百科全书》的定义:复合材料是由有机高分子、无机非金属或金属等几类不同材料通过复合工艺组合而成的新型材料体系。其特点是:它既保留了原组成材料的重要特性,又通过复合效应获得原组分所不具备的性能。其与材料简单混合的区别在于:可以通过材料设计使各组分的性能互相补充并彼此关联,从而获得更优秀的性能,与一般材料的简单混合有本质区别。

根据《材料大辞典》的定义:复合材料是根据应用进行设计,把两种以上的有机聚合物材料或无机非金属材料或金属材料组合在一起,使其性能互补,从而制成的一类新型材料。

ISO定义的复合材料是广义复合材料,包括人工复合材料和天然复合材料。《材料科学技术百科全书》和《材料大辞典》定义的复合材料,特指人工复合材料,即狭义复合材料,指的是两种或两种以上的原材料,通过一定的工艺方法制备而成的多相材料体系。传统意义上的复合材料,是狭义复合材料。值得注意的是,如无特殊交代,本书中的复合材料特指狭义复合材料,即组分经过人工选择的、采用一定工艺方法制成的、具有明显界面的、能够保持各组元特性的、又获得新性能的多相材料体系。

6.1.1.1 复合材料的发展简史

复合材料发展历史大概可以分为古代复合材料、现代复合材料和先进复合材料三个阶段。

古代复合材料,如草拌泥土坯,在古代用于盖房子,现在有的农村还在用。

现代复合材料的标志是玻璃纤维增强聚酯树脂复合材料,特点是强度高、密度小。20世纪40年代,玻璃纤维和合成树脂大量商品化,纤维复合材料发展成为具有工程意义的材料。至20世纪60年代,技术臻于成熟,在许多领域开始取代金属材料。

先进复合材料的标志是碳纤维增强环氧树脂复合材料和多功能复合材料,特点是高强度、高模量和多功能。20世纪60年代末期,高性能树脂基复合材料开始应用于军用飞机的承力结构,随后高强度碳纤维、高模量碳纤维、硼纤维、芳纶纤维等高性能增强材料相继得到发展和应用,环氧树脂的耐热性越来越高,双马来酰亚胺、聚酰亚胺、酚醛等树脂基体开始广泛应用,以适应250℃以上的耐热性要求。

20世纪70年代末期,高强度、高模量耐热纤维增强轻金属复合材料的发展,不仅弥补了树脂基复合材料耐热性差、不导电和导热性低等不足,而且具有轻质高强、耐疲劳、耐磨耗、高阻尼、不吸潮、不放气和膨胀系数低等优点,广泛用于航天航空等尖端技术领域。

20世纪80年代,陶瓷基复合材料开始逐渐发展,通过纤维增强陶瓷基体提高韧性,用于制造燃气涡轮叶片和其他耐热部件。同时,具有电、热、磁、吸波、透波等功能性的多功能树脂基复合材料问世,先进结构复合材料和功能复合材料交相辉映、蓬勃发展,作为新材料之一的先进复合材料开始应用于国防和国民经济的方方面面。

6.1.1.2 复合材料的命名与分类

复合材料可以根据增强材料与基体材料的名称来命名,通常形式是"增强材料的名称+增强+基体材料的名称+复合材料"。例如,玻璃纤维和环氧树脂构成的复合材料称为"玻璃纤维增强环氧树脂复合材料",可简称为"玻璃纤维环氧复合材料",或仅写增强材料和基体材料的缩写名称,中间加一斜线隔开,后面再加"复合材料",如"玻璃/环氧复合材料"。有时为了突出增强材料和基体材料,根据强调的组分不同,也可简称为"玻璃纤维复合材料"或"环氧树脂复合材料"。

复合材料可以按增强材料形态、增强纤维种类、基体材料种类、材料作用和应用领域等来进行分类。

复合材料按增强材料形态可分为颗粒增强复合材料、短纤维增强复合材料、连续纤维复合材料、片状物增强复合材料和织物增强复合材料等。

复合材料按增强纤维种类可分为无机纤维(玻璃纤维、碳纤维、硼纤维等)复合材料、有机纤维(芳香族聚酰胺纤维、芳香族聚酯纤维、高强度聚烯烃纤维等)复合材料、金属纤维(钨丝、不锈钢丝等)复合材料、陶瓷纤维(氧化铝纤维、碳化硅纤维等)复合材料。用两种或两种以上纤维增强同一基体制成的复合材料,称为混杂复合材料。

复合材料按基体材料可分为聚合物基复合材料(又称为树脂基复合材料或高分子复合材料)、金属基复合材料、陶瓷基复合材料和碳基复合材料。

聚合物基复合材料,根据聚合物种类又可分为热固性树脂基复合材料、热塑性树脂基复合材料和橡胶基复合材料等。金属基复合材料,根据金属种类又可分为铝基复合材料、镁基复合材料和钛基复合材料等。陶瓷基复合材料,根据陶瓷种类又可分为氧化物陶瓷基复合材料、非氧化物陶瓷基复合材料和其他陶瓷基复合材料等,还包括玻璃基复合材料和水泥基复合材料。

复合材料按材料作用可分为结构复合材料(用于制造受力构件)和功能复合材料(具有特殊性能,如阻尼、导电、导磁、换能、摩擦、屏蔽等)。

复合材料按应用领域可分为航空复合材料、航天复合材料、卫星复合材料、导弹复合材料、舰船复合材料、能源复合材料、交通复合材料和休闲体育复合材料等。

近年来还出现了一些新型复合材料,例如,仿生(biomimetic)复合材料、功能梯度(functionally gradient)复合材料、机敏(smart)复合材料、智能(intelligent)复合材料、原位(in-situ)复合材料、分子(molecular)复合材料、功能(multi-functional)复合材料、混杂(hybrid)复合材料等。

虽然分类标准很多,但复合材料领域最常用的分类方法是按照基体材料的种类,即分为聚合物基复合材料、金属基复合材料和陶瓷基复合材料。

6.1.2 增强材料

在复合材料中,凡是能提高基体材料机械强度、弹性模量等力学性能的物质,称为增强材料。增强材料是复合材料中的分散相,通常是固态物质。

增强材料按几何形态分类,可分为纤维(包括连续纤维和非连续纤维)、织物(二维布、带、管和多向织物等)、颗粒(延性颗粒和刚性颗粒)、片状(人造、天然和原位生成等)、晶须、晶板(宽厚比大于5)、微球(空心或实心)等。

最常用的增强材料是纤维及其织物,纤维按化学成分分类,可分为无机纤维、有机纤维、天然纤维和金属纤维。无机纤维具有力学性能好、使用温度高、化学稳定性好等特点,例如,玻璃纤维、碳(石墨)纤维、硼纤维和陶瓷纤维等;有机纤维的密度小、韧性好和抗磨损,但耐化学稳定性差,例如,芳纶纤维、聚酰胺纤维、超高分子量聚丙烯纤维等;天然纤维具有可降解、易回收等特点,但性能低,常用的有剑麻纤维、黄麻纤维、棉纤维等;金属纤维导热、导电,且抗电磁干扰,例如,钨丝、不锈钢纤维。

纤维常按结构分类,可分为非晶纤维(如玻璃纤维)、单晶纤维(如 SiC 晶须和 Al_2O_3 晶须)、多晶纤维(如碳纤维、硼纤维、SiC 纤维和氧化铝纤维)和复合多晶纤维(如 W 芯 SiC 纤维和 W 芯硼纤维)。

6.1.2.1 增强材料的作用

增强材料分散在基体材料中,主要作用是增强、增韧和多功能。对于结构复合材料,增强材料(如纤维)是主要承载相,其承受载荷的比例远大于基体材料。对于陶瓷基复合材料,增强材料(如纤维)的主要作用是增韧。对于多功能复合材料,增强材料(如纤维)的主要作用是吸波、隐身、隔热、耐磨、耐腐蚀、抗热震等。

1. 增强

结构复合材料中,增强材料的增强效果如何? 增强效果取决于什么因素? 以纤维增强树脂基复合材料为例,增强材料是纤维,基体材料是树脂,为分析纤维的增强效果及其影响因素,进行以下假设。

（1）变形前界面不开裂：载荷作用下，复合材料变形前，纤维与树脂的界面不开裂，即不脱黏原理。

（2）变形协调：载荷作用下，在界面处同一点，纤维、基体与复合材料的应变相等，即等应变理论。

（3）弹性变形：载荷作用下的变形为弹性变形，即复合材料的力学行为遵循胡克定律。

（4）纤维排列规整：树脂基体中纤维排列整齐规整，其体积分数约等于其面积分数。

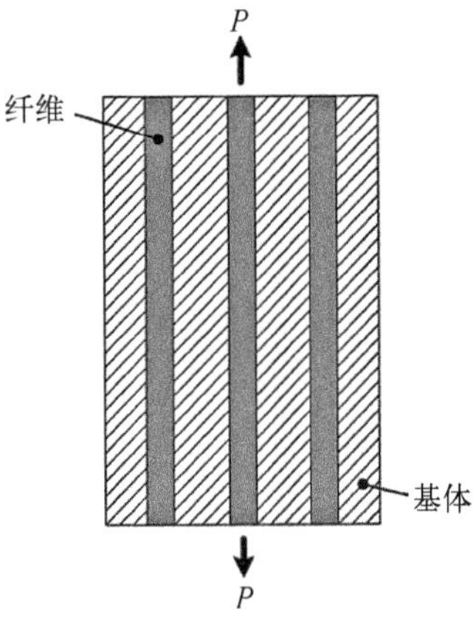

纤维复合材料的基本单元体中，包括树脂基体、纤维和界面，拉伸载荷作用下的拉伸基本模型如图6-1所示。

增强作用的大小可以通过载荷比（纤维承受的载荷与基体承受载荷的比值，即P_f/P_m）来表征。拉伸载荷作用下，假设复合材料基本单元体受力平衡，则有

$$P_c = P_f + P_m \tag{6-1}$$

载荷P等于应力乘受力横截面积A，则式（6-1）可写为

$$\sigma_c A_c = \sigma_f A_f + \sigma_m A_m \tag{6-2}$$

根据弹性变形假设，由胡克定律可得

$$\sigma = E\varepsilon,\ \sigma_f = E_f \varepsilon_f,\ \sigma_m = E_m \varepsilon_m \tag{6-3}$$

图6-1 拉伸基本模型

根据变形协调（即等应变ε）假设，有

$$\varepsilon_c = \varepsilon_f = \varepsilon_m \tag{6-4}$$

综上，则有

$$P_f/P_m = E_f \varepsilon_f A_f/(E_m \varepsilon_m A_m) = E_f A_f/E_m A_m \tag{6-5}$$

根据纤维排列规整假设，式（6-5）可转换为

$$P_f/P_m = E_f A_f/(E_m A_m) = E_f V_f/(E_m V_m) \tag{6-6}$$

上式中，P为载荷；V为纤维体积分数；A为横截面积；E为弹性模量；ε为应变；下标c、f和m分别代表复合材料（composite）、纤维（fiber）和基体（matrix）。

如果是玻璃纤维增强聚酯树脂复合材料，玻璃纤维的弹性模量约为聚酯树脂的20倍，手糊工艺成形制品的纤维体积分数通常为0.3，即

$$E_f = 20E_m,\ V_f = 0.3 \tag{6-7}$$

则载荷比（P_f/P_m）为

$$P_f/P_m = 8.6 \tag{6-8}$$

纤维/树脂的载荷比为8.6（接近10），说明如果纤维的弹性模量是基体的20倍，那么

复合材料中纤维承受的载荷是基体的10倍左右,增强作用显著。

复合材料中纤维和基体的体积分数之和等于1,即

$$V_f + V_m = 1 \qquad (6-9)$$

根据式(6-2)推导可得

$$\sigma_c = \sigma_f V_f + \sigma_m (1 - V_f) \qquad (6-10)$$

$$\sigma_c/\sigma_m = (\sigma_f/\sigma_m)V_f + (1 - V_f) = V_f(\sigma_f/\sigma_m - 1) + 1 \geqslant 1 \qquad (6-11)$$

将式(6-3)代入式(6-11),可得

$$\sigma_c/\sigma_m = 1 + V_f[(E_f/E_m) - 1] \qquad (6-12)$$

由此可见,增强效果 σ_c/σ_m 取决于 E_f/E_m。为获得较好的增强效果,必须满足 $E_f \gg E_m$ 条件。

根据上述数学关系,同理推导可得纤维的贡献系数 P_f/P_c:

$$\frac{P_f}{P_c} = \frac{P_f}{P_f + P_m} = \frac{\sigma_f A_f}{\sigma_f A_f + \sigma_m A_m} = \frac{E_f V_f}{E_f V_f + E_m(1 - V_f)} = \frac{\frac{E_f}{E_m} V_f}{\frac{E_f}{E_m} V_f + (1 - V_f)} \qquad (6-13)$$

由式(6-13)可知,纤维体积分数确定的情况下,纤维和复合材料承受载荷比最终仍然取决于纤维/基体的弹性模量比 E_f/E_m。

2. 增韧

陶瓷基复合材料中,增强纤维的主要作用是增韧,陶瓷基体通常自身拥有很高的强度和模量,其模量一般与增强纤维基本相当,根据式(6-12)可知纤维的增强效果有限,通过纤维/基体界面脱黏、纤维拔出、纤维断裂等可以消耗能量,提高陶瓷基复合材料断裂韧性,因此,陶瓷基复合材料中增强纤维的主要作用是增韧。

3. 多功能

功能复合材料中,增强材料的作用往往是赋予复合材料功能性,如增强纤维的吸波、隐身、隔热、耐磨、耐腐蚀、抗热震等多种功能。

6.1.2.2 常用增强材料

复合材料最常用的增强材料是纤维,而常用纤维种类包括玻璃(glass,G)纤维、玄武岩(basalt)纤维、碳(carbon,C)纤维、石墨(graphite,Gr)纤维、硼(boron,B)纤维、碳化硅(carborundum,SiC)纤维、氧化铝(alumina,Al_2O_3)纤维、芳纶(kevlar)纤维和超高分子量聚乙烯(UHMW-PE)纤维等。

纤维织物的品种很多,主要有纤维布、纤维毡、纤维带和三维编织体等。常用的纤维布可分平纹布、斜纹布、缎纹布、无捻粗纱布(即方格布)、单向布、无纺布等。纤维毡分为短切纤维毡、表面毡和连续纤维毡等。

无捻粗纱布,即方格布,具有浸胶容易、铺覆性好、较厚实、强度高、气泡易排除、施工方便、价格较便宜等特点,是手糊成形工艺中常使用的一种纤维布。

平纹布是最普通的织法,通常称为平织,是由经纱和纬纱各一根上下相互交叉而织成的,如图6-2(a)所示。平纹布编织紧密、交织点多、强度较低、表面平整、气泡不易排除。它主要用在各个方向强度要求一致的产品上,适用于制作型面简单或平坦的制品。

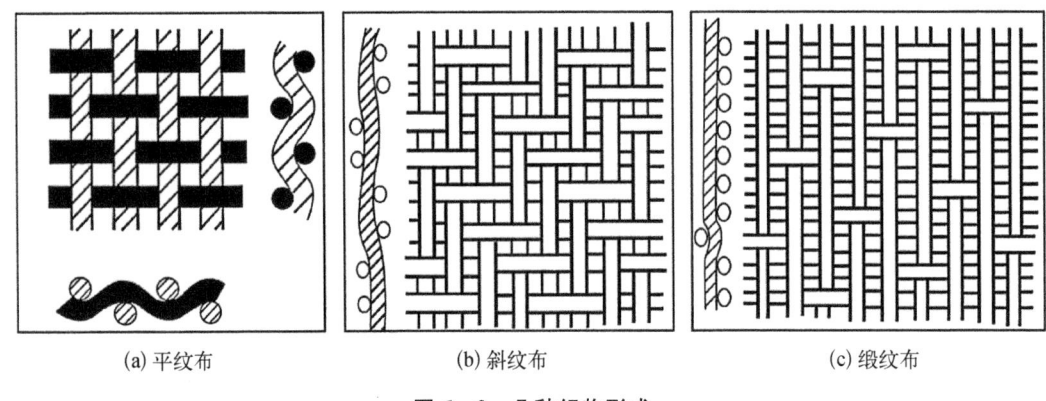

(a) 平纹布　　　　　(b) 斜纹布　　　　　(c) 缎纹布

图6-2　几种织物形式

斜纹布的经向与纬向的交织点连续而成斜向的纹路,如图6-2(b)所示。斜纹布与平纹布相比,织点较少。斜纹布较致密、柔性好、铺覆性较好、强度较大,适于制作有曲面和各方向都需要强度高的制品。

缎纹布一个方向上的每根纱从另一个方向的几根纱(三根、五根、七根)上面通过,而只压在一根纱下面,在布的表面上形成单独的、不连续的经纬向交织点,如图6-2(c)所示。缎纹布质地柔软、铺覆性好、强度较大,且与模具接触性好,适用于型面复杂的手糊成形制品。

单向布通常经纱用强纱织成,纬纱用弱纱织成。其特点是经纱方向强度较高,适用于定向强度要求高的制品。

无纺布是由连续纤维(直径为 12~15 μm 或 50~100 μm)平行或交叉排列后,用黏接剂黏接而成的片状材料,这种布是在拔丝过程中直接成形的,易于保持纤维的新生态,具有强度高、刚性好、工艺简单等优点。

短切纤维毡的铺覆性好、各向同性、价格便宜、强度较低、树脂用量大,适用于手糊、喷射成形。连续纤维毡的铺覆性好、强度大、质量均匀、树脂用量大,价格比短切纤维毡昂贵,同样适用于手糊、喷射成形。

表面毡是将定长纤维(细纤维)随机地均匀铺放而成,厚度为 0.3~0.4 mm。表面毡铺覆性好、强度低、价格较便宜,主要用于制品的表面,使制品表面光滑,树脂含量高、耐老化性能好,最常用的是玻璃纤维毡。

6.1.3　基体材料

复合材料中,能够与增强材料复合成为一个整体,且增强材料分散于其中的连续介质,称为基体材料。基体材料是复合材料中的连续相,其物质状态决定着复合材料工艺性。

基体材料按种类可分为三大类,即金属、陶瓷和聚合物。其中,聚合物按受热后的状态又可分为热固性和热塑性聚合物,典型的热固性聚合物有环氧、酚醛、聚酯和乙烯基树脂等,典型的热塑性聚合物有热塑性聚酰亚胺(PI)、聚醚醚酮(PEEK)、聚碳酸酯(PC)、聚砜(PS)和聚苯硫醚(PPS)树脂等。

6.1.3.1 基体材料的作用

基体材料在复合材料中是连续相,主要作用是黏接赋型、传递载荷、决定工艺和保护纤维。

1. 黏接赋型

黏接赋型是把增强材料和基体材料黏接复合在一起,例如,把树脂基体和增强材料黏接结合为一个整体,实现对复合材料的赋形,即赋予复合材料一定的形状。

基体材料(如树脂)和增强材料(如纤维)接触、复合在一起,为了获得良好的界面黏接性能,两者必须有良好的物理相容性和化学相容性。物理相容性,例如,力学性能和热性能相匹配;化学相容性,例如,润湿性、热力学平衡、基体材料和增强材料不发生化学反应等。

2. 传递载荷

基体材料通过界面传递拉伸载荷、压缩载荷和剪切载荷等载荷,从而实现复合材料的承载功能。传递拉伸载荷时,如果纤维长度小于一定长度,则纤维会被直接拔出,这个长度称为纤维临界长度,是使短纤维端面上受到的拉伸应力达到纤维破坏应力所必须的纤维最小长度,即

$$l_c = r_f \frac{\sigma_{fu}}{\tau_{my}} \quad (6-14)$$

式中,l_c 为纤维临界长度;r_f 为纤维半径;σ_{fu} 为纤维破坏应力;τ_{my} 为基体屈服极限。

由式(6-14)可推导出临界纵横比:

$$\frac{l_c}{d_f} = \frac{\sigma_{fu}}{2\tau_{my}} \quad (6-15)$$

式中,d_f 为纤维直径。

基体材料传递压缩载荷时,除了承担部分压缩载荷,还给可能屈曲的纤维提供支撑。增强纤维屈曲的本质:复合材料弹性板受到沿着纤维方向的载荷时,纤维就像受到弹性(基体)支撑的细长受压杆,会发生微失稳,称为屈曲。纤维屈曲形式通常有两种:一种是纤维彼此反向屈曲,形成拉伸型或异相型屈曲模式,基体交替地产生垂直于纤维的拉压变形;另一种是纤维同向屈曲,形成剪切型或同相型屈曲模式,基体承受剪切变形。

3. 决定工艺

增强材料通常是固态,基体材料则可能是气态、液态和固态,增强材料和基体材料复合后最终转变为多相固体材料(即复合材料),因此,制备该复合材料的工艺是气相法、液相法,还是固相法,取决于基体材料,即基体材料决定工艺。例如,树脂基体的黏度低于 1 000 mPa·s,且适用期足够长,容易完全渗流浸润增强材料,则可以采用液相法成形复合

材料;如果大于1 000 mPa·s,则需要考虑其他成形工艺。

4. 保护纤维

增强材料(如纤维),复合后分散在基体材料中,基体材料基本完全包裹纤维,从而保护纤维不受环境影响。

6.1.3.2 常用基体材料

热固性树脂基复合材料常用的基体材料主要有不饱和聚酯树脂、乙烯基树脂、环氧树脂、双马来酰亚胺、氰酸酯树脂、酚醛树脂、聚酰亚胺树脂和双马来酰亚胺树脂等。其中,不饱和聚酯树脂、环氧树脂和酚醛树脂称为三大通用树脂,典型的物理性能如表6-1所示,优缺点见表6-2。

表6-1 三大通用树脂的典型物理性能

材料	密度/(g/cm³)	拉伸模量/GPa	拉伸强度/MPa
环氧树脂	1.2~1.4	2.5~5.0	50~110
酚醛树脂	1.2~1.4	2.7~4.1	35~60
不饱和聚酯树脂	1.1~1.4	1.6~4.1	35~95

表6-2 三大通用树脂的性能特点

树脂体系	优点	缺点
聚酯树脂	固化速率快;黏度低、浸润性好;力学性能与电性能优良;耐化学药品腐蚀性好;可着色、价格低等	固化收缩大(体积收缩率3%~6%);固化易受温度、湿度、氧、硫磺和酚类化合物的影响;固化剂活性高,例如,过氧化甲乙酮易燃等
环氧树脂	黏接力强;固化收缩率小(体积收缩率1%~4%);介电性能好;碱和溶剂稳定性好;制品尺寸稳定性好、硬度高	价格较高;黏度大;固化时间较长;固化剂毒性大等
酚醛树脂	耐高温性能好;阻燃性好;瞬时高温耐烧蚀性能好	固化温度高;稳定性差;工艺性差

6.1.4 复合材料的特性与应用

为什么要发展复合材料?与传统材料相比,复合材料具有什么特性?总体来说,可以归结为"三性":性能可设计性、材料与构件一体性和好的使用性(比强度高、比模量高、疲劳强度和疲劳寿命高、阻尼减振性能好和多功能化等)。

1. 性能可设计性

复合材料为什么具有性能可设计性?因为复合材料是各向异性材料(图6-3),所以可以通过调节增强材料的取向、含量等来实现复合材料性能的设计和调控。

例如,薄壁内压容器(图6-4)的等强度设

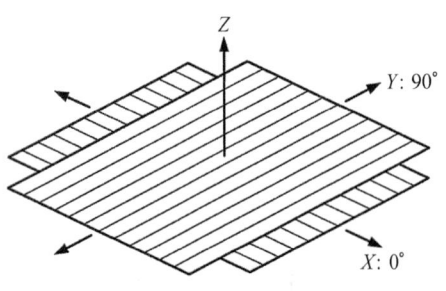

图6-3 复合材料各向异性

计,假设容器壁厚为 t,直径为 d,直筒段长度为 l,内压为 p,内压作用下容器的环向应力为 σ_c,轴向应力为 σ_a。

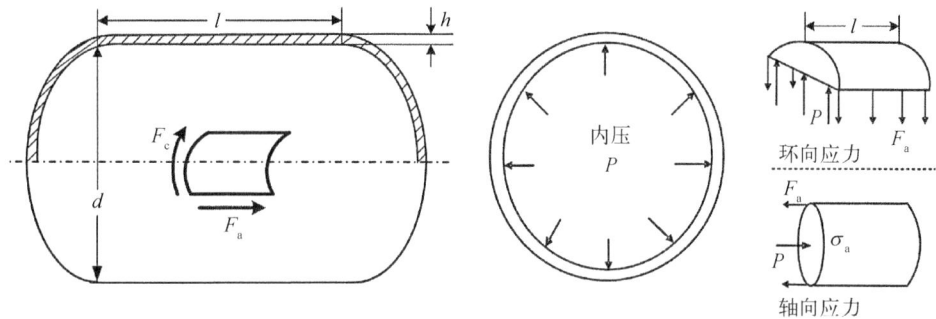

图 6-4 薄壁内压容器优化设计

根据受力平衡,容器内压为 p 时环向力平衡,则有

$$2\sigma_c tl = pdl \tag{6-16}$$

$$\sigma_c = pd/(2t) \tag{6-17}$$

同理,轴向力平衡,则有

$$p(\pi d^2/4) = \sigma_a \pi dt \tag{6-18}$$

$$\sigma_a = pd/(4t) \tag{6-19}$$

综合式(6-17)和(6-19)可得

$$\sigma_c = 2\sigma_a \tag{6-20}$$

根据最大正应力准则,如果是采用各向同性的金属材料制备该内压容器,则轴向强度有富余,意味着有多余的赘重。

如果采用纤维增强聚合物基复合材料,则可实现等强度设计。例如,采用纤维缠绕法制备该内压容器,设纤维的缠绕角为 θ,如图 6-5 所示。

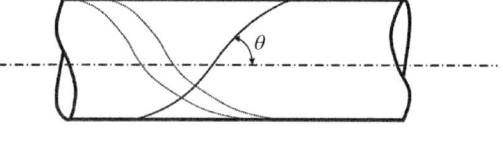

图 6-5 等强度设计

假设载荷由纤维承担,沿纤维方向的强度为 σ_r,则环向和轴向的强度分别为

$$\sigma_c = \sigma_r \sin^2\theta \tag{6-21}$$

$$\sigma_a = \sigma_r \cos^2\theta \tag{6-22}$$

由式(6-20)可得

$$\sigma_c/\sigma_a = \tan^2\theta = 2 \tag{6-23}$$

则可计算出缠绕角为

$$\theta = 54°44'08'' \tag{6-24}$$

以缠绕角 $\theta = 54°44'08''$ 纤维螺旋缠绕,可以得到环向和轴向等强度的薄壁内压容器,满足 $\sigma_c = 2\sigma_a$,实现等强度设计,无赘重、减轻质量。

复合材料压力容器能够实现等强度设计的根本原因是纤维增强树脂基复合材料具有各向异性,复合材料性能随着纤维取向而变化,随着纤维含量而变化,因此,可以通过调节纤维的取向和含量来调控复合材料的性能,从而实现性能的设计。

2. 材料与构件一体性

材料与构件一体性是复合材料在制备过程中,由原材料(如纤维和基体)直接形成复合材料构件,无需后加工或少后加工。典型的例子有大型压力容器,如果采用金属制备,需要先准备金属锻件、然后分段焊接成形;而如果采用复合材料制备,可以通过纤维连续缠绕一次整体成形,直接由原材料得到压力容器,且可以实现等强度设计。

材料与构件一体性有两个明显的优势:一是制备的连续性和整体性高,后续加工少;二是减少零部件数量,提高构件的整体性能,例如,大飞机的金属材料尾翼换成复合材料尾翼,数以千计的构件数能够减少 50%,数以万计的紧固件数能够减少 60%,质量则能够减轻近 30%。

3. 好的使用性

复合材料具有比强度高、比模量高、疲劳强度和疲劳寿命高、阻尼减振性能好、多功能等优点,奠定了复合材料好的使用性基础。

比强度是强度与密度之比,比模量则是模量与密度之比。强度的物理意义是材料抵抗破坏的能力,模量则表征材料抵抗变形的能力,密度是指单位体积所含物质的质量。推理可知,高比强度意味着单位质量材料提供的抵抗破坏的能力强,高比模量意味着单位质量材料提供的抵抗变形的能力强。因此,采用高比强度和高比模量的材料,可以实现结构轻量化设计。

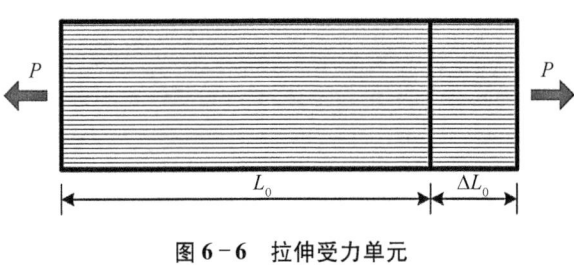

图 6-6 拉伸受力单元

常用的结构材料中,普通钢、铝、一般有机材料和纤维复合材料中,比性能最高的通常是纤维复合材料。因此,纤维复合材料是结构轻量化的首选材料。高比性能材料为什么能够实现结构轻量化?这可通过数学模型证明,假设构件受到拉伸载荷,如图 6-6 所示。

构件质量为

$$w|_{P=P_f} = \rho \cdot A \cdot L_f = \rho \cdot \frac{P_f}{\sigma_f} \cdot L_f = \rho \cdot \frac{P_f \cdot L_0}{E \cdot \Delta L} \cdot L_f = \frac{P_f \cdot L_0 L_f}{\Delta L} \cdot \frac{1}{E/\rho} \tag{6-25}$$

式中,P 为拉伸载荷;P_f 为试样断裂载荷;ΔL 为断裂伸长量;L_0 为试样原长;L_f 为断样长度;σ_f 为断裂应力;ρ 为材料密度;A 为试样截面积;w 为试样质量。

由式(6-25)可知,构件质量与比强度成反比,与比模量成反比,这意味着比模量越大,构件质量越小。

$$w_{\min} \propto {}^{-1}(E/\rho)_{\max} \qquad (6-26)$$

式中,$w_{\min}$ 为试样最小质量。除了轻质高强,复合材料与传统金属材料相比,还具有疲劳性能好的优势。如图 6-7 所示,复合材料在 10^6 次疲劳周次后,疲劳强度与静态强度之比仍然高达近 80%,而传统金属材料仅为 30% 左右。

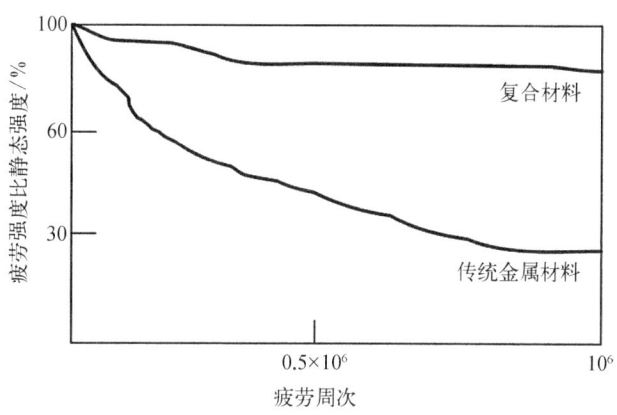

图 6-7 复合材料与金属材料疲劳性能对比

综上可知,与传统材料相比,复合材料具有性能可设计性、材料与构件一体性和好的使用性等特性,应用越来越广泛,技术进步日新月异,目前具有结构轻量化、工艺低成本化、制备低碳化、利用循环化、体系绿色化、应用高端化和结构功能一体化等发展趋势。

4. 复合材料的应用领域

复合材料的应用始于航空航天领域,目前已经推广至国民经济的各个领域,典型应用包括航天器件结构轻量化、军用战机结构轻量化、民用飞机结构轻量化、军民两用飞行器结构轻量化、武器装备结构轻量化、汽车领域、船舶领域、桥梁领域、轨道交通、能源领域等。

航天器件结构轻量化:例如,天地往返飞行器液氢液氧储箱、火星探测器返回舱、神舟飞船返回舱和整流罩等。

军用战机结构轻量化:例如,F-22 战斗机、F-35 战斗机和 B-2 轰炸机复合材料结构用量达到 24%、35% 和 50%。

民用飞机结构轻量化:例如,大飞机 A380 复合材料用量占结构质量的 25%,B787 和 A350 复合材料用量高达 50% 和 52%,复合材料用量已成为飞行器发展水平的重要标志。

军民两用飞行器结构轻量化:例如,临界空间飞艇、高空大型无人机和中低空无人机等几乎是全复合材料结构。

武器装备结构轻量化:例如,发动机推力结构、舱段和储运发系统等复合材料结构件。

汽车领域:例如,汽车车身、板簧、硬顶和传动轴等复合材料构件。

船舶领域：例如，游艇、船体和军舰等复合材料构件。
桥梁领域：例如，复合材料桥索、桥梁护栏和拉挤型材外场快速搭建桥梁等。
轨道交通：例如，地铁车厢、列车车头罩和列车复合材料车体等。
能源领域：例如，大型复合材料风电叶片、风电机舱罩和采油集束管等。

6.2 复合材料成形的内涵与要求

6.2.1 复合材料成形的内涵

复合材料成形是将两种或多种不同类型、不同性质、不同相的材料组成一个整体结构，从而获得性能优异的材料体系的适当方法或技术。具体就是将增强材料和基体材料复合成为多相固体复合材料的工艺方法。

复合材料成形时，将 A、B 两种组分组合起来，得到既有 A 又有 B 综合效果的复合材料体系，这种效应称为复合效应。复合效应通常有两种：线性效应和非线性效应，线性效应主要有平均效应、平行效应、相补效应和相抵效应等，非线性效应典型的有相乘效应、诱导效应、共振效应和系统效应等。

1. 线性效应

平均效应：复合后的性能等于各组分的性能乘各自的体积分数之和，复合材料的性能可用混合定律（ROM）来描述，这种效应称为平均效应。

平行效应：复合材料的某项性能与其中某一种组分的该项性能基本相同，这种效应称为平行效应。例如，环氧玻璃钢的耐腐蚀性能与环氧（基体）的耐腐蚀性能基本相同。

相补效应：复合材料各组分复合后，可相互补充，弥补各自的弱点，从而产生优异综合性能，这种效应称为相补效应。例如，（碳纤维+玻璃纤维）/环氧树脂可产生正混杂效应。

相抵效应：各组分间出现性能相互制约，结果使复合材料的性能低于 ROM 预测值，这种效应称为相抵效应。例如，（碳纤维+玻璃纤维）/环氧树脂可产生负混杂效应。

2. 非线性效应

相乘效应：将一种具有 X/Y 转换性质的材料与另一种具有 Y/Z 转换性质的材料复合，结果得到具有 X/Z 性质的材料，这种效应称为相乘效应。例如，将具有压磁效应和磁阻效应的两种材料复合后得到具有压阻效应的新材料。

诱导效应：在复合材料中两种组分的界面上，其中一相对另一相在一定条件下产生诱导，使之形成界面层，这种效应称为诱导效应，如诱导结晶。

系统效应：复合后复合材料具有单个组分不具有的新性能，这种效应称为系统效应。

共振效应：利用各种材料在一定几何形状下具有固有振动频率的性质，在复合材料中适当配置时，可以产生共振或吸振的特定功能，这种效应称为共振效应。

6.2.2 复合材料成形的要求

复合材料复合成形有四个基本要求：复合一体、固相转变、按设布定、和而不同。

复合一体：复合材料成形或者说"制造"最基本的要求，就是要将增强材料掺入基体材料中，复合成为一个整体。

固相转变：复合材料的增强体（增强材料）通常为固态，而基体材料有可能是气态、液态和固态，复合成形后最终转变为多相固体材料，即固相转变。

按设布定：增强体必须按照设计要求（方向和数量）分布，并固定在已转变为固态的基体中。

和而不同：增强材料与基体材料之间既要有物理和化学相容性，即"和"，又要保持原有的各自特性，即"不同"。

复合成形主要目的，包括四方面：一是实现复合材料构件特定的结构和铺层设计；二是完成将增强相按要求分散在基体相中并固定；三是完成特定形状复合材料构件的赋形；四是实现复合材料的最终应用。

6.2.3 复合材料成形的基本工艺步骤与方法

如前所述，按基体材料种类，复合材料可分为金属基复合材料、陶瓷基复合材料和聚合物基复合材料。不同种类复合材料的成形方法如下。

6.2.3.1 金属基复合材料

金属基复合材料成形的基本工艺步骤，可以分为成形准备、赋型、扩散、凝固和后处理五大步骤，其中赋型、扩散和凝固是金属基复合材料的成形三要素。

金属基复合材料的工艺性取决于金属基体。根据金属基体的状态，制备技术可分为固态法和液态法。典型的固态法有真空热压扩散结合、超塑性成形/扩散结合、模压、热压、热轧、热拔、热等静压和粉末冶金法等。典型的液态法有液态浸渗、压渗、真空吸铸、挤压铸造、半固态铸造和锻铸等。

按照金属基体的复合方式，可分为物理方法和化学方法，典型的物理方法有等离子喷涂、熔融喷溅、离子喷镀和热拔蒸镀等，典型的化学方法有电镀（电沉积）、无电解电镀、化学气相沉积等。

6.2.3.2 陶瓷基复合材料

陶瓷基复合材料成形的基本工艺步骤可以分为成形准备、赋型、扩散、烧结和后处理等五大步骤，其中赋型、扩散和烧结是陶瓷基复合材料的成形三要素。

陶瓷基体材料以共价键结合，且键能很高；形成强共价键需要提供很高的能量。因此，陶瓷基复合材料的制备与陶瓷材料有相通之处。陶瓷基复合材料的制备技术可以分为固态法、液态法、物理法和化学法。常用的成形工艺主要有粉末冶金法（热压、热等静压烧结）、泥浆烧铸、反应烧结法、液态浸渍法、直接氧化法、溶胶-凝胶（sol-gel）法、化学气相渗透（chemical vapor infiltration，CVI）法和先驱体转化（polymer infiltration pyrolysis，PIP）法等。

先驱体转化法是以有机或无机化合物通过裂解制备无机陶瓷或陶瓷基复合材料的方法。PIP法的基本工艺步骤包括原材料准备、浸渍润湿、交联固化、烧结、致密化和后处理等。

PIP法可通过有机先驱体分子设计和工艺来控制陶瓷和陶瓷基复合材料的组成与结

构,通过高温烧结实现有机向无机的转变,既可以制备陶瓷纤维,又可以制备陶瓷基复合材料和陶瓷涂层及粉体,称为陶瓷发展史上革命性的技术发展。

6.2.3.3 聚合物基复合材料

聚合物基复合材料成形的基本工艺步骤可以分为成形准备、赋型、浸渍、固化和后处理五大步骤,其中赋型、浸渍和固化是聚合物基复合材料的成形三要素。根据成形三要素和工艺特性,制备技术可分为接触成形、液相成形、连续成形、模压成形和其他成形等几大类,涉及几十种复合材料成形工艺方法。

聚合物基复合材料是用量最大的复合材料,占了复合材料用量的99%以上,通常所说的先进复合材料就是聚合物基复合材料,又称为高分子复合材料。据此,本书重点阐述的也是聚合物基复合材料的成形原理,下文中如无特殊说明,简称的复合材料特指聚合物基复合材料。

6.3 接触成形原理

6.3.1 接触成形概述

接触成形是指成形压力为接触压的成形工艺及其衍生工艺。最典型的接触成形工艺是手糊成形工艺,在此基础上发展了喷射成形、真空袋压和压力袋成形等衍生工艺。

6.3.1.1 手糊成形

手糊成形又称为低压接触成形,是采用手工方法将纤维增强材料和树脂胶液在模具上铺敷成形、室温(或加热)、无压(或低压)条件下固化、脱模成制品的工艺方法。手糊是复合材料工业最早使用的一种工艺方法。

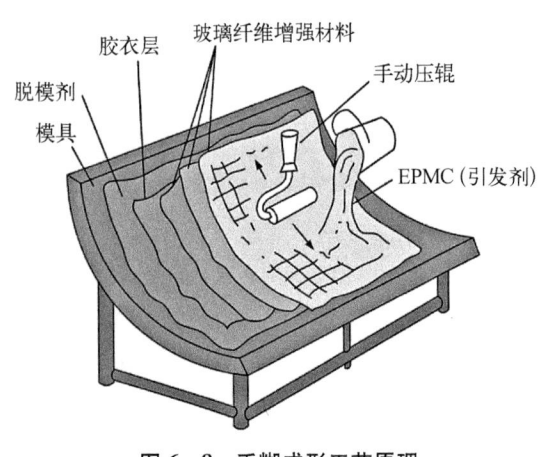

图6-8 手糊成形工艺原理

手糊成形基本原理是手工浸渍、固化定型,如图6-8所示,其基本工艺步骤是:成形准备(包括树脂体系、增强材料和成形模具准备)、喷刷胶衣、铺层浸渍、固化定型、脱模、后处理(修边、检测、防护等)。设备除成形模具外,还需要毛刷、压辊、胶桶、量称等。

手糊成形工艺优点是产品尺寸和形状不受限制,设备简单、工艺简单、操作简单,容易满足产品设计要求,制品树脂含量较高,耐腐蚀性好,称为一种永不衰落的工艺方法。

缺点是生产效率低,劳动强度大,劳动环境差;产品质量不易控制,性能稳定性不高;产品力学性能较低。

6.3.1.2 喷射成形

喷射成形是指通过喷枪将短切纤维和雾化树脂同时喷射到成型模具表面,经辊压、刮胶,然后固化定形制得复合材料制件的工艺方法。其基本原理如图6-9所示,基本工艺步骤是：成形准备、喷射、辊压、固化定形、脱模和后处理。

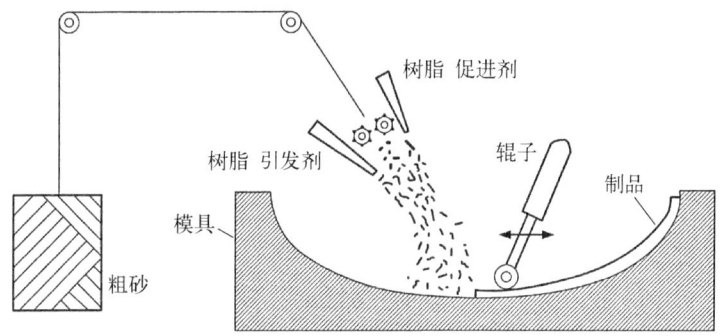

图6-9 喷射成形工艺原理

喷射成形最主要的设备是喷射机,由树脂输送系统、树脂喷射系统和无捻粗纱切割系统组成,即输料泵、喷枪和切纱器。为保证喷射顺畅,增强纤维以无捻粗纱为宜,短切长度通常是25~50 mm；基体树脂体系常用室温固化体系,黏度为 0.3~0.8 Pa·s,触变性为 1.5~4,含胶量约为60%；通常喷枪夹角20°为宜,喷枪口与成形表面距离350~400 mm,喷射速率 2~10 kg/min；每个喷射面喷完后,立即用压辊滚压,再喷第二层。

喷射成形技术特点是：生产效率是手糊成形的 2~5 倍,效率高,劳动强度低；常用增强材料玻璃纤维为无捻粗纱,材料成本低；制品整体性好,无搭接缝；制品形状和尺寸不受限制；可调节产品厚度、纤维与树脂比例；缺点是施工现场污染大,产品树脂含量高,强度小。

6.3.1.3 真空袋压成形

真空袋压成形工艺是手糊成形的衍生工艺,是指采用手糊方法铺层浸渍制品毛坯,然后真空袋膜密封、抽真空,吸除多余树脂胶液同时固化定形,脱模得到复合材料制品的工艺方法。其基本原理如图6-10所示,基本工艺步骤是：成形准备、手糊铺层、真空加压、固化定形、脱模和后处理。

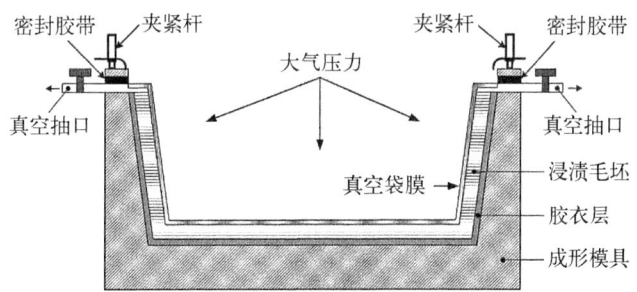

图6-10 真空袋压成形工艺原理

真空袋压的成形压力是真空压力,即1个大气压,约为0.1 MPa,而且固化过程中抽真空,能够及时排除模腔内的气体,制品致密且气孔缺陷少。技术特点是：设备简单,操作方便;适宜制备大尺寸薄壁结构成形,如蒙皮、船体及小型飞机部件;适宜制备夹芯结构复合材料构件,如泡沫夹芯、蜂窝夹芯等结构件。

6.3.1.4 压力袋成形

压力袋成形工艺也是手糊成形的衍生工艺,是指采用手糊方法铺层浸渍制品毛坯,然后设置一个加压柔性压力袋,通过往压力袋中充气加压的方式压实制品毛坯,固化定形、脱模得到复合材料制品的工艺方法。其基本原理如图6-11所示,基本工艺步骤是:成形准备、手糊铺层、压力袋加压、固化定型、脱模和后处理。

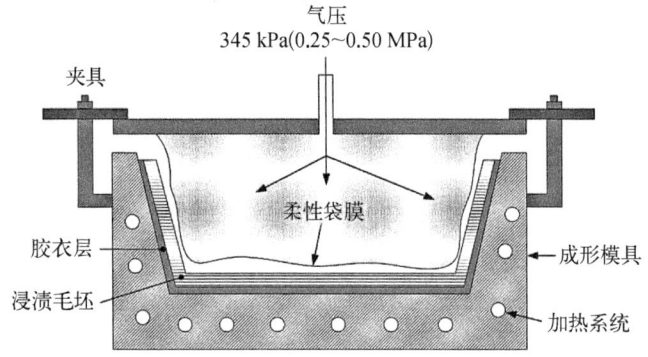

图 6-11 压力袋成形工艺原理

压力袋成形的成形压力可达 0.25~0.5 MPa,制品致密,同样适宜制备大尺寸薄壁结构成形,如蒙皮、船体及小型飞机部件;适宜制备夹芯结构复合材料构件,如泡沫夹芯、蜂窝夹芯等结构件。

接触成形是发展最早、简单易行的复合材料工艺方法,决定工艺成败的关键步骤是树脂浸渍,浸渍过程的本质是树脂润湿纤维(或增强材料),因此如何确保或判断树脂润湿纤维及其影响因素,是接触成形工艺的关键和难点。

6.3.2 润湿接触角判据

复合材料通常由基体材料和增强材料组成,基体材料是连续相,增强材料为分散相,两相之间存在着界面,即复合材料界面,特指基体相与增强相之间化学成分有显著变化的、构成彼此结合的微小区域,界面具有传递效应、突变效应和隔断效应作用。

复合材料成形过程中发生固相转变,通常是由液-固界面转换为固-固界面,界面直接影响载荷传递效果,界面转换形成良好界面的前提是基体材料充分润湿增强材料。

润湿是指固体表面由固(S)-气(V)界面转变为固(S)-液(L)界面的现象,是一种流体从固体表面置换另一种流体的过程。热力学定义是固体与液体接触后,体系(固体+液体)的吉布斯自由能 G 降低时,就称为润湿。

根据润湿情况的不同,润湿可分为三类:一是沾湿(adhesion),是气-液界面与气-固界面变为液-固界面的过程;二是浸湿(immersion),是将固体完全浸入液体中的过程;三是铺展(spreading),是液滴在固体表面上自动展开形成液膜的过程。

如何判断基体材料(树脂)能否润湿增强材料(纤维)呢?本书重点介绍三大判据:

接触角判据、温泽尔(Wenzel)方程和齐斯曼(Zisman)准则。

6.3.2.1 表面张力、比表面功和表面自由能

润湿能够发生，从动力学角度来看，是受到了表面张力的作用。表面张力是在相表面的切面上，垂直作用于单位长度的相边界的一种表面紧缩力。

假设在两根紧密摆放的金属丝之间滴入液滴，受力 F 在金属框上无摩擦滑动；将液滴展开成宽为 l 的两面液膜，如图 6-12 所示。

根据图 6-12，可推导出：

$$F = 2\gamma l \quad (6-27)$$

式中，γ 为引起液体表面收缩的单位长度上的力，称为表面张力，单位为 N/m；l 为液膜宽度。

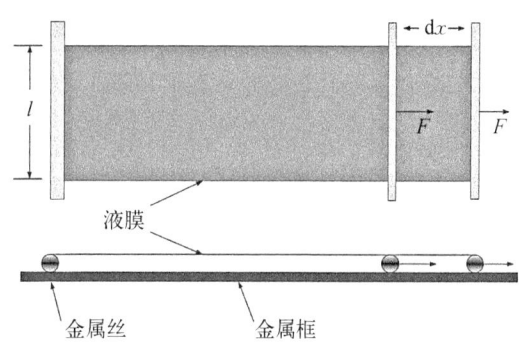

图 6-12 推导表面张力与比表面功的模型

转换可得表面张力 γ 为

$$\gamma = F/2l \quad (6-28)$$

表面张力作用下，系统每增加一个单位表面积所需做的可逆非体积功，称为比表面功。根据图 6-12，可得表面功 δW_s 为

$$\delta W_s = F \mathrm{d}x = 2\gamma l \mathrm{d}x = \gamma \mathrm{d}A \quad (6-29)$$

式中，$\mathrm{d}x$ 为受力 F 时液膜的伸长量。

定义比表面功为 γ，则

$$\gamma = \frac{\delta W_s}{\mathrm{d}A} \quad (6-30)$$

比表面功的单位为 J/m^2。

表面自由能是增加单位表面积引起系统吉布斯(Gibbs)自由能的增量；或者单位表面积上的分子，比相同数量的内部分子超额的吉布斯自由能。

假设系统的非体积功仅有表面功，即表面功(δW_s)等于非体积功($W_{non\text{-}exp}$)。根据恒温($\mathrm{d}T=0$)、恒压($\mathrm{d}p=0$)条件下，可逆非体积功 $W_{non\text{-}exp}$ 与 Gibbs 自由能函变 $\mathrm{d}G$ 的关系式，结合式(6-30)，可得

$$(\mathrm{d}G)_{T,p,R} = \delta W_{non\text{-}exp}|_{max} = \delta W_s = \gamma \mathrm{d}A \quad (6-31)$$

因此，有

$$\gamma = \left(\frac{\partial G}{\partial A}\right)_{T,p,R} \quad (6-32)$$

式中，γ 为系统恒温恒压条件下，增加单位面积时所增加的吉布斯自由能函变，故又称为表面吉布斯自由能，简称为表面自由能。

表面张力、比表面功和表面自由能三者的单位、量纲和性质如表6-3所示。由表可知,三个概念所代表的物理意义不同,所用单位不同;相同点是数值相同,量纲相同。

表6-3 表面张力、比表面功和表面自由能的异同

名 称	单 位	量 纲	性 质	不 同	相 同
表面张力	N/m	力/长度	矢量	物理意义不同,	数值相同,
比表面功	J/m²	力/长度	标量	所用单位不同	量纲相同
表面自由能	J/m²	力/长度	标量		

6.3.2.2 接触角与杨氏(Young)方程

1. 接触角

树脂液体不完全润湿固体增强材料表面时通常形成一个球冠状液滴,当固(S)、液(L)、气(V)三相接触达到平衡时,从三相接触的公共点O沿液(L)-气(V)界面作切线,将此切线与固-液界面的夹角定义为接触角θ,如图6-13所示。图中,γ_{SL}为固-液界面张力;γ_{LV}为液-气界面张力,也称为液体表面张力;γ_{SV}为固-气界面张力,也称为固体表面张力;θ为接触角。

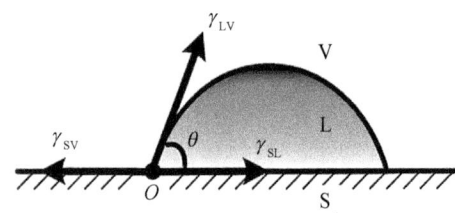

图6-13 滴落在清洁平滑固体表面上三个界面的张力平衡图

2. 杨氏(Young)方程

对于一个化学性质均一、无限平坦的理想表面,Young认为θ取决于固体表面张力γ_{SV}、液体表面张力γ_{LV},以及固-液界面的界面张力γ_{SL}的相对大小,并通过力学方法推导出平衡状态时θ与γ_{SV}、γ_{LV}以及γ_{SL}的定量关系:

$$\gamma_{SV} = \gamma_{SL} + \gamma_{LV}\cos\theta \qquad (6-33)$$

式(6-33)就是著名的杨氏方程,也是所有润湿现象研究的定量理论基础。

3. 接触角判据内涵

通过接触角θ的大小,可以很方便地定量描述液体在固体表面上的润湿程度:

(1) 当$\theta = 0°$时,称为完全润湿,润湿张力最大,可以完全润湿,即液体在固体表面上能自由铺展。

(2) 当$0° < \theta < 90°$时,$\gamma_{SV} > \gamma_{SL}$,$0 < \cos\theta < 1$,称为不完全润湿(或润湿);而且$\gamma_{SV}$与$\gamma_{LV}$相差越大,$\theta$越小,润湿性越好。

(3) 当$90° < \theta < 180°$时,$-1 < \cos\theta < 0$,$\gamma_{SV} < \gamma_{SL}$,称为不润湿;而且$\gamma_{SV}$与$\gamma_{LV}$相差越大,$\theta$越大,不润湿程度也越严重。

(4) 当$\theta = 180°$时,称为完全不润湿。

完全润湿、不完全润湿、润湿不好、完全不润湿的情形如图6-14所示。固体表面的润湿程度可以由液体分子对其表面的作用力大小来表征。

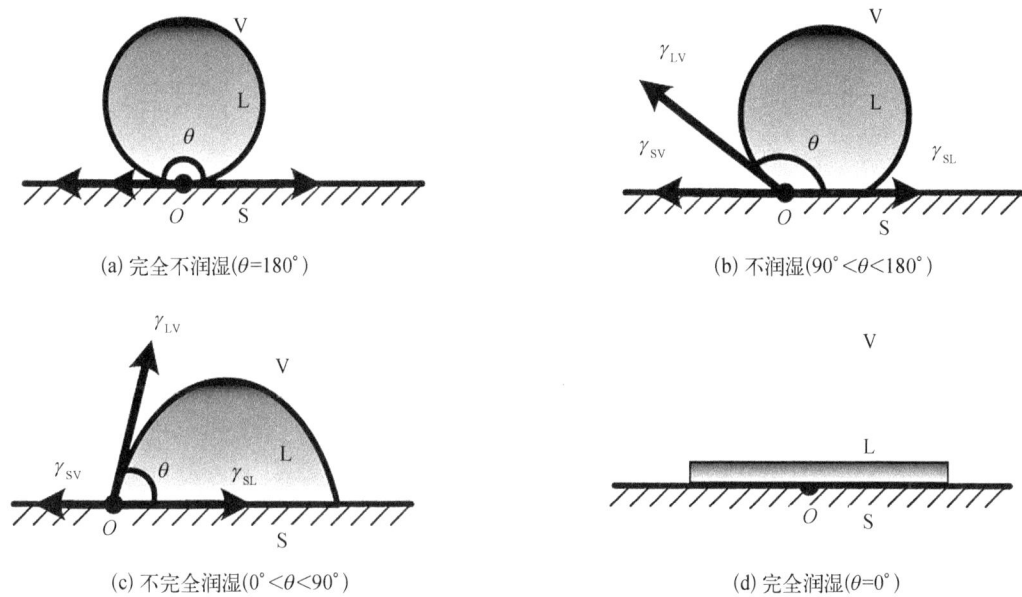

图 6-14 典型润湿现象示意图

6.3.2.3 沾湿

沾湿也称为附着润湿。沾湿现象发生在液体和固体接触后，液-气界面和固-气界面变为固液界面（图 6-15），此时体系的吉布斯自由能下降 ΔG_a。

$$\Delta G_a = \gamma_{SL} - (\gamma_{LV} + \gamma_{SV}) \tag{6-34}$$

式中，ΔG_a 为沾湿过程中自由能变化。

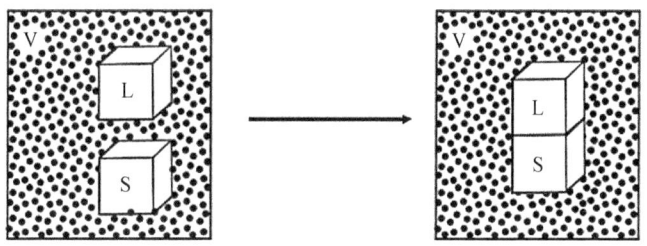

图 6-15 沾湿

等温等压下，吉布斯自由能的变化等于体系对外所做的非体积功，沾湿过程中体系对外所做的非体积功即液体对固体的沾湿功或黏附功 $W_a = -\Delta G_a$：

$$W_a = -\Delta G_a = \gamma_{SV} - \gamma_{SL} + \gamma_{LV} \tag{6-35}$$

式中，W_a 为沾湿过程中液体对固体的沾湿功。

将杨氏方程(6-33)代入式(6-35)，则有

$$W_a = -\Delta G_a = \gamma_{SV} - \gamma_{SL} + \gamma_{LV} = \gamma_{LV}(1 + \cos\theta) \tag{6-36}$$

沾湿能够发生的条件是沾湿功大于零,即 $W_a > 0$,则有

$$W_a = \gamma_{SV} - \gamma_{SL} + \gamma_{LV} = \gamma_{LV}(1 + \cos\theta) > 0 \quad (6-37)$$

由式(6-37)可知:
(1) 当 $\theta < 180°$ 时,沾湿自发进行。
(2) 当 $\theta = 180°$ 时,沾湿不能发生。

6.3.2.4 浸湿

浸湿是指固体浸入液体中,固-气界面被固-液界面代替,而液体表面没有变化(图6-16)。此时体系的吉布斯自由能下降 ΔG_i:

$$\Delta G_i = \gamma_{SL} - \gamma_{SV} \quad (6-38)$$

式中,ΔG_i 为浸湿过程中自由能变化。

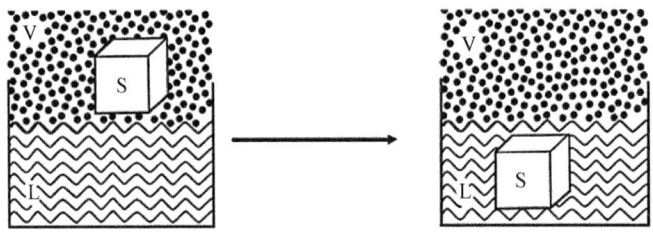

图 6-16 浸湿

等温等压下,吉布斯自由能的变化等于体系对外所做的非体积功,浸湿过程中体系对外所做的非体积功即液体对固体的浸湿功 $W_i = -\Delta G_i$,结合杨氏方程得

$$W_i = -\Delta G_i = \gamma_{SV} - \gamma_{SL} = \gamma_{LV}\cos\theta \quad (6-39)$$

式中,W_i 为浸湿过程中的浸湿功。

浸湿能够发生的条件是浸湿功大于零,即 $W_i > 0$,则

$$W_i = \gamma_{SV} - \gamma_{SL} = \gamma_{LV}\cos\theta > 0 \quad (6-40)$$

结合式(6-40)可知:
(1) 当 $\gamma_{SV} > \gamma_{SL}$,$0° \leq \theta < 90°$ 时,$0 < \cos\theta \leq 1$,浸湿过程自发进行。
(2) 当 $\gamma_{SV} \leq \gamma_{SL}$,$90° \leq \theta < 180°$ 时,$-1 < \cos\theta \leq 0$,液体浸湿固体必须做功。

6.3.2.5 铺展

从热力学观点看,当忽略液体的质量和黏度影响时,将一液滴滴在清洁平滑的固体表面上,在恒温恒压条件下,若此液滴在固体表面上自动展开并形成液膜,则此过程称为铺展润湿(图6-17)。此时体系的吉布斯自由能下降 ΔG_s:

$$\Delta G_s = \gamma_{SL} + \gamma_{LV} - \gamma_{SV} \quad (6-41)$$

式中,ΔG_s 为铺展过程中自由能变化。

等温等压下,吉布斯自由能的变化等于体系对外所做的非体积功,铺展过程中体系对

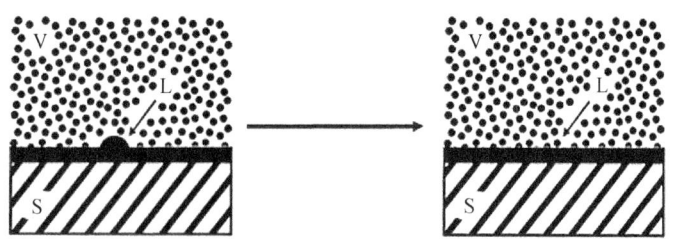

图 6-17 铺展

外所做的非体积功即液体对固体的铺展功 $W_s = -\Delta G_s$,结合杨氏方程得

$$W_s = -\Delta G_s = \gamma_{SV} - \gamma_{SL} - \gamma_{LV} = \gamma_{LV}(\cos\theta - 1) \tag{6-42}$$

式中,W_s 为铺展过程中的铺展功。

铺展能够发生的条件是铺展功大于零,即 $W_s \geq 0$,则

$$W_s = \gamma_{SV} - \gamma_{SL} - \gamma_{LV} = \gamma_{LV}(\cos\theta - 1) \geq 0 \tag{6-43}$$

结合式(6-43)可知:

(1) 当 $\theta = 0°$ 时,自发铺展,完全润湿。

(2) 不存在平衡接触角。

6.3.2.6 铺展是润湿的最高形式

对于同一系统,沾湿自发进行的条件为

$$W_a = -\Delta G_a = \gamma_{SV} - \gamma_{SL} + \gamma_{LV} > 0 \tag{6-44}$$

浸湿过程自发进行的条件为

$$W_i = -\Delta G_i = \gamma_{SV} - \gamma_{SL} > 0 \tag{6-45}$$

铺展过程自发进行的条件为

$$W_s = \gamma_{SV} - \gamma_{LV} - \gamma_{SL} \geq 0 \tag{6-46}$$

显然,

$$W_a > W_i > W_s \tag{6-47}$$

若 $W_s \geq 0$,则必有

$$W_a > W_i > 0 \tag{6-48}$$

这意味着,凡能铺展的必能沾湿和浸湿,反之则未必。因此,铺展是润湿程度的最高形式。

值得注意的是:① 沾湿、浸湿和铺展三种润湿状态的共同点是液体将气体从固体表面排挤开,使原有的固-气(或液-气)界面消失,取而代之的是固-液界面;② 讨论液体自动润湿固体表面的条件时,忽略了重力和黏度等影响;③ 通常以接触角为90°作为润湿的界限,接触角小于 90°时可润湿,大于 90°时则不润湿;④ 铺展是润湿的最高形式,能铺展

则必能沾湿和浸湿。

6.3.3 润湿 Wenzel 方程

杨氏方程假设固体表面是理想的平坦表面或光滑表面,如图 6-18 所示,液滴在光滑表面上铺展,S、L 和 V 分别表示固体、液体和气体,δ_s 代表固-液光滑界面的面积增量,θ 为接触角。液体在固体光滑表面上铺展,由 A 到 B,固-液光滑界面积增量达到 δ_s 后,形成新平衡。

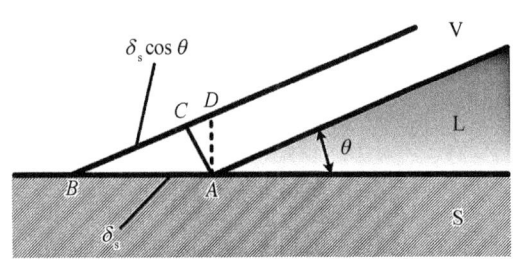

图 6-18 液滴在光滑表面铺展

从热力学角度考虑,当系统处于平衡时,界面位置的少许移动所产生的界面能的净变化应等于零,即

$$\gamma_{SL}\delta_s + \gamma_{LV}\delta_s\cos\theta - \gamma_{SV}\delta_s = 0 \quad (6-49)$$

式(6-49)转换即可得到杨氏方程:

$$\cos\theta = \frac{\gamma_{SV} - \gamma_{SL}}{\gamma_{LV}} \quad (6-50)$$

光滑表面是理想表面,实际表面都具有一定的粗糙度。粗糙表面的粗糙程度用粗糙度系数 $R_n(\geqslant 1)$ 表示,粗糙表面的真实表面积是表观面积的 R_n 倍,即

$$R_n = \frac{材料的实际表面积}{表观面积或投影面积} = \frac{A_{实际}}{A_{投影}} \quad (6-51)$$

图 6-19 是液滴在粗糙表面上铺展的情况,由 A 铺展到 B,固-液粗糙界面的实际面积增量达到 $R_n\delta_s$ 后,形成新平衡,θ_n 即为液滴在粗糙固体表面上形成的接触角。

实际固体表面通常是粗糙的,液滴会渗透到表面凹凸不平的"槽"中,因而液滴接触的实际面积往往大于表观几何上观察到的接触面积。从热力学角度考虑,当系统处

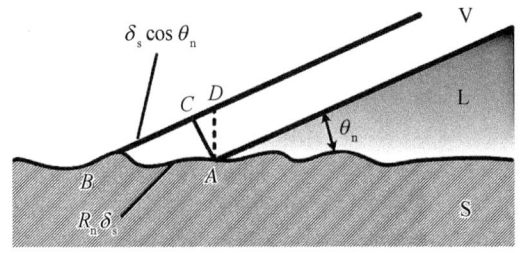

图 6-19 液滴在粗糙表面铺展

于平衡时,界面位置的少许移动所产生的界面能的净变化也应等于零,据此 1936 年 Wenzel 推导出粗糙表面的修正杨氏方程,即 Wenzel 方程:

$$\gamma_{SL}R_n\delta_s + \gamma_{LV}\delta_s\cos\theta_n - \gamma_{SV}R_n\delta_s = 0 \quad (6-52)$$

$$\cos\theta_n = \frac{R_n(\gamma_{SV} - \gamma_{SL})}{\gamma_{LV}} = R_n\cos\theta \quad (6-53)$$

$$R_n = \frac{\cos\theta_n}{\cos\theta} > 1 \quad (6-54)$$

Wenzel 方程内涵如下：

(1) $\theta < 90°$ 时，$\theta_n < \theta$，θ_n 随着表面粗糙度 R_n 的增加而降低，表面变得更亲液，就容易润湿。

(2) $\theta = 90°$ 时，$\theta_n = \theta = 90°$，表面疏液，难润湿。

(3) $\theta > 90°$ 时，$\theta_n > \theta$，θ_n 随着表面粗糙度 R_n 的增加而变大，表面变得更疏液，更不利于润湿。

R_n 是表面粗糙度系数，由于值总是大于 1，故 θ 和 θ_n 的相对关系按图 6-20 的余弦曲线变化。

6.3.4 润湿 Zisman 准则

6.3.4.1 临界表面张力

固体的临界表面张力 γ_C 等于该固体上接触角趋于零的液体的表面张力 $\gamma_{LV}(\theta \to 0)$。由杨氏（Young）方程(6-33)，可得

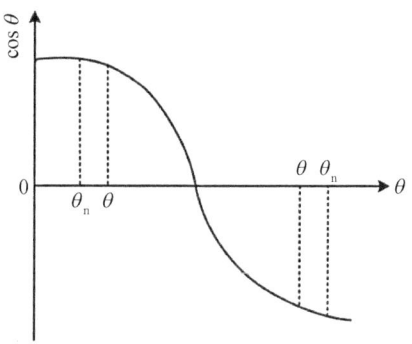

图 6-20 理想表面接触角 θ 和粗糙表面接触角 θ_n 的相对关系

$$\gamma_C = \lim_{\theta \to 0} \gamma_{LV} = \lim_{\theta \to 0} \frac{\gamma_{SV} - \gamma_{SL}}{\cos\theta} = \gamma_S - \gamma_{SL} - \pi_e \tag{6-55}$$

式中，γ_S 为真空状态固体表面张力；π_e 为表面压力。

临界表面张力是表征固体表面润湿性质的特征量或经验参数，但根据式(6-55)却难以确定。Zisman 通过研究低能表面的润湿现象，发明了一种试验确定临界表面张力。固体表面可分为低能固体表面与高能固体表面。一般表面能高于 $0.1\,\text{J/m}^2$ 的表面称为高能表面，表面能低于 $0.1\,\text{J/m}^2$ 的表面称为低能表面。

在研究低能表面润湿现象的过程中，Zisman 最早发现，液体在固体表面上 $\cos\theta$ 与 γ_{LV} 之间存在着线性关系，如图 6-21 所示。若测试液体是同系物，则 $\cos\theta$ 与 γ_{LV} 呈线性关系，此直线与 $\cos\theta = 1$ 的交点的横坐标即临界表面张力 γ_C。若测试液体不是同系物，则往往得到一条离散的直线带或一条曲线，直线带中最低的那条线与 $\cos\theta = 1$ 的交点的横坐

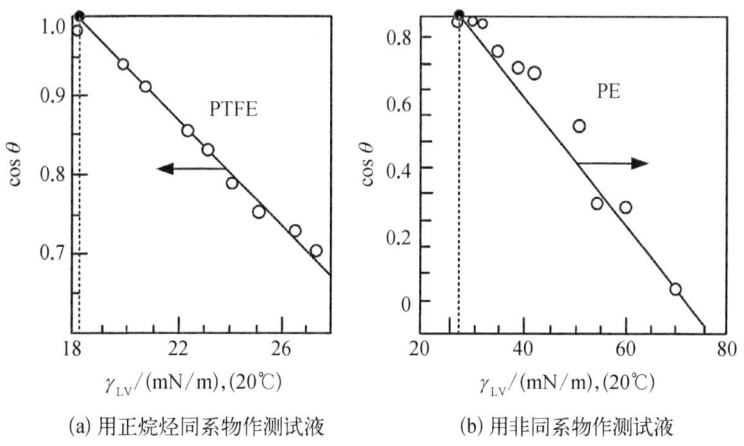

(a) 用正烷烃同系物作测试液　　(b) 用非同系物作测试液

图 6-21 临界表面张力的 Zisman 图（即接触角余弦与液体表面张力关系图）

标为临界表面张力 γ_C。

6.3.4.2 准则内涵

Zisman 等发现,凡是表面张力 γ_{LV} 大于其固体的临界表面张力 γ_C 的液体,不能在该固体表面自行铺展;只有表面张力 γ_{LV} 小于或等于其固体的临界表面张力 γ_C 的液体才能在该固体表面上铺展,即 Zisman 准则。

(1) $\gamma_{LV} \leqslant \gamma_C$:液体可能在固体表面润湿;
(2) $\gamma_{LV} > \gamma_C$:液体不能在固体表面润湿。

固体 γ_C 越高,能够在其表面上展开的液体就多;固体 γ_C 越低,则能够在其表面上展开的液体就越少。因此,临界表面张力 γ_C 是固体表面性能的一个重要参数。

常见材质表面的临界表面张力值 γ_C 如表 6-4 所示。

表 6-4 常见材质表面的临界表面张力(25℃)

材质表面	碳	瓷	玻璃	聚丙烯	聚氯乙烯	钢	石蜡
$\gamma_C/(mN/m)$	56	61	73	33	40	75	20

典型高分子固体材料的临界表面张力值 γ_C 如表 6-5 所示。

表 6-5 典型高分子固体材料的临界表面张力(25℃)

固体表面	$\gamma_C/(mN/m)$	固体表面	$\gamma_C/(mN/m)$
聚四氟乙烯	18	聚苯乙烯	33
聚三氟乙烯	22	聚乙烯醇	37
聚二(偏)氟乙烯	25	聚甲基丙烯酸甲酯	39
聚一氯乙烯	39	聚酯纤维	43
聚三氟氯乙烯	31	尼龙 66	46
聚乙烯	31	纤维素纤维	45

6.3.5 润湿的影响因素

1. 吸附膜

实际的固体表面都存在吸附膜,吸附膜会降低其表面能 γ_{SV},增大接触角,阻碍液体在固体表面润湿。

对于同一系统,根据沾湿的条件[式(6-56)]、浸湿条件[式(6-57)]和铺展条件[式(6-58)]:

$$W_{SL} = -\Delta G_1 = \gamma_{SV} - \gamma_{SL} + \gamma_{LV} \geqslant 0 \tag{6-56}$$

$$W'_{SL} = -\Delta G_2 = \gamma_{SV} - \gamma_{SL} \geqslant 0 \tag{6-57}$$

$$S_{L/S} = \gamma_{SV} - \gamma_{LV} - \gamma_{SL} \geqslant 0 \tag{6-58}$$

可以看出,固体表面能 γ_{SV} 降低,对润湿不利。因此,在复合材料制备工艺中,增强相(如纤维)表面都要保持清洁,其目的是去除吸附膜,使增强材料保持应有的 γ_{sv},以改善润湿性能。

2. 表面处理

在复合材料制备工艺中,为了改善纤维与基体(如玻璃纤维与树脂)之间的界面结合强度,一般都要采用硅烷类的偶联剂对作为增强材料的纤维进行表面处理。偶联剂作用的基本机理是偶联剂分子链两端的官能团分别与基体树脂和纤维表面形成键合反应,增强了界面结合强度,如图6-22所示。

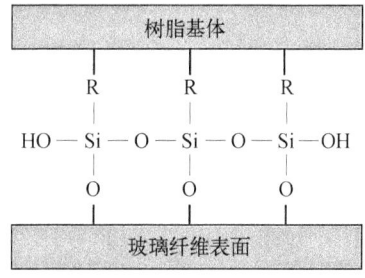

图6-22 硅烷类表面处理剂的作用

由表6-4可知,通常清洁的玻璃表面临界表面张力为73 mN/m,经硅烷偶联剂处理后各种基材的表面张力变化情况如表6-6所示,显然,玻璃(纤维)表面经硅烷偶联剂处理以后,临界表面张力明显降低,说明偶联剂处理后不利于树脂对玻璃纤维的润湿。

表6-6 经硅烷偶联剂处理后各种基材的临界表面张力(25℃)

偶联剂结构	基 材	$\gamma_C/(mN/m)$
$(CF_3)_2CFO(CH_2)Si(OCH_3)_3$	不锈钢	14
$CF_3(CF_2)_6CH_2O(CH_2)_3Si(OC_2H_5)_3$	硼硅酸玻璃	14
$CH_3Si(OCH_3)_3$	钠-钙玻璃	22.5
$C_2H_5Si(OC_2H_5)_3$	二氧化硅	26~33
$CH_2=CHSi(OC_2H_5)_3$	二氧化硅	30
$CH_2=CHSi(OCH_3)_3$	钠-钙玻璃	25
$CH_2=C(CH_3)COO(CH_2)_3Si(OCH_3)_3$	钠-钙玻璃	28
$H_2NCH_2CH_2NH(CH_2)_3Si(OCH_3)_3$	钠-钙玻璃	33.5
$CH_3C_6H_4Si(OCH_3)_3$	钠-钙玻璃	34
$H_2N(CH_2)_3Si(OC_2H_5)_3$	钠-钙玻璃	35
$BrCH_2C_6H_4Si(OCH_3)_3$	钠-钙玻璃	39.5
$OCH_2CHCH_2O(CH_2)_3Si(OCH_3)_3$	钠-钙玻璃	38.5~42.5
$C_6H_5Si(OCH_3)_3$	钠-钙玻璃	40
$Cl(CH_2)_3Si(OCH_3)_3$	钠-钙玻璃	40.5
$HS(CH_2)_3Si(OCH_3)_3$	钠-钙玻璃	41
对-$ClC_6H_4CH_2CH_2Si(OCH_3)_3$	硼硅酸玻璃	40~45
$BrC_6H_4Si(OCH_3)_3$	钠-钙玻璃	43.5
相对湿度1%的空气	钠-钙玻璃	47
相对湿度95%的空气	钠-钙玻璃	29

6.4 液相成形原理

6.4.1 液相成形概述

液相成形,又称为液相法或液相模塑成形(liquid composites molding, LCM),其原理是将液态树脂体系注入铺放纤维增强材料预成形体的闭合模腔中,或加热熔化预先放入模腔内的树脂膜,液态树脂流动、浸渍增强材料,浸渍完成后固化成形得到复合材料制品。LCM 技术原理如图 6-23 所示。

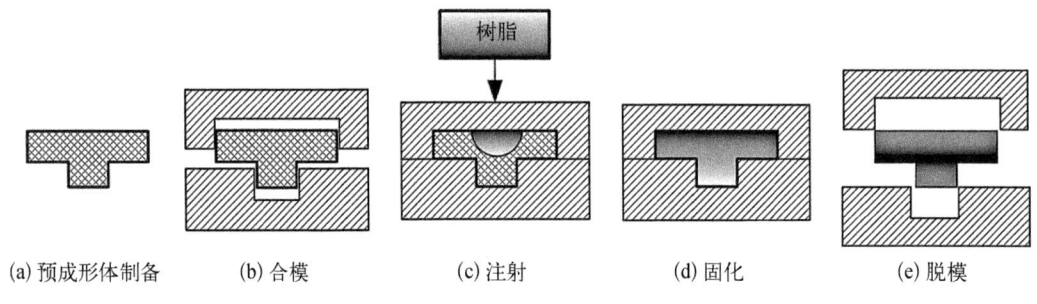

(a) 预成形体制备　(b) 合模　(c) 注射　(d) 固化　(e) 脱模

图 6-23　LCM 技术原理

液相成形的本质是液态树脂长程渗流浸润增强材料、固化成形复合材料的工艺方法。LCM 技术具有高性能、低成本的制造优势,已经成为先进复合材料制造技术的典型代表,是当前树脂基复合材料制造技术的主导方向之一。与传统复合材料成形工艺相比,LCM 类成形工艺的设计具有很强的适应性,可以针对各种不同的用途进行模具、材料和具体工艺实施方案的灵活调整。

LCM 工艺种类繁多,应用最为广泛最典型的是树脂传递模塑(resin transfer molding, RTM)、树脂膜熔融浸渍(resin film infusion, RFI)和真空导入模塑(vacuum infusion molding process, VIMP)三种成形工艺。此外,还有真空辅助树脂传递模塑(vacuum aided resin transfer molding, VARTM)、结构反应注射成形(structure reaction injection molding, SRIM)、西曼法成形工艺(Seemann composites resin injection molding process, SCRIMP)等。

LCM 工艺可一步浸渍成形带有夹芯、加筋和预埋件的大型复合材料构件,可按性能与结构要求设计和铺放增强材料,具有高性能、低成本的制造优势,而且闭模成形,环保高效,目前在航空航天领域、汽车工业和一些非传统的复合材料工业中的应用越来越广泛。

6.4.1.1　树脂传递模塑成形

树脂传递模塑(resin transfer molding, RTM)工艺,是从湿法铺层和注塑工艺演变而成的一种复合材料成形工艺。RTM 技术,一般认为起源于 20 世纪 40 年代。该工艺初期的技术开发主要在欧洲,20 世纪 60~70 年代,纤维增强复合材料领域将重点放在喷射和片状模塑料成形上,RTM 虽然成本较低,但其技术要求较高,特别是对原材料和模具的要求较高,大规模推广有一定的困难,因而发展缓慢。到了 20 世纪 80 年代,由于工业发达国家对生产环境要求的各项法规日趋严格,因此,生产厂家不得不放弃传统的手糊和喷射成形工艺,寻求符合环保法规的低苯乙烯挥发量的工艺。与此同时,随着原材料、工艺的发展和成形技术的不断进步,以及 RTM 工艺自身诸多的优点,RTM 工艺越来越受到各国的重视。

树脂传递模塑(RTM)成形工艺的基本原理是采用注射设备将混合均匀的树脂胶液注入已预先铺放增强材料预成形体的闭合成形模腔中,树脂流动、浸渍增强材料并固化成形,最后脱模得到复合材料制品。RTM 工艺原理如图 6-24 所示。

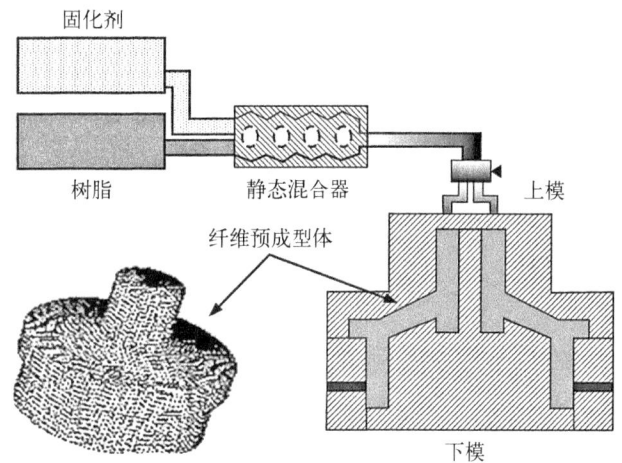

图 6-24 RTM 工艺原理

RTM 工艺基本步骤包括模具准备、纤维铺层、合模、树脂注射、固化、脱模和后处理等,如图 6-25 所示。

图 6-25 RTM 工艺步骤

RTM 技术有以下特点:① 整体成形,制品整体性好;② 近净成形,制品尺寸精度高;③ 制品性能稳定,纤维体积分数 40%~50%;④ 制品尺寸较大时,模具制造成本高;⑤ 制品形状复杂时,脱模困难。

6.4.1.2 树脂膜熔融浸渍成形

RFI 工艺起源于 20 世纪 40 年代开发出的"MACRO"法,属于复合材料的液体成形工艺技术(liquid composite molding),是目前综合性能最佳的复合材料成形工艺之一。20 世纪 70 年代,美国航空航天局(National Aeronautics and Space Administration,NASA)率先进行 RFI 工艺与 RFI 用树脂膜的研究。NASA 和波音公司(Boeing Company)使用预浸料环氧树脂体系制造 RFI 用树脂膜,并成功生产出 13 m 长的商用飞机机翼蒙皮。日本村田机械株式会社利用双马来酰亚胺 RTM 树脂生产了高性能树脂膜,该树脂膜具有低的熔融黏度(100 mPa·s),适宜制造纤维体积含量较高的 RFI 制件。国内对于 RFI 工艺的研究起步较晚,目前商品化生产 RFI 用树脂膜较少。开展这方面研究的有西北工业大学、中国人民解放军国防科学技术大学、天津工业大学,还有北京玻璃钢研究院有限公司、北京航空制造工程研究所、沈阳飞机设计研究所(601 所)及中国飞机强度研究所(623 所)等单位。

树脂膜熔融浸渍(resin film infusion,RFI)成形工艺,是将预催化(添加了固化剂和其他助剂)的树脂膜铺放在带加热系统的成形模具表面,其上铺设纤维预成形体,采用柔性真空袋膜封装,抽真空压实预成形体和排除模腔中气体,加热使模具表面的树脂膜熔化为液态,在真空负压作用下,液态树脂向上浸润纤维预成形体,进一步加温,固化形成所需的复合材料构件,其基本原理如图 6-26 所示。

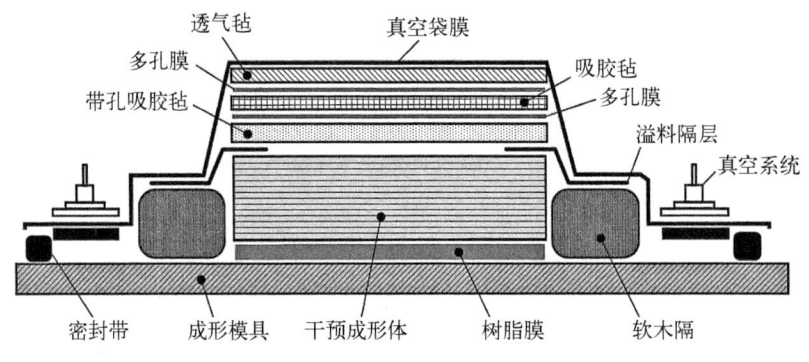

图 6-26 RFI 工艺原理

RFI 工艺步骤包括树脂膜制备、成形准备、树脂膜铺层、预成形体铺层、真空封装、抽真空、加热浸渍、固化定形、脱模和后处理等,见图 6-27 所示。

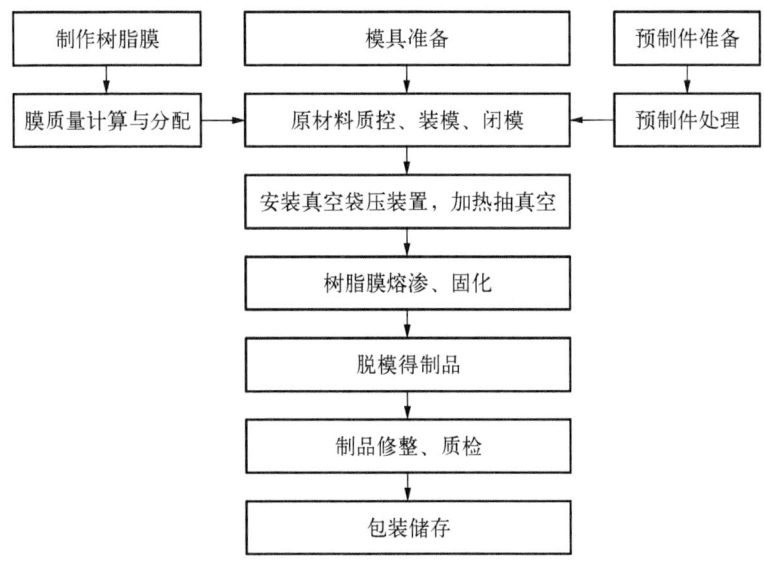

图 6-27 RFI 工艺步骤

RFI 技术有以下特点:① 树脂膜便于储存、运输,操作简便;② 成形压力低,通常是一个大气压;③ 成形模具通常只需一面刚性模具,模具制造与材料选择的机动性强,无需庞大的成形设备,因而投资低;④ 复合材料制品性能优异,纤维含量高(接近70%),孔隙率低(小于1%);⑤ 闭模成形,树脂体系挥发物质少,挥发性有机化合物(volatile organic compound, VOC)含量符合国际海事组织(International Maritime Organization, IMO)标准,有利于环境保护;⑥ 需特制的树脂膜,部件有一面不光滑,部件厚度控制精度较低。

6.4.1.3 真空导入模塑成型

真空导入模塑成形工艺(vacuum infusion molding process，VIMP)的原理：在单面刚性模具上按设计铺放增强材料，以柔性真空袋膜覆盖，并与单面刚性模具密封增强材料；真空负压下排除模腔内增强材料孔隙中的气体；利用设计配制好的树脂体系的渗透、流动，实现对模腔内增强材料(纤维及其织物)的浸润，并在室温或加热条件下固化成形，如图 6-28 所示。

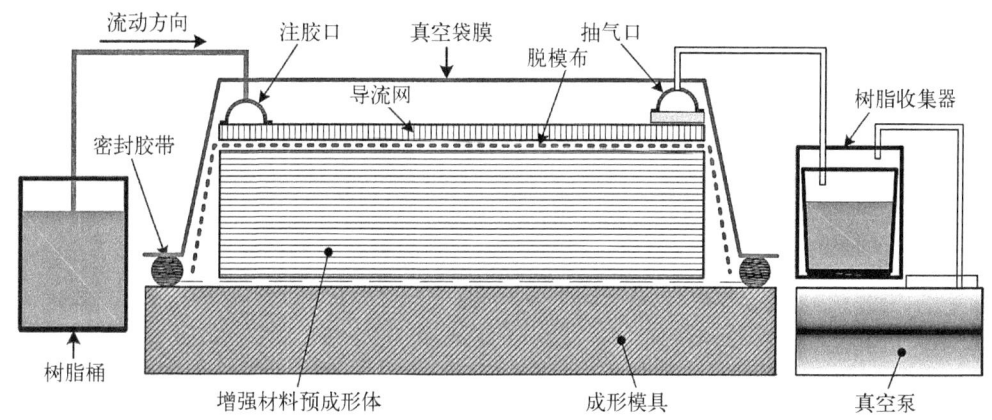

图 6-28 VIMP 工艺原理

VIMP 最早的版本是西曼法成形工艺。原理是利用真空负压注射树脂，浸渍纤维增强材料，而没有采取提高树脂流动速率的相应措施。由于树脂注射压力等于或小于一个大气压，树脂的流动速率往往难以满足实际工艺成形的要求。

为了提高树脂的流动速率，人们发展了导流介质和引流槽提速的方法，即导流介质辅助 VIMP 和引流槽辅助 VIMP。导流介质辅助 VIMP 是在真空负压注射条件下，将导流介质和增强材料铺放在一起，利用导流介质高渗透性来提高树脂的流动速率。引流槽辅助 VIMP 是在真空负压注射条件下，采用模具或者芯材开设引流槽的方式来提高树脂的流动。采用 VIMP 制备超大型夹芯结构复合材料构件时，往往同时采用导流介质和引流槽来提高树脂的流动速率，即导流介质+引流槽辅助 VIMP。

VIMP 步骤包括成形准备、铺层、真空封装、抽真空、树脂吸注、固化定形、脱模和后处理等，如图 6-29 所示。

VIMP 技术有以下特点：① 成形压力低，通常等于或小于一个大气压；② 只需一

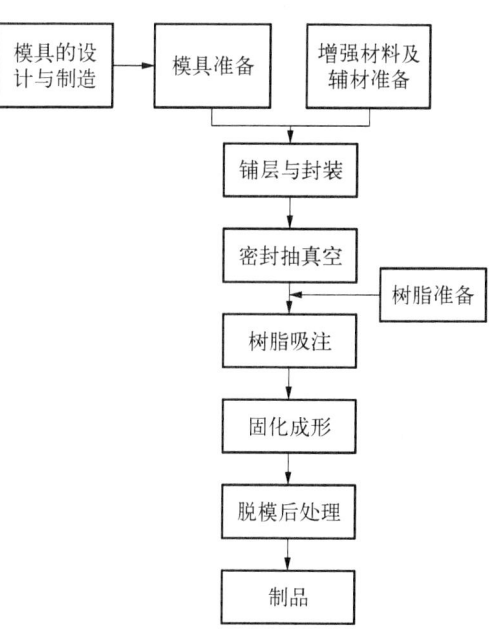

图 6-29 VIMP 步骤

面刚性模具,模具制造成本低;③ 成形设备简单,通常只需真空泵,设备投资少;④ 复合材料性能优异,纤维含量高(质量分数达 70%),孔隙率低(0~1%);⑤ 闭模成形,树脂体系挥发物质少,VOC 含量符合 IMO 标准,更有利于环境保护;⑥ 适合于大型复合材料构件成形制备,且操作简单;⑦ 复合材料构件有一面不光滑,构件厚度控制精度较低。

6.4.2 树脂渗流规律

如前所述,液相成形的本质是树脂基体长程渗流浸润增强材料、固化成形复合材料制品,制备成败的关键在于能否保证树脂凝胶前完全浸润增强材料,而解决此难题的基本方法是流道设计和渗流控制。

流道设计和渗流控制的基本依据是树脂长程渗流的渗流规律,树脂渗流规律可以通过建立树脂渗流微分方程,求解树脂渗流物理参数来进行分析。关键问题是建立树脂渗流微分方程,基本思路是根据渗流基本控制方程,建立树脂渗流微分方程,求解渗流物理参数。

不可压缩流体在多孔介质中的渗流过程遵循达西定律和渗流连续性方程。不可压缩流体是指密度不随温度和压强而变化的流体,反之,则为可压缩流体。例如,气体是可压缩的流体,液体极难压缩,液态树脂通常看作不可压缩。纤维预成形体是典型的多孔介质,因此,复合材料成形过程中树脂的渗流行为遵守达西定律和连续性方程。

6.4.2.1 渗流达西定律

1. 达西方程

达西定律源于达西渗流试验,即法国水利专家达西设计的一个为揭示砂土层渗水量影响因素的著名渗流试验,其原理如图 6-30 所示。水流自高压处渗流,通过多孔砂土层从低处流出,记录一定时间内渗流量。

根据单位时间流过砂层的体积流量 $Q(\mathrm{m^3/s})$ 与过流截面积 $A(\mathrm{m^2})$ 可得

$$u = \frac{Q}{A} = -\frac{K}{\mu}\nabla P \qquad (6-59)$$

式中,u 为流体渗流速率(m/s);K 为多孔介质(砂层)的渗透率,只与多孔介质的结构有关,而与流体性质无关;μ 为流体黏度(Pa·s);∇P 为压力梯度(Pa/m)。

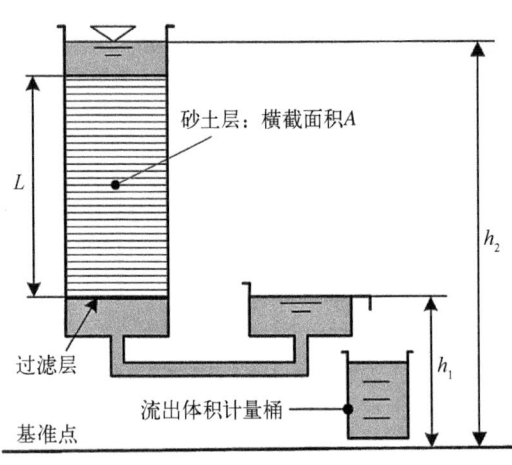

图 6-30 达西渗流试验原理

式(6-59)即达西定律的通式,树脂一维、二维和三维渗流的达西定律可分别表示为

$$u = -\frac{K}{\mu}\frac{\mathrm{d}P}{\mathrm{d}x} \qquad (6-60)$$

$$\begin{Bmatrix} u \\ v \end{Bmatrix} = -\frac{1}{\mu} \begin{bmatrix} K_{xx} & K_{xy} \\ K_{yx} & K_{yy} \end{bmatrix} \begin{Bmatrix} \dfrac{\partial P}{\partial x} \\ \dfrac{\partial P}{\partial y} \end{Bmatrix} \quad (6-61)$$

$$\begin{Bmatrix} u \\ v \\ w \end{Bmatrix} = -\frac{1}{\mu} \begin{bmatrix} K_{xx} & K_{xy} & K_{xz} \\ K_{yx} & K_{yy} & K_{yz} \\ K_{zx} & K_{zy} & K_{zz} \end{bmatrix} \begin{Bmatrix} \dfrac{\partial P}{\partial x} \\ \dfrac{\partial P}{\partial y} \\ \dfrac{\partial P}{\partial z} \end{Bmatrix} \quad (6-62)$$

2. 多孔介质

多孔介质是由多相物质占据的共同空间,该空间包括固体骨架(固相)和孔隙(可由液体或气体或气液两相共同填充占有),孔隙空间的某些空洞相互连通,构成有效通道。

纤维预成形体中,固体骨架是纤维,纤维束间和纤维间存在着孔隙,孔隙间相互连通形成有效通道,纤维预成形体是典型的多孔介质。多孔介质的孔隙大小用孔隙率(φ)来表征,孔隙率是多孔介质(预成形体)内部的孔隙体积(V_P)占多孔介质总体积(V)的比例:

$$\varphi = V_P/V \approx A_P/A \quad (6-63)$$

式中,A_P 为孔隙截面的横截面积(m^2);A 为过流截面的横截面积(m^2)。

预成形体纤维体积分数(v_f)与孔隙率(φ)的关系:

$$\varphi = 1 - v_f \quad (6-64)$$

3. 渗流速率

达西定律[式(6-59)]中,渗流速率是指流体(树脂)通过整个过流截面的流速,即体积流量 $Q(m^3/s)$ 与过流截面面积 $A(m^2)$ 的比值:

$$u = \frac{Q}{A} \quad (6-65)$$

实际上,过流截面中流体(树脂)能够通过的是孔隙截面,而固体骨架截面流体(树脂)无法通过,因此,渗流速率实质上是表观速率,而非真实速率。真实速率 u_T 应该是树脂通过孔隙截面的流速,即

$$u_T = \frac{Q}{A_P} = -\frac{K}{\varphi\mu}\nabla P \quad (6-66)$$

渗流速率除以孔隙率等于真实速率的大小。

6.4.2.2 渗流连续性方程

流体运动的连续性方程是质量守恒定律在流体力学中的具体表达式。只有满足连续性方程的流动在实际中才可能存在。连续性方程对理想流体和黏性流体均适用。

流体连续性方程的本质是质量守恒定律,假设流场中取一个控制体单元,根据质量守

恒定律,则流入和流出单位控制体的流体质量守恒。假设流体为不可压缩流体,渗流连续性方程可表示为

$$\frac{\partial u}{\partial x} + \frac{\partial v}{\partial y} + \frac{\partial w}{\partial z} = 0 \qquad (6-67)$$

式中,u、v、w 分别为 x、y、z 三个方向上的渗流速率。

6.4.2.3 树脂一维渗流规律

1. 一维渗流物理模型

假设纤维增强材料预成形体为均匀长方体多孔介质,长 l、宽 b、厚 h,渗流方向沿 x 轴,如图 6-31 所示,渗流方向上预成形体的渗透率为 K。

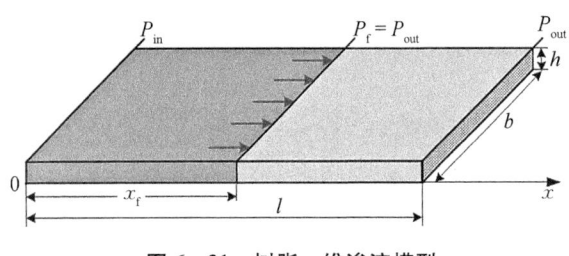

图 6-31 树脂一维渗流模型

假设恒压注射,注射口压力为 P_{in},注射方式为线注射,流动前锋位置 x_f 处树脂压力为 $P_f = P_{out}$,出胶口压力为 P_{out},树脂黏度为 μ。同时,分析渗流行为时,不考虑重力和毛细压力作用,不考虑预成形体厚度方向树脂压力的差异。

2. 树脂渗流微分方程

一维渗流时,连续性方程(6-67)只需要考虑 x 方向,则一维渗流连续方程为

$$\frac{\partial u}{\partial x} = 0 \qquad (6-68)$$

将一维达西方程(6-60)代入式(6-68),可得树脂一维渗流微分方程:

$$\frac{\partial u}{\partial x} = \frac{\partial \left(-\dfrac{K}{\mu} \dfrac{dP}{dx} \right)}{\partial x} = 0 \qquad (6-69)$$

根据上述假设,渗流过程中树脂黏度恒定,即 μ = const;RTM 工艺成形模具为双面刚性模具,成形模腔基本不变形,即可以不考虑孔隙率变化 φ = const,这意味着预成形体的渗透率基本不变,即 K = const。则根据微分性质,RTM 工艺树脂一维渗流微分方程为

$$\frac{d^2 P}{dx^2} = 0 \qquad (6-70)$$

二次全微分等于零,则树脂压力梯度可表示为

$$\frac{dP}{dx} = \text{const} = C_1 \qquad (6-71)$$

两边积分处理,可得树脂压力分布:

$$P = C_1 x + C_2 \qquad (6-72)$$

式中，C_1 和 C_2 为常量。

根据注射口和流动前锋的边界条件：① $x = 0$ 时，$P = P_{in}$；② $x = x_f$ 时，$P = P_{out}$。代入树脂压力分布方程[式(6-72)]，可得

$$C_1 = -\frac{P_{in} - P_{out}}{x_f} \tag{6-73}$$

$$C_2 = P_{in} \tag{6-74}$$

将 C_1 和 C_2 代入式(6-71)和式(6-72)，则树脂压力梯度和压力分布可表示为

$$\frac{dP}{dx} = -\frac{P_{in} - P_{out}}{x_f} \tag{6-75}$$

$$P = P_{in} - \frac{P_{in} - P_{out}}{x_f}x \tag{6-76}$$

将树脂压力梯度[式(6-75)]代入达西定律[式(6-59)]，则体积流量为

$$\frac{Q}{A} = -\frac{K}{\mu}\frac{dP}{dx} \Rightarrow Q = \frac{KA}{\mu}\frac{P_{in} - P_{out}}{x_f} \tag{6-77}$$

根据真实速率[式(6-66)]，树脂流动前锋位置随时间的变化关系可表示为

$$\frac{dx}{dt} = -\frac{K}{\varphi\mu}\frac{dP}{dx} \tag{6-78}$$

结合压力梯度[式(6-75)]，可得

$$\frac{dx}{dt} = \frac{K}{\varphi\mu}\frac{P_{in} - P_{out}}{x} = \frac{K}{\varphi\mu}\frac{\Delta P}{x} \tag{6-79}$$

转换后，两边取积分：

$$\int_0^x x dx = \frac{K\Delta P}{\varphi\mu}\int_0^t dt \tag{6-80}$$

积分可得树脂流动前锋的平方与时间的关系：

$$x^2 = \frac{2K\Delta P}{\varphi\mu}t \tag{6-81}$$

树脂流动前锋位置随时间的变化关系为

$$x = \sqrt{\frac{2K\Delta Pt}{\varphi\mu}} \tag{6-82}$$

求导可得树脂流动前锋速率，即真实速率：

$$u_{\mathrm{T}} = \frac{\mathrm{d}x}{\mathrm{d}t} = \sqrt{\frac{K\Delta P}{2\varphi\mu}} \frac{1}{\sqrt{t}} \qquad (6-83)$$

液相法复合材料制备过程中,树脂长程渗流,一维渗流是最简单的情况,通常还有二维渗流和三维渗流,实际过程中二维、三维渗流往往是低维渗流的耦合流动,分析较为复杂,但分析渗流行为的基本思路仍然是根据达西定律和连续性方程建立树脂渗流微分方程,求解树脂渗流物理参数变化量,从而分析树脂渗流行为,指导工艺实践。

6.4.2.4 树脂流动模拟分析

树脂渗流物理量对液相法制备复合材料具有重要的实践指导意义,例如,树脂渗流过程中压力分布情况和树脂流动前锋位置,是设计注射口、出胶口和工艺优化的基本依据。实际工艺过程通常为三维渗流,较为复杂,难以解析计算分析渗流行为,因此树脂流动模拟分析应势而起,成为近些年来复合材料领域的研究热点。

目前树脂流动模拟分析方法很多,主要有有限元法、边界元法和有限差分法等。有限元法又可分为纯有限元法和有限元/控制体积方法(FE/CVM)。树脂流动充模过程是暂态过程,但在某一小段特定时间间隔内的树脂流动可视为稳态流动,可采用有限元算法求解,得出树脂流场的压力分布,同时采用控制体积单元方法求解树脂流场任意时刻的流动前锋。边界元法是一种降维解法,在渗透系数和黏性系数为常量时,流场控制方程可简化为拉普拉斯(Laplace)方程,可采用边界元方法求解压力场,然后修正流动前峰。有限差分法是一种区域展开的方法,将不规则形状物理域变换成规则形状的求解域,再用有限差分法离散,具有代表性的是贴体坐标法。

1. 有限元/控制体积方法

有限元/控制体积方法(FEM/CV)将整个求解域分解成许多单元。一个控制体积对应一个节点,控制体积为有限元节点相邻线元素的中点及相邻面心或体心相连所构成的封闭体积,如图 6-32 所示。

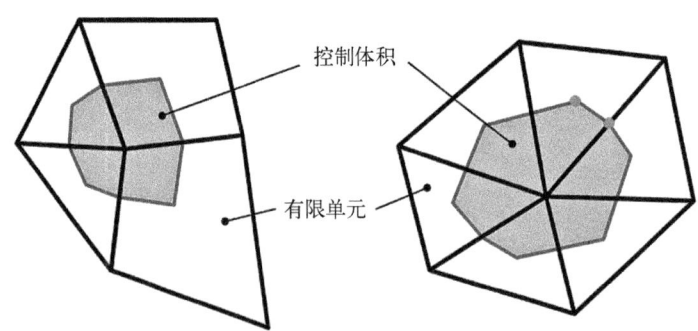

图 6-32 树脂一维渗流模型

2. 树脂压力分布的控制方程

有限元法求解树脂压力分布的控制方程即树脂渗流微分方程,联立流体连续性方程和达西定律:

$$\left.\begin{array}{l}\dfrac{\partial(u)}{\partial x}+\dfrac{\partial(v)}{\partial y}+\dfrac{\partial(w)}{\partial z}=0\\ \boldsymbol{u}=-\dfrac{[K]}{\mu}\nabla \boldsymbol{P}\end{array}\right\}\Rightarrow \nabla \boldsymbol{u}=\nabla\left[-\dfrac{[K]}{\mu}\nabla \boldsymbol{P}\right]=0 \quad (6-84)$$

根据高斯定律区域积分：

$$\iint_{s}-\dfrac{1}{\mu}[n_x n_y n_z]\begin{bmatrix}K_{xx}&K_{xy}&K_{xz}\\K_{yx}&K_{yy}&K_{yz}\\K_{zx}&K_{zy}&K_{zz}\end{bmatrix}\begin{Bmatrix}\dfrac{\partial P}{\partial x}\\ \dfrac{\partial P}{\partial y}\\ \dfrac{\partial P}{\partial z}\end{Bmatrix}\mathrm{d}s=0 \quad (6-85)$$

式(6-85)为求解树脂压力分布的控制方程,据此控制方程,对有限元单元节点赋值,结合边界条件和初始条件,即可求解渗流过程中的树脂压力分布情况。

3. 树脂流动前锋的控制原理

有限元法方便求解树脂压力分布,但处理移动边界问题没有优势。树脂流动前锋位置随时间而变化,是典型的移动边界问题。为解决此问题,引入控制体积来定义填充系数 F：

$$F=\dfrac{Q_r}{V} \quad (6-86)$$

式中, Q_r 和 V 分别为 t 时刻流场中第 $N_{i,j}$ 节点控制体积单元中的树脂体积和控制体积单元体积。

根据填充系数可以判断树脂填充控制体积的情况：

(1) $F=0$,节点位置为未填充区域,说明树脂流动前锋未到达该节点控制体积。

(2) $0<F<1$,节点位置为流动前锋位置,意味着树脂流动前锋达到该节点控制体积。

(3) $F=1$,节点位置为已填充区域,说明树脂流动前锋已经流过了该节点控制体积。

4. 树脂流动模拟分析结果

建立有限元模型,分析树脂压力场和流动前锋,如图 6-33 所示。

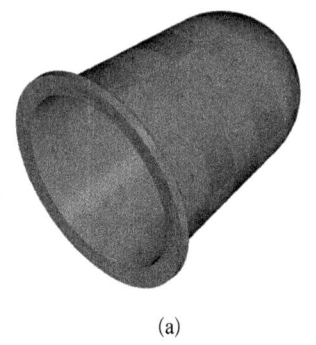
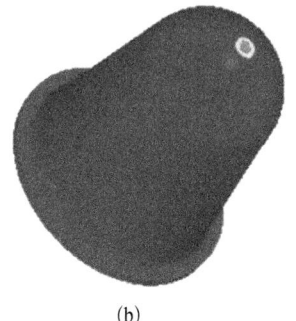

(a) （b） (c)

图 6-33 树脂一维渗流模型

6.4.3 树脂的流变性能

6.4.3.1 流变性概述

流变性是物质在外力作用下变形和流动的性质,主要指加工过程中应力、形变、形变速率和黏度之间的关系。

1. 黏性概念

黏性源于流体分子间的内聚力,即流体分子与固体壁面间的附着力。它也源于分子间的内摩擦力,即相邻流层间平行于流层表面之间的相互作用力。

流体在运动时,其内部相邻流层间要产生抵抗相对滑动(抵抗变形)的内摩擦力的性质称为流体的黏性。

2. 内摩擦定律

根据牛顿内摩擦定律,如图 6-34 所示,可得内摩擦力 F 的表达式:

$$F = \mu A \frac{\mathrm{d}v}{\mathrm{d}y} \tag{6-87}$$

切应力 τ 的表达式为

$$\tau = \frac{F}{A} = \mu \frac{\mathrm{d}v}{\mathrm{d}y} \tag{6-88}$$

式中,μ 为黏度,是与流体种类及温度有关的比例常量;$\mathrm{d}v/\mathrm{d}y$ 为速度梯度,即流体流速在其法线方向上的变化率。

黏度 μ 代表了黏性的大小,定义为

$$\mu = \tau \frac{\mathrm{d}y}{\mathrm{d}v} \tag{6-89}$$

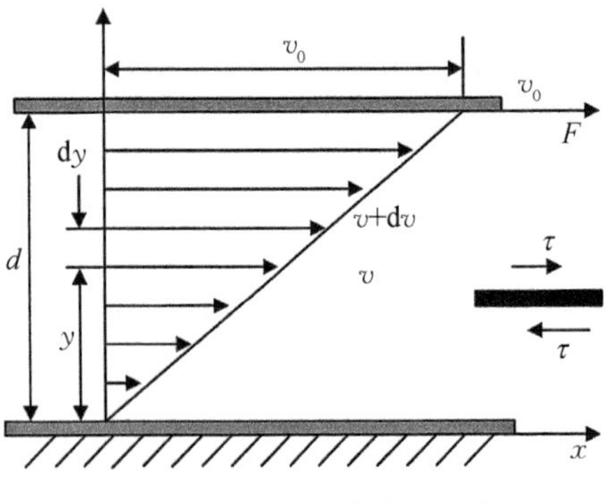

黏度 μ 的物理意义:产生单位速度梯度,相邻流层在单位面积上所作用的内摩擦力(切应力)的大小。

3. 黏度表示方法

黏度的表示方法通常有动力黏度、运动黏度和相对黏度等。根据牛顿内摩擦定律推导的黏度为动力黏度 μ,单位为 Pa·s(帕·秒),1 Pa·s = 1 N/(m²·s)。

运动黏度是工程上常用的一种黏度表示方法,数值上等于动力黏度与密度的比值。单位为 m²/s(厘思),工程上常用 mm²/s,1 mm²/s = 10^{-6} m²/s。

图 6-34 推导内摩擦力定律和切应力的模型

相对黏度是其他流体相对于水的黏度。

6.4.3.2 黏度的影响因素

树脂黏度的影响因素主要有压强、温度、固化度、相对分子质量及其分子结构等等。

1. 黏压关系

压强增大,流体分子间距离减小(被压缩),内聚力增大,黏度增大。黏压唯象关系可表示为

$$\mu = \mu_0 e^{b(P-P_0)} \quad (6-90)$$

式中,μ 为树脂体系的初始黏度;P_0 为初始压力;b 为常量,约为 0.207。

实际工艺过程中,一般不考虑压强变化对黏度的影响。

2. 黏温关系

温度升高,分子运动加剧,内聚力降低,流体黏度下降,即物理减黏。同时,温度升高,分子固化交联,分子链交联度增大,黏度升高,即化学增黏。物理减黏和化学增黏共同决定树脂体系的黏温关系,如图 6-35 所示。

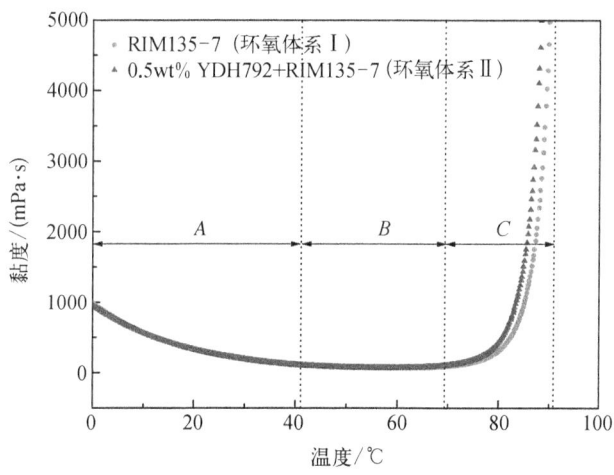

图 6-35 环氧树脂体系黏度随温度的变化关系

A 阶段:温度 T 升高,物理变化引起的黏度下降(物理减黏)远远大于化学变化引起的黏度上升(化学增黏),物理减黏起主导作用,黏度增量 $\Delta\mu < 0$。

B 阶段:温度 T 继续升高,物理变化引起的黏度下降(物理减黏)与固化反应为主的化学变化引起的黏度上升(化学增黏)相接近,黏度增量 $\Delta\mu \approx 0$。

C 阶段:温度 T 继续升高,物理变化引起的黏度下降(物理减黏)远小于固化反应为主的化学变化引起的黏度上升(化学增黏),黏度增量 $\Delta\mu > 0$。

3. 相对分子质量与分子结构的影响

相对分子质量越大,链段越长,交联密度越大,链段热运动越困难,分子链重心的相对移动越难,即黏度越大,流动性越差。

黏度与相对分子质量的关系可用幂律函数来表示:

$$\mu = A\overline{M}_w^{3.4} \quad (6-91)$$

式中,μ 为体系的表观黏度;A 为经验常数;M_w 为重均分子量。

刚性高分子流动性差,由于刚性高分子的链段长,因此流动困难。相对分子质量相同

时,支链越多、越短,黏度越低,流动越好。

6.4.3.3 流变模型

热固性树脂的流变特性是由温度、时间和反应转化率或固化度等因素共同决定的。研究树脂体系黏度变化规律的数学模型称为流变模型,主要有理论模型、半经验模型和经验模型等三种。

理论模型:具有严格理论基础的方法模型,如迁移过程理论、宏观计算流体理论等。

半经验模型:基于理论和试验结果建立的模型,如概率模型、凝胶化模型、自由体积模型等。

经验模型:基于试验研究建立的经验模型,如双阿伦尼乌斯黏度模型、工程黏度模型、卡斯特罗-马科斯科(Castro-Macosko)模型、缩放模型、WLF 方程、丰塔纳(Fontana)模型和基乌纳(Kiuna)模型等。经验模型参数的确定相对容易,且与试验结果吻合度高,是目前应用最广泛的流变模型。

1. 双阿伦尼乌斯黏度模型

双阿伦尼乌斯黏度模型是适用性较广的黏度模型,其一般形式为

$$\mu(t) = \mu_0 \exp(kt) \tag{6-92}$$

式中,$\mu(t)$ 是树脂体系在 t 时刻的瞬时黏度;t 为树脂体系固化反应的时间;μ_0 为树脂体系的初始黏度;k 为树脂体系的反应速率常量。

等温条件下双阿伦尼乌斯模型方程为

$$\ln \mu(t, T) = \ln \mu_\infty + \frac{\Delta E_\mu}{RT} + K_0 \exp\left(\frac{-\Delta E_a}{RT}\right) t \tag{6-93}$$

式中,$\mu(t, T)$ 为树脂体系在绝对温度 T 下 t 时刻的黏度;t 为树脂体系固化反应的时间;R 为广义气体常数;μ_∞ 为温度无限高时未反应树脂体系的理想黏度,由各个温度下的零时黏度值外推而来;K_0 为与 μ_∞ 相对应的指前因子;ΔE_μ 为阿伦尼乌斯黏流活化能;ΔE_a 为树脂体系的固化反应表观反应活化能。

在非等温条件下,树脂的温度和时间的函数关系可表示为

$$T = f(t) \tag{6-94}$$

则非等温双阿伦尼乌斯模型可表示为

$$\ln \mu(t, T) = \ln \mu_\infty + \frac{\Delta E_\mu}{Rf(t)} + K_0 \int_0^t \exp\left(\frac{-\Delta E_a}{RT}\right) \mathrm{d}t \tag{6-95}$$

双阿伦尼乌斯黏度模型能够在固化程度较小的情况下很好地反映树脂体系的黏度随时间的变化关系。

2. 工程黏度模型

工程黏度模型认为树脂体系黏度变化取决于物理因素和化学因素的共同作用,即物理减黏和化学增黏,基于此建立工程黏度模型,总的表达式为

$$\Delta\mu = \Delta\mu_{\text{phy}} + \Delta\mu_{\text{chem}} \tag{6-96}$$

式中，$\Delta\mu_{\text{phy}}$ 为物理因素引起的黏度变化；$\Delta\mu_{\text{chem}}$ 为化学因素引起的黏度变化。

等温条件下工程黏度模型方程为

$$\mu = \mu_0(T) + \Delta\mu_{\text{chem}} = \mu_0(T) + C\mathrm{e}^{B(T)t} \tag{6-97}$$

式中，μ 为体系的黏度；$\mu_0(T)$ 为恒温 T 时树脂体系的初始黏度；C 为表征体系黏温变化规律特征的参数，单位为 $\text{mPa} \cdot \text{s}$，不同树脂体系参数 C 值不同；$B(T)$ 为表征固化反应速率的参数，$B(T)>0$。

非恒温条件下需要考虑温度变化，工程黏度模型表达式为

$$\mu = \mu_0[f(t)] + C\exp\left\{\int_0^t B[f(t)]\mathrm{d}t\right\} \tag{6-98}$$

式中，$\int_0^t B[f(t)]\mathrm{d}t$ 表示非恒温条件下固化程度对黏度的影响。

由于工程黏度模型推导过程中不涉及树脂体系的反应机理，$B(T)$ 是反映固化反应速率快慢的参数，其具体函数关系需通过黏度试验确定。

3. WLF 方程

对于非等温固化过程，预测树脂体系黏度变化最常用的模型是 WLF 方程：

$$\ln\frac{\mu(T)}{\mu(T_r)} = -\frac{C_1(T - T_r)}{C_2 + T - T_r} \tag{6-99}$$

式中，$\mu(T_r)$ 是在参考温度 T_r 时的黏度；T_r 是参考温度；C_1 和 C_2 是不受温度影响的常量。

考虑固化度 α_c 与黏度 μ 的关系时，普遍采用 Castro 和 Macosko 提出的经验方程：

$$\mu(T_r) = \mu_0\left(\frac{\alpha_g}{\alpha_g - \alpha}\right)^{\delta_1 + \delta_2\alpha} \tag{6-100}$$

式中，μ_0 为初始黏度；α_g 为凝胶点处固化度；δ_1 和 δ_2 为可调参数。

卡尔卡纳斯（Karkanas）和帕特里奇（Partridge）对 WLF 黏度模型进行了修正：

$$\ln\frac{\mu}{\mu_g} = -\frac{C_1(T - T_r - T_g)}{C_2 + T - T_r - T_g} \tag{6-101}$$

式中，T_g 是为玻璃化转变温度；μ_g 为玻璃化转变温度时的黏度。

如果忽略剪切变稀作用，综合考虑 T 和 α_c 对 μ 的影响，可采用 WLF 方程和 Macosko 方程的混合方程：

$$\mu = A\left(\frac{\alpha_g}{\alpha_g - \alpha}\right)^{\delta_1 + \delta_2\alpha_c}\exp\left[\frac{-C_1(T - T_g)}{C_2 + T - T_g}\right] \tag{6-102}$$

式中，T_g 为玻璃化转变温度；A 为实验参数。

4. Fontana 黏度模型

黏度 μ 与固化度 α_c 密切相关，Lee 和 Han 建立了黏度与固化度之间的关系：

$$\mu = a_{c0}\exp\left(\frac{a}{RT}\right)\exp\left(\frac{b}{RT-b_0}\alpha_c\right) \tag{6-103}$$

式中,参数 a_c、a_{c0}、b 和 b_0 通过等温黏度试验获得。

固化度 α 通过树脂固化动力学和热历史来估算,而固化动力学参数可通过差示扫描量热法(differential scanning calorimetry,DSC)来测定。在此模型中,假定树脂固化动力学方程符合 n 级或自动催化模型特性。

研究和建立流变模型的主要目的是预测树脂体系的黏度变化规律,确定其工艺操作窗口,指导实际的工艺设计和工艺控制。

6.4.4 预成形体渗透特性

根据达西定律,预成形体渗透率是影响树脂充模流动行为的一个重要参数。复合材料工艺优化设计,特别是流道设计,需要充分考虑渗透率的影响。

6.4.4.1 渗透率及其测试原理

1. 渗透率

在一定压差下,多孔介质允许流体通过的性质称为渗透性;在一定压差下,多孔介质允许流体通过的能力称为渗透率。

渗透率是描述多孔介质渗透性的一个重要参数,用来表征流体流过多孔介质的难易程度。渗透率只与多孔介质结构有关,与流体性质无关。

根据达西定律,渗透率的物理意义是压力梯度为 1 时,动力黏度系数为 1 的液体在多孔介质中的渗透速率,单位为 m^2。

2. 渗透率测试方法

预成形体单向渗透率的测试可根据式(6-81)的线性关系,设计渗流试验,记录流动前锋与时间的变化关系,线性拟合得到斜率,计算出渗透率。

计算式可由式(6-81)做简单变换得到:

$$x^2 = \frac{2K\Delta P}{\varphi\mu}t = kt \Rightarrow K = \frac{k\mu\varphi}{2\Delta P} \tag{6-104}$$

式中,x 为树脂流动距离;K 为纤维预成形体渗透率;ΔP 为注射口与出胶口的压力差;μ 为流体黏度;φ 为孔隙率;t 为树脂浸渍流动距离 x 时所需时间;k 为曲线 x^2-t 线性拟合的斜率。

设计一维单向流动试验,记录流动前锋位置与流动时间的关系,对流动前锋位置的平方与时间作图,线性拟合,得到斜率,根据式(6-104)可计算出预成形体单向渗透率。

预成形体单向、径向与法向渗透率的测试原理如图 6-36 所示。

3. 渗透率测试装置

预成形体渗透率的测试模具示意图如图 6-37 所示。模具配置有钢化玻璃视窗,且在模具上标示有刻度线,可以适时观察记录树脂前锋位置。制备出的测试模具实物如图 6-38 所示。

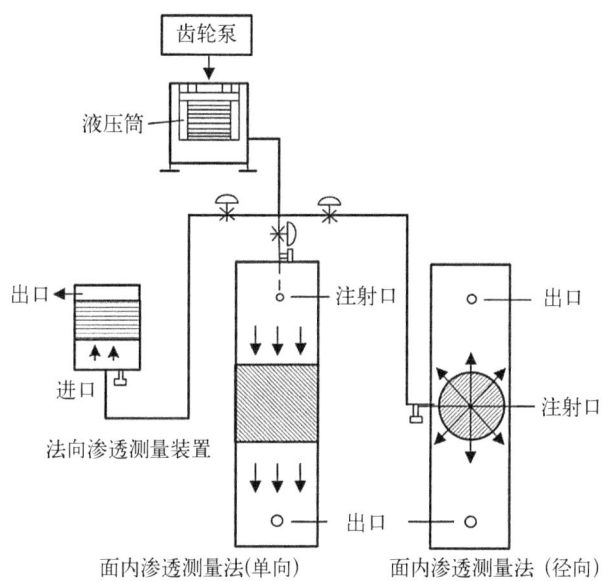

图 6-36 预成形体单向、径向与法向渗透率测试原理示意图

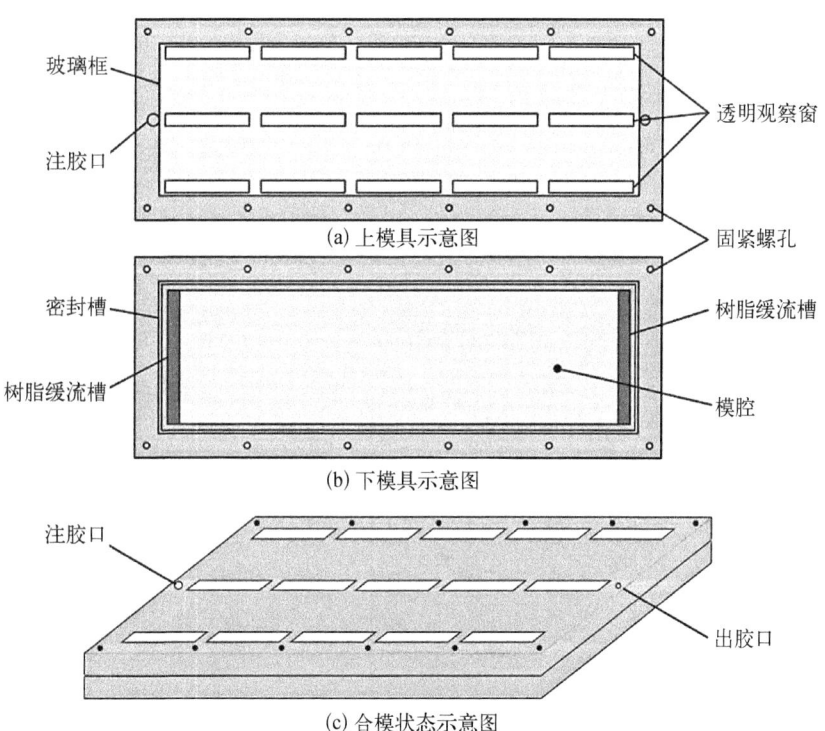

图 6-37 预成形体渗透率测试模具示意图

图 6-38　测试模具实物图

4. 测试铺层设计

单层纤维布层的理论厚度如下:

$$h_F = \frac{\rho_a}{\rho_f} \tag{6-105}$$

式中,h_F 为单层纤维布的理论厚度;ρ_a 为单层纤维布的面密度(g/cm^2);ρ_f 为单层纤维布中纤维的体密度(g/cm^3)。

由此可得,所需纤维布层的层数为

$$n_f = \frac{V_f h}{h_F} \tag{6-106}$$

式中,n_f 为所需纤维布层的层数;h 为模腔厚度;V_f 为纤维体积分数。

5. 测试树脂用量计算

测试树脂用量可按照式(6-107)计算得到:

$$M = V_c V_m \rho_r C \tag{6-107}$$

式中,M 为树脂体系用量;V_c 为 RTM 模具的模腔体积量;ρ_r 为树脂体系的密度;V_m 为树脂体积分数;C 为富余系数,其值取 1.5~2。

6. 渗透率测试实例

树脂黏度为 0.062 Pa·s,纤维体积分数为 29%,模腔体积控制在 5 mm。实测树脂充模过程的 x^2-t 曲线线性拟合如图 6-39 所示,从图中数据可以拟合得到曲线的斜率 k,根据

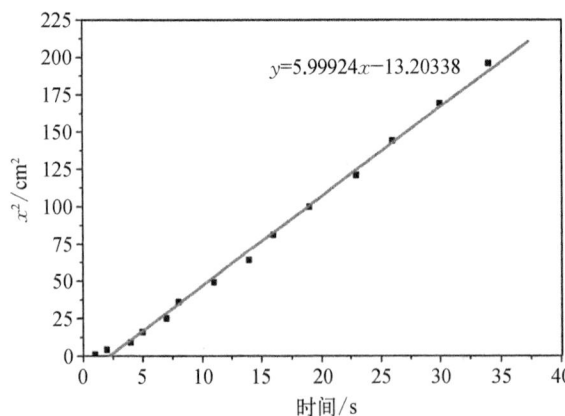

图 6-39　树脂充模过程中流动前锋位置的平方随时间变化的线性关系

式(6-104)可计算出玻璃布渗透率为 $K = 9.7092 \times 10^{-10}$ m²。

6.4.4.2 渗透率的影响因素

1. 纤维直径

不同纤维直径预成形体的渗透率如图6-40所示,从图中可以看出,在给定纤维体积分数条件下,预成形体渗透率随纤维直径的增大而减小。

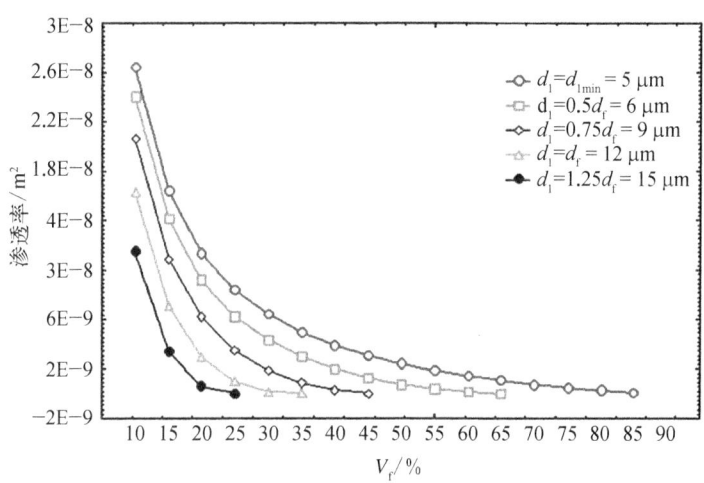

图6-40 纤维直径大小对预成形体渗透率的影响

2. 纤维丝束大小

不同纤维丝束大小预成形体的渗透率如图6-41所示,从图中可以看出,在给定纤维体积分数 V_f 条件下,预成形体渗透率随纤维丝束的增大而增大。

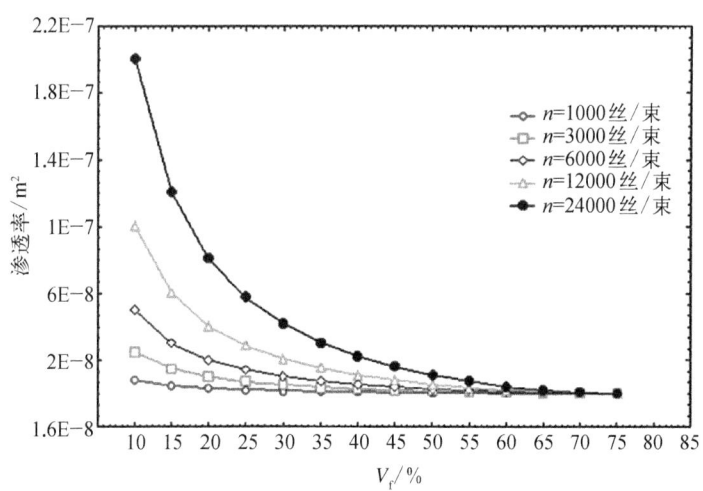

图6-41 纤维丝束大小对预成形体渗透率的影响

3. 孔隙率

不同孔隙率预成形体的渗透率如图6-42所示,从图中可以看出,预成形体渗透率随纤维预成形体孔隙率的增大而增大。

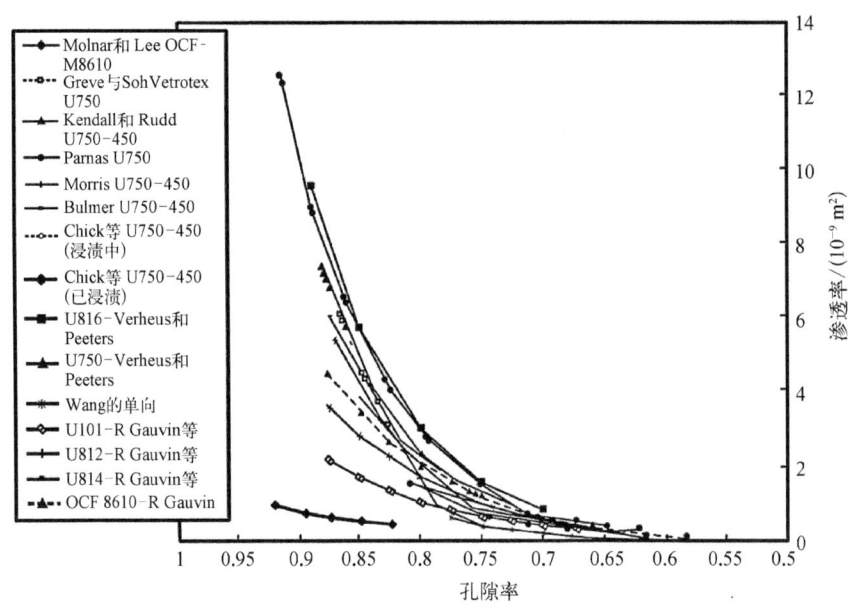

图 6-42 孔隙率大小对预成形体渗透率的影响

4. 纤维体积分数

不同纤维体积分数预成形体的渗透率如图 6-43 所示,从图中可以看出,预成形体渗透率随纤维体积分数的增大而减小。

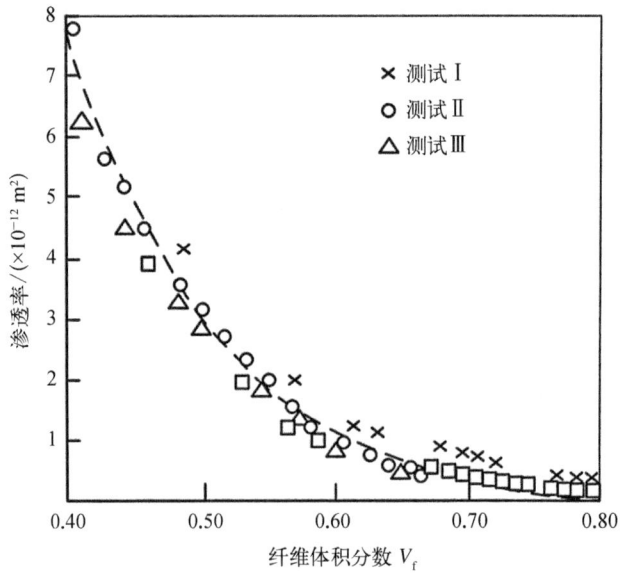

图 6-43 预成形体渗透率随纤维体积分数的变化关系

除此之外,增强材料形态、纤维种类、编织密度等也是影响渗透率的因素。

6.4.4.3 渗透率模型

纤维预成形体渗透率的获得一般有两种形式:一是通过试验直接测试得到。二是对纤维种类和织物类型的几何结构建立数学模型,通过模型预测计算。

1. Kozeny-Carman 模型

应用较广泛的纤维预成形体渗透率 K 预测模型是科泽尼-卡曼(Kozeny-Carman)模型:

$$K = k \frac{(1 - V_f)^3}{V_f^2} \tag{6-108}$$

式中,k 为模型参数;V_f 为纤维体积分数。

Kozeny-Carman 模型主要用于预测纤维预成形体纵向渗透率,为了方便预测横向渗透率,Gebart 在 Kozeny-Carman 模型基础上提出了纤维预成形体横向的渗透率预测模型:

$$K_2 = c_2 \left(\sqrt{\frac{V_{\max}}{V_f}} - 1 \right)^{\frac{5}{2}} \tag{6-109}$$

式中,c_2 为模型参数;$V_{\max}$ 为最大临界纤维体积分数。

Kozeny-Carman 模型和 Gebart 模型参数确定简单、实用性强,局限是假设纤维整齐排列。

2. 多层织物预成形体面内等效渗透率模型

在复合材料制品中,预成形体通常是由混合形态或混杂增强材料按不同方向叠加而成的多层铺叠结构。增强材料预成形体的渗透率随着增强材料的种类、形态、孔隙率和铺层方式而改变。因此,可采用等效渗透率来描述多层织物预成形体的渗透率。

假设厚度为 H 的纤维预成形体由 n 层不同形态的纤维织物组成,各层的厚度分别为 $H_i(i=1,2,3,\cdots,n)$,渗透率分别为 $K_i(i=1,2,3,\cdots,n)$。流体在多层纤维织物预成形体中的流动方式为平行渗流时,如图 6-44 所示,面内等效渗透率模型为并联模型。

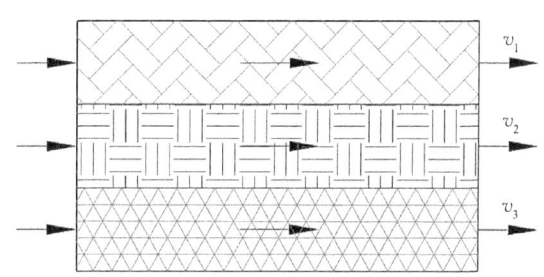

图 6-44 平行渗流的并联模型

在并联模型中,每层的压力梯度相等,因此可得

$$\frac{1}{\mu}\frac{dP}{dl} = \left(\frac{1}{\mu}\frac{dP}{dl}\right)_1 = \left(\frac{1}{\mu}\frac{dP}{dl}\right)_2 = \left(\frac{1}{\mu}\frac{dP}{dl}\right)_3 = \cdots = \left(\frac{1}{\mu}\frac{dP}{dl}\right)_n \tag{6-110}$$

树脂总的体积流量 Q_{eq} 等于各层体积流量 $Q_i(i=1,2,\cdots,n)$ 之和,即

$$Q_{eq} = Q_1 + Q_2 + Q_3 + \cdots + Q_i \tag{6-111}$$

通过单位面积增强材料预成形体的树脂胶液的总的体积流量 Q_{eq} 和通过各层的树脂胶液体积流量 $Q_i(i=1,2,\cdots,n)$ 可分别写为

$$Q_{eq} = \bar{v}_{eq}H, \ Q_1 = \bar{v}_1 H_1, \ Q_2 = \bar{v}_2 H_2, \cdots, Q_n = \bar{v}_n H_n \tag{6-112}$$

式中，$\bar{v}_{eq}$ 为等效渗流速率。

将式(6-112)代入式(6-111)可得

$$\bar{v}_{eq}H = \bar{v}_1 H_1 + \bar{v}_2 H_2 + \bar{v}_3 H_3 + \cdots + \bar{v}_n H_n \qquad (6-113)$$

式(6-60)中的 x 即式(6-110)中的 l，则有

$$\bar{v} = -\frac{K}{\mu}\frac{dP}{dl} \qquad (6-114)$$

联立式(6-111)、(6-113)和(6-114)，有

$$K_{eq}\left(\frac{1}{\mu}\frac{dP}{dl}\right)H_{eq} = K_1\left(\frac{1}{\mu}\frac{dP}{dl}\right)H_1 + K_2\left(\frac{1}{\mu}\frac{dP}{dl}\right)H_2 + \cdots + K_n\left(\frac{1}{\mu}\frac{dP}{dl}\right)H_n \qquad (6-115)$$

则多层铺叠预成形体的面内等效渗透率为

$$K_{eq} = \frac{K_1 H_1 + K_2 H_2 + K_3 H_3 + \cdots + K_n H_n}{H} = \frac{\sum_{i=1}^{n} K_i H_i}{\sum_{i=1}^{n} H_i} \qquad (6-116)$$

3. 多层织物预成形体面外等效渗透率模型

流体在多层纤维织物预成形体中的流动方式为垂直渗流时，如图 6-45 所示，面外（即 Z 向）等效渗透率模型为串联模型。

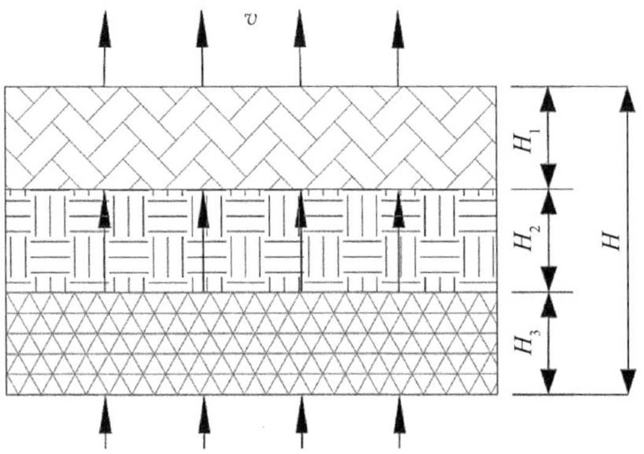

在串联模型中，树脂总的体积流量与通过每层的体积流量相等，即

$$Q_{eq} = Q_1 = Q_2 = \cdots = Q_n \qquad (6-117)$$

由式(6-117)可知：

$$\bar{v}_{eq} = \bar{v}_1 = \bar{v}_2 \cdots = \bar{v}_n \qquad (6-118)$$

假设树脂浸渍总厚度 Δh 等于每层浸渍厚度 Δh_i($i=1,2,\cdots,n$)之和，则有

图 6-45 垂直渗流的串联模型

$$\Delta h = \Delta h_1 + \Delta h_2 + \Delta h_3 + \cdots + \Delta h_n \qquad (6-119)$$

因为

$$\bar{v}_{eq} = -\frac{K_{eq}}{\mu}\frac{\Delta h}{H},\ \bar{v}_1 = -\frac{K_1}{\mu}\frac{\Delta h_1}{H_1},\ \bar{v}_2 = -\frac{K_2}{\mu}\frac{\Delta h_2}{H_2},\ \cdots,\ \bar{v}_n = -\frac{K_n}{\mu}\frac{\Delta h_n}{H_n} \qquad (6-120)$$

根据式(6-120)可得

$$\frac{K_{eq}}{\mu}\frac{\Delta h}{H} = \frac{K_1}{\mu}\frac{\Delta h_1}{H_1} = \frac{K_2}{\mu}\frac{\Delta h_2}{H_2} = \frac{K_3}{\mu}\frac{\Delta h_3}{H_3} = \cdots = \frac{K_n}{\mu}\frac{\Delta h_n}{H_n} \qquad (6-121)$$

则有

$$\Delta h_1 = \frac{K_{eq}}{K_1}\frac{H_1}{H}\Delta h, \quad \Delta h_2 = \frac{K_{eq}}{K_2}\frac{H_2}{H}\Delta h, \quad \Delta h_3 = \frac{K_{eq}}{K_3}\frac{H_3}{H}\Delta h, \quad \cdots, \quad \Delta h_n = \frac{K_{eq}}{K_n}\frac{H_n}{H}\Delta h \tag{6-122}$$

将式(6-122)代入式(6-119),可得多层铺叠预成形体等效渗透的计算模型公式为

$$K_{eq} = \frac{H}{H_1/K_1 + H_2/K_2 + H_3/K_3 + \cdots + H_n/K_n} = \frac{\sum_{i=1}^{n} H_i}{\sum_{i=1}^{n} \frac{H_i}{K_i}} \tag{6-123}$$

式(6-116)和式(6-123)是单向流动假设的前提下建立起来的平均渗透率计算模型,计算等效渗透率时通常不考虑层间横向流动的影响。

6.5 连续成形原理

连续成形是能够实现连续化、自动化生产的复合材料成形技术,例如,缠绕成形、拉挤成形、拉绕成形、连续板材、自动铺丝和自动铺带等成形工艺。连续成形工艺因具有生产效率高、制品性能高和稳定性高等优点,越来越多地应用于航空航天、武器装备和国民经济领域。

6.5.1 缠绕成形

缠绕成形与纤维技术发展密切相关,随着碳纤维、芳纶纤维、玻璃纤维等高性能纤维的开发和微机控制缠绕机的出现,缠绕成形作为一种机械化生产程度很高的复合材料制造技术,20世纪60年代开始得到迅速发展和应用。

缠绕成形基本原理是将带上树脂胶液的连续纤维或布带,按照一定规律绕到芯模上,然后固化脱模(芯模为内衬的产品不用脱模)得到复合材料制品的成形工艺,见图6-46。缠绕纤维或布带自纱架上退绕,通过缠绕机(图6-47)张力系统、树脂槽、吐丝嘴,由小车带动其移动,并绕在回转的芯模上,纤维缠绕角度与纤维排列密度根据强度设计,并由芯

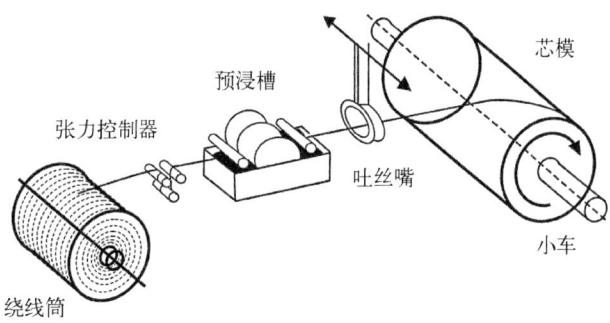

图6-46 缠绕成形工艺原理

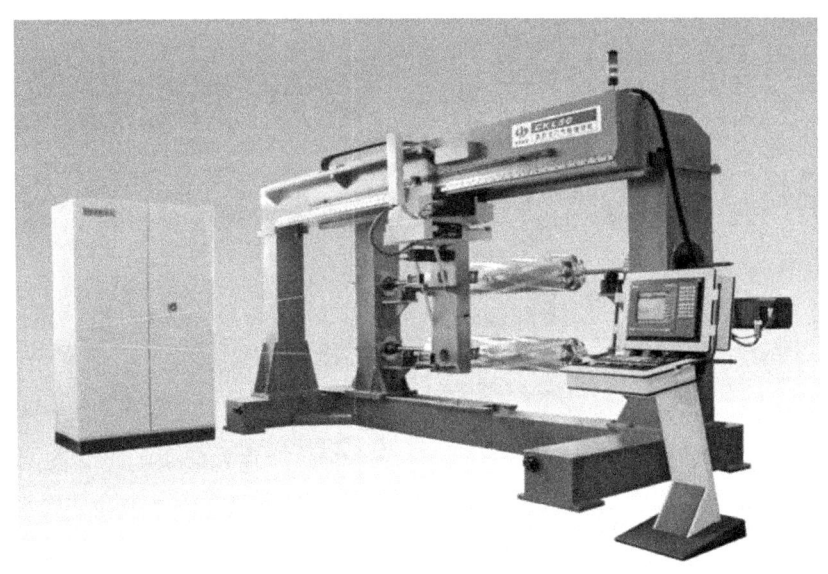

图 6-47 缠绕机

模转速与小车往复速度之比,精确地控制。固化后,将缠绕的复合材料制品脱模(根据需要也可以不脱模),即可得到复合材料制品。

6.5.1.1 缠绕成形工艺分类

缠绕成形按其工艺特点,通常可分为干法缠绕、湿法缠绕和半干法缠绕三种。

1. 干法缠绕

干法缠绕是将预浸纱带(或预浸布)在缠绕机上加热软化至黏流状态并缠绕到芯模上,固化定形得到复合材料制品的工艺方法。

干法缠绕的预浸纱由专用预浸设备制造,能较严格地控制纱带的含胶量和尺寸制品质量稳定。缠绕预浸纱,缠绕速率快(可达 100~200 m/min),工艺过程易控制,缠绕设备清洁,劳动卫生条件好,容易实现机械化和自动化生产。

预浸纱混有固化剂,需要控制其连续均匀厚度,预浸纱预浸、烘干和络纱等过程需要精细控制,因此,缠绕设备复杂,设备投资大。

2. 湿法缠绕

湿法缠绕是将无捻连续纤维粗纱(或布带)通过浸胶槽浸渍树脂后,直接缠绕到芯模或内衬上,固化定形得到复合材料制品的工艺方法。

湿法缠绕工艺设备比较简单,不需要预浸渍设备,设备投资少。对材料要求不严,便于选材。纱片或纱带浸胶后直接缠绕,质量不易控制和检验,缠绕张力不易控制。胶液中存在大量溶剂,固化时易产生气泡。浸胶辊、张力辊等要经常维护、刷洗。

3. 半干法缠绕

半干法缠绕是将无捻连续纤维粗纱(或布带)浸胶后,随即预烘干,然后缠绕到芯模上,固化定形得到复合材料制品的工艺方法。

半干法与湿法相比,增加了烘干工序,除去了溶剂。与干法相比,无需整套的预浸设备,缩短了烘干时间,使缠绕过程可在室温下进行。这种成形工艺既除去了溶剂,提高了缠绕速度,又减少了设备,提高了制品质量。

6.5.1.2 缠绕成形技术特点

1. 制品性能高

所用纤维主要是无捻粗纱,由于没有经过纺织工序,纤维强度损失大大减少;缠绕避免了布纹经纬交织点与短切纤维末端的应力集中;可以控制纤维的方向和数量,可实现等强度结构设计;制品材料纤维质量分数可高达80%。

2. 性能可靠性高

缠绕纤维控制均匀,制品性能一致性好,稳定性和可靠性高。

3. 生产效率高

缠绕制品质量高而稳定,可实现机械化、自动化操作,生产效率高,便于大批量生产。

4. 材料成本低

所用增强材料大多是无捻粗纱等连续纤维,减少了纺织和其他加工费用,材料成本低。缠绕用基体树脂通用性高,任意热固性树脂均可,例如环氧、不饱和聚酯、乙烯基酯和酚醛树脂都可用作缠绕基体树脂材料。

6.5.1.3 缠绕成形工艺参数

缠绕成形工艺一般由下列工序完成:胶液配制、纤维烘干及热处理、芯模或内衬制造、浸胶、缠绕、固化、检验、修正、成品。选择合理的缠绕工艺参数,是充分发挥原材料特性、制造高质量缠绕复合材料制品的重要条件。影响缠绕制品性能的主要工艺参数包括纤维的烘干和热处理、含胶量、缠绕速率和环境温度等。

1. 纤维烘干和热处理

纤维储存过程中,表面通常会含有水分,不仅影响树脂基材与纤维之间的黏接性能,同时将引起引力腐蚀,使微裂纹等缺陷进一步扩展,从而使制品强度和耐老化性能下降。因此,缠绕纤维在使用前最好经过烘干处理,特别是湿度较大地区和季节,烘干处理更为必要。纤维烘干制度视含水量和纱锭大小而定,通常,无捻纱在 $60\sim80℃$ 烘干 $24\ h$ 即可。

如果纤维使用石蜡型浸润剂,纤维缠绕前应先除蜡,以便提高纤维与树脂基材之间的黏接性能。

2. 含胶量

含胶量直接影响复合材料的质量及厚度,含胶量过高,复合材料强度降低,含胶量过低,纤维孔隙率增加,制品气密性、耐老化性及剪切强度下降,同时影响纤维强度的充分发挥。此外,含胶量变化过大也会引起应力分布不均匀,甚至导致局部区域破坏。因此,必须严格控制连续纤维浸胶过程,必须根据制品的具体要求决定含胶量。缠绕纤维的含胶量一般为 $25\%\sim30\%$(质量分数)。

纤维含胶量通常是在纤维浸胶过程中进行控制的,浸胶过程可分为两个阶段,首先是将树脂胶液涂覆在增强纤维表面,然后胶液向增强纤维内部扩散和渗透,这两个阶段常常是同时进行的。缠绕工艺的浸胶通常采用浸渍法和胶辊接触法,如图 6-48 所示。

浸渍法是通过胶辊压力大小来控制含胶量的,如图 6-48(a)所示。胶辊接触法通过调节刮刀与胶辊的距离来改变胶辊表面的胶层厚度,从而控制含胶量,如图 6-48(b)所示。

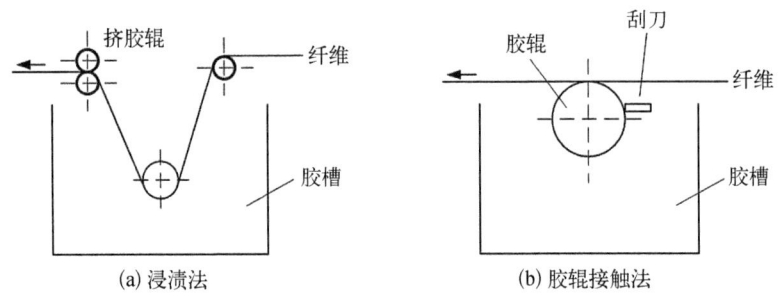

图 6-48 浸胶方式示意图

在浸胶过程中,纤维含胶量的影响因素有很多,如纤维规格、胶液黏度、胶液浓度、缠绕张力、缠绕速度、刮胶机构、操作温度及胶槽面高度等。上述诸因素中以胶液黏度、缠绕张力及刮胶机构最为重要。为了保证纤维浸渍透彻,树脂含量必须均匀并使纱片中的气泡尽量逸出,通常要求树脂黏度低(0.35~0.80 Pa·s)。加热和加入稀释剂可以有效控制胶液黏度。但这些措施都会带来一定的副作用:提高树脂温度会缩短树脂胶液的使用期;树脂里添加溶剂,若成形时树脂里的溶剂没除干净,则会在制品中形成气泡,影响制品强度。

3. 缠绕张力

缠绕张力是缠绕工艺的重要参数。张力大小、各束纤维之间张力的均匀性以及各缠绕层之间的均匀性,对制品的质量影响极大。

(1) 对制品力学性能的影响。研究表明,缠绕制品的强度和耐疲劳性能与缠绕张力有密切关系。张力过小,制品强度偏低,内衬所受压缩应力较小,因而内衬在充压时变形较大,其耐疲劳性能就越低。张力过大,则纤维磨损大,使纤维和制品的强度都下降,过大的缠绕张力甚至还可能造成内衬失稳。

各束纤维之间张力的均匀性对制品性能的影响也很大。假如纤维张紧程度不同,当承受载荷时,纤维就不能同时承受力,导致各个击破,纤维强度的发挥和利用大受影响。

为了使制品各缠绕层不会由缠绕张力作用产生内松外紧的现象,张力应有规律的逐层递减,从而内、外层纤维的初始应力都相同,容器充压后内、外层纤维能同时承受载荷。

(2) 对制品密实度的影响。缠绕在曲面上的纤维,在缠绕张力 T_0 作用下,将产生垂直于芯模表面的法向压力 N,在工艺上称为接触成型压力。其值可由式(6-124)求得:

$$N = \frac{T_0}{r}\sin \alpha \tag{6-124}$$

式中,T_0 为缠绕张力,9.81 N/cm;r 为芯模半径,cm;α 为缠绕角,(°)。

由此可见,使制品致密的成形压力与缠绕张力成正比,与制品曲率半径成反比,为了生产密实的制品,必须控制缠绕张力。

(3) 对含胶量的影响。缠绕张力对纤维浸渍质量及制品含胶量的大小影响非常大。随着缠绕张力增大,含胶量降低。

在多层缠绕过程中,由于缠绕张力的径向分量:法向压力 N 的作用,外缠绕层将对内层施加压力,因此胶液将由内层挤向外层,出现胶液含量沿壁厚方向不均匀,产生内低外高的现象。采用分层固化或预浸材料缠绕,可减轻或避免这种现象。

此外,如果在浸胶前施加张力,那么过大的张力将使胶液向增强纤维内部孔隙扩散,渗透更加困难,从而使纤维浸渍质量不好。

最佳缠绕张力并非一成不变,它依据芯模结构、增强纤维强度、胶液黏度及芯模是否加热等具体情况而定。

4. 缠绕速率

缠绕速率通常是指纱线速率,应控制在一定范围内。因为纱线速率过小,生产率低;而纱线速率过大,会受下列因素的限制。

对于湿法缠绕,纱线速率受到纤维浸胶过程的限制。当纱线速率很大时,芯模转速很高,有出现树脂胶液在离心力作用下从缠绕结构中向外迁移和溅洒的可能。纱线速率最大不宜超过 0.90 m/s。

对于干法缠绕,纱线速率主要受两个因素的限制:应保证预浸纤维用树脂通过加热装置后能熔融到所需黏度;减少复合材料结构中吸入杂质的可能性。

5. 环境温度

环境温度直接影响缠绕树脂胶液的凝胶时间,进而影响缠绕工艺操作时间,缠绕工艺操作需在树脂凝胶前完成。同时树脂黏度和溶剂的挥发也与环境温度密切相关,环境温度高,树脂黏度低,利于润湿纤维和溶剂挥发,但容易流胶;树脂黏度高则难润湿,影响缠绕速度,且不利于溶剂挥发。

6.5.2 拉挤成形

拉挤成形工艺是将浸渍树脂胶液的连续纤维束、带或布等,在牵引力的作用下,通过挤压模具成形、固化,连续不断地生产长度不限但可控的复合材料型材的成形工艺,见图 6-49,典型拉挤机如图 6-50 所示。

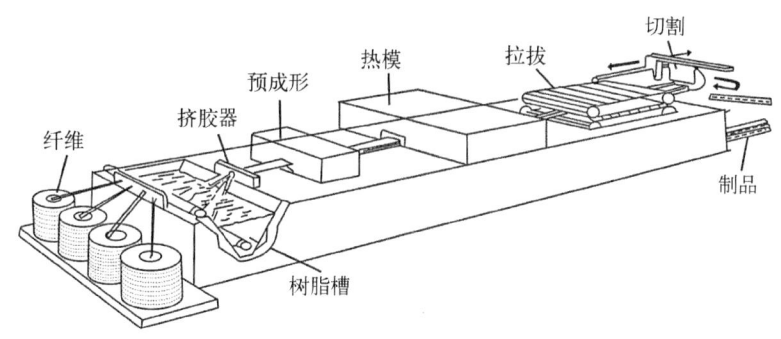

图 6-49 拉挤成形工艺原理

6.5.2.1 拉挤成形工艺流程

拉挤成形工艺流程是一条连续自动化生产线,包括纤维区、浸渍区、预成形区、固化区、拉拔区、切割区和卷绕区等生产区。

1. 纤维区

纤维区的功能是拉挤纤维纱的放置和排布,拉挤常用的四大连续纤维是玻璃纤维、碳

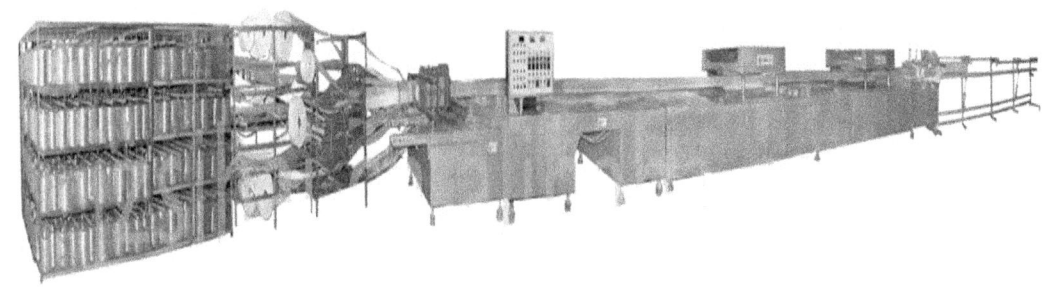

图 6-50 拉挤机

纤维、芳纶纤维和碳化硅纤维。根据复合材料结构层和表面层的要求,纤维形态主要有粗纱、短切毡和表面毡等。纤维纱的放置通常用纤维纱架,结合导向板可实现纤维纱的存放、排布和导引至浸渍区。

2. 浸渍区

浸渍区的功能是拉挤纤维纱的浸胶,目的是使树脂胶液充分浸渍润湿纤维纱。纤维纱从纤维区拉出来后,进入浸胶区的浸胶槽,在浸胶槽里完成浸渍后,导向预成形区。浸胶区的关键点是保证树脂充分浸渍润湿纤维,通常需要控制浸胶速度和压辊浸胶。

3. 预成形区

预成形区的功能是预赋形和定位,预赋形是通过预成形模具赋予概略形状,降低纤维束与固化模入口处的摩擦和多余树脂;定位则是通过导向板赋予纤维束、毡或其他补充增强材料适当的位置,以便进入固化成形模具。

4. 固化区

固化区的功能是赋形、固化和定形,通过拉挤模具赋予工件形状,拉挤模具设置加热装置,加热固化拉挤制品。加热可以是电热板、电波加热或热油循环。固化区是拉挤最关键的工艺步骤区,必须同时保证均匀加热、快速固化、纤维均匀分布和顺利脱模,实现连续化、自动化生产。

5. 拉拔区

拉拔区的功能是提供工件拉挤时所需的拉拔力与速度控制,拉拔方式主要有履带式、往覆式和环型回旋式拉拔机构(结合了拉拔与卷曲),关键是牵引力和速度控制。

6. 切割区

切割区的功能是按所需长度切割拉挤制品,便于储存和运输。

7. 卷绕区

卷绕区的功能是针对可以卷绕的拉挤制品,将其卷绕储存和运输。

6.5.2.2 拉挤成形技术特点

拉挤是一种自动化、连续化生产工艺,生产效率高,可多模多件。

拉挤制品纤维质量分数可高达 80%,浸胶在张力下进行,能充分发挥连续纤维的力学性能,产品强度高。

拉挤制品纵、横向强度可任意调整,可以满足不同力学性能制品的使用要求。

制品性能稳定可靠,波动范围在±5%之内,原材料利用率在95%以上,废品率低。

缺点是不能利用非连续增强材料,产品形状单调,只能生产线形型材(非变截面制品),横向强度不高。

6.5.2.3 拉挤成形工艺参数

拉挤工艺参数的精确、稳定和相互匹配性是拉挤工艺成败的关键。拉挤成形工艺参数包括成形温度、牵引速率、配方设计、填充量等。充分了解拉挤工艺中的树脂反应动力学、工艺参数相互影响及其与制品性能间的相互作用,是制品实现设计要求、达到顺利生产的关键。

1. 成形温度

在拉挤成形过程中,成形模具拉挤最关键成形区,通常成形模具可以分为三段:预热区、凝胶区和固化区,如图6-51所示,在模具上使用三对加热板来加热,并用计算机来控制温度。脱离点是指树脂脱离模具的点。树脂在加热过程中,温度逐渐升高,黏度降低。通过预热区后树脂体系开始胶凝、固化,这时产品和模具界面处的黏滞力增加,壁面上零速度的边界条件被打破,在脱离点处树脂出现速度突变,树脂和增强材料一起以相同的速度均匀移动,在固化区内产品受热继续固化,以保证出模时有足够的固化度。

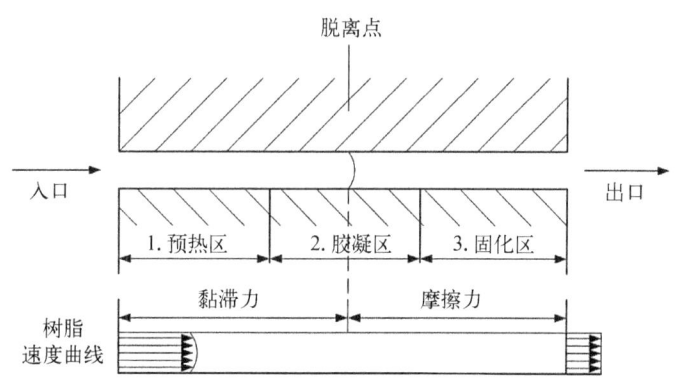

图6-51 拉挤模具内树脂的速度曲线及不同区域的黏滞力和摩擦力示意图

模具的加热条件是根据树脂体系固化制度来确定的,通常模具温度应高于树脂的放热峰值,温度上限为树脂的降解温度。温度、胶凝时间、拉挤速度应当匹配。预热区温度可以较低,胶凝区与固化区温度相似。温度分布应使产品固化放热峰出现在模具中部靠后,胶凝固化分离点应控制在模具中部。一般,三段温差控制在20~30℃,温度梯度不宜过大。

2. 拉挤速率的确定

拉挤模具的长度一般为0.6~1.2 m,通常根据树脂体系固化制度确定模具温度,该模具温度应使产品在模具中部胶凝固化,也即脱离点在中部并尽量靠前。如果拉挤速率过快,制品固化不良或者不能固化,直接影响产品质量,产品表层会有稠状富树脂层;如果拉挤速率过慢,型材在模具中停留时间过长,制品固化过度,并且降低生产效率。

一般的试验拉挤速率在 300 mm/min 左右。拉挤工艺开始时,速率应放慢,然后逐渐提高到正常拉挤速率。一般拉挤速率为 500~1 300 mm/min,现代拉挤技术的发展方向之一就是高速化,目前最快的拉挤速率可达 15 m/min。

3. 牵引力

牵引力是保证制品顺利出模的关键,牵引力的大小由产品与模具之间界面上的剪切应力来确定。通过测量浸渍树脂的增强纤维牵引穿过模具的一段短距离的牵引力,就可测量上述界面上的剪切应力,并绘出其特性曲线。

图 6-52 是三种不同牵引速率通过模具时平均剪切应力的变化,由图可知,在模具中剪切应力曲线是随拉挤速率而变化的。在模具的不同位置,剪切应力是不同的。整个模具中曲线出现 3 个峰。模具入口处剪切应力峰的峰值与模具壁附近树脂的黏滞力相一致。通过升温,在模具预热区内,树脂黏度随温度升高而降低,剪切应力也开始下降。初始峰值的变化由树脂黏性流体的性质决定。另外,填料含量和模具入口温度也对初始剪切应力影响很大。

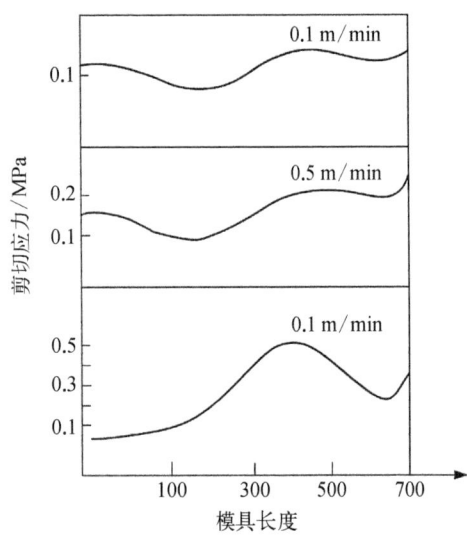

图 6-52 牵引速率与剪切应力的关系

由于树脂发生固化反应,它的黏度增加,从而产生第二个剪切应力峰。该值对应于树脂与模具壁面的脱离点,并与拉挤速率关系很大,当牵引速率增加时,这个点的剪切应力大大减小。最后,第三个区域即模具出口处,出现连续的剪切应力,这是由产品在固化区中与模具壁摩擦引起的,这个摩擦力较小。

牵引力在工艺控制中很重要。成形中若想制品表面光洁,要求产品在脱离点的剪切应力较小,并且尽早脱离模具。牵引力的变化反映了产品在模具中的反应状态,它与许多因素(如纤维含量、制品的几何形状与尺寸、脱模剂、温度、拉挤速率等)有关系。

6.5.3 自动铺放制造技术

自动铺放制造技术是目前发展和应用最热门的自动化复合材料制备技术,根据预浸料的不同可分为自动铺带(automated tape laying, ATL)技术和自动铺丝(automated fiber placement, AFP)技术。与传统手工铺放相比,自动铺放制造技术的优点在于不仅可以减少材料及人工成本,更能减少时间成本,而且能在铺放过程中实现对工艺参数的准确控制。当铺放程序固定后,就可以利用机床对铺放程序重复执行,在相同程序下铺放便可以保证成形件质量的稳定可靠。自动铺放技术也是目前实现复合材料原位固结成形的最具有前途工艺之一。

6.5.3.1 自动铺带技术

自动铺带技术是通过计算机控制铺放路径,将一定宽度的单向带预浸料在铺带机的推送、裁剪及辊压功能作用下，把材料按照既定轨迹铺放在模具上，以使复合材料铺层实现自动化，而预浸带的定位、铺叠、裁剪以及辊压都通过数控技术自动实现，一旦固定了铺带程序，操作步骤就会固定重复，这样有利于确保制作质量的一致性。

自动铺带具有表面平整、定位精准、高精度、快速及质量稳定性高等优势，主要用于平面型或低曲率曲面的准平面型复材整体构件层铺制造，典型应用是曲率不大的大型机翼壁板、尾翼壁板等部件，常规铺贴头限制角度不超过水平面30°，可以直接在模具上完成铺层的铺叠，然后采用热压罐工艺进行固化定型。根据国外统计，采用自动铺带生产大体积且外形复杂的构件，不仅生产效率高，而且经济划算，其生产效率要比手工铺叠效率高出10倍以上，定位精度要比手工定位精度高出2个量级以上，材料利用率至少增加50%。自动铺带采用的材料是带单面背衬纸的单向带预浸料，能铺贴75 mm、150 mm、300 mm三种规格的带宽。应用的宽带材料的不同和制备的曲率大小以及铺叠效率等因素有关。

自动铺带技术是集工艺、装备、计算机辅助设计（computer aided design，CAD）和计算机辅助制造（computer aided manufacturing，CAM）软件技术于一体的综合技术，重要、最核心的设备是自动铺带机。自动铺带机系统由台架系统（平行轨道、横梁及立杆）和铺带头组成（图6-53）。台架系统是五轴联动的台架型机器。台架系统由对立而站的两条平行轨道、能够沿着平行轨道精准移动的横梁、负责安装铺带头并带着其上下移动的竖直立杆组成。铺带头固定于台架设备上，作为整个铺带设备的核心部件，包含3个可旋转轴。铺带头拥有一套完整的预浸带传送轴与切断设备，能够实现预浸带自动化精准的止送切功能。铺带头的主要功能部件包括预浸带的装夹与释放系统、衬纸回收系统、缺陷检测系统、预浸带输送位置控制系统、预浸带止送切系统、温度控制系统、压力控制系统和预浸带张力控制系统。现阶段，工程化采用的自动铺带设备有两种：立式结构与卧式结构，立式结构铺带设备适用于开敞式壁板类构件，设备重点来源于西班牙、美国等欧美国家。

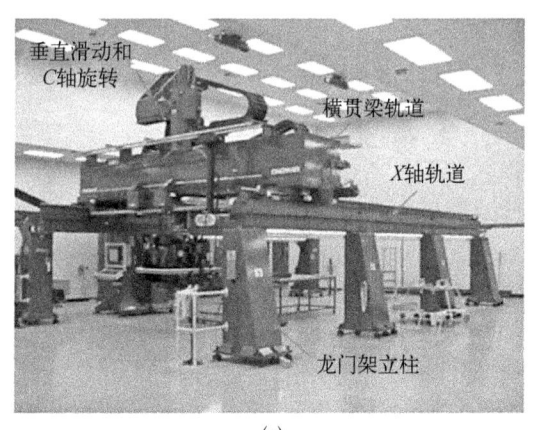 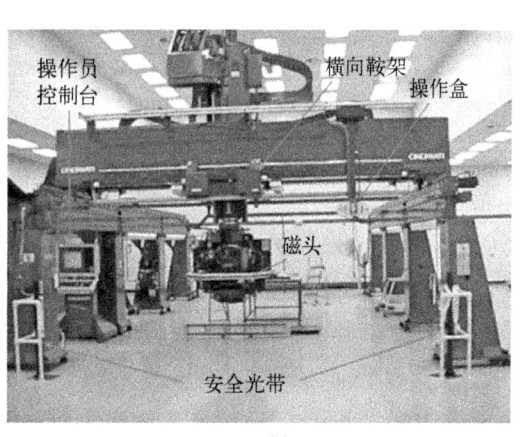

(a)   (b)

图6-53 自动铺带机系统

6.5.3.2 自动铺丝技术

自动铺丝技术是在多坐标自动铺丝机的控制下,铺丝头将多束预浸料通过放卷、导向、传输、压紧、分割、辊压等功能在压辊下集束成带,同时根据计算机规划的轨迹来进行自动化铺放铺成。铺丝头是其关键技术,可以在铺放过程中做到单独控制预浸丝束,从而增加或减少丝束,同时达到转弯铺放。自动铺丝最早主要用来攻克纤维缠绕问题,这项技术具有自动铺带和纤维缠绕技术的双重优势,主要技术优势在于加工的零件尺寸没有限制,而且有着更强的曲面适应能力,尤其适合铺放大曲率复杂组件,在铺放凸面与凹面的同时,能做到变口铺层的开口与补强工作,缩减纤维角度误差,提高生产效率,产生废料少,材料的利用率可达95%以上。自动铺丝技术在美国和欧洲已经成熟,在航空航天领域的应用越来越广泛,是近年发展速度最快、成形效果最好的复合材料自动化成形制造技术之一。

自动铺丝技术基于多自由度自动铺丝机,由多个固定宽度的预浸纱卷送出的预浸纱通过铺丝头的牵引与约束功能,将多窄带集中在柔性压辊上,变成可变宽度的预浸带(集合后的预浸带宽度由预浸纱的宽度和程序控制下的预浸纱的数量决定),然后凭借铺丝头相应的功能在铺丝程序以及数控系统的作用下将预浸料加热,并铺放在模具表面,压实定型,最后加热固化成形,常见的自动铺丝机设备如图6-54所示。常用的主要有卧式、立式以及机械臂铺丝机(图6-55)。自动丝束铺放可适应3.2~25.4 mm宽的预浸丝束。之前欧洲联盟与美国针对25 mm以下带宽的铺丝设备和分切设备设立了出口限制,难以采用工程化应用高端铺丝设备,现阶段,我国已有浙江大学、南京航空航天大学等多家单位成功自主研制。

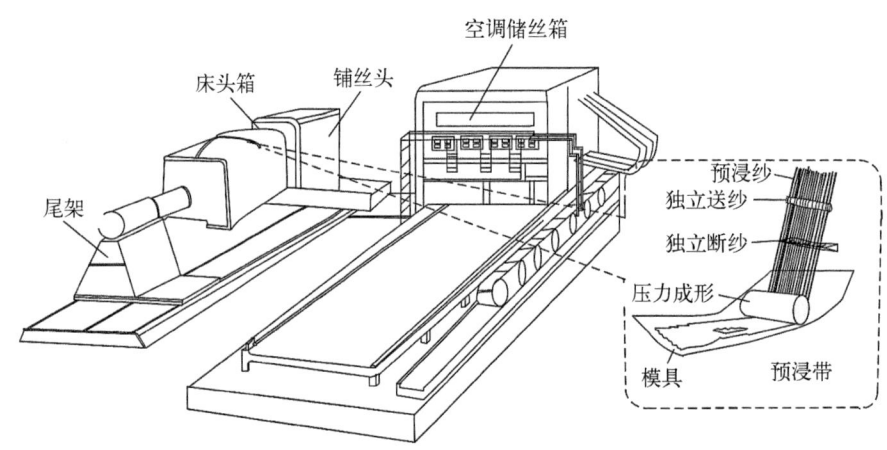

图6-54 典型的自动铺丝机器设备

相比于自动铺带技术,自动铺丝技术有两个显著的优点:① 每根预浸丝都采用独立的输送形式,故在铺放过程中,可以对预浸丝进行夹持、切断和重送操作,使得铺丝机能够对每根丝以独立的速度进行输送,铺放几何形状复杂的形面;② 可以根据构件的形状以及边界条件自动完成预浸纱的止送切功能,从而适应复杂的构件形状,达到铺放满覆性要求的同时节约了成本,可以完成局部加厚/混杂、加筋、铺层递减和开口铺层补强来满足多种设计要求。

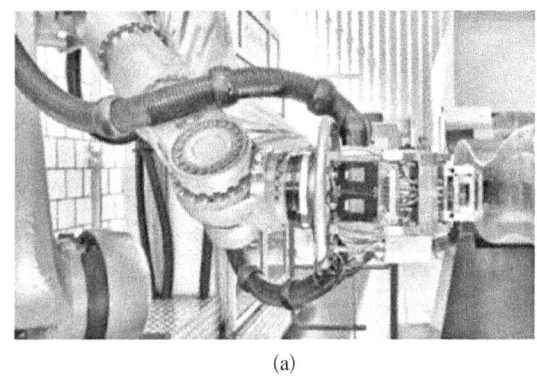
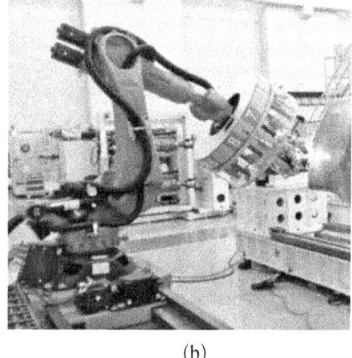

图 6-55　机器人自动铺丝设备

6.6　模压成形原理

模压成形工艺始于1909年,随着片状模塑料和新型塑料的出现,模压成形工艺发展很快,在世界各地得到广泛应用。模压成形工艺是将一定量的模压料(粉状塑料、粒状塑料或纤维状塑料等)放入金属对模中,在一定温度和压力作用下,固化成形制品的一种方法,如图6-56所示。在模压成形过程中需要加热和加压,使模压料塑化(或熔化)、流动充满模腔,并使树脂发生固化反应。在模压料充满模腔的流动过程中,不仅树脂流动,增强材料也要随之流动,所以模压成形工艺的成形压力比其他工艺方法高,属于高压成形。因此,它既需要能对压力进行控制的液压机,又需要高强度、高精度、耐高温的金属模具。

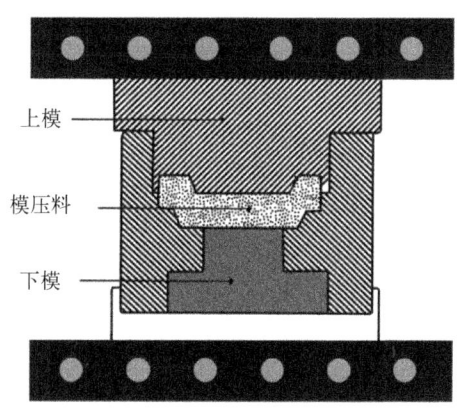

图 6-56　模压成形工艺原理

6.6.1　模压成形工艺分类

按模压料种类,模压成形工艺可分为层压模压法、碎布模压法和片状模塑料(sheet moulding compound, SMC)模压法三种。

1. **层压模压法**

层压模压法是以连续纤维单向带或织物预浸料作为模压料,模压成形复合材料的工艺方法。连续纤维单向带主要是连续纤维单向预浸带,通用连续纤维织物主要有两向、三向或多向织物预浸料。

2. **碎布模压法**

碎布模压法是以织物碎布料作为模压料,模压成形复合材料的工艺方法。最常用的织物碎布料是玻璃纤维碎布预浸料。模压过程中,织物碎布与树脂一起充模流动、充满模腔、固化定形,得到模压复合材料制品。

3. SMC 模压法

SMC 模压法是以片状模塑料作为模压料,放入金属对模中,在一定温度和压力作用下成形规定尺寸和形状的复合材料制品的工艺方法。

片状模塑料(SMC)是一种广泛应用的模压料,20 世纪 60 年代由拜耳公司发明,通常由不饱和树脂(或环氧树脂、酚醛树脂)、交联剂、引发剂、增稠剂、内脱模剂、低收缩添加剂、矿物填料等预先均匀混合成糊状,对短切玻璃纤维进行充分浸渍,形成片状的"夹芯"结构,如图 6-57 所示。为满足不同的需求,在 SMC 基础上开发了厚片状模塑料(thick molding compound,TMC)、块状模塑料(bulk molding compound,BMC)、结构 SMC、高强 SMC、低收缩 SMC、渗透增稠 SMC、高弹 SMC、低密度 SMC、耐热 SMC 和耐燃 SMC 等模塑料。

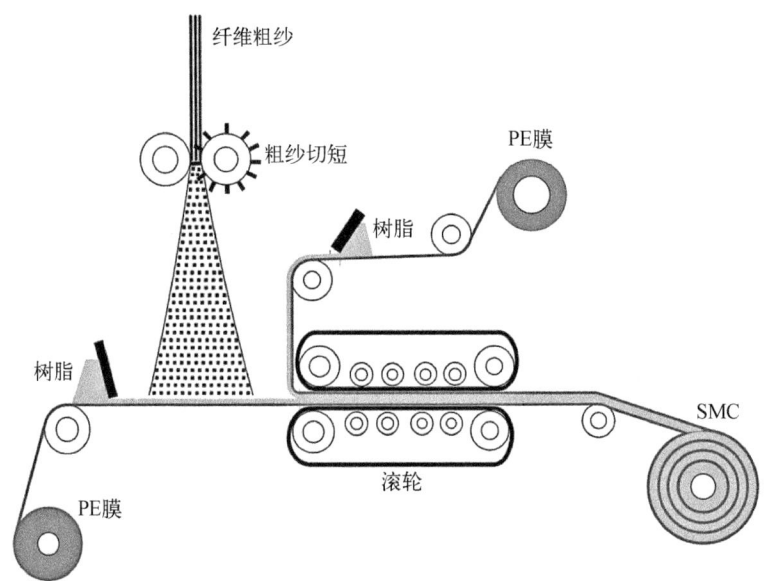

图 6-57 SMC 片状模塑料成型示意图

6.6.2 模压成形技术特点

1. 技术优点

模压成形工艺的优点主要有以下方面:① 重现性好,不受操作者和外界条件的影响;② 操作处理方便;③ 操作环境清洁、卫生,改善了劳动条件;④ 流动性好,可成形异形制品;⑤ 模压工艺对温度和压力要求不高,可变范围大,可大幅度降低设备和模具费用;⑥ 纤维长度为 40~50 mm,质量均匀性好,适宜压制截面变化不大的大型薄壁制品;⑦ 所得制品表面光洁度高,采用低收缩添加剂后,表面质量更为理想;⑧ 生产效率高,成形周期短,易于实现全自动机械化,生产成本相对较低。

2. 技术不足

模压成形工艺的不足之处在于模具制造复杂,投资较大,加上受压机工作台面限制,最适合于大批量生产的中小型复合材料制品。

随着金属加工技术、压机制造水平及合成树脂工艺性能的不断改进和发展,压机吨位和台面尺寸的不断增大,模压料的成形温度和压力相应降低,使得模压成形制品的尺寸逐步向大型化发展,目前已能生产大型汽车部件、浴盆、整体卫生间组件等。

6.6.3 树脂固化反应机理

模压料最常用的树脂基体材料是不饱和聚酯树脂、环氧树脂和酚醛树脂,称为三大通用树脂,也是复合材料领域应用最广泛的三种树脂体系。树脂体系性能与其固化特性密切相关,复合材料制备过程中,为获得高性能复合材料制品,需要根据树脂基体的固化反应机理和固化特性来确定合适的固化制度。三大通用树脂的固化反应机理不同:不饱和聚酯树脂通常是游离基型共聚反应机理,环氧树脂通常是加成聚合反应机理,而酚醛树脂通常是热固化反应机理。

6.6.3.1 不饱和聚酯树脂

1. 分子结构

不饱和聚酯树脂是由不饱和二元羧酸(或酸酐)、饱和二元羧酸(或酸酐)组成的混合酸与多元醇缩聚而成的,具有酯键和不饱和双键的线型高分子化合物,分子结构如下:

$$-\!\!\left(\!\!\begin{array}{c}O\\\|\\C\end{array}\!\!-\!CH\!=\!CH\!-\!\begin{array}{c}O\\\|\\C\end{array}\!\!-\!O\!-\!CH_2\!-\!CH_2\!-\!O\right)_{\!\!n}\!\!-$$

2. 固化反应机理

不饱和聚酯树脂的固化交联一般通过引发剂、光、高能辐射等引发不饱和聚酯中的双键与可聚合的乙烯基类单体进行游离基型共聚反应,使线型的聚酯分子链交联成具有三维网络结构的体型分子。

游离基型共聚反应通常发生在不饱和聚酯的双键和交联单体的双键之间,双键由催化剂或引发剂来引发,一般依从加成聚合反应机理,引发剂参与反应。游离基型共聚反应可分为链引发、链增长和链终止三个阶段。

常用交联剂主要有苯乙烯、乙烯基甲苯、二乙烯基苯、甲基丙烯酸甲酯和邻苯二甲酸二烯丙酯等。最常用的是苯乙烯,性价比高,固化体系具有较好性能,但有毒;乙烯基甲苯(60%间位+40%对位)固化体系收缩率低,用于耐开裂制品;二乙烯基苯固化体系耐热性好,交联密度大,但性脆;甲基丙烯酸甲酯与聚酯共聚倾向小,需与其他交联单体(如苯乙烯)混用。

固化交联反应物包括不饱和聚酯树脂、交联剂和引发剂。聚酯树脂是主结构,提供双键;交联剂用于交联,提供双键,且可降低树脂体系初始黏度;引发剂作用是引发固化反应,本身参与反应,通常是高活性的过氧化物。

$$-\!\!\left(\!\!\begin{array}{c}O\\\|\\C\end{array}\!\!-\!CH\!=\!CH\!-\!\begin{array}{c}O\\\|\\C\end{array}\!\!-\!O\!-\!CH_2\!-\!CH_2\!-\!O\right)_{\!\!n}\!\! + RO + \langle\!\!\bigcirc\!\!\rangle\!\!-\!CH\!=\!CH_2$$

    聚酯树脂   引发剂 交联剂

链引发阶段,通常由引发剂产生自由基,进攻不饱和双键,形成连接,同时形成新的自由基。

$$-(C-CH-CH-C-O-CH_2-CH_2-O)_n$$

新自由基　　　引发剂进攻不饱和双键

链增长阶段,由不饱和双键形成新的自由基,进攻苯乙烯(交联剂)的双键,在聚合物与交联剂之间形成化学键,同时形成新的自由基。

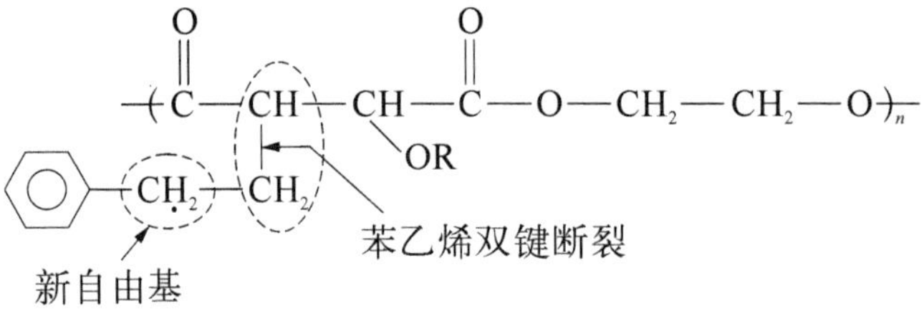

苯乙烯双键断裂

新自由基

新的自由基可进攻第二个聚酯不饱和双键,在交联剂与第二聚合物间成键,从而将两个聚酯分子链桥联起来。可见,交联剂在聚酯分子间起桥联作用。

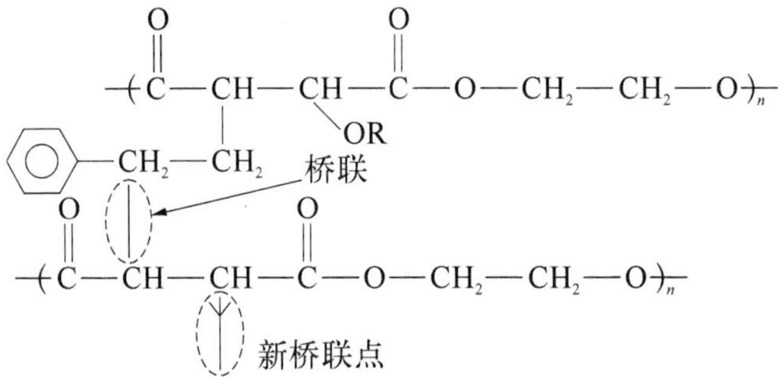

桥联

新桥联点

链终止阶段,链引发后链增长,逐渐形成不溶、不熔的三维网络结构,链终止。

6.6.3.2 环氧树脂

1. 分子结构

环氧树脂泛指分子中含有两个或两个以上环氧基团的有机高分子化合物。

环氧树脂分子结构:分子链中含有活泼的环氧基团为其特征,环氧基团可以位于分子链的末端、中间或成环状结构。环氧基团是一种三元环,结构中含有两个碳原子和一个氧原子。

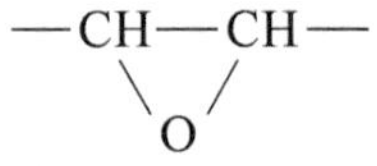

$$-CH-CH-$$
$$\quad\ \backslash O/$$

2. 固化反应机理

环氧基团发生交联固化反应,类似于不饱和聚酯树脂中的双键,可与多种类型的固化剂发生固化交联反应,形成不溶、不熔的具有三维网状结构的体型高聚物。

环氧树脂固化反应机理,主要有三类:① 逐步聚合反应(step polymerization),加入反应型固化剂与环氧基反应;② 离子型聚合反应(ionic-type polymerization),加入催化型固化剂,引发环氧基按阳离子或阴离子型聚合反应,形成环氧基团之间的直接键合;③ 其他类型反应,不限于某种反应历程,而实际的反应过程目前尚不十分清楚。这类固化剂有双氰胺、含硼化合物、金属盐类和多异氰酸酯等。

常用的环氧树脂固化剂主要有胺类、酸酐和路易斯酸(催化)。

3. 伯胺加成逐步聚合反应

伯胺是最常用的胺类固化剂,胺中的两个活泼氢分别与两个环氧基团反应,生成羟基,形成交联网状结构。固化反应基本历程如下:

(1) 伯胺($R—NH_2$)氮原子上的活泼氢(H)与环氧基反应生成仲胺(R—NH—),活泼氢(H)使环氧开环,并转移到开环的环氧基上,形成羟基(—OH)。

生成的仲胺(R—NH—)再与另一个环氧基团反应生成叔胺(R—N—):

(2) 反应物羟基(—OH)又与环氧树脂环氧基团反应,使环氧开环,形成醚键(—O—),同时产生新的羟基(—OH),再使环氧开环,发生醚化反应,最终形成三维网络交联结构。

如果固化剂是二元伯胺,4个活泼氢(H)与环氧树脂发生交联反应,一个二元伯胺连接4个环氧基,形成体型高聚物。

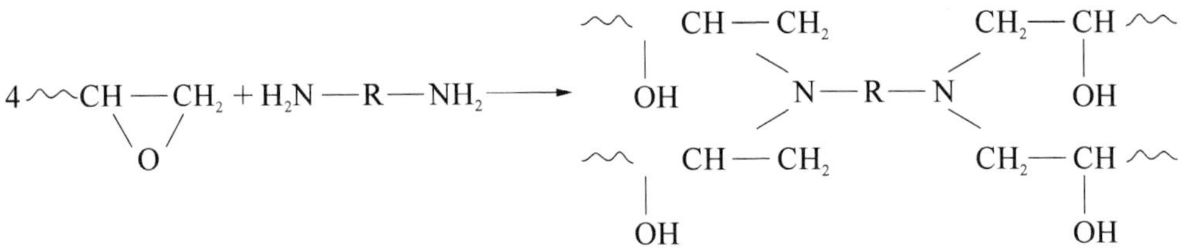

$$4 \sim\!\!\text{CH}-\text{CH}_2 + \text{H}_2\text{N}-\text{R}-\text{NH}_2 \longrightarrow \begin{array}{c}\sim\!\text{CH}-\text{CH}_2 \\ | \\ \text{OH}\end{array}\!\!\!\begin{array}{c}\text{CH}_2-\text{CH}\!\sim \\ | \\ \text{OH}\end{array}\text{N}-\text{R}-\text{N}\begin{array}{c}\text{CH}-\text{CH}_2 \\ | \\ \text{OH}\end{array}\!\!\!\begin{array}{c}\text{CH}_2-\text{CH}\!\sim \\ | \\ \text{OH}\end{array}$$

4. 酸酐加成逐步聚合反应

酸酐是第二大类环氧固化剂，酸酐加成逐步聚合反应的基本机理是酸酐开环、环氧开环、醚化反应和生成固化产物。以邻苯二甲酸酐（orthophthalic anhydride）为例：

（1）酸酐开环（anhydride ring opening）：酸酐被体系中的醇羟基引发开环，在无外加催化剂条件下，通常由包含在反应体系中的水分、羟基（如存在于高相对分子质量树脂中的仲羟基）和羟基化合物所引发，酸酐开环，产生羟基（hydroxy）。

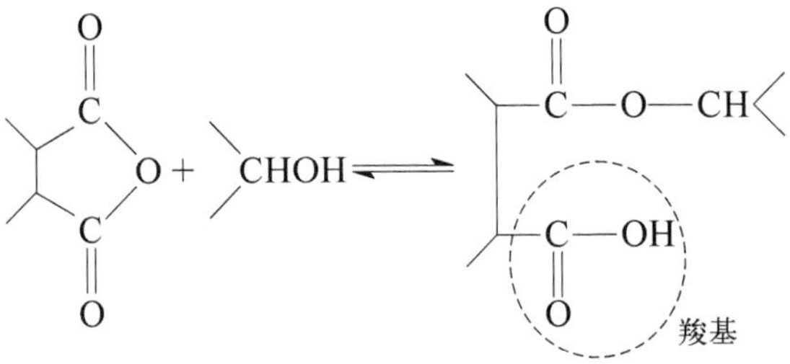

该反应是可逆的（reversible）加成反应，因此含羟基化合物没有参与交联反应，起催化剂作用。

（2）环氧开环：新生的羧基使环氧开环，发生酯化反应，产生羟基。

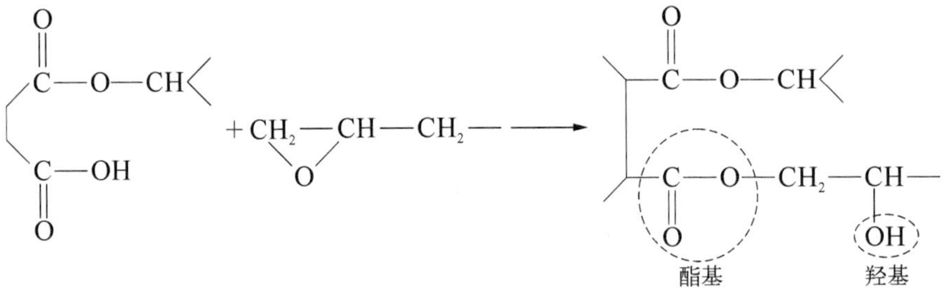

该反应是环氧基的不可逆（irreversible）反应，参与交联，可发生酯化（esterification）反应。

（3）醚化反应：产生的羟基或已存在的羟基使环氧开环，发生醚化反应，形成新的羟基，再与环氧基团反应。

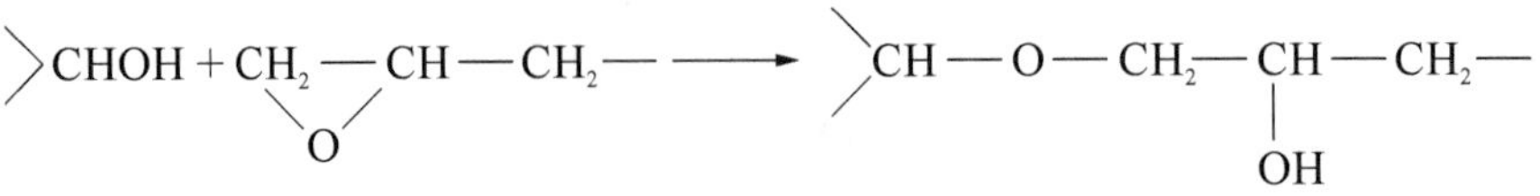

该反应也是环氧基的不可逆反应,参与交联,可发生醚化(etherification)反应。

(4) 生成固化产物:固化交联,形成三维网络体型结构的固化产物。

酸酐是仅次于胺类的环氧固化剂,具有低黏度(low viscosity)、适用期长(long pot life)、低挥发性(low volatility)、低毒性(low toxicity)、低体系收缩率(low shrinkage)和低放热效应(low exothermicity)等优点;通常需要在较高温度下保持较长固化时间,加入催化剂(catalyst)可实现提速固化或快速固化。

6.6.3.3 酚醛树脂

酚类(hydroxybenzene)与醛类(aldehyde)的缩聚产物(condensation product)称为酚醛树脂(phenolic resins)。

酚醛树脂一般常指由苯酚(phenol)和甲醛(formaldehyde)经缩聚反应而得的合成树脂。

酚醛树脂的固化反应机理通常是热固化反应机理。热固化温度一般低于170℃,热固性酚醛树脂的固化反应主要有两类。

(1) 生成次甲基桥:酚核上的羟甲基与其他酚核上的邻位或对位上的活泼氢反应,失去一分子水,生成次甲基桥。

(2) 生成醚:两个酚核上的羟甲基二苄相互反应,失去一分子水,生成二苄基醚,此反应通常在固化温度低于160℃时发生。

固化温度超过160℃时,醚键不稳定,醚键可反应生成次甲基桥。

固化温度低于160℃时,对于由取代酚形成的一阶(A阶)树脂,主要生成醚键;对于三官能度酚合成的树脂,主要生成次甲基桥。

综上,羟甲基酚之间的反应,在酚核间主要形成次甲基桥键和醚键。次甲基桥键是酚醛树脂固化结构中最稳定、最重要的化学键。

6.6.4 树脂固化动力学

固化反应动力学(简称为固化动力学)是研究固化反应机理、揭示固化反应历程的科学。

研究固化动力学主要目的在于求解固化反应的反应速率,了解固化反应的反应历程,进而确定固化反应动力学方程中的"动力学三因子":表观活化能 E_a(apparent activation energy)、指前因子 A(preexponential factor)和动力学模式函数 $f(\alpha)$(reaction order)。固化反应的表观活化能 E_a 是固化反应过程中各种反应的活化能的总和,是衡量固化体系反应活性大小的重要参数,其大小反映了树脂体系固化反应的难易程度。固化体系只有获得大于表观活化能的能量时,反应才能进行。A 是反应速率常量 k_v 的指前因子,与反应速率常量 k 具有相同的量纲。

研究意义主要是确定成形复合材料体系的固化制度,包括固化阶段、固化温度、固化时间等。

6.6.4.1 研究方法

固化动力学研究方法主要有动态力学分析法和热分析法。动态力学分析法包括扭辫分析(torsional braid analysis,TBA)法和动态介电分析(dynamic dielectric analysis,DDA)法。

TBA 法是利用树脂体系的动态黏弹性,通过动态松弛谱跟踪由化学变化导致的模量与内耗的改变,从而将大分子的结构参数与其流变性能联系起来,是跟踪固化反应过程动态力学行为的有效研究方法。

DDA 法是连续跟踪树脂胶液在固化过程中由化学变化和黏度变化导致的介电性能的变化,来反映分子结构参数和流变性能变化的方法。

1. 差示扫描量热法

热分析法是研究树脂体系固化反应动力学的重要手段之一。在各种热分析方法中,差示扫描量热(differential scanning calorimetry,DSC)法是监控树脂体系固化反应全过程最简便和最有效的方法之一。

DSC 法是通过跟踪固化反应释放的热量来跟踪固化反应,可采用等温模式(isothermal mode)和动态模式(dynamic mode)。模型拟合法(model-fitting method)和无模型法(model-free method)是 DSC 法研究树脂体系固化动力学行为的有力工具。

2. 基本假设

采用 DSC 法分析固化动力学行为,基于两个基本假设。

假设一:假设 t 时刻树脂固化反应的固化度 α,与固化反应热流 Q_t 成正比,比例系数是全部反应热 Q_R 的倒数,则树脂固化反应固化度 α 可表示为

$$\alpha = \frac{Q_t}{Q_R} = \frac{t \text{ 时刻的反应热}}{\text{全部反应热}} \tag{6-125}$$

如果固化反应从 $t=0$ 开始,至 $t=t$ 时刻,其固化度 $\alpha = \alpha(t)$ 为

$$\alpha(t) = \frac{Q_t}{Q_R} = \frac{\int_0^t \frac{dQ_t}{dt}dt}{Q_R} \tag{6-126}$$

假设二：假设 $t=t$ 时刻树脂固化反应产生的热量 Q_t 与固化反应已反应的反应物的量 $\dot{m}$ 成正比，比例系数为 A_t，则有

$$Q_t = A_t \dot{m} \tag{6-127}$$

或者

$$Q_t = \alpha Q_R \tag{6-128}$$

6.6.4.2 固化动力学基本方程

固化反应动力学模型可分为唯象模型(phenomenological model)和机理模型(mechanistic model)两种。唯象模型回避了固化化学反应细节，采用多元非线性回归的方法，借助较为简单的速率方程来描述固化反应动力学。

1. 多步反应的一般方程

对于一般多步固化反应，动态固化反应动力学的一般速率方程可用式(6-129)表达：

$$\frac{d\alpha}{dt} = \sum_{j=1}^{q} f_j(\alpha) k_j(T) \tag{6-129}$$

式中，α 为树脂固化反应的固化度(或固化反应转化率)；t 为固化反应时间；$f_j(\alpha)$ 为某步(第 j 步)反应的反应模型；$k_j(T)$ 为该步反应中与温度相关的反应速率常量；q 为反应总步数。

2. 一步反应时的固化反应速率方程

动态固化反应动力学的速率方程(6-129)中，一步反应时 $j=1$，则可推导出一步固化反应速率方程为

$$\frac{d\alpha}{dt} = k(T) f(\alpha) \tag{6-130}$$

其中，

$$k_v(T) = A\exp\left(\frac{-E_a}{RT}\right) \tag{6-131}$$

式中，A 为指前因子；t 为固化反应时间；E_a 为表观活化能；R 为摩尔气体常量；T 为绝对温度。

结合式(6-130)和式(6-131)，可得

$$\frac{d\alpha}{dt} = k_v(T) f(\alpha) = A\exp\left(\frac{-E_a}{RT}\right) f(\alpha) \tag{6-132}$$

3. Kissinger 模型求 E_a 和 A

在等速升温的 DSC 分析中，设升温速率 β 为

$$\beta = \frac{dT}{dt} \tag{6-133}$$

量纲为℃/min,则有

$$\frac{d\alpha}{dt} = \frac{d\alpha}{dT}\frac{dT}{dt} = \frac{d\alpha}{dT}\beta \tag{6-134}$$

结合式(6-132)可得

$$\frac{d\alpha}{dT} = \frac{1}{\beta}A\exp\left(\frac{-E_a}{RT}\right)f(\alpha) \tag{6-135}$$

将式(6-135)对 T 求导得

$$\frac{d^2\alpha}{dT^2} = \frac{A}{\beta}\exp\left(\frac{-E_a}{RT}\right)\left[\frac{E_a}{RT^2}f(\alpha) + \frac{df(\alpha)}{dT}\right] \tag{6-136}$$

其中

$$\frac{df(\alpha)}{dT} = \frac{df(\alpha)}{d\alpha}\frac{d\alpha}{dT} = \frac{df(\alpha)}{d\alpha}\frac{A}{\beta}\exp\left(\frac{-E_a}{RT}\right)f(\alpha) \tag{6-137}$$

所以式(6-137)变为

$$\frac{d^2\alpha}{dT^2} = \frac{A}{\beta}\exp\left(\frac{-E_a}{RT}\right)f(\alpha)\left[\frac{E_a}{RT^2} + \frac{A}{\beta}\exp\left(\frac{-E_a}{RT}\right)\frac{df(\alpha)}{d\alpha}\right] \tag{6-138}$$

又由于

$$\frac{d^2\alpha}{dT^2} = \frac{d^2(Q_t/Q_R)}{dT^2} = \frac{1}{Q_R}\frac{d^2Q_t}{dT^2} \tag{6-139}$$

当 DSC 曲线达到峰值温度 $T_p(K)$ 时,有

$$\left[\frac{d^2Q_t}{dT^2}\right]_{T_p} = 0 \tag{6-140}$$

则有

$$\frac{E_a}{RT_p^2} + \frac{A}{\beta}\exp\left(\frac{-E_a}{RT_p}\right)\left[\frac{df(\alpha)}{d\alpha}\right]_{\alpha_p} = 0 \tag{6-141}$$

式中,α_p 为 DSC 曲线达到峰值温度 T_p 时体系的转化率。

Kissinger 已证明,当 $E_a \gg 2RT_p$ 时:

$$\left[\frac{df(\alpha)}{d\alpha}\right]_{\alpha_p} \approx -1 \tag{6-142}$$

且与试验条件无关,从而有

$$\frac{E_a}{AR}\frac{\beta}{T_p^2} = \exp\left(\frac{-E_a}{RT_p}\right) \tag{6-143}$$

对式(6-143)两边取对数并整理得 Kissinger 公式：

$$\ln\frac{\beta}{T_p^2} = -\frac{E_a}{R}\frac{1}{T_p} + \ln\frac{AR}{E_a} \tag{6-144}$$

式(6-144)表明，$\ln\dfrac{\beta}{T_p^2}$ 与 $\dfrac{1}{T_p}$ 呈线性关系。

测定不同升温速率 β(℃/min)下的 DSC 曲线的峰值温度 T_p(K)，将 $\ln\dfrac{\beta}{T_p^2}$ 对 $\dfrac{1}{T_p}$ 作图，所得直线的斜率为 a_1，截距为 b_1，则有

$$E_a = -Ra_1 \tag{6-145}$$

$$\ln A = \ln(-a_1) + b_1 \tag{6-146}$$

至此，由 Kissinger 模型的式(6-145)和(6-146)，可求出表观活化能 E_a 和指前因子 A。

4. 克莱恩(Crane)模型求反应级数 n

如果固化反应是 n 级反应，则式(6-132)中的 $f(\alpha)$ 为

$$f(\alpha) = (1-\alpha)^n \tag{6-147}$$

则式(6-132)变为

$$\frac{d\alpha}{dt} = k(T)f(\alpha) = A\exp\left(\frac{-E_a}{RT}\right)(1-\alpha)^n \tag{6-148}$$

由式(6-148)及式(6-133)和式(6-139)有

$$\begin{aligned}\frac{d^2Q_t}{dT^2} &= Q_R\frac{d^2\alpha}{dT^2} = \frac{Q_R}{\beta}\frac{d}{dT}\left(\frac{d\alpha}{dt}\right) = \frac{Q_R}{\beta}\frac{d}{dT}\left[A\exp\left(\frac{-E_a}{RT}\right)(1-\alpha)^n\right] \\ &= \frac{Q_R A}{\beta}\exp\left(\frac{-E_a}{RT}\right)\left[(1-\alpha)^n\frac{E_a}{RT^2} - n(1-\alpha)^{n-1}\frac{d\alpha}{dT}\right]\end{aligned} \tag{6-149}$$

结合式(6-140)中当 DSC 曲线达到峰值温度 T_p 时的方程，则式(6-149)转换为

$$\frac{d^2Q_t}{dT_p^2} = \frac{Q_R A}{\beta}\exp\left(\frac{-E_a}{RT_p}\right)e^{-E_a/RT_p}\left[(1-\alpha)^n\frac{E_a}{RT_p^2} - n(1-\alpha)^{n-1}\frac{d\alpha}{dT_p}\right] = 0 \tag{6-150}$$

由式(6-150)可推出：

$$\frac{d\alpha}{dT_p} = \frac{1-\alpha}{n}\frac{E_a}{RT_p^2} \tag{6-151}$$

同样，由式(6-150)及式(6-148)和式(6-151)，可得

$$\frac{\mathrm{d}\alpha}{\mathrm{d}T_\mathrm{p}} = \frac{1}{\beta}\frac{\mathrm{d}\alpha}{\mathrm{d}t} = \frac{1}{\beta}A\exp\left(\frac{-E_\mathrm{a}}{RT_\mathrm{p}}\right)(1-\alpha)^n = \frac{1-\alpha}{n}\frac{E_\mathrm{a}}{RT_\mathrm{p}^2} \quad (6-152)$$

即

$$\frac{E_\mathrm{a}}{RT_\mathrm{p}^2} = \frac{A}{\beta}n(1-\alpha)^{n-1}\exp\left(\frac{-E_\mathrm{a}}{RT_\mathrm{p}}\right) \quad (6-153)$$

对式(6-153)两边取对数,有

$$\ln\beta = \ln\left(n\frac{AR}{E_\mathrm{a}}\right) + (n-1)\ln(1-\alpha) + 2\ln T_\mathrm{p} - \frac{E_\mathrm{a}}{RT_\mathrm{p}} \quad (6-154)$$

将式(6-154)对 $\frac{1}{T_\mathrm{p}}$ 微分,有

$$\frac{\mathrm{d}(\ln\beta)}{\mathrm{d}(1/T_\mathrm{p})} = \frac{(n-1)T_\mathrm{p}^2}{1-\alpha}\left(\frac{\mathrm{d}\alpha}{\mathrm{d}T_\mathrm{p}}\right) - 2T_\mathrm{p} - \frac{E_\mathrm{a}}{R} \quad (6-155)$$

将式(6-151)代入式(6-155),则得

$$\frac{\mathrm{d}(\ln\beta)}{\mathrm{d}(1/T_\mathrm{p})} = \frac{(n-1)T_\mathrm{p}^2}{1-\alpha}\left(\frac{\mathrm{d}\alpha}{\mathrm{d}T_\mathrm{p}}\right) - 2T_\mathrm{p} - \frac{E_\mathrm{a}}{R} = -\left(2T_\mathrm{p} + \frac{E_\mathrm{a}}{nR}\right) \quad (6-156)$$

当 $\frac{E_\mathrm{a}}{nR} \gg 2T_\mathrm{p}$ 时,式(6-156)成为

$$\frac{\mathrm{d}(\ln\beta)}{\mathrm{d}(1/T_\mathrm{p})} \approx -\frac{E_\mathrm{a}}{nR} \quad (6-157)$$

此即 Crane 公式。

Crane 公式表明,$\ln\beta$ 与 $\frac{1}{T_\mathrm{p}}$ 呈线性关系。

测定不同升温速率 β(℃/min)下的 DSC 曲线的峰值温度 T_p,将 $\ln\beta$ 对 $\frac{1}{T_\mathrm{p}}$ 作图,所得直线的斜率为 a_2。

反应级数为

$$n = -\frac{E_\mathrm{a}}{Ra_2} \quad (6-158)$$

结合 Kissinger 模型导出的式(6-138),求出表观活化能 E_a,然后可用 Crane 模型导出的式(6-156)求出反应级数 n。

顺便指出,由式(6-146),Kissinger 证明有

$$n(1-\alpha)^{n-1} \approx 1 \quad (6-159)$$

故有

$$\frac{\beta}{T_p^2} = \frac{AR}{E_a}\exp\left(\frac{-E_a}{RT_p}\right) \quad (6-160)$$

因此,可导出:

$$\ln\frac{\beta}{T_p^2} = \ln\left(\frac{AR}{E_a}\right) - \frac{E_a}{RT_p} \quad (6-161)$$

此即 Kissinger 方程。

5. 动态升温条件下固化度 α 随固化时间 t 的变化关系

以 CYD-128 环氧树脂和 GA-327 固化剂体系为例,将环氧树脂和固化剂以 100∶45 的质量配比搅拌均匀,制成胶液,抽真空脱泡制成 DSC 测试用样品。采用德国耐驰公司生产的 DSC 200 F3 型差示扫描量热仪对样品的放热情况进行动态 DSC 监测,用量为 10 mg 左右,升温速率 β 分别为 3℃/min、5℃/min、10℃/min、15℃/min。

图 6-58 为 CYD-128/GA-327 树脂体系在不同升温速率下的 DSC 曲线。

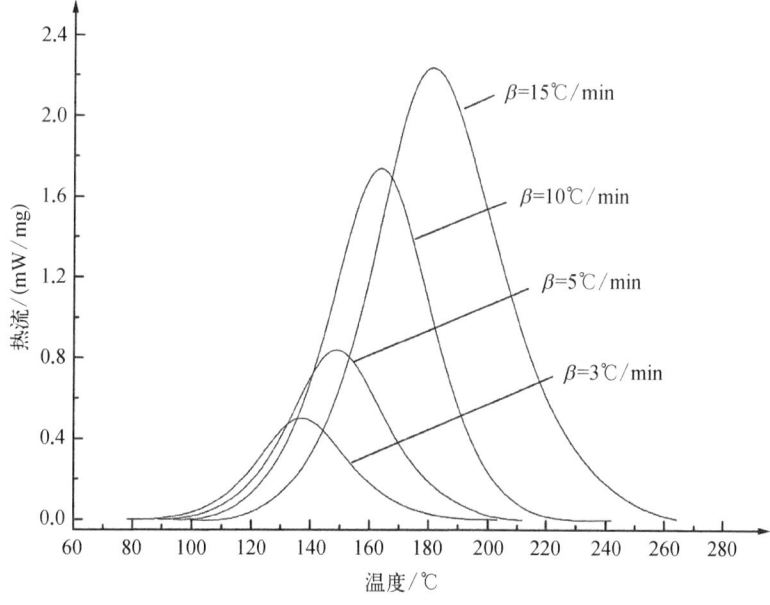

图 6-58　CYD-128/GA-327 树脂体系不同升温速率下的 DSC 曲线

结合式(6-126)定义的 t 时刻的固化度 $\alpha(t)$,式(6-126)右端的分子可由图 6-59 中的阴影部分表示:

依据图 6-58 和图 6-59 所示的处理过程,分别得到了不同升温速率下固化度随固化反应温度($\alpha-T$)的变化关系和不同升温速率下固化度随时间($\alpha-t$)的变化关系,分别如图 6-60 和图 6-61 所示。

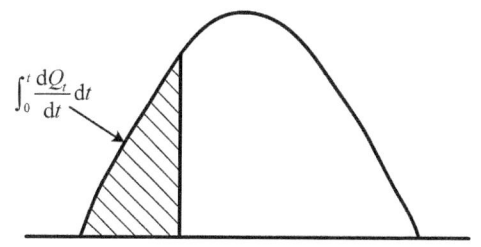

图 6-59　DSC 曲线 t 时刻固化放热量的处理

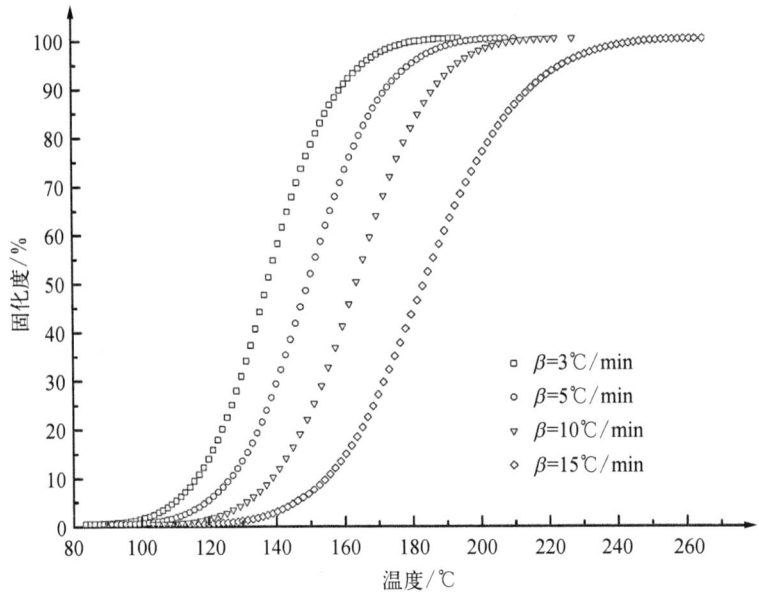

图 6-60 不同升温速率下固化度随固化反应温度的变化关系

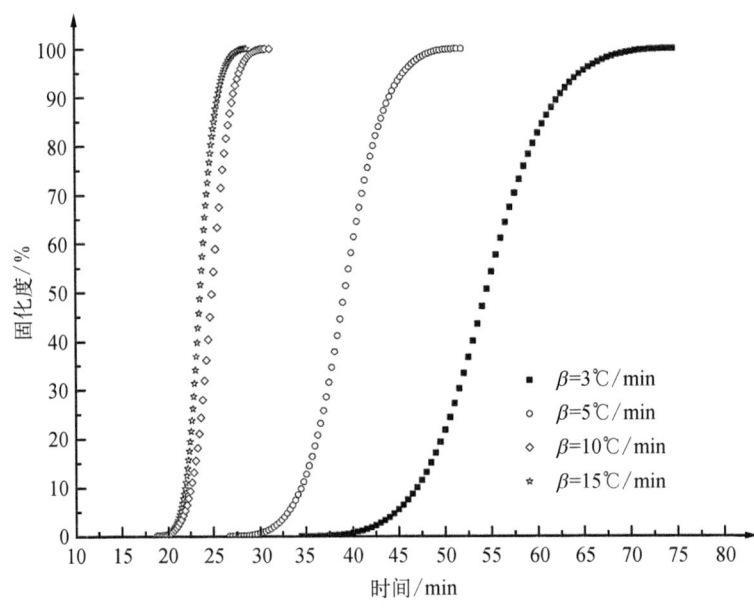

图 6-61 不同升温速率下固化度随时间的变化关系

6.6.4.3 固化动力学模型

目前,学术界根据固化机制的不同,将热固性树脂固化动力学模型分为 n 级模型 $F(n)$、自催化模型 $F(a)$ 和卡马尔(Kamal)模型 $F(k)$ 等。

1. n 级模型 $F(n)$

等温固化反应动力学的 n 级反应模型 $F(n)$ 最为简单,其表达式为

$$\frac{d\alpha}{dt} = k_1(1-\alpha)^n \tag{6-162}$$

n 级固化反应的特点是反应开始时,反应速率最大,等温 $\alpha-t$ 曲线上,$t=0$ 时斜率最大。

2. 自催化模型 $F(a)$

自催化动力学模型 $F(a)$ 表达式为

$$\frac{d\alpha}{dt} = k_2\alpha^m(1-\alpha)^n \tag{6-163}$$

式中,k_1、k_2 是反应速率常量,其值可以用 Arrhenius 方程[式(6-124)]表示。

自催化固化反应的特点是反应有诱导期,经历一定时间后,反应速率才达到最大值,等温 DSC 曲线上有峰值,且 $\alpha-t$ 曲线呈倒"S"形。

确定模型参数 m、n、k_2 有两种方法:一是基于反应级数为 2,假设 $m+n=2$,则可以将自催化模型方程进行简化,然后通过线性最小二乘法拟合,得到固化反应动力学参数 m、n、k_2 和表观活化能 E_a 的值;二是认为 m 和 n 相互独立,采用非线性最小二乘法进行多项式拟合,得到固化反应动力学参数,但采用此方法处理时参数较多,运算复杂。

3. Kamal 模型 $F(k)$

Kamal 模型 $F(k)$ 是描述环氧树脂固化动力学的常用模型,其具体方程为

$$d\alpha/dt = (k_3 + k_4\alpha^m)(1-\alpha)^n \tag{6-164}$$

式中,k_3、k_4 是反应速率常量,可用 Arrhenius 方程表示;m、n 是反应级数,$m+n$ 为总反应级数。式(6-164)可写成如下形式:

$$d\alpha/dt = k_3(1-\alpha)^n + k_4\alpha^m(1-\alpha)^n \tag{6-165}$$

式中,等号右边第一项是 n 级反应模型,第二项是自催化反应模型,所以 Kamal 模型是包含 n 级反应和自催化反应的复合模型,它描述的固化反应速率在 $t=0$ 时不为零,其最大速率出现在 $t>0$ 时。

6.7 其他成形

随着复合材料应用领域的拓展,其制备技术也得到发展,除前述成形技术外,涌现一系列其他成形技术,例如,热压罐成形、离心成形、浇注成形、弹性体贮树脂模塑、增强反应注射模塑、3D 打印和热塑性复合材料成形技术等。

思 考 题

1. 什么是广义复合材料?什么是狭义复合材料?复合材料由什么组成?
2. 增强材料的主要作用是什么?增强材料的增强作用取决于什么?常用的增强材

料有哪些?

3. 基体材料的主要作用是什么?三大通用树脂是哪三种树脂基体?
4. 复合材料有什么特性?复合材料应用领域有哪些?请举例说明。
5. 复合材料复合成形的基本内涵是什么?什么是复合效应?复合效应有哪些?
6. 复合材料成形的四大基本要求是什么?复合材料成形的主要目的是什么?
7. 树脂基复合材料成形三要素是什么?请画出热固性树脂基复合材料成形的基本原理图。
8. 金属基复合材料成形三要素是什么?请画出热固性树脂基复合材料成形的基本原理图。
9. 陶瓷基复合材料成型三要素是什么?请画出热固性树脂基复合材料成形的基本原理图?
10. 先驱体转化法的基本原理是什么?有什么技术特点?
11. 复合材料界面的三大效应是什么?什么是润湿?润湿类型有哪些?
12. 接触角判据的内涵是什么?基本依据是什么?沾湿、浸湿和铺展的条件是什么?
13. Wenzel 方程判据的内涵是什么?适用范围是什么?
14. Zisman 准则的内涵是什么?临界表面张力物理意义是什么?怎么确定?
15. 复合材料液相成形的基本原理是什么?有什么特点?
16. 树脂传递模塑(RTM)、树脂膜熔融浸渍(RFI)和真空导入模塑(VIMP)工艺的基本原理是什么?有什么技术特点?
17. 写出渗流达西定律和连续性方程。如何建立 RTM 工艺树脂一维渗流微分方程?并解释方程参数。
18. 写出牛顿内摩擦定律,并解释方程参数。写出树脂黏度变化的两大机制并解释内涵。
19. 什么是流变模型?写出双阿伦尼乌斯模型和工程黏度模型。
20. 什么是渗透率?物理意义和影响因素是什么?如何测试与表征?
21. 分别写出多层预成形体面内和面外等效渗透率计算模型,并解释模型参数。
22. 缠绕成形工艺的基本原理和技术特点是什么?有哪些应用领域?
23. 拉挤成形工艺的基本原理和技术特点是什么?有哪些应用领域?
24. 模压成形工艺的基本原理和技术特点是什么?有哪些应用领域?
25. 不饱和聚酯树脂的固化反应机理属于哪种类型?有什么特点?
26. 环氧树脂的固化反应机理有哪几种类型?如何调节环氧树脂固化反应的速率?
27. 酚醛树脂的固化反应机理属于哪种类型?有什么特点?
28. 写出固化动力学基本方程,并解释方程参数。
29. 什么是树脂体系的固化制度?如何根据 DSC 曲线确定树脂体系的固化制度?
30. 有哪些新型的复合材料制备技术?基本原理分别是什么?

参 考 文 献

陈文革,王发展,2011.粉末冶金工艺及材料.北京：冶金工业出版社.
陈振华,2013.现代粉末冶金技术.北京：化学工业出版社.
崔敏,魏敏,2013.材料成形工艺基础.武汉：华中科技大学出版社.
董湘怀,2011.金属塑性成形原理.北京：机械工业出版社.
郭立颖,王立岩,邹雪梅,2024.高分子材料成型工艺.北京：化学工业出版社.
何红媛,周一丹,2015.材料成形技术基础.南京：东南大学出版社.
黄家康,2011.复合材料液相成型技术.北京：化学工业出版社.
蒋建军,李玉军,2022.树脂基复合材料成型原理与工艺.西安：西北工业大学出版社.
拉奥,2010.制造技术：铸造、成形和焊接.北京：机械工业出版社.
李言祥,2005.材料加工原理.北京：清华大学出版社.
林小娉,2010.材料成型原理.北京：化学工业出版社.
刘斌,2012.金属焊接技术基础.北京：国防工业出版社.
刘全坤,2010.材料成形基本原理.北京：机械工业出版社.
刘万辉,2014.材料成形工艺.北京：化学工业出版社.
刘新佳,姜银方,蔡郭生,2012.材料成形工艺基础.北京：化学工业出版社.
刘亚雄,谢怀勤,1994.复合材料工艺及设备.武汉：武汉理工大学出版社.
彭大暑,2014.金属塑性加工原理.长沙：中南大学出版社.
曲选辉,2013.粉末冶金原理与工艺.北京：冶金工业出版社.
阮建明,黄培云,2012.粉末冶金原理.北京：机械工业出版社.
王贵恒,2004.高分子材料成型加工原理.北京：化学工业出版社.
王慧敏,刁屾,黄岩,等,2024.高分子材料加工工艺学.2版.北京：中国石化出版社.
王经逸,2024.树脂基复合材料成型技术.北京：中国石化出版社.
王娟,刘强,2013.钎焊及扩散焊技术.北京：化学工业出版社.
温爱玲,2013.材料成形工艺基础.北京：机械工业出版社.
夏巨谌,2010.材料成型工艺.北京：机械工业出版社.
邢丽英,2014.先进树脂基复合材料自动化制造技术.北京：航空工业出版社.
杨金水,尹昌平,2018.复合材料液相成型技术.长沙：国防科技大学出版社.
运新兵,2012.金属塑性成形原理.北京：冶金工业出版社.
张彦华,薛克敏,2017.材料成形工艺.北京：高等教育出版社.

周达飞,康颂超,2011.高分子材料成型加工.北京:中国轻工业出版社.

邹家生,2005.材料连接原理与工艺.哈尔滨:哈尔滨工业大学出版社.

左继承,谷亚新,2017.高分子材料成型加工基本原理及工艺.北京:北京理工大学出版社.